Lecture Notes in Mathematics

Editors:
A. Dold, Heidelberg
B. Eckmann, Zürich
F. Takens, Groningen

D. Bakry   R.D. Gill   S.A. Molchanov

Lectures on Probability Theory

Ecole d'Eté de Probabilités
de Saint-Flour XXII-1992

Editor: P. Bernard

Springer-Verlag

Berlin Heidelberg New York
London Paris Tokyo
Hong Kong Barcelona
Budapest

Authors

Dominique Bakry
Université Paul Sabatier
Laboratoire de Statistiques et Probabilités
118, route de Narbonne
F-31062 Toulouse, France

Richard D. Gill
University Utrecht
Mathematical Institute
Budapestlaan 6
NL-3584 Utrecht, Netherlands

Stanislav A. Molchanov
University of Southern California
Department of Mathematics
Los Angeles, CA 90089-1113, USA

Editor

Pierre Bernard
Université Blaise Pascal
Clermont Ferrand
Laboratoire de Mathématiques Appliquées
F-63177 Aubière, France

Mathematics Subject Classification (1991): 47D07, 60G35, 60G60, 60H15, 60H20, 60J35, 60J60, 62-02, 62G05

ISBN 3-540-58208-8 Springer-Verlag Berlin Heidelberg New York
ISBN 0-387-58208-8 Springer-Verlag New York Berlin Heidelberg

CIP-Data applied for

© Springer-Verlag Berlin Heidelberg 1994
Printed in Germany

Typesetting: Camera ready by author
SPIN: 10130190   46/3140-543210 - Printed on acid-free paper

INTRODUCTION

This volume contains lectures given at The Saint-Flour Summer School of Probability Theory during the period 9th - 25th July, 1992.

We thank the authors for all the hard work they accomplished. Their lectures are a work of reference in their domain.

The School brought together 57 participants, 28 of whom gave a lecture concerning their research work.

Below you will find the list of participants and their papers, a summary of which can be obtained on demand.

Finally, to facilitate research concerning previous schools we give here the number of the volume of "Lecture Notes" where they can be found :

Lecture Notes in Mathematics
1971 : n° 307 - 1973 : n° 390 - 1974 : n° 480 - 1975 : n° 539 -
1976 : n° 598 - 1977 : n° 678 - 1978 : n° 774 - 1979 : n° 876 -
1980 : n° 929 - 1981 : n° 976 - 1982 : n° 1097 - 1983 : n° 1117 -
1984 : n° 1180 - 1985 - 1986 et 1987 : n° 1362 - 1988 : n° 1427 -
1989 : n° 1464 - 1990 : n° 1527 - 1991 : n° 1541

Lecture Notes in Statistics
1986 : n° 50

TABLE OF CONTENTS

L'hypercontractivité et son utilisation en théorie des semigroupes.

Dominique Bakry

Dominique Bakry
Laboratoire de Statistiques et Probabilités
Université PAUL SABATIER
118, route de Narbonne,
31062, TOULOUSE Cedex.
FRANCE

0— Introduction.

Un semigroupe markovien sur un espace mesuré $(E, \mathcal{F}, \mu)$ est le noyau de transition d'un processus de MARKOV sur cet espace, qu'on considère comme une transformation agissant sur les fonctions boréliennes bornées. Dans certaines conditions, cet opérateur est hypercontractif, c'est à dire que, pour des valeurs assez grandes du paramètre t, il envoie $\mathbf{L}^2(\mu)$ dans $\mathbf{L}^4(\mu)$. Les valeurs 2 et 4 ne sont bien sûr choisies ici que pour fixer les idées. Cette propriété d'hypercontractivité, tout d'abord établie pour le processus d'ORN-STEIN-UHLENBECK, s'est avérée par la suite être une propriété partagée par de nombreux semigroupes et extrêmement utile dans l'étude de ceux-ci.

L'article fondamental de GROSS [G] a établi le lien qu'il y a entre hypercontractivité et inégalités de SOBOLEV logarithmiques. Depuis, une littérature considérable s'est développée sur le sujet, et les quelques références que nous donnons à la fin du cours n'en donnent qu'un faible aperçu. Tant du point de vue de l'établissement des inégalités de SOBOLEV logarithmiques que pour l'usage qu'on peut en faire, cette notion a pris une place de plus en plus importante dans l'étude des semigroupes, et, par conséquent, des problèmes liés à l'étude des générateurs des processus de MARKOV dans les situations les plus diverses.

À l'origine, l'objet de ce cours était de donner un panorama le plus exhaustif possible des méthodes utilisées autour de cette notion : estimations du noyau de la chaleur, en temps grand et en temps petit, liens entre géométrie et inégalités de SOBOLEV sur les variétés compactes, utilisation des inégalités de SOBOLEV logarithmiques en mécanique statistique et dans l'étude des processus liés aux algorithmes de recuit simulé, etc. Très vite, je me suis aperçu qu'il faudrait pour celà beaucoup plus de temps que ce dont je disposais, et j'ai donc décidé de me limiter à des aspects particuliers de l'hypercontractivité. Les points choisis ne sont pas nécessairement les plus importants, ni les plus nouveaux, mais essentiellement ceux qui me tenaient le plus à coeur, pour une raison ou pour une autre, ou ceux que j'ai eu le temps de traiter pendant que j'écrivais ce cours. En particulier, et contrairement à ce que j'avais annoncé, je ne parlerai ici ni de mécanique statistique, ni de recuit simulé. Enfin, je tiens à remercier toutes les personnes qui m'ont aidé à rédiger ce cours, et tout particulièrement M. LEDOUX, sans qui ces notes auraient été beaucoup moins complètes, ainsi que tous les auditeurs de l'école d'été dont les remarques et les critiques m'ont été précieuses pour leur rédaction définitive.

Ce cours est divisé en 6 chapitres, qui se composent comme suit :

Dans le premier chapitre, nous nous intéressons au semigroupe d'ORNSTEIN-UHLEN-BECK, qui est à l'origine de l'étude de l'hypercontractivité. Après l'avoir défini, nous montrons les relations qu'il a avec la transformation de FOURIER dans $\mathbb{R}$, et comment on l'approxime à partir d'un processus de pile ou face. Puis nous donnons le théorème d'hypercontractivité de NELSON [N], avec une démonstration proche de celle de GROSS, qui est liée à cette approximation. Nous donnons ensuite la version de ce théorème pour un paramètre t complexe, due à BECKNER [Be], et une conséquence importante de ce résultat qui est l'inégalité de BABENKO sur la transformation de FOURIER.

Le chapitre 2 est une introduction aux semigroupes à noyaux positifs, et en particulier aux semigroupes de MARKOV. Nous introduisons les notions de symétrie, d'invariance, de générateur. Dans la suite, les semigroupes qui nous intéresseront seront ceux qui possèdent un opérateur carré du champ, qui est la notion importante introduite dans ce chapitre, et qui permet de définir ensuite la notion de diffusion abstraite. Ce chapitre se termine par une exposition détaillée des deux exemples fondamentaux (et triviaux) qui nous serviront de guide par la suite, les semigroupes de MARKOV sur un espace fini d'une part et les semigroupes de diffusion elliptiques sur les variétés compactes de l'autre.

Dans le troisième chapitre, nous exposons le théorème fondamental de GROSS, qui fait le lien entre propriétés d'hypercontractivité d'un semigroupe et inégalités de SOBOLEV logarithmiques. Nous mettons ici en lumière les différences qu'il existe entre les semigroupes de diffusion et les autres quant au comportement vis à vis des inegalités de SOBOLEV logarithmiques. Nous donnons aussi le résultat fondamental, dû à ROTHAUS, liant les inégalités de SOBOLEV logarithmiques à l'existence d'un trou spectral. Puis nous montrons que, pour les diffusions, la propriété d'hypercontractivité est équivalente à la décroissance exponentielle de l'entropie le long du semigroupe, et nous donnons un critère pour obtenir l'hypercontractivité redonnant le théorème de NELSON. Enfin, nous nous intéressons à l'hypercontractivité dans le domaine complexe, en exhibant des relations entre le résultat de BECKNER et les inégalités de SOBOLEV logarithmiques.

Dans le chapitre 4, nous introduisons les inégalités de SOBOLEV ordinaires, et montrons comment elles se transforment en une famille d'inégalités de SOBOLEV logarithmiques. La méthode que nous exposons alors, due à DAVIES et SIMON, permet de déduire d'une inégalité de SOBOLEV des estimations uniformes sur le noyau du semigroupe de la chaleur. Nous donnons aussi la réciproque de ce résultat, due à VAROPOULOS, établissant ainsi l'équivalence entre comportement polynomial du semigroupe au voisinage de 0 et inégalités de SOBOLEV. Cette méthode repose en fait sur l'introduction d'inégalités intermédiaires, que nous appelons inégalités de SOBOLEV faibles, et permettent d'obtenir des minorations uniformes aussi bien que des majorations.

Dans le chapitre 5, nous exposons une méthode similaire à celle du chapitre précédent due à DAVIES, permettant d'obtenir des majorations non uniformes sur le noyau du semigroupe, dans le cas des diffusions. Ces majorations s'expriment en fonction d'une distance intrinsèque associée aux diffusions, et qui n'est rien d'autre que la distance riemannienne dans le cas des diffusions elliptiques sur les variétés. La même méthode appliquée dans le cas des minorations permet d'obtenir une estimation sur le diamètre de l'espace, en termes de la distance évoquée plus haut. Enfin, ce chapitre se conclut par quelques considérations élémentaires sur les relations entre inégalités de SOBOLEV et croissance du volume des boules.

Le dernier chapitre est consacré à l'étude de l'opérateur Γ_2 associé aux diffusions. Cet opérateur permet d'introduire une courbure et une dimension intrinsèques liées aux semigroupes. Après avoir montré comment se calculent ces courbures et dimensions dans le cas des diffusions elliptiques sur les variétés, nous montrons comment ces notions permettent d'établir des inégalités de SOBOLEV logarithmiques, de SOBOLEV faibles, et même des inégalités de SOBOLEV, tous ces résultats menant à des constantes que nous savons être optimales dans le cas des laplaciens des sphères, ainsi que dans le cas du semigroupe d'ORNSTEIN-UHLENBECK, où nous retrouvons le théorème de GROSS.

I.— Le semigroupe d'ORNSTEIN-UHLENBECK sur $\mathbb{R}$ et le théorème de NELSON.

Dans tout ce chapitre, nous nous intéresserons à la mesure gaussienne standard μ sur $\mathbb{R}$: $\mu(dx) = \dfrac{1}{\sqrt{2\pi}} \exp(-x^2/2)\, dx$. Nous noterons $\langle f \rangle$ l'intégrale d'une fonction f par rapport à cette mesure, et, pour $p \in [1, \infty[$, nous noterons L^p l'espace des fonctions f telles que $\langle |f|^p \rangle < \infty$. La norme dans cet espace sera notée $\|f\|_p$. D'autre part, le produit scalaire de deux fonctions f et g dans l'espace L^2 sera noté $\langle f, g \rangle$. Si f est une fonction numérique bornée définie sur $\mathbb{R}$, nous noterons $\|f\|_u$ sa norme uniforme: $\|f\|_u = \sup_{\mathbb{R}} |f(x)|$. Si f est une fonction de classe $\mathcal{C}^k$ sur $\mathbb{R}$, ayant k dérivées bornées (on dira alors qu'elle est de classe $\mathcal{C}_b^k$), nous noterons $\|f\|_{(k)}$ la quantité $\sum_{i=0}^{k} \|f^{(i)}\|_u$. Nous espérons qu'il n'y aura pas de confusion avec la norme $\|\ \|_k$ définie plus haut.

De façon générale, si f est une fonction numérique bornée définie sur un ensemble E, nous noterons $\|f\|_u$ sa norme uniforme: $\|f\|_u = \sup_E |f(x)|$. De même, lorsque $(E, \mathcal{F}, \nu)$ est un espace mesuré, nous noterons $\|f\|_p$ la norme d'une fonction f définie dans l'espace $\mathbf{L}^p(\nu)$: $\|f\|_p = [\int_E |f(y)|^p\, d\nu(y)]^{1/p}$, lorsqu'il n'y aura aucune ambiguïté sur la mesure ν.

Nous renvoyons à l'article de MEYER [M1] pour une présentation plus détaillée du semigroupe d'ORNSTEIN-UHLENBECK sur $\mathbb{R}$ ou sur $\mathbb{R}^n$. On pourra également consulter le livre de N. BOULEAU et F.HIRSCH [BH]. Le semigroupe d'ORNSTEIN-UHLENBECK sur $\mathbb{R}$ est défini par la famille $\mathbf{P}_t$ $(t \geq 0)$ d'opérateurs agissant sur les fonctions boréliennes bornées par

$$
\begin{aligned}
\mathbf{P}_t(f)(x) &= \int_{\mathbb{R}} f(e^{-t}x + \sqrt{1 - e^{-2t}}\, y)\, \mu(dy) \\
&= E[f(e^{-t}x + \sqrt{1 - e^{-2t}}\, Y)],
\end{aligned}
\tag{1.1}
$$

où Y est une variable gaussienne centrée réduite $N(0,1)$. Nous noterons le plus souvent cette nouvelle fonction $\mathbf{P}_t f(x)$ pour alléger les notations.

En d'autres termes, si l'on considère deux variables gaussiennes indépendantes X et Y, et si l'on pose $X_t = c_t X + s_t Y$, avec $c_t = \exp(-t)$ et $s_t = \sqrt{1 - e^{-2t}}$, alors

$$
P_t(f)(x) = E[f(X_t)/X = x].
\tag{1.2}
$$

Le semigroupe d'ORNSTEIN-UHLENBECK sur $\mathbb{R}^n$ est défini de façon analogue.

Avec cette définition, il est facile de vérifier les propriétés suivantes:

(1) Générateur infinitésimal.

Si la fonction f admet trois dérivées bornées sur $\mathbb{R}$ ($f \in \mathcal{C}_b^3$), alors

$$
\lim_{t \to 0} \frac{1}{t}(\mathbf{P}_t f - f)(x) = f''(x) - x f'(x).
$$

On obtient ceci immédiatement en écrivant un développement limité de f à l'ordre 2 au voisinage de x, avec un reste borné grâce à l'hypothèse $f \in \mathcal{C}_b^3$. (On peut bien entendu alléger considérablement les conditions sur f pour obtenir ce résultat, mais nous n'en aurons pas besoin dans la suite.)

Nous appellerons désormais **L** cet opérateur, défini sur les fonctions deux fois dérivables sur $\mathbb{R}$:

$$\mathbf{L}f(x) = f''(x) - xf'(x). \tag{1.3}$$

(2) **Propriété de semigroupe :** $\mathbf{P}_t \circ \mathbf{P}_s = \mathbf{P}_{t+s}$.

Pour voir cette propriété, prenons trois variables gaussiennes $N(0,1)$ indépendantes X, Y et Z, et posons $c_t = e^{-t}$, $s_t = \sqrt{1 - e^{-2t}}$, $c_s = e^{-s}$, et $s_s = \sqrt{1 - e^{-2s}}$. Nous poserons $X_t = c_t X + s_t Y$ et $U = c_s X_t + s_s Z$. Nous avons

$$\mathbf{P}_t \circ \mathbf{P}_s(f)(x) = E\left[E[f(U)/X_t]/X = x\right].$$

Mais $E[f(U)/X_t] = E[f(U)/(X, Y)]$, et donc

$$\mathbf{P}_t \circ \mathbf{P}_s(f)(x) = E[f(U)/X = x].$$

Pour calculer cette loi conditionnelle d'un couple de gaussiennes centrées réduites, il suffit d'observer que $E(UX) = e^{-(t+s)}$, et donc que

$$U = e^{-(t+s)}X + \sqrt{1 - e^{-2(t+s)}}Y',$$

où Y' est une variable gaussienne centrée réduite indépendante de X. Finalement, il nous reste

$$E[f(U)/X = x] = \mathbf{P}_{t+s}f(x).$$

(3) **Propriété de symétrie :**

pour deux fonctions boréliennes bornées f et g, on a toujours

$$\langle g, \mathbf{P}_t f \rangle = \langle \mathbf{P}_t g, f \rangle.$$

En effet, si l'on désigne par X et Y deux variables gaussiennes standard indépendantes, alors, d'après la formule (1.2), on a

$$\langle f, \mathbf{P}_t g \rangle = E[g(X)\mathbf{P}_t f(X)] = E[g(X)f(e^{-t}X + \sqrt{1 - e^{-2t}}Y)].$$

Or, le couple le variables $(X, e^{-t}X + \sqrt{1 - e^{-2t}}Y)$ a une loi symétrique, et on peut donc échanger les rôles de f et g dans la formule précédente.

Remarquons que la propriété de symétrie précédente montre l'invariance de l'opérateur $\mathbf{P}_t$:

$$\langle \mathbf{P}_t f \rangle = \langle f \rangle.$$

Il suffit pour le voir d'appliquer la propriété de symétrie avec $g = 1$, puisque, d'après (1.1), $\mathbf{P}_t 1 = 1$.

De la définition, il découle immédiatement que $\|\mathbf{P}_t f\|_u \leq \|f\|_u$. D'autre part, il est clair que, si f est une fonction dérivable à dérivée bornée, il en va de même de $\mathbf{P}_t f$, et l'on a $(\mathbf{P}_t f)' = e^{-t}\mathbf{P}_t(f')$. En particulier, si f est de classe C_b^k, nous avons

$$\|\mathbf{P}_t f\|_{(k)} \leq \|f\|_{(k)}. \tag{1.4}$$

De la propriété de semigroupe (2), on déduit immédiatement que les opérateurs $\mathbf{P}_t$ et $\mathbf{P}_s$ commutent. Si on utilise alors la propriété (1) ainsi que la remarque précédente, on voit que, si f est une fonction de classe $\mathcal{C}_b^3$, alors

$$\frac{\partial}{\partial t}\mathbf{P}_t f = \mathbf{L}(\mathbf{P}_t f) = \mathbf{P}_t(\mathbf{L}f).$$

Ceci nous montre que, si f est de classe $\mathcal{C}_b^3$, alors la fonction $\hat{f}(x,t)$ définie sur $\mathbb{R} \times [0, \infty[$ par $\hat{f}(x,t) = \mathbf{P}_t f(x)$ est la solution de l'équation de la chaleur(*)

$$\begin{cases} \partial/\partial t \, \hat{f}(x,t) = \mathbf{L}\hat{f}(x,t) \\ \hat{f}(x,0) = f(x). \end{cases}$$

Nous voyons directement sur la définition que l'opérateur $\mathbf{P}_t$ se représente par un noyau de mesures de probabilité (noyau de MEHLER):

$$\mathbf{P}_t f(x) = \int_{\mathbb{R}} f(y) p_t(y,x) \, \mu(dy), \text{ avec}$$

$$p_t(y,x) = (1 - e^{-2t})^{-1/2} \exp[-1/2 \, (e^{2t} - 1)^{-1} (y^2 - 2e^t xy + x^2)].$$

On voit donc immédiatement qu'un tel opérateur est une contraction de $\mathbf{L}^\infty(\mu)$:

$$\|\mathbf{P}_t f\|_\infty \leq \|f\|_\infty.$$

D'autre part, il préserve la positivité des fonctions. Ceci, joint à la propriété d'invariance de la mesure μ, montre que $\mathbf{P}_t$ est une contraction de $\mathbf{L}^1(\mu)$. En effet

$$\|\mathbf{P}_t f\|_1 = \langle |\mathbf{P}_t f| \rangle \leq \langle \mathbf{P}_t |f| \rangle = \langle |f| \rangle = \|f\|_1.$$

De même, $\mathbf{P}_t$ est une contraction dans tous les espaces $\mathbf{L}^p(\mu)$:

$$\forall p \in [1, \infty], \, \|\mathbf{P}_t f\|_p \leq \|f\|_p.$$

Le but principal de ce chapitre est d'améliorer ce résultat.

Polynômes de HERMITE.

Rappelons tout d'abord que les polynômes forment un sous-espace dense de $\mathbf{L}^2(\mu)$: c'est le cas pour toute mesure ν sur $\mathbb{R}$ ayant au moins un moment exponentiel, comme la mesure gaussienne. En effet, si une fonction f de $\mathbf{L}^2(\nu)$ est orthogonale à tous les polynômes, la mesure $\nu_1 = f \nu$ admet également au moins un moment exponentiel (inégalité de SCHWARZ), et donc sa transformée de LAPLACE est analytique au voisinage de 0. Maintenant, l'hypothèse faite sur f montre que cette transformée a en 0 toutes ses dérivées nulles, et est donc nulle. On en déduit la nullité de f, et par suite la densité des polynômes.

(*) Il est un peu abusif de parler de "la solution" de l'équation de la chaleur dans la mesure où nous n'avons pas pour l'instant d'unicité.

Les polynômes d'HERMITE $H_n(x)$ forment une famille de polynômes orthogonale pour cette mesure. On peut les définir à partir de leur série génératrice :

$$\exp(tx - t^2/2) = \sum_n \frac{t^n}{n!} H_n(x).$$

En introduisant une variable gaussienne standard Y, nous avons

$$\begin{aligned}
\mathbf{P}_t(\exp(s \bullet -s^2/2))(x) &= \exp(-s^2/2)E\left[\exp[s(e^{-t}x + \sqrt{1 - e^{-2t}}Y)]\right] \\
&= \exp(sxe^{-t} - s^2/2)E\left[\exp[s\sqrt{1 - e^{-2t}}Y]\right].
\end{aligned}$$

Sachant que $E[e^{\alpha Y}] = \exp(\alpha^2/2)$, on obtient donc

$$\mathbf{P}_t(\exp(s \bullet -s^2/2))(x) = \exp(se^{-t}x - s^2 e^{-2t}/2).$$

En identifiant les séries, il vient immédiatement

$$\mathbf{P}_t(H_n) = e^{-nt}H_n. \tag{1.5}$$

Les polynômes H_n sont donc vecteurs propres de $\mathbf{P}_t$, de valeur propre e^{-nt}.

L'opérateur $\mathbf{P}_t$ étant symétrique dans l'espace L^2 (propriété (3)), les polynômes de HERMITE sont donc orthogonaux dans cet espace. Pour calculer leur norme, il suffit alors d'écrire

$$\langle \exp(2t \bullet -t^2) \rangle = \sum_n \frac{t^{2n}}{(n!)^2} \|H_n\|_2^2 = \exp(t^2).$$

En identifiant les séries, il vient $\|H_n\|_2^2 = n!$ Les polynômes $H_n/\sqrt{n!}$ forment ainsi une base hilbertienne de $\mathbf{L}^2(\mu)$. La formule (1.5) décrit donc la décomposition spectrale de l'opérateur $\mathbf{P}_t$:

Si une fonction f de $\mathbf{L}^2(\mu)$ se décompose sous la forme $\sum_n a_n H_n$, avec $\sum_n n! a_n^2 < \infty$, alors $\mathbf{P}_t f = \sum_n e^{-nt} a_n H_n$.

Ceci nous permet de définir l'opérateur $\mathbf{P}_t$ pour des valeurs complexes du paramètre t : lorsque $t = t_1 + it_2$ est un nombre complexe à partie réelle t_1 positive ou nulle, $\omega = \exp(-t)$ est un complexe de module inférieur ou égal à 1. On peut alors définir, pour $f = \sum_n a_n H_n$,

$$\mathbf{P}_t(f) = \sum_n \omega^n a_n H_n, \tag{1.6}$$

et cet opérateur est une contraction de $\mathbf{L}^2(\mu)$.

D'autre part, la formule (1.1) peut se réécrire

$$\mathbf{P}_t(f)(x) = \int_{\mathbf{R}} f(y) \exp\left(-\frac{(y - \omega x)^2}{2(1 - \omega^2)}\right) \frac{dy}{\sqrt{2\pi(1 - \omega^2)}}, \tag{1.7}$$

lorsque $\omega = \exp(-t)$. Cette formule se prolonge évidemment au cas complexe, à condition de choisir la détermination principale de $\sqrt{z}$ dans le demiplan $\mathcal{R}e(z) > 0$.

Liens avec la transformation de FOURIER.

Désignons par **F** la transformation de FOURIER de $\mathbb{R}$.

$$\mathbf{F}(f)(x) = \int f(y) \exp(ixy) \frac{dy}{\sqrt{2\pi}}.$$

(Attention à la normalisation dans cette définition.)

Alors, d'après la formule classique de la transformation de FOURIER de la loi gaussienne, on a

$$\mathbf{F}(\exp(t \bullet - \bullet^2/2))(x) = \exp(-(x-it)^2/2).$$

Appelons **M** l'opérateur de multiplication par la fonction $\exp(-x^2/2)$, et $\mathbf{F}_1$ l'opérateur $\mathbf{M}^{-1}\mathbf{F}\mathbf{M}$. Il vient

$$\mathbf{F}_1(\exp(t\bullet))(x) = \exp(t^2/2 + ixt).$$

Nous en déduisons que

$$\mathbf{F}_1(\exp(\sqrt{2}t \bullet - t^2/2) = \exp(i\sqrt{2}t \bullet + t^2/2),$$

ce qui donne, en identifiant les séries

$$\mathbf{F}_1(H_n(\sqrt{2}\bullet)) = i^n H_n(\sqrt{2}\bullet).$$

En d'autres termes, en appelant $\mathbf{T}_{\sqrt{2}}$ l'homothétie de rapport $\sqrt{2}$: $\mathbf{T}_{\sqrt{2}}f(x) = f(\sqrt{2}x)$, nous avons

$$\mathbf{T}_{\sqrt{2}}^{-1}\mathbf{F}_1\mathbf{T}_{\sqrt{2}}(H_n) = i^n H_n.$$

Si nous comparons cette formule à celle donnant la décomposition spectrale de $\mathbf{P}_t$ (1.5), nous obtenons

$$(\mathbf{M}\mathbf{T}_{\sqrt{2}})^{-1}\mathbf{F}\mathbf{T}_{\sqrt{2}} = \mathbf{P}_{-i\pi/2}. \tag{1.8}$$

Approximation du semigroupe d'ORNSTEIN-UHLENBECK.

Considérons l'espace à deux points $E_1 = \{-1, 1\}$, que nous munissons de la mesure uniforme $dx = \frac{1}{2}\{\delta_{-1} + \delta_1\}$. Sur cet espace, introduisons l'opérateur $\mathbf{P}_t^1$ défini par

$$\mathbf{P}_t^1 f(x) = \int f(y)(1 + e^{-t}xy)\, dy.$$

Remarquons que toute fonction sur cet espace à deux points se représente de façon unique sous la forme $f(x) = a + bx$, et alors

$$\mathbf{P}_t^1(a + bx) = a + e^{-t}bx.$$

Cette famille d'opérateurs forme un semigroupe

$$\mathbf{P}_t^1 \circ \mathbf{P}_s^1 = \mathbf{P}_{t+s}^1. \tag{1.9}$$

Le générateur infinitésimal de ce semigroupe,

$$\mathbf{L}^1 = \frac{\partial}{\partial t}\mathbf{P}^1_{t|_{t=0}} \tag{1.10}$$

est l'opérateur

$$\mathbf{L}^1(a + bx) = -bx,$$

ce qui s'écrit encore, en plongeant $\{-1, +1\}$ dans $\mathbb{R}$,

$$\mathbf{L}^1 f(x) = \frac{1-x}{4}(f(x+2) - f(x)) + \frac{1+x}{4}(f(x-2) - f(x)). \tag{1.11}$$

Ces opérateurs $\mathbf{P}^1_t$ et $\mathbf{L}^1$ opérant sur l'espace des fonctions numériques définies sur E_1 (espace vectoriel de dimension 2), les relations (1.9) et (1.10) donnent immédiatement la relation

$$\mathbf{P}^1_t = \exp(t\mathbf{L}^1), \tag{1.12}$$

l'exponentielle étant ici l'exponentielle usuelle des opérateurs linéaires bornés.

Considérons alors l'espace produit E^n_1, que nous munissons de la mesure produit $dx = \otimes_{i=1}^n dx_i$. Sur cet espace, nous avons le semigroupe produit $\mathbf{P}^{(n)}_t = (\mathbf{P}^1_t)^{\otimes n}$: il est défini, pour une fonction f définie sur E^n_1, par

$$\mathbf{P}^{(n)}_t(f)(x) = \int_{E^n_1} f(y) \prod_{i=1}^n (1 + e^{-t}x_i y_i)\, dy,$$

où l'on a posé $x = (x_1, \ldots, x_n)$ et $y = (y_1, \ldots, y_n)$. Ces opérateurs forment un semigroupe de générateur

$$\mathbf{L}^{(n)} = \sum_i I \otimes \cdots \otimes \mathbf{L}^1 \otimes I \otimes \cdots \otimes I,$$

c'est à dire que

$$\mathbf{L}^{(n)} f(x_1, \ldots, x_n) = \sum_i \mathbf{L}^{(1)}_i f(x_1, \ldots, x_n),$$

chaque opérateur $\mathbf{L}^{(1)}_i$ étant l'analogue de l'opérateur $\mathbf{L}^{(1)}$ agissant sur la seule variable x_i. On a bien évidemment $\mathbf{P}^{(n)}_t = \exp(t\mathbf{L}^{(n)})$.

Considérons alors la fonction $\Phi : E^n_1 \to \mathbb{R}$ définie par

$$\Phi(x) = \frac{\sum_{i=1}^n x_i}{\sqrt{n}}.$$

Son image est l'ensemble $E^n = \{-\sqrt{n}, \frac{-n+2}{\sqrt{n}}, \ldots, \sqrt{n}\}$. Sur cet ensemble fini, considérons l'opérateur linéaire, défini pour une fonction f bornée par

$$\hat{\mathbf{L}}^{(n)}(f)(x) = \frac{n}{4}\{f(x+2/\sqrt{n}) + f(x-2/\sqrt{n}) - 2f(x)\} - \frac{x}{4}\sqrt{n}\{f(x+2/\sqrt{n}) - f(x-2/\sqrt{n})\}.$$

Nous appelons $\hat{\mathbf{P}}^{(n)}_t$ l'opérateur $\exp(t\hat{\mathbf{L}}^{(n)})$. Nous avons alors le résultat suivant :

Théorème 1.1.—*Soit f une fonction réelle bornée. Alors*

(1) $\mathbf{P}_t^{(n)}(f \circ \Phi) = \hat{\mathbf{P}}_t^{(n)}(f) \circ \Phi.$

(2) $\|\hat{\mathbf{P}}_t^{(n)}(f)\|_u \leq \|f\|_u.$

(3) Si $f : \mathbb{R} \to \mathbb{R}$ est de classe $\mathcal{C}_b^3$, alors

$$\lim_{n \to \infty} \|\hat{\mathbf{P}}_t^{(n)} f - \mathbf{P}_t f\|_u = 0.$$

Remarque.—

Ce semigroupe est celui du modèle d'ERHENFEST du mouvement des particules de gaz entre deux récipients. L'opérateur $\hat{\mathbf{P}}_t^{(n)}$ est l'image de l'opérateur $\mathbf{P}_t^{(n)}$ par l'application Φ. D'autre part, la mesure de référence que nous avons choisie, qui est la mesure produit sur $\{-1, 1\}^n$, a une image par Φ qui converge étroitement vers la mesure gaussienne standard sur $\mathbb{R}$, lorsque $n \to \infty$ (théorème de la limite centrale). Ainsi qu'on le verra au prochain chapitre, cette mesure et l'opérateur $\mathbf{P}_t^{(n)}$ sont liés par le fait que c'est la mesure invariante pour l'opérateur, et il en va de même de la mesure gaussienne pour le processus d'ORNSTEIN-UHLENBECK. Ainsi, le résultat d'approximation établi dans le point (3) du théorème précédent est finalement assez naturel.

Preuve. Pour prouver (1), il suffit de montrer que $\mathbf{L}^{(n)}(f \circ \Phi) = \hat{\mathbf{L}}^{(n)}(f) \circ \Phi$, car alors les exponentielles de ces opérateurs coincideront automatiquement. Appelons s la fonction $\sum_n x_i$, et considérons une fonction définie sur E_1^n ne dépendant que de s : $g = f(s)$. Si nous écrivons l'action du générateur $\mathbf{L}^{(n)}$ sur g, nous obtenons, d'après la formule (1.1), et en un point $x = (x_1, \ldots, x_n)$,

$$\mathbf{L}^{(n)}(g)(x) = \sum_i \frac{1 - x_i}{4}(f(s+2) - f(s)) + \frac{1 + x_i}{4}(f(s-2) - f(s))$$

$$= \frac{n - s}{4}(f(s+2) - f(s)) + \frac{n + s}{4}(f(s-2) - f(s))$$

$$= n\{f(s+2) + f(s-2) - 2f(s)\} - \frac{s}{4}\{f(s+2) - f(s-2)\}.$$

De cette formule, si on se rappelle que $\Phi(x) = s/\sqrt{n}$, nous déduisons immédiatement que

$$\mathbf{L}^{(n)}(f \circ \Phi) = \hat{\mathbf{L}}^{(n)}(f) \circ \Phi.$$

L'affirmation (2) est une conséquence de (1) puisqu'il suffit d'écrire, pour $g(x) = f(s)$

$$\|\hat{\mathbf{P}}_t^{(n)}(f)\|_u = \|\mathbf{P}_t^{(n)}(g)\|_u \leq \|g\|_u = \|f\|_u.$$

Pour montrer (3), en écrivant un développement limité de f à l'ordre 2, nous obtenons, pour une fonction f dans $\mathcal{C}_b^3$,

$$\|\hat{\mathbf{L}}^{(n)}(f) - \mathbf{L}f\|_u \leq \frac{C}{\sqrt{n}}\{\|f^{(3)}\|_u + \|f^{(2)}\|_u\} \leq \frac{C}{\sqrt{n}}\|f\|_{(3)},$$

où C est une constante universelle. Nous pouvons alors écrire

$$\|\mathbf{P}_t^{(n)}(f) - \mathbf{P}_t(f)\|_u = \|\int_0^t \frac{d}{ds}\{\mathbf{P}_s^{(n)} \circ \mathbf{P}_{t-s}(f)\}\, ds\|_u$$

$$= \|\int_0^t \mathbf{P}_s^{(n)}(\hat{\mathbf{L}}^{(n)} - \mathbf{L})\mathbf{P}_{t-s}(f)\, ds\|_u \leq \int_0^t \|(\hat{\mathbf{L}}^{(n)} - \mathbf{L})\mathbf{P}_{t-s}(f)\|_u\, ds$$

$$\leq \frac{C}{\sqrt{n}} \int_0^t \|\mathbf{P}_{t-s}(f)\|_{(3)}\, ds \leq \frac{Ct}{\sqrt{n}} \|f\|_{(3)}.$$

□

Le théorème d'hypercontractivité de NELSON.

Nous pouvons maintenant énoncer le principal résultat de cette section. Une première version de ce résultat est due à NELSON [N], dans le cadre de l'étude de la théorie quantique des champs de bosons. La présentation que nous en donnons ici est inspirée de celle de GROSS [G].

Théorème 1.2.—
(1) *Soient p et q deux réels de l'intervalle $]1,\infty[$, tels que $q - 1 \leq e^{2t}(p-1)$. L'opérateur $\mathbf{P}_t$ est une contraction de L^p dans L^q : $\|\mathbf{P}_t f\|_q \leq \|f\|_p$.*

(2) *Si $q - 1 > e^{2t}(p-1)$, l'opérateur $\mathbf{P}_t$ n'est pas borné de L^p dans L^q.*

Preuve. Avant de nous intéresser à l'assertion (1), qui est le résultat principal, montrons d'abord (2). Pour cela, considérons la fonction $f_\lambda(x) = \exp(\lambda x)$. En utilisant la formule $\langle \exp(\lambda x)\rangle = \exp(\lambda^2/2)$, nous obtenons $\|f_\lambda\|_p = \exp(p\lambda^2/2)$, ainsi que

$$\mathbf{P}_t(f_\lambda) = \exp\{\lambda^2(1 - e^{-2t})/2\} f_{\lambda \exp(-t)}.$$

Nous voyons donc que

$$\|\mathbf{P}_t(f_\lambda)\|_q / \|f_\lambda\|_p = \exp\{\frac{\lambda^2}{2}[e^{-2t}(q-1) + 1 - p]\}.$$

Cette quantité est donc non bornée (en λ), dès que $q - 1 > e^{2t}(p-1)$.(*) □

Pour démontrer (1), nous allons suivre la méthode de GROSS, qui consiste à démontrer d'abord l'assertion analogue pour l'opérateur $\mathbf{P}_t^{(n)}$, puis, en prenant l'image par la fonction Φ, à obtenir le même résultat pour l'opérateur $\hat{\mathbf{P}}_t^{(n)}$, et enfin de passer à la limite en n pour obtenir le théorème pour $\mathbf{P}_t$. L'intérêt de cette méthode repose sur le fait qu'il est très simple de passer du résultat sur $\mathbf{P}_t^1$ au résultat sur $\mathbf{P}_t^{(n)}$, en vertu du lemme suivant (lemme de tensorisation), que nous recopions de [Be] :

(*) M. LEDOUX m'a signalé que seules les fonctions f_λ réalisent l'égalité $\|\mathbf{P}_t f_\lambda\|_q = \|f_\lambda\|_p$, pour $q = 1 + \exp(2t)(p-1)$.

Lemme 1.3.—*Considérons deux opérateurs K_i, $i = 1, 2$ opérant sur des espaces mesurés σ-finis séparables; $K_i : (E_i, \mathcal{E}_i, \mu_i) \to (F_i, \mathcal{F}_i, \nu_i)$. Nous supposerons que ces opérateurs se représentent par des noyaux positifs*

$$K_i(f)(x) = \int_{E_i} f(y) k_i(x, dy),$$

que nous supposerons finis pour simplifier: $\forall x \in F_i$, $\int_{E_i} k_i(x, dy) < \infty$. Nous ne supposerons pas par contre que ces noyaux sont positifs. Supposons que, pour deux réels p et q quelquonques de $[1, \infty[$, avec $p \leq q$, on ait $\|K_i f\|_q \leq M_i \|f\|_p$. Alors, l'opérateur $K_1 \otimes K_2$, défini sur l'espace produit $(E_1 \times E_2, \mathcal{E}_1 \otimes \mathcal{E}_2, \mu_1 \otimes \mu_2)$ par

$$K_1 \otimes K_2(f)(x_1, x_2) = \int_{E_1 \times E_2} f(y_1, y_2) k_1(x_1, dy_1) k_2(x_2, dy_2),$$

satisfait à l'inégalité

$$\|(K_1 \otimes K_2)(f)\|_q \leq M_1 M_2 \|f\|_p.$$

Preuve. La preuve utilise l'inégalité de MINKOWSKI pour les intégrales que nous énonçons ci-dessous sous forme d'un lemme:

Lemme 1.4.—*Si $(E_i, \mathcal{E}_i, \mu_i)$, $i = 1, 2$ sont deux espaces mesurés $\sigma - finis$, alors, pour tout $r \geq 1$, et pour toute fonction $f(x_1, x_2)$ mesurable dans le produit telle que*

$$\int_{E_1} \{ \int_{E_2} |f(x_1, x_2)| \, d\mu_2(x_2) \}^r \, d\mu_1(x_1) < \infty, \text{ on a}$$

$$[\int_{E_1} |\int_{E_2} f(x_1, x_2) \, d\mu_2(x_2)|^r \, d\mu_1(x_1)]^{1/r} \leq \int_{E_2} [\int_{E_1} |f(x_1, x_2)|^r \, d\mu_1(x_1)]^{1/r} \, d\mu_2(x_2).$$

Admettons pour l'instant cette inégalité, qui n'est rien d'autre que l'inégalité triangulaire dans $\mathbf{L}^p$ lorsque les intégrales se réduisent à des sommes, et déduisons-en le lemme de tensorisation.

On se ramène immédiatement au cas où $M_1 = M_2 = 1$. Puis, par un argument de convergence monotone, on se ramène au cas où la fonction f est bornée et à support dans un pavé $A_1 \times A_2$, avec $\mu_i(A_i) < \infty$. Pour une telle fonction, les deux membres de l'inégalité ont un sens, et nous pouvons alors écrire:

$$\int_{F_1 \times F_2} |K_1 \otimes K_2(f)|^q (x_1, x_2) \, \nu_1(dx_1) \nu_2(dx_2)$$

$$= \int_{F_1} \{ \int_{F_2} |\int_{E_2} \{ \int_{E_1} f(y_1, y_2) k_1(x_1, dy_1) \} k_2(x_2, dy_2)|^q \, \nu_2(dx_2) \} \nu_1(dx_1)$$

$$= \int_{F_1} \int_{F_2} |K_2(g(x_1, \cdot)(x_2)|^q \, \mu_2(dx_2) \} \mu_1(dx_1),$$

où $g(x_1, y_2) = K_1(f(\cdot, y_2))(x_1)$. En appliquant l'hypothèse faite sur l'opérateur K_2, nous obtenons

$$A := \int_{F_1 \times F_2} |K_1 \otimes K_2(f)|^p (x_1, x_2) \, \nu_1(dx_1) \nu_2(dx_2)$$

$$\leq \int_{F_1} \{ \int_{E_2} |g(x_1, x_2)|^p \, \nu_2(dx_2) \}^{q/p} \mu_1(dx_1). \tag{1.11}$$

Par l'inégalité de MINKOWSKI avec l'exposant $r = q/p$, il vient

$$A \leq \{ \int_{E_2} [\int_{F_1} |g|^q \, d\nu_1]^{p/q} \, d\mu_2 \}^{q/p}.$$

Il nous reste à utiliser l'hypothèse faite sur K_1 pour obtenir

$$A \leq \int_{E_2} \int_{E_1} |f|^p \, d\mu_1 \, d\mu_2 \}^{q/p}.$$

$\square$

Il nous reste à démontrer l'inégalité de MINKOWSKI. On se ramène immédiatement au cas où f est positive et où le second membre de l'inégalité est fini. Ensuite, les mesures μ_1 et μ_2 étant σ-finies, on se ramène au cas où elles sont finies en utilisant un argument de convergence dominée dans les deux membres de l'inégalité. Les mesures μ_1 et μ_2 étant maintenant supposées finies, ont peut sans perdre de généralité supposer que ce sont des probabilités. Enfin, puisque le second membre est fini, on sait que, pour μ_2-presque tout x_2, $\int_{E_1} f(x_1, x_2)^r \mu_1(dx_1) < \infty$. En choisissant alors une suite de fonctions (f_n) dense dans $L^r(E_1)(^*)$, on construit aisément, pour tout $\varepsilon > 0$, une partition A_n^ε de E_2 telle que, pour μ_2-presque tout x_2, on ait

$$\| f(x_2, \cdot) - \sum_n 1_{A_n^\varepsilon}(x_2) f_n(\cdot) \|_r \leq \varepsilon,$$

la norme étant prise dans $\mathbf{L}^r(\mu_1)$. Pour s'en convaincre, appelons $B(f, \varepsilon)$ la boule de centre f et de rayon ε dans $\mathbf{L}^r(\mu_1)$), et appelons

$$\hat{A}_n^\varepsilon = \{ f(x^2, \cdot) \in B(f_n, \varepsilon) \}.$$

Il suffit alors de choisir

$$A_n^\varepsilon = \hat{A}_n^\varepsilon \setminus \bigcup_{i=1}^{n-1} \hat{A}_i^\varepsilon.$$

Alors, en choisissant $\varepsilon = 1/m$ et en posant

(*) C'est là qu'intervient l'hypothèse de séparabilité de la tribu ; on aurait le même résultat, avec une plus grande généralité, en supposant seulement que la tribu est séparable aux ensembles de mesure nulle près.

$\sum_n 1_{A_n^c}(x_2) f_n(x_1) = g_m(x_1, x_2)$, on saura que

$$\lim_{m \to \infty} \int_{E_2} \{ \int_{E_1} |g_m|^r(x_1, x_2) \mu_1(dx_1) \}^{1/r} \mu_2(dx_2) =$$
$$\int_{E_2} \{ \int_{E_1} |f|^r(x_1, x_2) \mu_1(dx_1) \}^{1/r} \mu_2(dx_2).$$

De plus, pour presque tout x_2 de E_2, et pour tout $\eta > 0$, on aura

$$\mu_1\{|f - g_m|(\cdot, x_2) > \eta\} \leq \frac{1}{m\eta}.$$

μ_1 et μ_2 étant des probabilités, ceci entraîne que

$$\mu_1 \otimes \mu_2\{|f - g_m| > \eta\} < \frac{1}{m\eta}.$$

La suite g_m converge donc en probabilité vers f sur $E_1 \times E_2$, et on peut en extraire une sous suite g_{m_k} qui converge presque sûrement. Le lemme de FATOU nous donne alors

$$\{ \int_{E_1} [\int_{E_2} f \, d\mu_2]^r \, d\mu_1 \}^{1/r} \leq \liminf_k \{ \int_{E_1} [\int_{E_2} |g_{m_k}| \, d\mu_2]^r \, d\mu_1 \}^{1/r}.$$

Ceci nous montre qu'il suffit d'établir l'inégalité lorsque la fonction f s'écrit $\sum_n 1_{A_n}(x_2) f_n(x_1)$, où A_n est une partition de E_2. On se ramène immédiatement au cas où cette somme est finie, et il s'agit alors de l'inégalité de MINKOWSKI ordinaire. ⧠

Remarque.—

Lorsque l'un des noyaux K_1 ou K_2 est positif, ce lemme reste valable sans l'hypothèse $q \geq p$. En reprenant les mêmes notations que dans la démonstration précédente, et en supposant par exemple que c'est l'opérateur K_1 qui est positif, l'inégalité de MINKOWSKI donne alors la majoration

$$[| \int_{E_2} g(x_1, x_2)|^p \nu_2(dx_2) \}^{1/p} \leq K_1(h)(x_1),$$

où $h(y_1) = \{ \int |f(y_1, y_2)|^p \mu_2(dy_2) \}^{1/p}$. On peut alors suivre la même démonstration jusqu'à l'inégalité (1.11), puis poursuivre en écrivant la majoration $\int_{F_1} K_1(h)^q \, d\nu_1 \leq \{ \int_{E_1} |h|^p \, d\mu_1 \}^{q/p}$. On obtient ainsi le même résultat.

Il nous reste à établir le résultat analogue au théorème 1.2 en remplaçant $\mathbb{R}$ par $\{-1, +1\}$, la mesure gaussienne par la mesure uniforme dx et l'opérateur $\mathbf{P}_t$ par l'opérateur $\mathbf{P}_t^1$. On est donc amené à démontrer la proposition suivante:

Proposition 1.5.—*Pour toute fonction f définie sur $\{-1, +1\}$, et pour tout réel $p > 1$, on a, si $q - 1 \leq \exp(2t)(p - 1)$*
$$\|\mathbf{P}_t^1 f\|_q \leq \|f\|_p.$$

Preuve. Puisque la mesure dx est une probabilité, la norme $\|f\|_q$ est une fonction croissante de q, et il suffit de démontrer le résultat lorsque $q = q(t) = 1 + \exp(2t)(p-1)$.

Ensuite, puisque $|\mathbf{P}_t^1 f| \leq \mathbf{P}_t^1 |f|$, on peut se ramener au cas où la fonction f est positive, et par homogénéité au cas où $\langle f \rangle = 1$. La fonction f s'écrit alors $f(x) = 1 + bx$, avec $|b| \leq 1$, et $\mathbf{P}_t^1(f)(x) = 1 + \exp(-t)bx$. L'inégalité que nous voulons démontrer se réduit à

$$\left[\frac{(1 + e^{-t}b)^{q(t)} + (1 - e^{-t}b)^{q(t)}}{2} \right]^{1/q(t)} \leq \left[\frac{(1+b)^p + (1-b)^p}{2} \right]^{1/p}. \tag{1.14}$$

Nous voyons qu'on peut se ramener par symétrie au cas $b \geq 0$, puis par continuité au cas $0 < b < 1$. Bien qu'élémentaire, cette inégalité n'est pas si facile à démontrer. Nous allons utiliser pour l'établir la méthode de GROSS, qui se généralisera à un semigroupe quelquonque. Posons

$$\varphi(t) = \left[\frac{(1 + e^{-t}b)^{q(t)} + (1 - e^{-t}b)^{q(t)}}{2} \right]^{1/q(t)}.$$

L'inégalité (1.14) s'écrit alors $\varphi(t) \leq \varphi(0)$, et la fonction φ étant dérivable comme cela se voit sur la définition, il suffit de démontrer que $\varphi'(t) \leq 0$. Un calcul simple montre que, pour une famille de fonctions $t \to f_t$, strictement positives, dérivable en t, et une famille de paramètres $t \to q(t)$, dérivable en t, avec $q(t) \geq 1$,

$$\frac{d}{dt} \log(\|f_t\|_{q(t)}) = \frac{q'}{q^2} \frac{1}{\|f_t\|_{q(t)}^{q(t)}} A(f, f', q, q'),$$

où l'expression $A(f, g, q, r)$ vaut

$$A(f, g, q, r) = \langle f^q \log f^q \rangle - \langle f^q \rangle \log\langle f^q \rangle + \frac{q^2}{r} \langle g, f^{q-1} \rangle.$$

Dans notre cas, la fonction f_t vaut $\mathbf{P}_t^1(f)$, et $f_t' = \mathbf{L}^1 f_t$. D'autre part,

$$q(t) = 1 + \exp(2t)(p-1), \text{ et } q'(t) = 2(q-1).$$

On aura donc démontré (1.14) dès que l'on aura démontré que, pour toute fonction f de la forme $f = 1 + bx$, avec $0 < b < 1$, et pour tout $p > 1$, on a

$$\langle f^p \log f^p \rangle - \langle f^p \rangle \log\langle f^p \rangle \leq -\frac{p^2}{2(p-1)} \langle \mathbf{L}^1 f, f^{p-1} \rangle. \tag{1.15}$$

Nous allons prouver (1.15) en deux étapes: tout d'abord, on se ramène au cas $p = 2$, en changeant f en $f^{p/2}$, en utilisant l'inégalité

$$\langle -\mathbf{L}^1 f^{p/2}, f^{p/2} \rangle \leq \frac{p^2}{4(p-1)} \langle -\mathbf{L}^1 f, f^{p-1} \rangle. \tag{1.16}$$

Puis il nous restera à démontrer l'inégalité (1.15) pour $p = 2$.

Commençons par (1.16): si f s'écrit $1 + bx$, alors

$$-\mathbf{L}^1(f^{p/2}) = x\left(\frac{(1+b)^{p/2} - (1-b)^{p/2}}{2}\right).$$

Nous avons donc

$$\langle -\mathbf{L}^1 f^{p/2}, f^{p/2}\rangle = \left[\frac{(1+b)^{p/2} - (1-b)^{p/2}}{2}\right]^2.$$

D'autre part,

$$\langle -\mathbf{L}^1 f, f^{p-1}\rangle = \frac{1}{2} b\left[(1+b)^{p-1} - (1-b)^{p-1}\right].$$

Tout revient donc à démontrer que, pour tout $|b| < 1$, nous avons

$$\left[(1+b)^{p/2} - (1-b)^{p/2}\right]^2 \leq \frac{bp^2}{2(p-1)}\left[(1+b)^{p-1} - (1-b)^{p-1}\right].$$

On se ramène comme plus haut au cas $b \in]0, 1[$, et l'on a

$$\left[(1+b)^{p/2} - (1-b)^{p/2}\right]^2 = \left[\frac{p}{2}\int_{1-b}^{1+b} t^{p/2-1}\, dt\right]^2 \leq$$

$$2b\frac{p^2}{4}\left[\int_{1-b}^{1+b} t^{p-2}\, dt\right] = \frac{bp^2}{2(p-1)}\left[(1+b)^{p-1} - (1-b)^{p-1}\right],$$

l'inégalité utilisée n'étant rien d'autre que l'inégalité de SCHWARZ.

Remarquons que l'inégalité que nous venons d'établir est en fait valable pour tout p réel, $p \neq 1$.

Il nous reste à prouver l'inégalité (1.15) pour $p = 2$. Toujours pour $b \in]0, 1[$, cela s'écrit

$$\frac{(1+b)^2 \log(1+b)^2 + (1-b)^2 \log(1-b)^2}{2}$$

$$\leq 2b^2 + \frac{(1+b)^2 + (1-b)^2}{2} \log \frac{(1+b)^2 + (1-b)^2}{2}.$$

Si l'on pose $\alpha = (1+b)^2$, $\beta = (1-b)^2$, et $\Phi(x) = x\log(x)$, cela s'écrit

$$\frac{\Phi(\alpha) + \Phi(\beta)}{2} \leq \Phi\left(\frac{\alpha+\beta}{2}\right) + \frac{(\alpha-\beta)^2}{8}.$$

Posons alors $\sigma = \frac{\alpha+\beta}{2} \geq 1$ et $\delta = \frac{\alpha-\beta}{2}$. L'inégalité précédente devient

$$\Phi(\sigma + \delta) + \Phi(\sigma - \delta) - 2\Phi(\sigma) \leq \delta^2.$$

Or, nous avons

$$\Phi(\alpha) + \Phi(\beta) - 2\Phi(\sigma) = \int_0^\delta [\Phi''(\sigma + u) + \Phi''(\sigma - u)](\delta - u)\, du.$$

La fonction Φ'' vaut $1/x$, et est donc convexe sur le domaine qui nous intéresse. Nous avons

$$\Phi''(\sigma + u) + \Phi''(\sigma - u) \le 2\Phi''(\sigma) = \frac{2}{\sigma} \le 2,$$

ce qui nous donne le résultat annoncé. $\qquad\square$

Ceci achève la démonstration du théorème de NELSON. Remarquons qu'au passage, nous avons démontré le résultat équivalent sur l'espace $\{-1, +1\}^n$, en remplaçant le semigroupe d'ORNSTEIN-UHLENBECK par le semigroupe tensorisé $\mathbf{P^1}_t^{\otimes n}$. Ce résultat admet comme conséquence un résultat bien connu :

Corollaire 1.6.—*(Inégalité de* KHINTCHINE.*) Soit* (ε_n) *une suite de variables de* BERNOULLI *symétriques indépendantes. Alors, pour toute suite* (α_n) *de réels, on a,* $p \in\,]2, \infty[$,

$$\begin{cases} \{E|\sum_n \alpha_n \varepsilon_n|^p\}^{1/p} \le \sqrt{p-1}\{\sum_n \alpha_n^2\}^{1/2} & si\ p \ge 2, \\[2mm] \{\sum_n \alpha_n^2\}^{1/2} \le (1/\sqrt{p-1})\{E|\sum_n \alpha_n \varepsilon_n|^p\}^{1/p} & si\ 1 < p \le 2. \end{cases}$$

Remarque.—

Les coefficients qui apparaissent dans les inégalités du corollaire sont les meilleurs possibles.

Preuve. On se ramène immédiatement au cas où il n'y a qu'un nombre fini n de variables. Dans ce cas, sur l'espace $\{-1, 1\}^n$, muni de la mesure produit, les applications coordonnées $\omega \to \omega_i$ forment une suite finie de variables de BERNOULLI indépendantes. Si nous appelons $f(\omega)$ la fonction $\sum_i \alpha_i \omega_i$, nous avons $\mathbf{P^1}_t^{\otimes n}(f) = e^{-t}f$, et le résultat d'hypercontractivité donne, pour $p_2 = 1 + e^{2t}(p_1 - 1)$,

$$e^{-t}\|f\|_{p_2} \le \|f\|_{p_1}.$$

L'inégalité de KINTCHINE pour $p \ge 2$ découle des choix $p_1 = 2$, $p_2 = p$, tandis que l'autre inégalité découle des choix $p_2 = 2$, $p_1 = p$. $\qquad\square$

Remarquons que l'inégalité du corollaire précédent s'obtient en appliquant le théorème d'hypercontractivité à l'espace propre du générateur de $\mathbf{P^1}_t^{\otimes n}$ associé à la première valeur propre non nulle (le premier chaos). Nous obtiendrions un résultat semblable (avec d'autres constantes) sur n'importe quel espace propre : ceux-ci sont formés dans cet exemple des polynômes homogènes de degré k en les variables ω_i (Chaos d'ordre k). Un résultat analogue est bien sûr également vrai pour la mesure gaussienne.

L'inégalité de BABENKO

Les liens que nous avons montré plus haut entre le semigroupe d'ORNSTEIN-UHLEN-BENCK et la transformation de FOURIER permettent de ramener certaines inégalités de l'analyse de $\mathbb{R}^n$ à des propriétés de ce semigroupe. Nous allons exposer ici une illustration de cette méthode due à BECKNER. On commence par énoncer un résultat analogue au théorème de NELSON pour un paramètre complexe :

Théorème 1.7.—*Soit p un réel de $]1,2]$. Pour $t = -\frac{1}{2}\log(p-1) + i\pi/2$, et si q désigne l'exposant conjugué de $p : q = p/(p-1)$, on a*

$$\|\mathbf{P}_t f\|_q \leq \|f\|_p.$$

Preuve. Ce résultat est analogue au théorème de NELSON, bien qu'en fait il soit tout à fait spécifique au semigroupe envisagé. Nous verrons dans la suite du cours de nombreuses démonstrations différentes du théorème de NELSON, se prêtant à différentes généralisations. Aucune de celles-ci ne s'appliquera à ce résultat de BECKNER, qui reste finalement assez mystérieux.

Nous nous contenterons d'exquisser les grandes lignes de la preuve de BECKNER : on suit la même méthode que celle employée pour le théorème de NELSON, et on se ramène à démontrer l'inégalité analogue pour le semigroupe $\mathbf{P}_t^1$ sur l'espace $\{-1,1\}$. Cela revient alors à voir que, pour deux exposants conjugués p et q, en posant $z = \dfrac{i}{\sqrt{p-1}}$, on a, pour tout couple (a,b) de nombres complexes,

$$\left[\frac{|a+zb|^q + |a-zb|^q}{2}\right]^{1/q} \leq \left[\frac{|a+b|^p + |a-b|^p}{2}\right]^{1/p}.$$

Le lemme de tensorisation permet alors de passer à $\{-1,+1\}^n$, puis on prend l'image par l'application $(\omega_i) \rightarrow \frac{1}{\sqrt{n}}\sum_{i=1}^n \omega_i$. Le passage à la limite dans l'inégalité ainsi obtenue est beaucoup plus délicat que dans le cas réel : nous nous sommes en effet servis pour le justifier plus haut d'un argument utilisant la positivité des opérateurs $\mathbf{P}_t$, qui devient caduque dans le cas complexe. Nous renvoyons à [Be] pour les détails.

Le résultat précédent permet d'établir l'inégalité de BABENKO. Dans l'énoncé qui suit, la norme $\|\cdot\|_p$ désigne la norme d'une fonction dans $\mathbf{L}^p(\mathbb{R}^n, dx/(\sqrt{2\pi})^n)$. L'opérateur $\mathbf{F}$ est la transformation de FOURIER que nous avons introduite plus haut.

Théorème 1.8.—*Si $p \in]1,2]$, et si q désigne l'exposant conjugué de p, on a*

$$\|\mathbf{F}f\|_q \leq \left\{\frac{p^{1/p}}{q^{1/q}}\right\}^{n/2}\|f\|_p.$$

L'intérêt principal de cette inégalité est que la constante qui apparaît ici est la meilleure possible. Nous renvoyons à [Be] pour plus de détails sur l'inégalité de BABENKO et ses liens avec l'inégalité de YOUNG.

Preuve. On se ramène immédiatement au cas $n = 1$ grâce au lemme de tensorisation. Ensuite, pour éviter les confusions, nous noterons $\| \cdot \|_{p,G}$ la norme L^p pour la mesure gaussienne et $\| \cdot \|_{p,L}$ celle associée à la mesure de LEBESGUE normalisée :

$$\|f\|_{p,G} = \{ \int f(x)^p \exp(-x^2/2) \, \frac{dx}{\sqrt{2\pi}} \}^{1/p}; \; \|f\|_{p,L} = \{ \int f(x)^p \, \frac{dx}{\sqrt{2\pi}} \}^{1/p}.$$

Rappelons d'autre part que nous avons appelé M l'opérateur de multiplication par $\exp(-x^2/2)$, et désignons par T_α l'homothétie de rapport α : $T_\alpha(f)(x) = f(\alpha x)$. Nous avons déjà vu que

$$P_{-i\pi/2} = T_{\sqrt{2}}^{-1} M^{-1} F M T_{\sqrt{2}}.$$

Nous voyons immédiatement que

$$\|T_{1/\sqrt{p}} M^{-1} f\|_{p,G} = p^{1/2p} \|f\|_{p,L}.$$

D'un autre côté, la formule 1.7 nous montre que

$$P_t T_\alpha = T_\beta P_{t'},$$

pourvu que les coefficients α, β, t, t' soient liés par les relations :

$$\beta = \alpha \exp(t' - t); \; 1 - \exp(-2t') = \alpha^2 (1 - \exp(-2t)).$$

Ceci reste bien entendu vrai lorsque t et $'$ sont complexes, à condition que les coefficients α et β restent réels. En particulier, pour, $t' = -i\pi/2$ et $0 < \beta < 2$, nous avons $\alpha = \sqrt{2 - \beta^2}$ et $t = -i\pi/2 + \lambda$, avec $\exp(\lambda) = \alpha/\beta$.

Choisissons $p \in]1, 2]$ et posons $q = p/(p-1)$. Nous allons appliquer la formule précédente avec $\beta = \sqrt{2/q}$, auquel cas $\alpha = \sqrt{2/p}$ et $\lambda = -\frac{1}{2}\log(p-1)$. Nous écrivons alors

$$\begin{aligned}
\sqrt{q^{1/q}} \|Ff\|_{q,L} &= \|T_{1/\sqrt{q}} M^{-1} Ff\|_{q,G} \\
&= \|T_{1/\sqrt{q}} T_{\sqrt{2}} P_{-i\pi/2} T_{1/\sqrt{2}} M^{-1} f\|_{p,L} \\
&= \|P_{-i\pi/2+\lambda} T_{1/\sqrt{p}} M^{-1} f\|_{p,L} \\
&\leq \|T_{1/\sqrt{p}} M^{-1} f\|_{p,G} = \sqrt{p^{1/p}} \|f\|_{p,L}.
\end{aligned}$$

C'est le résultat que nous voulions démontrer. $\qquad\qquad\Box$

Une autre démonstration du théorème de NELSON.

Signalons enfin, pour terminer ce chapitre, une démonstration très simple du théorème de NELSON, due à NEVEU [Nev]. Nous recopions rapidement sa démonstration, dans $\mathbb{R}$.

Partons de la formule $P_t f(x) = E[f(X_t)/X_0 = x]$, où le couple (X_t, X_0) est gaussien, centré, de matrice de covariance

$$\begin{pmatrix} 1 & e^{-t} \\ e^{-t} & 1 \end{pmatrix}.$$

Tout revient donc à démontrer que, si (X, Y) est un couple gaussien centré ayant cette covariance, et si f et g sont deux fonctions bornées, on a

$$E[f(X)g(Y)] \leq \|f(X)\|_p \|g(Y)\|_{q'},$$

où q' est l'exposant conjugué de $q = 1 + \exp(2t)(p-1)$. On se ramène immédiatement au cas où les fonctions f et g sont positives, bornées supérieurement et inférieurement. Dans ce cas, posons pour simplifier $\theta = \exp(-t)$, $r = 1/p$, $r' = 1/q'$, et $f_1 = f^p$, $g_1 = g^{q'}$. On est donc amené à montrer que

$$E[f_1^r(X)g_1^{r'}(Y)] \leq \{E[f_1(X)]\}^r \{E[g_1(Y)]\}^{r'}.$$

Considérons alors deux mouvements browniens sur la même filtration, (X_s, Y_s), de crochet $\langle X_s, Y_s \rangle = \theta s$. Nous pouvons sans perdre de généralité supposer que $X = X_1$ et $Y = Y_1$. Appliquons le théorème de représentation prévisible à chacun de ces deux browniens : il existe deux processus prévisibles H_s et K_s, tels que

$$f_1(X_1) = E[f_1(X_1)] + \int_0^1 H_s \, dX_s \; ; \; g_1(Y_1) = E[g_1(Y_1)] + \int_0^1 K_s \, dY_s.$$

Considérons alors les martingales M_s et N_s définies par

$$M_s = E[f_1(X_1)] + \int_0^s H_u \, dX_u \; ; \; N_s = E[g_1(Y_1)] + \int_0^s K_u \, dY_u :$$

ces sont des martingales positives bornées supérieurement et inférieurement. Appelons $\Phi(x, y)$ la fonction $x^r y^{r'}$. La formule à démontrer s'écrit

$$E[\Phi(M_1, N_1)] \leq E[\Phi(M_0, N_0)].$$

Il suffit donc de montrer que le processus $\Phi(M_s, N_s)$ est une surmartingale. Pour cela, appliquons la formule d'ITO. Il vient

$$d\Phi(M_s, N_s) = \Phi_x'(M_s, N_s)H_s \, dX_s + \Phi_y'(M_s, N_s)K_s \, dY_s$$
$$+ \frac{1}{2}\{\Phi_{xx}''(M_s, N_s)H_s^2 + 2\theta\Phi_{xy}''(M_s, N_s)H_s K_s + \Phi_{yy}''(M_s, N_s)K_s^2\} \, ds.$$

Compte tenu de la valeur de la fonction Φ, la partie à variation finie de la décomposition précédente s'écrit

$$\frac{1}{2}M_s^{r-2}N_s^{r'-2}\{r(r-1)N_s^2 H_s^2 + 2\theta r r' N_s H_s M_s K_s + r'(r'-1)K_s^2 M_s^2\}.$$

Il suffit donc pour savoir que notre processus est une surmartingale que la forme quadratique

$$r(r-1)X^2 + 2\theta r r' XY + r'(r'-1)Y^2$$

soit négative. Compte tenu de ce que $r \in [0, 1]$, cela se ramène à l'inégalité

$$\theta^2 r r' \leq (r - 1)(r' - 1).$$

Ceci s'écrit encore $q - 1 \leq \exp(2t)(p - 1)$, ce qui est la valeur donnée par le théorème de NELSON. □

2— Semigroupes à noyaux positifs.

Dans ce chapitre, nous décrivons le cadre général des semigroupes à noyaux positifs dans lequel nous travaillerons par la suite. Bien qu'on ne s'intéressera plus tard qu'aux semigroupes markoviens en mesure invariante, nous serons, pour des raisons techniques, amenés à travailler en fait avec des semigroupes plus généraux.

Nous exposerons en outre les deux exemples fondamentaux les plus simples que nous avons en tête : les semigroupes de MARKOV irréductibles sur les espaces finis et les semigroupes de diffusion elliptiques sur les variétés compactes. Dans ces deux cadres, toutes les difficultés liées aux problèmes d'analyse des opérateurs non bornés sont évacuées. Ils permettent aussi de suivre les distinctions importantes qu'il y a entre les semigroupes de diffusion et les autres.

Dans toute la suite, nous considérerons un espace probabilisé $(\mathbf{E}, \mathcal{F}, \mu)$. Dans de nombreux cas, nous pourrions remplacer cet espace par un espace muni d'une mesure σ-finie. Nous ne le ferons pas pour ne pas compliquer les choses. On notera $\langle f \rangle$ l'intégrale $\int_{\mathbf{E}} f \, d\mu$ d'une fonction mesurable intégrable réelle ou complexe. De même, nous noterons $\langle f, g \rangle$ le produit scalaire $\langle fg \rangle$ de deux fonctions de $\mathbf{L}^2(\mu)$. De plus, la norme d'une fonction f de $\mathbf{L}^p(\mu)$ sera notée $\|f\|_p$.

L'objet fondamental auquel nous nous intéresserons est un semigroupe d'opérateurs $\mathbf{P}_t$, agissant sur les fonctions mesurables bornées définies sur $\mathbf{E}$ à l'aide d'un noyau de transition $p_t(x, dy)$:

$$\mathbf{P}_t(f)(x) = \int_{\mathbf{E}} f(y) \, p_t(x, dy).$$

Nous supposerons toujours que les mesures $p_t(x, dy)$ sont positives et bornées. Pour éviter les complications nous demanderons aussi à ces mesures d'être bornées inférieurement et supérieurement : il existe deux fonctions continues $0 < c(t) \leq C(t) < \infty$ telles que

$$\forall t, \quad c(t) < \int_{\mathbf{E}} p_t(x, dy) < C(t).$$

Nous demanderons aux opérateurs $\mathbf{P}_t$ de se prolonger en opérateurs bornés sur $\mathbf{L}^2(\mu)$: $\|\mathbf{P}_t f\|_2 \leq C_1(t) \|f\|_2$. Nous supposerons de plus que les deux propriétés suivantes sont satisfaites :

1) (Propriété de semigroupe) $\mathbf{P}_t \circ \mathbf{P}_s = \mathbf{P}_{t+s}$; $\mathbf{P}_0 = \mathbf{I}$.

2) (Continuité dans $\mathbf{L}^2(\mu)$) : $\forall f \in \mathbf{L}^2(\mu)$, $\mathbf{P}_t f \underset{\mathbf{L}^2(\mu)}{\to} f$, lorsque $t \to 0$.

Remarque.—

La propriété de semigroupe montre qu'on peut alors choisir $C_1(t)$ de la forme $M \exp(mt)$ (voir par exemple [Yos]).

Parmi les semigroupes qui nous intéressent, il y a ceux qui se représentent par des mesures de probabilité :

Nous dirons qu'un semigroupe est **markovien** si $P_t(1) = 1$. Nous dirons qu'il est **sous-markovien** si $P_t(1) \leq 1$.

Les semigroupes markoviens sont naturellement associés aux processus de MARKOV (X_t) vivant sur l'espace **E** par la formule

$$E[f(X_t)/X_0 = x] = P_t(f)(x).$$

De même, les semigroupes sous-markoviens sont associés aux processus à durée de vie finie. Si τ désigne la durée de vie du processus, la relation s'écrit alors

$$E[f(X_t)1_{t<\tau}/X_0 = x] = P_t(f)(x).$$

Nous renvoyons à n'importe quel ouvrage d'introduction aux processus de MARKOV pour la construction du processus (X_t) à partir du semigroupe P_t (voir par exempe [BG]).

Bien qu'on s'intéresse principalement ici aux semigroupes markoviens, nous serons amenés pour des raisons techniques à travailler avec des semigroupes qui ne sont pas sous-markoviens, et pour lesquels nous ne disposons pas d'interprétation probabiliste aussi simple.

Domaines.

Nous noterons $\mathcal{D}_2(\mathbf{L})$ le domaine dans $\mathbf{L}^2(\mu)$ du générateur $\mathbf{L}$ de P_t : $\mathcal{D}_2(\mathbf{L})$ est l'espace des fonctions f de $\mathbf{L}^2(\mu)$ pour lesquelles la limite

$$\mathbf{L}(f) = \lim_{t \to 0} \frac{1}{t}(P_t f - f)$$

existe. On sait, grâce à la théorie des semigroupes bornés dans un espace de BANACH que le domaine est un sous-espace dense de $\mathbf{L}^2(\mu)$ (voir par exemple [Yos]). La topologie du domaine est alors définie par

$$\|f\|_{\mathcal{D}_2} = \|f\|_2 + \|\mathbf{L}f\|_2.$$

On sait que le semigroupe P_t laisse stable $\mathcal{D}_2(\mathbf{L})$, et que, pour toute fonction f du domaine, on a, au sens de $\mathbf{L}^2(\mu)$,

$$\frac{\partial}{\partial t}P_t f = P_t \mathbf{L}f = \mathbf{L}P_t f. \tag{2.1}$$

Réciproquement, l'opérateur $\mathbf{L}$ et son domaine $\mathcal{D}_2(\mathbf{L})$ déterminent entièrement le semigroupe P_t : il y a un unique semigroupe P_t d'opérateurs bornés sur $\mathbf{L}^2(\mu)$ satisfaisant à l'équation (2.1) pour toutes les fonctions f de $\mathcal{D}_2(\mathbf{L})$.

La description précédente explique le rôle joué par l'équation de la chaleur associée $\mathbf{L}$ dans la construction du semigroupe. C'est en résolvant l'équation

$$\frac{\partial}{\partial t}\hat{f}(x,t) = \mathbf{L}\hat{f}(x,t) \; ; \; \hat{f}(x,0) = f(x) \tag{2.2}$$

que l'on détermine $P_t(f)(x) = \hat{f}(x,t)$. Ici il faut faire attention à ce que le semigroupe n'est déterminé qu'à condition de résoudre cette équation pour toutes les fonctions f du domaine: deux opérateurs L_1 et L_2 peuvent coïncider sur un sous-espace dense de $L^2(\mu)$, et donner naissance à des semigroupes différents. Il suffit pour s'en convaincre de considérer le cas de l'opérateur $L = \dfrac{\partial^2}{\partial x^2}$ sur l'intervalle $]-1,1[$, muni de la mesure de LEBESGUE: les semigroupes du mouvement brownien tué au bord et réfléchi au bord sont différents, et pourtant leurs générateurs coincident avec $\dfrac{\partial^2}{\partial x^2}$ sur les fonctions de classe $\mathcal{C}^\infty$ à support compact sur $]-1,1[$. Ce qui différentie ces deux semigroupes, c'est la classe des fonctions qui sont dans le domaine: l'un ne contient que des fonctions nulles au bord, tandis que l'autre ne contient que des fonctions à dérivée nulle au bord.

En fait, il suffit pour déterminer P_t de connaître l'opérateur L sur une partie de $\mathcal{D}_2(L)$, dense pour la topologie du domaine. C'est ainsi que nous sont en général donnés les semigroupes.

En effet, c'est l'opérateur L que l'on connait, et non le semigroupe lui même, pour lequel il est rare d'avoir des formules exactes comme au chapitre précédent. De plus, on ne connait pas en général le domaine de façon explicite, mais seulement une partie dense de celui-ci. L'hypothèse que nous ferons désormais est la suivante:

Hypothèse (A1).

Il existe une classe $\mathcal{A}$ de fonctions bornées, contenant les constantes, dense dans $\mathcal{D}_2(L)$, dense dans tous les espaces $L^p(\mu)$, $p \in [1,\infty[$, stable par L et stable par composition avec les fonctions de classe $\mathcal{C}^\infty$ de plusieurs variables. De plus, nous demanderons à $\mathcal{A}$ de satisfaire l'hypothèse technique suivante:

(HT) *Si f_n est une suite de fonctions de $\mathcal{A}$ qui converge vers f dans $\mathcal{D}_2$, et si Φ : $\mathbb{R} \to \mathbb{R}$ est une fonction bornée de classe $\mathcal{C}^\infty$ ayant toutes ses dérivées bornées, on peut extraire de la suite $\Phi(f_n)$ une sous-suite $\Phi(f_{n_k})$ qui converge vers $\Phi(f)$ dans $L^1(\mu)$ tandis que $L\Phi(f_{n_k})$ converge dans $L^1(\mu)$ vers $L\Phi(f)$.*

Dans l'exemple du semigroupe d'ORNSTEIN-UHLENBECK étudié au chapitre précédent, on peut choisir pour $\mathcal{A}$ la classe des fonctions de classe $\mathcal{C}^\infty$ sur $\mathbb{R}^n$ dont les dérivées sont à décroissance rapide. Remarquons que cette algèbre est aussi stable par l'opérateur P_t. Le seul point délicat est de montrer que cette classe est dense dans le domaine. Ceci découle d'une propriété très générale que nous énoncerons plus bas. Nous aurions aussi pu choisir pour $\mathcal{A}$ la classe des fonctions somme d'une constante et d'une fonction $\mathcal{C}^\infty$ à support compact. Celle-ci n'aurait pas été stable pour P_t.

Remarques.—

1– Les hypothèses impliquent que $\mathcal{A}$ est une algèbre de fonctions. D'autre part, la fonction 1 étant dans $\mathcal{A}$, on voit immédiatement que le semigroupe est markovien si et seulement si $L(1) = 0$.

2– L'hypothèse que $\mathcal{A}$ contienne les constantes n'est bien sûr raisonnable que lorsque μ est une probabilité. Si μ est une mesure de masse infinie, il faut la supprimer. Dans ce cas, nous ne demanderons pas à $\mathcal{A}$ d'être stable par composition avec les fonctions $\mathcal{C}^\infty$, mais seulement avec les fonctions $\mathcal{C}^\infty$ qui sont nulles en 0. (Penser au cas où $\mathcal{A}$ est l'algèbre des fonctions $\mathcal{C}^\infty$ à support compact sur une variété non compacte.) Nous appelerons cette hypothèse (**A2**).

Il n'est pas facile en général de déterminer si une famille donnée est dense dans le domaine. Nous nous servirons souvent de la propriété suivante :

Proposition 2.1.—*Si un sous-espace vectoriel $\mathcal{A}$ de $\mathcal{D}_2$ dense dans $\mathbf{L}^2(\mu)$ est stable par $\mathbf{L}$ et par $\mathbf{P}_t$, alors il est dense dans $\mathcal{D}_2$.*

Preuve. Rappelons tout d'abord que $\|\mathbf{P}_t f\| \le M \exp(mt)\|f\|$. Choisissons alors un réel $\lambda > m$, et considérons le λ-potentiel $\mathcal{R}_\lambda(f) = \int_0^\infty \mathbf{P}_t(f) \exp(-\lambda t)\,dt$. On sait que cet opérateur est borné de $\mathbf{L}^2(\mu)$ dans $\mathcal{D}_2$, et qu'on a

$$\mathbf{L}\mathcal{R}_\lambda = \mathcal{R}_\lambda \mathbf{L} = \lambda \mathcal{R}_\lambda - I.$$

(Voir par exemple [Yos].) Le sous espace $\mathcal{A}$ étant dense dans $\mathbf{L}^2(\mu)$, $\mathcal{R}_\lambda(\mathcal{A})$ est dense dans $\mathcal{D}_2$. Pour un élément f de $\mathcal{D}_2$, considérons alors une suite (g_n) d'éléments de $\mathcal{A}$, telle que $\mathcal{R}_\lambda(g_n)$ converge vers f dans $\mathbf{L}^2(\mu)$, tandis que $\mathcal{R}_\lambda(\mathbf{L}g_n)$ converge vers $\mathbf{L}f$. Les fonctions $\mathcal{R}_\lambda(g_n)$ et $\mathcal{R}_\lambda(\mathbf{L}g_n)$ étant définies par des intégrales, on peut les approcher dans $\mathbf{L}^2(\mu)$ par des sommes de RIEMANN

$$U_n = \sum_{k \le 2^{2m_n}} \frac{1}{2^{m_n}} \mathbf{P}_{k/2^{m_n}}(g_n) \exp(-\lambda k/2^{m_n}) \text{ et}$$

$$\mathbf{L}(U_n) = \sum_{k \le 2^{2m_n}} \frac{1}{2^{m_n}} \mathbf{P}_{k/2^{m_n}}(\mathbf{L}g_n) \exp(-\lambda k/2^{m_n})$$

respectivement. Le sous-espace vectoriel $\mathcal{A}$ étant stable par $\mathbf{L}$ et par $\mathbf{P}_t$, les fonctions U_n et $\mathbf{L}U_n$ sont dans $\mathcal{A}$. C'est donc une suite d'éléments de $\mathcal{A}$ qui converge vers f au sens du domaine. $\square$

Remarque.—
Le même raisonnement (en plus simple), montre que $\mathcal{A}$ est dense dans le domaine dès que $\mathcal{A}$ est stable par $\mathcal{R}_\lambda$.

Parmi les semigroupes markoviens, une classe importante est composée des semigroupes de diffusion. Nous en donnerons ici une définition en termes de l'algèbre $\mathcal{A}$. Pour cela, nous introduisons une nouvelle notion, associée à un semigroupe markovien :

Opérateur carré du champ.

Pour tout couple (f, g) de fonctions de $\mathcal{A}$, le carré du champ de f et g est la quantité

$$\Gamma(f, g) = \frac{1}{2}\{L(fg) - fLg - gLf\}.$$

Propriété de diffusion.

Définition.— *On dit que* P_t *est un semigroupe de diffusion si, pour toute famille finie* $(f_1, \ldots, f_n)$ *d'éléments de $\mathcal{A}$, et pour toute fonction de classe $\mathcal{C}^\infty$ $\Phi : \mathbb{R}^n \to \mathbb{R}$, on a*

$$L\Phi(f_1, \ldots, f_n) = \sum_i \frac{\partial \Phi}{\partial x_i}(f_1, \cdots, f_n)Lf_i + \sum_{ij} \frac{\partial^2 \Phi}{\partial x_i \partial x_j}(f_1, \ldots, f_n)\Gamma(f_i, f_j). \qquad (2.3)$$

Nous voyons que, par définition, un semigroupe de diffusion vérifie nécessairement $L(1) = 0$, et donc est markovien. Cette définition signifie simplement qu'en tant qu'opérateur sur l'algèbre $\mathcal{A}$, L est un opérateur différentiel du second ordre sans terme constant.

Si nous appliquons la formule (2.3) à $\Phi(f, g, h) = fgh$, nous voyons qu'alors l'opérateur $\Gamma(f, g)$ est une dérivation de chacun de ses arguments :

$$\Gamma(fg, h) = f\Gamma(g, h) + g\Gamma(f, h).$$

Réciproquement, cette propriété de l'opérateur Γ permet d'établir (2.3) pour toutes les fonctions Φ qui sont des polynômes.

Plus généralement, si P_t est un semigroupe de diffusion, alors on a

$$\Gamma(\Phi(f), g) = \Phi'(f)\Gamma(f, g).$$

Dans tout ce qui va suivre, l'opérateur carré du champ va jouer un rôle important, même lorsque le semigroupe n'est pas une diffusion. En effet, une propriété fondamentale des semigroupes markoviens est la positivité du carré du champ :

$$\forall f \in \mathcal{A}, \quad \Gamma(f, f) \geq 0.$$

Pour le voir, rappelons que si le semigroupe est markovien, l'opérateur P_t se représente par un noyau de probabilités. Pour tout x, $p_t(x, dy)$ est une probabilité. On a donc

$$P_t(f^2) \geq (P_t f)^2. \qquad (2.4)$$

D'autre part, on voit sur la définition du carré du champ que

$$\Gamma(f, g) = \lim_{t \to 0} \frac{1}{2t}\{P_t(fg) - P_t(f)P_t(g)\}. \qquad (2.5)$$

En comparant (2.4) et (2.5), nous voyons donc que, pour tout f de $\mathcal{A}$, on a $\Gamma(f, f) \geq 0$.

Ceci explique le rôle particulier joué par les opérateurs du second ordre dans l'étude des semigroupes markoviens. Les seuls opérateurs différentiels **L** sur l'algèbre $\mathcal{A}$ qui sont tels que l'opérateur associé Γ soit positif sont les opérateurs différentiels du second

La positivité du carré du champ est en fait un cas particulier d'une propriété plus générale. Pour toute fonction convexe Φ dérivable et tout élément f de $\mathcal{A}$, on a

$$\mathbf{L}(\Phi(f)) \geq \Phi'(f)\mathbf{L}(f). \tag{2.6}$$

En effet, l'inégalité de JENSEN pour les mesures de probabilité $p_t(x, dy)$ permet d'écrire

$$\mathbf{P}_t(\Phi(f)) \geq \Phi(\mathbf{P}_t(f)).$$

En $t = 0$, les deux membres de l'inégalité précédente sont égaux, et on obtient le résultat en dérivant en $t = 0$. La positivité de l'opérateur carré du champ n'est rien d'autre que (2.6) pour $\Phi(x) = x^2$. (*)

La propriété de diffusion est liée aux propriétés de régularité des trajectoires du processus (X_t) associé à $\mathbf{P}_t$. Dans la mesure où nous n'avons pas mis sur **E** de topologie, la régularité des trajectoires se lit sur les fonctions f de $\mathcal{A}$. Si $\mathbf{P}_t$ est un semigroupe de diffusion, alors les processus $f(X_t)$ sont à trajectoires continues (voir [BE3], par exemple).

Voici les deux exemples génériques que nous avons en tête.

Exemple 1.

L'espace $(\mathbf{E}, \mathcal{F}, \mu)$ est un espace fini, muni de la tribu formée de toutes ses parties, μ est une mesure qui charge tous les points. Appelons N le nombre de points de **E**. L'algèbre $\mathcal{A}$ est l'espace vectoriel de toutes les fonctions numériques définies sur **E**: c'est un espace vectoriel de dimension N. L'opérateur **L** se décrit par une matrice $(L_{ij}), (i, j) \in \mathbf{E} \times \mathbf{E}$, de telle façon que

$$\mathbf{L}(f)(i) = \sum_j L_{ij} f(j).$$

L'opérateur $\mathbf{P}_t$ se représente de même par une matrice $P_{t,ij}$, et l'équation (2.1) montre qu'en fait, $\mathbf{P}_t = \exp(t\mathbf{L})$, l'exponentielle étant ici l'exponentielle usuelle d'une matrice. Le caractère positif de $\mathbf{P}_t$ se traduit par le fait que tous les éléments $P_{t,ij}$ de $\mathbf{P}_t$ sont positifs. C'est alors un exercice élémentaire sur les matrices de voir que cette propriété est équivalente à

$$\forall i \neq j, \ L_{ij} \geq 0.$$

(*) Il y a là une question simple à laquelle je ne sais pas répondre en toute généralité: étant donné un opérateur **L** agissant sur une algèbre de fonctions réelles, contenant les constantes, avec $\mathbf{L}(1) = 0$, est-ce que la propriété (2.6), qui garde un sens pour tous les polynômes Φ convexes, est une conséquence de la positivité de l'opérateur Γ? C'est vrai lorsque l'algèbre est celle de toutes les fonctions sur un ensemble fini, ou bien lorsque la propriété de diffusion a lieu, mais je n'ai réussi à l'établir en toute généralité que pour les polynômes convexes Φ de degré inférieur ou égal à 6.

Le semigroupe est markovien (resp. sous-markovien) ssi, pour tout i de $\mathbf{E}$, $\sum_i L_{ij} = 0$ (resp $\sum_i L_{ij} \leq 0$). Le carré du champ s'écrit alors, pour un semigroupe markovien,

$$\Gamma(f,g)(i) = \frac{1}{2} \sum_j L_{ij} \{f(i) - f(j)\} \{g(i) - g(j)\}.$$

Remarquons que cette formule est valable pour tout opérateur $\mathbf{L}$ tel que $\mathbf{L}(1) = 0$, et donc que, pour un tel opérateur, la positivité du carré du champ est équivalente à la positivité du semigroupe associé à $\mathbf{L}$. Remarquons aussi que, dans ce cas, le seul opérateur de diffusion est $\mathbf{L} = 0$.

Exemple 2.

L'espace $(\mathbf{E}, \mathcal{F}, \mu)$ est une variété de classe $\mathcal{C}^\infty$, compacte connexe, de dimension n, munie de sa tribu borélienne et d'une mesure équivalente à la mesure de LEBESGUE. L'algèbre $\mathcal{A}$ est la classe de toutes les fonctions $\mathcal{C}^\infty$, et l'opérateur $\mathbf{L}$ est un opérateur différentiel du second ordre, qui s'écrit dans un système de coordonnées

$$\mathbf{L}(f)(x) = \sum_{ij} g^{ij}(x) \frac{\partial^2 f}{\partial x^i \partial x^j} + \sum_i b^i(x) \frac{\partial f}{\partial x^i} + V(x) f(x),$$

où les fonctions $g^{ij}(x)$, $b^i(x)$ et $V(x)$ sont de classe $\mathcal{C}^\infty$, et où la matrice $(g^{ij}(x))$ est en tout point x positive non dégénérée. Dans ces conditions, l'opérateur $\mathbf{L}$ est elliptique, et toute solution de l'équation (2.1) avec f dans $\mathcal{A}$ est telle que $\mathbf{P}_t f$ est dans $\mathcal{A}$. D'après la proposition 2.1, $\mathcal{A}$ est dense dans $\mathcal{D}_2$. Le semigroupe est markovien (resp. sous-markovien) ssi $V(x) = 0$ (resp $V(x) \leq 0$) et, lorsque le semigroupe est markovien, le carré du champ s'écrit

$$\Gamma(f,g) = \sum_{ij} g^{ij} \frac{\partial f}{\partial x^i} \frac{\partial g}{\partial x^j}.$$

C'est de cette expression que vient l'appellation "carré du champ". En effet, la matrice $(g^{ij}(x))$ fournit, lorsqu'elle est non dégénérée, un champ de tenseurs symétriques sur $\mathbf{E}$. Le tenseur inverse $(g_{ij}(x))$ définit alors sur $\mathbf{E}$ une métrique riemannienne, et $\Gamma(f,f)$ est le carré de la longueur du champ de gradients ∇f calculé dans cette métrique.

Dans cet exemple, le semigroupe $\mathbf{P}_t$, entièrement décrit à partir de $\mathbf{L}$ grâce à la densité de $\mathcal{A}$ dans $\mathcal{D}_2$, est bien évidemment un semigroupe de diffusion.

Remarque.—

Comme dans l'exemple précédent, il est équivalent d'avoir la positivité du carré du champ et l'inégalité (2.6). Nous verrons plus bas que cette propriété elle même est (presque) équivalente à la préservation de la positivité par l'équation de la chaleur. Il serait donc intéressant de savoir si cette équivalence reste vraie en toute généralité, ce qui explique l'origine de la question posée dans la note en bas de la page précédente.

Invariance et réversibilité.

Jusqu'ici, le choix de la mesure μ n'est intervenu qu'à travers l'espace $\mathbf{L}^2(\mu)$. Nous demanderons en fait le plus souvent que μ soit en relation avec le semigroupe à travers l'une des deux propriétés suivantes :

1— On dit que μ est **invariante** par $\mathbf{P}_t$ si, pour toute fonction f de $\mathbf{L}^1(\mu)$, $\mathbf{P}_t f$ est encore dans $\mathbf{L}^1(\mu)$ et $\langle \mathbf{P}_t f \rangle = \langle f \rangle$.

2— On dit que la mesure μ est **réversible** pour $\mathbf{P}_t$ si, pour tout couple de fonctions (f, g) de $\mathbf{L}^2(\mu)$, on a $\langle \mathbf{P}_t f, g \rangle = \langle f, \mathbf{P}_t g \rangle$. (On dit alors également que le semigroupe est symétrique par rapport à μ.)

En fait, la notion de mesure invariante ne sera intéressante pour nous que lorsque le semigroupe $\mathbf{P}_t$ est markovien. Dans ce cas, on a toujours

$$|\mathbf{P}_t f| \leq \mathbf{P}_t |f| \leq \mathbf{P}_t \|f\|_\infty = \|f\|_\infty,$$

et on voit donc que le semigroupe $\mathbf{P}_t$ est une contraction de $\mathbf{L}^\infty(\mu)$. De même, pour $p \in [1, \infty[$, et pour une fonction f de $\mathbf{L}^p(\mu)$, on a

$$\langle |\mathbf{P}_t f|^p \rangle \leq \langle \mathbf{P}_t(|f|^p) \rangle = \langle |f|^p \rangle.$$

On voit donc que $\mathbf{P}_t$ est une contraction de $\mathbf{L}^p(\mu)$, pour tout p dans $[1, \infty]$.

La notion correspondant à celle de mesure invariante pour les semigroupes sous-markoviens serait celle de mesure excessive :

$$\forall f \geq 0, \ \langle \mathbf{P}_t f \rangle \leq \langle f \rangle.$$

Nous n'en aurons pas besoin.

On peut voir sur l'opérateur $\mathbf{L}$ l'invariance de la mesure : μ est invariante si et seulement si, pour toute fonction f de $\mathcal{A}$, $\langle \mathbf{L}f \rangle = 0$. En effet, pour f dans $\mathcal{A}$,

$$\langle \mathbf{L}f \rangle = \frac{d}{dt} \langle \mathbf{P}_t f \rangle |_{t=0},$$

tandis qu'on peut écrire d'un autre côté

$$\langle \mathbf{P}_t f \rangle - \langle f \rangle = \int_0^t \langle \mathbf{P}_s \mathbf{L}f \rangle \, ds.$$

On passe ensuite de $f \in \mathcal{A}$ à $f \in \mathbf{L}^1(\mu)$ par densité de $\mathcal{A}$ dans $\mathbf{L}^1(\mu)$. En particulier, en mesure invariante, on a $\langle \mathbf{L}f^2 \rangle = 0$, pour toute fonction f de $\mathcal{A}$. En appliquant la définition de l'opérateur carré du champ, nous obtenons

$$-\langle \Gamma(f, f) \rangle = \langle f, \mathbf{L}f \rangle \leq 0. \tag{2.7}$$

Ceci permet de voir que, si f_n est une suite d'éléments de $\mathcal{A}$ qui converge vers f dans $\mathcal{D}_2$, alors $\Gamma(f_n - f_m, f_n - f_m)$ converge vers 0 quand n et m tendent vers l'infini. Or, l'opérateur carré du champ est une forme quadratique positive, et on a donc

$$|\Gamma(f,f)^{1/2} - \Gamma(g,g)^{1/2}|^2 \le \Gamma(f-g, f-g).$$

Donc, la suite $\Gamma(f_n, f_n)$ est de CAUCHY dans $L^1(\mu)$, et ceci permet de définir l'opérateur carré du champ pour toutes les fonctions f de $\mathcal{D}_2$.

L'argument précédent permet en outre de voir que, dans le cas des diffusions en mesure invariante finie, l'hypothèse technique (**HT**) faite sur $\mathcal{A}$ est toujours satisfaite. En effet, considérons une suite (f_n) de fonctions de $\mathcal{A}$ qui converge vers f dans $\mathcal{D}_2$, et soit $\Phi : \mathbb{R} \to \mathbb{R}$ une fonction de classe $\mathcal{C}^\infty$ telle que Φ'' soit bornée. Alors,

$$\mathbf{L}\Phi(f_n) = \Phi'(f_n)\mathbf{L}f_n + \Phi''(f_n)\Gamma(f_n, f_n).$$

Quitte à extraire une sous-suite, on peut supposer que (f_n) converge presque sûrement vers f. Φ'' étant bornée, Φ' est uniformément lipchitzienne, et $\Phi'(f_n)\mathbf{L}f_n$ converge vers $\Phi'(f)\mathbf{L}f$ dans $L^1(\mu)$. De même, $\Gamma(f_n, f_n)$ converge vers $\Gamma(f,f)$ dans $L^1(\mu)$ et donc $\Phi''(f_n)\Gamma(f_n, f_n)$ converge vers $\Phi''(f)\Gamma(f,f)$ dans $L^1(\mu)$. C'est ce qu'on voulait démontrer.

Dans le cas markovien, une mesure symétrique est nécessairement invariante :

$$\langle \mathbf{P}_t f \rangle = \langle \mathbf{P}_t f, 1 \rangle = \langle f, \mathbf{P}_t 1 \rangle = \langle f, 1 \rangle = \langle f \rangle.$$

De même que l'invariance, la réversibilité se lit sur l'opérateur $\mathcal{A}$: μ est une mesure réversible si et seulement si, pour tout couple de fonctions (f, g) de $\mathcal{A}$, on a $\langle \mathbf{L}f, g \rangle = \langle f, \mathbf{L}g \rangle$. Ceci découle du même argument utilisé que pour l'invariance.

Pour un semigroupe markovien, ainsi qu'on le verra sur les exemples, l'existence d'une mesure invariante est une propriété générique. Celle-ci sera unique en général, mais ne sera pas nécessairement une probabilité. Cette mesure ne sera réversible que lorsque le générateur aura une structure particulière.

Si μ est une mesure réversible, le semigroupe est symétrique dans $L^2(\mu)$, et son générateur est un opérateur autoadjoint (cf [Yos], par exemple). Cela signifie deux choses :

a) Tout d'abord, l'opérateur $\mathbf{L}$ est symétrique sur son domaine $\mathcal{D}_2$:

$$\forall f, g \in \mathcal{D}_2, \quad \langle \mathbf{L}f, g \rangle = \langle g, \mathbf{L}f \rangle.$$

b) $\mathcal{D}_2$ est le domaine de l'adjoint $\mathbf{L}^*$ de $\mathbf{L}$:

$$\{\forall f \in \mathcal{D}_2, |\langle \mathbf{L}f, g \rangle| \le c(g)\|f\|_2\} \quad \Rightarrow \quad g \in \mathcal{D}_2.$$

Un opérateur autoadjoint admet une décomposition spectrale

$$\mathbf{L} = \int_{\mathbb{R}} \lambda \, dE_\lambda,$$

où E_λ est une résolution de l'identité (c'est à dire une famille croissante continue à droite de projecteurs orthogonaux).

Pour un semigroupe markovien, on a, pour tout couple (f, g) de $\mathcal{A}$,

$$2\langle \mathbf{\Gamma}(f, g) \rangle = \langle \mathbf{L}(fg) \rangle - \langle f, \mathbf{L}g \rangle - \langle g, \mathbf{L}f \rangle.$$

Puisque qu'une mesure réversible est invariante, on a $\langle \mathbf{L}(fg) \rangle = 0$, et donc

$$\langle \mathbf{\Gamma}(f, g) \rangle = -\langle f, \mathbf{L}g \rangle = -\langle g, \mathbf{L}f \rangle. \tag{2.8}$$

L'inégalité (2.7) nous donne, pour toute fonction f de $\mathcal{A}$, $\langle f, \mathbf{L}f \rangle \leq 0$. Puisque $\mathcal{A}$ est dense dans le domaine, la dernière inégalité se prolonge à toutes les fonctions f de celui-ci, et ceci montre que le spectre de $\mathbf{L}$ (le support de la mesure dE_λ) est porté par $[0, \infty[$. Remarquons que 0 est toujours valeur propre, de vecteur propre 1.

Quitte à changer λ en $-\lambda$ dans la décomposition spectrale précédente, on a donc

$$\mathbf{L} = -\int_0^\infty \lambda \, dE_\lambda \; ; \quad \mathbf{P}_t = \int_0^\infty \exp(-\lambda t) \, dE_\lambda,$$

et, au sens des opérateurs autoadjoints, $\mathbf{P}_t$ est bien l'exponentielle de $t\mathbf{L}$. Cette formule montre que, lorsque t converge vers l'infini, $\mathbf{P}_t(f)$ converge dans $\mathbf{L}^2(\mu)$ vers $E_0(f)$, c'est à dire vers la projection de f sur l'espace propre associé à la valeur propre 0. On appelle cet espace l'espace des fonctions invariantes car c'est l'ensemble des fonctions f de $\mathbf{L}^2(\mu)$ telles que $\mathbf{P}_t(f) = f$. Si cet espace est réduit aux fonctions constantes, alors cette projection vaut $\langle f \rangle$, et donc $\mathbf{P}_t(f) \to \langle f \rangle$, lorsque $t \to \infty$, dans $\mathbf{L}^2(\mu)$. Le critère élémentaire suivant est alors bien utile pour établir que l'espace des fonctions invariantes est réduit aux constantes :

Proposition 2.2.—*Soit $\mathbf{P}_t$ un semigroupe markovien symétrique par rapport à la mesure μ dont toutes les fonctions invariantes sont dans $\mathcal{A}$. Si les seules fonctions de $\mathcal{A}$ telles que $\mathbf{\Gamma}(f, f) = 0$ sont les fonctions constantes, alors les fonctions invariantes sont constantes.*

Preuve. Soit f une fonction invariante : f est dans $\mathcal{A}$ et $\mathbf{L}f = 0$. D'après (2.8), on a alors $\langle \mathbf{\Gamma}(f, f) \rangle = 0$. Puisque cette fonction est positive, ceci implique que $\mathbf{\Gamma}(f, f) = 0$ et donc par hypothèse que f est constante. $\qquad\Box$

De façon générale, lorsque le semigroupe est markovien et que la mesure μ est invariante, nous dirons que le semigroupe est ergodique si $\mathbf{P}_t(f)$ converge vers $\langle f \rangle$, dans $\mathbf{L}^2(\mu)$, lorsque $t \to \infty$.

Parmi les semigroupes symétriques ergodiques, certains le sont mieux que d'autres : ce sont ceux pour lesquels il y a un trou dans le spectre de $\mathbf{L}$. Ceci signifie qu'il existe une constante $\lambda_0 > 0$ telle que le spectre de $\mathbf{L}$ soit inclus dans $\{0\} \bigcup [\lambda_0, \infty[$. Dans ce cas, la convergence a lieu de façon exponentielle

$$\forall f \in \mathbf{L}^2(\mu), \quad \|\mathbf{P}_t(f) - \langle f \rangle\|_2 \leq \exp(-\lambda_0 t) \|f\|_2, \tag{TS1}$$

et cette inégalité est équivalente au trou spectral. Le plus grand réel λ_0 satisfaisant cette inégalité s'appelle le trou spectral. L'inégalité (TS1) peut bien sûr s'énoncer lorsque la mesure μ est seulement invariante. On a dans tous les cas l'équivalence suivante

Proposition 2.3.—*Soit* $\mathbf{P}_t$ *un semigroupe markovien pour lequel la mesure* μ *est invariante . L'inégalité* (TS1) *est équivalente à l'inégalité suivante :*

$$\forall f \in \mathcal{A}, \ \langle f^2 \rangle - \langle f \rangle^2 \leq -\frac{1}{\lambda_0} \langle f, \mathbf{L}f \rangle. \tag{TS2}$$

Preuve. On peut bien sûr se ramener dans tous les cas à $\langle f \rangle = 0$. Montrons d'abord que (TS2) $\Rightarrow$ (TS1). Par densité de $\mathcal{D}_2$ dans $\mathbf{L}^2(\mu)$, on peut se ramener au cas où $f \in \mathcal{D}_2$, tandis que, puisque $\mathcal{A}$ est dense dans $\mathcal{D}_2$, l'inégalité (TS2) s'étend à toutes les fonctions de $\mathcal{D}_2$. Soit alors f un élément de $\mathcal{D}_2$. Posons $\varphi(t) = \langle (\mathbf{P}_t f)^2 \rangle$. L'opérateur $\mathbf{P}_t$ laissant stable le domaine $\mathcal{D}_2$, la fonction $\varphi(t)$ est dérivable et $\varphi'(t) = 2\langle \mathbf{P}_t f, \mathbf{L}\mathbf{P}_t f \rangle$. L'inégalité (TS2) s'applique à $\mathbf{P}_t f$, et s'écrit alors, puisque $\langle \mathbf{P}_t f \rangle = 0$, $\varphi(t) \leq -(1/2\lambda)\varphi'(t)$. On en déduit que la fonction $\varphi(t) \exp(2\lambda t)$ est décroissante, et donc que $\varphi(t) \leq \exp(-2\lambda t)\varphi(0)$, ce qui est (TS1).

Réciproquement, si nous reprenons les notations précédentes pour une fonction f de $\mathcal{A}$ d'intégrale nulle, on a $\varphi(t) \leq \exp(-2\lambda t)\varphi(0)$, ce qui entraîne $\varphi'(0) + 2\lambda\varphi(0) \leq 0$. Ceci n'est rien d'autre que (TS2). □

Reprenons sur les exemples précédents les notions d'invariance et de symétrie.

Exemple 1.

Sur un espace fini $\mathbf{E}$, une mesure μ se représente par un vecteur $(\mu(i))_{i \in \mathbf{E}}$. Si $\mathbf{L}$ se représente par la matrice (L_{ij}), alors l'invariance de μ s'écrit $\forall j, \sum_i \mu(i)L_{ij} = 0$, ou encore, en notation matricielle, $\mathbf{L}^* \mu = 0$. Il est clair que 0 est une valeur propre de $\mathbf{L}^*$ puisque c'est une valeur propre de $\mathbf{L}$ ($\mathbf{L}1 = 0$). Ce qui est moins clair, c'est l'existence d'un vecteur propre dont toutes les coordonnées soient positives. Pour se convaincre de l'existence, prenons n'importe quelle mesure invariante μ_0, et regardons la famille $\mu_n = \frac{1}{n}\int_0^n \mathbf{P}_s^*(\mu_0)\,ds$. C'est une suite de mesures de probabilités sur un espace fini, donc une suite de points dans un espace compact. La limite de n'importe quelle sous-suite fournit une mesure invariante.

Le problème de l'unicité de la mesure invariante est plus délicat à traiter. Nous utiliserons le critère suivant :

Proposition 2.4.—*Supposons que, pour tous couple de points* (i, j), *on puisse trouver une suite de points* $(i = i_0, i_1, \ldots, i_n = j)$ *tels que* $L_{i_p i_{p+1}} > 0$ *(hypothèse d'irréductibilité). Alors la probabilité invariante est unique.*

Preuve. Nous nous contenterons d'exquisser le démonstration. On va dire que i est avant j si $L_{ij} > 0$. Alors, si μ est invariante et que $\mu_i = 0$, l'équation $\mathbf{L}^* \mu = 0$ montre que $\mu_j = 0$ si j est avant i. Ceci, joint à l'hypothèse d'irréductibilité, montre que toute mesure invariante non nulle charge tous les points.

Ensuite, il suffit de montrer que sous l'hypothèse d'irréductibilité, 0 est valeur propre simple de $\mathbf{L}$, car c'est alors une valeur propre simple de $\mathbf{L}^*$, et il n'y aura alors qu'une seule probabilité invariante. Pour cela, il suffit de montrer que $\mathbf{L}f = 0 \Rightarrow f = $ cste. Soit alors μ_0 une probabilité invariante. Par un argument déjà utilisé, si $\mathbf{L}f = 0$, alors $\int \Gamma(f, f)\,d\mu_0 = 0$. Puisque μ_0 charge tous les points, alors $\Gamma(f, f) = 0$ et l'hypothèse d'irréductibilité, jointe à l'expression de $\Gamma(f,f)$ donnée plus haut, montre que les fonctions telles que $\Gamma(f,f) = 0$ sont constantes. □

Remarques.—

1- En fait, il est bien connu que la condition nécessaire et suffisante pour avoir unicité de la mesure invariante dans ce cas est qu'il n'existe qu'une seule classe de récurrence.

2- Il ne faudraitpas croire que la seule hypothèse $\Gamma(f,f) = 0 \Rightarrow f = $ cste suffit à assurer l'unicité de la mesure invariante, comme on peut le voir avec trois points et

$$\mathbf{L} = \begin{pmatrix} -1 & 1/2 & 1/2 \\ 0 & 0 & 0 \\ 0 & 0 & 0 \end{pmatrix}.$$

Une mesure μ est réversible lorsque, pour tout couple (i,j) de points, $\mu(i)L_{ij} = \mu(j)L_{ji}$. Pour connaître la mesure réversible, il suffit donc de connaître les coefficients L_{ij}, sans avoir besoin de résoudre une système linéaire comme pour les mesures invariantes. C'est dans la pratique un énorme avantage.

Exemple 2.

Dans le cas où $\mathbf{E}$ est une variété compacte et $\mathbf{L}$ est opérateur différentiel du second ordre sans termes constant et elliptique, on construit comme plus haut les mesures invariantes en résolvant l'équation $\mathbf{L}^*(\mu) = 0$, l'adjoint étant ici compris au sens des distributions. L'opérateur étant elliptique, les solutions de cette équation sont nécessairement des mesures à densité $\mathcal{C}^\infty$ sur $\mathbf{E}$. L'existence se prouve comme dans l'exemple précédent en extrayant une sous-suite convergente de $\frac{1}{t} \int_0^t \mathbf{P}_s^*(\mu_0)\, ds$, la possibilité de le faire provenant de ce que, $\mathbf{E}$ étant compact, topologie étroite et topologie faible coïncident sur l'espace des mesures de probabilité. L'ellipticité et la connexité de $\mathbf{E}$ permettent de montrer comme plus haut qu'une mesure invariante charge tous les ouverts (mais c'est plus difficile que dans le cas fini), et on conclut à l'unicité de la mesure comme dans le cas précédent.

Pour permettre de repérer parmi les opérateurs $\mathbf{L}$ sur $\mathbf{E}$ ceux qui ont une mesure réversible, il faut faire un peu de géométrie différentielle. Dans un système de coordonnées locales, l'opérateur différentiel $\mathbf{L}$ s'écrit

$$\mathbf{L}f(x) = \sum_{ij} g^{ij}(x) \frac{\partial^2 f}{\partial x^i \partial x^j} + \sum_i b^i(x) \frac{\partial f}{\partial x^i}.$$

Le tenseur $(g^{ij}(x))$ est une matrice symétrique dont on notera l'inverse $(g_{ij}(x))$. Ce tenseur définit sur $\mathbf{E}$ une structure riemannienne, à laquelle est attachée une connexion, que nous noterons ∇. L'action de cette connexion sur un champ de vecteurs de coordonnées $(X^i)(x)$ s'écrit

$$\nabla_i X^j = \frac{\partial X^j}{\partial x^i} + \sum_k \Gamma_{ik}^j X^k,$$

où les nombres Γ^i_{jk}, appelés les symboles de CHRISTOFFEL de la connexion, valent

$$\Gamma^i_{jk} = \frac{1}{2}\sum_p g^{ip}\left(\frac{\partial}{\partial x^k}g_{pj} + \frac{\partial}{\partial x^j}g_{pk} - \frac{\partial}{\partial x^p}g_{kj}\right).$$

L'action de cette connexion sur un champ de 1-formes de coordonnées (ω_j) s'écrit alors

$$\nabla_i\omega_j = \nabla_i\omega_j = \frac{\partial\omega_j}{\partial x^i} - \sum_k \Gamma^k_{ij}\omega_k,$$

de manière à avoir, lorsqu'on a une 1-forme ω et un champ de vecteurs X,

$$\nabla(\omega.X) = (\nabla\omega).X + \omega.(\nabla X),$$

$\omega.X$ désignant la fonction $f = \sum_i \omega_i X^i$, la connexion ∇ étant par définition définie sur les fonctions par

$$\nabla_i f = \left(\frac{\partial f}{\partial x^i}\right).$$

On prolonge cette connexion à toutes les formes de tenseurs en posant

$$\nabla(X\otimes Y) = X\otimes\nabla Y + \nabla X\otimes Y.$$

Le choix de la connexion ∇ est ainsi fait pour avoir les deux propriétés suivantes : si f est une fonction, $\nabla\nabla f$ est un tenseur symétrique (la connexion est sans torsion), et si g désigne le tenseur métrique, alors $\nabla g = 0$. Cette connexion ∇ est la seule vérifiant cette propriété.

À l'aide de la connexion ∇, nous pouvons maintenant décomposer $\mathbf{L}$ sous la forme $\mathbf{L} = \Delta + X$, où Δ désigne le laplacien

$$\Delta f = \sum_{ij} g^{ij}\nabla_i\nabla_j f.$$

La différence $X = \mathbf{L} - \Delta$ est alors un champ de vecteurs, c'est à dire un opérateur différentiel d'ordre 1 sur $\mathbf{E}$. (Nous invitons le lecteur courageux à calculer les coordonnées de X dans un système de coordonnées locales à l'aide des formules précédentes.)

L'opérateur Δ admet comme mesure réversible la mesure riemannienne, dont l'expression dans un système de coordonnées locales s'écrit

$$m(dx) = \sqrt{\det(g)}\,dx^1\cdots dx^n,$$

g étant ici le tenseur métrique (celui avec les indices en bas). L'opérateur $\mathbf{L}$ admet alors comme mesure réversible la mesure μ de densité $\rho(x) > 0$ par rapport à m si et seulement si $X = \nabla\log(\rho)$, plus exactement

$$X^i = \sum_j g^{ij}\nabla_j\log(\rho).$$

(On dit alors que X est un champ de gradients, ou bien qu'il dérive du potentiel $\log\rho$.)

On voit donc qu'une fois de plus, les opérateurs admettant une mesure réversible ont une structure bien particulière, et que, dans ce cas, la mesure réversible est facile à calculer, alors que la mesure invariante est en général hors d'atteinte.

Distance intrinsèque.

Une variété riemannienne est en particulier un espace métrique: la distance de x à y est la borne inférieure des longueurs des courbes différentiables qui joignent x à y. On peut aussi la définir à partir des fonctions $\mathcal{C}^\infty$:

$$d(x,y) = \sup_{\{f \in \mathcal{C}^\infty, \Gamma(f,f) \leq 1\}} \{|f(x) - f(y)|\}.$$

Cette définition peut bien sûr se prolonger au cas général, à condition de remplacer $\{f \in \mathcal{C}^\infty\}$ par $\{f \in \mathcal{A}\}$, et le sup par un esssup, les fonctions de $\mathcal{A}$ n'étant à priori définies qu'à un ensemble de mesure nulle près. Remarquons que dans le cas général, rien ne nous prouve à priori que cette distance soit finie (nous verrons d'ailleurs à la fin de ce chapitre un exemple de cette situation), mais si elle est finie, c'est une distance dès que $\mathcal{A}$ sépare les points.

Probèmes de domaine.

Enfin, dans le cas des variétés non compactes, il est en général difficile de déterminer si une algèbre $\mathcal{A}$ donnée est dense dans le domaine (ou, plus exactement, si la donnée de $\mathbf{L}$ sur $\mathcal{A}$ détermine entièrement le semigroupe $\mathbf{P}_t$). Dans le cas des opérateurs elliptiques de la forme précédente, à condition qu'ils soient symétriques, une réponse simple est donnée lorsque la variété, munie de cette distance, est complète. En effet, plaçons nous dans la situation où $\mathbf{L} = \Delta + \nabla h$, Δ étant le laplacien d'une structure riemannienne complète, h désignant une fonction de classe $\mathcal{C}^\infty$ sur $\mathbf{E}$. Dans ce cas, l'opérateur $\mathbf{L}$, défini sur les fonction $\mathcal{C}^\infty_c$ (c'est à dire de classe $\mathcal{C}^\infty$ et à support compact) est symétrique par rapport à la mesure $d\mu = \exp(h)\,dm$, et est négatif : $\forall f \in \mathcal{C}^\infty_c$, $\langle f, \mathbf{L}f \rangle \leq 0$. L'opérateur $\mathbf{L}$ admet alors au moins une extension autoadjointe dans $\mathbf{L}^2(\mu)$, (l'extension de FRIEDRICHS), et il suffit de savoir que $\mathcal{C}^\infty_c$ est dense pour la topologie du domaine de cette extension. (On dit alors que $\mathbf{L}$ est essentiellement autoadjoint sur $\mathcal{C}^\infty_c$.) Pour le voir, nous allons utiliser un argument développé par [Str] dans le cas où $h = 0$. L'argument utilisé reste valable même si la mesure μ n'est pas finie, c'est à dire même si la fonction $\exp(h)$ n'est pas intégrable par rapport à m.

La complétion de $\mathbf{E}$ est équivalente à l'existence d'une suite (h_n) de fonctions positives de $\mathcal{C}^\infty_c$ qui tendent en croissant vers 1, telles que $\Gamma(h_n, h_n) \leq \frac{1}{n}$. (Voir par exemple [Ba1].) Ensuite, un argument de REED et SIMON [RS, page 137] montre qu'un opérateur négatif comme $\mathbf{L}$ est essentiellement autoadjoint dès qu'il existe un réel positif qui n'est pas valeur propre de l'adjoint $\mathbf{L}^*$ de $\mathbf{L}$. Il suffit donc d'établir que toute solution f_λ de l'équation $\mathbf{L}^* f_\lambda = \lambda f_\lambda$, avec $\lambda > 0$, est nécessairement nulle. En utilisant l'ellipticité de $\mathbf{L}$, il est facile de voir qu'une telle solution est de classe $\mathcal{C}^\infty$. Soit alors h un élément de $\mathcal{C}^\infty_c$; on a

$$0 \leq \lambda \langle f_\lambda^2, h^2 \rangle = \langle \mathbf{L}^* f_\lambda, h^2 f_\lambda \rangle = \langle f_\lambda, \mathbf{L}(h^2 f_\lambda) \rangle =$$
$$= -\langle \mathbf{\Gamma}(f_\lambda, h^2 f_\lambda) \rangle = -\langle h^2, \mathbf{\Gamma}(f_\lambda, f_\lambda) \rangle - 2\langle f_\lambda h, \mathbf{\Gamma}(f_\lambda, h) \rangle.$$

On en déduit que

$$\langle h^2, \boldsymbol{\Gamma}(f_\lambda, f_\lambda)\rangle \leq -2\langle f_\lambda h, \boldsymbol{\Gamma}(f_\lambda, h)\rangle.$$

Or, $\boldsymbol{\Gamma}(f,g)^2 \leq \boldsymbol{\Gamma}(f,f)\boldsymbol{\Gamma}(g,g)$, et donc, en utilisant cette inégalité ainsi que l'inégalité de SHWARZ, nous avons

$$\langle h^2, \boldsymbol{\Gamma}(f_\lambda, f_\lambda)\rangle \leq \langle h^2, \boldsymbol{\Gamma}(f_\lambda, f_\lambda)\rangle^{1/2} \|f_\lambda\|_2 \|\boldsymbol{\Gamma}(h, h)^{1/2}\|_\infty.$$

Nous en déduisons que

$$\langle h^2, \boldsymbol{\Gamma}(f_\lambda, f_\lambda)\rangle^{1/2} \leq 2\|f\|_2 \|\boldsymbol{\Gamma}(h, h)\|_\infty^{1/2}.$$

En remplaçant dans l'inégalité précédente la fonction h par l'un des éléments de la suite h_n liée à la complétion de l'espace $\mathbf{E}$, et en passant à la limite, nous obtenons

$$\langle \boldsymbol{\Gamma}(f_\lambda, f_\lambda)\rangle = 0.$$

Ceci montre que f_λ est constante donc nulle.

Cet argument peut s'employer par exemple dans le cas du semigroupe d'ORNSTEIN-UH-LENBECK, pour démontrer que l'algèbre des fonctions $\mathcal{C}_c^\infty$ de $\mathbb{R}^n$ est dense dans le domaine du semigroupe (car $\mathbb{R}^n$ est une variété riemannienne complète). On pourrait également développer l'argument précédent dans un cadre abstrait, pour un opérateur de diffusion. Mais nous ne savons pas à l'heure actuelle identifier les deux notions de complétion : l'une associée à la métrique donnée par l'opérateur carré du champ $\boldsymbol{\Gamma}$, et l'autre liée à l'existence d'une suite h_n comme celle que nous avons utilisée plus haut.

Un exemple compact de diamètre infini.

Pour conclure ce chapitre, donnons un exemple de situation où la distance entre deux points, définie plus haut, n'est pas toujours finie. Pour cela, considérons l'espace $\Omega = \{-1, 1\}^{\mathbb{N}}$, muni de la mesure uniforme $\mu(d\omega) = \otimes_n\{1/2\delta_{+1} + 1/2\delta_{-1}\}$. Sur cet espace, l'algèbre $\mathcal{A}$ est constituée des fonctions ne dépendant que d'un nombre fini de coordonnées. L'opérateur $\mathbf{L}$ que nous considérons est l'analogue à une infinité de variables de celui que nous avons considéré dans le premier chapitre. On peut le définir plus succinctement de la manière suivante : un élément ω de Ω est repéré par ses coordonnées $(\omega_i, i \in \mathbb{N})$. Pour $i \in \mathbb{N}$, on appelle $\tau_i : \Omega \to \Omega$ l'application définie par $\tau_i(\omega_j) = \omega_i$ si $i \neq j$, et $\tau_i(\omega_i) = \omega_i$. Alors, si $\nabla_i(f)(\omega) = f(\tau_i\omega) - f(\omega)$, l'opérateur $\mathbf{L} = \sum_i \nabla_i$, défini sur $\mathcal{A}$, est le générateur d'un unique semigroupe markovien sur Ω, symétrique par rapport à μ. Mais, par un exercice facile, on peut voir que, pour la distance définie plus haut, si deux configurations ω et ω' coïncident sauf en un nombre n de points i de $\mathbb{N}$, alors la distance $d(\omega, \omega')$ vaut $\sqrt{2n}$, tandis que la distance est infinie si les configurations diffèrent en un nombre infini de sites. Remarquons que sur cet exemple, on peut munir Ω d'une topologie (la topologie produit des topologies discrètes sur $\{-1, 1\}$) pour laquelle l'espace est compact, le semigroupe $\mathbf{P}_t$ préservant les fonctions continues, alors que la mesure μ met une masse 0 sur toutes les boules.

3— Inégalités de SOBOLEV logarithmiques.

Dans ce chapitre, nous exposons les résultats de GROSS [G] qui établissent le lien entre propriétés d'hypercontractivité pour un semigroupe et inégalités de SOBOLEV logarithmiques.

Nous supposons que nous sommes dans la situation du chapitre précédent, c'est à dire que nous disposons d'un espace de probabilité $(\mathbf{E}, \mathcal{F}, \mu)$, sur lequel nous avons un semigroupe $\mathbf{P}_t$ à noyaux positifs. Commençons par introduire quelques notations. Si une fonction f est strictement positive, et p un réel quelconque, nous noterons $E_p(f)$ la quantité

$$E_p(f) = \int_{\mathbf{E}} f^p \log f^p \, d\mu - \int_{\mathbf{E}} f^p \, d\mu \log(\int_{\mathbf{E}} f^p \, d\mu).$$

La fonction $x \log x$ étant convexe, c'est toujours une quantité positive, qui ne s'annule que si f est constante μ-presque sûrement. Remarquons également que, pour $\lambda > 0$, on a

$$E_p(\lambda f) = \lambda^p E_p(f).$$

De même, si f est positive et dans $\mathcal{D}_2$, que f^{p-1} est dans $\mathbf{L}^2(\mu)$, nous noterons $\mathcal{E}_p(f)$ la quantité

$$\mathcal{E}_p(f) = -\langle f^{p-1}, \mathbf{L}f \rangle.$$

Remarquons que, si $p \geq 1$, alors la fonction x^p est convexe et donc $(\mathbf{P}_t f)^p \leq \mathbf{P}_t(f^p)$. Nous en déduisons que si la fonction f est dans $\mathcal{A}$ (donc bornée), si le semigroupe est markovien et que la mesure μ est invariante, alors

$$\langle (\mathbf{P}_t f)^p \rangle \leq \langle f^p \rangle.$$

L'inégalité ci-dessus s'écrit $\Phi(t) \leq \Phi(0)$, et donc $\Phi'(0) \leq 0$. Or, $\Phi'(0) = p\langle f^{p-1}, \mathbf{L}f \rangle$. Ceci montre que, dans ce cas, $\mathcal{E}_p(f) \geq 0$. Un argument identique prouverait que, si f est minorée et $p \leq 1$, alors $\mathcal{E}_p(f) \leq 0$. Remarquons que, quelle que soit la valeur de p, les quantités $E_p(f)$ et $\mathcal{E}_p(f)$ sont définies pour toutes les fonctions positives de $\mathcal{A}$ minorées par une constante positive. Nous noterons $\mathcal{A}^+$ l'ensemble de ces fonctions.

Définition.— *Soit p un réel, $p \neq 1$. On dit que le semigroupe $\mathbf{P}_t$ satisfait à une p-inégalité de SOBOLEV logarithmique, de constantes $c(p)$ et $m(p)$ si, pour toutes les fonctions de $\mathcal{A}^+$, on a*

$$E_p(f) \leq c(p)\{\mathcal{E}_p(f) + m(p)\langle f^p \rangle\}. \qquad \text{LogS(p)}$$

Remarquons que, pour $p = 2$, $\mathcal{E}_2(f) = \langle \mathbf{\Gamma}(f,f) \rangle$. Si l'on se rappelle que, dans le cas des variétés, $\mathbf{\Gamma}(f,f) = |\nabla f|^2$, cette inégalité affirme que, dès qu'une fonction f est dans $\mathbf{L}^2(\mu)$ ainsi que son gradient, $f^2 \log f^2$ est intégrable. Il faut comparer cette inégalité aux inégalités de SOBOLEV classiques (que nous verrons dans le prochain chapitre), qui affirment que, dans une variété compacte de dimension $n > 2$, dès qu'une fonction est dans $\mathbf{L}^2(\mu)$ ainsi que son gradient, $f^{2n/(n-2)}$ est intégrable. On voit qu'une telle inégalité devient de plus en plus faible lorsque $n \to \infty$, et les inégalités de SOBOLEV logarithmiques apparaissent ainsi comme des analogues infini-dimensionnels des inégalités de SOBOLEV.

Notre premier travail va être de comparer les inégalités LogS(p) pour différentes valeurs de p :

Proposition 3.1.—*Supposons que le semigroupe soit markovien et satisfasse l'une des deux conditions suivantes :*

1- La mesure μ est réversible.

2- La mesure μ est invariante et le semigroupe est de diffusion.

Alors, l'inégalité LogS(2) implique pour tout p réel l'inégalité LogS(p) avec comme constantes

$$c(p) = c(2)\frac{p^2}{4(p-1)}; \quad m(p) = m(2)\frac{4(p-1)}{p^2}.$$

Réciproquement, dans le cas des diffusions en mesure invariante, l'inégalité LogS(p) entraîne LogS(2).

Preuve. Commençons tout d'abord par le cas des semigroupes de diffusion. Nous savons que, pour toutes les fonctions f de $\mathcal{A}$, $\langle L(f) \rangle = 0$. Appliquons ceci à $\Phi(f)$, où Φ est une fonction C^∞ sur l'image de f. D'après la propriété de diffusion, on a

$$\langle L(\Phi(f)) \rangle = \langle \Phi'(f), Lf \rangle + \langle \Phi''(f), \Gamma(f,f) \rangle = 0.$$

Ceci montre que, pour une fonction f de $\mathcal{A}^+$,

$$\mathcal{E}_p(f) = (p-1)\langle f^{p-2}, \Gamma(f,f) \rangle.$$

De même

$$\mathcal{E}_2(f^{p/2}) = \langle \Gamma(f^{p/2}, f^{p/2}) \rangle = \frac{p^2}{4}\langle f^{p-2}, \Gamma(f,f) \rangle,$$

la dernière égalité provenant de ce que le semigroupe est de diffusion. Nous voyons donc que, pour des diffusions en mesure invariante, nous avons

$$\mathcal{E}_p(f) = \frac{p^2}{4(p-1)}\mathcal{E}_2(f^{p/2}).$$

La proposition dans ce cas découle alors immédiatement du changement de f en $f^{p/2}$ dans l'inégalité LogS(2).

Traitons maintenant le cas des semigroupes généraux en mesure réversible.

Nous allons utiliser le même changement de f en $f^{p/2}$ et tout le problème est de comparer $\mathcal{E}_p(f)$ à $\mathcal{E}_2(f^{p/2})(^*)$.

(*) Je remercie D.CONCORDET de m'avoir signalé cette démonstration valable pour tous les p réels.

Tout d'abord, rappelons que $p_t(x, dy)$ désigne le noyau de l'opérateur $\mathbf{P}_t$. D'après la définition des opérateurs $\mathbf{L}$ et Γ, nous voyons que, pour tout couple (f, g) de fonctions de $\mathcal{A}$, on a

$$\Gamma(f, g) = \lim_{t \to 0} \frac{1}{2t} \int_{\mathbf{E}} \{f(x) - f(y)\}\{g(x) - g(y)\} \, p_t(x, dy),$$

la limite précédente ayant lieu dans $\mathbf{L}^2(\mu)$. D'autre part, d'après ce que nous avons vu au chapitre précédent, nous avons, dans le cas des semigroupes symétriques,

$$\langle -f, \mathbf{L}g \rangle = \langle \Gamma(f, g) \rangle.$$

Ceci nous montre que, pour toute fonction f de $\mathcal{A}^+$,

$$\mathcal{E}_p(f) = \lim_{t \to 0} \frac{1}{2t} \int \int_{\mathbf{E} \times \mathbf{E}} \{f^{p-1}(x) - f^{p-1}(y)\}\{f(x) - f(y)\} \, p_t(x, dy)\mu(dy),$$

tandis que

$$\mathcal{E}_2(f^{p/2}) = \lim_{t \to 0} \frac{1}{2t} \int \int_{\mathbf{E} \times \mathbf{E}} \{f^{p/2}(x) - f^{p/2}(y)\}^2 \, p_t(x, dy)\mu(dy).$$

Or, pour tout couple (X, Y) de réels tels que $Y < X$, on a

$$
\begin{aligned}
\left(\frac{X^{p/2} - Y^{p/2}}{X - Y}\right)^2 &= \frac{p^2}{4}\left\{\frac{1}{X - Y}\int_Y^X t^{p/2 - 1} \, dt\right\}^2 \leq \frac{p^2}{4}\frac{1}{X - Y}\int_Y^X t^{p-2} \, dt \\
&= \frac{p^2}{4(p-1)}\frac{X^{p-1} - Y^{p-1}}{X - Y}.
\end{aligned}
$$

Ceci nous donne

$$(X^{p/2} - Y^{p/2})^2 \leq \frac{p^2}{4(p-1)}(X^{p-1} - Y^{p-1})(X - Y).$$

Ceci reste bien entendu vrai pour tous les couples (X, Y) de réels. En appliquant cette inégalité à $f(x)$ et $f(y)$, ceci montre que, pour tout p réel et toute fonction f de $\mathcal{A}^+$, on a

$$\mathcal{E}_2(f) \leq \frac{p^2}{4(p-1)}\mathcal{E}_p(f).$$

Cette inégalité entraîne la proposition. $\qquad\qquad\qquad\qquad\qquad\qquad\qquad\qquad$ □

Le rapport entre inégalités de SOBOLEV logarithmiques et hypercontractivité tient dans le théorème suivant, dû à L. GROSS :

Théorème 3.2.—*Soit $\mathbf{P}_t$ un semigroupe à noyaux positifs sur $(\mathbf{E}, \mathcal{F}, \mu)$. Supposons que, pour tout p dans un intervalle $I \subset [1, \infty]$, $\mathbf{P}_t$ satisfasse à une inégalité LogS(p), avec des constantes $c(p) > 0$ et $m(p)$ continues en p. Pour tout couple (p, q) de points de I tel que*

$(p < q)$, *posons*

$$t = \int_p^q \frac{c(u)}{u^2}\, du; \quad \hat{m} = \int_p^q m(u) \frac{c(u)}{u^2}\, du.$$

*Alors, pour toutes les fonctions f bornées sur **E**, on a*

$$\|\mathbf{P}_t f\|_q \leq \exp(\hat{m})\|f\|_p.$$

Réciproquement, supposons qu'il existe une fonction croissante continue $t \to p(t)$ à valeurs dans $[1, \infty]$ et une fonction continue $\hat{m}(t)$ nulle en 0, toutes les deux définies sur un intervalle non vide $[0, T[$ et dérivables en $t = 0$, avec $p'(0) > 0$, telles que, pour toute fonction f de $\mathcal{A}$, on ait

$$\|\mathbf{P}_t f\|_{p(t)} \leq \exp(\hat{m}(t))\|f\|_{p(0)},$$

alors le semigroupe satisfait à une inégalité LogS($p(0)$), avec constantes

$$c(p(0)) = \frac{p(0)^2}{p'(0)}; \quad m(p(0)) = \hat{m}'(0).$$

Preuve. Montrons d'abord la première implication. Pour un élément p_0 de I, appelons $\hat{p}(t)$ et $\hat{m}(t)$ les solutions du système différentiel

$$\begin{cases} \dfrac{c(\hat{p})}{\hat{p}^2}\, dp = dt & \hat{p}(0) = p_0\,; \\[2mm] \dfrac{d\hat{m}}{dt} = m(\hat{p}(t)) & \hat{m}(0) = 0\,; \end{cases} \tag{3.1}$$

Les fonctions $\hat{p}(t)$ et $\hat{m}$ sont définies dans un voisinage $[0, T[$ de 0, qui dépend de I et des fonctions $c(p)$ et $m(p)$.

Avec ces notations, on est amené à démontrer que, pour toutes les fonctions f bornées, on a

$$\|\mathbf{P}_t f\|_{p(t)} \leq \exp(\hat{m}(t)\|f\|_{p_0}.$$

La densité de $\mathcal{A}$ dans les espaces $\mathbf{L}^p(\mu)$ permet de se ramener au cas où f est dans $\mathcal{A}$. Ensuite, puisque le semigroupe est à noyaux positifs, on peut démontrer le résultat pour $(f^2 + \varepsilon)^{1/2}$ et faire tendre ensuite ε vers 0. Enfin, la stabilité de $\mathcal{A}$ par l'action des fonctions C^∞ montre que si f est dans $\mathcal{A}$, alors $(f^2 + \varepsilon)^{1/2}$ est dans $\mathcal{A}^+$. Il suffit donc de démontrer l'inégalité pour une fonction f de $\mathcal{A}^+$. Posons alors $\hat{f}(t) = \mathbf{P}_t(f)$ et

$$U(t) = \exp(-\hat{m}(t))\langle \hat{f}(t)^{p(t)} \rangle^{1/p(t)}.$$

$\hat{f}$ étant une fonction majorée et minorée du domaine $\mathcal{D}_2$, nous pouvons écrire $\frac{d}{dt}\hat{f}(t) = \mathbf{L}\hat{f}(t)$, et ceci nous donne, en écrivant p pour $p(t)$ pour alléger les notations,

$$\frac{d}{dt}U(t) = \frac{U(t)}{\langle \hat{f}^p \rangle} \frac{p'}{p^2}\{E_p(\hat{f}) - \frac{p^2}{p'}[\mathcal{E}_p(\hat{f}) + \hat{m}'\langle \hat{f}^p \rangle]\}. \tag{3.2}$$

Le choix que nous avons fait des fonctions $p(t)$ et $\hat{m}(t)$ est tel que $p^2/p' = c(p)$, $\hat{m}' = m(p)$. La décroissance de la fonction $U(t)$ est alors assurée dès lors que nous pouvons appliquer l'inégalité LogS(p) à la fonction $\hat{f}(t)$. Mais cette inégalité est vraie pour toutes les fonctions de $\mathcal{A}^+$. On voit donc que notre résultat est acquis, à condition de pouvoir étendre l'inégalité LogS(p) à toutes les fonctions du domaine, qui sont positives, majorées et minorées par des constantes. C'est à celà que va nous servir l'hypothèse technique (HT) faite sur $\mathcal{A}$. En effet, soit f une fonction du domaine, positive, majorée et minorée. Considérons alors une suite (f_n) de fonctions de $\mathcal{A}$ qui converge vers f dans $\mathcal{D}_2$. Alors, nous pouvons trouver une fonction $\mathcal{C}^\infty$ Φ : $\mathbb{R} \to [a, b] \subset]0, \infty[$, ayant ses deux premières dérivées bornées et coïncidant avec la fonction $x \to x$ sur un voisinage de l'ensemble où f prend ses valeurs. Nous pouvons alors extraire de $\Phi(f_n)$ une sous-suite qui converge vers f, presque partout et telle que $\mathbf{L}\Phi(f_{n_k})$ converge vers $\mathbf{L}f$, dans $\mathbf{L}^1(\mu)$. La suite étant uniformément bornée, on peut passer à la limite dans tous les termes de l'inégalité LogS(p) et obtenir le résultat pour f.

Réciproquement, l'expression précédente que nous avons donnée pour la dérivée de la fonction U montre que, si $\mathbf{P}_t$ est bornée de $\mathbf{L}^{p(0)}(\mu)$ dans $\mathbf{L}^{p(t)}(\mu)$ avec norme $\exp(\hat{m}(t))$, alors la dérivée en 0 de la fonction U existe et est négative. Ceci donne l'inégalité de SOBOLEV logarithmique. □

Le même théorème a lieu sur l'intervalle $p \in I \subset [-\infty, 1]$, avec un renversement de signes. Le résultat est le suivant :

Théorème 3.3.— *Supposons que, pour tout p dans un intervalle $I \subset [-\infty, 1]$, $\mathbf{P}_t$ satisfasse à une inégalité LogS(p), avec des constantes $c(p) < 0$ et $m(p)$ continues en p. Pour tout couple (p, q) de points de I avec $(q < p)$, posons*

$$t = \int_q^p \frac{-c(u)}{u^2} \, du; \quad \hat{m} = \int_q^p m(u) \frac{-c(u)}{u^2} \, du.$$

Alors, pour toutes les fonctions f positives sur $\mathbf{E}$, bornées inférieurement et supérieurement par des constantes, on a

$$\langle (\mathbf{P}_t f)^q \rangle^{1/q} \geq \exp(\hat{m}) \langle f^p \rangle^{1/p}.$$

Réciproquement, s'il existe une fonction décroissante continue $t \to p(t)$ et une fonction continue $\hat{m}(t)$ nulle en 0, toutes les deux définies sur un intervalle non vide $[0, T[$ et dérivables en $t = 0$, avec $p'(0) < 0$, telles que, pour toute fonction f de $\mathcal{A}^+$, on ait

$$\langle (\mathbf{P}_t f)^{p(t)} \rangle^{1/p(t)} \geq \exp(\hat{m}(t)) \langle f^{p(0)} \rangle^{1/p(0)},$$

alors le semigroupe satisfait à une inégalité LogS(p(0)), avec constantes

$$c(p(0)) = \frac{p(0)^2}{p'(0)} \; ; \quad m(p(0)) = \hat{m}'(0).$$

Preuve. La démonstration donnée dans le cas précédent s'applique sans presque rien changer. Il faut évidemment que la fonction $-c(u)/u^2$ soit intégrable sur l'intervalle $[p, q]$.

(C'est en particulier une restriction importante lorsque $0 \in [p, q].$) Ensuite, il faut remarquer que, si la fonction f est bornée supérieurement et inférieurement par des constantes strictement positives, il en va de même de la fonction $\hat{f}(t)$, en vertu des hypothèses faites sur le semigroupe. Puis, en prenant pour $p(t)$ et $\hat{m}(t)$ les solutions du système (3.1), nous voyons que, compte tenu du signe de $c(u)$, $p(t)$ est décroissante, et que la fonction $t \rightarrow U(t)$ est continue, y compris si $p(t) = 0$, car on a affaire à un espace de probabilité. Si t_0 est l'unique point tel que $p(t_0) = 0$, alors, la fonction est dérivable, sauf peut être en t_0, et sa dérivée est donnée par la formule (3.2). Cette dérivée est alors positive et nous obtenons notre résultat. $\square$

Nous verrons au prochain chapitre des applications du theorème 3.3. Pour l'instant, contentons nous d'énoncer quelques applications du théorème 3.2. Pour cela, supposons que $\mathbf{P}_t$ soit un semigroupe markovien symétrique, ou que ce soit un semigroupe de diffusion en mesure invariante. Notons $\|P\|_{p,q}$ la norme d'un opérateur P de $\mathbf{L}^p(\mu)$ dans $\mathbf{L}^q(\mu)$, c'est à dire

$$\|P\|_{p,q} = \sup_{\{\|f\|_p \leq 1\}} \|Pf\|_q.$$

Nous obtenons

Proposition 3.4.—*Soit λ un réel positif, m_0 un réel quelconque, et posons, pour $p > 1$,*

$$\begin{cases} q(t,p) = 1 + (p-1)\exp(\lambda t) \\ m(t,p) = \dfrac{m_0}{4\lambda}\{\dfrac{1}{p} - \dfrac{1}{q(t,p)}\}. \end{cases}$$

Alors il y a équivalence entre

1- $\forall p > 1, \forall t > 0, \|\mathbf{P}_t\|_{p,q(t,p)} \leq \exp(m(t,p)).$

2- $\forall f \in \mathcal{A}^+, E_2(f) \leq \dfrac{4}{\lambda}\{\mathcal{E}_2(f) + m_0\langle f^2\rangle\}.$

De plus, lorsque $\mathbf{P}_t$ est un semigroupe de diffusion en mesure invariante, ces inégalités sont encore équivalentes à

3- $\forall t > 0, \|\mathbf{P}_t\|_{2,q(t,2)} \leq \exp(m(t,2)).$

4- $\exists p > 1, \forall f \in \mathcal{A}^+, E_p(f) \leq \dfrac{p^2}{\lambda(p-1)}\{\mathcal{E}_p(f) + m_0\dfrac{4(p-1)}{p^2}\langle f^p\rangle\}.$

Preuve.   L'implication (1) $\Rightarrow$ (2) est une application directe du théorème avec $p = 2$. Ensuite, pour voir que (2) $\Rightarrow$ (1), il suffit d'utiliser la proposition 3.1, qui montre que, si (2) est réalisée, alors l'inégalité LogS(p) a lieu, avec constantes

$$c(p) = \dfrac{p^2}{\lambda(p-1)} \quad \text{et} \quad m(p) = m_0\dfrac{4(p-1)}{p^2}.$$

Dans ce cas, le système (3.1) s'écrit

$$\begin{cases} \dfrac{dq}{dt} = \lambda(q-1) & ; \ q(0) = p; \\[2mm] \dfrac{dm}{dt} = m_0 \dfrac{4(q-1)}{q^2} & ; \ m(0) = 0. \end{cases}$$

Les solutions de ce système sont données par les fonctions $q(t,p)$ et $m(t,p)$ de l'énoncé. Le théorème 3.2 nous donne alors le résultat.

Le cas particulier des diffusions provient de ce que, dans ce cas, il y a pour tout p réel équivalence entre les inégalités LogS(2) et LogS(p). □

Remarquons que, dans le cas particulier où $m_0 = 0$, alors l'opérateur $\mathbf{P}_t$ est pour tout t une contraction de $\mathbf{L}^p(\mu)$ dans $\mathbf{L}^{q(t,p)}(\mu)$. Si nous appliquons ce que l'on vient de voir au résultat du chapitre 1 sur le processus d'ORNSTEIN-UHLENBECK, nous obtenons l'inégalité de SOBOLEV logarithmique de GROSS :

Corollaire 3.5.—*Soit f une fonction de classe $\mathcal{C}^\infty$ à support compact sur $\mathbb{R}^n$, et soit μ la mesure gaussienne standard. Alors,*

$$\int f^2 \log f^2 \, d\mu \le \int f^2 \, d\mu \log \int f^2 \, d\mu + 2 \int |\nabla f|^2 \, d\mu. \tag{3.3}$$

Réciproquement, l'inégalité (3.3) entraîne le théorème d'hypercontractivité de NELSON du chapitre 1.

Preuve. Il n'y a rien à démontrer : il suffit de traduire le résultat précédent en termes du semigroupe d'ORNSTEIN-UHLENBECK. Le carré du champ de cet opérateur est $\Gamma(f,f) = |\nabla f|^2$, où cette dernière expression désigne la norme euclidienne du vecteur ∇f, calculé en coordonnées cartésiennes de $\mathbb{R}^n$. Le seul point à remarquer, c'est que le théorème ne nous donne à priori l'inégalité que pour des fonctions f, de classe $\mathcal{C}^\infty$, positives et minorées par une constante. Un passage à la limite trivial permet d'étendre l'inégalité à toutes les fonctions de classe $\mathcal{C}^\infty$ et à support compact. En fait, un argument de densité déjà utilisé dans le cadre général permet d'étendre l'inégalité (3.3) à toutes les fonctions $\mathcal{C}^\infty$, qui sont dans $\mathbf{L}^2(\mu)$ ainsi que $|\nabla f|$.(*) □

Remarques.—

1- Si l'on regarde attentivement la démonstration du théorème de NELSON du premier chapitre, on voit qu'on s'est ramené à démontrer en fait l'inégalité LogS(2) sur l'espace $\{-1, 1\}$, avec le carré du champ associé au semigroupe $\mathbf{P}_t^1$. Nous verrons plus bas une démonstration directe de l'inégalité (3.3), et donc une nouvelle démonstration du théorème de NELSON.

(*) Dans le premier chapitre, nous n'avons pour simplifier travaillé que sur $\mathbb{R}$. Mais il n'y a aucune difficulté à étendre ses résultats à $\mathbb{R}^n$ grâce au lemme de tensorisation 1.4.

2– Supposons qu'on ait en général deux fonctions continues $c(p)$ et $m(p)$ définies sur un intervalle I, pour lesquelles l'inégalité LogS(p) est vérifiée. Regardons alors la solution du système (3.1) associé, avec comme valeur initiale p_0, et plaçons nous dans un domaine où ce système admette une solution unique: appelons cette solution $\{p(t,p_0), m(t,p_0)\}$. C'est la solution d'un système dynamique dans le plan (p,m), et il est facile de voir que

$$\begin{cases} p(t,p(s,p_0)) = p(t+s,p_0); \\ m(t,p(s,p_0)) + m(s,p_0) = m(s+t,p_0). \end{cases} \tag{3.4}$$

Nous savons alors que $\|\mathbf{P}_t\|_{p_0,p(t,p_0)} \leq \exp(m(t,p_0))$. Or, si nous avons $p < r < q$, nous savons que

$$\|\mathbf{P}_{t+s}\|_{p,q} = \|\mathbf{P}_t \circ \mathbf{P}_s\|_{p,q} \leq \|\mathbf{P}_s\|_{p,r}\|\mathbf{P}_t\|_{r,q}.$$

Nous voyons donc que les résultats donnés par le théorème 3.2 sont compatibles avec la propriété de semigroupe.

Dans le cas des semigroupes markoviens symétriques, il suffit que, pour une valeur de $t > 0$, et deux valeurs $1 < p < q$, on ait $\|\mathbf{P}_t\|_{p,q} < \infty$ pour s'assurer de l'existence d'une inégalité LogS(2). Nous avons le résultat suivant, dû à [HKS]:

Théorème 3.6.— *Supposons que le semigroupe soit markovien symétrique, et que, pour un $t_0 > 0$ et deux réels $1 < p < q < \infty$, on ait $\|\mathbf{P}_{t_0}\|_{p,q} \leq M$. Alors, le semigroupe $\mathbf{P}_t$ satisfait à une inégalité LogS(2) avec*

$$c(2) = 2t_0 \frac{\hat{q}}{\hat{q} - 2} \; ; \quad m(2) = \frac{1}{t_0}\theta \log M,$$

où les constantes $\hat{q}$ et θ valent

$$\begin{cases} \hat{q} = \dfrac{2q(p-1)}{q(p-1) + p - q}, & \theta = \dfrac{p}{2(p-1)}, & \text{si } p \geq 2 \\[2mm] \hat{q} = 2\dfrac{q}{p}, & \theta = p/2, & \text{si } 1 < p \leq 2. \end{cases}$$

Preuve. Montrons tout d'abord qu'on peut se ramener au cas $p = 2$, quitte à remplacer q par $\hat{q}$, et M par M^θ. En effet, pour le voir, nous pouvons appliquer le théorème d'interpolation de RIESZ-THORIN que nous rappelons succintement (voir par exemple [Ste]):

Soient p_1, q_1 p_2, q_2 4 réels de $[1,\infty]$ et soit P est un opérateur borné de $\mathbf{L}^{p_1}(\mu)$ dans $\mathbf{L}^{q_1}(\mu)$ et de $\mathbf{L}^{p_2}(\mu)$ dans $\mathbf{L}^{q_2}(\mu)$ avec $\|P\|_{p_1,q_1} \leq M_1$ et $\|P\|_{p_2,q_2} \leq M_2$. Alors, pour tout $\theta \in [0,1]$, P est borné de $\mathbf{L}^{p_\theta}(\mu)$ dans $\mathbf{L}^{q_\theta}(\mu)$, avec norme M_θ, où

$$\frac{1}{p_\theta} = \frac{\theta}{p_1} + \frac{1-\theta}{p_2}; \; \frac{1}{q_\theta} = \frac{\theta}{q_1} + \frac{1-\theta}{q_2}; \; M_\theta = M_1^\theta M_2^{1-\theta}.$$

Or, nous savons que, si $\mathbf{P}_t$ est un semigroupe markovien en mesure invariante (donc en particulier en mesure symétrique), alors c'est une contraction de tous les espaces $\mathbf{L}^p(\mu)$,

$\forall p \in [1, \infty]$. Si $p > 2$, nous nous ramenons au cas $p = 2$ en interpolant le couple (p, q) avec le couple $(1, 1)$, et, si $p < 2$, nous interpolons avec le couple (∞, ∞).

Pour passer du cas $p = 2$ à l'inégalité LogS(2), nous aurons besoin de l'hypothèse de symétrie, et du théorème d'interpolation complexe. Rappelons que, dans le cas symétrique, le générateur est autoadjoint et a son spectre contenu dans $]-\infty, 0]$:

$$\mathbf{L} = -\int_0^\infty \lambda \, dE_\lambda.$$

Ceci nous autorise à définir, pour tout nombre complexe $z = t + iy$ avec $t \geq 0$, l'opérateur .

$$\mathbf{P}_z = \int_0^\infty \exp(-z\lambda) \, dE_\lambda,$$

qui est une contraction de $\mathbf{L}^2(\mu)$ puisque $|\exp(-\lambda z)| \leq 1$. Cet opérateur coïncide avec $\mathbf{P}_t$ lorsque $y = 0$. Cette famille d'opérateurs est un semigroupe au sens où $\mathbf{P}_{z_1} \circ \mathbf{P}_{z_2} = \mathbf{P}_{z_1 + z_2}$. De plus, c'est une famille analytique d'opérateurs, au moins dans le sens faible suivant :

$$\forall f, g \in \mathbf{L}^2(\mu), \ z \rightarrow \langle f, \mathbf{P}_z g \rangle$$

est une fonction analytique. Dans ce cas, nous pouvons appliquer le théorème d'interpolation complexe de STEIN ([Ste]) :

Si $z \rightarrow P_z$ est une famille analytique d'opérateurs au sens précédent, définie dans la bande $0 \leq \mathcal{R}e(z) \leq t_0$, et telle que

$$\|P_{iy}\|_{p_1, q_1} \leq M_1; \ \|P_{t_0 + iy}\|_{p_2, q_2} \leq M_2;$$

alors, avec les mêmes valeurs p_θ, q_θ, M_θ que dans le théorème de RIESZ-THORIN, on a

$$\|P_{\theta t_0 + iy}\|_{p_\theta, q_\theta} \leq M_\theta.$$

Nous pouvons ici appliquer ce théorème au semigroupe $\mathbf{P}_z$. Puisque $\|\mathbf{P}_{iy}\|_{2, 2} \leq 1$ si y est réel, alors, si $\|\mathbf{P}_{t_0}\|_{2, \hat{q}} \leq M$,

$$\|\mathbf{P}_{t_0 + iy}\|_{2, \hat{q}} = \|\mathbf{P}_{t_0} \circ \mathbf{P}_{iy}\|_{2, \hat{q}} \leq \|\mathbf{P}_{t_0}\|_{2, \hat{q}}.$$

Finalement, nous obtenons $\|\mathbf{P}_t\|_{2, q(t)} \leq M(t)$, où

$$\frac{1}{q(t)} = \frac{t/t_0}{\hat{q}} + \frac{1 - t/t_0}{2}; \ M(t) = M_\theta^{t/t_0}.$$

Il suffit ensuite d'appliquer le théorème 3.2. $\quad\square$

Remarque.—

Si, avec les hypothèses du théorème précédent, nous appliquons à nouveau le théorème 3.4, nous obtenons, pour tout $p > 1$ réel et tout t réel, des valeurs $q(t)$ et $M(t)$ pour lesquelles $\|\mathbf{P}_t\|_{p,q(t)} \leq M(t)$. En particulier, pour t_0, nous obtenons un résultat de la forme :

Si $\|\mathbf{P}_{t_0}\|_{p_1,q_1} \leq M_1$, avec $p_1 < q_1$, alors, pour tout $p > 1$, il existe un réel $q > p$ et une constante M telle que $\|\mathbf{P}_{t_0}\|_{p,q} \leq M$.

Un tel résultat aurait pu être obtenu directement à l'aide du théorème de RIESZ-THORIN. On peut penser que, comme nous nous sommes servis du théorème d'interpolation pour l'obtenir, le résultat obtenu par les inégalités LogS(2) doit être toujours moins bon que celui obtenu par interpolation. La surprise est qu'il n'en est rien : pour des valeurs de p assez éloignées de p_1, le résultat obtenu par les inégalités de SOBOLEV logarithmiques est meilleur que celui obtenu par interpolation. Par exemple, lorsque $p_1 = 2$, $q_1 = 4$ et $M_1 = 1$, l'interpolation donne un résultat moins bon dès que $p \notin [\dfrac{3(e-1)}{e}, \dfrac{e-1}{e-2}]$. On peut donc en déduire que les méthodes d'interpolation que nous avons utilisées ne sont pas optimales lorsqu'il s'agit des semigroupes markoviens symétriques. La question qui se pose est alors de savoir si l'on peut améliorer le théorème précédent, de façon que les constantes de SOBOLEV logarithmiques que nous obtenons soient les meilleures possibles.

Inégalités tendues.

Dans le cas du semigroupe d'ORNSTEIN-UHLENBECK, la norme d'opérateur $\|\mathbf{P}_t\|_{p,q}$ est égale à 1, ce qui correspond à une inégalité LogS(2) avec $m(2) = 0$. Il est assez facile de voir que, dans le cas d'un semigroupe markovien sur un espace de probabilité, on a toujours $m(2) \geq 0$ (prendre $f = 1$ dans l'inégalité). On dira alors que l'inégalité LogS(2) est tendue si et seulement si $m(2) = 0$. Nous noterons cette inégalité LogST(2). Il lui correspond bien sûr une inégalité LogST(p), qui lui est équivalente dans le cas des semigroupes de diffusion. Comme on va le voir ci-dessous, la tension est liée aux inégalités (TS1) et (TS2) de trou spectral du chapitre précédent. Nous commençons par le résultat suivant, dû à ROTHAUS [R1] :

Proposition 3.7.— *Si, pour un semigroupe markovien en mesure invariante, l'inégalité LogST(2) a lieu avec une constante $c(2)$, alors l'inégalité (TS2) a lieu avec une constante $\lambda_0 = 2/c(2)$. En d'autres termes, dans le cas symétrique, le trou spectral est au moins égal à $2/c(2)$.*

Preuve. Pour une fonction f bornée de $\mathcal{A}$, appliquons l'inégalité LogS(2) à la fonction $1 + \varepsilon f$, ε étant choisi assez petit pour s'assurer que $1 + \varepsilon f \in \mathcal{A}^+$. Un développement limité au voisinage de $\varepsilon = 0$ nous donne

$$E_2(1 + \varepsilon f) = 2\varepsilon^2[\langle f^2 \rangle - \langle f \rangle^2] + o(\varepsilon^2), \text{ et}$$

$$\mathcal{E}_2(1 + \varepsilon f) = \varepsilon^2 \mathcal{E}_2(f),$$

cette dernière identité provenant de ce que $\mathbf{L}1 = 0$ et $\langle \mathbf{L}f \rangle = 0$. En passant à la limite lorsque $\varepsilon \to 0$, nous obtenons notre résultat. □

Pour le semigroupe d'ORNSTEIN-UHLENBECK, le trou spectral est connu puisque la première valeur propre non nulle est égale à 1 (le polynôme $H_1(x) = x$ est le vecteur propre associé). La constante $c(2)$ dans ce cas est optimale puisque $\lambda_0 = 2/c(2)$. Il n'est pas rare que cette situation se produise. Dans ce cas, ROTHAUS a remarqué que, si la borne inférieure du spectre est une valeur propre, associée à un vecteur propre f_0, alors $\langle f_0^3 \rangle = 0$. (Puisque la mesure est invariante et que $\mathbf{L}f_0 = \lambda_0 f_0$, alors $\langle f_0 \rangle = 0$.) Il suffit pour le voir de reprendre le développement limité ci-dessus avec f_0 à la place de f, et de le pousser à l'ordre 3. Il faut faire ici un peu attention dans le développement limité car la fonction f_0 n'est pas bornée en général : les détails sont laissés au lecteur.

Le résultat qui suit consiste à établir la réciproque de la proposition précédente : si une inégalité LogS(2) est satisfaite ainsi qu'une inégalité de trou spectral (TS), alors une inégalité LogST(2) est satisfaite. Cela repose sur l'inégalité suivante, due à ROTHAUS [R2], et dont nous empruntons la démonstration à DEUSCHEL et STROOCK [DS, p.146] :

Proposition 3.8.—*Soit f une fonction de $\mathbf{L}^2(\mu)$ telle que $E_2(f)$ soit finie. Posons $\bar{f} = f - \langle f \rangle$. Alors,*

$$E_2(f) \leq E_2(\bar{f}) + 2\langle \bar{f}^2 \rangle. \tag{DS}$$

Preuve. Il suffit de prouver l'inégalité pour des fonctions bornées. On peut par homogénéité se ramener à $\langle f \rangle = 1$, puis écrire de façon unique $f = 1 + tg$, où t est réel et $\langle g \rangle = 0$, $\langle g^2 \rangle = 1$. L'inégalité à démontrer s'écrit alors

$$\langle (1 + tg)^2 \log(1 + tg)^2 \rangle \leq (1 + t^2) \log(1 + t^2) + t^2 \langle g^2 \log g^2 \rangle + 2t^2.$$

Nous observons que pour $t = 0$, l'inégalité est triviale. Ce que nous souhaitons faire, c'est se ramener à une inégalité différentielle, et pour cela, il nous faut un peu régulariser. Choisissons alors un $\varepsilon > 0$ et considérons la fonction

$$\varphi_\varepsilon(t) = \langle (1 + tg^2) \log \frac{(1 + tg)^2 + \varepsilon}{1 + t^2} \rangle - t^2 \langle g^2 \log g^2 \rangle.$$

Nous avons $\varphi_\varepsilon(0) = \log(1 + \varepsilon)$. Nous allons montrer que $\varphi_\varepsilon'(0) = 0$ et que $\varphi_\varepsilon''(t) \leq 2\log(1 + \varepsilon) + 4$. Dans ce cas, nous aurons

$$\varphi_\varepsilon(t) \leq \log(1 + \varepsilon) + 2t^2 \{2 + \log(1 + \varepsilon)\}.$$

Il ne restera plus qu'à faire tendre ε vers 0 pour obtenir le résultat. Grâce à l'introduction du paramètre ε, nous pouvons sans problème dériver sous le signe intégral, et nous avons

$$\frac{1}{2}\varphi_\varepsilon'(t) = \langle g(1 + tg) \log \frac{(1 + tg)^2 + \varepsilon}{1 + t^2} \rangle$$
$$+ \langle g \frac{(1 + tg)^3}{(1 + tg)^2 + \varepsilon} \rangle - t\{1 + \log(1 + t^2) + \langle g^2 \log g^2 \rangle\}.$$

La dérivée seconde est alors

$$\frac{1}{2}\varphi_\varepsilon''(t) = \langle g^2 \log \frac{(1+tg)^2 + \varepsilon}{g^2(1+t^2)}\rangle + 5\langle g^2 \frac{(1+tg)^2}{(1+tg)^2 + \varepsilon}\rangle$$
$$- 2\langle g^2 \frac{(1+tg)^4}{[(1+tg)^2 + \varepsilon]^2}\rangle - 1 - 2\frac{t^2}{1+t^2}.$$

Maintenant, nous savons que $\langle g^2 \rangle = 1$ et les inégalités de convexité classiques nous donnent, pour toute fonction $K > 0$, $\langle g^2 \log K \rangle \leq \log\langle g^2 K \rangle$. En appliquant ceci avec $K = \dfrac{(1+tg)^2 + \varepsilon}{g^2(1+t^2)}$, nous majorons le premier terme du membre de gauche de l'expression précédente par $\log(1 + \dfrac{\varepsilon}{1+t^2})$. Ensuite, si nous désignons par A la quantité

$$A = \langle g^2 \frac{(1+tg)^2}{(1+tg)^2 + \varepsilon}\rangle \in [0,1],$$

alors nous avons

$$\langle g^2 \frac{(1+tg)^4}{[(1+tg)^2 + \varepsilon]^2}\rangle \geq A^2.$$

Au bout du compte, il nous reste

$$\frac{1}{2}\varphi_\varepsilon''(t) \leq \log(1 + \frac{\varepsilon}{1+t^2}) - 2A^2 + 5A - 1 \leq \log(1 + \frac{\varepsilon}{1+t^2}) + 2.$$

$\square$

Remarque.—

Nous verrons au chapitre 4 une démonstration plus simple de ce résultat (lemme 4.1).

Ainsi que nous l'avions annoncé, ceci admet comme conséquence la

Proposition 3.9.—*Supposons que le semigroupe soit markovien en mesure invariante et satisfasse à une inégalité (TS2) avec une constante λ_0 et à une inégalité LogS(2) avec des constantes $c(2)$ et $m(2)$, il satisfait à une inégalité LogST(2) avec constante*

$$\hat{c}(2) = c(2) + \frac{c(2)m(2) + 2}{\lambda_0}.$$

Preuve. Reprenons les notations de la proposition précédente. Nous remarquons que, puisque le semigroupe est markovien et que la mesure est invariante, on a $\mathcal{E}_2(f) = \mathcal{E}_2(\tilde{f})$. L'inégalité de trou spectral s'écrit

$$\langle \tilde{f}^2 \rangle \leq \frac{1}{\lambda_0}\mathcal{E}_2(f).$$

Il ne nous reste qu'à écrire

$$E_2(f) \le E_2(\tilde{f}) + 2\langle \tilde{f}^2\rangle \le c(2)\{\mathcal{E}_2(\tilde{f}) + m(2)\langle \tilde{f}^2\rangle\} + 2\langle \tilde{f}^2\rangle =$$

$$=c(2)\mathcal{E}_2(f) + (c(2)m(2) + 2)\langle \tilde{f}^2\rangle \le (c(2) + \frac{c(2)m(2) + 2}{\lambda_0})\mathcal{E}_2(f).$$

$\square$

Un exemple.

KORZENIOWSKI et STROOCK ont donné dans [KS] un exemple de semigroupe de diffusion symétrique pour lequel une inégalité LogS(2) est satisfaite avec des constantes $c(2)$ de SOBOLEV logarithmique et λ_0 de trou spectral satisfaisant à $\lambda_0 > 2/c(2)$. Sans donner de détails, décrivons le brièvement.

Il s'agit du semigroupe associé aux polynômes de LAGUERRE. Le semigroupe est construit à partir du semigroupe d'ORNSTEIN-UHLENBECK à l'aide de la remarque suivante : le semigroupe d'ORNSTEIN-UHLENBECK préserve les fonctions radiales. En effet, si $\mathbf{P}_t$ désigne le semigroupe d'ORNSTEIN-UHLENBECK sur $\mathbb{R}^n$ et si f désigne une fonction radiale sur $\mathbb{R}^n$: $f(x) = \hat{f}(|x|)$, où $|x|$ désigne la norme euclidienne d'un point de $\mathbb{R}^n$, alors $\mathbf{P}_t(f)(x) = \hat{\mathbf{P}}_t(\hat{f})(|x|)$, où $\hat{\mathbf{P}}_t$ est un semigroupe sur $\mathbb{R}_+$ dont l'expression exacte nous importe peu (on peut aisément l'obtenir à partir de l'expression de $\mathbf{P}_t$). Le générateur de ce semigroupe coïncide sur les fonctions $\mathcal{C}^\infty$ à support compact dans $\mathbb{R}_+$ avec la partie radiale de l'opérateur d'ORNSTEIN-UHLENBECK :

$$\mathbf{L}_n = \frac{d^2}{dx^2} + (\frac{n-1}{x} - x)\frac{d}{dx},$$

qui, après changement de x en $y = x^2$, devient

$$\mathbf{L}_n = 4y\frac{d^2}{dy^2} + 2(n-y))\frac{d}{dy}.$$

Il est symétrique par rapport à la mesure

$$C_n x^{n-1} \exp(-x^2/2)\, dx = C'_n y^{(n-2)/2} \exp(-y/2) dy$$

sur $\mathbb{R}_+$, mesure image de la mesure gaussienne par l'application $x \to |x|$. Il est évident à partir de la définition du semigroupe que celui-ci possède les mêmes propriétés d'hypercontractivité que le semigroupe d'ORNSTEIN-UHLENBECK. En fait, il n'est pas difficile de voir que la constante $c(2) = 2$ optimale pour le semigroupe d'ORNSTEIN-UHLENBECK est aussi optimale pour ce semigroupe : on le voit d'une façon similaire à celle du chapitre 1 en faisant agir $\hat{\mathbf{P}}_t$ sur des fonctions de la forme $\exp(\alpha x)$, ce qui revient à faire agir le semigroupe d'ORNSTEIN-UHLENBECK sur des fonctions de la forme $\exp(\alpha|x|)$. (On n'a plus alors d'expression exacte, mais seulement des estimations sur les normes $\|\hat{\mathbf{P}}_t f\|_q$ et $\|f\|_p$.) Ensuite, le trou spectral est facile à obtenir, car ici, comme dans le cas d'ORNSTEIN-UHLENBECK, le spectre est discret et les vecteurs propres $g(y)$ sont tels que, si x est dans $\mathbb{R}^n$, $g(|x|^2)$ est un vecteur propre du semigroupe d'ORNSTEIN-UHLENBECK. En conséquence, le vecteur propre correspondant à la première valeur propre non nulle de $\mathbf{L}_n$ est en fait un polynôme du second degré dans $\mathbb{R}^n$ qui correspond à la seconde valeur propre du semigroupe d'ORNSTEIN-UHLENBECK.

Remarque.—

Dans cet exemple, l'algèbre naturelle dont on dispose est l'algèbre des fonctions qui sont somme d'une constante et d'une fonction $\mathcal{C}^\infty$ à support compact dans $[0, \infty[$, et à dérivée nulle en 0. Cette algèbre est stable par composition avec les fonctions $\mathcal{C}^\infty$, mais pas sous l'action de $\hat{P}_t$. En fait, on dispose d'une algèbre simple, l'algèbre des polynômes de la variable x^2, qui est stable par $\hat{P}_t$ et par L_n, dense dans tous les $L^p(\mu)$. Cette algèbre n'est pas stable par composition avec les fonctions $\mathcal{C}^\infty$, mais il est beaucoup plus commode de travailler avec cette dernière qu'avec la précédente.

Décroissance de l'entropie.

Comme nous l'avons vu au chapitre précédent, l'inégalité de trou spectral (TS2) est liée à la convergence rapide de $P_t f$ vers $\langle f \rangle$, lorsque $t \to \infty$, au moins dans le cas des semigroupes markoviens en mesure invariante. Il n'est donc pas étonnant que cette propriété se retrouve lorsque le semigroupe satisfait à une inégalité LogST(2). Pour cela, introduisons l'analogue pour $p = 1$ des inégalités LogS(p).

Définition.—*Nous dirons que le semigroupe P_t satisfait une inégalité LogS(1) si, pour toute fonction f de A^+, on a*

$$E_1(f) \le c(1)\{-\langle \log f, Lf \rangle + m(1)\langle f \rangle\}. \qquad \text{LogS(1)}$$

Les calculs que nous avons fait dans la proposition 3.1 peuvent se reproduire à l'identique, et nous avons, pour un semigroupe markovien en mesure réversible

$$4\mathcal{E}_2(\sqrt{f}) \le -\langle \log f, Lf \rangle,$$

avec égalité dans le cas des semigroupes de diffusion en mesure invariante. Donc, une inégalité LogS(2) entraîne l'inégalité LogS(1) avec $c(1) = c(2)/4$, $m(1) = 4m(2)$.

Nous ne nous intéresserons dans ce paragraphe qu'au cas où $m(1) = 0$: on parlera alors comme d'habitude d'inégalité LogST(1). Le même raisonnement que plus haut permet de montrer que dans le cas markovien en mesure invariante, alors l'inégalité LogST(1) entraîne l'inégalité de trou spectral avec $\lambda_0 = \dfrac{1}{2c(1)}$. Le résultat suivant est établi dans [BE1] dans le cas des diffusions :

Proposition 3.10.—*Soit P_t un semigroupe markovien en mesure invariante. Alors, l'inégalité LogST(1) est satisfaite avec une constante $c(1)$ si et seulement si, pour toute fonction f positive, on a*

$$E_1(P_t f) \le \exp(-\frac{1}{c(1)}t)E_1(f). \qquad (3.5)$$

Preuve. Montrons d'abord que LogST(1) entraîne (3.5). On se ramène comme d'habitude au cas où $f \in \mathcal{A}^+$. Puis par homogénéité au cas où $\langle f \rangle = 1$. La mesure μ étant invariante, on voit qu'alors $\langle \mathbf{P}_t f \rangle = 1$. L'inégalité de l'énoncé s'écrit alors $h(t) \leq \exp(-\lambda t) h(0)$, avec $\lambda = 1/c(1)$ et $h(t) = \langle \mathbf{P}_t f \log \mathbf{P}_t f \rangle$. L'hypothèse, appliquée à $\mathbf{P}_t f$, se traduit alors par $h'(t) \leq -c(1) h(t)$, ce qui nous donne le résultat.

Réciproquement, on obtient LogST(1) en différentiant (3.5) en $t = 0$. $\qquad\Box$

Remarque.—
Si l'on compare le résultat de la proposition précédente à celui de la proposition 2.3, on voit que l'inégalité de trou spectral donne une convergence exponentielle de $\mathbf{P}_t f$ vers $\langle f \rangle$ au sens de $\mathbf{L}^2(\mu)$, alors que l'inégalité LogST(1) la donne au sens de l'entropie. Cette dernière convergence est donc plus forte que la décroissance en norme $\mathbf{L}^2(\mu)$, mais je ne vois pas d'argument permettant de le voir plus directement. D'autre part, la proposition 3.7. permet de comparer les vitesses de convergence, qui sont en $\exp(-t/c(1))$ pour l'entropie et en $\exp(-\lambda_0 t)$ en norme $\mathbf{L}^2(\mu)$, où λ_0 est la première valeur propre non nulle de $-\mathbf{L}$. Rappelons que nous avons toujours

$$\lambda_0 \geq \frac{1}{2c(1)} \geq \frac{2}{c(2)}.$$

Un critère d'hypercontractivité.

Comme nous venons de le voir, dans le cas des semigroupes de diffusion, la propriété d'hypercontractivité est équivalente à l'inégalité LogST(1). Ceci va nous permettre de donner une nouvelle démonstration élémentaire du théorème de NELSON, inspirée de [BE1], et simplifiée dans ce cadre par LEDOUX (voir aussi [DS]):

Proposition 3.11.—*Supposons que le semigroupe $\mathbf{P}_t$ soit un semigroupe markovien tel que, pour toute fonction f de $\mathcal{A}^+$, $\mathbf{P}_t f \to \langle f \rangle$ dans $\mathbf{L}^2(\mu)$ lorsque $t \to \infty$ et tel qu'il existe un réel $\lambda > 0$ tel que, pour toute fonction f de $\mathcal{A}^+$, on ait*

$$\langle -\mathbf{L}\mathbf{P}_t f, \log \mathbf{P}_t f \rangle \leq \exp(-\lambda t)\langle -\mathbf{L} f, \log f \rangle. \tag{3.6}$$

Alors, il satisfait à l'inégalité LogST(1) avec comme constante $c(1) = 1/\lambda$.

Preuve. Remarquons que la première hypothèse est assez anodine : elle signifie simplement que le semigroupe est ergodique. Elle est en particulier satisfaite dès qu'il y a un trou spectral.

Nous écrivons f_t pour $\mathbf{P}_t f$, pour simplifier : f_t étant majorée et minorée uniformément en t, nous savons que $\langle f_t \log f_t \rangle \to \langle f \rangle \log\langle f \rangle$ lorsque $t \to \infty$. Nous avons alors

$$E_1(f) = \langle f_0 \log f_0 \rangle - \langle f_\infty \log f_\infty \rangle = -\int_0^\infty \frac{d}{dt}\langle f_t \log f_t \rangle \, dt =$$

$$= -\int_0^\infty \langle \mathbf{L} f_t, \log f_t \rangle \, dt \leq -\langle \mathbf{L} f, \log f \rangle \int_0^\infty \exp(-\lambda t) \, dt = -\frac{1}{\lambda}\langle \mathbf{L} f, \log f \rangle.$$

Remarquons que, dans la démonstration précédente, nous aurions pu aussi bien remplacer $\exp(-\lambda t)$ par n'importe quelle fonction d'intégrale finie sur $\mathbb{R}_+$.

Lorsque le semigroupe est un semigroupe de diffusion, on a

$$-\langle \mathbf{L}f, \log f \rangle = \langle \Gamma(f, \log f) \rangle = \langle \frac{1}{f}\Gamma(f,f) \rangle,$$

et l'inégalité de l'énoncé s'écrit

$$\langle \frac{1}{\mathbf{P}_t f}, \Gamma(\mathbf{P}_t f, \mathbf{P}_t f) \rangle \leq \exp(-\lambda t) \langle \frac{1}{f}\Gamma(f,f) \rangle.$$

On va voir que c'est le cas pour le semigroupe d'ORNSTEIN-UHLENBECK, avec $\lambda = 2$, ce qui permet de retrouver exactement le théorème de NELSON. En effet, pour ce semigroupe, on a $\Gamma(f,f) = |\nabla f|^2$, où $|x|$ désigne la norme euclidienne d'un vecteur dans $\mathbb{R}^n$. Or,

$$\mathbf{P}_t f(x) = \int_{\mathbb{R}^n} f(e^{-t}x + \sqrt{1 - e^{-2t}}\, y)\, e^{-|y|^2/2}\, \frac{dy}{(2\pi)^{n/2}},$$

et on voit immédiatement sur cette formule que $\frac{\partial}{\partial x_i}\mathbf{P}_t f(x) = e^{-t}\mathbf{P}_t(\frac{\partial}{\partial x_i}f)$. On a donc $|\nabla \mathbf{P}_t f| \leq e^{-t}\mathbf{P}_t|\nabla f|$. Or, $\mathbf{P}_t$ est un semigroupe markovien, qui se représente par des mesures de probabilité. Pour tout couple de fonctions f et g bornées supérieurement et inférieurement, une application immédiate de l'inégalité de SCHWARZ nous donne

$$\frac{(\mathbf{P}_t g)^2}{\mathbf{P}_t f} \leq \mathbf{P}_t(\frac{g^2}{f}).$$

En appliquant ceci avec $g = |\nabla f|$, on obtient

$$\langle \frac{|\nabla \mathbf{P}_t f|^2}{\mathbf{P}_t f} \rangle \leq \exp(-2t)\langle \frac{(\mathbf{P}_t|\nabla f|)^2}{\mathbf{P}_t f} \rangle \leq \exp(-2t)\langle \mathbf{P}_t(\frac{|\nabla f|^2}{f}) \rangle = \exp(-2t)\langle \frac{|\nabla f|^2}{f} \rangle.$$

C'est ce qu'on voulait démontrer.

Plaçons nous dans le cas markovien symétrique. Si l'inégalité (3.6) est satisaite, on obtient en différentiant en $t = 0$ l'inégalité suivante, valable pour tout f de $\mathcal{A}^+$:

$$-\lambda\langle \log f, \mathbf{L}f \rangle \leq \langle \frac{1}{f}, (\mathbf{L}f)^2 \rangle + \langle \mathbf{L}f, \mathbf{L}\log f \rangle. \tag{3.7}$$

Réciproquement, si l'inégalité (3.7) est satisfaite pour les fonctions de $\mathcal{A}^+$, alors, par un argument de densité déjà utilisé plus haut, elle reste vraie pour toutes les fonctions bornées supérieurement du domaine. En appelant $\varphi(t)$ la fonction $-\langle \log(\mathbf{P}_t f), \mathbf{L}\mathbf{P}_t f \rangle$, l'inégalité (3.7) appliquée à $\mathbf{P}_t f$ s'écrit $\varphi'(t) + \lambda\varphi(t) \leq 0$, et ceci redonne $\varphi(t) \leq \exp(-\lambda t)\varphi(0)$, ce qui est l'inégalité (3.6). Nous voyons donc que, pour les semigroupes markoviens symétriques, les inégalités (3.6) et (3.7) sont équivalentes, et entraînent, moyennant une petite hypothèse d'ergodicité, l'inégalité LogST(1). En résumé, nous avons établi le résultat suivant :

Proposition 3.12.—*Supposons que $\mathbf{P}_t$ soit un semigroupe markovien symétrique ergodique pour lequel l'inégalité (3.7) est satisfaite avec une constante $\lambda > 0$. Alors, il satisfait à une inégalité LogST(1) avec constante $c(1) = 1/\lambda$. De plus, si ce semigroupe est de diffusion, alors l'inégalité LogST(2) est satisfaite avec constante $c(2) = 4/\lambda$.*

Remarque.—

Nous ne connaissons pas d'exemple, pour le moment, où l'inégalité LogST(1) soit satisfaite sans que le soit (3.7) (avec $c(1) = 1/\lambda$).

Intégrabilité des vecteurs propres.

Nous pouvons reprendre l'argument développé dans le chapitre précédent pour établir l'inégalité de KHINTCHINE. Supposons que le semigroupe satisfasse à une inégalité de LogST(2) avec constante $c(2)$, et que f soit un vecteur propre de $-L$, de valeur propre $\lambda_n \geq \lambda_0 \geq 2/c(2)$. Alors, on a, dès que $\|f\|_2 = 1$ et que $c < \lambda_n c(2)/(4e)$,

$$\int \exp[c|f|^{4/(c(2)\lambda_n)}]\,d\mu < \infty.$$

Pour s'en convaincre, il suffit d'écrire pour $q = 1 + \exp(4t/c(2))$, l'inégalité

$$\exp(-\lambda_n t)\|f\|_q = \|\mathbf{P}_t f\|_q \leq \|f\|_2 = 1.$$

On obtient ainsi

$$\forall q > 2,\ \|f\|_q \leq (q-1)^{c(2)\lambda_n/4} \leq q^{c(2)\lambda_n/4}.$$

De cette inégalité, on en tire l'inégalité de distribution

$$\mu\{|f| \geq s\} \leq \frac{q^{c(2)\lambda_n/4\,q}}{s},$$

qu'on optimise en choisissant $q = s^{1/\alpha_n}/e$, où nous avons posé $\alpha_n = c(2)\lambda_n/4$. On en tire immédiatement le résultat annoncé, puisque

$$\int \exp(c|f|^\alpha)\,d\mu = \int_0^\infty c\alpha s^{\alpha-1}\mu\{|f| \geq s\}\exp(cs^\alpha)\,ds.$$

Remarque.—

En considérant le cas du semigroupe d'ORNSTEIN-UHLENBECK, on voit que ce résultat est le meilleur possible quant à l'exposant α pour lequel il existe c tel que $\exp(c|f|^\alpha)$ est intégrable. En effet, dans ce cas, si λ_n est la $n^{\text{ième}}$ valeur propre, on a

$$c(2)\lambda_n/4 = \lambda_n/2\lambda_1 = n/2,$$

et le vecteur propre associé est un polynôme P de degré n, qui est tel que $\exp(c|P|^\alpha)$ n'est intégrable pour la mesure gaussienne que si $\alpha \leq 2/n$.

Hypercontractivité dans le plan complexe.

Le paragraphe qui suit peut être omis en première lecture, car il pose plus de questions qu'il n'en résoud. Comme dans le théorème de BECKNER, nous allons nous intéresser dans ce qui suit aux semigroupes de diffusion symétriques pour un paramètre complexe. Nous nous restreignons pour simplifier au cas $1 < p \leq 2$, et nous poser la question d'étendre le théorème de GROSS pour une valeur complexe du temps t. Le principal intérêt du résultat technique que nous établissons est de montrer que, lorsque le semigroupe satisfait à une inégalité de SOBOLEV logarithmique, et que le "temps" t est dans une région (assez compliquée) du plan complexe dépendant de la valeur p, nous pouvons trouver un réel $q(t,p) > p$ tel que

$$\|\mathbf{P}_t f\|_q \leq \|f\|_p,$$

pour toutes les fonctions f à valeurs complexes. Ceci ne permet pas de retrouver le résultat de BECKNER (qui est plus fort), mais le résultat que nous allons établir présente avec celui-ci des relations curieuses, qui demanderaient à être élucidées. D'autre part, la méthode que nous allons employer est suffisament générale pour être étendue à d'autres cas que le cas complexe, comme dans [Ba3], par exemple.

Théorème 3.13.—*Supposons que le semigroupe de diffusion symétrique* $\mathbf{P}_t$ *satisfasse à une inégalité* LogST(2) *avec constante* $c(2) = c$. *Supposons en outre que le spectre de* $\mathbf{L}$ *soit discret. Pour*

$$1 < p \leq 2, \quad 0 \leq x < -\frac{c}{4}\log(p-1) \quad \text{et} \quad |y| < \frac{c}{4}\pi,$$

posons $X = \exp(4x/c)$, $\tau = \operatorname{tg}^2(2y/c)$, $\gamma = 1/(p-1)$ *et* $A = \tau(\gamma - X)/(X-1)$. *Alors* $\|\mathbf{P}_{x+iy}\|_{p,q} \leq 1$ *dès que*

$$X < \gamma ; \quad q \leq q(p,x,y,c) = 1 + X(A-1)/(A-\gamma) \tag{3.8}$$

et que

$$2\tau(X-\gamma)^2 \leq 2(\gamma^2+1)X - (\gamma+1)(X^2+\gamma) - (\gamma-1)\sqrt{\Delta}, \tag{3.9}$$

où l'on a posé

$$\Delta = ((2X-1)^2\gamma^2 - 2X\gamma(2X^2 - 3X + 2) + X^2(X-2)^2.$$

Remarques.—

1- La condition $X < \gamma$ entraîne que la quantité Δ apparaissant dans la condition (3.9) est toujours positive. Il nest pas difficile de voir que la borne supérieure donnée sur τ par la condition (3.9) est toujours majorée par $\gamma(X-1)/(\gamma-X)$.

2- Lorsque $X = \gamma$, la condition (3.9) devient $\tau \leq 1$, d'où l'on tire $y \leq c\pi/2$. Dans ce cas, la quantité q donnée par (3.8) vaut 2, et on aurait obtenu le même résultat en appliquant le théorème de GROSS à l'opérateur $\mathbf{P}_z$, puis en appliquant l'opérateur

$\mathbf{P}_{iy}$, qui est une contraction de $\mathbf{L}^2(\mu)$. Cet argument n'est pas valable pour d'autres valeurs, car l'opérateur $\mathbf{P}_{iy}$ n'est en général pas une contraction de $\mathbf{L}^p(\mu)$.

3– Si nous appliquons le théorème précédent avec $y = \tau = 0$, nous voyons que nous retrouvons le résultat de GROSS, mais avec la restriction supplémentaire que $X \le \gamma$, qui n'apparait pas dans le cas réel.

4– L'hypothèse que l'inégalité LogS(2) soit tendue n'est pas indispensable. Nous aurions pu obtenir un résultat analogue par la même méthode sans l'hypothèse de tension. Mais les choses sont déjà bien assez compliquées comme cela.

5– L'hypothèse que le spectre soit discret n'est qu'une hypothèse technique qui permet de simplifier les choses. Mais je ne connais à l'heure actuelle aucun exemple de semigroupe satisfaisant à une inégalité LogST(2) et qui n'ait pas un spectre discret. Elle n'est donc pas à priori gênante (pour l'instant).

6– L'opérateur $\hat{\mathbf{L}} = c\mathbf{L}$ satisfait une inégalité LogST(2) avec constante $\hat{c} = 1$. Ceci permet en fait de se ramener à l'étude du cas $c = 1$ dans le théorème précédent, si l'on remarque que $q(p, x, y, c) = q(p, x/c, y/c, 1)$.

7– La remarque suivante est assez curieuse, et c'est elle en fait qui justifie toute cette section. Oublions pour l'instant la restriction donnée par la condition (3.9), et fixons x dans le théorème précédent ; si nous faisons tendre y vers $c\pi/4$, alors $q(p, x, y, c)$ converge vers $1 + X$. Si ensuite nous faisons tendre x vers $-(c/4)\log(p-1)$, alors $1 + X$ converge vers l'exposant conjugué de p, et nous obtenons à la limite, pour p et q conjugués et $x = -(c/4)\log(p-1)$,

$$\|\mathbf{P}_{x+ic\pi/4}\|_{p,q} \le 1.$$

Nous retrouvons ainsi le théorème de BECKNER pour le semigroupe d'ORNSTEIN-UHLENBECK, où la constante c vaut 2. Évidemment, ceci nous amène à nous poser la question de rechercher un argument permettant de supprimer la condition (3.9), pour ramener ainsi le résultat de BECKNER (pour lequel il n'existe pas d'autre démonstration que celle excquissée dans le chapitre 1), à celui de NELSON, qui se généralise à de nombreux semigroupes.

Preuve. Nous commençons par énoncer un résultat analogue au théorème de GROSS mais pour des solutions d'équations n-dimensionnelles :

Proposition 3.14.—*Supposons que le semigroupe $\mathbf{P}_t$ soit un semigroupe de diffusion symétrique qui satisfait à une inégalité LogST(2) avec une constante c. Soit $A = (a_{ij}(t))$ une matrice $n \times n$ de fonctions continues : $\mathbb{R}_+ \to \mathbb{R}_+$ et considérons une solution $f(t) = (f_1, \ldots, f_n)$, au sens de $\mathbf{L}^2(\mu)$, de l'équation $f'(t) = ALf$, c'est à dire*

$$\frac{\partial f_i}{\partial t} = \sum_j a_{ij}(t)\mathbf{L}f_j(t). \tag{3.10}$$

Nous supposerons en outre que la fonction $t \to f(t)$ satisfait à la condition

$$\forall t > 0, \ \exists \varepsilon > 0, \ \| \sup_{|s| < \varepsilon} \frac{|f(t+s) - f(t)|}{s} \|_p < \infty. \tag{3.11}$$

Soit $\Phi : \mathbb{R}^n \to \mathbb{R}_+$ une fonction de classe C^∞, globalement lipchitzienne et ayant ses dérivées premières Φ'_i et secondes Φ'_{ij} bornées, et telle que, au sens des matrices symétriques, on ait

$$(\Phi'_j \Phi'_k) \leq \lambda(p,t) \operatorname{sym}(\sum_i a_{ij}(t)\{\Phi\Phi''_{ik} + (p-1)\Phi'_i\Phi'_k\}), \tag{3.12}$$

où $\operatorname{sym}(A) = \frac{1}{2}(A + {}^t A)$ désigne la matrice symétrisée de la matrice A. Soit $t \to p(t)$ une fonction croissante dérivable à valeurs dans $[1, \infty[$ telle que

$$0 < p'(t)\lambda(p,t) \leq \frac{4}{c}; \tag{3.13}$$

alors $\|\Phi(f_t)\|_{p(t)}$ est une fonction décroissante.

Preuve. Elle est élémentaire et suit exactement celle du théorème de GROSS. Appelons $U(t)$ la fonction $\langle \Phi(f(t))^{p(t)} \rangle^{1/p(t)}$. Nous avons mis dans nos hypothèses tout ce qu'il faut pour justifier les dérivations sous le signe somme; en écrivant Φ à la place de $\Phi(f(t))$ et p à la place de $p(t)$, nous avons

$$\frac{dU}{dt} = \frac{U}{\langle \Phi^p \rangle} \frac{p'}{p^2} \{ E_p(\Phi) + \frac{p^2}{p'} \sum_i \langle \Phi^{p-1}\Phi'_i f'_i \rangle. \}$$

Maintenant, nous avons, grâce à la symétrie et à la propriété de diffusion,

$$\sum_i \langle \Phi^{p-1}\Phi'_i f'_i \rangle = \sum_{ij} \langle \Phi^{p-1}\Phi'_i, a_{ij}(t)\mathbf{L}f_j \rangle = -\sum_{ij} a_{ij}(t)\langle \mathbf{\Gamma}(\Phi^{p-1}\Phi'_i, f_j) \rangle =$$

$$= -\sum_{ijk} a_{ij}(t)\langle ((\Phi^{p-1}\Phi''_{ik} + (p-1)\Phi^{p-2}\Phi'_i\Phi'_k)\mathbf{\Gamma}(f_k, f_j) \rangle =$$

$$= -\sum_{jk} \langle \Phi^{p-2} M_{jk}\mathbf{\Gamma}(f_j, f_k) \rangle,$$

où M_{jk} désigne la matrice symétrique

$$\operatorname{sym}(\sum_i a_{ij}(t)\{\Phi\Phi''_{ik} + (p-1)\Phi'_i\Phi'_k\}).$$

Or, l'opérateur carré du champ étant positif, la matrice $(\mathbf{\Gamma}(f_j, f_k))$ est symétrique positive. D'autre part, si $M = (M_{jk})$ et $N = (N_{jk})$ sont deux matrices symétriques positives, alors

$M \bullet N = \sum_{jk} M_{jk} N_{jk}$ est positif. D'après nos hypothèses, nous en déduisons que

$$\sum_i \langle \Phi^{p-1}\Phi_i' f_i' \rangle \leq -\frac{1}{\lambda(p,t)} \sum_{jk} \langle \Phi^{p-2}\Phi_j'\Phi_k', \Gamma(f_j, f_k) \rangle.$$

Donc, si $p'\lambda(p,t) \leq 4/c$, on obtient

$$\frac{dU}{dt} \leq \frac{U}{\langle \Phi^p \rangle} \frac{p'}{p^2} \{ E_p(\Phi) - c\frac{p^2}{4} \sum_{jk} \langle \Phi^{p-2}\Phi_j'\Phi_k', \Gamma(f_j, f_k) \rangle.$$

D'un autre côté, on a

$$\mathcal{E}_2(\Phi^{p/2}) = \langle \Gamma(\Phi^{p/2}, \Phi^{p/2}) \rangle = \frac{p^2}{4} \sum_{jk} \langle \Phi^{p-2}\Phi_j'\Phi_k', \Gamma(f_j, f_k) \rangle.$$

On voit donc, par un changement de f en $\Phi(f)^{p/2}$, que l'inégalité LogST(2) avec constante c implique l'inégalité

$$E_p(\Phi) - c\frac{p^2}{4} \sum_{jk} \langle \Phi^{p-2}\Phi_j'\Phi_k', \Gamma(f_j, f_k) \rangle \leq 0.$$

D'où le résultat. □

Pour déduire le théorème 3.13 du résultat précédent, nous allons l'appliquer avec $n = 2$ et avec la fonction $\Phi(x,y) = \sqrt{x^2 + y^2}$. Comme cette fonction Φ n'est pas $\mathcal{C}^\infty$, il convient en fait de la régulariser en la remplaçant par $\sqrt{x^2 + y^2 + \varepsilon}$, avec $\varepsilon > 0$, et de faire ensuite converger ε vers 0. Nous laisserons ce détail au lecteur. De plus, grâce à la remarque 6, nous pouvons nous ramener au cas $c = 1$.

Rappelons que, par hypothèse, nous avons supposé le spectre discret. Appelons alors (H_n) une suite de vecteurs propres de $\mathbf{L}$, de valeur propre λ_n, normalisés dans $\mathbf{L}^2(\mu)$, formant une base de $\mathbf{L}^2(\mu)$. Pour démontrer le résultat, il suffit d'estimer la norme $\|\mathbf{P}_z(f)\|_q$, où f s'écrit de la forme $\sum_{n \leq n_0} a_n H_n$, avec $z = x + iy$, $x > 0$. Dans ce cas, $\mathbf{P}_z(f) = \sum_{n \leq n_0} a_n \exp(-\lambda_n z) H_n$. Considérons alors une courbe différentiable $t \to z(t)$, dans le demiplan $x > 0$, allant de 0 à $z_0 = x + iy$, et appelons $f(t)$ la fonction complexe $\mathbf{P}_{z(t)}(f)$, que nous considérons comme un vecteur $(f_1(t), f_2(t))$ de $\mathbb{R}^2$. C'est une solution de l'équation

$$\frac{df}{dt} = z'(t)\mathbf{L}f(t),$$

et, si $z'(t) = x'(t) + iy'(t)$, cela correspond aux hypothèses du théorème précédent avec pour matrice

$$A(t) = \begin{pmatrix} x'(t) & -y'(t) \\ y'(t) & x'(t) \end{pmatrix}.$$

Nous suposerons que $x'(t) > 0$.

Tout d'abord, le théorème d'hypercontractivité nous donne, pour t réel, et

$q(t) = 1 + \exp(4t),$

$$\|\mathbf{P}_t H_n\|_{q(t)} = \exp(-\lambda_n t)\|H_n\|_{q(t)} \leq \|H_n\|_2.$$

Donc, les fonctions H_n sont dans tous les espaces $\mathbf{L}^p(\mu)$, et l'hypothèse (3.11) est satisfaite.

Il ne nous reste plus qu'à vérifier (3.12). La fonction $\Phi(x,y)$ étant égale à $\sqrt{x^2 + y^2}$, on a, en un point $(x, y) = (\rho\cos\theta, \rho\sin\theta)$,

$$\Phi\Phi'' + (p-1)\Phi'\otimes\Phi' = I + (p-2)\begin{pmatrix} \cos^2\theta & \cos\theta\sin\theta \\ \cos\theta\sin\theta & \sin^2\theta \end{pmatrix},$$

où I désigne la matrice identité. En appelant respectivement B_1 et B_2 les matrices

$$B_1 = \begin{pmatrix} \cos^2\theta & \cos\theta\sin\theta \\ \cos\theta\sin\theta & \sin^2\theta \end{pmatrix} \quad \text{et} \quad B_2 = \begin{pmatrix} -\cos\theta\sin\theta & \frac{1}{2}(\cos^2\theta - \sin^2\theta) \\ \frac{1}{2}(\cos^2\theta - \sin^2\theta) & \cos\theta\sin\theta \end{pmatrix},$$

et en posant $\tau = y'/x'$, l'équation (3.12) devient

$$\{1 - \lambda(p,t)x'(t)(p-2)\}B_1 - \tau(p-2)\lambda(p,t)x'B_2 \leq \lambda(p,t)x'I. \tag{3.14}$$

Or les valeurs propres de la matrice symétrique $B_1 + \mu B_2$ sont $\frac{1}{2}(1 + \sqrt{1+\mu^2})$ et $\frac{1}{2}(1 - \sqrt{1+\mu^2})$. Dans tous les cas de figure, l'inégalité (3.14) s'écrit

$$\lambda(p,t)x'(t) \geq \frac{4}{4(p-1) - \tau^2(p-2)^2}.$$

Finalement, lorsque $c = 1$, l'inégalité (3.13) peut s'écrire

$$0 \leq \frac{dp}{dx} \leq 4(p-1) - \tau^2(p-2)^2. \tag{3.15}$$

Au bout du compte, pour toute courbe $t \to z(t)$ dans le demiplan $x > 0$, partant de $(0,0)$, et avec $z(T) = x_0 + iy_0$, nous obtenons,

$$\|\mathbf{P}_{z(T)}f\|_{q(T)} \leq \|f\|_p,$$

lorsque q est la solution de l'équation différentielle

$$\frac{dq}{dx} = 4(q-1) - \left(\frac{dy}{dx}\right)^2(q-2)^2 ; \quad q(0) = p.$$

Il nous reste à optimiser le choix de la courbe $t \to z(t)$, le point $(x(T), y(T)) = (x_0, y_0)$ étant fixé, de façon à maximiser q dans le résultat précédent. En prenant la variable x comme paramètre, ce qui est licite puisque nous avons supposé que la fonction $t \to x(t)$ est strictement croissante, un petit calcul de variations nous amène à choisir la fonction $y(x)$ comme solution de l'équation différentielle

$$2y'''y' - 3y''^2 + 16y'^2(1 + y'^2) = 0,$$

auquel cas

$$q(x) = \frac{2y''}{y'' + 4y'}.$$

En posant $X = \exp(4x)$, une solution à ce système est donnée par

$$\begin{cases} y = \alpha + (1/2)\text{arctg}(\beta(X - \gamma)) \,; \\ q = \dfrac{1 - \beta^2(X^2 - \gamma^2)}{1 - \beta^2\gamma(X - \gamma)}. \end{cases}$$

Les constantes α, β et γ s'ajustent en fonction des valeurs $y(0) = 0$, $y(x_0) = y_0$ et $q(0) = p$. Si l'on explicite ces valeurs, en posant $X_0 = \exp(4x_0)$, $\gamma_0 = 1/(p-1)$, et $\tau_0 = \text{tg}^2(2y_0)$, nous obtenons

$$\begin{cases} \text{tg}(2\alpha) = \beta(\gamma - 1) \\ \dfrac{\gamma_0 - \gamma}{\gamma - 1} = \tau_0 \dfrac{(\gamma_0 - X_0)^2}{(X_0 - 1)^2} \\ \beta^2 = \dfrac{1}{(\gamma_0 - \gamma)(\gamma - 1)}. \end{cases}$$

La condition $dq/dx \geq 0$ devient

$$X^2\beta^2\gamma + (1 + \beta^2\gamma^2)(\gamma - 2X) \geq 0,$$

qui doit être vérifiée pour tout $X \in [1, X_0]$. Ce polynôme du second degré en X est toujours négatif en son minimum, qui est atteint en un point de $[1, \infty[$. Ce minimum doit donc être atteint en un point de $[X_0, \infty[$, ce qui impose la condition $X_0 \leq \gamma_0$, et la condition $P(X_0) \geq 0$ se traduit alors par la condition (3.9) du théorème 3.13. Il ne reste plus qu'à remplacer toutes ces valeurs dans la fonction q au point x_0 pour obtenir l'énoncé du théorème. $\qquad\qquad\qquad\qquad\qquad\qquad\qquad\qquad\qquad\qquad\qquad\qquad\qquad\quad$ □

4— Inégalités de SOBOLEV et estimations de la densité du semigroupe.

Dans le chapitre précédent, nous avons vu que l'inégalité de SOBOLEV logarithmique est reliée à la propriété d'hypercontractivité du semigroupe. Ici, nous allons utiliser la même méthode pour voir comment une inégalité de SOBOLEV, qui est plus forte, est reliée à des estimations précises sur la densité du semigroupe. Ces connections ont été explorées par plusieurs auteurs, à l'aide de méthodes différentes : procédé itératif de MOSER ([V]), inégalités de NASH ([CKS]), inégalités de SOBOLEV logarithmiques ([DaSi]). Nous suivrons ici plutôt la méthode de [DaSi], sous la forme développée dans [BM] des inégalités de SOBOLEV faibles. Cette méthode a l'avantage de fournir des estimations précises et de fournir également des bornes inférieures.

Nous renvoyons au livre de E.B. DAVIES [Da], où on peut trouver en outre une bibliographie exhaustive sur le sujet. (Voir aussi [CSCV] pour une approche plus spécifique aux groupes.)

Inégalités de SOBOLEV.

Considérons une variété riemannienne compacte connexe de dimension $n \geq 2$, et sa mesure de RIEMANN m, normalisée pour en faire une probabilité ; dans cette situation, nous savons que, si f est dans $\mathbf{L}^2(m)$ ainsi que $|\nabla f|$, alors f est dans $\mathbf{L}^p(m)$, avec $p = 2n/(n-2) > 2$. Cette propriété provient d'une inégalité de SOBOLEV :

$$\forall f \in \mathcal{C}^\infty, \|f\|_p^2 \leq C_1 \|\nabla f\|_2^2 + C_2 \|f\|_2^2. \tag{4.1}$$

Si nous introduisons le laplacien Δ de la variété, l'inégalité précédente se traduit par

$$\forall f \in \mathcal{C}^\infty, \|f\|_p^2 \leq -C_1 \langle f, \Delta f \rangle + C_2 \|f\|_2^2. \tag{4.2}$$

Remarquons que, si l'on remplace la mesure m par n'importe quelle mesure μ ayant une densité par rapport à m bornée supérieurement et inférieurement, l'inégalité (4.1) est préservée, avec le même exposant p, à un changement près des constantes C_1 et C_2. Considérons alors un semigroupe $\mathbf{P}_t$ dont le générateur s'écrive $\mathbf{L} = \Delta + X$, où X est un champ de vecteurs $\mathcal{C}^\infty$, et de mesure invariante μ. Pour cet opérateur, nous avons $\mathbf{\Gamma}(f,f) = |\nabla f|^2$, et

$$\langle \mathbf{\Gamma}(f,f) \rangle = -\langle f, \mathbf{L}f \rangle,$$

les intégrales étant prises par rapport à la mesure μ. Ceci nous montre que, pour cet opérateur et avec $p = 2n/(n-2)$, l'inégalité suivante est satisfaite

$$\forall f \in \mathcal{C}^\infty, \|f\|_p^2 \leq -C_1 \langle f, \mathbf{L}f \rangle + C_2 \|f\|_2^2. \tag{S}$$

Nous appelerons l'inégalité précédente inégalité de SOBOLEV, d'exposant p et de constantes C_1 et C_2. D'après ce que nous venons de voir, elle est satisfaite avec $p = 2n/(n-2)$ pour toutes les diffusions sur une variété compacte, à générateur $\mathcal{C}^\infty$ et elliptique. Dans le cas général des semigroupes en mesure invariante décrits dans le chapitre 2, nous demanderons à cette inégalité d'être satisfaite pour toutes les fonctions de $\mathcal{A}$.

Si une telle inégalité est satisfaite, nous poserons $n = 2p/(p-2)$ et, suivant VARO-POULOS, nous appellerons ce coefficient n la dimension du semigroupe.

L'inégalité de SOBOLEV (S) n'est qu'un cas particulier d'une famille d'inégalités plus générale. Suivant LEDOUX [L1], pour un coefficient $n > 2$, et pour $p \in [1, 2n/(n-2)]$, $p \neq 2$, introduisons les inégalités suivantes :

$$\|f\|_p^{2\alpha}\|f\|_2^{2(1-\alpha)} \leq C_1\langle\Gamma(f,f)\rangle + C_2\|f\|_2^2, \qquad \text{S(p,n)}$$

avec $\dfrac{1}{p} = \dfrac{1}{2} - \dfrac{\alpha}{n}$. Pour $p = 2$, nous remplacerons l'inégalité précédente par l'inégalité obtenue en passant à la limite

$$\langle f^2 \log f^2\rangle - \langle f^2\rangle \log\langle f^2\rangle \leq \frac{n}{2}\langle f^2\rangle \log\{C_1 \frac{\langle\Gamma(f,f)\rangle}{\|f\|_2^2} + C_2\}. \qquad \text{(SF)}$$

Nous appellerons cette dernière inégalité "inégalité de SOBOLEV faible", de constantes C_1 et C_2. De même, l'inégalité S(1,n) s'appelle inégalité de NASH. Toutes ces inégalités se déduisent les unes des autres, avec les mêmes constantes C_1 et C_2, et sont de plus en plus faibles à mesure que p décroît de $2n/(n-2)$ à 1, en passant par (SF) qui joue le rôle de S(2,n). Pour s'en convaincre, il suffit de se rappeler que l'inégalité de convexité classique nous dit que la fonction $\varphi(x)$ définie sur $]0,1[$ par

$$\varphi(x) = \log(\|f\|_{1/x})$$

est convexe, et d'écrire que, par conséquent, la pente $(\varphi(x) - \varphi(1/2))/(x - 1/2)$, est une fonction croissante de x. Le cas particulier $p = 2$ provient de ce qu'on remplace alors cette pente par $\varphi'(1/2)$.

En fait, nous allons voir dans ce qui suit que toutes ces inégalités sont équivalentes, au moins lorsque le semigroupe est symétrique. Cette équivalence préserve la dimension n mais pas nécessairement les constantes C_1 et C_2 ; elle n'est pas du tout immédiate. Elle repose sur le fait que la plus faible (l'inégalité de NASH) entraîne une estimation

$$\|\mathbf{P}_t\|_{1,\infty} \leq Ct^{-n/2}, \; (t \in]0,1[) \qquad (4.3)$$

laquelle en retour entraîne l'inégalité de SOBOLEV lorsque le semigroupe est symétrique. Ici, nous ne démontrerons pas que l'inégalité de NASH entraîne (4.3) (nous renvoyons à [CKS] ou [Da] pour cela), mais nous le ferons uniquement pour l'inégalité (SF).

L'inégalité (SF) fait partie d'une autre famille d'inégalités plus générales, les inégalités entre énergie et entropie, qui se présentent sous la forme suivante

$$\forall f \in \mathcal{A}, \; E_2(f) \leq \langle f^2\rangle\Phi\left(\frac{\mathcal{E}_2(f)}{\langle f^2\rangle}\right), \qquad (S\Phi)$$

où la fonction $\Phi : \mathbb{R}_+ \to \mathbb{R}_+$ est croissante et concave. Ces inégalités ont été introduites dans [DaSi] sous la forme de familles d'inégalités de SOBOLEV logarithmiques. L'inégalité (SF) correspond au cas où $\Phi(x) = \dfrac{n}{2}\log(C_1 + C_2 x)$, tandis que nous avons vu au chapitre précédent l'inégalité de SOBOLEV logarithmique qui correspond au cas où $\Phi(x) = c_2 + c_1 x$.

Dans le chapitre précédent, nous avons vu que, pour un semigroupe markovien en mesure invariante, l'inégalité de SOBOLEV logarithmique était tendue si et seulement si l'inégalité de trou spectral avait lieu (propositions 3.8 et 3.9). De la même manière, et toujours en utilisant l'inégalité (DS) de la proposition 3.8, nous pouvons affirmer que, si une inégalité (SΦ) a lieu en même temps que l'inégalité de trou spectral, nous pouvons choisir la fonction Φ de façon à vérifier $\Phi(x) \leq cx$, pour une certaine constante $c > 0$. Réciproquement, si la fonction Φ vérifie une telle inégalité, alors l'inégalité LogST(2) a lieu, et par conséquent l'inégalité de trou spectral.

En fait, lorsqu'on travaille avec des mesures de probabilité, la constante C_2 de l'inégalité de SOBOLEV est supérieure ou égale à 1. Si elle est égale à 1, d'après ce que l'on vient de dire, et puisque cette inégalité est plus forte que l'inégalité (SF), alors l'inégalité (TS) a lieu. Réciproquement, si l'inégalité (TS) a lieu en même temps que l'inégalité (S), alors nous pouvons choisir $C_2 = 1$ dans l'inégalité de SOBOLEV ; cela repose sur le résultat suivant :

Lemme 4.1.—*Soit $p > 2$ un réel. Si f est une fonction de $\mathbf{L}^p(\mu)$, notons $\bar{f} = f - \langle f \rangle$. Alors*

$$\langle |f|^p \rangle^{2/p} \leq \langle f \rangle^2 + (p-1)\langle |\bar{f}|^p \rangle^{2/p}.$$

Remarque.—

La constante $p - 1$ dans l'inégalité précédente est la meilleure possible. D'autre part, A.BEN-TALEB m'a fait remarquer qu'en dérivant en $p = 2$ l'inégalité précédente, nous retrouvons l'inégalité de DEUSCHEL-STROOCK (proposition 3.8.)

Preuve. Comme dans la proposition 3.8, on se ramène à écrire $f = 1 + tg$, où g est une fonction bornée avec $\langle g \rangle = 0$, $\langle g^2 \rangle = 1$. L'inégalité s'écrit alors

$$\langle |1 + tg|^p \rangle^{2/p} \leq 1 + t^2(p-1)\langle |g|^p \rangle^{2/p}.$$

La fonction $\varphi(t) = \langle |1 + tg|^p \rangle^{2/p}$ est telle que $\varphi(0) = 1$, $\varphi'(0) = 0$. Il nous suffit donc de montrer que $\varphi''(t) \leq 2(p-1)\langle |g|^p \rangle^{2/p}$ pour obtenir le résultat.

Par un calcul simple, on obtient

$$\frac{\varphi''(t)}{2} = (\frac{2}{p} - 1)\langle g|1 + tg|^{p-1} \rangle^2 \langle |1 + tg|^p \rangle^{\frac{2}{p}-2} + (p-1)\langle |1 + tg|^p \rangle^{(2/p)-1} \langle g^2|1 + tg|^{p-2} \rangle.$$

Or, $2/p \leq 1$, et le premier terme de l'expression précédente est donc négatif. D'autre part, en utilisant l'inégalité de HOLDER avec exposants $p/2$ et $p/(p-2)$, nous avons

$$\langle g^2|1 + tg|^{p-2} \rangle \leq \langle |1 + tg|^p \rangle^{1-2/p} \langle |g|^p \rangle^{2/p}.$$

Ceci donne le résultat annoncé. □

Cette proposition permet de passer d'une inégalité de SOBOLEV à une inégalité tendue ($C_2 = 1$) en présence d'un trou spectral :

Proposition 4.2.— *Si le semigroupe markovien satisfait à l'inégalité (S), avec une dimension n et des constantes C_1 et C_2, ainsi qu'à une inégalité de trou spectral (TS2) avec une constante λ_0, il satisfait à une inégalité (S) de même dimension, avec une constante $C_2 = 1$ et $C_1 = (p-1)(C_2/\lambda_0 + C_1)$.*

Preuve. On écrit

$$\langle f^p \rangle^{2/p} \le \langle f \rangle^2 + (p-1)\langle (\hat{f})^p \rangle^{2/p} \le \langle f \rangle^2 + (p-1)[C_2 \langle (\hat{f})^2 \rangle + C_1 \mathcal{E}_2(\hat{f})] \le$$
$$\le \langle f \rangle^2 + (p-1)(\frac{C_2}{\lambda_0} + C_1)\mathcal{E}_2(f).$$

□

Remarquons que nous pouvons alors remplacer dans l'inégalité (S) le terme $\langle f^2 \rangle$ par le terme $\langle f \rangle^2$, ce qui paraît meilleur à priori.

Nous avons vu au chapitre précédent que les inégalités de SOBOLEV logarithmiques entraînent que la norme $\|\mathbf{P}_t\|_{p,q}$ est finie pour certaines valeurs $1 < p < q < \infty$. Nous allons voir ici que, pour certaines fonctions Φ, les inégalités $(S\Phi)$ entraînent que la norme $\|\mathbf{P}_t\|_{1,\infty}$ est finie. Ceci se traduira par le fait que le semigroupe $\mathbf{P}_t$ se représente par des noyaux à densité bornée. Celà découle du lemme suivant :

Lemme 4.3.— *Soit $(E, \mathcal{F}, \mu)$ un espace de probabilité. Supposons que la tribu $\mathcal{F}$ soit engendrée, aux ensembles de mesure nulle près, par une famille dénombrable. Soit P un opérateur borné de $\mathbf{L}^1(\mu)$ dans $\mathbf{L}^\infty(\mu)$, avec norme c. Alors, il existe une fonction $p(x, y)$ définie sur $E \times E$, majorée $\mu \otimes \mu$-presque sûrement par c, et telle que*

$$\forall f \in \mathbf{L}^1(\mu), \quad Pf(x) = \int_E f(y)\, p(x, y)\, \mu(dy).$$

Preuve. C'est un résultat classique et nous nous contenterons d'en esquisser la preuve. Choisissons tout d'abord une suite croissante $\mathcal{F}_n$ de σ-algèbres finies dont la réunion engendre la tribu $\mathcal{F}$ aux ensembles de mesure nulle près. Appelons P_n les opérateurs

$$P_n(f) = E[P(f)/\mathcal{F}_n],$$

où les espérances conditionnelles sont prises par rapport à la mesure μ. Puisque les espérances conditionnelles sont des contractions de $\mathbf{L}^\infty(\mu)$, nous avons

$$\|P_n(f)\|_\infty \le c\|f\|_1.$$

Considérons alors une partition $(A_n^p, 1 \le p \le p_n)$ qui engendre la tribu $\mathcal{F}_n$. Nous pouvons écrire

$$P_n(f)(x) = \sum_p 1_{A_n^p}(x)\mu_n^p(f),$$

où les applications linéaires $f \to \mu_n^p(f)$ sont bornées sur $\mathbf{L}^1(\mu)$ de norme majorée par c. Il existe donc des fonctions f_n^p qui sont telles que $\|f_n^p\|_\infty \leq c$ et

$$\mu_n^p(f) = \int_E f(y) f_n^p(y)\, \mu(dy).$$

Donc, l'opérateur P_n se représente par le noyau $p_n(x,y)\, \mu(dy)$, où

$$p_n(x,y) = \sum_p \mathbf{1}_{A_n^p}(x) f_n^p(y),$$

la densité $p_n(x,y)$ étant majorée par c $\mu \otimes \mu$-presque sûrement.

Maintenant, on vérifie immédiatement que la suite $p_n(x,y)$ est sur l'espace $E \times E$ une $\mu \otimes \mu$-martingale par rapport à la filtration $\mathcal{F}_n$. Cette martingale est bornée et converge donc $\mu \otimes \mu$ presque sûrement vers une fonction $p(x,y)$, qui est telle que

$$Pf(x) = \int f(y)\, p(x,y)\, \mu(dy).$$

$\square$

Lorsque $\mathbf{P}_t$ est une diffusion à générateur elliptique et à coefficients C^∞ sur une variété, le noyau $p_t(x,dy)$ se représente en fait par des fonctions $p_t(x,y)$ de classe C^∞ et, dans ce cas, les bornes que nous obtiendrons seront en fait uniformes, et non seulement des bornes essentielles. Mais en général, les fonctions $p_t(x,y)$ ne sont définies qu'à des ensembles de mesure nulle près.

Majorations.

Nous supposerons dans ce paragraphe que $\mathbf{P}_t$ est un semigroupe markovien en mesure invariante. Nous avons alors le résultat suivant :

Théorème 4.4.—*Soit $\mathbf{P}_t$ soit un semigroupe markovien symétrique ou une diffusion en mesure invariante. Supposons que le générateur L satisfasse une une inégalité $(S\Phi)$, où Φ est une fonction strictement croissante concave, de classe C^1, telle que $\Phi'(0) < \infty$ et que $\Phi'(x)/x$ soit intégrable au voisinage de l'infini. Notons $\Psi(x)$ la fonction $\Phi(x) - x\Phi'(x)$ et, pour tout $\lambda > 0$, posons*

$$\begin{cases} t(\lambda) = \dfrac{1}{2} \displaystyle\int_1^\infty \Phi'(\lambda x)\, \dfrac{dx}{\sqrt{x(x-1)}}; \\[2mm] m(\lambda) = \dfrac{1}{2} \displaystyle\int_1^\infty \dfrac{\Psi(\lambda x)}{x}\, \dfrac{dx}{\sqrt{x(x-1)}}. \end{cases} \tag{4.4}$$

Nous avons

$$\|\mathbf{P}_{t(\lambda)}\|_{1,\infty} \leq \exp(m(\lambda)). \tag{4.5}$$

Remarque.—

La fonction $\Phi'(x)$ étant décroissante, la fonction $\lambda \to t(\lambda)$ est strictement décroissante dès que Φ' est non constante. Ceci permet d'inverser cette fonction et d'obtenir m en fonction de t.

Preuve. Nous suivons ici la méthode de [BM], qui est elle même inspirée de celle de [DaSi]. Remarquons que, la fonction Φ' étant décroissante, les conditions d'intégrabilité imposent que $\lim_{x \to \infty} \Phi'(x) = 0$. À l'aide d'une intégration par partie, ceci montre que la fonction $\Psi(x)/x^2$ est intégrable au voisinage de l'infini. Celà permet de donner un sens aux quantités qui apparaissent dans l'énoncé du théorème 4.4.

Commençons par remplacer l'inégalité $(S\Phi)$ par une famille d'inégalités de SOBOLEV logarithmiques. La fonction Φ étant concave, nous avons, pour tout $x_0 > 0$,

$$\Phi(x) \le \Phi(x_0) + \Phi'(x_0)(x - x_0),$$

et si nous reportons cette inégalité dans $(S\Phi)$, nous obtenons

$$\forall f \in \mathcal{A}, \ \forall x_0 > 0, \quad E_2(f) \le \Phi'(x_0)\{\mathcal{E}_2(f) + (\frac{\Phi}{\Phi'}(x_0) - x_0)\langle f^2 \rangle\}.$$

Nous pouvons alors utiliser la proposition 3.1 du chapitre précédent pour obtenir, pour $p \in]1, \infty[$,

$$\forall f \in \mathcal{A}, \ \forall x > 0, \quad E_p(f) \le \Phi'(x)\frac{p^2}{4(p-1)}\{\mathcal{E}_p(f) + \frac{4(p-1)}{p^2}(\frac{\Phi}{\Phi'}(x) - x)\langle f^p \rangle\}.$$

Choisissons une fonction $p \to x(p)$, définie sur $]1, \infty[$ et à valeurs dans $\mathbb{R}_+$: nous pouvons alors appliquer le théorème 3.2 et nous obtenons $\|\mathbf{P}_t\|_{1,\infty} \le \exp(m)$, où

$$(4.6) \qquad \begin{cases} t = \displaystyle\int_1^\infty \Phi'(x(p)) \frac{dp}{4(p-1)}; \\[2mm] m = \displaystyle\int_1^\infty \Psi(x(p)) \frac{dp}{p^2}. \end{cases}$$

à condition d'avoir choisi une fonction $p \to x(p)$ telle que les deux intégrales qui apparaissent dans la formule (4.6) soient convergentes. Il nous reste ensuite à optimiser le choix de la fonction $x(p)$. Ce choix optimum est obtenu lorsque $x(p) = \lambda p^2/(p-1)$. Dans ce cas, on vérifie que, sous nos hypothèses, les deux intégrales convergent. Ensuite, il suffit de remarquer que le changement de variables $p \to p/(p-1)$ laisse inchangée la fonction $x(p)$: on coupe alors l'intervalle d'intégration en $[1, 2]$ et $[2, \infty]$, et on choisit $u = \dfrac{p^2}{4(p-1)}$ comme nouvelle variable. On obtient ainsi les formules annoncées après un changement de λ en 4λ. $\qquad\square$

Dans la formule précédente, on obtient les comportements de $\|\mathbf{P}_t\|_{1,\infty}$ au voisinage de $t = 0$ en faisant converger λ vers l'infini, et le comportement au voisinage de $t = \infty$ en faisant converger λ vers 0. En particulier, au voisinage de $t = \infty$, nous obtenons :

Corollaire 4.5.—*Supposons que la fonction* Φ *soit telle que, pour* $x \in [0,1]$, *on ait* $\Phi'(0) - \Phi'(x) \leq Kx$. *Alors, Si* $\Phi(0) \neq 0$, *on a*

$$\limsup_{t \to \infty} \|\mathbf{P}_t\|_{1,\infty} \leq \exp(\Phi(0)).$$

Si $\Phi(0) = 0$, *alors, lorsque* $t \to \infty$,

$$\|\mathbf{P}_t\|_{1,\infty} \leq \exp\{A \exp(-\frac{2}{\Phi'(0)}t)(1 + \varepsilon(t))\},$$

où $\varepsilon(t) \to 0$, *lorsque* $t \to \infty$, *et*

$$A = 2\exp(C) \int_0^\infty \Psi(x) \frac{dx}{x^2}, \text{ avec}$$

$$C = \int_0^1 (\frac{\Phi'(x)}{\Phi'(0)} - 1) \frac{dx}{x} + \int_1^\infty \frac{\Phi'(x)}{\Phi'(0)} \frac{dx}{x}.$$

Preuve. Faisons un développement limité de $t(\lambda)$ et $m(\lambda)$ au voisinage de $\lambda = 0$. En écrivant

$$2t(\lambda) = \int_\lambda^1 \frac{\Phi'(u)}{\sqrt{u(u-\lambda)}} \, du + \int_1^\infty \frac{\Phi'(u)}{\sqrt{u(u-\lambda)}} \, du,$$

le second terme du développement précédent converge par convergence dominée vers

$$\int_1^\infty \frac{\Phi'(u)}{u} \, du,$$

tandis que nous pouvons écrire le premier sous la forme

$$\int_\lambda^1 \frac{\Phi'(u) - \Phi'(0)}{\sqrt{u(u-\lambda)}} \, du + \Phi'(0) \int_\lambda^1 \frac{1}{\sqrt{u(u-\lambda)}} \, du.$$

Dans cette écriture, le premier terme converge vers

$$\int_0^1 \frac{\Phi'(u) - \Phi'(0)}{u} \, du,$$

tandis que le second se calcule explicitement:

$$\int_\lambda^1 \frac{1}{\sqrt{u(u-\lambda)}} \, du = \log\frac{1}{\lambda} + 2\log(1 + \sqrt{1-\lambda}).$$

Nous en déduisons le développement limité de la fonction $t(\lambda)$ au voisinage de $\lambda = 0$:

67

$$2t(\lambda) = -\Phi'(0)\log(\lambda) + C_1 + \varepsilon(\lambda),$$

avec $\varepsilon(\lambda) \to 0$ et

$$C_1 = \int_0^1 \{\Phi'(u) - \Phi'(0)\}\frac{du}{u} + \int_1^\infty \Phi'(u)\frac{du}{u} + \Phi'(0)2\log 2.$$

Ceci nous donne un équivalent de λ au voisinage de $t = \infty$:

$$\lambda = \exp\{C\exp(-\frac{2t}{\Phi'(0)})(1 + \varepsilon(t))\},$$

où $\varepsilon(t) \to 0$ lorsque $t \to \infty$.

Nous pouvons faire le même travail avec la fonction $m(\lambda)$: nous avons tout d'abord

$$\lim_{\lambda \to 0} m(\lambda) = \Phi(0).$$

En effet, nous écrivons

$$2m(\lambda) = \int_1^\infty \Psi(\lambda u)/u \, \frac{du}{\sqrt{u(u-1)}}.$$

Or, la fonction $\Psi(x)$ est décroissante, comme cela découle immédiatement de la concavité de Φ. On voit donc par convergence monotone que, lorsque λ décroit vers 0, $2m(\lambda)$ converge vers

$$\Psi(0)\int_1^\infty \frac{du}{u\sqrt{u(u-1)}} = \Psi(0)\int_0^1 \frac{du}{\sqrt{1-u}} = 2\Psi(0) = 2\Phi(0).$$

Dans le cas où $\Phi(0) = 0$, ce qui correspond au cas des inégalités tendues, alors nous aurons besoin d'un développement plus précis. Nous écrivons alors

$$2m(\lambda) = \lambda\int_\lambda^\infty \frac{\Psi(u)}{u^2}\frac{du}{\sqrt{1-\lambda/u}}.$$

Au voisinage de $u = 0$, la fonction $\Psi(u)/u^2$ est bornée d'après nos hypothèses, et nous pouvons couper l'intégrale qui précède en deux: d'une part

$$\int_{2\lambda}^\infty \frac{\Psi(u)}{u^2}\frac{du}{\sqrt{1-\lambda/u}} \to \int_0^\infty \frac{\Psi(u)}{u^2} du,$$

par convergence dominée, et d'autre part

$$|\int_\lambda^{2\lambda} \frac{\Psi(u)}{u^2}\frac{du}{\sqrt{1-\lambda/u}}| \leq C\int_\lambda^{2\lambda} \frac{du}{\sqrt{1-\lambda/u}} = C\lambda\int_1^2 \frac{\sqrt{v}}{\sqrt{v-1}} dv.$$

Ceci nous permet d'écrire, au voisinage de $\lambda = 0$,

$$2m(\lambda) = \lambda\{\int_0^\infty \frac{\Psi(u)}{u^2} du + \varepsilon(\lambda)\},$$

et nous donne le développement asymptotique annoncé.   ☐

De la même manière, les développements asymptotiques de l'estimation précédente sur $\|\mathbf{P}_t\|_{1,\infty}$ au voisinage de $t = 0$ dépendent du comportement asymptotique de la fonction Φ au voisinage de l'infini. Nous ne donnerons les résultats que dans le cas qui nous intéressera par la suite, celui des inégalités (SF). Le lecteur se convaincra qu'on pourrait faire une étude analogue avec un comportement de $\Phi'(x)$ à l'infini en $x^{-\varepsilon}$, $\varepsilon > 0$.

Corollaire 4.6.—*Supposons qu'au voisinage de $x = \infty$, la fonction $\Phi'(x)$ soit équivalente à $\dfrac{n}{2x}$: alors, il existe une constante C telle que, au voisinage de $t = 0$, on ait*

$$\|\mathbf{P}_t\|_{1,\infty} \le C t^{-n/2}.$$

Preuve.   Si $\Phi'(x) \approx \dfrac{n}{2x}$, alors, au voisinage de $x = \infty$, on a également

$$\Phi(x) = A + \frac{n}{2} \log x + \varepsilon(x),$$

avec $\lim_{x \to \infty} \varepsilon(x) = 0$, la constante A dépendant de la fonction Φ. Dans ce cas, il est aisé de voir sur les expressions explicites de $t(\lambda)$ et de $m(\lambda)$ que, lorsque $\lambda \to \infty$, alors $\lambda t \to n/2$ et que

$$m(\lambda) = \frac{n}{2} \log \lambda + A - \frac{n}{4} \int_0^1 \frac{\log u}{\sqrt{1-u}}\, du + \varepsilon'(\lambda),$$

avec $\varepsilon'(\lambda) \to 0$ lorsque $\lambda \to \infty$. Cette estimation donne le résultat.   ☐

Nous voyons donc qu'une inégalité de SOBOLEV faible de dimension n entraîne une majoration de la norme $\|\mathbf{P}_t\|_{1,\infty}$ par $Ct^{-n/2}$, au voisinage de $t = 0$. Dans le cas des semigroupes markoviens symétriques, la réciproque de ce théorème a été établie par VARO-POULOS [V] :

Théorème 4.7.—*Supposons que $\mathbf{P}_t$ soit un semigroupe markovien symétrique tel que, pour $0 < t \le 1$, on ait $\|\mathbf{P}_t\|_{1,\infty} \le Ct^{-n/2}$, $n > 2$. Alors, il satisfait à une inégalité de SOBOLEV d'exposant n.*

Preuve.
Nous recopions cette démonstration de [Da, p.75]. L'inégalité de SOBOLEV (S) peut s'écrire sous la forme

$$\langle f, (C_2\mathbf{I} - C_1\mathbf{L})f \rangle \ge \|f\|_p^2.$$

Introduisons l'opérateur $H = (C_2\mathbf{I} - C_1\mathbf{L})^{-1/2}$: au moins lorsque $C_1 > 0$ et $C_2 > 0$, c'est un opérateur borné dans tous les espaces $\mathbf{L}^p(\mu)$, qu'on peut représenter sous la forme

$$H = \frac{1}{\sqrt{C_1\pi}} \int_0^\infty t^{-1/2} \exp\left(-\frac{C_2}{C_1}t\right) \mathbf{P}_t\, dt.$$

Cette formule se voit directement sur la décomposition spectrale à partir de l'expression, valable pour $x > 0$,

$$\frac{1}{\sqrt{x}} = \frac{1}{\sqrt{\pi}} \int_0^\infty \exp(-xt) \frac{dt}{\sqrt{t}}.$$

L'opérateur H ainsi défini étant symétrique, l'inégalité (S) peut encore s'écrire

$$\|Hf\|_p \le \|f\|_2,$$

et cela revient donc à dire que l'opérateur H est une contraction de $\mathbf{L}^2(\mu)$ dans $\mathbf{L}^p(\mu)$, avec $p = 2n/(n-2)$. Tout revient finalement à démontrer que, sous nos hypothèses, il existe une constante $c > 0$ pour laquelle l'opérateur

$$H' = \int_0^\infty t^{-1/2} \exp(-ct) \mathbf{P}_t \, dt$$

est borné de $\mathbf{L}^2(\mu)$ dans $\mathbf{L}^p(\mu)$.

Puisque $\|\mathbf{P}_1\|_{1,\infty} \le C$, il en va de même de $\mathbf{P}_{1+t}$ pour $t \ge 0$, grâce à la propriété de semigroupe et au fait que $\mathbf{P}_t$ est une contraction de $\mathbf{L}^\infty(\mu)$. L'opérateur

$$H' = \int_1^\infty t^{-1/2} \exp(-ct) \mathbf{P}_t \, dt$$

est donc borné de $\mathbf{L}^1(\mu)$ dans $\mathbf{L}^\infty(\mu)$ pour tout $c > 0$. Comme c'est également un opérateur borné sur $\mathbf{L}^p(\mu)$ pour tout p, le théorème de RIESZ-THORIN nous montre que c'est un opérateur borné de $\mathbf{L}^p(\mu)$ dans $\mathbf{L}^q(\mu)$, pour tout couple $1 < p < q < \infty$. Il nous reste à traiter le cas de

$$H'' = \int_0^1 t^{-1/2} \exp(-ct) \mathbf{P}_t \, dt.$$

Choisissons $p > 2$ et posons $p_1 = p/2 + 1$. Si nous appliquons le théorème de RIESZ-THORIN avec comme exposants $(1, \infty)$ d'une part et (p_1, p_1) de l'autre, nous voyons que, pour $0 < t \le 1$,

$$\|\mathbf{P}_t\|_{2,p} \le C' t^{-(1/2 - 1/p)(n/2)}.$$

Donc, dès que $\dfrac{1}{2} + \dfrac{n}{2}\left(\dfrac{1}{2} - \dfrac{1}{p}\right) < 1$, $\|H''\|_{2,p} < \infty$. Ceci nous montre le résultat pour tout $p < 2n/(n-2)$. Si nous voulons obtenir le cas limite $p = 2n/(n-2)$, il nous faut utiliser un argument plus fin que le théorème d'interpolation de RIESZ-THORIN, qui est le théorème d'interpolation de MARCINKIEWICZ [cf Ste]:

Un opérateur H est de type faible (p, q) si

$$\mu\{x/|Hf(x)| \ge \lambda\} \le C^q \lambda^{-q} \|f\|_p^q.$$

Si $\|H\|_{p,q} \le C$, alors H est bien évidemment de type faible (p, q), avec le même C. Le théorème de MARCINKIEWICZ affirme que si H est de type faible (p_1, q_1) et (p_2, q_2), il est borné de $\mathbf{L}^p(\mu)$ dans $\mathbf{L}^q(\mu)$, si $1/p = \theta/p_1 + (1-\theta)/p_2$ et $1/q = \theta/q_1 + (1-\theta)/q_2$, à condition d'avoir $0 < \theta < 1$.

Pour obtenir notre résultat, nous allons montrer que sous nos hypothèses, et pour tout $p \in]1, \infty[$, H'' est de type faible (p, q), avec $1/q = 1/p - 1/n$. Il suffira ensuite d'interpoler ceci entre deux valeurs de p encadrant 2.

Dans ce qui suit, la constante C peut varier de place en place, mais ne dépend pas de la fonction f. Nous commençons par écrire $H'' = U_T + V_T$, avec

$$U_T = \int_0^T t^{-1/2} \exp(-ct) \mathbf{P}_t \, dt, \quad V_T = \int_T^1 t^{-1/2} \exp(-ct) \mathbf{P}_t \, dt.$$

Grâce au théorème de RIESZ-THORIN, nous avons $\|\mathbf{P}_t\|_{p,\infty} \leq C t^{-n/(2p)}$, et donc

$$\|V_T f\|_\infty \leq C T^{1/2 - n/(2p)} \|f\|_p.$$

Nous écrivons ensuite

$$\mu\{x/|H''f(x)| \geq \lambda\} \leq \mu\{x/|U_T f(x)| \geq \lambda/2\} + \mu\{x/|V_T f(x)| \geq \lambda/2\},$$

et nous choisissons T de manière à avoir $\frac{\lambda}{2} = 2 C T^{1/2 - n/(2p)} \|f\|_p$, ce qui nous donne $\mu\{x/|V_T f(x)| \geq \lambda/2\} = 0$. D'autre part, $\|U_T\|_{p,p} \leq C T^{1/2}$, et donc

$$\mu\{x/|U_T f(x)| \geq \lambda/2\} \leq C T^{p/2} \left(\frac{\|f\|_p}{\lambda} \right)^p.$$

En remplaçant T par sa valeur, nous obtenons

$$\mu\{x/|H''f(x)| \geq \lambda\} \leq C \left(\frac{\|f\|_p}{\lambda} \right)^{(1/p - 1/n)^{-1}},$$

ce qui est le résultat cherché. $\qquad\qquad\qquad\qquad\qquad\qquad\qquad\qquad\qquad\qquad$ $\square$

Remarques.—

1- En fait, et toujours dans le cas des semigroupes symétriques, nous aurions pu comme dans le chapitre 3 utiliser le théorème d'interpolation complexe de STEIN (théorème 3.6), et nous aurions obtenu directement l'inégalité de SOBOLEV faible de dimension n. On peut trouver un argument similaire dans le livre de [Da].

2- Au moins dans le cas des semigroupes symétriques, les majorations uniformes sont en fait des majorations sur la diagonale de $\mathbf{E} \times \mathbf{E}$. Pour s'en convaincre, reprenons un argument de [CKS], en supposant qu'on ait sur $\mathbf{E}$ une topologie pour laquelle les ouverts soient mesurables et pour laquelle les densités $p_t(x, y)$ soient continues. Dans ce cas, en vertu de la propriété de semigroupe, nous avons

$$p_t(x, y) = \int_{\mathbf{E}} p_{t/2}(x, z) p_{t/2}(z, y) \, \mu(dz).$$

À cause de la symétrie, nous savons que $p_t(x, y) = p_t(y, x)$, et nous obtenons ainsi, en utilisant l'inégalité de SCHWARZ,

$$p_t(x,y) \leq [\int_E p_{t/2}(x,z)^2 \, \mu(dz)]^{1/2} [\int_E p_{t/2}(y,z)^2 \, \mu(dz)]^{1/2} = p_t(x,x)^{1/2} p_t(y,y)^{1/2}.$$

L'argument topologique n'est là que pour donner un sens à la fonction $p_t(x,x)$, qui n'est en général pas définie.

Dans ce cas, nous pouvons alors déduire que

$$\int_E p_t(x,x) \, d\mu(x) < \infty,$$

ce qui montre que $\mathbf{P}_t$ est un opérateur à trace et est donc de spectre discret. On obtient ainsi une borne supérieure pour la trace de $\mathbf{P}_t$. On voit alors ce qui nous manque pour combler le trou entre propriété d'hypercontractivité (qui entraîne l'existence d'un trou spectral) et discrétion du spectre : la fonction $\Phi(x) = ax$ n'est pas telle que $\int_0^\infty \frac{\Phi'(x)}{x} \, dx < \infty$.(*)

Remarquons en outre qu'il n'y a pas besoin d'argument topologique pour déduire des inégalités précédentes la discrétion du spectre, car l'estimation obtenue sur le noyau de $\mathbf{P}_t$ montre que c'est un opérateur de HILBERT-SCHMIDT, donc compact dans $\mathbf{L}^2(\mu)$.

Minorations.

Nous allons voir que la même méthode que précédement permet d'obtenir des minorations sur la densité du semigroupe lorsque les inégalités (SΦ) sont tendues. Pour cela, nous supposerons comme plus haut que le semigroupe est markovien symétrique, ou est une diffusion en mesure invariante. Nous supposerons de plus qu'il vérifie une inégalité (SΦ), où Φ est une fonction croissante concave de classe $\mathcal{C}^1$, telle que $\Phi'(x)/x$ soit intégrable au voisinage de l'infini, et telle que $\Phi'(0)$ existe et soit finie. Nous supposerons de plus que $\Phi(0) = 0$ (hypothèse de tension). Dans ce cas, nous savons déjà que le semigroupe admet une densité $p_t(x,y)$ bornée par rapport à la mesure invariante $\mu(dx)$. Nous avons alors le résultat de minoration suivant :

Théorème 4.8.—*Sous les hypothèses précédentes, et avec les notations du théorème 4.5, posons, pour tout $\lambda > 0$,*

$$\begin{cases} t(\lambda) = \dfrac{1}{2} \displaystyle\int_0^\infty \Phi'(\lambda x) \dfrac{dx}{\sqrt{x(x+1)}}; \\[3mm] m(\lambda) = -\dfrac{1}{2} \displaystyle\int_0^\infty \Psi(\lambda x) \dfrac{dx}{x\sqrt{x(x+1)}}. \end{cases} \tag{4.7}$$

Alors, $\mu \otimes \mu$-presque sûrement,

$$p_t(x,y) \geq \exp(m(\lambda)). \tag{4.8}$$

(*) Nous avons déjà signalé plus haut que nous n'avions pas d'exemple de semigroupe symétrique hypercontractif à spectre non discret.

Rappelons que la fonction $\Psi(x)$ vaut $\Phi(x) - x\Phi'(x)$.

Preuve. Nous allons utiliser la même méthode, mais avec le théorème 3.3 au lieu du théorème 3.2. En effet, démontrer une inégalité $p_t(x,y) \geq c$, il suffit de voir que, pour toute fonction positive f telle que $\int f \, d\mu = 1$, alors $\mathbf{P}_t(f) \geq c$. On se ramène immédiatement à démontrer ceci lorsque la fonction f est minorée par une constante strictement positive. Or, dans ce cas,

$$\text{essinf}_E \mathbf{P}_t(f) = \lim_{q \to -\infty} \langle (\mathbf{P}_t f)^q \rangle^{1/q}.$$

Appliquons alors le théorème 3.3 ; nous obtenons :

Si, pour tout $p \in]1, \infty[$, le semigroupe satisfait à une inégalité de SOBOLEV logarithmique LogS(p) avec des constantes $c(p)$ et $m(p)$ telles que

$$t = \int_{-\infty}^{1} \frac{-c(u)}{u^2} \, du < \infty \quad \text{et} \quad m = \int_{-\infty}^{1} m(u) \frac{-c(u)}{u^2} \, du < \infty,$$

alors $p_t(x,y) \geq \exp(m)$.

Nous pouvons appliquer alors la méthode utilisée pour les majorations. Le semigroupe satisfait pour tout $x > 0$ à une inégalité de LogS(2) avec des constantes $c(2) = \Phi'(x)$ et $m(2) = \frac{\Phi}{\Phi'}(x) - x$. D'après la proposition 3.1, il satisfait à une inégalité LogS(p), avec $c(p) = \Phi'(x)p^2/4(p-1)$ et $m(p) = 4(\frac{\Phi}{\Phi'}(x) - x)(p-1)/p^2$. Il nous reste à choisir la fonction $p \to x(p)$ optimale, ce qui est fait comme plus haut en posant $x(p) = \lambda p^2/4(1-p)$, où λ est une constante strictement positive. Dans ce cas, le changement de p en $p/(p-1)$ laisse x invariante, et échange les intervalles $]-\infty, 0[$ et $]0, 1[$. On peut alors faire dans chaque intervalle le changement de variables $x = \frac{p^2}{4(1-p)}$, et on obtient finalement

$$\begin{cases} t(\lambda) = \dfrac{1}{2} \displaystyle\int_0^\infty \Phi'(\lambda x) \dfrac{dx}{\sqrt{x(x+1)}}; \\ m(\lambda) = -\dfrac{1}{2} \displaystyle\int_0^\infty \Psi(\lambda x) \dfrac{dx}{x\sqrt{x(x+1)}}. \end{cases}$$

Ceci donne exactement le résultat annoncé. $\qquad\Box$

Par abus de langage, nous appelerons cette borne inférieure $\|\mathbf{P}_t\|_{1,-\infty}$. Comme plus haut, nous allons obtenir des estimations de $\|\mathbf{P}_t\|_{1,-\infty}$ au voisinage de $t = \infty$ en faisant converger λ vers 0, et ces estimations vont dépendre essentiellement du comportement de Φ au voisinage de 0. De même, en faisant converger λ vers l'infini, nous allons obtenir des estimations de $\|\mathbf{P}_t\|_{1,-\infty}$ au voisinage de $t = 0$, qui vont dépendre essentiellement du comportement de Φ au voisinage de l'infini.

Corollaire 4.9.— *Supposons que, au voisinage de $x = 0$, nous ayons*

$$|\Phi'(x) - \Phi'(0)| \leq Kx.$$

Alors, lorsque t converge vers l'infini, nous avons, $\mu \otimes \mu$-presque sûrement,

$$p_t(x, y) \geq \exp\{-A \exp(-\frac{2}{\Phi'(0)}t)(1 + \varepsilon(t))\},$$

où $\varepsilon(t) \to 0$ et où A est la même constante que celle qui apparaît dans le corollaire 4.5.

Preuve.   Nous la laisserons au lecteur. Il suffit de faire un développement limité dans le théorème précédent au voisinage de $\lambda = 0$, exactement comme dans le corollaire 4.5.

Si nous comparons ce résultat avec celui obtenu pour les majorations sous les mêmes hypothèses, nous voyons qu'au bout du compte nous obtenons une convergence exponentielle de $p_t(x, y)$ vers 1, avec en fait

$$\| \log p_t(x, y)\|_\infty \leq A \exp(-\frac{2}{\Phi'(0)}t)(1 + \epsilon(t)),$$

au voisinage de $t = \infty$. Ceci est en fait un résultat d'ergodicité du semigroupe beaucoup plus fort que celui donné par la seule propriété d'hypercontractivité (proposition 3.10). []

Enfin, nous pouvons également obtenir des estimations de $\|\mathbf{P}_t\|_{1,-\infty}$ au voisinage de $t = 0$. Comme plus haut, nous ne le ferons que dans le cas des inégalités de SOBOLEV faibles. Nous obtenons :

Corollaire 4.10.—*Supposons que la fonction Φ satisfasse les hypothèses du théorème 4.8 et qu'en plus, elle vérifie*

$$\lim_{x \to \infty} x\Phi'(x) = \frac{n}{2}.$$

Alors, il existe une constante $C > 0$ ne dépendant que de Φ, telle que, lorsque $t \to 0$,

$$\liminf_{t \to 0} \|\mathbf{P}_t\|_{1,-\infty} \geq Ct^{-n} \exp(-\frac{\delta^2}{4t})(1 + \epsilon(t)),$$

où la constante δ vaut

$$\delta = \int_0^\infty \Phi'(u) \frac{du}{\sqrt{u}} = \frac{1}{2} \int_0^\infty \frac{\Phi(u)}{u^{3/2}}\, du,$$

et $\lim_{t \to 0} \epsilon(t) = 0$.

Preuve.   Il s'agit comme plus haut d'écrire un développement limité des fonctions $t(\lambda)$ et $m(\lambda)$ du théorème 4.8 au voisinage de $\lambda = \infty$.

Montrons tout d'abord que, avec nos hypothèses, on a, lorsque $\lambda \to \infty$,

$$2t(\lambda) = \frac{1}{\sqrt{\lambda}} \int_0^\infty \Phi'(u) \frac{du}{\sqrt{u}} - \frac{n}{\lambda} + \frac{1}{\lambda}\varepsilon(\lambda), \tag{4.8}$$

où $\varepsilon(\lambda) \to 0$ lorsque $\lambda \to \infty$. En effet, nous écrivons

$$2t(\lambda) = \int_0^\infty \Phi'(\lambda u) \frac{du}{\sqrt{u(u+1)}} = \frac{1}{\sqrt{\lambda}} \int_0^\infty \frac{\Phi'(v)}{\sqrt{v}} \frac{dv}{\sqrt{1+v/\lambda}}.$$

Fixant alors $\varepsilon > 0$, choisissons M tel que $|x\Phi'(x) - n/2| \le \varepsilon$ si $x \ge M$. Nous avons

$$2\lambda t(\lambda) - \sqrt{\lambda} \int_0^\infty \Phi'(v) \frac{dv}{\sqrt{v}} =$$

$$= \sqrt{\lambda} \int_0^M \frac{\Phi'(v)}{\sqrt{v}} [\frac{1}{\sqrt{1+v/\lambda}} - 1] \, dv + \sqrt{\lambda} \int_M^\infty \frac{\Phi'(v)}{\sqrt{v}} [\frac{1}{\sqrt{1+v/\lambda}} - 1] \, dv.$$

Dans le membre de droite de l'expression précédente, le premier terme converge vers 0 lorsque $\lambda \to \infty$. Si nous appelons K le second terme, il nous reste à montrer que, pour λ suffisament grand, on a $1 - 2\varepsilon \le -\frac{K}{n} \le 1 + 2\varepsilon$. Le paramètre ε étant arbitraire, ceci nous donne le développement annoncé. Nous écrivons

$$(1-\varepsilon)\sqrt{\lambda} \int_M^\infty \frac{n}{2v\sqrt{v}} [1 - \frac{1}{\sqrt{1+v/\lambda}}] \, dv \le -K \le (1+\varepsilon)\sqrt{\lambda} \int_M^\infty \frac{n}{2v\sqrt{v}} [1 - \frac{1}{\sqrt{1+v/\lambda}}] \, dv.$$

Tout revient donc à montrer que

$$K_1 = \sqrt{\lambda} \int_M^\infty \frac{1}{2v\sqrt{v}} [1 - \frac{1}{\sqrt{1+v/\lambda}}] \, dv \to 1, \quad (\lambda \to \infty).$$

Or, par un changement de variables immédiat, on a

$$K_1 = \int_{M/\lambda}^\infty \frac{1}{2v\sqrt{v}} [1 - \frac{1}{\sqrt{1+v}}] \, dv \to \int_0^\infty \frac{1}{2v\sqrt{v}} [1 - \frac{1}{\sqrt{1+v}}] \, dv =$$

$$= 1/2 \int_0^\infty \{ \frac{1}{\sqrt{v}} - \frac{1}{\sqrt{1+v}} \} \, dv = 1.$$

De la même manière, nous pouvons donner un développement limité de $m(\lambda)$: nous avons

$$2m(\lambda) = \sqrt{\lambda} \int_0^\infty \Phi'(u) \frac{du}{\sqrt{u}} - n \log \lambda + 2n(\log 2 - 2) + \varepsilon(\lambda), \qquad (4.9)$$

avec $\varepsilon(\lambda) \to 0$. Pour le voir, commençons par remarquer que nos hypothèses entraînent qu'au voisinage de l'infini, la fonction Φ est équivalente à $(n/2) \log x$. Nous écrivons ensuite, en posant $\Psi(x) = \Phi(x) - x\Phi'(x)$,

$$2m(\lambda) = \int_0^\infty \Psi(\lambda u) \frac{du}{u^{3/2}\sqrt{1+u}} = \sqrt{\lambda} \int_0^\infty \Psi(v) \frac{dv}{v^{3/2}\sqrt{1+v/\lambda}}.$$

On obtient comme plus haut de développement limité (4.9) en décomposant l'intégrale en deux parties, en supposant que $(1-\varepsilon)\frac{n}{2} \log x \le \Psi(x) \le (1+\varepsilon)\frac{n}{2} \log x$ sur $[M, \infty[$. On a alors

$$\lambda \int_0^M \Psi(v)[1 - \frac{1}{\sqrt{1 + v/\lambda}}] \frac{dv}{v^{3/2}} \to 0 \quad (\lambda \to \infty),$$

tandis que, si l'on pose

$$K = \int_M^\infty \frac{\Psi(v)}{v^{3/2}} [1 - \frac{1}{\sqrt{1 + v/\lambda}}] dv$$

on a

$$(1 - \varepsilon) \int_M^\infty \frac{n \log v}{2v^{3/2}} [1 - \frac{1}{\sqrt{1 + v/\lambda}}] dv \leq K \leq (1 + \varepsilon) \int_M^\infty \frac{n \log v}{2v^{3/2}} [1 - \frac{1}{\sqrt{1 + v/\lambda}}] dv.$$

Il nous reste alors à voir que

$$\int_M^\infty \frac{\log v}{2v^{3/2}} [1 - \frac{1}{\sqrt{1 + v/\lambda}}] dv = \frac{1}{\sqrt{\lambda}} \int_{M/\lambda}^\infty \frac{\log \lambda v}{2v^{3/2}} [1 - \frac{1}{\sqrt{1 + v}}] dv$$

$$= \frac{\log \lambda}{\sqrt{\lambda}} \int_0^\infty \frac{1}{2v^{3/2}} [1 - \frac{1}{\sqrt{1 + v}}] dv + \frac{1}{\sqrt{\lambda}} \int_0^\infty \frac{\log v}{2v^{3/2}} [1 - \frac{1}{\sqrt{1 + v}}] dv.$$

Ceci donne le développement (4.9), à condition de remarquer qu'on peut écrire, à l'aide de deux intégrations par parties,

$$\int_0^\infty \frac{\Psi(v)}{v^{3/2}} dv = \int_0^\infty \frac{\Phi'(v)}{\sqrt{v}} dv.$$

(Remarquons que c'est le seul point pour lequel on demande que la fonction Φ soit deux fois dérivable : on aurait pu se passer de cette hypothèse.)

On obtient finalement le résultat annoncé en inversant le développement limité (4.8) et en reportant le résultat dans (4.9). $\qquad\qquad\square$

Problèmes de compacité.

Plaçons nous dans le cas des semigroupes symétriques. En analyse classique, on appelle H_1 l'espace $\mathcal{D}(\mathcal{E})$, domaine de la forme de DIRICHLET, muni de la norme

$$\|f\|_{H_1}^2 = \|f\|_2^2 + \mathcal{E}(f, f),$$

qui en fait un espace de HILBERT plongé dans $\mathbf{L}^2(\mu)$. Lorsqu'on travaille avec le laplacien d'une variété compacte de dimension n, l'inégalité de SOBOLEV affirme que cet espace est en fait plongé dans $\mathbf{L}^{p_n}(\mu)$, avec $p_n = 2n/(n - 2)$, et le théorème de KONDRAKOV affirme que le plongement de H_1 dans $\mathbf{L}^p(\mu)$ est compact pour $2 \leq p < p_n$. (La mesure μ est alors la mesure riemannienne.) C'est un résultat qui se prolonge aisément au cas des semigroupes symétriques. Nous avons

Théorème 4.11.—*Supposons que le semigroupe satisfasse à une inégalité $S\Phi$, avec $\Phi'(x)/x$ intégrable au voisinage de l'infini. Alors, le plongement de H_1 dans $\mathbf{L}^2(\mu)$ est compact. Si de plus il satisfait à une inégalité de SOBOLEV faible d'exposant n, ou de façon*

équivalente à une inégalité de SOBOLEV *d'exposant n, alors le plongement de* H_1 *dans* $\mathbf{L}^p(\mu)$ *est compact, pour tout* $p < 2n/(n-2)$.

Preuve. Commençons par une remarque simple, qui montre que $\|\mathbf{P}_t - I\|_{H_1, 2}$ converge vers 0 lorsque $t \to 0$. En effet, écrivons

$$\mathbf{L} = -\int_0^\infty \lambda \, dE_\lambda$$

la décomposition spectrale de $\mathbf{L}$. On a

$$\|\mathbf{P}_t(f) - f\|_2^2 = \int_0^\infty (1 - e^{-\lambda t})^2 \, d(E_\lambda f, f) \leq \int_0^\infty \lambda t \, d(E_\lambda f, f) = t\mathcal{E}(f, f),$$

l'inégalité provenant de ce que

$$x \geq 0 \Rightarrow (1 - e^{-x})^2 \leq x.$$

Nous avons donc

$$\|\mathbf{P}_t(f) - f\|_2 \leq \sqrt{t}\|f\|_{H_1}.$$

D'autre part, l'inégalité $S\Phi$ entraîne que l'opérateur $\mathbf{P}_t$ se représente par un noyau borné, et donc est de HILBERT-SCHMIDT. C'est par conséquent un opérateur compact de l'espace $\mathbf{L}^2(\mu)$ dans lui même, et, le plongement étant continu, il est compact de H_1 dans $\mathbf{L}^2(\mu)$. Maintenant, l'identité, en tant qu'opérateur de H_1 dans $\mathbf{L}^2(\mu)$, est compacte puisque limite forte d'opérateurs compacts.

Pour passer au cas des inégalités de SOBOLEV, considérons une suite bornée dans H_1. D'après ce qui précède, on peut en extraire une sous suite qui converge dans $\mathbf{L}^2(\mu)$, donc une autre sous suite qui converge presque sûrement. D'après l'inégalité de SOBOLEV, cette sous suite est bornée dans $\mathbf{L}^{p_n}(\mu)$, avec $p_n = 2n/(n-2)$, donc converge dans $\mathbf{L}^p(\mu)$, pour tout $p < p_n$. C'est ce que nous voulions démontrer. $\quad\Box$

Remarque.—

Dans le cas limite des inégalités de SOBOLEV logarithmiques, nous ne savons rien dire en général sur la compacité du plongement de H_1 dans $\mathbf{L}^2(\mu)$. D'autre part, ainsi que nous venons de le voir, cette propriété ne dépend pas vraiment de l'inégalité, mais seulement du caractère compact de l'opérateur $\mathbf{P}_t$. C'est donc le cas dès que l'opérateur $\mathbf{L}$ a un spectre discret n'ayant qu'un nombre fini de valeurs propres dans tout intervalle borné.

Enfin, pour clore ce chapitre, signalons certains exemples de semigroupes qui présentent un comportement de $\|\mathbf{P}_t\|_{1,\infty}$ au voisinage de $t = 0$ qui n'est pas polynomial en t. Dans [KKR], les auteurs étudient le comportement des semigroupes de diffusion sur $\mathbb{R}^d$ dont le générateur s'écrit

$$\mathbf{L}(f) = \Delta f - \nabla u . \nabla f,$$

où Δ est le laplacien ordinaire de $\mathbb{R}^d$ et u une fonction régulière ayant au voisinage de l'infini un comportement en $|x|^\alpha$, avec $\alpha > 2$. Dans ce cas, pour tout $\beta > \alpha/(\alpha - 2)$,

$$\|\mathbf{P}_t\|_{1,\infty} \leq C \exp(t^{-\beta}), \ \forall t \in]0,1],$$

et le coefficient $\alpha/(\alpha - 2)$ apparaissant dans l'énoncé précédent est le meilleur possible. (Bien sûr, les résultats de [KKR] sont plus précis que cela.) Les méthodes utilisées par ces auteurs sont très différentes de celles exposées ci-dessus, mais il est probable que l'on puisse déduire leurs résultats d'inégalités $(S\Phi)$ qui ne soient pas des inégalités de SOBOLEV faibles. Nous renvoyons le lecteur à [KKR] pour plus de détails.

5— Estimations non uniformes.

Nous ne nous intéresserons dans ce chapitre qu'au cas des semigroupes de diffusion symétriques. Rappelons que nous avons alors introduit une distance entre deux points x et y de l'espace $\mathbf{E}$, liée à l'opérateur $\mathbf{L}$, de la façon suivante:

$$d(x,y) = \sup_{g \in \mathcal{A},\ \Gamma(g,g) \leq 1} \{g(x) - g(y)\}.$$

Nous définirons de même le diamètre de $\mathbf{E}$ par

$$\mathrm{diam}(\mathbf{E}) = \mathrm{essup}_{\mathbf{E} \times \mathbf{E}} d(x,y).$$

Bien sûr, rien ne nous garantit a priori que ce diamètre soit fini, ni même que la distance de deux points soit toujours finie (Cf la fin du chapitre 2).

La méthode que nous allons exposer a été introduite par DAVIES. À partir d'inégalités de SOBOLEV, elle permet d'obtenir des estimations non uniformes sur la densité $p_t(x,y)$ des semigroupes. Pour les majorations, ces estimations correspondent à des majorations hors diagonale. Nous allons développer cette méthode à partir d'inégalités $(S\Phi)$, suivant en cela les calculs faits dans [BM] dans le cas des inégalités de SOBOLEV faibles. Les résultats que nous présentons ici sont extraits d'un article en cours de rédaction de D. CONCORDET et moi-même.

La méthode que nous allons employer s'applique aussi pour les minorations, mais ne donne pas le même type de résultats. En effet, des minorations uniformes correspondent en fait à des minorations du semigroupe en deux points diamétralement opposés (c'est à dire à une distance maximale l'un de l'autre), et la méthode employée ne nous donnera en fait que des relations entre la fonction Φ et le diamètre de l'espace sur lequel nous travaillerons. Nous verrons au chapitre suivant comment utiliser ces résultats dans la recherche des inégalités de SOBOLEV logarithmiques optimales sur les sphères.

Suivant DAVIES, choisissons une fonction g de $\mathcal{A}$, et introduisons le semigroupe $\mathbf{P}_t^g$ défini par

$$\mathbf{P}_t^g(f) = e^g \mathbf{P}_t(e^{-g} f).$$

Ce semigroupe n'est pas markovien en général, mais il préserve la positivité. Il n'est pas non plus symétrique par rapport à μ, puisque l'adjoint de $\mathbf{P}_t^g$ est $\mathbf{P}_t^{-g}$. En fait, il admet la mesure $\mu_1 = e^{-g}\mu$ comme mesure invariante, mais ceci ne nous servira à rien. Toutes les intégrales que nous écrivons ci-dessous sont par rapport à la mesure μ réversible pour $\mathbf{P}_t$; de même, les inégalités de SOBOLEV logarithmiques que nous écrirons le sont par rapport à cette mesure μ. Tout repose sur la remarque suivante:

Proposition 5.1.—*Supposons que le semigroupe $\mathbf{P}_t$ satisfasse une inégalité de $LogS(p)$, avec des constantes $c(p)$ et $m(p)$, où comme d'habitude, $c(p)$ est du signe de $(p-1)$. Alors, si, pour une constante $h > 0$, $\Gamma(g,g) \leq h$, le semigroupe $\mathbf{P}_t^g$ satisfait pour tout $y > 1$ à* *une inégalité LogS(p) avec des constantes*

$$\hat{c}(p) = y\, c(p), \quad \hat{m}(p) = \frac{m(p)}{y} + h\{1 + \frac{y}{y-1}\frac{(p-2)^2}{4(p-1)}\}.$$

Dans toute la suite, nous poserons pour simplifier

$$\rho(y,p) = 1 + \frac{y}{y-1}\frac{(p-2)^2}{4(p-1)}.$$

Preuve. Appelons $\mathbf{L}^g$ le générateur du semigroupe $\mathbf{P}_t^g$. On a

$$\mathbf{L}^g(f) = e^g \mathbf{L}(e^{-g}f).$$

Pour $p > 1$, tout revient à démontrer en fait que, pour tout $y > 1$, on a, pour toute fonction f de $\mathcal{A}^+$,

$$-\langle f^{p-1}, \mathbf{L}f\rangle \le -y\langle f^{p-1}, \mathbf{L}^g f\rangle + yh\rho(y,p)\langle f^p\rangle. \tag{5.1}$$

Il suffit ensuite de reporter cette inégalité dans l'inégalité LogS(p) écrite avec l'opérateur $\mathbf{L}$ pour obtenir l'inégalité correspondante écrite pour l'opérateur $\mathbf{L}^g$. De même, dans le cas $p < 1$, il suffit d'écrire l'inégalité inverse

$$-\langle f^{p-1}, \mathbf{L}f\rangle \ge -y\langle f^{p-1}, \mathbf{L}^g f\rangle + yh\rho(y,p)\langle f^p\rangle, \tag{5.2}$$

le changement de sens de l'inégalité provenant du changement de signe de la constante $c(p)$.

Nous nous contenterons de montrer l'inégalité (5.1), l'inégalité (5.2) se traitant de façon exactement similaire.

En fait nous allons montrer plus précisément que

$$-\langle f^{p-1}, \mathbf{L}f\rangle \le -y\langle f^{p-1}, \mathbf{L}^g f\rangle + y\rho(y,p)\langle f^p\Gamma(g,g)\rangle. \tag{5.3}$$

Pour le voir, utilisons l'hypothèse de symétrie pour ramener (5.3) à

$$\langle \Gamma(f^{p-1}, f)\rangle \le y\langle \Gamma(e^g f^{p-1}, e^{-g}f)\rangle + y\rho(y,p)\langle f^p, \Gamma(g,g)\rangle. \tag{5.4}$$

Écrivons ρ à la place de $\rho(y,b)$, et utilisons l'hypothèse de diffusion pour développer les deux membres de l'inégalité (5.4). Le premier membre devient $(p-1)\langle f^{p-2}\Gamma(f,f)\rangle$, tandis que $\Gamma(e^g f^{p-1}, e^{-g}f)$ s'écrit

$$(p-1)f^{p-2}\Gamma(f,f) + (p-2)f^{p-1}\Gamma(f,g) - f^p\Gamma(g,g).$$

Pour démontrer (5.4), la seule chose que nous ayons à faire est donc de voir que

$$(p-1)f^{p-2}\Gamma(f,f) \le f^{p-2}y\{(p-1)\Gamma(f,f) + (p-2)f\Gamma(f,g) + (\rho-1)f^2\Gamma(g,g)\}.$$

Ceci revient alors à

$$(y-1)(p-1)\Gamma(f,f) + (p-2)yf\Gamma(f,g) + y(\rho-1)f^2\Gamma(g,g) \geq 0.$$

Or, l'application bilinéaire $\Gamma(f,g)$ est positive, et donc

$$\alpha\Gamma(f,f) + \beta\Gamma(f,g) + \gamma\Gamma(g,g) \geq 0$$

dès que $\alpha > 0$ et $\beta^2 \leq 4\alpha\gamma$.

Cette dernière inégalité s'écrit $\rho \geq \rho(y,p)$, et c'est ce que nous voulions démontrer.

Lorsque $p < 1$, le signe de la dernière inégalité est renversé dès que $y > 1$. Remarquons qu'alors la condition s'écrit $\rho \leq \rho(y,p)$ et on aura $\rho \leq 1$. □

Nous pouvons alors appliquer au semigroupe $\mathbf{P}_t^g$ les théorèmes 3.2 et 3.3. En optimisant sur tous les choix possibles de g, nous obtenons

Corollaire 5.2.—*Supposons que le semigroupe $\mathbf{P}_t$ satisfasse à une inégalité $(S\Phi)$, avec Φ de classe C^1, et posons $\Psi(x) = \Phi(x) - x\Phi'(x)$. Choisissons si c'est possible deux fonctions définies sur $]1,\infty[$, $p \to x(p)$ à valeurs dans $]0,\infty[$ et $p \to y(p)$ à valeurs dans $]1,\infty[$ telles que les intégrales*

$$t = \int_1^\infty y(p)\Phi'(x(p))\,\frac{dp}{4(p-1)}, \quad \text{et}$$

$$m = \int_1^\infty \{\frac{\Psi(x(p))}{p^2} + hy(p)\Phi'(x(p))\frac{\rho(y(p),p)}{4(p-1)}\}\,dp$$

soient convergentes. Alors, pour ces valeurs de t et m, l'opérateur $\mathbf{P}_t$ admet une densité $p_t(x,y)$ bornée par rapport à la mesure μ vérifiant

$$p_t(x,y) \leq \exp(m - \sqrt{h}d(x,y)). \tag{5.5}$$

De la même manière, nous avons le résultat suivant concernant les minorations

Corollaire 5.3.—*Sous les mêmes hypothèses que précédemment, considérons des fonctions $x(p)$ et $y(p)$ définies sur $]-\infty,1[$, à valeurs respectivement dans $]0,\infty[$ et $]1,\infty[$ et telles que les intégrales*

$$t = \int_{-\infty}^1 y(p)\Phi'(x(p))\,\frac{dp}{4(1-p)}, \quad \text{et}$$

$$m = \int_{-\infty}^1 \{\frac{-\Psi(x(p))}{p^2} + hy(p)\Phi'(x(p))\frac{\rho(y(p),p)}{4(1-p)}\}\,dp$$

soient convergentes. Alors, la densité $p_t(x,y)$ de l'opérateur $\mathbf{P}_t$ satisfait si elle existe à

$$p_t(x,y) \geq \exp(m + \sqrt{h}d(x,y)). \tag{5.6}$$

Remarquons que, dans ce dernier cas, les hypothèses du corollaire ne nous affirment pas a priori l'existence de cette densité. Dans les exemples que nous considérerons plus bas, les les intégrales du corollaire 5.2 convergeront en même temps que celles du corollaire 5.3, et nous n'aurons pas d'ennui de ce côté.

Preuve. Nous ne donnerons que la démonstration du corollaire 5.2, celle de 5.3 étant exactement similaire. Il n'y a presque rien à faire. En reprenant la démonstration du théorème 4.4, nous voyons que le semigroupe $\mathbf{P}_t$ satisfait pour tout $p > 1$ et tout $x > 0$ à une inégalité LogS(p), avec des constantes

$$c(p) = \Phi'(x)\frac{p^2}{4(p-1)}, \text{ et } m(p) = \frac{\Psi(x)}{\Phi'(x)}\frac{4(p-1)}{p^2}.$$

Nous appliquons alors la proposition 5.1 et le théorème 3.2, pour obtenir une majoration $\|\mathbf{P}_t^g\|_{1,\infty} \le \exp(m)$, où les valeurs de t et m sont données par l'énoncé du corollaire 5.2. Si l'on se rappelle les liens qui lient les densités de $\mathbf{P}_t$ et $\mathbf{P}_t^g$, ceci nous donne une majoration

$$\Gamma(g,g) \le h \Rightarrow p_t(x,y) \le \exp(m + g(y) - g(x)).$$

Il nous reste à prendre l'infimum du second membre parmi toutes les fonctions g telles que $\Gamma(g,g) \le h$. Or, par définition de la distance, et en vertu du caractère quadratique de $\Gamma(g,g)$, on a

$$\inf_{\Gamma(g,g)\le h} \{g(y) - g(x)\} = -\sqrt{h}d(x,y).$$

Nous obtenons ainsi le résultat annoncé.

Le corollaire 5.3 se traite de la même manière, en suivant la méthode du chapitre précédent, en estimant une borne inférieure de $\|\mathbf{P}_t\|_{1,-\infty}$. □

Il nous reste à choisir des fonctions $x(p)$ et $y(p)$ qui rendent optimales les estimations précédentes, puis à optimiser le résultat précédent en h. Le miracle est que les fonctions optimales ne dépendent pas de la fonction Φ et que l'on puisse mener le calcul jusqu'au bout. Nous obtenons finalement :

Théorème 5.4.— *Supposons que la fonction Φ satisfasse $\Phi(0) = 0$, soit dérivable en $x = 0$, et que $\Phi'(x)/\sqrt{x}$ soit intégrable au voisinage de l'infini. Alors, $\Phi(x)/x^{3/2}$ est intégrable sur $[0,\infty[$, et nous avons*

5.4.1— *Le diamètre de $\mathbf{E}$ est majoré par*

$$\delta = \frac{1}{2}\int_0^\infty \frac{\Phi(t)}{t^{3/2}}\,dt = \int_0^\infty \frac{\Phi'(t)}{t^{1/2}}\,dt = \int_0^\infty \frac{\Psi(t)}{t^{3/2}}\,dt.$$

5.4.2- *Fixons deux points x et y de $\mathbf{E}$ et $t > 0$, et posons $d = d(x,y)$. Puisque $d \in [0,\delta]$, définissons le paramètre $\tau \ge 0$ par*

$$d = \int_\tau^\infty \frac{\Phi'(s)}{s^{1/2}}\,ds.$$

Posons $T = \dfrac{1}{2} \displaystyle\int_\tau^\infty \dfrac{\Phi'(s)}{\sqrt{s(s-\tau)}}\, ds$, *et, pour* $t \in [0, T]$, *définissons le paramètre* θ *par*

$$t = \frac{1}{2} \int_\tau^\infty \frac{\Phi'(s)}{\sqrt{s(s+\theta-\tau)}}\, ds.$$

Alors

$$
\begin{aligned}
\log p_t(x,y) &\le \sqrt{\theta}\, d(x,y) + \frac{\Phi(\tau)}{\sqrt{\tau}} - \frac{(\theta-\tau)^2}{4} \int_\tau^\infty \frac{\Phi(s)}{s^{3/2}(s+\theta-\tau)^{3/2}}\, ds \\
&= \sqrt{\theta}\, \frac{\Phi(\tau)}{\sqrt{\tau}} - \frac{\theta-\tau}{2} \int_\tau^\infty \frac{\Psi(s)}{\sqrt{s+\theta-\tau}}\, \frac{ds}{s^{3/2}}.
\end{aligned}
$$

5.4.3- *Supposons que la fonction* Φ *soit telle que le diamètre de l'espace* **E** *soit égal à la constante* δ *donnée en 5.4.1. Alors, en deux points* x *et* y *diamétralement opposés,* $(d(x,y) = \delta)$, *si l'on pose*

$$t = \frac{1}{2} \int_0^\infty \frac{\Phi'(t)}{\sqrt{t(t+\theta)}}\, dt,$$

on obtient

$$\log p_t(x,y) = -\frac{\theta}{2} \int_0^\infty \frac{\Psi(t)}{t^{3/2}\sqrt{t+\theta}}\, dt = -\frac{\theta^2}{4} \int_0^\infty \frac{\Phi(t)}{t^{3/2}(t+\theta)^{3/2}}\, dt.$$

La proposition précédente appelle quelques commentaires.

1- 5.4.1 montre que l'on ne peut espérer obtenir des inégalités de SOBOLEV faibles (donc de SOBOLEV) tendues sur une variété non compacte. Si on l'applique au cas des inégalités de SOBOLEV faibles, elle donne une minoration de la constante de l'inégalité de SOBOLEV en fonction du diamètre. De plus, c'est un critère qui peut nous permettre d'établir si une inégalité $(S\Phi)$ est optimale.

2- Si nous appliquons 5.4.2 au cas particulier des inégalités de SOBOLEV faibles, nous obtenons, pour $t \to 0$, une majoration

$$p_t(x,y) \le Ct^{-n}\exp(-d^2(x,y)/4t),$$

où C est une constante qui ne dépend que de n et de la constante c de l'inégalité de SOBOLEV faible. Attirons l'attention du lecteur sur le changement d'exposant dans le facteur t : pour $d(x,y) = 0$, nous obtenions au chapitre précédent une majoration $p_t(x,y) \le Ct^{-n/2}$. Ce phénomène ne doit pas nous surprendre, car le comportement du semigroupe de la chaleur sur une variété compacte est bien connu : nous savons par exemple que $p_t(x,x)$ est équivalent à $Ct^{-n/2}$ au voisinage de $t = 0$, tandis que, si la variété des géodésiques minimisantes qui lient x à y est de dimension p, alors $p_t(x,y)$ est équivalent lorsque $t \to 0$ à $Ct^{-(n+p)/2}\exp(-d^2(x,y)/4t)$. Par exemple, sur la sphère unité de dimension n, en deux point diamétralement opposés (ce qui semble être le pire des cas), alors $p_t(x,y) \le Ct^{-n+1/2}\exp(-d^2(x,y)/4t)$. Nous ne nous expliquons pas par contre pour l'instant l'apparition d'un exposant moins bon t^{-n}. Ce phénomène provient sans doute de ce que, sur les sphères, la meilleure inégalité entre énergie et entropie est meilleure que celle donnée par une inégalité de SOBOLEV faible.

3– Le point 5.4.3 n'offre pas d'intérêt par lui même, si ce n'est de montrer que la méthode exposée ici est optimale. Si la condition sur le diamètre est remplie, c'est à dire si la fonction Φ est optimale, alors les calculs menant à la minoration et ceux menant à la majoration donnent le même résultat en des points diamétralement opposés. Par contre, nous ne savons rien dire sur les estimations de bornes inférieures en des points qui ne seraient pas diamétralement opposés. Signalons également que nous n'avons pour l'instant aucun exemple de semigroupe où cette condition sur le diamètre soit remplie. D'autre part, et quelle que soit la forme de la fonction Φ, le développement limité en $t = 0$ de l'expression ci-dessus nous donne , toujours pour des points x et y diamétralement opposés,

$$\log p_t(x,y) = -\frac{d^2(x,y)}{4t}(1 + \epsilon(t)).$$

4– La conditions de finitude du diamètre ($\Phi'(x)/\sqrt{x}$ intégrable au voisinage de l'infini) est plus faible que celle assurant que les opérateurs $\mathbf{P}_t$ sont bornés de $\mathbf{L}^1(\mu)$ dans $\mathbf{L}^\infty(\mu)$ ($\Phi'(x)/x$ intégrable au voisinage de l'infini).

Preuve. Commençons par traiter le cas des majorations de la densité. Pour cela, reprenons le système du corollaire 5.2, et posons $u = \dfrac{p^2}{4(p-1)}$. Cette variable est laissée inchangée par la transformation $p \to p/(p-1)$. Nous allons choisir des fonctions $x(p)$ et $y(p)$ ne dépendant que de u(*), et ceci nous permet de ramener le problème à un problème plus simple.

Lorsque p varie de 1 à 2, u décroît de ∞ à 1 et on a

$$p = 2(u - \sqrt{u(u-1)}), \quad \frac{dp}{p-1} = -\frac{du}{\sqrt{u(u-1)}},$$

alors que, lorsque p croît de 2 à ∞, u croît de 1 à ∞ et

$$p = 2(u + \sqrt{u(u-1)}), \quad \frac{dp}{p-1} = \frac{du}{\sqrt{u(u-1)}}.$$

(*) En fait, la forme du problème montre que les fonctions x et y optimales sont invariantes par le changement $p \to p/(p-1)$.

La majoration du théorème 5.2 se ramène alors à

$$
\begin{cases}
t = \dfrac{1}{2} \displaystyle\int_1^\infty \Phi'(x(u)) y(u) \dfrac{du}{\sqrt{u(u-1)}}, \\[2mm]
m = \dfrac{1}{2} \displaystyle\int_1^\infty \Big\{ \dfrac{\Psi(x(u))}{u} + h y(u) \rho(y(u),u) \Phi'(x(u)) \Big\} \dfrac{du}{\sqrt{u(u-1)}},
\end{cases}
\tag{5.7}
$$

où la fonction ρ vaut

$$
\rho(y,u) = 1 + \frac{y}{y-1}(u-1).
$$

Nous allons choisir un paramètre réel $\mu < 1$, et poser

$$
y(u) = 1 + \sqrt{\frac{u-1}{u-\mu}}, \quad x(u) = h(1-\mu) u \frac{y}{y-2} = hu(u-1)\frac{y^2}{(y-1)^2}.
$$

Ces fonctions sont les fonctions optimales données par les équations d'EULER du problème. Choisissons alors comme nouvelle variable

$$
w = u(u-1)\frac{y^2}{(y-1)^2} = u\left(\sqrt{(u-\mu)} + \sqrt{(u-1)}\right)^2,
$$

de façon à avoir $x = hw$. Lorsque u varie de 1 à ∞, w varie de $1-\mu$ à ∞, et on a

$$
u = \frac{w}{2\sqrt{w+\mu}-(1+\mu)}, \qquad \frac{y\,du}{\sqrt{u(u-1)}} = \frac{dw}{\sqrt{w(w+\mu)}}.
$$

De plus, nous avons

$$
\rho(y,u) = \sqrt{w+\mu}, \qquad \frac{1}{yu} = \frac{\sqrt{w+\mu}-\mu}{w}.
$$

Avec ces relations, le système (5.7) devient

$$
\begin{cases}
t = \dfrac{1}{2} \displaystyle\int_{1-\mu}^\infty \Phi'(hw) \dfrac{dw}{\sqrt{w(w+\mu)}}, \\[2mm]
m = \dfrac{1}{2} \displaystyle\int_{1-\mu}^\infty \Phi(hw)[1 - \dfrac{\mu}{\sqrt{w+\mu}}]\dfrac{dw}{w^{3/2}} + h\mu t.
\end{cases}
\tag{5.8}
$$

Il nous reste à changer w en hw et à poser $\mu = 1 - \tau/h$, $(\tau \geq 0)$, pour obtenir

$$
\begin{cases}
t = t(h,\tau) = \dfrac{1}{2} \displaystyle\int_\tau^\infty \Phi'(w) \dfrac{dw}{\sqrt{w(w+h-\tau)}}, \\[2mm]
m = m(h,\tau) = \dfrac{1}{2} \displaystyle\int_\tau^\infty \Phi(w)[\sqrt{h} - \dfrac{h-\tau}{\sqrt{w+h-\tau}}]\dfrac{dw}{w^{3/2}} + (h-\tau)t.
\end{cases}
\tag{5.9}
$$

Le corollaire 5.2 nous dit qu'alors, pour tous ces choix des paramètres h et τ, nous avons

$$
\log p_t(x,y) \leq m - \sqrt{h}\, d(x,y).
$$

Il nous reste donc à chercher à optimiser la fonction $m(h,\tau) - \sqrt{h}\,d$, lorque $t(h,\tau)$ est fixé.

Or, si l'on pose $m_1 = m + (\tau - h)t$, nous voyons immédiatement que

$$\frac{\partial m_1}{\partial \tau} = t(h, \tau).$$

Ceci montre l'optimum est atteint lorsque

$$\frac{1}{2\sqrt{h}} d(x, y) = \frac{\partial m_1}{\partial h} + t,$$

ce qui nous donne, tous calculs faits,

$$d(x, y) = \frac{1}{2} \int_\tau^\infty \frac{\Phi(w)}{w^{3/2}} \, dw - \frac{\Phi(\tau)}{\sqrt{\tau}}. \tag{5.10}$$

Remarquons que l'équation (5.10) donne la valeur de τ en fonction de $d(x, y)$ sous la forme $d(x, y) = D(\tau)$, et qu'on a

$$\frac{\partial D}{\partial \tau} = -\frac{\Phi'(\tau)}{\sqrt{\tau}}.$$

Nous allons nous intéreser seulement au cas où l'équation (5.10) a une solution, c'est à dire lorsque

$$d(x, y) \leq \frac{1}{2} \int_0^\infty \frac{\Phi(w)}{w^{3/2}} \, dw = \delta.$$

Nous allons voir plus bas que c'est toujours le cas. Fixons alors $d(x, y)$ et par conséquent τ par la relation (5.10). Lorsque h (que nous avons noté θ dans l'énoncé du théorème), varie de 0 à ∞, t varie (dans le sens inverse de h) de 0 à T, où T est donnée dans 5.4.2. L'estimation que nous obtenons est alors celle de l'énoncé de 5.4.2.

De plus, s'il existe deux points x et y sur $\mathbf{E}$ pour lesquels $d(x, y) = \delta$, alors le paramètre τ vaut 0 et nous remarquons que la majoration obtenue est exactement égale à la minoration uniforme du théorème 4.6. Donc, la densité du semigroupe en ces points est égale à celle donnée par les formules (4.7) ou de manière équivalente par (5.10). Il y a donc égalité et nous avons identifié la valeur de $p_t(x, y)$ en ces points (à condition du moins d'avoir assez de régularité sur les semigroupes pour s'assurer que les estimations obtenues, qui ont lieu à priori $\mu \otimes \mu$-presque partout, aient en fait lieu partout). Ceci nous donne (5.4.3). (*)

Il nous reste à obtenir les estimations sur le diamètre, ce qui va se faire en étudiant le cas des minorations, c'est à dire à optimiser le système (5.7) donné par le corollaire 5.3. Nous allons voir que, bien que les calculs soient rigoureusement identiques, les conclusions que nous en tirerons sont tout à fait différentes: nous n'allons pas obtenir de minorations différentes que celles données au chapitre précédent (minorations uniformes), mais seulement l'estimation du diamètre.

(*) M.LEDOUX m'a signalé qu'on peut obtenir directement la finitude du diamètre à partir d'une inégalité de SOBOLEV, sans passer par les estimations des densités du semigroupe.

Comme plus haut, il nous faut maximiser m à t fixé dans le système

$$\begin{cases} t = \int_{-\infty}^{1} \Phi'(x(p))y(p)\frac{dp}{4(1-p)}, \\ m = \int_{-\infty}^{1} \{\frac{-\Psi(x(p))}{p^2} + hy(p)\rho(y(p),p)\frac{\Phi'(x(p))}{4(1-p)}\}\,dp. \end{cases} \tag{5.11}$$

Nous posons $u = \dfrac{p^2}{4(1-p)}$, et nous supposerons que les fonctions x et y ne dépendent que de u. La variable u varie cette fois-ci de 0 à ∞, et nous avons, pour $p \in [0,1]$,

$$p = 2[\sqrt{u(1+u)} - u], \quad \frac{dp}{4(1-p)} = \frac{du}{4\sqrt{u(1+u)}},$$

tandis que, si $p \in]-\infty, 0]$,

$$p = -2[\sqrt{u(1+u)} + u], \quad \frac{dp}{4(1-p)} = -\frac{du}{4\sqrt{u(1+u)}}.$$

Le système (5.11) se ramène alors à

$$\begin{cases} t = \frac{1}{2}\int_0^{\infty} \Phi'(x(u))y(u)\frac{du}{\sqrt{u(u+1)}}, \\ m = \frac{1}{2}\int_0^{\infty} \{\frac{-\Psi(x(u))}{u} + hy(u)\rho(y(u),u)\Phi'(x(u))\}\frac{du}{\sqrt{u(u+1)}}, \end{cases} \tag{5.12}$$

On voit que ce système est tout à fait similaire à celui de (5.7). Nous allons choisir

$$y(u) = 1 + \sqrt{\frac{u+1}{u+\mu}}, \quad x(u) = hu(1+u)\frac{y^2}{(y-1)^2} = hw,$$

où μ est un réel positif. Dans ce cas, nous choisirons comme plus haut w comme nouvelle variable, et nous avons

$$u = \frac{w}{1+\mu+2\sqrt{w+\mu}}, \quad \frac{y\,du}{\sqrt{u(1+u)}} = \frac{dw}{\sqrt{w(w+\mu)}}.$$

De même que plus haut, nous avons

$$\rho(y,u) = -\sqrt{w+\mu}, \quad \frac{1}{yu} = \frac{\sqrt{w+\mu}+\mu}{w}.$$

Le système (5.12) devient ainsi

$$\begin{cases} t = \frac{1}{2}\int_0^{\infty} \Phi'(hw)\frac{dw}{\sqrt{w(w+1)}}, \\ m = -\frac{1}{2}\int_0^{\infty} \frac{\Phi(hw)}{w^{3/2}}[1 + \frac{\mu}{\sqrt{w+\mu}}]\,dw + h\mu t. \end{cases} \tag{5.13}$$

Après un petit changement de variables, ceci donne

$$
\begin{cases}
t = t(\tau) = \dfrac{1}{2} \displaystyle\int_0^\infty \Phi'(w)\, \dfrac{dw}{\sqrt{w(w+\tau)}}, \\[3mm]
m = m(h,\tau) = \tau t - \dfrac{1}{2}\tau \displaystyle\int_0^\infty \dfrac{\Phi(w)}{\sqrt{w+\tau}}\, \dfrac{dw}{w^{3/2}} - \dfrac{\sqrt{h}}{2}\displaystyle\int_0^\infty \dfrac{\Phi(w)}{w^{3/2}}\, dw.
\end{cases}
\tag{5.14}
$$

Dans cette dernière écriture, nous voyons que t n'est fonction que de τ et que $m = K(\tau) - \delta\sqrt{h}$, où δ est la constante donnée dans l'énoncé. Le corollaire 5.3 nous dit que, pour tous les choix de τ et h, nous avons

$$
\log p_t(x,y) \geq m + \sqrt{h}d(x,y).
$$

Cette quantité étant par ailleurs majorée d'après le résultat sur les majorations, on voit que ceci n'est possible, pour $h \to \infty$, que si $d(x,y) \leq \delta$. Ceci nous donne l'estimation annoncée sur le diamètre. De plus, l'optimum en h est obtenu pour $h = 0$, et nous retombons sur le résultat de minoration uniforme du chapitre précédent. □

Liens avec les volumes de boules.

Nous terminons ce chapitre par quelques considérations sur les liens qu'il peut y avoir entre le comportement de la fonction Φ au voisinage de l'infini et le volume des boules de petite taille. Nous allons supposer que nous avons suffisament de régularité sur les noyaux du semigroupe pour être sûrs que les majorations que nous avons obtenues plus haut aient lieu partout. Nous allons également nous restreindre au cas des inégalités de SOBOLEV faibles et supposer que la fonction $\Phi'(x)$ est équivalente à $n/(2x)$ au voisinage de l'infini. Alors, nous avons vu que, si $d(x,y) \geq d$, nous avons $p_t(x,y) \leq \Xi(t,d)$, avec

$$
\begin{cases}
\Xi(t,d) = C t^{-n} \exp(-d^2/(4t)), & \text{si } d > 0 \\
\Xi(t,0) = C' t^{-n/2}, & \text{sinon,}
\end{cases}
$$

cette majoration étant valide dès que $t \leq T(d)$, la fonction $d \to T(d)$ étant donnée dans l'énoncé du théorème 5.4. Dans le cas dans lequel nous nous sommes placés, il n'est pas difficile de voir que $d^2/T(d)$ converge vers une constante lorsque $d \to 0$. Choisissons alors t en fonction de d, sous la forme

$$
t = t(d) = \frac{1}{8n}d^2\left\{\log(\frac{1}{d}) + 1/2 \log\log(\frac{1}{d}) + \gamma\right\}^{-1}.
$$

On voit qu'alors $t^{-n} \exp(-d^2/(4t))$ converge vers $(8n)^n \exp(-2n\gamma)$ lorsque d converge vers 0, et qu'on peut choisir γ de façon à avoir $\Xi(t(d),d) \leq 1/2$ au voisinage de $d = 0$.

Dans ce cas, fixons un point x de **E**, et appelons $B(d)$ la boule centrée en x et de rayon d, pour la métrique d. Nous avons, pour $t = t(d)$,

$$\Xi(2t, 0) \geq p_{2t}(x, x) = \int_{\mathbf{E}} p_t(x, y)^2 \, \mu(dy)$$

$$\geq \int_{B(d)} p_t(x, y)^2 \, \mu(dy) \geq \frac{1}{\mu(B(d))} [\int_{B(d)} p_t(x, y) \, \mu(dy)]^2$$

$$= \frac{1}{\mu(B(d))} [1 - \int_{B(d)^c} p_t(x, y) \, \mu(dy)]^2.$$

Or, $p_t(x, y) \leq 1/2$ sur $B(d)^c$, et cette dernière inégalité nous donne donc

$$\Xi(2t, 0) \geq p_{2t}(x, x) \geq \frac{1}{4\mu(B(d))}. \tag{5.15}$$

Nous en tirons une minoration de $\mu(B(d))$. Avec les valeurs que nous avons données plus haut pour $\Xi(2t, 0)$, nous obtenons ainsi

$$\mu(B(d)) \geq C_1 d^n \log(\frac{1}{d})^{-n/2},$$

lorque $d \to 0$, C_1 étant une constante dont la valeur importe peu ici. L'étude précédente n'est pas très fine, et nous soupçonons en fait qu'un argument semblable entraîne une minoration de la forme

$$\mu(B(d)) \geq C_1 d^n.$$

De la même façon, l'inégalité (5.15) montre qu'une majoration de $m(B(d))$ entraîne une minoration de $p_t(x, x)$. En choisissant cette fois-ci d en fonction de t sous la forme

$$d^2(t) = 4nt \log(\frac{1}{t}) + 4t \log 2C',$$

nous obtenons alors, si $m(B(d)) \leq C_1 d^n$ au voisinage de $d = 0$,

$$p_t(x, x) \geq C_2 t^{-n/2} \log(\frac{1}{t})^{-n/2},$$

au voisinage de $t = 0$. Il faut rapprocher ceci des estimations sur les majorations uniformes, pour voir qu'une fois de plus, ce résultat n'est pas très fin; nous espérions en fait obtenir une minoration sans facteurs logarithmiques, mais nous n'y sommes pas arrivés.

D'autre part, lorsqu'on travaille sur une variété, T.COULHON m'a signalé qu'une simple hypothèse de doublement de volume des boules, jointe à l'inégalité de SOBOLEV permet d'obtenir très simplement une minoration du volume en $\mu(B(d)) \geq Cd^n$, au voisinage de $d = 0$, où comme plus haut $B(d)$ désigne la boule centrée en x_0 et de rayon d. Pour le voir, supposons qu'en un point x_0 on sache que $\mu(B(d)) \leq C\mu(B(d/2))$, lorsque d est voisin de 0. Alors, appliquons l'inégalité de SOBOLEV à la fonction $\phi(x) = \sup\{d - d((x_0, x), 0\}$: dans une variété, la fonction $d(x_0, x)$ est suffisament régulière pour pouvoir le faire, et

$|\nabla(d(x_0, x))| \le 1$. Nous avons alors

$$\phi(x) \ge \frac{d}{2} 1_{B(d/2)} \; ; \; |\nabla\phi|(x) \le 1_{B(d)}.$$

L'inégalité annoncée en découle immédiatement.

Signalons enfin que, dans le cadre des diffusions sur les variétés, des estimations très précises ont été obtenues par de nombreux auteurs sur le comportement de $p_t(x, y)$ au voisinage de $t = 0$. Mais, en ce qui concerne les minorations, les méthodes employées ne ressortissent pas aux techniques de semigroupes exposées ici, et c'est pourquoi nous n'en parlerons pas. Nous renvoyons le lecteur au chapitre 3 du livre de DAVIES [Da] pour l'étude du cas elliptique, par exemple.

6— Courbure et dimension des diffusions.

Dans cette section, nous allons nous intéresser essentiellement aux semigroupes de diffusion, et développer pour ces processus un critère menant aux inégalités de SOBOLEV logarithmiques et aux inégalités de SOBOLEV faibles. La même méthode pourrait conduire à des inégalités $(S\Phi)$ plus générales, mais nous ne ferons pas. Plutôt que de travailler comme plus haut dans un cadre abstrait, nous allons suposer, comme dans l'exemple 2 du chapitre 2, que l'espace $\mathbf{E}$ est une variété connexe de classe $\mathcal{C}^\infty$, et que l'opérateur $\mathbf{L}$ s'écrit

$$\mathbf{L} = \Delta + X,$$

où Δ est l'opérateur de LAPLACE-BELTRAMI associé à une certaine structure riemannienne, tandis que X est un champ de vecteurs. Contrairement au chapitre 2, nous n'aurons pas besoin de supposer pour l'instant que notre variété est compacte. Tout ce que nous allons dire pourra se généraliser sans difficultés au cas des diffusions abstraites décrites jusqu'ici.

Nous avons décrit plus haut comment un opérateur de diffusion munit l'espace d'une métrique d, liée au comportement du semigroupe. Nous allons voir ici comment aller un peu plus loin dans le développement d'une géométrie riemannienne intrinsèquement liée à $\mathbf{L}$, et en particulier introduire l'analogue de la courbure de RICCI.

Commençons par introduire l'opérateur $\mathbf{E}_2$, qui va jouer un rôle fondamental dans ce qui va suivre. Nous posons, pour deux fonctions f et g de $\mathcal{A}$,

$$\mathbf{E}_2(f,g) = \frac{1}{2}\{\mathbf{L}\Gamma(f,g) - \Gamma(f,\mathbf{L}g) - \Gamma(\mathbf{L}f,g)\}. \tag{6.1}$$

Pour comprendre comment est construit cet opérateur, rappelons la construction de Γ lui même. Nous avions

$$\Gamma(f,g) = \frac{1}{2}\{\mathbf{L}(fg) - f\mathbf{L}g - g\mathbf{L}f\},$$

et nous voyons apparaître un procédé systématique qui, à partir d'une forme bilinéaire $Q : \mathcal{A} \times \mathcal{A} \to \mathcal{A}$, associe une nouvelle forme bilinéaire

$$\mathbf{L}(Q)(f,g) = \frac{1}{2}\{\mathbf{L}Q(f,g) - Q(f,\mathbf{L}g) - Q(\mathbf{L}f,g)\}. \tag{6.2}$$

Cette opération préserve la symétrie de l'application, mais pas ses propriétés d'associativité. Ainsi, si l'on part de la forme $\Gamma_0(f,g) = fg$, donnée par la structure d'algèbre de $\mathcal{A}$, nous avons $\Gamma = \mathbf{L}(\Gamma_0)$, $\mathbf{E}_2 = \mathbf{L}^2(\Gamma_0)$, et nous pourrions évidemment nous intéresser aux formes $\mathbf{L}^p(\Gamma_0)$. Nous ne le ferons pas car nous aurons déjà bien du mal à explorer les propriétés de $\mathbf{E}_2$.

Notre premier travail va être de calculer cet opérateur $\mathbf{E}_2$, en termes des objets usuels de la géométrie. Pour cela, rappelons les notions introduites au chapitre 2 : (g^{ij}) désigne le tenseur associé à la partie du second ordre de l'opérateur $\mathbf{L}$, et (g_{ij}) désigne le tenseur dual, c'est à dire celui qui se représente dans un système de coordonnées locales par la matrice inverse. Pour simplifier les notations dans tout ce qui va suivre, nous allons utiliser le système de notation suivant : si X est un champ de vecteurs de composantes (X^i) dans un système de coordonnées locales, (X_i) désigne la forme différentielle obtenue en abaissant l'indice de X à l'aide de g :

$$X_i = \sum_j g_{ij} X^j.$$

On fera de même l'opération de remonter les indices en utilisant la matrice duale : si (ω_i) désigne une 1-forme,

$$\omega^i = \sum_j g^{ij} \omega_j.$$

On pratiquera de façon analogue cette opération de remonter ou d'abaisser les indices sur tous les tenseurs.

De plus, nous adopterons la convention d'EINSTEIN de sommation sur les indices répétés : $\omega_i X^i$ désigne en fait $\sum_i \omega_i X^i$, et de même pour tous les tenseurs. Ainsi,

$$g_{ij} X^j = X_i, \text{ etc.}$$

Nous avons introduit la connexion ∇, qui est telle que $\nabla(g) = 0$ et qui est sans torsion :

$$\forall f \in \mathcal{C}^\infty, \nabla_i \nabla_j(f) = \nabla_j \nabla_i(f).$$

Cette unique connexion, dont nous avons donné la forme explicite au chapitre 2, s'appelle la connexion riemannienne. La propriété de cette connexion d'être sans torsion se traduit par le fait que la dérivée seconde d'une fonction est un tenseur symétrique ; il n'en va plus de même pour les champs de vecteurs, et, si une $X = (X^i)$ est un champ de vecteurs, le tenseur $\nabla \nabla X$, de coordonnées $\nabla_i \nabla_j X^k$ n'est en général pas symétrique en ses indices i et j. La définition même des connexions montre alors qu'il existe un tenseur R à 4 indices $R = (R_{ij}{}^k{}_l)$ tel que, pour tout champ de vecteurs X

$$\{\nabla_i \nabla_j - \nabla_j \nabla_i\} X^k = R_{ij}{}^k{}_l X^l.$$

Ce tenseur, évidement antisymétrique en ses indices i et j, s'appelle le tenseur de courbure de la connexion. (Ici, s'agissant de la connexion riemannienne, on l'appelle la courbure riemannienne, ou courbure sectionnelle.)

Pour simpifier les notations, nous noterons dans ce qui suit $\nabla_{ij} = \nabla_i \nabla_j$, etc.

L'objet qui nous intéresse ici est le tenseur de RICCI, obtenu en contractant un indice du tenseur de courbure :

$$\rho_{ij} = R_{li}{}^l{}_j.$$

Les propriétés générales du tenseur de courbure des connexions riemanniennes montrent que ce tenseur de RICCI est symétrique. Nous utiliserons surtout le tenseur dual ρ^{ij} obtenu en remontant ses indices.

Nous noterons également $\nabla^* X$ le tenseur symétrisé du tenseur ∇X, c'est à dire, dans un système de coordonnés locales,

$$\nabla^* X^{ij} = \frac{1}{2} \{\nabla^i X^j + \nabla^j X^i\}.$$

Dans les cas qui vont nous intéresser plus bas des diffusions symétriques, on aura $X = \nabla h$, et, la connexion étant sans torsion, $\nabla^* X = \nabla X$.

Avec ces notations, nous avons

Proposition 6.1.—*Si* $\mathbf{L} = \Delta + X$, *alors*

$$\mathbf{L}(f,f) = \nabla_{ij} f \nabla^{ij} f + (\rho^{ij} - \nabla^* X^{ij}) \nabla_i f \nabla_j f. \tag{6.3}$$

Preuve. C'est un simple calcul. Commençons par le cas où $\mathbf{L} = \Delta$, auquel cas cette formule est un cas particulier de la formule de BOCHNER-LICHNÉROWICZ-WEITZENBOCK. Nous écrivons

$$\Gamma(f,f) = \nabla_j f \nabla^j f \text{ et } \Delta = \nabla_i \nabla^i,$$

d'où nous tirons

$$\begin{aligned}
\Delta \Gamma(f,f) &= \nabla_i \nabla^i (\nabla_j f \nabla^j f) = \nabla_i (\nabla^i \nabla_j f \nabla^j f + \nabla_j f \nabla^{ij} f) \\
&= 2\nabla_i (\nabla_j f \nabla^{ij} f) = 2(\nabla_{ij} f \nabla^{ij} f + \nabla_j f \nabla_i \nabla^{ij} f).
\end{aligned}$$

Or,

$$\nabla_i \nabla^{ij} f = \nabla_i \nabla^{ji} f = \nabla_{ij} \nabla^i f = \nabla_{ji} \nabla^i f + R_{ij}{}^i{}_l \nabla^l f = \nabla_j \Delta f + \rho_{jl} \nabla^l f.$$

Il nous reste finalement

$$\Delta \Gamma(f,f) = 2\{\nabla_{ij} f \nabla^{ij} f + \Gamma(f, \Delta f) + \rho_{jl} \nabla^j f \nabla^l f\}.$$

C'est ce que nous voulions démontrer, et il nous reste à calculer la correction que l'on doit faire pour passer de Δ à $\Delta + X$. Sachant que les opérateurs $\mathbf{L}$ et Δ ont même carré du champ Γ, tout ce que nous avons à faire est de calculer la quantité

$$X(\Gamma)(f,f) = \frac{1}{2} X\Gamma(f,f) - \Gamma(f, Xf).$$

Si le champ de vecteurs X a des composantes (X^i) dans un système de coordonnées locales, alors

$$X\Gamma(f,f) = X^i \nabla_i (\nabla_j f \nabla^j f) = 2X^i \nabla_{ij} f \nabla^j f.$$

D'autre part

$$\Gamma(f, Xf) = \nabla^j f \nabla_j (X^i \nabla_i f) = X^i \nabla_{ij} f \nabla^j f + \nabla^j X^i \nabla_j f \nabla_i f.$$

En faisant la différence, ceci donne le résultat :

$$X(\Gamma)(f,f) = -\nabla^j X^i \nabla_i f \nabla_j f = -(\nabla^* X)^{ij} \nabla_i f \nabla_j f.$$

$\Box$

Ainsi, à titre d'exemple, lorsqu'on est en dimension 1, sur un intervalle de $\mathbb{R}$,

$$\mathbf{L}(f)(x) = f''(x) + a(x) f'(x),$$

alors la mesure invariante (toujours réversible dans ce cas) est

$$\mu(dx) = \exp(a(x))dx/Z,$$

où Z est une constante de normalisation, et

$$\mathbb{E}(f,f) = f''^2(x) - a'(x)f'^2(x). \tag{6.4}$$

On voit donc que, contrairement à Γ, l'opérateur $\mathbb{E}$ n'est pas toujours positif.

Dans toute la suite, nous appellerons le tenseur symétrique $\rho^{ij} - (\nabla^s X)^{ij}$ le tenseur de RICCI de $\mathbf{L}$ et nous le noterons $Ric(\mathbf{L})$. Ceci va nous permettre d'introduire deux nouvelles notions associées à $\mathbf{L}$, les notions de dimension et de courbure.

Définition.— *Nous dirons que $\mathbf{L}$ satisfait à une inégalité de courbure-dimension de paramètres (ρ, m) s'il existe deux fonctions $\rho : \mathbf{E} \to \mathbb{R}$ et $m : \mathbf{E} \to [1, \infty]$ telles que, pour toute fonction f de $\mathcal{A}$, on ait*

$$\mathbb{E}(f,f) \geq \frac{1}{m}(\mathbf{L}f)^2 + \rho\Gamma(f,f). \qquad CD(\rho, m)$$

Remarquons que, dans la définition précédente, on peut avoir $m = \infty$. Ces courbures et dimensions, qui ne sont pas uniques en général, peuvent dépendre de x (on dira alors qu'elles sont locales), ou bien être constantes (on dira alors qu'elles sont globales). Nous n'utiliserons en fait ici que des couples (ρ, m) globaux, mais il y aurait beaucoup à dire sur les couples locaux. Avant toute chose, il nous faut les calculer. Nous avons pour cela la proposition suivante

Proposition 6.2.—*Supposons que $\mathbf{L} = \Delta + X$, et que $\mathbf{E}$ soit de dimension n. Alors, l'inégalité $CD(\rho, m)$ a lieu si et seulement si $m(x) \geq n$, et*

$$X \otimes X \leq (m - n)\{Ric(\mathbf{L}) - \rho g\}, \qquad CD'(\rho, m)$$

au sens des tenseurs symétriques.

Sur cette définition, nous voyons l'origine de notre dénomination de courbure et dimension. Lorsque $\mathbf{L} = \Delta$, (ρ, m) est admissible si et seulement si $m \geq n$ et $\rho \leq \rho_0(x)$, où ρ_0 est la plus petite valeur propre du tenseur $Ric(\mathbf{L})$ dans la métrique g. On a donc dans ce cas un meilleur couple courbure-dimension admissible, et pour ce couple, la dimension est celle de la dimension de la variété $\mathbf{E}$. Dans le cas général, on voit sur cette formule que, pour n'importe quel choix de la fonctiom $m > n$, on peut trouver une fonction ρ telle que le couple (ρ, m) soit admissible. Si l'on choisit m continue, on peut obtenir ρ continue, donc bornée si $\mathbf{E}$ est compacte. De même, si on choisit $\rho < \rho_0(x)$, où ρ_0 est comme plus haut, on peut trouver une dimension associée m. Il n'y a donc pas en général de meilleur couple admissible. On voit également que seuls les laplaciens vérifient $m = n$, et la famille des laplaciens possède en quelque sorte une propriété d'optimalité en ce qui concerne les dimensions, parmi la famille des opérateurs elliptiques sur $\mathbf{E}$. Par contre, nous verrons plus bas qu'il existe des opérateurs qui ne sont pas des laplaciens, et pour lesquels on peut choisir $\rho = \rho_0$, et pour lesquels il existe un meilleur couple admissible, avec une dimension $m > n$. Nous avons appelés ces opérateurs des quasilaplaciens dans [Ba2].

Preuve. (de la proposition 6.2) Plaçons nous dans un système de coordonnées locales, dans lequel le champ de vecteurs X ait des composantes X^i et le tenseur $Ric(L)$ des composantes R^{ij}. L'inégalité $CD(\rho, m)$ s'écrit alors

$$\forall f \in \mathcal{C}^\infty, \forall x \in \mathbf{E}, \nabla_{ij} f \nabla^{ij} f + R^{ij} \nabla_i f \nabla_j f \geq \frac{1}{m} \{\nabla_i^i f + X^i \nabla_i f\}^2 + \rho g^{ij} \nabla_i f \nabla_j f. \quad (6.5)$$

Fixons x, et choisissons un système de coordonnées locales tel qu'en ce point, la matrice (g^{ij}) soit l'identité. Si nous choisissons arbitrairement un vecteur Z de $\mathbb{R}^n$ et une matrice Y $n \times n$ symétrique, nous pouvons toujours construire une fonction f telle qu'en ce point $\nabla_i f = Z_i$ et $\nabla_{ij} f = Y_{ij}$. L'inégalité (6.1) peut alors s'écrire, dans l'espace euclidien $\mathbb{R}^n$: pour toute matrice symétrique $Y = (Y_{ij})$ de $\mathbb{R}^n$, pour tout vecteur $Z = (Z_i)$

$$\|Y\|^2 + R^{ij} - \rho \delta^{ij} Z_i Z_j \geq \frac{1}{m} (\text{trace}(Y) + X^i Z_i)^2, \quad (6.6)$$

la notation $\|Y\|^2$ désignant le carré de la norme de HILBERT-SCHMIDT de la matrice Y, c'est à dire la quantité $\sum_{ij} Y_{ij}^2$. Nous pouvons alors trouver une base orthonormée dans laquelle la matrice Y soit diagonale : appelons (R'^{ij}) les coordonnés du tenseur $R - \rho g$ dans cette nouvelle base, ainsi que (X'^i) et (Z'^i) les coordonnées des vecteurs X et Z, et $\Lambda = (\Lambda_i)$ les valeurs propres de la matrice Y ; l'équation (6.2) devient

$$\forall \Lambda \in \mathbb{R}^n, \forall Y' \in \mathbb{R}^n, \|\Lambda\|^2 + R'^{ij} Z_i' Z_j' \geq \frac{1}{m} (\sum_i \Lambda_i + \sum_i X'^i Z'^i)^2, \quad (6.7)$$

où cette fois-ci $\|\Lambda\|^2$ désigne la norme euclidienne du vecteur Λ dans $\mathbb{R}^n$. En posant $\sum_i \Lambda_i = t$, on a $\|\Lambda\|^2 \geq \frac{1}{n} t^2$, l'égalité étant obtenue lorsque $\Lambda_i = t, \forall i$. En optimisant alors sur Λ à t fixé, l'inégalité (6.3) se ramène alors à

$$\forall t \in \mathbb{R}, \frac{1}{n} t^2 + R'^{ij} Z_i' Z_j' - \frac{1}{m} (t + \sum_i X'^i Z'^i)^2 \geq 0. \quad (6.8)$$

L'expression précédente est un polynôme du second degré en t, et la condition pour qu'il soit positif est que $\frac{1}{n} \geq \frac{1}{m}$ et que son discriminant soit négatif. Nous obtenons ainsi

$$\forall Z' \in \mathbb{R}^n, (\sum_i X'^i Z'^i)^2 \leq (m - n) \sum_{ij} R'^{ij} Z_i' Z_j'. \quad (6.9).$$

Si l'on se rappelle que R' désigne le tenseur $Ric(L) - \rho g$, l'inégalité précédente s'écrit de façon plus intrinsèque

$$X \otimes X \leq (m - n) \{Ric(L) - \rho g\}.$$

$\Box$

Nous voyons donc qu'il n'y a pas unicité en général pour un tel couple courbure-dimension. Lorsqu'on travaille en dimension 1 avec l'opérateur

$$\mathbf{L} = \frac{d^2}{dx^2} + a(x)\frac{d}{dx},$$

l'inégalité $CD'(\rho, m)$ s'écrit

$$a^2 \leq -(m-1)(a'+\rho). \tag{6.10}$$

Il s'agit alors d'une inégalité différentielle sur a. Lorsque ρ et m sont constantes, les opérateurs optimaux (ceux pour lesquels l'inégalité (6.10) plus haut est une égalité) sont, lorsque $\rho > 0$, liés aux opérateurs de JACOBI sur des intervalles de $\mathbb{R}$. Lorsque m est un entier et $\rho > 0$, nous obtenons ainsi la projection sur un diamètre du laplacien sphérique : on retrouve ainsi, pour ces opérateurs, les notions de courbure et dimension constantes (voir [Ba5], par exemple, pour plus de détails).

Enfin, appelons

$$\rho_1(x) < \rho_2(x) < \cdots < \rho_p(x)$$

les valeurs propres distinctes du tenseur $Ric(\mathbf{L})(x)$, au point x, rangées dans l'ordre croissant : dans un système de coordonnées locales, ce sont les différentes valeurs propres du tenseur symétrique $(Ric(\mathbf{L})(x)_i^j)$. Appelons X_i, $(i = 1, \ldots, p)$ les projections orthogonales successives du vecteur X sur les espaces propres correspondants. L'inégalité $CD'(\rho, m)$ peut encore se réécrire

$$\rho \leq \rho_1(x), \text{ et } m \geq n + \sum_{i=1}^p \frac{\|X_i\|^2}{\rho_i - \rho}, \tag{6.11}$$

étant entendu que, lorsque $X_1 = 0$ alors cette inégalité reste vraie avec $\rho = \rho_1$.

Pour se convaincre de la formule précédente, plaçons nous dans un système de coordonnées locales tel qu'au point x, le tenseur g soit l'identité et $Ric(\mathbf{L})$ soit diagonal. Si nous désignons par $(\hat{X}^i)$ les coordonnées de X dans cette carte et en ce point, alors l'inégalité $CD'(\rho, m)$ s'écrit

$$\forall Z = (Z_i), \ (\sum_i Z_i \hat{X}^i)^2 \leq (m-n) \sum_i (\rho_i - \rho) Z_i^2. \tag{6.12}$$

Par un simple changement de variables, (6.12) devient

$$\forall Z = (Z_i), \ (\sum_i Z_i \frac{\hat{X}^i}{\sqrt{\rho_i - \rho}})^2 \leq (m-n) \sum_i Z_i^2,$$

ce qui est équivalent à

$$\sum_i \frac{(\hat{X}^i)^2}{\rho_i - \rho} \leq m - n.$$

Cette dernière inégalité est une simple réécriture, en coordonnées locales, de (6.11).

Sur la formule précédente, on voit donc qu'il n'y a un meilleur couple (ρ, m) admissible que lorsque $X_1 = 0$, et seulement dans ce cas. Alors, le meilleur couple est $(\rho_1(x), m(x))$, où

$$m(x) = n + \sum_{i=2}^{p} \frac{\|X_i\|^2}{\rho_i(x) - \rho_1(x)}.$$

Les opérateurs qui sont tels $X_1 = 0$ partagent donc avec les laplaciens la propriété d'admettre un meilleur couple courbure-dimension (mais alors le dimension n'est pas nécessairement constante). On les a appelé quasilaplaciens dans [Ba2], où le lecteur pourra trouver des exemples de quasilaplaciens à courbure et dimension constantes qui ne sont pas des laplaciens.

Formule du changement de variables.

La propriété de diffusion de l'opérateur $\mathbf{L}$ se retrouve dans l'opérateur $\mathbf{L}_2$. De même que Γ était une forme quadratique qui, en chacun de ses arguments, était un opérateur différentiel d'ordre 1, l'opérateur $\mathbf{L}_2$ va être un opérateur différentiel d'ordre 2 en chacun de ses arguments. En écrivant la formule du changement de variables pour $\mathbf{L}$, nous avons, pour toute fonction Φ de classe $\mathcal{C}^\infty$,

$$\mathbf{L}_2(\Phi(f), g) = \Phi'(f)\mathbf{L}_2(f, g) + \Phi''(f)\mathbf{H}(g)(f, f),$$

où la forme quadratique $\mathbf{H}(g)$, qui représente la hessienne de g, vaut

$$\mathbf{H}(g)(f, f) = \Gamma(f, \Gamma(g, f)) - \frac{1}{2}\Gamma(g, \Gamma(f, f)).$$

Remarquons qu'au sens de la formule (6.2), $\mathbf{H}(g)$ n'est rien d'autre que $-X_g(\Gamma)$, où $X_g(f) = \Gamma(g, f)$.

Dans un système de coordonnées locales, nous avons

$$\mathbf{H}(g)(f, f) = \nabla_{ij}g\nabla^i f\nabla^j f.$$

L'opérateur $\mathbf{H}(g)$ est lui même un opérateur différentiel du second ordre en g, et satisfait à la formule du changement de variables

$$\mathbf{H}(\Phi(g))(f, f) = \Phi'(g)\mathbf{H}(g)(f, f) + \Phi''(g)\Gamma(f, g)^2.$$

On en tire la formule générale du changement de variables sur $\mathbf{L}_2$:

$$\begin{aligned}\mathbf{L}_2(\Phi(f), \Psi(g)) = {}&\Phi'(f)\Psi'(g)\mathbf{L}_2(f, g) + \Phi''(f)\Psi'(g)\mathbf{H}(g)(f, f) + \Phi'(f)\Psi''(g)\mathbf{H}(f)(g, g)\\ &+ \Phi''(f)\Psi''(g)\Gamma^2(f, g).\end{aligned}$$

$$(6.13)$$

Dans le cas particulier où $f = g$, cette formule prend un tour plus simple puisqu'on a alors

$$\mathbf{H}(g)(f, f) = \frac{1}{2}\Gamma(f, \Gamma(f, f)),$$

et donc, lorsque $\Psi = \Phi$,

$$\mathbf{L}_2(\Phi(f), \Phi(f)) = \Phi'(f)^2\mathbf{L}_2(f, f) + \Phi''(f)\Phi'(f)\Gamma(f, \Gamma(f, f)) + \Phi''(f)^2\Gamma^2(f, f). \quad (6.14)$$

De la même façon, nous avons une formule de changement de variables à plusieurs variables qui s'écrit, pour $f = (f^1, \ldots, f^n) \in \mathcal{A}^n$ et $\Phi, \Psi : \mathbb{R}^n \to \mathbb{R}$ de classe $\mathcal{C}^\infty$,

$$
\begin{aligned}
\Gamma_2(\Phi(f), \Psi(f)) = &\sum_{ij} \Phi'_i(f) \Psi'_j(f) \Gamma_2(f^i, f^j) \\
&+ \sum_{ijk} \{\Phi'_i(f) \Psi''_{jk}(f) + \Psi'_i(f) \Phi''_{jk}(f)\} \mathbf{H}(f^i)(f^j, f^k) \\
&+ \sum_{ijkl} \Phi''_{ij}(f) \Psi''_{kl} \Gamma(f^i, f^k) \Gamma(f^j, f^l).
\end{aligned}
\tag{6.15}
$$

Remarque.—

Nous avons vu plus haut que la dimension m de l'opérateur L, lorsqu'elle existe, est toujours plus grande que la dimension géométrique n de la variété. Grâce à la formule du changement de variables précédente, nous pouvons généraliser ce résultat au cas des diffusions abstraites. En effet, nous pouvons définir la dimension géométrique de l'espace $\mathbf{E}$ au point x comme le rang maximal des matrices $(\Gamma(f_i, f_j))(x)$, lorsque (f_i) décrit les familles finies d'éléments de $\mathcal{A}$. Bien sûr, cette définition de la dimension géométrique est liée à L puisqu'en tant qu'espace mesuré, $\mathbf{E}$ n'a pas naturellement de dimension. Supposons alors que L satisfasse une inégalité $CD(\rho, m)$, telle qu'au point x, $m(x) < \infty$ et $\rho(x) > -\infty$. Supposons également qu'en ce point la dimension géométrique soit au moins égale à n, ce qui revient à dire que nous pouvons trouver n fonctions (f^i), $i = 1, \ldots, n$ de $\mathcal{A}$ telles que la matrice $(\Gamma(f^i, f^j))$ soit de rang n en x. Quitte à faire une transformation linéaire sur le vecteur $f = (f^i)$, nous pouvons supposer que la matrice $(\Gamma(f^i, f^j))(x)$ est l'identité. Choisissons alors la fonction $\Phi : \mathbb{R}^n \to \mathbb{R}$ telle que $\Phi'_i(f)(x) = 0$ et $\Phi''_{ij}(f)(x) = \delta_{ij}$. (Il suffit de choisir par exemple $\Phi(y) = \frac{1}{2} \sum_i (y^i - f^i(x))^2$.) Alors, en écrivant la formule du changement de variables dans les deux membres de l'inégalité $CD(\rho, m)$, nous obtenons, au point x,

$$
n \geq \frac{1}{m} n^2,
$$

ce qui montre que $m \geq n$ et généralise la comparaison établie plus haut entre dimension locale et dimension géométrique.

Liens avec le trou spectral.

Dans ce paragraphe, nous n'aurons pas besoin de supposer que $\mathbf{E}$ est une variété riemannienne, ni même que L est un opérateur de diffusion. Rappelons tout d'abord la définition de Γ_2 :

$$
\Gamma_2(f, f) = \frac{1}{2} L\Gamma(f, f) - \Gamma(f, Lf).
$$

Lorsque la mesure μ est réversible, on a $\langle L\Gamma(f, f) \rangle = 0$, et donc

$$
\langle \Gamma_2(f, f) \rangle = -\langle \Gamma(f, Lf) \rangle = \langle (Lf)^2 \rangle.
$$

Appliquons alors l'hypothèse $CD(\rho, m)$, où nous supposons que ρ et m sont des constantes telles que $\rho > 0$ et $m > 1$. Nous avons alors

$$\langle (\mathbf{L}f)^2 \rangle (1 - \frac{1}{m}) \geq \rho \langle \Gamma(f, f) \rangle,$$

d'où encore

$$\langle (\mathbf{L}f)^2 \rangle \geq \rho \frac{m}{m-1} \langle \Gamma(f, f) \rangle = \lambda_1 \langle f, \mathbf{L}f \rangle, \tag{6.16}$$

avec $\lambda_1 = \rho \frac{m}{m-1}$. Appliquons cette dernière inégalité à une fonction f vecteur propre de $\mathbf{L}$ de valeur propre $-\lambda$ ($\lambda > 0$). Nous obtenons

$$\lambda^2 \langle f^2 \rangle \geq \lambda_1 \lambda \langle f^2 \rangle, \text{ d'où } \quad \lambda \geq \rho \frac{m}{m-1} = \lambda_1.$$

Ceci montre que les valeurs propres non nulles de $-\mathbf{L}$ sont toutes minorées par λ_1. D'après ce que nous avons vu au chapitre 2, ceci entraîne l'inégalité de trou spectral (TS2), avec $\lambda_0 = \lambda_1$, dès lors que nous savons que le spectre est discret et que l'espace propre associé à la valeur propre 0 est réduit aux constantes.

En fait, l'hypothèse de spectre discret dans l'inégalité précédente est superflue. Nous avons la proposition suivante :

Proposition 6.3.—*Soit $\mathbf{L}$ le générateur d'un semigroupe markovien symétrique pour lequel l'inégalité (6.16) précédente a lieu avec une constante $\lambda_1 > 0$ indépendante de f dans $\mathcal{A}$. Si l'espace propre associé à la valeur propre 0 est réduit aux constantes (hypothèse d'ergodicité), alors l'inégalité (TS2) a lieu avec $\lambda_0 = 1/\lambda_1$.*

Réciproquement, l'inégalité (TS2) implique (6.16) avec $\lambda_0 = 1/\lambda_1$, sans aucune hypothèse.

Preuve. Commençons par la partie directe de l'énoncé. Rappelons que $\mathcal{A}$ est dense dans le $L^2(\mu)$-domaine de l'opérateur $\mathbf{L}$. L'inégalité (6.16) se prolonge alors à toutes les fonctions du domaine. Choisissons alors une fonction f du domaine telle que $\langle f \rangle = 0$, et posons $\varphi(t) = \langle (\mathbf{P}_t f)^2 \rangle$. L'hypothèse d'ergodicité entraîne que $\varphi(t)$ converge vers 0 lorsque $t \to \infty$, et nous avons

$$\varphi'(t) = 2 \langle \mathbf{L} \mathbf{P}_t f, \mathbf{P}_t f \rangle \leq 0, \quad \varphi''(t) = 4 \langle (\mathbf{L} \mathbf{P}_t f)^2 \rangle.$$

Si nous appliquons (6.16) à la fonction $\mathbf{P}_t f$, nous obtenons

$$\varphi''(t) \geq -2\lambda_1 \varphi'(t).$$

Nous voyons donc que $-\varphi'(t) \exp(2\lambda_1 t)$ est une fonction décroissante, et donc que $-\varphi'(t) \leq -\varphi'(0) \exp(-2\lambda_1 t)$. Nous avons alors

$$\varphi(0) = \varphi(0) - \varphi(\infty) = -\int_0^\infty \varphi'(t) \, dt \leq -\frac{1}{2\lambda_1} \varphi'(0),$$

et cette dernière inégalité se réécrit exactement

$$\langle f^2 \rangle \leq \frac{1}{\lambda_1} \langle \Gamma(f, f) \rangle.$$

Réciproquement, supposons que l'inégalité (TS2) ait lieu. Alors, nous avons, pour une fonction f d'intégrale nulle

$$0 \leq -\langle f, \mathbf{L}f \rangle \leq \sqrt{\langle f^2 \rangle}\sqrt{\langle (\mathbf{L}f)^2 \rangle} \leq \sqrt{\frac{1}{\lambda_0}}\sqrt{-\langle f, \mathbf{L}f \rangle}\sqrt{\langle (\mathbf{L}f)^2 \rangle},$$

d'où nous extrayons (6.16). $\qquad\qquad\qquad\qquad\qquad\qquad\qquad\qquad\qquad\qquad\qquad\quad$ ▯

Remarque.—

On aurait pu obtenir directement (6.16) de (TS2) en appliquant (TS2) à la fonction $g = \sqrt{-\mathbf{L}}(f)$, où l'opérateur $\sqrt{-\mathbf{L}}$ est défini par sa décomposition spectrale. Mais cette méthode ne marche que dans le cas des semigroupes symétriques, alors que celle que nous proposons (qui m'a été signalée par M. LEDOUX), n'utilise aucune propriété de $\mathbf{L}$.

Exemples.

L'estimation obtenue plus haut est d'autant meilleure que les courbures et dimensions de l'opérateur $\mathbf{L}$ sont plus uniformes. Par exemple, appliquons ce qui précède au cas du laplacien sphérique : lorsque $\mathbf{L}$ est le laplacien de la sphère de rayon 1 dans $\mathbb{R}^{n+1}$ (c'est à dire la sphère de dimension n), l'inégalité $CD(\rho, m)$ a lieu avec $m = n$ et $\rho = n - 1$. (Dans ce cas, le tenseur Ric($\mathbf{L}$) est égal en tout point à $(n - 1)g$, où g designe le tenseur métrique.) Nous obtenons alors, pour la plus petite valeur propre non nulle de $\mathbf{L}$, $\lambda_1 \geq n$. Or n est la plus petite valeur propre non nulle de $\mathbf{L}$, et l'estimation obtenue est la meilleure possible. Pour le semigroupe d'ORNSTEIN-UHLENBECK dans $\mathbb{R}^n$, nous avons une inégalité $CD(\rho, \infty)$ avec $\rho = 1$, et nous obtenons $\lambda_1 \geq 1$, ce qui est la valeur exacte.

Inégalités de SOBOLEV logarithmiques.

Nous venons de voir que l'hypothèse de courbure-dimension faite sur $\mathbf{L}$ entraîne une inégalité de trou spectral (Dans le cas des laplaciens des variétés, cet résultat est connu sous le nom de formule de BOCHNER-LICNÉROWICZ-WEITZENBŌCK.) En fait, nous allons voir ici que, lorsque le semigroupe satisfait en plus à l'hypothèse de diffusion, ceci entraîne également l'inégalité de SOBOLEV logarithmique.

Rappelons tout d'abord le critère que nous avons établi au chapitre 3 pour obtenir une inégalité de SOBOLEV logarithmique tendue pour des diffusions (proposition 3.12) : l'inégalité

$$-\lambda\langle \log f, \mathbf{L}f \rangle \leq \{ \langle \frac{1}{f}, (\mathbf{L}f)^2 \rangle + \langle \mathbf{L}f, \mathbf{L}\log f \rangle \} \qquad\qquad (3.7)$$

entraîne l'inégalité de SOBOLEV logarithmique tendue avec constante $c(2) = 4/\lambda$. Dans le cas des diffusions symétriques, l'inégalité (3.7) peut encore se réécrire

$$\lambda\langle \frac{1}{f}, \mathbf{\Gamma}(f, f) \rangle \leq \{ \langle \frac{2}{f}, (\mathbf{L}f)^2 \rangle - \langle \frac{1}{f^2}, \mathbf{L}f\mathbf{\Gamma}(f, f) \rangle \}. \qquad\qquad (6.17)$$

Or si $\mathbf{L}$ est un opérateur de diffusion en mesure réversible, nous pouvons calculer les termes apparaissant dans le second membre de l'inégalité (6.17) de façon à faire apparaître l'opérateur $\mathbf{L_2}$. Nous avons

Proposition 6.4.—*Pour un opérateur $\mathbf{L}$ de diffusion en mesure réversible, on a, pour toute fonction f de $\mathcal{A}$ et toute fonction φ de classe C^∞ :*

$$\langle \varphi(f), (\mathbf{L}f)^2 \rangle = \langle \varphi(f), \mathbf{L_2}(f,f) \rangle + \frac{3}{2}\langle \varphi'(f), \Gamma(f, \Gamma(f,f)) \rangle + \langle \varphi''(f), \Gamma^2(f,f) \rangle ; \qquad (6.18)$$

$$\langle \varphi(f), \mathbf{L}f\Gamma(f,f) \rangle = -\langle \varphi(f), \Gamma(f, \Gamma(f,f)) \rangle - \langle \varphi'(f), \Gamma^2(f,f) \rangle. \qquad (6.19)$$

En particulier, nous avons

$$\langle \frac{1}{f}, (\mathbf{L}f)^2 \rangle = \langle \frac{1}{f}, \mathbf{L_2}(f,f) \rangle - \frac{3}{2}\langle \frac{1}{f^2}, \Gamma(f, \Gamma(f,f)) \rangle + \langle \frac{2}{f^3}, \Gamma^2(f,f) \rangle ; \qquad (6.20)$$

$$\langle \frac{1}{f^2}, \mathbf{L}f\Gamma(f,f) \rangle = -\langle \frac{1}{f^2}, \Gamma(f, \Gamma(f,f)) \rangle + \langle \frac{2}{f^3}, \Gamma^2(f,f) \rangle. \qquad (6.21)$$

Preuve. Commençons par (6.20). Nous avons

$$
\begin{aligned}
\langle \varphi(f), (\mathbf{L}f)^2 \rangle &= \langle \mathbf{L}f, \varphi(f)\mathbf{L}f \rangle = -\langle \Gamma(f, \varphi(f)\mathbf{L}f) \rangle \\
&= -\langle \varphi(f), \Gamma(f, \mathbf{L}f) \rangle - \langle \mathbf{L}f, \Gamma(f, \varphi(f)) \rangle \\
&= \langle \varphi(f), \mathbf{L_2}(f,f) - \frac{1}{2}\mathbf{L}\Gamma(f,f) \rangle + \langle \Gamma(f, \varphi'(f)\Gamma(f,f)) \rangle \\
&= \langle \varphi(f), \mathbf{L_2}(f,f) \rangle + \frac{1}{2}\langle \Gamma(\varphi(f), \Gamma(f,f)) \rangle \\
&\quad + \langle \varphi'(f), \Gamma(f, \Gamma(f,f)) \rangle + \langle \varphi''(f), \Gamma^2(f,f) \rangle \\
&= \langle \varphi(f), \mathbf{L_2}(f,f) \rangle + \frac{3}{2}\langle \varphi'(f), \Gamma(f, \Gamma(f,f)) \rangle + \langle \varphi''(f), \Gamma^2(f,f) \rangle.
\end{aligned}
$$

Pour l'équation (6.19), nous écrivons plus simplement

$$\langle \varphi(f)\Gamma(f,f), \mathbf{L}f \rangle = -\langle \Gamma(f, \varphi(f)\Gamma(f,f)) \rangle = -\langle \varphi(f), \Gamma(f, \Gamma(f,f)) \rangle - \langle \varphi'(f), \Gamma^2(f,f) \rangle.$$

$\square$

Nous voyons donc que, pour un semigroupe de diffusion symétrique, l'inégalité (3.7) s'écrit plus simplement

$$\lambda\langle \frac{1}{f}, \Gamma(f,f) \rangle \leq 2\{\langle \frac{1}{f}, \mathbf{L_2}(f,f) \rangle - \langle \frac{1}{f^2}, \Gamma(f, \Gamma(f,f)) \rangle + \langle \frac{1}{f^3}, \Gamma^2(f,f) \rangle\}. \qquad (6.22)$$

En comparant le second membre de (6.22) à la formule du changement de variables (6.14) pour $\mathbf{L_2}$, nous obtenons finalement une nouvelle inégalité équivalente à (3.7)

$$\lambda\langle f, \Gamma(\log f, \log f) \rangle \leq 2\langle f, \mathbf{L_2}(\log f, \log f) \rangle. \qquad (6.23)$$

Nous obtenons alors une condition suffisante d'hypercontractivité :

Proposition 6.5.—*Supposons que le semigroupe de diffusion symétrique satisfasse à une inégalité $CD(\rho, \infty)$, avec $\rho > 0$. Alors, il satisfait une inégalité de SOBOLEV logarithmique tendue avec $c(2) = 2/\rho$.*

Remarque.—

Si nous appliquons ce résultat au semigroupe d'ORNSTEIN-UHLENBECK dans $\mathbb{R}^n$, nous retrouvons l'inégalité de GROSS avec la meilleure constante possible.

Nous allons voir dans ce qui suit que, lorsque la dimension est finie, nous pouvons améliorer le résultat précédent.

Proposition 6.6.—*Si le semigroupe de diffusion symétrique satisfait à une inégalité $CD(\rho, m)$ avec des constantes $\rho > 0$ et $m < \infty$, il satisfait alors à une inégalité de SOBOLEV logarithmique tendue avec*

$$c(2) = 2\frac{m-1}{\rho m}.$$

Preuve. Supposons que l'inégalité $CD(\rho, m)$ ait lieu. Alors, choisissons une fonction f de $\mathcal{A}^+$, un réel β quelconque, et appliquons l'inégalité à $f^{\beta+1}$. En utilisant la formule du changement de variables (6.14), nous obtenons, après tout avoir divisé par $(\beta + 1)^2$,

$$f^{2\beta}\mathbb{E}_2(f,f) + \beta f^{2\beta-1}\Gamma(f,\Gamma(f,f)) + \beta^2 f^{2\beta-2}\Gamma^2(f,f) \geq$$
$$\rho f^{2\beta}\Gamma(f,f) + \frac{1}{m}\{f^\beta \mathbf{L}f + \beta f^{\beta-1}\Gamma(f,f)\}^2.$$

Multiplions les deux membres de l'inégalité précédente par $f^{2\beta-1}$, et intégrons. En développant le carré du second membre et en utilisant les formules (6.18) et (6.19), et après avoir regroupé les termes, nous obtenons

$$\frac{m-1}{m}\{\langle\frac{1}{f},\mathbb{E}_2(f,f)\rangle + \frac{(m+2)\beta+3/2}{m-1}\langle\frac{1}{f^2},\Gamma(f,\Gamma(f,f))\rangle$$
$$+(\beta^2 - 2\frac{2\beta+1}{m-1})\langle\frac{1}{f^3},\Gamma^2(f,f)\rangle\} \geq \rho\langle\frac{1}{f},\Gamma(f,f)\rangle.$$

Choisissons alors $\beta = -\frac{2m+1}{2(m+2)}$, nous obtenons

$$\langle\frac{1}{f},\mathbb{E}_2(f,f)\rangle - \langle\frac{1}{f^2},\Gamma(f,\Gamma(f,f))\rangle + \langle\frac{1}{f^3},\Gamma^2(f,f)\rangle \geq$$
$$\frac{m\rho}{m-1}\langle\frac{1}{f},\Gamma(f,f)\rangle + \frac{4m-1}{4(m+2)^2}\langle\frac{1}{f^3},\Gamma^2(f,f)\rangle.$$

Ceci nous donne le résultat. $\square$

Remarque.—

Si nous appliquons ce que nous venons de dire au cas du laplacien sur la sphère de rayon 1 et de dimension n, nous obtenons une inégalité de SOBOLEV logarithmique avec une constante $c(2) = 2/n$, alors que la plus petite valeur propre non nulle dans ce cas vaut n. D'après la proposition 3.7, nous voyons donc que cette constante est optimale. Ce résultat est dû à MUELLER et WEISSLER [MW], qui l'ont obtenu par des méthodes complètement différentes de celles proposées ici.

Inégalités de SOBOLEV faibles.

Dans ce paragraphe, nous allons utiliser la méthode que nous avons employée plus haut pour les inégalités de SOBOLEV logarithmiques pour obtenir des inégalités de SOBOLEV faibles. Nous commençons par un résultat qui étend la proposition 3.12. Pour cela, commençons par définir, pour toutes les fonctions f de $\mathcal{A}^+$, la quantité

$$\mathbf{K}(f) = \langle \frac{1}{f}, \mathbf{\Gamma}_2(f,f)\rangle - \langle \frac{1}{f^2}, \Gamma(f, \Gamma(f,f))\rangle + \langle \frac{1}{f^3}, \mathbf{\Gamma}^2(f,f)\rangle.$$

Comme nous l'avons déjà vu plus haut, si $\mathbf{L}$ est un opérateur de diffusion symétrique, alors nous avons d'autres expressions possibles pour $K(f)$; par exemple,

$$\mathbf{K}(f) = \frac{1}{2}\{\langle \frac{1}{f}, (\mathbf{L}f)^2\rangle\rangle + \langle \mathbf{L}f, \mathbf{L}(\log f)\rangle\},$$

ou encore

$$\mathbf{K}(f) = \langle f, \mathbf{\Gamma}_2(\log f, \log f)\rangle.$$

Nous avons le critère suivant

Proposition 6.7.—*Supposons que le semigroupe $\mathbf{P}_t$ soit un semigroupe de diffusion symétrique ergodique pour lequel, pour toutes les fonctions f de $\mathcal{A}^+$ telles que $\langle f \rangle = 1$, soit satisfaite l'inégalité*

$$\mathbf{K}(f) \geq \alpha\langle \frac{1}{f}, \Gamma(f,f)\rangle + \frac{1}{n}\langle \frac{1}{f}, \Gamma(f,f)\rangle^2, \tag{6.24}$$

où α et n sont des constantes strictement positives. Alors, l'inégalité de SOBOLEV faible suivante a lieu :

$$\langle f^2 \rangle = 1 \Rightarrow \langle f^2 \log f^2\rangle \leq \frac{n}{2}\log(1 + \frac{4}{\alpha n}\langle \Gamma(f,f)\rangle). \tag{6.25}$$

En d'autre termes, l'inégalité (6.24) entraîne une inégalité de SOBOLEV faible tendue de dimension n et de constante $4/\alpha n$.

Preuve. Nous utiliserons la même méthode qu'au chapitre 3. En changeant f en $f^{1/2}$, nous commençons par ramener l'inégalité (6.25) à

$$\langle f \rangle = 1 \Rightarrow \langle f \log f\rangle \leq \frac{n}{2}\log(1 + \frac{1}{\alpha n}\langle \frac{1}{f}, \Gamma(f,f)\rangle). \tag{6.26}$$

Puis nous choisissons une fonction f de $\mathcal{A}^+$, et nous posons

$$\Phi(t) = \langle \mathbf{P}_t f \log \mathbf{P}_t f \rangle.$$

Ici, $\Phi(\infty) = \langle f \rangle \log \langle f \rangle = 0$, et nous avons vu au chapitre 3 que

$$\Phi'(t) = -\langle \frac{1}{\mathbf{P}_t f}, \Gamma(\mathbf{P}_t f, \mathbf{P}_t f) \rangle \le 0, \quad \text{et}$$

$$\Phi''(t) = 2\mathbf{K}(\mathbf{P}_t f).$$

L'inégalité (6.24) se prolonge immédiatement par densité à toutes les fonctions majorées et minorées du domaine de $\mathbf{L}$, et nous pouvons en particulier l'appliquer à $\mathbf{P}_t f$, puisque $\langle \mathbf{P}_t f \rangle = 1$. Elle s'écrit alors

$$\Phi''(t) \ge -2\alpha \Phi'(t) + \frac{2}{n} \Phi'(t)^2.$$

En appelant $\Psi(t)$ la fonction définie par

$$\exp(2\alpha \Psi(t)) = \frac{2}{n} - \frac{2\alpha}{\Phi'(t)},$$

nous voyons que l'inégalité précédente se réécrit $\Psi'(t) \ge 1$, et ceci nous donne

$$-\Phi'(t) \le \frac{-n\alpha \Phi'(0)}{(n\alpha - \Phi'(0))\exp(2\alpha t) + \Phi'(0)}.$$

Nous avons alors

$$\Phi(0) = \Phi(0) - \Phi(\infty) \le -\frac{n}{2}\Phi'(0) \int_0^\infty \frac{2\alpha\,dt}{(n\alpha - \Phi'(0))\exp(2\alpha t) + \Phi'(0)}$$

$$= \frac{n}{2}\log\{1 - \frac{\Phi'(0)}{\alpha n}\}.$$

Compte tenu de la valeur de $\Phi'(0)$, c'est exactement le résultat annoncé. $\qquad\square$

Remarque.—

Grâce à la formule du changement de variables, l'inégalité (6.24) peut encore s'écrire

$$\langle f, \mathbf{L}_2(\log f, \log f) \rangle \ge \alpha \langle f, \Gamma(\log f, \log f) \rangle + \frac{1}{n}\langle f, \Gamma(\log f, \log f) \rangle^2.$$

Or, nous pouvons écrire

$$\langle f, \Gamma(\log f, \log f) \rangle = \langle \Gamma(f, \log f) \rangle = -\langle f, \mathbf{L}\log f \rangle.$$

Mais, si la fonction f est d'intégrale 1, nous avons, à l'aide de l'inégalité de SCHWARZ,

$$\langle f, \mathbf{L}\log f \rangle^2 \le \langle f \rangle \langle f, (\mathbf{L}\log f)^2 \rangle,$$

et nous voyons donc que l'inégalité (6.24) est établie dès que

$$\langle f, \mathbf{L_2}(\log f, \log f)\rangle \geq \alpha\langle f, \mathbf{\Gamma}(\log f, \log f)\rangle + \frac{1}{n}\langle f, (\mathbf{L}\log f)^2\rangle.$$

Nous obtenons donc le corollaire:

Corollaire 6.8.—*Si le semigroupe de diffusion symétrique satisfait à une inégalité $CD(\rho, n)$ avec des constantes n et ρ strictement positives, alors il satisfait à l'inégalité de SOBOLEV faible (6.25) avec la même constante n et $\alpha = \rho$.(*)*

Remarques.—

1- Dans le paragraphe précédent, nous avons établi l'inégalité de SOBOLEV logarithmique sous l'hypothèse $CD(\rho, n)$ en établissant tout d'abord l'inégalité

$$\mathbf{K}(f) \geq \frac{n\rho}{n-1}\langle\frac{1}{f}, \mathbf{\Gamma}(f, f)\rangle + \frac{4n-1}{4(n+2)^2}\langle\frac{1}{f^3}, \mathbf{\Gamma}^2(f, f)\rangle.$$

En utilisant comme plus haut l'inégalité de SCHWARZ, nous voyons que, lorsque $\langle f\rangle = 1$, on a

$$\langle\frac{1}{f^3}, \mathbf{\Gamma}^2(f, f)\rangle \geq \langle\frac{1}{f}, \mathbf{\Gamma}(f, f)\rangle^2.$$

Donc, sous les mêmes hypothèses, nous avons une inégalité de SOBOLEV faible

$$\langle f^2\rangle = 1 \Rightarrow \langle f^2\log f^2\rangle \leq \frac{m}{2}\log(1 + \frac{4}{\alpha m}\langle\mathbf{\Gamma}(f, f)\rangle), \tag{6.27}$$

avec une dimension $m = \frac{4(n+2)^2}{4n-1}$, et $\alpha = n\rho/(n-1)$. Comme nous lavons déjà remarqué au chapitre 3, une telle inégalité entraîne l'inégalité de SOBOLEV logarithmique avec $c(2) = 2/\alpha$. Nous voyons donc que cette inegalité de SOBOLEV logarithmique (optimale dans le cas des sphères) est en fait une conséquence d'une inégalité de SOBOLEV faible, avec une dimension m différente de n. Nous disposons donc dans ce cas de deux inégalités de SOBOLEV faibles (6.27), l'une optimale quant à la dimension m, l'autre optimale quant à la valeur de α. Ces deux inégalités ne sont pas comparables. On peut alors se demander s'il existe sous ces hypothèses une inégalité de SOBOLEV faible optimale pour ces deux critères, c'est à dire avec $m = n$ et $\alpha = n\rho/(n-1)$. Dans le cas des sphères, nous allons voir un peu plus loin que c'est impossible.

2- Pour tous les exposants $n' \in [n, m]$, nous aurions pu établir de même une inégalité de SOBOLEV faible, qui n'aurait pas été comparable aux deux inégalités que nous venons d'etablir. Nous ne le ferons pas, et nous renvoyons le lecteur à [Ba4].

(*) Je remercie M. LEDOUX d'avoir contribué à simplifier la démonstration de ce résultat.

Corollaire 6.9.—*Pour un semigroupe de diffusion symétrique, si une inégalité* $CD(\rho,n)$
a lieu avec des constantes $\rho > 0$ *et* $n > 1$, *alors*
1- *Une inégalité de* SOBOLEV *de dimension* n *a lieu.*
2- *Le diamètre de* **E** *est majoré par* $\pi\sqrt{n/\rho}$.

Preuve. Pour le premier point, il n'y a pas grand chose à démontrer. Sous les hypothèses
du théorème, alors une inégalité de SOBOLEV faible de dimension n a lieu, et nous avons
vu au chapitre 4 que dans ce cas, on avait une majoration de $\|\mathbf{P}_t\|_{1,\infty} \leq Ct^{-n/2}$, pour
$0 < t < 1$. Nous avions vu alors au chapitre 3 qu'une telle majoration entraîne l'inégalité
de SOBOLEV de dimension n. Remarquons que ce résultat, établi à l'aide du théorème
d'interpolation de MARCINKIEWICZ, ne nous donne que peu de renseignements sur les constantes explicites qui interviennent dans l'inégalité de SOBOLEV.

Quant au second point du corollaire, il découle des résultats du chapitre 5. En effet,
lorsque qu'une inégalité (6.27) a lieu avec des constantes m et α, nous avons donc une
inégalité $S\Phi$ avec $\Phi(x) = \dfrac{m}{2}\log(1 + \dfrac{4}{\alpha m}x)$. Nous avons vu qu'alors le diamètre est majoré
par

$$\delta = \frac{1}{2}\int_0^\infty \frac{\Phi(x)}{x^{3/2}}\,dx.$$

Dans ce cas particulier, nous obtenons

$$\delta = \pi\sqrt{m/\alpha}.$$

En particulier, pour $m = n$, $\alpha = \rho$, nous obtenons $\delta = \pi\sqrt{n/\rho}$. □

Remarque.—
On retrouve ici dans le cadre des semigroupes de diffusion une version affaiblie du
théorème de MYERS : si une variété riemannienne a une courbure de RICCI minorée
par une constante $\rho > 0$, son diamètre est majoré par celui de la sphère de courbure
de RICCI ρ et de dimension n. Mais notre résultat est ici moins bon puisque, pour la
sphère de rayon 1 dans $\mathbb{R}^{n+1}$, on a $\rho = n - 1$ et un diamètre égal à π, alors qu'ici
nous avons $\delta = \pi\sqrt{n/(n-1)}$. On peut se poser la question de savoir s'il existe sur la
sphère une inégalité de SOBOLEV faible pour laquelle $\delta = \pi$, c'est a dire une inégalité
(6.27) avec $\alpha = m\rho/(m-1)$. Une lecture un peu attentive du chapitre 5 montre
qu'il n'en est rien. En effet, si tel était le cas, nous serions dans le cas décrit dans
la proposition 5.4.3, et nous aurions la valeur explicite de la densité $p_t(x,y)$ en deux
points diamétralement opposés. En particulier, d'après les développements limités que
nous avons fait alors, nous aurions en deux points diamétralement opposés

$$p_t(x,y) \simeq Ct^{-m}\exp(-d^2(x,y)/4t), \quad (t \to 0).$$

Or, nous savons que, sur la sphère de dimension n, et toujours en ces mêmes points,
on a

$$p_t(x,y) \simeq Ct^{-n+1/2}\exp(-d^2(x,y)/4t), \quad (t \to 0).$$

Ceci nous montre qu'alors $m = n - 1/2$. Mais d'autre part, d'après les majorations uniformes que nous avons obtenues dans ce cas, nous avons, lorsque $t \to 0$,

$$p_t(x, x) \le C t^{-m/2}, \quad (t \to 0).$$

Comme nous savons également que

$$p_t(x, x) \simeq C t^{-n/2}, \quad (t \to 0),$$

nous aboutissons à une contradiction.

En particulier, et pour répondre à une question que nous avons posée plus haut, il n'y a pas sur les sphères d'inégalités de SOBOLEV faibles qui soient optimales à la fois quant à la dimension et à la constante α. Mais la question reste ouverte d'exhiber une inégalité $S\Phi$ tendue sur la sphère, optimale quant au critère sur le diamètre, c'est à dire pour laquelle

$$\frac{1}{2} \int_0^\infty \frac{\Phi(x)}{x^{3/2}} \, dx = \pi.$$

Inégalités de SOBOLEV.

Nous avons vu plus haut que des hypothèses de courbure-dimension conduisent à des inégalités de SOBOLEV faibles et de SOBOLEV logarithmiques. Une méthode analogue peut être employée pour obtenir des inégalités de SOBOLEV ordinaires. C'est ce qui est fait par exemple dans [BE2]. Dans ce cas, la méthode ne permet pas d'obtenir une inégalité de SOBOLEV de dimension n sous une hypothèse $CD(\rho, n)$, avec $\rho > 0$ et $2 < n < \infty$. Dans [BE2], la meilleure dimension m obtenue dans l'inégalité de SOBOLEV est égale à

$$m = 2\frac{2n^2 + 1}{4n - 1} > n.$$

Nous savons d'après ce que nous avons vu plus haut que, si le semigroupe satisfait à une inégalité $CD(\rho, n)$, il satisfait à une inégalité de SOBOLEV tendue de dimension n. Notre problème est alors de calculer les coefficients de cette inégalité.

Ce problème a été étudié par T. AUBIN dans le cas des sphères. Il est établi dans [A] que, sur une sphère de dimension n et de rayon 1 dans $\mathbb{R}^n$, on a l'inégalité de SOBOLEV tendue

$$\|f\|_{2n/(n-2)}^2 \le \|f\|_2^2 + C\langle -f, \mathbf{L}f \rangle, \tag{6.28}$$

et que la meilleure constante C dans ce cas est

$$C = \frac{4}{n(n-2)}.$$

Nous allons proposer ici une méthode conduisant à des inégalités de SOBOLEV avec les bons exposants, et donnant dans le cas des sphères des constantes C optimales. La méthode est due dans ce cadre à M. LEDOUX, et reprend une méthode similaire utilisée par O. ROTHAUS dans le cadre des inégalités de SOBOLEV logarithmiques. Nous avons:

Théorème 6.10.—*Supposons que le semigroupe* $\mathbf{P}_t$ *soit un semigroupe de diffusion symétrique et satisfasse une inégalité* $CD(\rho, n)$, *où* ρ *et* n *sont des constantes telles que* $\rho > 1$ *et* $n > 2$. *Alors, pour tout* $1 < p \le 2n/(n-2)$, *on a, pour toute fonction* f *du domaine*

$$\|f\|_p^2 \le \|f\|_2^2 - \frac{(n-1)(p-2)}{n\rho}\langle f, \mathbf{L}f\rangle.$$

Remarque.—

Lorsque $\mathbf{P}_t$ est le semigroupe de la chaleur sur la sphère de rayon 1 et de dimension n, on a $\rho = n - 1$, et, pour $p = 2n/(n-2)$, nous retrouvons le résultat de T. AUBIN.

Preuve. Tout d'abord, il suffit de démontrer que, pour tout $2 \le p < 2n/(n-2)$, et pour tout $\varepsilon > 0$, on a l'inégalité

$$\|f\|_p^2 \le (1+\varepsilon)\|f\|_2^2 + \frac{(n-1)(p-2)}{n\rho}\mathcal{E}(f,f).$$

Or, d'après l'inégalité de SOBOLEV faible obtenue plus haut, nous savons qu'il existe une inégalité de SOBOLEV de dimension n, et l'existence d'un trou spectral nous permet d'affirmer l'existence pour $p = 2n/(n-2)$ d'une inégalité

$$\|f\|_p^2 \le \|f\|_2^2 + \gamma \mathcal{E}(f,f),$$

et donc, a fortiori, pour tout $\varepsilon > 0$, et pour tout $p < 2n/(n-2)$, l'existence d'une inégalité

$$\|f\|_p^2 \le (1+\varepsilon)\|f\|_2^2 + \gamma \mathcal{E}(f,f). \tag{6.29}$$

Appelons γ_0 la meilleure constante apparaissant dans l'inégalité précédente, lorsque $\varepsilon > 0$ et p sont fixés. Nous pouvons toujours supposer que γ_0 est non nul, car sinon l'espace est fini et tout est trivial.

Considérons alors une suite (f_n) du domaine de DIRICHLET pour laquelle le rapport

$$\frac{\|f_n\|_p^2 - (1+\varepsilon)\|f_n\|_2^2}{\mathcal{E}(f_n, f_n)}$$

converge vers γ_0. Nous pouvons toujours pour des raisons d'homogénéïté supposer que $\|f_n\|_2^2 = 1$, et, puisque $\mathcal{E}(|f|_n, |f|_n) \le \mathcal{E}(f_n, f_n)$, nous pouvons aussi supposer que les fonctions f_n sont positives.

Le théorème 4.11 (résultat de compacité) nous permet alors d'extraire de la suite (f_n) une sous suite qui converge faiblement l'espace de DIRICHLET, fortement dans $\mathbf{L}^p(\mu)$, et presque sûrement, vers une fonction f. On obtient donc ainsi une fonction $f \ge 0$ qui satisfait à

$$\|f\|_p^2 = (1+\varepsilon)\|f\|_2 + \gamma_0 \mathcal{E}(f,f). \tag{6.30}$$

Il n'est pas difficile de voir que la fonction f ne peut pas être nulle (car la suite f_n converge dans $\mathbf{L}^2(\mu)$, et, d'après la normalisation que nous avons prise pour f_n, $\|f\|_2 = 1$), et qu'elle n'est pas constante : c'est pour celà que nous avons introduit le paramètre ε. Un argument élémentaire de calcul des variations nous permet alors de voir que, pour toute fonction g du domaine de DIRICHLET, nous avons

$$\langle f^{p-1}, g \rangle = (1 + \varepsilon)\langle f, g \rangle + \gamma_0 \mathcal{E}(f, g). \tag{6.31}$$

Pour une fonction g du domaine de $\mathbf{L}$, cela s'écrit encore

$$\langle f^{p-1}, g \rangle = \langle f, (1 + \varepsilon)g - \gamma_0 \mathbf{L}g \rangle,$$

où encore, en introduisant la résolvante

$$R_\lambda = \int_0^\infty \exp(-\lambda t)\, \mathbf{P}_t\, dt,$$

et en posant $g = R_\lambda(h)$, avec $\lambda = (1 + \varepsilon)/\gamma_0$,

$$\langle f, \gamma_0 h \rangle = \langle f^{p-1}, R_\lambda(h) \rangle.$$

Ceci montre que

$$f = \gamma_0^{-1} R_\lambda(f^{p-1}). \tag{6.32}$$

Notre premier travail va être de montrer que l'équation (6.32) entraîne que la fonction f est bornée supérieurement et inférieurement. Cela va découler du lemme suivant

Lemme 6.11.—*Si une inégalité de* SOBOLEV *de dimension n est satisfaite, alors, pour $\lambda > 0$, l'opérateur R_λ est borné de $\mathbf{L}^p(\mu)$ dans $\mathbf{L}^q(\mu)$, lorsque*

$$\begin{cases} q < np/(n - 2p), & si\ p < n/2\,; \\ q = \infty, & si\ p > n/2. \end{cases}$$

Preuve. Nous savons d'après le résultat du corollaire 4.6 que, pour une certaine constante C, $\|\mathbf{P}_t\|_{1,\infty} \le Ct^{-n/2}$ pour $0 < t \le 1$, et que $\|\mathbf{P}_t\|_{1,\infty} \le C$ pour $t \ge 1$. Nous en déduisons, en utilisant le théorème de RIESZ-THORIN, que

$$\|\mathbf{P}_t\|_{p,q} \le Ct^{-n/2(1/p-1/q)},\ \text{si}\ 0 < t < \infty,$$

et que $\|\mathbf{P}_t\|_{p,q}$ est borné si $t \ge 1$. D'après la définition de l'opérateur R_λ, on voit donc que celui-ci est borné de $\mathbf{L}^p(\mu)$ dans $\mathbf{L}^q(\mu)$ dès que $\frac{n}{2}(\frac{1}{p} - \frac{1}{q}) < 1$. C'est exactement le résultat annoncé. $\qquad\square$

Pour montrer que la fonction f solution de l'équation (6.32) est bornée inférieurement, il suffit de remarquer que le noyau de l'opérateur $\mathbf{P}_t$ est borné inférieurement par une constante $C(t)$, (corollaire 4.10), ce qui permet d'obtenir une borne inférieure $m_\lambda > 0$ au noyau de l'opérateur R_λ. On obtient alors

$$f \ge m_\lambda \gamma_0^{-1}\langle f^{p-1} \rangle,$$

quantité non nulle puisque f est positive non nulle.

Pour obtenir une borne supérieure, commençons par remarquer que, puisque f est dans l'espace de DIRICHLET, l'inégalité de SOBOLEV permet d'affirmer que f est dans $\mathbf{L}^{p_0}(\mu)$, où $p_0 = 2n/(n-2)$. Or, l'équation (6.32) et le lemme montrent que, si f est dans $\mathbf{L}^q(\mu)$, f^{p-1} est dans $\mathbf{L}^{q/(p-1)}(\mu)$, et donc f est dans $\mathbf{L}^\infty(\mu)$ si $q > n(p-1)/2$, et dans $\mathbf{L}^{\varphi(q)}(\mu)$ si $q < n(p-1)/2$, avec

$$\varphi(q) = \frac{nq}{(p-1)n - 2q}.$$

Remarquons que $\varphi(q) > q$ dès que $q > (p-2)n/2$, ce qui est le cas de p_0 puisque $p < 2n/(n-2)$. Partant de p_0, on peut donc définir par récurrence la suite $p_m = \varphi(p_{m-1})$, et on voit que f est dans $\mathbf{L}^{p_m}(\mu)$. Cette suite est croissante, et le seul point fixe de la fonction φ est $(p-2)n/2 < p_0$. On voit donc que la suite p_m converge vers l'infini, donc dépasse $(p-1)n/2$, et donc que f est dans $\mathbf{L}^\infty(\mu)$.

La fonction f étant bornée supérieurement et inférieurement, il en va de même de f^{p-1}, et, à nouveau, l'équation (6.32) nous montre que f est dans le domaine de $\mathbf{L}$, car image d'une fonction de $\mathbf{L}^2(\mu)$ par la résolvante, et (6.32) s'écrit

$$f^{p-2} = 1 + \varepsilon - \gamma_0 \frac{\mathbf{L}f}{f}. \tag{6.33}$$

Posons alors $f = g^\alpha$, où α est un réel que nous choisirons plus bas. Nous pouvons réécrire l'équation (6.33) sous la forme

$$g^{\alpha(p-2)} = 1 + \varepsilon - \gamma_0 \alpha \Big\{ \frac{\mathbf{L}g}{g} + (\alpha - 1)\frac{\Gamma(g,g)}{g^2} \Big\}. \tag{6.34}$$

En multipliant les deux membres de (6.34) par $-g\mathbf{L}g$, et en intégrant les deux membres, nous obtenons alors

$$-\langle g^{1+\alpha(p-2)}, \mathbf{L}g \rangle = (1+\varepsilon)\mathcal{E}(g,g) + \alpha\gamma_0\Big\{ \langle(\mathbf{L}g)^2\rangle + (\alpha-1)\langle \frac{\mathbf{L}g}{g}, \Gamma(g,g)\rangle \Big\}. \tag{6.35}$$

Le premier membre de l'équation (6.35) peut se réécrire

$$\langle \Gamma(g^{1+\alpha(p-2)}, g)\rangle = 1 + \alpha(p-2)\langle g^{\alpha(p-2)}, \Gamma(g,g)\rangle. \tag{6.36}$$

Nous pouvons alors remplacer dans ce premier membre la quantité $g^{\alpha(p-2)}$ par sa valeur tirée de (6.34), ce qui nous donne, en replaçant le résultat dans l'égalité (6.35),

$$\frac{1+\varepsilon}{\gamma_0}(p-2)\langle\Gamma(g,g)\rangle = \langle(\mathbf{L}g)^2\rangle + \alpha(p-1)\langle \frac{\mathbf{L}g}{g}, \Gamma(g,g)\rangle + (\alpha-1)(1 + \alpha(p-2)\langle\frac{\Gamma(g,g)^2}{g^2}\rangle). \tag{6.37}$$

Jusqu'ici, nous n'avons pas utilisé d'inégalité de courbure-dimension, mais seulement l'existence d'une inégalité de SOBOLEV. Mais, si nous reprenons la méthode utilisée dans la proposition 6.6, nous pouvons voir que, si une inégalité $CD(\rho, n)$ est vérifiée, après changement de variables et pour tout β réel, nous obtenons, pour toutes les fonctions g de l'algèbre

$$\mathbf{L}_2(g,g) + \beta \frac{\Gamma(g,\Gamma(g,g))}{g} + \beta^2 \frac{\Gamma^2(g,g)}{g^2} \geq \rho \Gamma(g,g) + \frac{1}{n}\{\mathbf{L}g + \beta \frac{\Gamma(g,g)}{g}\}^2. \qquad (6.38)$$

Dans cette inégalité, nous pouvons intégrer les deux membres, et tout réécrire sous une forme plus simple en utilisant les formules de la proposition 6.4. Nous obtenons ainsi

$$\langle(\mathbf{L}g)^2\rangle - \beta \frac{n+2}{n-1}\langle \frac{\mathbf{L}g}{g}, \Gamma(g,g)\rangle + \beta(\beta + \frac{n}{n-1})\langle \frac{\Gamma(g,g)^2}{g^2}\rangle \geq \frac{n}{n-1}\rho\langle\Gamma(g,g)\rangle. \qquad (6.39)$$

Dans cette dernière équation, nous allons choisir

$$\beta = -\frac{n-1}{n+2}(p-1)\alpha.$$

On peut dès lors comparer l'inégalité (6.39) à l'égalité (6.37), ce qui nous donne, pour la fonction g considérée,

$$(\frac{1+\varepsilon}{\gamma_0}(p-2) - \frac{n}{n-1}\rho)\langle\Gamma(g,g)\rangle \geq [(\alpha-1)(1+\alpha(p-2)) - \beta(\beta + \frac{n}{n+1})]\langle\frac{\Gamma^2(g,g)}{g^2}\rangle. \qquad (6.40)$$

Compte tenu de la valeur de β, la quantité $K(\alpha) = (\alpha-1)(1+\alpha(p-2)) - \beta(\beta + \frac{n}{n+1})$ est une expression du second degré en α, dont le terme constant vaut -1. Le discriminant de cette équation est du signe de $(n+2) - (n-2)(p-1)$ et donc est positif dès que $p \leq 2n/(n-2)$. Dans ce cas, nous pouvons choisir α de telle façon que $K(\alpha)$ soit positif, et alors l'équation (6.40) nous donne, pour cette valeur de α,

$$(\frac{1+\varepsilon}{\gamma_0}(p-2) - \frac{n}{n-1}\rho)\langle\Gamma(g,g)\rangle \geq 0.$$

Compte tenu de ce que g n'est pas constante, on obtient

$$\frac{1+\varepsilon}{\gamma_0} \geq \frac{n}{(n-1)(p-2)}\rho,$$

ce qui est le résultat annoncé. □

Remarques.—

1– En ce qui concerne les inégalités de SOBOLEV faibles que nous pouvons déduire du résultat précédent, nous obtenons, pour tout $2 \leq p \leq 2n/(n-2)$, des inégalités

$$\langle f^2\rangle = 1 \Rightarrow \langle f^2 \log f^2\rangle \leq \frac{1}{p-2}\log\{1 + \frac{(p-2)(n-1)}{n\rho}\mathcal{E}(f,f)\}.$$

Le second membre de cette inégalité est une fonction décroissante de p, et donc toutes ces inégalités sont moins fortes que celle obtenus dans le cas optimal $p = 2n/(n-2)$.

D'un autre côté, nous avons déjà signalé que la méthode linéaire exposée plus haut permet d'obtenir une famille d'inégalités de SOBOLEV faibles, pour tout p dans le même intervalle, qui ne soient pas comparables à l'inégalité optimale, et en particulier qui redonnent dans le cas $p = 2$ l'inégalité de SOBOLEV logarithmique optimale ([Ba4]). La méthode non linéaire n'est donc pas optimale en ce qui concerne l'obtention des meilleures inégalités Énergie-Entropie. Mais, pour reprendre l'exemple des sphères, la méthode linéaire ne permet pas non plus de calculer une inégalité Énergie-Entropie qui vérifie le critère d'optimalité sur le diamètre du chapitre 5.

2– Pour certains semigroupes sur un intervalle réel, en particulier pour les semigroupes de JACOBI, liés aux parties radiales des semigroupes sphériques, on peut développer un critère L_2 renversé, pour obtenir des résultats avec $0 < n < 1$. La méthode linéaire pour obtenir des inégalités de SOBOLEV logarithmiques bute alors sur le cas $n = 1/4$, c'est à dire qu'on n'obtient de résultats que si $n > 1/4$, (cf [BE3]), alors que la méthode non linéaire exposée plus haut permet d'obtenir des inégalités de SOBOLEV logarithmiques pour tout $n > 0$, ([R5]), et récemment, A. BEN-TALEB vient d'obtenir par la méthode non linéaire des inégalités de SOBOLEV pour tout $0 < n < 2$ ([BT]). Ces inégalités permettent en outre de retrouver dans le cas du cercle et de la sphère de dimension 2 les inégalités d'ONOFRI (caractère exponentiellement intégrable des fonctions du domaine de DIRICHLET).

—**Références**

[A]   AUBIN (T)— Non linear analysis on manifolds, MONGE-AMPÈRE equations ,
      Springer, Berlin-Heidelberg-New-York, 1982.

[Ba1] BAKRY (D)— Étude des transformations de RIESZ dans les variétés à courbure minorée,
       Séminaire de probabilités XXI, Lecture Notes in Math. 1247, 1987, Springer, p.137-
       172.

[Ba2] BAKRY (D)— La propriété de sous-harmonicité des diffusions dans les variétés,
       Séminaire de probabilités XXII, Lecture Notes in Math. 1321, 1988, Springer, p.1-50.

[Ba3] BAKRY (D.)— Sur l'interpolation complexe des semigroupes de diffusion, *Séminaire
       de probabilités XXIII*, Lecture Notes in Math. 1372, 1989, Springer, p.1-20.

[Ba4] BAKRY, D.— Inégalités de SOBOLEV faibles: un critère L_2, *Séminaire de Probablités
       XXV*, Lecture Notes in Math. 1485, 1991, Springer, p.234-261.

[Ba5] BAKRY (D.)— RICCI curvature and dimension for diffusion semigroups, *Stochastic
       Processes and their applications*, S. ALBEVERIO & al, ed., 1990, Kluwer Ac..

[BE1] BAKRY (D), EMERY (M)— Hypercontractivité des semigroupes de diffusion, Comptes
       Rendus Acad. Sc., t.299 , série 1, $n°$ 15, 1984, p.775-778.

[BE2] BAKRY (D), EMERY (M)— Inégalités de SOBOLEV pour un semigroupe symétrique,
       Comptes Rendus Acad. Sc., t.301 , série 1, $n°$ 8, 1985, p.411-413.

[BE3] BAKRY (D), EMERY (M)— Diffusions hypercontractives, *Séminaire de probabilités
       XIX*, Lecture Notes in Math. 1123, 1985, Springer, p.177-206.

[Be1] BECKNER (W)— Inequalities in FOURIER analysis, Ann. of Math., vol. 102, 1975,
       p.159-182.

[Be2] BECKNER (W)— A generalized POINCARÉ inequality for Gaussian measures, Proc.
       AMS, vol. 105, 1989, p.397-400.

[BG]   BLUMENTHAL (R), GETOOR (R)— MARKOV processes and potential theory , Ac.
       Press, New-York, 1968.

[BH]   BOULEAU (N), HIRSH (F)— DIRICHLET forms and analysis on WIENER space , de
       Gruyter, Berlin-New-York, 1991.

[BJ]   BORELL (C), JANSON (S)— Converse hypercontractivity, *Séminaire d'initiation à l'a-
       nalyse*, 1981.

[BM] BAKRY, (D), MICHEL, (D)— Inégalités de SOBOLEV et minorations du semigroupe de la chaleur, Ann. Fac. Sc. Toulouse, vol. XI, n. 2, 1990, p.23-66.

[Bo] BOREL (C)— Positivity improving operators and hypercontractivity, Math. Z., vol. 180, 1982, p.225-234.

[BT] BEN-TALEB (A)— Inégalités de SOBOLEV pour les semigroupes ultrasphériques, Comptes Rendus Acad. Sc., 1993, à paraître .

[Ca] CARLEN (E)— Superadditivity of FISHER's information and logarithmic SOBOLEV inequalities, J. Funct. Anal., vol. 101, 1991, p.194-211.

[Ch] CHEN (L)— POINCARÉ type inequalities via stochastic integrals, Z.Wahr.v.Geb., vol. 69, 1985, p.251-277.

[CKS] CARLEN (E), KUSUOKA (S), STROOCK (DW)— Upperbounds for symmetric MARKOV transition functions, Ann. Inst. H.POINCARÉ, vol. 23, 1987, p.245-287.

[CSCV] COULHON (T), SALOFF-COSTES (L), VAROPOULOS (N)— Analysis and geometry on groups , Camb.Univ.Press, 1992.

[Da] DAVIES (EB)— Heat kernels and spectral theory , Cambridge University Press, Berlin-Heidelberg-New-York, 1989.

[DaSi] DAVIES (EB), SIMON (B)— Ultracontractivity and the heat kernel for SCHRÖDINGER operators and DIRICHLET laplacians, J. Funct. Anal., vol. 59, 1984, p.335-395.

[DS] DEUSCHEL (JD), STROOCK (DW)— Large Deviations , Ac. Press, Berlin-Heidelberg-New-York, 1989.

[EY] EMERY (M), YUKICH (J)— A simple proof of the logarithmic SOBOLEV inequality on the circle, Séminaire de probabilités XXI, Lecture Notes in Math. 1247, 1987, Springer, p.173-175.

[G] GROSS (L)— Logarithmic SOBOLEV inequalities, Amer. J. Math., vol. 97, 1976, p.1061-1083.

[G2] GROSS (L)— Logarithmic SOBOLEV inequalities and contractivity properties of semigroups, preprint, 1992.

[HKS] HOEGH-KROHN (R), SIMON (B)— Hypercontractive semigroups, J. Funct. Anal., vol. 9, 1972, p.1061-1083.

[KKR] KAVIAN (O), KERKYACHARIAN (G), ROYNETTE (B)— Quelques remarques sur l'ultra-contractivité, preprint, 1991.

[KS] KORZENIOWSKI (A), STROOCK (D)— An example in the theory of hypercontractive semigroups, Proc. A.M.S., vol. 94, 1985, p.87-90.

[L1] LEDOUX (M)— On an integral citerion for hypercontractivity of diffusion semigroups and extremal functions, J. Funct. Anal., vol. 104, 1992.

[M1] MEYER (PA)— Note sur le processus d'ORNSTEIN-UHLENBECK, *Séminaire de probabilités XVI*, Lecture Notes in Math. 920, 1982, Springer, p.95-133.

[MW] MUELLER (C), WEISSLER (F)— Hypercontractivity for the heat semigroup for ultraspherical polynomials and on the n-sphere, J. Funct. Anal., vol. 48, 1982, p.252-283.

[N] NELSON (E)— The free MARKOV field, J. Funct. Anal., vol. 12, 1973, p.211-227.

[Nev] NEVEU (J)— Sur l'espérance conditionnelle par rapport à un mouvement brownien, Ann. Inst. H.POINCARRÉ, vol. 12, 1976, p.105-109.

[RS] REED (M), SIMON (B)— **Methods of modern mathematical physics** , Ac. Press, New-York, 1975.

[R1] ROTHAUS (O)— Logarithmic SOBOLEV inequalities and the spectrum of SHRÖDINGER operators, J. Funct. Anal., vol. 42, 1981, p.110-120.

[R2] ROTHAUS (O)— Analytic inequalities, isoperimetric inequalities, and logarithmic SOBOLEV inequalities , J. Funct. Anal., vol. 64, 1985, p.296-313.

[R3] ROTHAUS (O)— Logarithmic SOBOLEV inequalities and the spectrum of STURM-LIOUVILLE operators, J. Funct. Anal., vol. 39, 1980, p.42-56.

[R4] ROTHAUS (O)— Diffusion on compact Riemannian manifolds and logarithmic SOBOLEV inequalities, J. Funct. Anal., vol. 42, 1981, p.102-109.

[R5] ROTHAUS (O)— Hypercontractivity and the BAKRY-EMERY criterion for compact LIE groups, J. Funct. Anal., vol. 65, 1986, p.358-367.

[Ste] STEIN (EM)— **Singular integrals and differentiability properties of functions**, Princeton, 1970.

[Str] STRICHARTZ (R)— Analysis of the Laplacian of the complete Riemannian manifold, J. Funct. Anal., vol. 52, 1983, p.48-79.

[V] VAROPOULOS (N)— HARDY-LITTLEWOOD theory for semigroups, J. Funct. Anal., vol. 63, 1985, p.240-260.

[W] WEISSLER (F)— Logarithmic SOBOLEV inequalities and hypercontractive estimates on the circle, J. Funct. Anal., vol. 48, 1982, p.252-283.

[Yos] YOSIDA (K)— **Functionnal analysis**, 4th ed., Springer, Berlin-Heidelberg-New-York, 1974.

LECTURES ON SURVIVAL ANALYSIS

Richard D. GILL
Mathematical Institute, University Utrecht
Budapestlaan 6

3584 CD UTRECHT, Netherlands

Preface.

These notes, though mainly written after the course was given, follow quite closely my lectures at the 22nd Saint Flour *École d'Été de Calcul des Probabilités*, 8–25 July 1992. I am really grateful to the organisers and the participants who have shaped the lecture notes in many ways.

The vague title is a cover-up for the more honest 'topics in and around survival analysis which interest me at the moment, with an audience of French probabilists in mind'. Accordingly, the main theme of the lectures—to my mind the fundamental notion in survival analysis—is product-integration, and to begin with I have tried to cover its basic theory in fair detail. Probabilistic connections are emphasized.

The next group of lectures study the Kaplan-Meier or product-limit estimator: the natural generalisation, for randomly censored survival times, of the empirical distribution function considered as nonparametric estimator of an unknown distribution. Using product-integration, the asymptotics of the Kaplan-Meier estimator are treated in two different ways: firstly, using modern empirical process theory, and secondly, using martingale methods. In both approaches a simple identity from product-integration, the Duhamel equation, does all the real work. Counting processes lurk in the background of the martingale approach though they are not treated here at length; the interested reader is urged to follow them up in the book *Statistical models based on counting processes* by P.K. Andersen, Ø. Borgan, R.D. Gill and N. Keiding (1993); the book is referred to as 'ABGK' in the sequel.

I also neglect statistical issues such as asymptotic optimality theory, partly with my audience in mind, and partly because this subject is still very fluid with, in my opinion, interesting developments ahead; the reader is referred in the meantime to Section IV.1.5 and Chapter VIII of ABGK. However beneath the surface statistical ideas, especially involving nonparametric maximum likelihood, are ever-present and give the real reason for many otherwise surprising results.

Neglected in the written notes are applications, though, in the real lectures, illustrations taken from ABGK were prominent.

Most of this part of the course covers classical material, though there are also new results. One of the most striking is the proof, using discrete time martingales, of Stute and Wang's (1993) very recent Glivenko-Cantelli theorem for the Kaplan-Meier estimator. I suspect the techniques used here could find applicability in many other problems in survival analysis of a sequential or combinatorial nature. Another striking result is the use of van der Laan's identity (on estimation of linear parameters in convex models; van der Laan, 1993a) to give a more or less two-line proof of consistency, weak convergence, and correctness of the bootstrap, of the Kaplan-Meier estimator. We also give a new bootstrap confidence band construction for the Kaplan-Meier estimator 'on the whole line' (the first 'whole line' confidence band which does not rely on any integrability conditions at all).

While the first part of the lecture notes contains an introduction to survival analysis or rather to some of the mathematical tools which can be used there, the second part goes beyond or outside survival analysis and looks at somehow related problems in multivariate time and in spatial statistics: we give an introduction to Dabrowska's multivariate product-limit estimator, to non-parametric estimation in Laslett's line-segment problem (again using van der Laan's identity), and to the estimation of inter-event distance distributions in spatial point processes. All these topics involve in some way or another variants of the Kaplan-Meier estimator. The results are taken from 'work in progress' and are sometimes provisional in nature.

Many topics central to survival anaysis (the Cox regression model; the log rank test; and so on) are missing in this course. Even when we restrict attention to product-limit type estimators, it is a pity not to have included sections on the Aalen-Johansen product-limit estimator for an inhomogenous Markov process, and to nonparametric estimation with randomly truncated data. Again, the disappointed reader is referred to ABGK to rectify such omissions.

Finally one lecture was given on something completely different: the cryptographic approach to random number generation. One section on that subject is therefore also included here 'for the record'.

Contents

1. Introduction: survival and hazard

Survival analysis is the branch of applied statistics dealing with the analysis of data on times of events in individual life-histories (human or otherwise). A more modern and broader title is *generalised event history analysis*. To begin with, the event in question was often the failure of a medical treatment designed to keep cancer patients in remission and the emergence and growth of survival analysis was directly connected to the large amount of resources put into cancer research. This area of medical statistics brought a whole new class of problems to the fore, especially the problem of how to deal with *censored data*. At first many ad hoc techniques were used to get around these problems but slowly a unifying idea emerged. This is to see such data as the result of a dynamic process in time, each further day of observation producing some new pieces of data. Tractable statistical models are based on modelling events continuously in time, conditioning on past events; and new statistical ideas such as partial likelihood are also based on this dynamic time structure.

This means that the basic notion in the mathematics of survival analysis is surely that of the *hazard rate*, and the basic mathematical tool is *product-integration*, providing the means of moving to and fro between a dynamic description in terms of hazards (or more generally, intensities) and a more static description in terms of probability densities or their tail integrals, the survival function. We start by defining these basic notions and show how the relation between hazard and survival is a general instance of a relation between *additive* and *multiplicative* interval functions.

Let T be a positive random variable, with distribution function F, representing the time of occurrence of some event. The *survival function* S is defined by

$$S(t) = P(T > t),$$

the probability of surviving (not experiencing the event) up to (and including) time t. Of course $S = 1 - F$. We define the *cumulative hazard function* Λ by

$$\Lambda(t) = \int_0^t \frac{F(\mathrm{d}s)}{S(s-)}.$$

One may check (e.g., using dominated convergence for t such that $S(t-) > 0$, and a monotonicity argument for other t) that

$$\Lambda(t) = \lim \sum_i \left(1 - \frac{S(t_i)}{S(t_{i-1})}\right) = \sum_i P(T \le t_i \mid T > t_{i-1})$$

where $0 = t_0 < t_1 < \ldots < t_n = t$ is a partition of $(0, t]$ and the limit is taken as the mesh of the partition, $\max_i |t_i - t_{i-1}|$, converges to zero.

One can also consider Λ as a measure, $\Lambda(\mathrm{d}t) = F(\mathrm{d}t)/S(t-)$. Treating d$t$ not just as the length of a small time interval $[t, t + \mathrm{d}t)$ but also as the name of the interval itself, one can interpret $\Lambda(\mathrm{d}t)$ as $P(T \in \mathrm{d}t \mid T \ge t)$, hence the name *hazard*, the risk of experiencing the event (death, failure, ...) in the small time interval dt, given survival up to the start of the interval. (It is necessary to think of the interval dt as left closed, right open, in contrast to ordinary time intervals which will usually be left open, right closed). For an ordinary interval $(s,t]$ we write $\Lambda(s,t) = \Lambda((s,t]) = \Lambda(t) - \Lambda(s)$ for the total hazard of the time interval. This makes Λ an *additive interval function*: for $s \leq t \leq u$,

$$\Lambda(s,u) = \Lambda(s,t) + \Lambda(t,u).$$

The survival function S generates another interval function, which we denote $S(s,t)$:

$$S(s,t) = \frac{S(t)}{S(s)} = \mathrm{P}(T > t \mid T > s),$$

the probability of surviving the interval $(s,t]$ given one survives its starting point s. We may call this the *conditional survival function*. This interval function is *multiplicative*: for $s \leq t \leq u$

$$S(s,u) = S(s,t)S(t,u).$$

From now on one must be careful: when treating S as an interval function we naturally write $S(\mathrm{d}t)$ for $S([t,t+\mathrm{d}t)) = S(t-,(t+\mathrm{d}t)-)$; informally, the probability of surviving $\mathrm{d}t = [t, t+\mathrm{d}t)$ given survival up to but not including t. This must not be confused with an infinitesimal element of the additive measure generated in the ordinary way by the function of one variable $t \mapsto S(t)$.

We now have the following facts about the interval functions S and Λ: S is multiplicative, while Λ is additive; moreover they are related by

$$\Lambda(\mathrm{d}s) = 1 - S(\mathrm{d}s)$$

or equivalently

$$S(\mathrm{d}s) = 1 - \Lambda(\mathrm{d}s).$$

Adding $\Lambda(\mathrm{d}s)$ over small time intervals $\mathrm{d}s$ forming a partition of $(0,t]$, and similarly multiplying $S(\mathrm{d}s)$ over the small intervals, these two formulas give the, for the time being informal, duality:

$$\Lambda(t) = \Lambda(0,t) = \int_{(0,t]} (1 - S(\mathrm{d}s))$$

$$S(t) = S(0,t) = \prod_{(0,t]} (1 - \Lambda(\mathrm{d}s)).$$

A small point of heuristics: to make the intervals match up properly one should think of $(0,t]$ as being the same as $[0 + \mathrm{d}0, t + \mathrm{d}t)$. The integral $\int$ and *product-integral* $\prod$ will be defined formally as limits over partitions of $(0,t]$ with mesh converging to zero of sums and products respectively of the interval functions $1 - S$ and $1 - \Lambda$. We have found:

> The hazard Λ, an additive interval function, is the additive integral of $1 - S$; conversely the survival function S, seen as a multiplicative interval function, is the multiplicative integral of $1 - \Lambda$.

Since $S(s,t) = \prod_s^t (1 - \mathrm{d}\Lambda)$, $\Lambda(s,t) = \int_s^t (1 - \mathrm{d}S)$, it follows from this duality that the conditional distribution of T given $T > s$ has hazard function $\Lambda(s, \cdot)$ on (s, ∞) or in other words hazard measure $\Lambda|_{(s,\infty)}$.

This is good motivation to study the duality both in more detail and more generality. In particular we will generalise the duality to the case when Λ and S are replaced by (square) matrix valued functions (and 1 by the identity matrix): this will produce the duality between the multiplicative transition matrix and the additive matrix intensity measure of a finite state space, time inhomogenous Markov process.

Another aspect of product-integral formalism is that it gives an effortless unification of the discrete and continuous cases. Consider two special cases of the above: that in which the distribution of T is absolutely continuous, and that in which it is discrete. In the discrete case where T has a discrete density $f(t) = \text{P}(T = t)$ we define the discrete hazard function $\lambda(t) = \text{P}(T = t \mid T \geq t)$ and find $\Lambda(t) = \sum_{s \leq t} \lambda(s)$, $S(t) = \prod_{s \leq t}(1 - \lambda(s))$. On the other hand, in the continous case where T has a density $f = F'$, we define the hazard rate $\lambda = f/(1 - F)$. We find $\Lambda(t) = \int_0^t \lambda(s)ds$, and our product-integral representation $S(t) = \prod_0^t(1 - \Lambda(ds))$ becomes $S(t) = \exp(-\Lambda(t))$, which is a much less intuitive and seemingly quite different relationship.

We will establish continuity and even differentiablity properties of the product-integral mapping which in particular gives information on how to go from discrete to continuous survival functions, and from discrete time Markov chains to continuous time Markov processes. Later (section 11) we will also take a look at product-integration over higher-dimensional (non ordered) time.

2. Product-integration.

Product-integration was introduced by Volterra (1887). An extensive survey, including some of the history of product-integration, is given by Gill and Johansen (1990). Here we take (and improve slightly) their approach, which was based on MacNerney (1963) with a key element coming from Dobrushin (1953). Another survey with many more references and applications but taking a different approach is given by Dollard and Friedman (1979).

α and μ will denote $p \times p$ matrix valued additive, respectively multiplicative, right continuous interval functions on $[0, \infty)$. The identity matrix and the zero matrix will simply be written as 1 and 0; the context will always show what is meant. The special case $p = 1$ and $\alpha \geq 0$, or $\mu \geq 1$, will be called 'the real, nonnegative case', and we will write α_0 and μ_0 instead of α and μ for emphasis. We want to establish the duality $\mu = \prod(1 + d\alpha)$, $\alpha = \int(d\mu - 1)$, and derive further properties of the product-integral. Intuitively the duality follows by noting that for a small interval ds, $\mu(ds) = 1 + \alpha(ds)$ if and only if $\alpha(ds) = \mu(ds) - 1$. Now multiplying or adding over a fine partition of $(0, t]$ gives the required relations.

The approach will be to consider the real nonnegative case first, deriving the results in that case by a simple monotonicity argument. Then we show how the general case follows from this special one through a so-called domination property together with some easy algebraic identities concerning matrix sums and products. Results on hazard and survival will follow by taking $\alpha = -\Lambda$, $\mu = S$. Since $-\Lambda \leq 0$ and $S \leq 1$, the complete argument via domination is needed in this case, even though Λ and S are scalar.

This part of the theory (following MacNerney, 1963) shows that product-integrals exist as limits, under refinements of partitions of an interval, of finite products over the subintervals in the partition. Right continuity plays no role yet. Using right continuity, we strengthen this to a uniform limit as the mesh of the partition (the length of the longest subinterval) converges to zero, using an idea from Dobrushin (1953). Right continuity also allows a measure-theoretic interpretation of the main results.

To begin with we state the algebraic identities. Generalised to continuous products they will become some of the key properties of product-integrals which we will make much use of later. In fact, (1) and (2) become the Kolmogorov forward and backward equations respectively, or alternatively, Volterra integral equations; Volterra's (1887) original motivation for introducing product-integration. Equation (3) doesn't seem to have a name but is very useful all the same. Equation (4) becomes the Duhamel equation, a powerful tool expressing the difference between two product-integrals in terms of the difference of the integrands (the history of its name is not clear). Equation (5) becomes the Peano series (Peano, 1888), expressing the product-integral as a sum of repeated integrals (or as a Neumann series).

Lemma 1. *Let $a_1, \ldots, a_n$ and $b_1, \ldots, b_n$ be $p \times p$ matrices. Then (with an empty product equal to 1):*

$$\prod_j (1 + a_j) - 1 = \sum_j \left(\prod_{i<j} (1 + a_i) \right) a_j, \tag{1}$$

$$\prod_j (1 + a_j) - 1 = \sum_j a_j \left(\prod_{k>j} (1 + a_k) \right), \tag{2}$$

$$\prod_i (1 + a_i) - 1 - \sum_i a_i = \sum_{i,k \,:\, i<k} a_i \left(\prod_{j \,:\, i<j<k} (1 + a_j) \right) a_k, \tag{3}$$

$$\prod_j (1 + a_j) - \prod_j (1 + b_j) = \sum_j \left(\prod_{i<j} (1 + a_i)(a_j - b_j) \prod_{k>j} (1 + b_k) \right). \tag{4}$$

$$\prod_i (1 + a_i) = 1 + \sum_{m=1}^n \sum_{i_1 < i_2 < \ldots < i_m} a_{i_1} \ldots a_{i_m}. \tag{5}$$

Proof. Equation (4) is seen to be a telescoping sum if one replaces the middle term on the right, $a_j - b_j$, with $(1 + a_j) - (1 + b_j)$, and expands on this difference. Equations (1) and (2) follow by taking all b_j and all a_j respectively equal to the zero matrix 0. Equation (3) follows by taking the '-1' in (2) to the right hand side, and then substituting for $\prod(1 + a_i)$ in the right hand side of (1). Equation (5) is obvious. $\square$

Now let α and μ respectively be additive and multiplicative interval functions which are *right continuous*:

$$\alpha(s,t) \to \alpha(s,s) = 0 \quad \text{as } t \downarrow s,$$

$$\mu(s,t) \to \mu(s,s) = 1 \quad \text{as } t \downarrow s.$$

By α_0 and μ_0 we denote respectively additive and multiplicative real right continuous interval functions with $\alpha_0 \geq 0$ and $\mu_0 - 1 \geq 0$. We suppose α is *dominated* by α_0 and

$\mu - 1$ by $\mu_0 - 1$, which means $\|\alpha\| \le \alpha_0$ and $\|\mu - 1\| \le \mu_0 - 1$. Here, $\|a\|$ is the matrix norm $\max_i \sum_j |a_{ij}|$, which means we also have

$$\|a + b\| \le \|a\| + \|b\|, \quad \|ab\| \le \|a\|\|b\|, \quad \|1\| = 1.$$

It will turn out that domination of $\mu - 1$ by $\mu_0 - 1$ for a multiplicative interval function μ_0 is equivalent to domination by an additive interval function α_0; one can then take $\mu_0 = \prod(1 + d\alpha_0)$.

We say alternatively that $\mu - 1$ and α are of *bounded variation* if $\mu - 1$ and α are dominated by real, right continuous, *additive* interval functions. For the time being the right continuity of α and μ will not be important. The property will be used later when we interpret our results in terms of standard (measure theoretic) integration theory.

Let $(s, t]$ denote a fixed time interval and let $\mathcal{T}$ denote a partition of $(s, t]$ into a finite number of sub-intervals. Note the inequalities

$$1 + a + b \le (1 + a)(1 + b) \le \exp(a + b), \quad a, b \ge 0,$$

$$\log(xy) \le (x - 1) + (y - 1) \le xy - 1, \quad x, y \ge 1.$$

The first shows that $\prod_{\mathcal{T}}(1 + \alpha_0)$ is bounded from above by $\exp \alpha_0(s, t)$ and *increases* under refinement of the partition $\mathcal{T}$. Similarly $\sum_{\mathcal{T}}(\mu_0 - 1)$ is bounded from below by $\log \mu_0(s, t)$ and *decreases* under refinement of the partition. This means we may define

$$\prod_{(s,t]}(1 + d\alpha_0) = \lim_{\mathcal{T}} \prod_{\mathcal{T}}(1 + \alpha_0), \tag{6}$$

$$\int_{(s,t]}(d\mu_0 - 1) = \lim_{\mathcal{T}} \sum_{\mathcal{T}}(\mu_0 - 1), \tag{7}$$

where the limits are taken under refinement of partitions of $(s, t]$. (Thus: for any $\varepsilon > 0$ and any partition there exists a refinement of that partition such that for all further refinements, the approximating sum or product is within ε of the limit).

Proposition 1. *For given α_0 define $\mu_0 = \prod(1 + d\alpha_0)$. Then $\mu_0 \ge 1$ is a right continuous, multiplicative interval function and $\alpha_0 = \int(d\mu_0 - 1)$. Conversely, for given μ_0 define $\alpha_0 = \int(d\mu_0 - 1)$. Then $\alpha_0 \ge 0$ is a right continuous, additive interval function and $\mu_0 = \prod(1 + d\alpha_0)$.*

Proof. The following bounds are easy to verify: for given α_0, $\mu_0 = \prod(1 + d\alpha_0)$ satisfies $\exp(\alpha_0) - 1 \ge \mu_0 - 1 \ge \alpha_0 \ge 0$. Similarly, for given μ_0, $\alpha_0 = \int(d\mu_0 - 1)$ satisfies $0 \le \log \mu_0 \le \alpha_0 \le \mu_0 - 1$. The right continuity is now easy to establish and additivity or multiplicativity also easily verified.

Our proof of the duality establishes the following chain of inequalities, which gives some insight into why the duality holds:

$$0 \leq \sum_T (\mu_0 - 1) - \alpha_0(s,t) \leq \mu_0(s,t) - \prod_T (1 + \alpha_0)$$

$$\leq \mu_0(s,t) \Big(\sum_T (\mu_0 - 1) - \alpha_0(s,t) \Big). \tag{8}$$

First, let $\alpha_0 \geq 0$ be given and define $\mu_0 = \prod(1 + d\alpha_0)$. Let α_j and μ_j denote the values of α_0 and μ_0 on the elements of the partition T. Using the easy bounds on μ_0 and its multiplicativity we find

$$0 \leq \sum_T (\mu_0 - 1) - \alpha_0(s,t)$$

$$= \sum_j (\mu_j - 1 - \alpha_j)$$

$$\leq \sum_j \prod_{i<j} (1 + \alpha_i)(\mu_j - 1 - \alpha_j) \prod_{k>j} \mu_k$$

$$= \prod_j \mu_j - \prod_j (1 + \alpha_j)$$

$$= \mu_0(s,t) - \prod_T (1 + \alpha_0).$$

Since $\prod_T (1 + \alpha_0) \to \mu_0(s,t)$ this shows that $\sum_T (\mu_0 - 1) \to \alpha_0(s,t)$ and also gives the first half of (8).

Conversely, let $\mu_0 \geq 1$ be given and define $\alpha_0 = \int (d\mu_0 - 1)$. Again using the easy bounds on α_0 and its additivity we find

$$0 \leq \mu_0(s,t) - \prod_T (1 + \alpha_0)$$

$$= \prod_j \mu_j - \prod_j (1 + \alpha_j)$$

$$= \sum_j \prod_{i<j} \mu_i (\mu_j - 1 - \alpha_j) \prod_{k>j} (1 + \alpha_k)$$

$$\leq \sum_j \prod_{i<j} \mu_i (\mu_j - 1 - \alpha_j) \prod_{k>j} \mu_k$$

$$\leq \mu_0(s,t) \Big(\sum_T (\mu_0 - 1) - \alpha_0(s,t) \Big).$$

Again, $\alpha_0(s,t) = \lim_T \sum_T (\mu_0 - 1)$ shows that $\mu_0(s,t) = \lim_T \prod_T (1 + \alpha_0)$, and also gives the rest of (8). $\square$

Theorem 1. *Let α be additive, right continuous, and dominated by α_0. Then*

$$\mu = \prod (1 + d\alpha) = \lim_T \prod_T (1 + \alpha)$$

exists, is multiplicative, right continuous, and $\mu - 1$ is dominated by $\mu_0 - 1$ where $\mu_0 = \prod(1 + d\alpha_0)$. Conversely if μ is multiplicative, right continuous, and $\mu - 1$ is dominated by $\mu_0 - 1$, then

$$\alpha = \int (d\mu - 1) = \lim_T \sum_T (\mu - 1)$$

exists, is additive, right continuous, and is dominated by $\alpha_0 = \int (d\mu_0 - 1)$. Finally, $\mu = \prod(1 + d\alpha)$ if and only if $\alpha = \int(d\mu - 1)$.

Proof. Let S be a refinement of T. Denote by α_i, μ_i the values of α and μ on the elements of T; let T_i denote the partition of the ith element of T induced by S; and let α_{ij} denote the values of α on this partition.

Let α be given. Observe that (using, in particular, (3) and (4) of Lemma 1)

$$\prod_S (1 + \alpha) - \prod_T (1 + \alpha) = \prod_j \left(\prod_{T_j} (1 + \alpha) \right) - \prod_j (1 + \alpha_j)$$

$$= \sum_j \prod_{i<j} \prod_{T_i} (1 + \alpha) \left(\prod_{T_j} (1 + \alpha) - 1 - \alpha_j \right) \prod_{k>j} (1 + \alpha_k)$$

$$= \sum_j \prod_{i<j} \prod_{T_i} (1 + \alpha) \left(\sum_{l,n\,:\,l<n} \alpha_{jl} \prod_{m\,:\,l<m<n} (1 + \alpha_{jm})\, \alpha_{jn} \right) \prod_{k>j} (1 + \alpha_j).$$

Now the final line of this chain of equalities is a sum of products of α_{ij} and α_i. This means that its norm is bounded by the same expression in the norms of the α_{ij} and α_i, which are bounded by α_{0ij} and α_{0i}. But the whole chain of equalities also holds for α_0 itself. Thus we have proved that

$$0 \le \left\| \prod_S (1 + \alpha) - \prod_T (1 + \alpha) \right\| \le \prod_S (1 + \alpha_0) - \prod_T (1 + \alpha_0).$$

Therefore existence of the product-integral of α_0 implies existence of the product-integral of α. Moreover, keeping T as the trivial partition with the single element $(s, t]$ but letting S become finer and finer, we obtain that $\prod(1 + d\alpha) - 1 - \alpha$ is dominated by $\prod(1 + d\alpha_0) - 1 - \alpha_0$.

Similarly, if μ is given and $\mu - 1$ is dominated by $\mu_0 - 1$, observe that (using (3) of

Lemma 1)

$$\sum_{T}(\mu - 1) - \sum_{S}(\mu - 1) = \sum_{i}(\mu_i - 1) - \sum_{i}\sum_{T_i}(\mu - 1)$$

$$= \sum_{i}\left(\mu_i - 1 - \sum_{T_i}(\mu - 1)\right)$$

$$= \sum_{i}\left(\prod_{T_i}(1 + (\mu - 1)) - 1 - \sum_{T_i}(\mu - 1)\right)$$

$$= \sum_{i}\left(\sum_{j,l\,:\,j<l}(\mu_{ij} - 1)\prod_{k\,:\,j<k<l}\mu_{ik}\,(\mu_{il} - 1)\right).$$

Now $\|\mu - 1\| \leq \mu_0 - 1$ so the norm of the last line is bounded by the same expression in μ_0. Existence of the sum integral $\int(d\mu_0 - 1)$ therefore implies existence of $\int(d\mu - 1)$. Again, keeping T as the trivial partition but letting S become finer, we obtain that $\mu - 1 - \int(d\mu - 1)$ is dominated by $\mu_0 - 1 - \int(d\mu_0 - 1)$.

For given α, domination of $\mu - 1$ by $\mu_0 - 1$; and for given μ, domination of α by α_0; are both easy to obtain. This implies that if $\mu = \prod(1 + d\alpha)$ with α dominated by α_0 then $\int(d\mu - 1)$ exists; and similarly if we start with μ with $\mu - 1$ dominated by $\mu_0 - 1$.

It remains to show that $\mu = \prod(1+d\alpha)$ if and only if $\alpha = \int(d\mu-1)$. In both directions we now have that $\mu - 1 - \alpha$ is dominated by $\mu_0 - 1 - \alpha_0$. For the forwards implication, we note that $\sum_{T}(\mu - 1) - \alpha = \sum_{T}(\mu - 1 - \alpha)$, which is dominated by $\sum_{T}(\mu_0 - 1 - \alpha_0)$. Taking the limit under refinements of T shows $\alpha = \int(d\mu - 1)$. Conversely, suppose $\alpha = \int(d\mu - 1)$. Then $\mu - \prod_{T}(1 + \alpha) = \sum_{j}\prod_{i<j}\mu_i(\mu_j - 1 - \alpha_j)\prod_{k>j}(1 + \alpha_k)$. This is dominated by the same expression in μ_0 and α_0, and going to the limit gives the required result. $\square$

Our next task is to show that the product-integral actually exists in a much stronger sense.

Theorem 2. *The product-integral exists as the limit of approximating finite products as the mesh of the partition tends to zero. The limit is uniform over all intervals $(s,t]$ contained in a fixed interval $(0,\tau]$ say.*

Proof. Let α be dominated by α_0. By right continuity and restricting attention to subintervals of the fixed interval $(0,\tau]$, α_0 can be interpreted as an ordinary finite measure. Let α_0^- denote the interval function whose value on $(s,t]$ is obtained by subtracting from $\alpha_0(s,t]$ the α_0 measure of its largest atom in $(s,t]$. For a partition T let $|T|$ denote the mesh of the partition, i.e., the length of the largest subinterval in the partition. By a straightforward ε-δ analysis (see also section 12) one can verify that

$$|T| \to 0 \quad \Rightarrow \quad \max_{T}\alpha_0^- \to 0.$$

For any chosen k, we have $\sum_{i,j\,:\,i<j}\alpha_{0i}\alpha_{0j} \leq \sum_{i}\sum_{j\neq k}\alpha_{0i}\alpha_{0j}$. In particular taking k as the index maximising α_{0k}, and noting that $\max_{T}\alpha_0$ is at least as large as the largest atom of α_0, we have $\sum_{i,j\,:\,i<j}\alpha_{0i}\alpha_{0j} \leq \alpha_0\alpha_0^-$. Now applying (3) with a_j the values of

$1 + \alpha$ over a partition $\mathcal{T}$, and taking norms, we obtain

$$\left\| \prod_{\mathcal{T}} (1 + \alpha) - 1 - \alpha \right\| \leq \alpha_0 \mu_0 \alpha_0^-.$$

Going to the limit under refinements of $\mathcal{T}$, we obtain

$$\left\| \prod (1 + \mathrm{d}\alpha) - 1 - \alpha \right\| \leq \alpha_0 \mu_0 \alpha_0^-.$$

Next we look at (4), taking for a_j the product-integral of $1 + \alpha$ over the jth element of a partition $\mathcal{T}$, and for b_j the value of $1 + \alpha$ itself. Taking norms and substituting the inequality we have just found for the central term $\|a_j - b_j\|$ we obtain

$$\left\| \prod (1 + \mathrm{d}\alpha) - \prod_{\mathcal{T}} (1 + \alpha) \right\| \leq \mu_0 \max_{\mathcal{T}} (\alpha_0 \mu_0 \alpha_0^-)$$

which gives us the required result. □

Let a_j and b_j denote the values on the jth element of a partition $\mathcal{T}$ of a given interval $(s, t]$ of two additive interval functions α and β, both dominated and right-continuous. Let $\mathcal{T}$ be one of a sequence of partitions with mesh converging to zero of this same interval. In equations (1)–(5) one can interpret the summations as integrals (or repeated integrals), with respect to the *fixed measures* α and $\alpha - \beta$, of certain step functions (depending on the partition), constant on the sub-intervals of the partition. Actually since we are looking at $p \times p$ matrices we have, componentwise, finite sums of such real integrals, but this makes no difference to the argument. By our uniformity result the integrands are uniformly close to product-integrals of α or β, taken up to or from an end-point of that sub-interval of the partition through which the variable of integration is passing. The only real complication is that (5) includes a sum of more and more terms. However the mth term of the sum is bounded uniformly by the mth element of the summable sequence $\alpha_0^m / m!$ so gives no difficulties.

All this means that we can go to the limit as $|\mathcal{T}| \to 0$ in (1)–(5) and obtain the following equations:

$$\prod_{(s,t]} (1 + \mathrm{d}\alpha) - 1 = \int_{u \in (s,t]} \prod_{(s,u)} (1 + \mathrm{d}\alpha)\, \alpha(\mathrm{d}u), \qquad \text{forward integral equation, (9)}$$

$$\prod_{(s,t]} (1 + \mathrm{d}\alpha) - 1 = \int_{u \in (s,t]} \alpha(\mathrm{d}u) \prod_{(u,t]} (1 + \mathrm{d}\alpha), \qquad \text{backward integral equation, (10)}$$

$$\prod_{(s,t]} (1 + \mathrm{d}\alpha) - 1 - \alpha(s,t) = \int_{s < u < v \leq t} \alpha(\mathrm{d}u) \prod_{(u,v)} (1 + \mathrm{d}\alpha)\, \alpha(\mathrm{d}v), \qquad \text{anonymous, (11)}$$

$$\prod_{(s,t)}(1+\mathrm{d}\alpha) - \prod_{(s,t)}(1+\mathrm{d}\beta) = \int_{u\in(s,t]}\prod_{(s,u)}(1+\mathrm{d}\alpha)\,(\alpha(\mathrm{d}u)-\beta(\mathrm{d}u))\prod_{(u,t]}(1+\mathrm{d}\beta),$$

Duhamel, (12)

$$\prod_{(s,t)}(1+\mathrm{d}\alpha) = 1 + \sum_{m=1}^{\infty}\int_{s<u_1<\ldots<u_m\le t}\alpha(\mathrm{d}u_1)\ldots\alpha(\mathrm{d}u_m).\qquad\text{Peano, (13)}$$

Note how the product-integrals inside the ordinary intervals are now over intervals like (s,u), (u,v), or $(v,t]$, corresponding to the strict ordering $i < j < k$ in (1)–(5). **Exercise** to the doubtful reader: write out the proof of one of these equations in full!

It is easy to produce many more identities from (9)–(12). One equation we will come across in the next section is obtained from the Duhamel equation (12) by rewriting it as $\prod(1+\mathrm{d}\alpha+\mathrm{d}\beta) = \prod(1+\mathrm{d}\alpha) + \int\prod(1+\mathrm{d}\alpha+\mathrm{d}\beta)\mathrm{d}\beta\prod(1+\mathrm{d}\alpha)$ and then repeatedly substituting for $\prod(1+\mathrm{d}\alpha+\mathrm{d}\beta)$ in the right-hand side. One sees the terms of an infinite series appearing; the remainder term is easily shown to converge to zero, and we get a generalization of the Peano series:

$$\prod_{(s,t)}(1+\mathrm{d}\alpha+\mathrm{d}\beta) = \prod_{(s,t)}(1+\mathrm{d}\alpha) +$$

$$\sum_{m=1}^{\infty}\int_{s<u_1<\ldots<u_m\le t}\prod_{(s,u_1)}(1+\mathrm{d}\alpha)\beta(\mathrm{d}u_1)\prod_{(u_1,u_2)}(1+\mathrm{d}\alpha)\beta(\mathrm{d}u_2)\ldots\beta(\mathrm{d}u_m)\prod_{(u_m,t]}(1+\mathrm{d}\alpha).$$

$$(14)$$

This equation is actually a form of the so-called Trotter product formula from the theory of semi-groups (see Masani, 1981). If $\prod_{(s,u]}(1+\mathrm{d}\alpha)$ is nonsingular for all u one can replace each factor $\prod_{(u_i,u_{i+1})}(1+\mathrm{d}\alpha)$ on the right hand side of (14) by $(\prod_{(s,u_i]}(1+\mathrm{d}\alpha))^{-1}\prod_{(s,u_{i+1})}(1+\mathrm{d}\alpha)$. Taking out a factor (on the right) $\prod_{(s,t]}(1+\mathrm{d}\alpha)$ then produces the ordinary Peano series in the measure $\beta'(\mathrm{d}s) = \prod_{(s,u)}(1+\mathrm{d}\alpha)\beta(\mathrm{d}u)(\prod_{(s,u]}(1+\mathrm{d}\alpha))^{-1}$; thus we obtain the generalised Trotter formula:

$$\prod_{(s,t)}(1+\mathrm{d}\alpha+\mathrm{d}\beta) = \prod_{u\in(s,t]}\left(1+\prod_{(s,u)}(1+\mathrm{d}\alpha)\beta(\mathrm{d}u)\Big(\prod_{(s,u]}(1+\mathrm{d}\alpha)\Big)^{-1}\right)\prod_{(s,t]}(1+\mathrm{d}\alpha).$$

Masani (1981) points out the analogy between this formula for the multiplicative integral of a sum and the usual integration by parts formula for additive integration of a product, though he works with $\prod\exp(\mathrm{d}\alpha)$ rather than $\prod(1+\mathrm{d}\alpha)$.

One can consider (9) and (10) as Volterra integral equations by replacing the product-integrals on both sides by an unknown interval function. The solution turns out to be unique; this can be proved by the standard argument (consider the difference of two solutions, which satisfies the same equation with the '−1' removed, and repeatedly substitute left hand side in right hand side). Thus: for given s the unique solution β of

$$\beta(s,t) - 1 = \int_{(s,t]}\beta(s,u-)\alpha(\mathrm{d}u)\qquad(15)$$

is $\beta(s,t) = \prod_s^t (1 + d\alpha)$, and for given t the unique solution β of

$$\beta(s,t) - 1 = \int_{(s,t]} \alpha(du)\beta(u,t) \tag{16}$$

is the same. More generally, if ψ is a $q \times p$ matrix càdlàg function (right-continuous with left hand limits) then the unique $q \times p$ matrix càdlàg solution ϕ of

$$\phi(t) = \psi(t) + \int_{(0,t]} \phi(s-)\alpha(ds) \tag{17}$$

is

$$\phi(t) = \psi(t) + \int_{(0,t]} \psi(s-)\alpha(ds) \prod_{(s,t]} (1 + d\alpha). \tag{18}$$

The notion of *domination* has a measure-theoretic interpretation, close to the usual notion of *bounded variation*. We say that a (possibly matrix valued) interval function β is of bounded variation if and only if its variation, the interval function $|\beta|$ defined by $|\beta| = \sup_T \sum_T \|\beta\|$ is finite and right continuous, where the supremum runs over all partitions of a given interval. It is quite easy to check that β is of bounded variation if and only if β is bounded by an additive right continuous interval function α_0. The sufficiency is obvious, the necessity follows by defining $\alpha_0(s,t) = |\beta|(0,t) - |\beta|(0,s)$. Then trivially $|\beta|(0,t) \geq |\beta|(0,s) + \|\beta(s,t)\|$ giving us as required that $\|\beta\| \leq \alpha_0$. The following special result for multiplicative interval functions is also rather useful:

Proposition 2. $\mu - 1$ *is dominated by* $\mu_0 - 1$ *if and only if* $\mu - 1$ *is of bounded variation.*

Proof. $\mu - 1$ of bounded variation implies $\mu - 1$ is dominated by some α_0 which implies $\mu - 1$ is dominated by $\mu_0 - 1 = \prod(1 + d\alpha_0) - 1 \geq \alpha_0$. Conversely, $\mu - 1$ dominated by $\mu_0 - 1$ implies $\sum_T \|\mu - 1\| \leq \sum_T (\mu_0 - 1)$. But the latter sum decreases under refinements; hence it is finite (bounded by $\mu_0 - 1$ itself) and $\mu - 1$ is of bounded variation. $\square$

We close with remarks on possible generalizations of the above theory. The first generalization concerns product-integration over more general time variables than the one-dimensional time t above. What if we replace t by an element of $[0, \infty)^k$ for instance? The answer is that as long as we stick to *scalar* measures α, the above theory can be pretty much reproduced. Restrict attention to subsets of $[0, \infty)^k$ which are (hyper)-rectangles (or finite unions of rectangles), and partitions which are finite sets of rectangles; all the above goes through once we fix an ordering of a finite collection of rectangles. Equations (9)–(13) need however to be carefully formulated. We return to this topic in section 12.

Another generalization is to replace α by the *random* interval function generated by a $p \times p$ matrix *semimartingale*. Now it is known that all our results hold for semimartingales when the product-integral is taken to be the Doléans-Dades exponential semimartingale, in fact defined as the solution to the stochastic integral equation (15) (see Karandikar, 1983). When $p = 1$ it turns out that no deep stochastic analysis is required to get all the results: all one needs is the fact that the (optional) quadratic variation process of the semimartingale exists (in probability) as $\lim_T \sum_T \alpha^2$. Hence the question:

Question. *Is there an elementary (i.e., deterministic) approach to the Doléans-Dades exponential semimartingale in the matrix case which takes as starting point just the existence (as limits of approximating finite sums of products) of the quadratic covariation processes between all components?*

Further background to this question is given by Gill and Johansen (1990). Freedman (1983) develops product-integration for continuous functions of bounded p-variation, $1 < p < 2$ (a different p from the dimension p used till now), and mentions in passing results on the case $p = 2$ and 2×2 matrices.

Most of the above theory can be further generalised to interval functions taking values in a complete normed ring. There are surely many applications making use of such generality, e.g., in the general study of Markov processes (in the next section we will only consider the case of a finite state space).

Exercise. *Find some new applications of product-integration.*

3. Markov processes and product-integrals.

The aim of this section is to put on record the main features of the application of product-integrals to Markov processes, and in preparation for that, to survival times and to the so-called *Bernoulli process*. The results we need are: the survival function is the product-integral of the (negative) hazard and the probability transition matrix is the product-integral of the matrix intensity measure. Later, in sections 7 and 10, we will introduce the connection between hazard or intensity measures and martingale theory.

Survival functions.

First we look at survival functions. Let $T > 0$ be a survival time with survival function S and upper support endpoint τ, $0 < \tau \le \infty$, i.e., $\tau = \sup\{t : S(t) > 0\}$. Define the hazard measure $\Lambda(dt) = F(dt)/S(t-)$ as a measure on $[0, \infty)$; define the interval function $S(s,t) = S(t)/S(s)$ also on $[0, \infty)$ with the convention that $0/0 = 1$. We now have $\Lambda = \int(1 - dS)$, $S = \prod(1 - d\Lambda)$ on $[0, \infty]$ if $S(\tau-) > 0$, but otherwise only on $[0, \tau)$. Here are the distinguishing features of the two cases and terminology for them:

(i) *Termination in an atom.* $S(\tau-) > 0$, $S(\tau) = 0$: $\Lambda([0, \tau]) < \infty$, $\sup_{s<\tau} \Lambda(\{s\}) < 1$, $\Lambda(\{\tau\}) = 1$, $\Lambda((\tau, \infty)) = 0$.

(ii) *Continuous termination.* $S(\tau-) = 0$: $\Lambda([0, t]) < \infty$ and $\sup_{s<t} \Lambda(\{s\}) < 1$ for all $t < \tau$, $\Lambda([0, \tau)) = \infty$, $\Lambda([\tau, \infty)) = 0$.

Every nonnegative measure Λ on $[0, \infty)$ (without an atom at 0) satisfying properties (i) or (ii) corresponds to a survival function of the appropriate type (of a positive random variable). In case (ii) we define $\prod_0^\tau (1 - d\Lambda) = \lim_{t \uparrow \tau} \prod_0^t (1 - d\Lambda) = 0$. A defective distribution does not have a termination point. The total hazard is finite and the largest atom of the hazard measure is smaller than 1. In general, the distribution F of a random variable T with hazard measure Λ can be recovered from the hazard by the relation

$$F(dt) = \prod_{[0,t)} (1 - d\Lambda)\Lambda(dt). \tag{1}$$

One can quite easily show that $\prod(1 - d\Lambda) = \exp(-\Lambda_c)\prod(1 - \Lambda_d)$ where Λ_c and Λ_d are the continuous and discrete parts of Λ respectively. Such a relation holds in general for real product-integrals. We do not emphasize it because in general it is neither intuitive nor useful. One exception is in the construction of the inhomogenous Bernoulli process, to which we now turn.

The inhomogenous Bernoulli process.

Let Λ now be a nonnegative measure on $[0, \infty)$, finite on $[0, t]$ for each $t < \infty$, and whose atoms are less than or equal to one (with no atom at 0). Let Λ_c and Λ_d denote the continuous and discrete parts of Λ and construct a point process on $[0, \infty)$ as follows: to the events of an inhomogenous Poisson process with intensity measure Λ_c add, independently over all atoms of Λ, independent events at the locations t of each atom with probabilities $\Lambda_d(\{t\})$. The probability of no event in the interval $(s, t]$ is $\exp(-\Lambda_c((s, t]))\prod_{(s,t]}(1 - \Lambda_d) = \prod_s^t(1 - d\Lambda)$. The expected number of events in $(s, t]$ is $\Lambda((s, t])$. Since the expected number of events in finite time intervals is finite, and all events are at distinct times with probability one, the times of the events can be ordered as say $0 < T_1 < T_2 < \dots$. Define $N(t) = \max\{n : T_n \leq t\}$ as the number of events in $[0, t]$. The process N has independent increments and is therefore Markov.

The distribution of the process can also be characterized through its jump times T_n as follows. Define $S(s, t) = \prod_s^t(1 - d\Lambda)$; for given s this is a survival function on $t \geq s$ terminating at the first atom of Λ of size 1 after time s, if any exists; it is defective if there are no such atoms and $\Lambda((s, \infty)) < \infty$. First T_1 is generated from the survival function $S(0, \cdot)$. Then, given $T_1 = t_1$, $T_2 > t_1$ is drawn from $S(t_1, \cdot)$; then given also $T_2 = t_2$, $T_3 > t_2$ is drawn from $S(t_2, \cdot)$ and so on. One proof for this goes via martingale and counting process theory (to which we return in section 7): by the independent increments property, $N - \Lambda$ is a martingale; now Jacod's (1975) representation of the compensator of a counting process shows how one can read off the conditional distributions of each T_n given its predecessors from the compensator Λ of N. See section 10 or ABGK Theorem II.7.1 for this result stated in terms of product-integration.

Markov processes.

Now we turn to (inhomogeneous) Markov processes with finite state space, continuous time. We suppose the process is defined starting at any time point $t \in [0, \infty)$ from any state, and makes a finite number of jumps in finite time intervals; its sample paths are right continuous stepfunctions. The transition probability matrices $P(s,t) = (\mathrm{P}(X(t) = j|X(s) = i)_{i,j})$ are right continuous and multiplicative. By the theory of product-integration they are product-integrals of a certain interval function or measure Q which we call the *intensity measure* if and only if they are of bounded variation (or dominated) in the sense we described in the previous section. Now

$$\|P(s,t) - 1\| = \max_i \sum_j |p_{ij}(s,t) - 1| = 2\max_i \sum_{j \neq i} p_{ij}(s,t)$$

$$\leq 2\max_i \mathrm{P}(\exists \text{ a jump in } (s,t]|X(s) = i)$$

$$\leq 2\max_i \mathrm{E}(\# \text{ jumps in } (s,t]|X(s) = i).$$

So a sufficient condition for domination is that the expected number of jumps in any interval, given any starting point at the beginning of the interval, is bounded by a finite measure. This turns out also to be a necessary condition.

If $P - 1$ is dominated then $P = \prod(1 + dQ)$ where $Q = \int d(P - 1)$ is a dominated, additive matrix-valued measure. Since the elements of P are probabilities and the row sums are 1, the row sums of Q are zero; the diagonal elements are non-positive and the off-diagonal elements non-negative. The atoms of the diagonal elements of Q are not less than -1.

Define

$$\Lambda_i = -Q_{ii}, \qquad \pi_{ij} = \frac{dQ_{ij}}{d\Lambda_i}, \quad j \neq i. \tag{2}$$

The $\pi_{ij}(t)$ can be chosen to be a probability measure over $j \neq i$ for each i and t. The Λ_i are nonnegative measures, finite on finite intervals, with atoms at most 1.

Conversely, given Λ_i and π_{ij} (or equivalently given Q) with the just mentioned properties one can construct a Markov process as follows: starting at time s in state i stay there a sojourn time which has survival function $\prod_s^t(1 - d\Lambda_i)$, $t > s$; on leaving state i at time t jump to a new state j with probability $\pi_{ij}(t)$. We want to show that this process has transition matrices $P = \prod(1 + dQ)$ where the Q are obtained from the Λ_i and the π_{ij} by using (2) as a definition.

The new process is easily seen to be Markov, though we have not yet ruled out the possibility of it making an infinite number of jumps in finite time. Let $P^*(s,t)$ denote its transition probability matrix for going from any state to any other *with a finite number of jumps*, so that P^* may have row sums less than one. Let $P^{*(n)}$ denote the matrix of transition probabilities when exactly n jumps are made so that $P^* = \sum_{n=0}^{\infty} P^{*(n)}$. Now by (1), the probability, given we start in state i at time s, of having moved to state j at time t via the chain of states $i = i_0, i_1, \ldots, i_n = j$ (and so with precisely $n > 0$ jumps) is

$$\int\limits_{s<t_1<...<t_n\le t} \prod_{(s,t_1)} (1-\mathrm{d}\Lambda_{i_0})\Lambda_{i_0}(\mathrm{d}t_1)\pi_{i_0 i_1}(t_1) \prod_{(t_1,t_2)} (1-\mathrm{d}\Lambda_{i_1})\Lambda_{i_1}(\mathrm{d}t_2)\pi_{i_1 i_2}(t_2)\dots$$
$$\dots \Lambda_{i_{n-1}}(\mathrm{d}t_n)\pi_{i_{n-1}i_n}(t_n) \prod_{(t_n,t]} (1-\mathrm{d}\Lambda_{i_n}); \tag{3}$$

if $n = 0$ then it is just $\delta_{ij}\prod_s^t(1-\mathrm{d}\Lambda_i)$. When we add over all possible chains of length n we obtain the elements of the matrix $P^{*(n)}$. Let $\widetilde{Q}$ denote the matrix of diagonal elements of Q; note that $\widetilde{Q}_{ii} = -\Lambda_i$ and that $\mathrm{d}(Q-\widetilde{Q})_{ij} = \mathrm{d}\Lambda_i\pi_{ij}$. The result of adding over chains can be written (for $n > 0$) in abbreviated form as

$$P^{*(n)} = \int\dots\int \prod(1+\mathrm{d}\widetilde{Q})\,\mathrm{d}(Q-\widetilde{Q})\prod(1+\mathrm{d}\widetilde{Q})\,\mathrm{d}(Q-\widetilde{Q})\dots\mathrm{d}(Q-\widetilde{Q})\prod(1+\mathrm{d}\widetilde{Q});$$

for $n = 0$ we just get $P^{*(0)} = \prod(1+\mathrm{d}\widetilde{Q})$. Now adding over n to get P^* gives us an expression identical to the right hand side of (2.14) with $\alpha = \widetilde{Q}$ and $\beta = Q - \widetilde{Q}$ so $\alpha + \beta = Q$. Thus $P^* = \prod(1+\mathrm{d}Q) = P$, as we wanted to show. Note that since Q has row sums equal to zero, the multiplicands in the approximating finite products for $\prod(1+\mathrm{d}Q)$ have row sums one so P^* is a proper Markov matrix.

The Peano series (2.13) for $\prod(1+\mathrm{d}Q)$ does not have a probabilistic interpretation. What we have shown is that 'expanding about $1 + \widetilde{Q}$ instead of about 1' does give a series (2.14) with an important probabilistic interpretation.

The Markov processes having nice sample paths but falling outside of this description are the processes defined probabilistically through Λ_i and π_{ij} as above but where the Λ_i have infinite mass close to some time points. There are two forms of this, according to whether this infinite mass is just before or just after the time point in question. Having infinite mass just before corresponds to an ordinary continuous termination point of the hazard measure for leaving the state, so that the process is certain to leave a certain state by a certain time point, without exit at any particular time being certain. (This is only an embarrassment if it is possible to re-enter the state before the termination time, leading to the possibility of infinitely many jumps in finite time. Whether or not this possibility has positive probability depends in general, i.e., when all transitions are always possible, in a complicated way on the joint behaviour of all the Q_{ij} as one approaches the termination time). Another possibility is infinite mass just after a given time point, so the sooner after the time point one enters that state the sooner one leaves it again.

Dobrushin (1954) characterizes when a Markov process is regular (has nice sample paths) as follows. Given a Markov process with transition matrices P, we say that there is infinite hazard of leaving state i just before time t if

$$\limsup_{s\uparrow t} \sum_T |p_{ii} - 1| = \infty$$

where $\mathcal{T}$ runs through partitions of (s,t), and infinite hazard for leaving i just after t if

$$\limsup_{u \downarrow t} \sum_{\mathcal{T}} |p_{ii} - 1| = \infty$$

where $\mathcal{T}$ now runs through partitions of $(t, u]$. We say i is inaccessible just before t if

$$p_{ji}(s, u) \rightarrow 0 \quad \text{as } u \uparrow t \text{ for all } s < t \text{ and all } j$$

and inaccessible just after t if

$$p_{ji}(s, u) \rightarrow 0 \quad \text{as } u \downarrow t \text{ for all } s < t \text{ and all } j.$$

Then the process is regular if and only if infinite hazard only occurs for states which are inaccessible at the same time. If all states are always accessible, then the process is regular if and only if P is of bounded variation, and if and only if the expected numbers of jumps are of bounded variation, and if and only if the expected numbers of jumps are just finite.

4. Analytical properties of product-integration.

When we come to statistical problems we need to ask how statistical properties of an estimator of hazard or intensity measure carry over, if at all, to statistical properties of the corresponding estimators of survival functions or transition matrices. Properties of particular concern are: consistency; weak convergence; consistency of the bootstrap or other resampling schemes; asymptotic efficency; and so on. It turns out that many such results depend only on *continuity* and *differentiability* in a certain sense of the product-integral mapping taking dominated right-continuous additive interval functions (possibly matrix valued) to multiplicative ones.

We give more general theory when we come to such applications; for the time being we just show how the Duhamel equation leads naturally to certain continuity and differentiability properties. The reading of this section could be postponed till these applications first arise in section 6.

Fix an interval $[0, \tau]$ and consider the two norms on the right continuous matrix valued interval functions: the supremum norm

$$\|\beta\|_\infty = \sup_{s,t} \|\beta(s, t)\|$$

and the variation norm

$$\|\beta\|_v = \sup_{\mathcal{T}} \sum_{\mathcal{T}} \|\beta\| = \alpha_0(0, \tau)$$

where $\mathcal{T}$ runs through all partitions of $(0, \tau]$ and α_0 is the smallest real measure dominating β (see end of section 2). Write $\overset{\infty}{\rightarrow}$ and $\overset{v}{\rightarrow}$ for convergence with respect to these two norms. One easily checks that $\alpha_n \overset{\infty}{\rightarrow} \alpha$, $\limsup \|\alpha_n\|_v = M < \infty$ implies $\|\alpha\|_v \leq M$.

Now let α and β be two additive interval functions; β will play the role of one of a sequence α_n of such functions approaching α. Let $h = \beta - \alpha$. Consider the difference

$$\prod(1 + d\beta) - \prod(1 + d\alpha) = \int \prod(1 + d\beta)(d\beta - d\alpha)\prod(1 + d\alpha)$$
$$= \int \prod(1 + d\beta)dh\prod(1 + d\alpha). \tag{1}$$

We omit the variables of integration and product-integration; the reader should be able to fill them in but if in doubt look back at the Duhamel equation (2.12) or even the discrete version (2.4). This must be shown to be small when h is small, in supremum norm. Integration by parts is the obvious thing to try: in other words, replace $\prod(1+d\alpha)$ and $\prod(1 + d\beta)$ by integrals (the Volterra equations!) and then by Fubini reverse orders of integration.

Using the backward and forward integral equations we get

$$\int \prod(1+d\beta)dh\prod(1 + d\alpha) = \int dh + \int\int \prod(1 + d\beta)d\beta dh$$
$$+ \int\int dh d\alpha \prod(1 + d\alpha) + \int\int\int \prod(1 + d\beta)d\beta dh d\alpha \prod(1 + d\alpha). \tag{2}$$

Next we can reverse the order of all integrations, carrying out the integration with respect to h *before* that with respect to α or β. One integration simply disappears and h is left as an interval function:

$$\int \prod(1 + d\beta)dh\prod(1 + d\alpha) = h + \int \prod(1 + d\beta)d\beta h$$
$$+ \int h d\alpha \prod(1 + d\alpha) \tag{3}$$
$$+ \int\int \prod(1 + d\alpha)d\alpha h d\beta \prod(1 + d\beta).$$

Note that this identity does not depend at all on the original relationship $h = \beta - \alpha$ between α, β and h. For the reader worried about integration variables we write out the last term of (3) in full:

$$\int\int_{s<u<v\leq t} \prod_{s}^{u-}(1 + d\alpha)\alpha(du)h(u,v-)\beta(dv) \prod_{v}^{t}(1 + d\beta).$$

Note also that variation norm boundedness of α and β implies supremum norm boundedness of their product-integrals. Consequently if we do have $h = \beta - \alpha$ then from (1):

$$\left\| \prod(1 + d\beta) - \prod(1 + d\alpha) \right\|_\infty \leq C\|h\|_\infty$$

uniformly in α and β of uniformly bounded variation norm. This is the promised continuity property of product-integration.

We strengthen this now to a *differentiability* result; to be precise, continuous Hadamard (compact) differentiability with respect to the supremum norm, but under a variation norm boundedness condition. This kind of differentiability, intermediate between the more familiar notions of Fréchet (bounded) and Gâteaux (directional) differentiability, is just what we need for various statistical applications as we will see later. Also it seems to be the best result to be hoped for under the chosen norm. We give more of the background theory in an appendix to this section and in section 6, and concentrate now on the bare analysis. The differentiablity result for the product-integral we give here is due to Gill and Johansen (1990). Statistical theory based on compact differentiability is developed in Gill (1989), Wellner (1993), and van der Vaart and Wellner (1993). More applications can be found in Gill, van der Laan and Wellner (1993).

Instead of writing $\beta = \alpha + h$ write $\beta = \alpha + th$ where t is real and close to zero. Compact or Hadamard differentiability means that $(1/t)(\prod(1 + \mathrm{d}\beta) - \prod(1 + \mathrm{d}\alpha))$ can be approximated, for t small, by a continuous linear map in h; the approximation to be uniform over compact sets of h or equivalently along sequences h_n. By continuous compact differentiability we mean that the approximation is also uniform in α (and β). The 'integration by parts' technique we have just used takes us some of the way here. We shall need just one other new technique, taken from the proof of the Helly-Bray lemma and which we will call the Helly-Bray technique.

With $\beta = \alpha + th$ the Duhamel equation gives us immediately, cf. (1),

$$\frac{1}{t}\left(\prod(1 + \mathrm{d}\beta) - \prod(1 + \mathrm{d}\alpha)\right) = \int \prod(1 + \mathrm{d}\beta)\mathrm{d}h \prod(1 + \mathrm{d}\alpha). \qquad (4)$$

This can be rewritten as in (3), the right hand side of which, considered as a mapping from interval functions h to interval functions, both with the supremum norm, is continuous in h uniformly in α and β of uniformly bounded variation norm. In this way we can interpret $\prod(1 + \mathrm{d}\beta)\mathrm{d}h \prod(1 + \mathrm{d}\alpha)$ also for h which are not of bounded variation simply as the right hand side of (3); a definition by 'formal integration by parts'.

To establish continuous Hadamard differentiability we need to show that $\prod(1 + \mathrm{d}\beta)\mathrm{d}h \prod(1 + \mathrm{d}\alpha)$ is jointly continuous in α, β and h with respect to the supremum norm, for α and β of uniformly bounded variation norm.

Consider a sequence of triples (α_n, β_n, h_n) which converges in supremum norm to (α, β, h), and look at the diference between (3) at the nth stage and at the limit. Assume α_n and β_n (and hence also α, β) are of uniformly bounded variation norm. Since these triples will be related by $\beta_n = \alpha_n + t_n h_n$ where $t_n \to 0$ then in fact $\alpha = \beta$ but this is not important. The Helly-Bray technique is to insert two intermediate pairs (α_n, β_n, h^*) and (α, β, h^*) such that h^* is of bounded variation. Now we have the following telescoping sum:

$$\int \prod(1 + \mathrm{d}\beta_n)\mathrm{d}h_n \prod(1 + \mathrm{d}\alpha_n) - \int \prod(1 + \mathrm{d}\beta)\mathrm{d}h \prod(1 + \mathrm{d}\alpha)$$

$$= \int \prod(1 + \mathrm{d}\beta_n)(\mathrm{d}h_n - \mathrm{d}h^*) \prod(1 + \mathrm{d}\alpha_n)$$

$$+ \left(\int \prod(1 + \mathrm{d}\beta_n)\mathrm{d}h^* \prod(1 + \mathrm{d}\alpha_n) - \int \prod(1 + \mathrm{d}\beta)\mathrm{d}h^* \prod(1 + \mathrm{d}\alpha) \right)$$

$$+ \int \prod(1 + \mathrm{d}\beta)(\mathrm{d}h - \mathrm{d}h^*) \prod(1 + \mathrm{d}\alpha).$$

On the right hand side we now have three terms. For the first and the third, integration by parts (transforming to something like (3)) and the bounded variation assumption show that these terms are bounded in supremum norm by a constant times the supremum norm of $h_n - h^*$ and $h - h^*$. The middle term converges to zero as $n \to \infty$ since the product integrals converge in supremum norm and h^* is of bounded variation. Therefore since $\|h_n - h^*\|_\infty \to \|h - h^*\|_\infty$ the 'lim sup' of the supremum norm of the left hand side is bounded by a constant times $\|h - h^*\|_\infty$, which can be made arbitrarily small by choice of h^*. This gives us the required result.

To summarize as a continuous compact differentiability result: for $\alpha'_n = \alpha_n + t_n h_n$ with $\alpha_n \overset{\infty}{\to} \alpha$, $h_n \overset{\infty}{\to} h$, $t_n \to 0$, α_n and α'_n of uniformly bounded variation, we have

$$\frac{1}{t_n} \left(\prod(1 + \mathrm{d}\alpha'_n) - \prod(1 + \mathrm{d}\alpha_n) \right) \overset{\infty}{\to} \int \prod(1 + \mathrm{d}\alpha)\mathrm{d}h \prod(1 + \mathrm{d}\alpha) \tag{5}$$

where the right hand side is a (supremum norm) continuous linear mapping in h, interpreted for h not of bounded variation by formal integration by parts (see (3)). It is also jointly continuous in α and h.

A similar but simpler mapping we have to deal with later is ordinary integration of one, say, càdlàg, function on $[0, \tau]$ with respect to another. The mapping $(x, y) \mapsto \int x \mathrm{d}y$ yields a new càdlàg function if we interpret the integration as being over the intervals $(0, t]$ for all $t \in [0, \tau]$. To investigate the continuous differentiability of this mapping, consider $(1/t_n)(\int x'_n \mathrm{d}y'_n - \int x_n \mathrm{d}y_n) = \int h_n \mathrm{d}y'_n + \int x_n \mathrm{d}k_n$ where $(x'_n, y'_n) = (x_n, y_n) + t_n(h_n, k_n)$, $(x_n, y_n) \overset{\infty}{\to} (x, y)$, $(h_n, k_n) \overset{\infty}{\to} (h, k)$, $t_n \to 0$ (the t_n are real numbers, the rest are càdlàg functions). Assume x_n, y_n, x'_n, y'_n (and consequently x, y too) are of uniformly bounded variation. By the Helly-Bray technique again one easily shows that $\int h_n \mathrm{d}y'_n + \int x_n \mathrm{d}k_n$ converges in supremum norm to $\int h \mathrm{d}y + \int x \mathrm{d}k$ where the second term is interpreted by formal integration by parts if k is not of bounded variation. The limit is a continuous linear map in (h, k), continuously in (x, y). Summarized as a continuous compact differentiabilty result: for $(x'_n, y'_n) = (x_n, y_n) + t_n(h_n, k_n)$, $(x_n, y_n) \overset{\infty}{\to} (x, y)$, $(h_n, k_n) \overset{\infty}{\to} (h, k)$, $t_n \to 0$ where x_n, y_n, x'_n, y'_n (and consequently x, y too) are of uniformly bounded variation,

$$\frac{1}{t_n}\left(\int x'_n \mathrm{d}y'_n - \int x_n \mathrm{d}y_n\right) \overset{\infty}{\to} \int h \mathrm{d}y + \int x \mathrm{d}k. \tag{6}$$

where the right hand side is a (supremum norm) continuous linear mapping in (h, k), interpreted for k not of bounded variation by formal integration by parts. It is also jointly continuous in (x, y) and (h, k). By an easier argument the integration mapping is of course also supremum norm continuous on functions of uniformly bounded variation. See Gill (1989, Lemma 3) or Gill, van der Laan and Wellner (1993) for more details.

In Dudley (1992) these techniques are related to so-called Young-integrals and it is shown that it is not possible to strengthen the results to Fréchet differentiability; at least, not with respect to the supremum norm.

Appendix on Hadamard differentiability.

Here we briefly give definitions of Hadamard differentiability and continuous Hadamard differentiability, see Gill (1989) for further background.

Let B and B' be normed vector spaces, and ϕ a mapping from $E \subseteq B$ to B'. Think for instance of spaces of interval functions under the supremum norm, and the product-integral mapping acting on bounded variation additive interval functions. First we describe a general notion of differentiability of ϕ at a point $x \in E$, then specialize to Fréchet, Hadamard and Gâteaux differentiability, and finally give some special properties of Hadamard differentiability.

Let $\mathrm{d}\phi(x)$ be a bounded linear map from B to B'. This can be considered as the derivative of ϕ if for x' close to x, $\phi(x')$ can be approximated by $\phi(x) + \mathrm{d}\phi(x) \cdot (x' - x)$. (We write $\mathrm{d}\phi(x) \cdot h$ rather than $\mathrm{d}\phi(x)(h)$ to emphasize the linearity of the mapping). Let $\mathcal{S}$ be a set of subsets of B. Then we say ϕ is $\mathcal{S}$-differentiable at x with derivative $\mathrm{d}\phi(x)$ if for each $H \in \mathcal{S}$, $(1/t)(\phi(x + th) - \phi(x) - t\mathrm{d}\phi(x) \cdot h)$ converges to $0 \in B'$ as $t \to 0 \in \mathbb{R}$ uniformly in $h \in H$ where $x + th$ is restricted to lie in the domain of ϕ.

If one takes $\mathcal{S}$ to be respectively the class of all bounded subsets of B, all compact subsets, or all singletons, then $\mathcal{S}$-differentiability is called Fréchet, Hadamard or Gâteaux differentiability, or bounded, compact or directional differentiability. Clearly Fréchet differentiability is the strongest concept (requires the most uniformity) and Gâteaux the weakest; Hadamard is intermediate. A most important property of Hadamard differentiabilty is that it supports the chain rule: the composition of differentiable mappings is differentiable with as derivative the composition of the derivatives. Hadamard differentiability is in an exact sense the weakest notion of differentiability which supports the chain rule.

Equivalent to the definition just given of Hadamard differentiability is the following: for all sequences of real numbers $t_n \to 0$ and sequences $h_n \to h \in B$,

$$\frac{1}{t_n}(\phi(x + t_n h_n) - \phi(x)) \to \mathrm{d}\phi(x) \cdot h,$$

where again $\mathrm{d}\phi(x)$ is required to be a continuous linear map from B to B'. If one strengthens this by requiring also that for all sequences $x_n \to x$

$$\frac{1}{t_n}\left(\phi(x_n + t_n h_n) - \phi(x_n)\right) \to \mathrm{d}\phi(x) \cdot h,$$

then we say ϕ is continuously Hadamard differentiable at x.

In section 6 we will give a first statistical application of this concept, a functional version of the delta method: weak convergence of an empirical process carries over to compact differentiable functionals of the empirical distribution function. Later (section 11) we will also mention applications in bootstrapping: the bootstrap of a compactly differentiable function of an empirical distribution works in probability, under continuous compact differentiabilty it works almost surely. Another application is in asymptotic optimality theory: compactly differentiable functionals of efficient estimators are also efficient (van der Vaart, 1991a).

5. Nelson-Aalen, Kaplan-Meier, Aalen-Johansen.

Censored survival data can sometimes be realistically modelled as follows. In the background are defined unobservable positive random variables

$$T_1, \ldots, T_n \sim \text{ i.i.d. } F; \text{ independent of}$$
$$C_1, \ldots, C_n \sim \text{ i.i.d. } G.$$

What one observes are, for $i = 1, \ldots, n$:

$$\tilde{T}_i = \min(T_i, C_i) \quad \text{and} \quad \Delta_i = 1\{T_i \leq C_i\}.$$

This is known as the (standard or usual) *random censorship model*. We suppose F is completely unknown and the object is to estimate it, or functionals of it, using the observed data. The T_i are called survival times and the C_i censoring times; the $\tilde{T}_i$ are censored survival times with censoring indicators Δ_i. We occasionally use the notation $\tilde{T}_{(i)}$ for the ith censored observation in order of size, so that $\tilde{T}_{(n)}$ is the largest observation. We let $\Delta_{(1)}, \ldots, \Delta_{(n)}$ be the corresponding censoring indicators; in the case of tied observations we take the uncensored ($\Delta_i = 1$) before the censored ($\Delta_i = 0$). So $\Delta_{(n)} = 0$ if and only if the largest observation, or any one of the equal largest observations if there are several, is censored.

The censoring distribution G may be known or unknown, and sometimes the C_i are observed as well as the $\tilde{T}_i, \Delta_i$. For instance, suppose patients arrive at a hospital with arrival times A_i according to a Poisson process during the time interval $[0, \tau]$; suppose each patient on arrival is immediately treated and the treatment remains effective for a length of time T_i; suppose the patients are only observed up to time $\sigma > \tau$. From arrival this is a maximum length of time $C_i = \sigma - A_i$. If the process of arrivals has constant intensity then conditional on the number of arrivals we have a random censoring model with observable C_i drawn from the uniform distribution on $[\sigma - \tau, \sigma]$. With an inhomogenous arrival process with unknown intensity, conditional on the number of arrivals we still obtain the random censorship model with observable C_i but now with unknown G.

One may want to condition on the observed C_i, turning them into a collection of known but varying constants; or allow them to be dependent of one another or have varying distributions. Certain kinds of dependence between the censoring and survival times are possible without disturbing some of the analysis we will make. However for the most part we will work in the i.i.d. model described above. For a discussion of many censoring models occurring in practice see chapter III of ABGK.

Write $(\widetilde{T}, \Delta)$ and (T, C) for a generic observation and its unobservable forbears. Let Λ be the hazard function and S the survival function belonging to F. We do not assume F or G to be continuous. We let τ_F and τ_G be the upper support endpoints of F and G and $\tau = \tau_F \wedge \tau_G$. We define the function y by

$$y(t) = (1 - F(t-))(1 - G(t-));$$

it is the left continuous version of the survival function of $\widetilde{T}$. Obviously we can have no information from the data about F outside the time-interval $\{t : y(t) > 0\}$ unless F assigns mass zero to this interval in which case there is nothing else to know.

Intuitively the following seems a natural procedure for estimation of F: with $dt = [t, t + dt)$ as before, estimate $P(T \in dt \mid T \geq t) = \Lambda(dt)$ by

$$\widehat{\Lambda}(dt) = \frac{\#\{i : \widetilde{T}_i \in dt, \Delta_i = 1\}}{\#\{i : \widetilde{T}_i \geq t\}} = \frac{\#\text{failures in } dt}{\#\text{at risk at time } t-}. \tag{1}$$

Then estimate Λ by $\widehat{\Lambda}(t) = \int_0^t \widehat{\Lambda}(ds)$ and S by $\widehat{S}(t) = \prod_0^t (1 - \widehat{\Lambda}(ds))$; finally $\widehat{F} = 1 - \widehat{S}$. A rationale for this procedure would be: *given* $\widetilde{T}_i \geq t$, T_i and C_i are still independent; moreover the events $\{\widetilde{T}_i \in dt, \Delta_i = 1\}$ and $\{T_i \in dt\}$ are essentially the same event since C_i *strictly* less than T_i but both times in the same interval dt can hardly happen. The conditional probability of $\{T_i \in dt\}$ is $\Lambda(dt)$ so

$$P(\widetilde{T}_i \in dt, \Delta_i = 1 | \widetilde{T}_i \geq t) \approx \Lambda(dt)$$

motivating (1).

The estimator is a maximum likelihood estimator in some sense, whether or not G is known. Think of the $\widetilde{T}_i$ as being random times and consider how the data grows in time: from one moment to the next there can be some failures, we can see which observations i these belong to, then there can be some censorings and again we can see which observations were involved. Correspondingly, write the likelihood of the n observations as

$$\prod_t P(\#\text{failures in } dt | \text{past}) \cdot$$

$$\cdot P(\text{which failures} | \text{past and preceding}) \cdot P(\text{censorings in } dt | \text{past and preceding}).$$

The last pair of factors does not involve F; the first factor is a binomial probability, #failures in dt being approximately binomially distributed with parameters #at risk at time $t-$, $\Lambda(dt)$, given the past. The maximum likelihood estimate of p given $X \sim \text{bin}(n, p)$ is $\widehat{p} = X/n$. Now use transformation invariance to show $\widehat{F}$ is the maximum likelihood estimator of F.

The very informal argument given here is an example of the method of *partial likelihood*, invented by Cox (1975) to justify a somewhat more elaborate (and then rather controversial) estimation procedure in a similar but more complicated context (the Cox, 1972, regression model). Even if the deleted factors in the likelihood had depended on F, perhaps through some assumed relation between F and G, the idea is that one may still delete them and use what is left for valid though perhaps not optimal statistical inference.

The argument is also an example of the derivation of a non-parametric (i.e., infinite dimensional) maximum likelihood estimator. There is a formal definition of this concept, applicable for models like the present where there is no dominating measure and hence no likelihood to maximize; and the estimator we have just derived is then maximum likelihood. However statistical theory of such procedures is still at a rather primitive level and for the moment it is not too important to rigourise the definitions. It is worth pointing out though, that pursuing the likelihood idea further one can write down observed information based estimators of covariance structure which turn out to be asymptotically correct; and that the estimators turn out to have all the asymptotic optimality properties one could hope for. See ABGK section IV.1.5, Gill and van der Vaart (1993) for an attempt to connect these facts together.

The estimators we have just written down have a long history and are the basis of some of the most frequently used techniques in medical statistics. As we shall see they have elegant structure and some beautiful properties. Surprisingly it took a long time to get these properties well mapped out; for instance, the natural version of the Glivenko-Cantelli theorem for $\widehat{F}$ was only obtained in 1991, published 1993, (Stute and Wang), and this was not for want of trying.

The estimators $\widehat{S}$ of the survival function and $\widehat{F}$ of the distribution function were introduced by Kaplan and Meier (1958); apart from being named after them the estimator is also called the product-limit estimator. N. Kaplan and P. Meier actually simultaneously and independently submitted papers to the *Journal of the American Statistical Association* introducing the estimator and their published, joint paper was the result of the postal collaboration which came out of this coincidence. There are precursors in the actuarial literature, see especially Böhmer (1912). The usual formula for the estimated variance of the estimator is affectionately called Major Greenwood's formula (Greenwood, 1926).

It took till 1974 before the first rigorous large sample theory was established for the estimator (Breslow and Crowley, 1974; Meier 1975). These authors confirmed conjectures of Efron (1967), another of whose contributions was to introduce the notion of self-consistency which is important when thinking of the Kaplan-Meier estimator as a nonparametric maximum likelihood estimator (NPMLE); see section 13. We shall demonstrate Breslow and Crowley's method though streamlined through use of product-integration methods, and through using the idea of the functional delta-method (compact differentiability). Weak convergence on the whole line, for which martingale and counting process methods were needed (introduced by Aalen, 1975), was established by this author in 1980, 1983; and as just mentioned, the proper Glivenko-Cantelli theorem had to wait till Stute and Wang (1993). We give a martingale version of that theorem in section 8.

The estimator $\widehat{\Lambda}$ of the hazard function was introduced independently by Altschuler (1970) and Nelson (1969) and generalised greatly by Aalen (1972, 1975, 1976, 1978). It is now known as the Nelson-Aalen estimator. One of the generalizations is in the statistical analysis of censored observations from Markov processes. Suppose a number of particles move according to an inhomogeneous, finite state space Markov process; sometimes they are under observation, sometimes removed from observation. For each pair of states $i \neq j$ estimate the intensity measure Q_{ij} of moving from state i to state j by

$$\widehat{Q}_{ij}(\mathrm{d}t) = \frac{\#i \rightarrow j \text{ transitions observed in } \mathrm{d}t}{\#\text{observed at risk for } i \rightarrow j \text{ at time } t-};$$

the number in the denominator is the number of particles observed to be in state i at time $t-$. Put these together to form matrices $\widehat{Q}$, and product-integrate to form estimators of transition matrices $\widehat{P}$. The $\widehat{Q}_{ij}$ are 'just' generalised Nelson estimators for the hazard of the $i \rightarrow j$ transition, treating other transitions as censorings. Note that in this case the 'number at risk' can also grow through particles entering state i from other states (or elsewhere), whereas in the 'censored survival data' situation it is monotonically decreasing.

These estimation techniques were introduced by Aalen and Johansen (1978), combining Aalen's (1975) earlier developed martingale methods with tools from product-integration. The present author was able to extract from this the martingale approach to the Kaplan-Meier estimator (Gill, 1980, 1983), though neglecting the connections with product-integration.

6. Asymptotics for Kaplan Meier: empirical processes.

We give in this section a first approach to studying the large sample properties of the Kaplan-Meier estimator. This approach uses modern empirical process theory and the analytic properties (compact differentiability) of the product-integration (and ordinary integration) operations given in section 4. The idea is very simple: consider the Kaplan-Meier estimator as a functional of the empirical distribution of the data $(\widetilde{T}_i, \Delta_i)$, $i = 1, \ldots, n$, as represented by its empirical distribution function. The empirical distribution, minus the true, and multiplied by square root of n, converges in distribution to a certain Gaussian process (the celebrated Donsker theorem). The functional which maps empirical distribution function to Kaplan-Meier estimator is compactly differentiable, being the composition of a number of compactly differentiable ingredients (analysed in section 4). Now a generalised version of the delta method, which states that asymptotic normality of a standardized statistic $n^{1/2}(X_n - x)$ carries over to asymptotic normality of $n^{1/2}(\phi(X_n) - \phi(x))$ for any function ϕ differentiable at x, gives weak convergence of $n^{1/2}(\widehat{F} - F)$. Modern empirical process theory being rather elaborate, this approach does involve a lot of technical machinery. However once in working, it delivers a lot of results; in particular bootstrap and efficiency results and multivariate generalizations.

The second approach, introduced in section 7 and further developed in subsequent sections, uses modern (continuous time) martingale methods, again depending on a very elaborate theory. Once the apparatus is set up the results are got very easily and sometimes in stronger versions than by the empirical process approach. Both approaches can equally well be used to study the Aalen-Johansen estimator of the transition probabilities of an inhomogenous Markov process.

Presenting both approaches make it convenient to introduce two sets of notations, so let us first make these clear. For the empirical process approach we let F_n^1 be the empirical subdistribution function of the $\widetilde{T}_i$ with $\Delta_i = 1$; $\widetilde{F}_n$ is the empirical distribution function of all the $\widetilde{T}_i$. For the martingale approach we let N be the process counting observed failures and Y be the process giving the number at risk. So:

$$N(t) = \#\{i : \widetilde{T}_i \leq t, \Delta_i = 1\},$$
$$Y(t) = \#\{i : \widetilde{T}_i \geq t\},$$

which makes

$$F_n^1(t) = \frac{1}{n}N(t),$$
$$1 - \widetilde{F}_n(t-) = \frac{1}{n}Y(t).$$

Recall that we have defined $\widehat{\Lambda} = \int dN/Y$ and $1 - \widehat{F} = \prod(1 - d\widehat{\Lambda}) = \widehat{S}$. Integration and product-integration here define functions of t by integrating over all intervals $(0, t]$. We will later see that in the martingale approach a key for understanding properties of $\widehat{F} - F$ is that $M = N - \int Y d\Lambda$ is a zero mean, square integrable martingale with predictable variation process $\langle M \rangle$ given by $\langle M \rangle = \int Y(1 - \Delta\Lambda)d\Lambda$ where $\Delta\Lambda(t) = \Lambda(\{t\})$ denotes the atoms of Λ.

From empirical process theory we know (by the Glivenko-Cantelli theorem) that F_n^1 and $\widetilde{F}_n$ converge uniformly almost surely for $n \to \infty$ to their expectations $F^1 = \int(1 - G_-)dF$ and $\widetilde{F} = 1 - (1 - F)(1 - G)$. The integral here denotes the function obtained by integrating over $[0, t]$ for each t, and the subscript minus sign denotes the left continuous version. Note that $dF^1/(1 - \widetilde{F}_-) = dF/(1 - F_-) = d\Lambda$ on $\{t : y(t) > 0\}$; recall $y = (1 - \widetilde{F}_-)$, and $1 - F = \prod(1 - d\Lambda)$.

We can write now

$$1 - \widehat{F}_n = \prod\left(1 - \frac{dF_n^1}{1 - \widetilde{F}_{n-}}\right).$$

This can be thought of as the composition of three mappings:

$$(F_n^1, \widetilde{F}_n) \mapsto \left(F_n^1, \frac{1}{1 - \widetilde{F}_n}\right) \tag{1}$$

$$\mapsto \left(\int\left(\frac{1}{1 - \widetilde{F}_{n-}}\right)dF_n^1\right) \tag{2}$$

$$\mapsto \prod\left(1 - d\left(\int\left(\frac{1}{1 - \widetilde{F}_{n-}}\right)dF_n^1\right)\right). \tag{3}$$

If we fix σ such that $y(\sigma) > 0$ and consider the mappings as applying always to functions on the interval $[0, \sigma]$ then we saw in section 4 that the third of these mappings (product-integration) is supremum norm continuous at functions of uniformly bounded variation;

we also indicated the same result for the second mapping (ordinary integration). The first mapping ('one over one minus') is trivially supremum norm continuous at pairs of functions whose second component is uniformly bounded away from zero. This is satisfied (for $n \to \infty$) by the restriction to $[0, \sigma]$ where $y(\sigma) > 0$. Monotonicity makes the bounded variation condition (asymptotically) easily true.

Applied to the 'true distribution functions' $(F^1, \widetilde{F})$ on the interval $[0, \sigma]$ the mappings yield the true survival function $1 - F$. Glivenko-Cantelli and continuity therefore give us the strong uniform consistency of the Kaplan-Meier estimator: $\widehat{F} \overset{\infty}{\Rightarrow} F$ almost surely where the convergence is with respect to the supremum norm on $[0, \sigma]$ and $y(\sigma) > 0$.

With martingale methods we will later extend this (in section 8) to uniform convergence simply on $\{t : y(t) > 0\}$, the largest possible interval.

We now turn to asymptotic normality of $n^{\frac{1}{2}}(\widehat{F} - F)$. As we mentioned above we will obtain this by the delta method, in other words a first order Taylor expansion. Before going into the more formal side of this we point out that it is quite easy to work out, by an informal Taylor expansion, what the answer should be. Suppose the distributions under consideration are discrete; the integrals and product integrals in (1)–(3) are now just finite sums and products, involving multinomially distributed numbers of observations taking each possible value. Carry out a first order Taylor expansion to approximate $\widehat{F} - F$ by an expression linear in these variables. The result will again include sums and products which can be rewritten as integrals and product-integrals. This answer will also be correct for the general (non-discrete) case (this is actually a theorem!).

Quite some work is involved, especially to get the final result in a nice form; though several short cuts are possible if one knows where one is going. One obtains

$$\widehat{F}(t) - F(t) \approx \frac{1}{n} \sum_{i=1}^{n} \mathrm{IC}((\widetilde{T}_i, \Delta_i); F; t)$$

where the so-called *influence curve* for the Kaplan-Meier estimator is given by the zero-mean random variable

$$\mathrm{IC}((\widetilde{T}, \Delta); F; t)$$

$$= (1 - F(t)) \left(\frac{1\{\widetilde{T} \leq t, \Delta = 1\}}{(1 - F(\widetilde{T}))(1 - G(\widetilde{T}-))} - \int_0^{\widetilde{T} \wedge t} \frac{F(\mathrm{d}s)}{(1 - F(s))(1 - F(s-))(1 - G(s-))} \right).$$

Our aim is to show that the approximate equality here has an exact interpretation as asymptotic equivalence (uniformly in t in certain intervals) with a remainder term of order $o_P(n^{-\frac{1}{2}})$. The asymptotic variance of the Kaplan-Meier estimator is just the variance of the influence curve in one observation; see (5) below.

The mappings above are also compactly differentiable and this gives us weak convergence of $n^{1/2}(\widehat{F} - F)$ in $D[0, \sigma]$ from the Donsker theorem—weak convergence of $(n^{1/2}(F_n^1 - F^1), n^{1/2}(\widetilde{F}_n - \widetilde{F}))$—together with the Skorohod-Dudley almost sure convergence construction (a sequence converging in distribution can be represented by an almost surely convergent sequence on a suitably defined probability space), as we will now show. In Gill (1989) this technique is presented as a functional version of the delta-method. That paper used the weak convergence theory of Dudley (1966) as expounded in Pollard (1984), based on the open ball sigma-algebra.

Here we use weak convergence in the sense of Hoffmann-Jørgensen (see Pollard, 1990, or van der Vaart and Wellner, 1993). This notion of weak convergence is supposed to dispose with the measurability problems which plague general theories of weak convergence, but still great care is needed! We will not dwell on matters of measurability but refer to Wellner (1993) and van der Vaart and Wellner (1993) where the delta method, based on the Hoffmann-Jørgensen weak convergence and compact differentiability, is worked out in full detail. (These authors prefer to use a generalised continuous mapping theorem rather than the almost sure construction to derive the delta method. We have to agree that this is ultimately the more effective approach, but for sentimental reasons we keep to the almost sure construction).

According to the Hoffmann-Jørgensen theory, we see the empirical process $Z_n = (n^{1/2}(F_n^1 - F^1), n^{1/2}(\widetilde{F}_n - \widetilde{F}))$ as an element of the space of (pairs of) cadlag functions on $[0, \sigma]$ endowed with the supremum norm and the Borel sigma-algebra. As such it is not measurable, but what must be the limiting process—a zero mean Gaussian process with as covariance structure the same structure as that of the empirical—is measurable. Weak convergence in the Donsker theorem (which is true in this context) and subsequent steps means convergence of all *outer expectations* of continuous bounded functions of the empirical process to the ordinary expectations of the same functions of the limiting process.

The Skorohod-Dudley almost sure convergence construction is also available in this set-up. We describe it here as a kind of coupling, i.e., the construction of a joint distribution on a product space with prescribed margins such that given random variables originally defined on the components of the product are as close together as possible. Let Z_n be a sequence of (possibly non-measurable) random elements converging in distribution to a measurable process Z in the sense just described. Suppose the Z_n are defined on probability spaces $(\Omega_n, \mathcal{F}_n, P_n)$ and Z on $(\Omega, \mathcal{F}, P)$. Form the product of all these spaces together with (the unit interval, Borel sets, Lebesgue measure). Let π_n denote the coordinate projection from the product space to its n'th component (and define π similarly). Then according to the construction there exists a probability measure $\widetilde{P}$ on the big product space whose projections onto the components of the product are just the original P_n and P; even more, outer expectations and probabilities computed on the product space and computed on the components coincide, or, formally: $(\widetilde{P})^* \pi_n^{-1} = P_n^*$. (One says that the coordinate projections π_n are perfect mappings in that they preserve outer as well as ordinary probabilities). Under $\widetilde{P}$ the Z_n now converge *almost uniformly* to Z: this means that the distance from Z_n to Z, which may not be measurable, is bounded by a measurable sequence converging almost surely to zero.

Now we show how a delta-method theorem follows from combination of the Skorohod-Dudley construction and the definition of compact differentiability. Let X_n be elements of a normed vector space such that

$$Z_n = a_n(X_n - x) \xrightarrow{\mathcal{D}} Z$$

in the sense of Hoffmann-Jørgensen, where $a_n \to \infty$ is a sequence of real numbers. Let ϕ be a function from this space to another normed vector space, compactly differentiable at x in the sense that for all $t_n \to 0$ (real numbers) and all $h_n \to h$,

$$t_n^{-1}(\phi(x + t_n h_n) - \phi(x)) \to \mathrm{d}\phi(x).h$$

where $\mathrm{d}\phi(x)$ is a continuous linear map between the two spaces. By the Skorohod-Dudley almost sure convergence construction we may pretend the Z_n converge almost uniformly to Z. Now apply the definition of differentiability with x as given, $t_n = a_n^{-1}$, $h_n = Z_n$, $h = Z$, so that $x + t_n h_n = x + a_n^{-1} a_n (X_n - x) = X_n$. We obtain that $a_n(\phi(X_n) - \phi(x)) \to \mathrm{d}\phi(x) \cdot Z$ and also that the difference between $a_n(\phi(X_n) - \phi(x))$ and $\mathrm{d}\phi(x) \cdot Z_n$ converges to zero; both these convergences hold almost surely but a further short argument using measurability of the limit process and continuity of the derivative (van der Vaart and Wellner, 1993, Theorem 1.54 (ii)) shows that the convergence in fact holds almost uniformly. Almost uniform convergence implies convergence of outer expectations and hence weak convergence, giving the required results:

$$a_n(\phi(X_n) - \phi(x)) \overset{\mathcal{D}}{\to} \mathrm{d}\phi(x) \cdot Z$$

and moreover

$$a_n(\phi(X_n) - \phi(x)) - \mathrm{d}\phi(x) \cdot Z_n \overset{\mathrm{P}}{\to} 0.$$

(The last convergence of a possibly non-measurable sequence is actually 'almost uniformly').

A crucial point is that compact differentiability as defined here satisfies the chain rule (in fact it is the weakest form of differentiabilty to do so). Our three mappings above are each compactly differentiable (the first by a simple calculation, the second two by section 4).

The conclusion is therefore that $n^{1/2}(\widehat{F} - F)$ converges weakly to a certain Gaussian process, obtained by applying the derivatives of the three maps above (continuous linear maps) one after the other to the limit of the empirical process $(Z_n^1, \widetilde{Z}_n) = (n^{1/2}(F_n^1 - F^1), n^{1/2}(\widetilde{F}_n - \widetilde{F}))$. Also $n^{1/2}(\widehat{F} - F)$ is asymptotically equivalent to these maps applied to the empirical process itself. (All this, with respect to the supremum norm, on a given interval $[0, \sigma]$). Now the map $(x, y) \mapsto (x, 1/(1 - y)) = (x, u)$ has derivative $(h, k) \mapsto (h, k/(1-y)^2) = (h, j)$; $(x, u) \mapsto \int(u_- \mathrm{d}x) = v$ has derivative $(h, j) \mapsto \int j_- \mathrm{d}x + \int u_- \mathrm{d}h = \ell$; and for scalar v the mapping $v \mapsto \prod(1 - \mathrm{d}v)$ has derivative $\ell \mapsto -\int \prod(1 - \mathrm{d}v)\mathrm{d}\ell \prod(1 - \mathrm{d}v) = -\prod(1 - \mathrm{d}v)\int(1 - \Delta v)^{-1}\mathrm{d}\ell$ where $\Delta v = v - v_-$.

Applied to $(h, k) = (Z_n^1, \widetilde{Z}_n)$ at the point $(F^1, \widetilde{F})$ we obtain $(h, j) = (Z_n^1, \widetilde{Z}_n/(1 - \widetilde{F})^2)$. The next step gives us $\ell = \int(\widetilde{Z}_{n-}/(1 - \widetilde{F}_-)^2)\mathrm{d}F^1 + \int(1/(1 - \widetilde{F}_-))\mathrm{d}Z_n^1$. Using the fact $(1 - \widetilde{F}_-)^{-1}\mathrm{d}F^1 = \mathrm{d}\Lambda$ this simplifies to $\ell = \int(1 - \widetilde{F}_-)^{-1}(\mathrm{d}Z_n^1 + \widetilde{Z}_{n-}\mathrm{d}\Lambda)$. The final stage therefore takes us to $-\prod(1 - \mathrm{d}v)\int(1 - \Delta v)^{-1}\mathrm{d}\ell =$

$$-(1 - F)\int \frac{1}{(1 - \widetilde{F}_-)(1 - \Delta\Lambda)}(\mathrm{d}Z_n^1 + \widetilde{Z}_{n-}\mathrm{d}\Lambda). \tag{4}$$

We can get rid of the leading minus sign by taking one more step from $1 - \widehat{F}$ to $\widehat{F}$. Now one can calculate the asymptotic covariance structure of $n^{1/2}(\widehat{F} - F)$, since it must be the same as that of $(1 - F) \int (\mathrm{d}Z_1^1 + \widetilde{Z}_1 {}_- \mathrm{d}\Lambda)/((1 - \widetilde{F}_-)(1 - \Delta\Lambda))$; a tedious calculation (which we leave for the reader to carry out after studying section 7, where martingale methods make it very simple) shows that the covariance of this process evaluated at the time points s and t is

$$(1 - F(s))(1 - F(t)) \int_0^{s \wedge t} \frac{\mathrm{d}\Lambda}{(1 - \Delta\Lambda)^2 y} = (1 - F(s))(1 - F(t)) \int_0^{s \wedge t} \frac{\mathrm{d}F}{(1 - F)^2(1 - G_-)}. \tag{5}$$

This means that the integral in (4) (i.e., dropping the factor $-(1 - F)$) has uncorrelated increments. Since the limiting process is Gaussian with zero mean, we have that $n^{1/2}(\widehat{F} - F)$ is asymptotically distributed as $1 - F$ times a process with independent, zero mean, increments; hence a martingale. This raises the question whether $n^{1/2}(\widehat{F} - F)/(1 - F)$ has the martingale property before passing to the limit, and if so whether that can be used to give an alternative proof. To connect more closely with that approach, we rewrite (4) by noting that on $[0, \sigma]$

$$n^{1/2}(\mathrm{d}Z_n^1 + \widetilde{Z}_n {}_- \mathrm{d}\Lambda)$$
$$= n(\mathrm{d}F_n^1 - (1 - \widetilde{F}_n {}_-)\mathrm{d}\Lambda) - n(\mathrm{d}F^1 - (1 - \widetilde{F}_-)\mathrm{d}\Lambda)$$
$$= \mathrm{d}N - Y\mathrm{d}\Lambda :$$

thus $n^{1/2}(\widehat{F} - F)$ has been shown to be asymptotically equivalent to

$$n^{-\frac{1}{2}}(1 - F) \int \frac{1}{(1 - \Delta\Lambda)y}(\mathrm{d}N - Y\mathrm{d}\Lambda) \tag{6}$$

and it will turn our that the integral here is exactly a martingale. Note that this approximation is identical to the approximation in terms of the influence curve IC given earlier in this section.

To sum up: $n^{1/2}(\widehat{F} - F)/(1 - F)$ is asymptotically distributed as a Gaussian martingale, and even asymptotically equivalent to a process which, for each n, is exactly a martingale in t; provided we restrict attention to an interval $[0, \sigma]$ such that $y(\sigma) > 0$. Now martingale properties can be a powerful tool. It turns out that, up to a minor modification, $n^{1/2}(\widehat{F} - F)/(1 - F)$ is *exactly* a martingale, for reasons intimately connected again with the Duhamel equation and with a basic martingale property connecting the hazard measure to a survival time. The martingale approach can be used, via the martingale central limit theorem, to give an alternative and in many ways more transparent derivation of asymptotic normality of $n^{1/2}(\widehat{F} - F)/(1 - F)$. Moreover it yields a host of further results, in particular connected to the extension of the weak convergence result we have just obtained to weak convergence on a 'maximal interval', namely the closure of $\{t : y(t) > 0\}$. This is essential if we want to establish large sample properties of statistical procedures based on the Kaplan-Meier estimator at all possible time values; e.g., a Kaplan-Meier based estimate of the mean, or confidence bands for all time-values.

In the next section we will establish the martingale connections and use them in section 8 to prove one main result: the Glivenko-Cantelli theorem

$$\sup_{\{t:y(t)>0\}} |\widehat{F} - F| \to 0 \quad \text{almost surely as } n \to \infty.$$

Amazingly, this basic property of Kaplan-Meier was first established only very recently by Stute and Wang (1993). We follow their elegant proof, but replace their extensive combinatorial calculations by some structural observations involving the Duhamel equation and martingale properties.

In section 9 we will sketch weak convergence results, with statistical applications.

7. The martingale connection.

Recall the following set-up:

$$T_1, \ldots, T_n \sim \text{ i.i.d. } F; \text{ independent of}$$
$$C_1, \ldots, C_n \sim \text{ i.i.d. } G.$$

$$\widetilde{T}_i = \min(T_i, C_i), \quad \Delta_i = 1\{T_i \le C_i\}.$$
$$N(t) = \#\{i : \widetilde{T}_i \le t, \Delta_i = 1\},$$
$$Y(t) = \#\{i : \widetilde{T}_i \ge t\}.$$

$$\widehat{\Lambda}(t) = \int_0^t \frac{N(ds)}{Y(s)},$$

$$1 - \widehat{F}(t) = \prod_0^t (1 - \widehat{\Lambda}(ds)).$$

We assume $F(0) = G(0) = 0$; let Λ be the hazard measure corresponding to F; and define the maximal interval on which estimation of F is possible by

$$T = \{t : F(t-) < 1, G(t-) < 1\}$$

together with its upper endpoint

$$\tau = \sup T.$$

So $T = [0, \tau)$ or $[0, \tau]$ and $0 < \tau \le \infty$.

The source of many striking properties of the Kaplan-Meier estimator is the Duhamel equation together with the fact that the process M defined by

$$M(t) = N(t) - \int_0^t Y(s)\Lambda(ds), \quad 0 \le t \le \infty,$$

is a (square integrable, zero mean) martingale on $[0, \infty]$.

Of course the definition of a martingale involves fixing a *filtration*, that is, a collection of sub σ-algebras of the basic probability space on which everything so far is defined, which is increasing and right continuous:

$$\mathcal{F}_s \subseteq \mathcal{F}_t, \quad s \leq t,$$
$$\mathcal{F}_t = \bigcap_{u > t} \mathcal{F}_u.$$

The martingale has to be adapted to the filtration, i.e.,

$$M(t) \text{ is } \mathcal{F}_t\text{-measurable for each } t.$$

The martingale property is then

$$E(M(t)|\mathcal{F}_s) = M(s) \quad \forall s \leq t. \tag{1}$$

The minimal filtration which can be taken here is obviously $\mathcal{F}_t = \sigma\{M(s) : s \leq t\}$. However any larger filtration still satisfying (1) can be taken here. A rather natural choice is

$$\mathcal{F}_t = \sigma\{\widetilde{T}_i \wedge t, 1\{\widetilde{T}_i \leq t\}, \Delta_i 1\{\widetilde{T}_i \leq t\}; i = 1, \ldots n\}. \tag{2}$$

Thus $\mathcal{F}_t$-measurable random variables only depend in a strict sense on 'the data available at time t': the information as to whether or not each $\widetilde{T}_i$ is less than or equal to t, and if so, its actual value and the value of Δ_i.

(We mention briefly to worried probabilists: usually one also assumes that a filtration is *complete* in the sense that $\mathcal{F}_0$ contains all P-null sets of the underlying probability space. However the assumption is not really needed: one can if necessary augment an incomplete filtration with null sets, invoke standard theorems of stochastic analysis, and then drop the null sets again, while choosing suitable versions of the processes one is working with; see Jacod and Shiryaev, 1987).

The claimed martingale property is intuitively easy to understand. It really says: given $\mathcal{F}_{t-}$ (defined as $\mathcal{F}_t$ in (2) but with '$\leq$' replaced by '$<$') there are $Y(t)$ observations still to be made. The conditional probability of an uncensored observation in $[t, t + dt)$ is $\Lambda(dt)$. The expected number is therefore $Y(t)\Lambda(dt)$, thus $E(N(dt)|\mathcal{F}_{t-}) = Y(t)\Lambda(dt)$ or $E(M(dt)|\mathcal{F}_{t-}) = 0$. Therefore $M(dt)$ forms a continuous version of a sequence of martingale differences.

To actually prove the martingale property (1) is a different matter. There are many ways to do it, ranging from direct calculation to the use of general theorems on the *compensator of a counting process*, see Jacod (1975), ABGK section II.7, or section 10 below. Intermediate approaches use some calculation and some stochastic analysis. Since we need to introduce some of that anyway, here is such a hybrid proof. For an extensive introduction to the results from stochastic analysis which we need see Chapter II of ABGK.

The main tool we use is the following: the integral of a predictable process with respect to a martingale is again a martingale, under appropriate integrability conditions. Here is a suitable version of the theorem for our purposes.

Let H be a predictable process: this means that $H = H(t, \omega)$ is measurable with respect to the σ-algebra on $[0, \infty) \times \Omega$ generated by the adapted, left continuous processes. Let M be a martingale with paths of bounded variation on $[0, t]$ for each $t < \infty$.

If $E \int_0^t |H(s)||M(\mathrm{d}s)| < \infty$ for each t then the process $t \mapsto \int_0^t H \mathrm{d}M$ is again a martingale on $[0, \infty)$. Intuitively, predictability means that $H(t)$ is $\mathcal{F}_{t-}$-measurable. But then $E(H(t)M(\mathrm{d}t)|\mathcal{F}_{t-}) = H(t)E(M(\mathrm{d}t)|\mathcal{F}_{t-}) = 0$ so $\int H \mathrm{d}M$ is the continuous time analogue of a sum of martingale differences.

This theorem can be distilled from any standard account of stochastic integration theory, as part of a rather deep and complex theory. A fairly elementary proof is given by Fleming and Harrington (1991).

Now we prove the martingale property (1). Consider the case $n = 1$ and $C = C_1 = \infty$. Thus $N(t) = 1\{T \le t\}$, $Y(t) = 1\{T \ge t\}$, where $T = T_1 \sim F$. First we show $EM(\infty) = 0$. This follows from $N(\infty) = 1$ a.s. and the fact that

$$E\left(\int_0^\infty Y(t)\Lambda(\mathrm{d}t) \right) = \int_0^\infty P(T \ge t)\frac{F(\mathrm{d}t)}{P(T \ge t)} = 1.$$

Next consider $M(\infty) - M(t)$; we show that its conditional expectation given the σ-algebra $\mathcal{F}_t = \sigma(T \wedge t, 1\{T \le t\})$ is zero. The conditional expectation can be considered separately on the event $\{T \le t\}$ and on the event $\{T > t\}$. On the former event $M(\infty) - M(t)$ is identically zero so there is nothing more to check. On $\{T > t\}$ we can compute the conditional expectation given $\mathcal{F}_t$ simply as a conditional expectation given $T > t$. Also, on this event, $M(\infty) - M(t) = 1 - \int_t^\infty 1\{T \ge s\}\Lambda(\mathrm{d}s)$. But given $T > t$, T has hazard measure $\Lambda(\mathrm{d}s)1_{(t,\infty)}$. So our previous computation for the case $t = 0$ also applies to this case: we have proved

$$E(M(\infty)|\mathcal{F}_t) = M(t).$$

One can check that $EM(\infty)^2 < \infty$ so M is even a square integrable martingale. This also follows from counting process theory since M is a *compensated counting process*.

Now we turn to the general case. Introduce the larger filtration

$$\mathcal{G}_t = \sigma\{T_i \wedge t, 1\{T_i \le t\}, C_i \wedge t, 1\{C_i \le t\}\}.$$

By independence of all T_i's from one another and from all the C_i, we have that the processes M_i^0 defined by

$$M_i^0(t) = 1\{T_i \le t\} - \int_0^t 1\{T_i \ge s\}\Lambda(\mathrm{d}s)$$

are all martingales with respect to $(\mathcal{G}_t)$. Let $H_i(t) = 1\{C_i \ge t\}$. The processes H_i are left continuous and adapted, hence predictable; they are also bounded. Furthermore, it is easy to check $E \int_0^\infty |H_i(s)||M_i^0(\mathrm{d}s)| < \infty$ and therefore $\int H_i \mathrm{d}M_i^0$ is a martingale for each i. But $\sum_i \int H_i \mathrm{d}M_i^0 = M$ so this is also a martingale, with respect to the filtration $(\mathcal{G}_t)$. Since M is also adapted to the smaller filtration $(\mathcal{F}_t)$, it remains a martingale with respect to this filtration too.

To a square integrable martingale M one can associate its *predictable variation process* $\langle M \rangle$: this is the unique, nondecreasing, predicable process such that $M^2 - \langle M \rangle$ is again a martingale. Intuitively, $\langle M \rangle$ is characterised by

$$\langle M \rangle(\mathrm{d}t) = E(M(\mathrm{d}t)^2 \mid \mathcal{F}_{t-}).$$

Think of $N(dt)$ as being conditionally $\text{bin}(Y(t), \Lambda(dt))$ distributed given $\mathcal{F}_{t-}$; since $M(dt)$ equals $N(dt)$ minus its conditional expectation, it is plausible that $\langle M \rangle(dt) = Y(t)\Lambda(dt)(1 - \Lambda(dt))$. In fact it is true that

$$\langle M \rangle(t) = \int_0^t Y(s)(1 - \Delta\Lambda(s))\Lambda(ds).$$

The result can be checked by a similar procedure to the one used for the martingale property, using some further results from stochastic calculus. First one must check the result for the case $n = 1, C_1 = \infty$. This can be done by direct calculation (or by appeal to a general result on counting processes described in the next paragraph). Next we use that by independence, the *predictable covariation processes* $\langle M_i^0, M_j^0 \rangle$ for $i \neq j$ are all zero; the predictable covariation process of two martingales M and M' is the unique predictable process with paths of locally bounded variation whose difference with the product MM' is a martingale. Finally we use that if H is predictable, M a square integrable martingale, and $\text{E} \int_0^\infty H^2 d\langle M \rangle < \infty$, then $\int H dM$ is also square integrable, and predictable variation and covariation may be calculated by the rules $\langle \int H dM \rangle = \int H^2 d\langle M \rangle$, $\langle \int H dM, \int H' dM' \rangle = \int HH' d\langle M, M' \rangle$.

Slightly less work can be done by using general properties of counting processes. Full details of the following outline of a proof can be found in ABGK section II.4. Let N be a counting process: a càdlàg process which is integer valued, zero at time zero, and with jumps of size $+1$ only; for instance the present N in the case $n = 1$. A counting process has a compensator, that is an increasing predictable process A such that $M = N - A$ is a local martingale. The word local means that there exists an increasing sequence of stopping times T_n converging almost surely to ∞ such that the stopped process M^{T_n} defined by $M^{T_n}(t) = M(T_n \wedge t)$ is a martingale for each n. Now consider $M^2 = 2 \int M_- dM + \int \Delta M dM$. The first term is the stochastic integral of a predictable process with respect to a local martingale so again a local martingale. We further write $\int \Delta M dM = N - 2 \int \Delta A dN + \int \Delta A dA$. Since $\int \Delta A dM = \int \Delta A dN - \int \Delta A dA$ and ΔA is again a predictable process, combining terms shows that $\int \Delta A dM - A + \int \Delta A dA$ is a local martingale. Thus $M^2 - \int (1 - \Delta A) dA$ is a local martingale or $\langle M \rangle = \int (1 - \Delta A) dA$.

With these tools we can now quickly derive some important martingale properties of $\widehat{F}$ and $\widehat{\Lambda}$. Define

$$J(t) = 1\{Y(t) > 0\}$$

$$\frac{J(t)}{Y(t)} = \begin{cases} 0 & \text{if } Y(t) = 0 \\ \dfrac{1}{Y(t)} & \text{otherwise.} \end{cases}$$

Let $\widetilde{T}_{(n)} = \max_i \widetilde{T}_i$ and let Λ^* be the hazard measure $\Lambda^*(dt) = \Lambda(dt) 1_{[0, \widetilde{T}_{(n)}]}$.

Now we can write

$$\widehat{\Lambda} - \Lambda^* = \int \frac{dN}{Y} - \int J d\Lambda$$

$$= \int \frac{J}{Y} dN - \int \frac{J}{Y} Y d\Lambda$$

$$= \int \frac{J}{Y} dM.$$

Since J/Y is bounded and predictable and M is square integrable, $\widehat{\Lambda} - \Lambda^*$ is a square integrable martingale with $\langle \widehat{\Lambda} - \Lambda^* \rangle = \int (J/Y)(1 - \Delta\Lambda) d\Lambda$.

Let $1 - F^* = \prod(1 - d\Lambda^*)$; equivalently

$$F^*(t) = F(t \wedge \widetilde{T}_{(n)}).$$

Note that $\Lambda^*(T_{(n)}) < \infty$ almost surely and $\widehat{\Lambda}(\infty), \Lambda^*(\infty) < \infty$ almost surely.

By the Duhamel equation, for $t \in [0, \infty]$,

$$(1 - \widehat{F}(t)) - (1 - F^*(t)) =$$

$$- \int_0^t \prod_0^{s-} \left(1 - d\widehat{\Lambda}(du)\right)\left(\widehat{\Lambda}(ds) - \Lambda^*(ds)\right) \prod_s^t \left(1 - \Lambda^*(du)\right)$$

so dividing by $1 - F^*(t)$,

$$\frac{1 - \widehat{F}(t)}{1 - F^*(t)} = 1 - \int_0^t \frac{\prod_0^{s-}(1 - \widehat{\Lambda}(du))}{\prod_0^s(1 - \Lambda(du))} \frac{J(s)}{Y(s)} M(ds)$$

$$= 1 - \int_0^t \frac{1 - \widehat{F}_-}{1 - F} \frac{J}{Y} dM.$$

This gives us that $(1 - \widehat{F})/(1 - F^*) - 1$ is a zero mean, square integrable martingale on $[0, t]$ for any t such that $F(t) < \infty$, with $\langle (1 - \widehat{F})/(1 - F^*) - 1 \rangle = \int ((1 - \widehat{F})/(1 - F))^2 (J(1 - \Delta\Lambda)/Y) d\Lambda$.

Exercise. Compute the asymptotic variance (6.5) of the Kaplan-Meier estimator by use of stochastic analysis and the approximation (6.6).

In the next section we show how the delicate property of strong uniform consistency follows from this martingale representation and in the section after that we take another look at weak convergence properties from the martingale point of view.

8. Glivenko-Cantelli for Kaplan-Meier.

The analytic properties of the mappings 'integration' and 'product-integration' enabled us in section 6 to establish the following strong consistency result:

$$\sup_{t \in [0,\sigma]} |\widehat{F}(t) - F(t)| \to 0 \quad \text{a.s. as } n \to \infty \tag{1}$$

for any $\sigma \in \mathcal{T} = \{t : F(t-) < 1, G(t-) < 1\}$. It is now natural to ask: can we replace the interval $[0,\sigma]$ in (1) by the 'maximal interval' $\mathcal{T}$?

It has taken a surprisingly long time to resolve this basic question. Gill (1980) and Shorack and Wellner (1986) give incorrect proofs (the former even for the simpler 'in probability' result). J.-G. Wang (1987) at last gave a correct 'in probability' result and Stute and J.-L. Wang (1993) finally settled the question, in the affirmative. Their approach was completely novel though actually based on a classical technique for proving the ordinary Glivenko-Cantelli theorem. For the ordinary empirical distribution function F_n it is namely known that $F_n(t)$ is a *reverse martingale* in n (t fixed) and Doob's martingale convergence theorem is now available. Stute and Wang (1993) discovered that $\widehat{F}(t)$ (for fixed t) is a *reverse supermartingale* in n.

Here we present a simplified version of their proof, using the Duhamel equation and other martingale properties (in t; n fixed) to replace their extensive combinatorial calculations by a simple analysis of some basic structural features of the Kaplan-Meier estimator. The fact that we have a reverse supermartingale and not a martingale (in n) turns out to be really the same as the fact that in the last section, $\widehat{F} - F^*$ is a martingale in t, making $\widehat{F} - F$ (dropping the star) into a supermartingale.

First we make some general comments on the problem, to indicate why it really is a rather delicate question. If $\tau = \sup \mathcal{T}$ is such that $\tau \in \mathcal{T}$ (so $F(\tau-) < 1$, $G(\tau-) < 1$) then there is nothing more to prove. If $\tau \notin \mathcal{T}$ then either $F(\tau-) = 1$ or $G(\tau-) = 1$, or both. The case $F(\tau-) = 1$ can be handled by an easy monotonicity argument: informally, once we have proved that $\widehat{F}$ is close to F on $[0,\sigma]$ where σ is so close to τ that $F(\sigma)$ is very close to 1, then because $\widehat{F}$ is trapped between $\widehat{F}(\sigma)$ and 1 on (σ,τ), it must also be close to F there. Formally:

$$\sup_{t \in \mathcal{T}} |\widehat{F}(t) - F(t)| \leq \max\{ \sup_{t \in [0,\sigma]} |\widehat{F}(t) - F(t)|, (1 - F(\sigma)) + |\widehat{F}(\sigma) - F(\sigma)| \}$$

$$\leq \sup_{t \in [0,\sigma]} |\widehat{F}(t) - F(t)| + (1 - F(\sigma)).$$

This means that the only difficult case is the case: $F(\tau-) < 1$, $G(\tau-) = 1$. With probability one in this case, all observations are strictly less than τ. The danger is that for t close to τ where the 'risk set' $\{i : \widetilde{T}_i \geq t\}$ is rather small (e.g., of size 1,2,3,...), a failure occurs, so that $\widehat{\Lambda}$ makes a large jump (of size 1, $\frac{1}{2}$, $\frac{1}{3}$, ...) causing $\widehat{F}$ to make a large jump from a value close to $F(\tau-) < 1$ some appreciable fraction of the way towards 1 (e.g., all the way, half the way, a third of the way, ...).

The in-probability result of J.-G. Wang (1987) is quite easy to obtain once we have obtained this insight. Note that by the Volterra equation

$$1 - \widehat{F}(t) = 1 - \int_0^t (1 - \widehat{F}(s-))\widehat{\Lambda}(\mathrm{d}s)$$

it follows that the increment of $\widehat{F}$ over the interval (σ, τ) is less than $\widehat{\Lambda}(\tau-) - \widehat{\Lambda}(\sigma)$ in the case of concern. But we saw that $\widehat{\Lambda} - \Lambda^*$ is a martingale, which implies in the relevant case $F(\tau-) < 1, G(\tau-) = 1$ that

$$\begin{aligned} \mathrm{E}\big(\widehat{\Lambda}(\tau) - \widehat{\Lambda}(\sigma)\big) &= \mathrm{E}\big(\Lambda^*(\tau) - \Lambda^*(\sigma)\big) \\ &\leq \Lambda(\tau-) - \Lambda(\sigma) \end{aligned}$$

which can be made arbitrarily small by taking σ close enough to τ. Now Chebyshev's inequality shows that, uniformly in n, the nonnegative random variable $\widehat{\Lambda}(\tau) - \widehat{\Lambda}(\sigma)$ is arbitrarily small, in probability, for σ close enough to τ, hence

$$\limsup_{\sigma \uparrow \tau} \mathrm{P}\big(\widehat{F}(\tau) - \widehat{F}(\sigma) > \varepsilon\big) = 0$$

for all $\varepsilon > 0$. Together with

$$\sup_{t \in [0,\sigma]} |\widehat{F}(t) - F(t)| \xrightarrow{\mathrm{P}} 0$$

for each $\sigma < \tau$, and $\lim_{\sigma \uparrow \tau} (F(\tau-) - F(\sigma)) = 0$, we obtain

$$\sup_{t \in [0,\tau)} |\widehat{F}(t) - F(t)| \xrightarrow{\mathrm{P}} 0.$$

Already a martingale property was involved here. Let us now look at the Stute-Wang strong consistency proof. We do not distinguish between the different special cases any more but give a single proof covering all cases.

The proof will in fact give much more. We will consider any measurable function $\phi \geq 0$, with support in T, i.e., ϕ is zero outside T, and such that $\int_0^\infty \phi \mathrm{d}F < \infty$, and show that

$$\int_0^\infty \phi \mathrm{d}\widehat{F} \rightarrow \int_0^\infty \phi \mathrm{d}F \quad \text{as } n \to \infty \text{ a.s.} \tag{2}$$

The integrals over $[0,\infty)$ can obviously everywhere be replaced by integrals over T. Consider now ϕ equal to indicator functions $1_{[0,\sigma)}$ and $1_{[0,\sigma]}$. We can find a countable set of such indicator functions (e.g.: σ runs through all rationals and all jump points of F in T, together with the point τ itself, though $1_{[0,\tau]}$ is not included if $\tau \notin T$) such that convergence of $\int \phi \mathrm{d}\widehat{F}$ to $\int \phi \mathrm{d}F$ for all such ϕ implies uniform convergence of $\widehat{F}$ to F on T.

So we only have to consider from now on a sequence of random variables (indexed by sample size n) $\int_T \phi \mathrm{d}\widehat{F}$, ϕ with support in T, $\phi \geq 0$, and $\int_T \phi \mathrm{d}F < \infty$. We will show that this sequence is a nonnegative reverse supermartingale: inserting the variable n

and dropping the range of integration T, this means

$$\mathrm{E}\left(\int \phi \mathrm{d}\widehat{F}_n \,\bigg|\, \int \phi \mathrm{d}\widehat{F}_{n+1}, \int \phi \mathrm{d}\widehat{F}_{n+2}, \ldots\right) \leq \int \phi \mathrm{d}\widehat{F}_{n+1}. \tag{3}$$

We also show that $\mathrm{E}(\int \phi \mathrm{d}\widehat{F}_n) \leq \int \phi \mathrm{d}F$ for all n. Doob's supermartingale convergence theorem now implies that $\int \phi \mathrm{d}\widehat{F}_n$ converges almost surely and in expectation to some limiting random variable. However it is not difficult to see that the limit must lie in the tail σ-field generated by the the sequence of observations $(\widetilde{T}_n, \Delta_n)$; therefore by Kolmogorov's zero-one law it must be non-random and equal to the limit of the expected values of the sequence. (Or note that the limit is in the symmetric σ-field generated by the observations hence non-random by the Hewitt-Savage zero-one law). Therefore the required

$$\int \phi \mathrm{d}\widehat{F}_n \to \int \phi \mathrm{d}F \quad \text{a.s.}$$

will follow from the reverse supermartingale property (3) together with

$$\mathrm{E}\left(\int \phi \mathrm{d}\widehat{F}_n\right) \to \int \phi \mathrm{d}F. \tag{4}$$

We call proving (3) and (4) 'establishing the reverse supermartingale property' and 'identifying the limit' respectively. Stute and Wang (1993) used extensive and quite different looking calculations (combinatorial versus analytic) to prove these two facts. In fact it turns out that in both cases exactly the same martingale ideas can be used. We start with 'identifying the limit'.

Identifying the limit.

In the previous section we showed that the Duhamel equation for comparing $1 - \widehat{F}$ to $1 - F$ could be written in terms of an integral with respect to the basic martingale M. However we only got this martingale structure on the random time interval $[0, T]$ where

$$T = \widetilde{T}_{(n)}$$

due to problems of division by zero. In the previous section we got round this problem by modifying F and looking at F^* instead: this is got from F by forcing its hazard measure to be zero outside $[0, T]$. This technique is the usual one and has been used by many authors.

Here we propose a different trick: namely, instead of modifying F, let us modify $\widehat{F}$, or rather its hazard measure outside $[0, T]$, leaving F itself unchanged. One version of this trick has been known for a long time (Meier, 1975; Mauro, 1985): given T, add to the data one uncensored observation from the distribution with hazard measure $\Lambda(\mathrm{d}t)1_{(T,\infty)}(t)$. This is equivalent in some sense to forcing the largest observation to be uncensored. Another version (Altshuler, 1970) is to add to the data an inhomogenous Bernoulli process, started at time T, with intensity measure $\Lambda(\mathrm{d}t)1_{(T,\infty)}(t)$.

Rather than adding just one observation one could add many; in the limit, this comes down to actually knowing $\Lambda(\mathrm{d}t)1_{(T,\infty)}(t)$. Hence the following

Definition. $1 - \widetilde{F}$ *is the survival function with hazard measure* $\widetilde{\Lambda}$ *equal to* $\widehat{\Lambda}(dt)$ *on* $[0, T]$, $\Lambda(dt)$ *on* (T, ∞).

If $\widehat{F}(T) = 1$ then $\widehat{\Lambda}$ terminates properly in an atom of size $+1$ and $\widetilde{F} = \widehat{F}$. If however $\widehat{F}(T) < 1$ then $\widehat{\Lambda}$ is finite and has no atom of size $+1$. However the hazard measure $\widetilde{\Lambda}$ corresponding to $\widetilde{F}$ terminates in the same way as Λ at the same point.

We have the following properties of $\widetilde{F}$:

* $\widehat{F}$ and $\widetilde{F}$ coincide on $[0, T]$
* If $\widehat{F}(T) = 1$ then $\widehat{F}$ and $\widetilde{F}$ coincide everywhere
* If $\widehat{F}(T) < 1$ then $\widetilde{F}$ assigns mass $1 - \widehat{F}(T)$ somewhere in (T, ∞).

Note that T satisfies almost surely $\Lambda(T) < \infty$, $\widehat{\Lambda}(T) < \infty$.

Now consider the Duhamel equation comparing $\widetilde{F}$ to F, for t such that $\Lambda(t) < \infty$:

$$(1 - \widetilde{F}(t)) - (1 - F(t)) = -\int_0^t (1 - \widetilde{F}(s-)) (\widetilde{\Lambda}(ds) - \Lambda(ds)) \prod_s^t (1 - \Lambda(du))$$

$$= -\int_0^t 1\{Y(s) > 0\}(1 - \widehat{F}(s-)) (\widehat{\Lambda}(ds) - \Lambda(ds)) \prod_s^t (1 - \Lambda(du)).$$

If F terminates continuously, taking the limit as t tends to the termination point shows that this result actually holds for *all* t. Finally, recalling $\widehat{\Lambda}(ds) = N(ds)/Y(s)$ and $J(s) = 1\{Y(s) > 0\}$, we can rewrite the identity as

$$(1 - \widetilde{F}(t)) - (1 - F(t)) = -\int_0^t (1 - \widehat{F}(s-)) \frac{J(s)}{Y(s)} M(ds) \prod_s^t (1 - \Lambda(du)). \qquad (5)$$

Now M is a square integrable martingale on $[0, \infty]$, $M(0) = 0$, and for given t the integrand $(1 - \widehat{F}(s-))(J(s)/Y(s)) \prod_s^t (1 - d\Lambda)$ is a bounded, predictable process (in s). Therefore the right hand side of (5) is the evaluation at time t of a zero-mean martingale, giving us:

$$\mathrm{E}\widetilde{F}(t) = F(t) \quad \text{for all } t \in [0, \infty].$$

We turn now to integrals $\int_0^\infty \phi d\widetilde{F}$ of measurable functions ϕ. Consider the class of functions $\phi \geq 0$ such that

$$\mathrm{E}\left(\int_0^\infty \phi d\widetilde{F}\right) = \int_0^\infty \phi dF.$$

This class (i) contains all right continuous step functions with a finite number of jumps and (ii) is closed under taking monotone limits, by an easy application (twice) of the monotone convergence theorem. Therefore by the monotone class argument (see, e.g., Protter, 1980, ch. 1, Theorem 8) the class contains *all* nonnegative measurable functions.

From now on restrict attention to $\phi \geq 0$ with support in T and such that $\int_T \phi dF < \infty$. We will show that for such ϕ,

$$\mathrm{E}\left(\int \phi d\widehat{F}\right) \rightarrow \int \phi dF \quad \text{as } n \to \infty.$$

In fact since for *any* ϕ, $\int_0^\infty \phi \mathrm{d}\widehat{F} = \int_0^\infty (\phi 1_T)\mathrm{d}\widehat{F}$ almost surely, this result identifies the limit of $\mathrm{E}\int_0^\infty \phi \mathrm{d}\widehat{F}$ as $\int_T \phi \mathrm{d}F$ for arbitrary F-integrable ϕ.

Fix $M < \infty$ and $\sigma \in T$ and define $\phi_{\sigma,M} = (\phi \wedge M)1_{[0,\sigma]}$. Note the following (remember, $\phi \geq 0$):

$$\int \phi \mathrm{d}\widehat{F} \leq \int \phi \mathrm{d}\widetilde{F}$$

$$\int \phi_{\sigma,M}\mathrm{d}\widetilde{F} \leq \int \phi \mathrm{d}\widetilde{F}$$

$$\int \phi_{\sigma,M}\mathrm{d}\widetilde{F} = \int \phi_{\sigma,M}\mathrm{d}\widehat{F} \quad \text{if } T \geq \sigma.$$

Whether or not $T = \widetilde{T}_{(n)} \geq \sigma$, both sides of the last line are bounded by M; and we have $\mathrm{P}(\widetilde{T}_{(n)} \geq \sigma) \to 1$ as $n \to \infty$. This gives us

$$\mathrm{E}\left(\int \phi_{\sigma,M}\mathrm{d}\widehat{F}\right) \leq \mathrm{E}\left(\int \phi \mathrm{d}\widehat{F}\right) \leq \mathrm{E}\left(\int \phi \mathrm{d}\widetilde{F}\right) = \int \phi \mathrm{d}F \quad \text{and}$$

$$\mathrm{E}\left(\int \phi_{\sigma,M}\mathrm{d}\widehat{F}\right) = \mathrm{E}\left(\int \phi_{\sigma,M}\mathrm{d}\widetilde{F}\right) + o(1) \quad \text{as } n \to \infty$$

$$= \int \phi_{\sigma,M}\mathrm{d}F + o(1).$$

But for ϕ with support in T and $\int \phi \mathrm{d}F < \infty$, $\int \phi_{\sigma,M}\mathrm{d}F$ can be made arbitrarily close to $\int \phi \mathrm{d}F$ by suitable choice of σ and M. Hence

$$\mathrm{E}\left(\int \phi \mathrm{d}\widehat{F}\right) \to \int \phi \mathrm{d}F \quad \text{as } n \to \infty.$$

The reverse supermartingale property.

Consider $n + 1$ observations $\widetilde{T}_i, \Delta_i, i = 1, \ldots, n+1$. Write $\widetilde{T}_{i:n}, i = 1, \ldots n$ and $\widetilde{T}_{i:n+1}$, $i = 1, \ldots n+1$ for the ordered values of respectively $\widetilde{T}_1, \ldots, \widetilde{T}_n$ and $\widetilde{T}_1, \ldots, \widetilde{T}_{n+1}$. Let $\Delta_{i:n}$ and $\Delta_{i:n+1}$ denote the corresponding reordered $\Delta_1, \ldots, \Delta_n$ and $\Delta_1, \ldots, \Delta_{n+1}$. In case of tied values of the $\widetilde{T}_i$, we take the Δ_i with value 1 before those with value 0. From now on we write $\widehat{F}_n, N_n, Y_n, \widehat{\Lambda}_n$ and $\widehat{F}_{n+1}, N_{n+1}, Y_{n+1}, \widehat{\Lambda}_{n+1}$ to distinguish between statistics based on the first n and the first $n + 1$ observations. Note that $\widehat{F}_n$ only depends on the $(\widetilde{T}_i, \Delta_i)$ through the $(\widetilde{T}_{i:n}, \Delta_{i:n})$. This means that

$$\mathcal{F}_n = \sigma\{(\widetilde{T}_{i:n}, \Delta_{i:n}), i \leq n; (\widetilde{T}_i, \Delta_i), i > n\}$$

is a decreasing sequence of σ-algebras to which the sequence $\int \phi \mathrm{d}\widehat{F}_n$ is adapted. The reverse supermartingale property (3) would follow from

$$\mathrm{E}\left(\int \phi \mathrm{d}\widehat{F}_n \,\bigg|\, \mathcal{F}_{n+1}\right) \leq \int \phi \mathrm{d}\widehat{F}_{n+1}.$$

Since the $(\widetilde{T}_i, \Delta_i)$ for $i > n+1$ are independent of the others and not involved in $\widehat{F}_n$ or

$\widehat{F}_{n+1}$, this comes down to showing

$$\mathrm{E}\left(\int \phi \mathrm{d}\widehat{F}_n \;\middle|\; \widetilde{T}_{i:n+1}, \Delta_{i:n+1}, i = 1, \ldots, n+1\right) \leq \int \phi \mathrm{d}\widehat{F}_{n+1}. \tag{6}$$

The key observation which will make this calculation really easy is the following fact: the joint distribution of all the $(\widetilde{T}_{i:n}, \Delta_{i:n}), (\widetilde{T}_{i:n+1}, \Delta_{i:n+1})$ can be represented by considering the first n pairs as the result of randomly deleting one of last $n + 1$. By a random deletion we mean that the index i to be deleted is uniformly distributed on $\{1, \ldots, n+1\}$, independently of all the $(\widetilde{T}_{i:n+1}, \Delta_{i:n+1})$. This means that the conditional expectation in (6) can be computed, given the $(\widetilde{T}_{i:n+1}, \Delta_{i:n+1})$, by averaging over all the $n + 1$ values of $\int \phi \mathrm{d}\widehat{F}_n$ obtained by basing $\widehat{F}_n$ on each possible deletion of one element from the $(\widetilde{T}_{i:n+1}, \Delta_{i:n+1})$.

A quick proof of this fact (which is actually not completely trivial, especially when F or G is not continuous) goes as follows. Replace $n + 1$ by n for simplicity. The idea is to think of throwing n observations into a bag. Taking them out at random one by one does not change their joint distribution. The last one to come out is a random choice of the ones in the bag to start with. Let $X_1^*, \ldots, X_n^*$ be i.i.d. random vectors from a given distribution. Without loss of generality, assume this distribution has no atoms (otherwise replace the X_i^* by pairs (X_i^*, U_i) where the U_i are independent and uniform $(0, 1)$ distributed). Let $I_1, \ldots, I_n$ be a random permutation of $1, \ldots, n$, independent of the X_i^*. Define

$$(X_1, \ldots, X_n) = (X_{I_1}^*, \ldots, X_{I_n}^*).$$

Now $(X_1, \ldots, X_n)$ is again a random sample from the same given distribution. Moreover the *set* of values $\{X_1, \ldots, X_{n-1}\}$ of the first $n - 1$ observations is indeed obtained by random deletion of one element from the set $\{X_1, \ldots, X_n\} = \{X_1^*, \ldots, X_n^*\}$; namely in the second representation of this set we delete the one labelled I_n.

The next idea is to note that the random deletion of one element from the set of $(\widetilde{T}_{i:n+1}, \Delta_{i:n+1})$, which can be thought of as $n + 1$ marked points along the line (some of them perhaps at the same position), can be carried out sequentially, in discrete time. Without ties this goes as follows: first decide whether or not to delete $(\widetilde{T}_{1:n+1}, \Delta_{1:n+1})$, with probabilty $1/(n + 1)$. If so, stop; if not, move on to $(\widetilde{T}_{2:n+1}, \Delta_{2:n+1})$ and delete it with probabilty $1/n$; and so on. After k failed deletions, delete $(\widetilde{T}_{k+1:n+1}, \Delta_{k+1:n+1})$ with probabilty $1/(n + 1 - k)$.

When there are ties, the procedure is carried out in exactly the same way but according to the distinct values: after moving through k observations without deletions, delete one of the next group of m tied observations with probability $m/(n + 1 - k)$; the choice of which of the m to delete is done with equal probabilities.

Now we have set up a discrete time stochastic process description of how N_n and Y_n (and hence $\widehat{\Lambda}_n$ and $\widehat{F}_n$) are generated from N_{n+1} and Y_{n+1}. It will turn out that for this new set up, we have:

$$M_n(t) = N_n(t) - \int_0^t Y_n(s)\widehat{\Lambda}_{n+1}(\mathrm{d}s)$$

is a (discrete time, t) martingale. *Now exactly the same arguments* which related $E(\int \phi d\widehat{F})$ to $\int \phi dF$ via the martingale M, will relate $E(\int \phi d\widehat{F}_n)$ to $\int \phi d\widehat{F}_{n+1}$ via the martingale M_n, where the expectation is now taken with respect to our sequential random deletion experiment for given N_{n+1}, Y_{n+1}.

We prove the new martingale property as follows. Note the following, in which t is one of the values of the $\widetilde{T}_{i:n+1}$:

— if the random deletion has already been made, then $Y_n(t) = Y_{n+1}(t)$, $\Delta N_n(t) = \Delta N_{n+1}(t)$, hence trivially $\Delta N_n(t) = Y_n(t)\Delta\widehat{\Lambda}_{n+1}(t)$.

— if the random deletion has not already been made, then $Y_n(t) = Y_{n+1}(t) - 1$ while

$$\Delta N_n(t) = \begin{cases} \Delta N_{n+1}(t) - 1 \text{ with probability } \Delta N_{n+1}(t)/Y_{n+1}(t) \\ \Delta N_{n+1}(t) \text{ with probability } 1 - \Delta N_{n+1}(t)/Y_{n+1}(t) \end{cases}$$

hence

$$E(\Delta N_n(t)|\text{past}) = \Delta N_{n+1}(t) - \frac{\Delta N_{n+1}(t)}{Y_{n+1}(t)}$$

$$= \frac{\Delta N_{n+1}(t)}{Y_{n+1}(t)}(Y_{n+1}(t) - 1) = Y_n(t)\Delta\widehat{\Lambda}_{n+1}(t).$$

Combining both cases, $E(\Delta N_n(t)|\text{past}) = Y_n(t)\Delta\widehat{\Lambda}_{n+1}(t)$.

Therefore $M_n(t)$ is a discrete time martingale. Exactly as in 'identifying the limit' introduce $\widetilde{F}_n$ defined to have hazard measure $\widehat{\Lambda}_n(dt)$ on $\{t : Y_n(t) > 0\}$, $\widehat{\Lambda}_{n+1}(dt)$ on $\{t : Y_n(t) = 0\}$. We find (cf. (5))

$$(1 - \widetilde{F}_n(t)) - (1 - \widehat{F}_{n+1}(t)) = -\int_0^t (1 - \widehat{F}_n(s-))\frac{J_n(s)}{Y_n(s)}M_n(ds)\prod_s^t(1 - \widehat{\Lambda}_{n+1}(du))$$

for all t, showing, since the integrand (in s) is a predictable process, that $E\widetilde{F}_n(t) = \widehat{F}_{n+1}(t)$ for all t. Consequently $E(\int \phi d\widetilde{F}_n) = \int \phi d\widehat{F}_{n+1}$. But for $\phi \geq 0$, $\int \phi d\widehat{F}_n \leq \int \phi d\widetilde{F}_n$, giving us the reverse supermartingale property: $E(\int \phi d\widehat{F}_n) \leq \int \phi d\widehat{F}_{n+1}$.

One can get further information about $E(\int \phi d\widehat{F}_n)$ by considering exactly when $\int \phi d\widetilde{F}_n$ and $\int \phi d\widehat{F}_n$ could differ. Since the discrete support of $\widehat{\Lambda}_n$ is contained in that of $\widehat{\Lambda}_{n+1}$, a little reflection shows that the only possibility for a difference is in the mass $\widetilde{F}_n$ and $\widehat{F}_n$ give to the largest observation $t = \widetilde{T}_{n+1:n+1}$, in the case when (for that value of t) $Y_n(t) = 0$ but $Y_{n+1}(t) = 1$. If $\Delta\widehat{\Lambda}_{n+1}(t) = 0$ there is still no difference. So in order for there possibly to be a difference we must have, at sample size $n + 1$, a unique largest observation which is furthermore uncensored; and the difference arises precisely when this is the observation to be deleted when stepping down to sample size n. In this case $\widetilde{F}_n$ assigns mass $1 - \widehat{F}_n(t-)$ to this observation while $\widehat{F}_n$ assigns zero mass. Therefore we have:

$$E\left(\int \phi d\widehat{F}_n\right) = \int \phi d\widehat{F}_{n+1}$$

$$- 1\{Y_{n+1}(t) = 1, \Delta N_{n+1}(t) = 1\} \cdot \phi(t) \cdot E(1\{Y_n(t) = 0\}(1 - \widehat{F}_n(t-))$$

with $t = \widetilde{T}_{n+1:n+1}$. From this equality an interesting representation for the *unconditional* expectation of $\int \phi \mathrm{d} \widehat{F}_n$ can be derived, see Stute and Wang (1993):

$$
\mathrm{E}\left(\int \phi \mathrm{d} \widehat{F}_k \right) = \int_T \phi \mathrm{d} F
$$
$$
- \sum_{n=k}^{\infty} \mathrm{E}\left(\phi(\widetilde{T}_{n+1:n+1})(1 - \widehat{F}_n(\widetilde{T}_{n:n}))1\{\widetilde{T}_{n:n} < \widetilde{T}_{n+1:n+1}, \Delta_{n+1:n+1} = 1\} \right).
$$

Putting $k = 0$ with the convention $\widehat{F}_0 = 1$, $\widetilde{T}_{0:0} = 0$, $\int \phi \mathrm{d} \widehat{F}_0 = 0$ also gives the curious identity

$$
\int_T \phi \mathrm{d} F = \sum_{n=0}^{\infty} \mathrm{E}\left(\phi(\widetilde{T}_{n+1:n+1})(1 - \widehat{F}_n(\widetilde{T}_{n:n}))1\{\widetilde{T}_{n:n} < \widetilde{T}_{n+1:n+1}, \Delta_{n+1:n+1} = 1\} \right).
$$

Concluding remarks.

In retrospect the above proof can be made shorter by imitating the proof of weak consistency at the beginning of this section: by the Volterra equation and by the differentiability based proof of uniform consistency on $[0, \sigma]$ for any $\sigma \in T$, it suffices to show in the crucial case $F(\tau-) < 1$, $G(\tau-) = 1$ that $\widehat{\Lambda}(\tau-) \to \Lambda(\tau-)$ almost surely as $n \to \infty$. But we have exactly the same martingale properties in the random deletion experiment relating $\widehat{\Lambda}_n$ to $\widehat{\Lambda}_{n+1}$ as usually hold relating $\widehat{\Lambda}$ to Λ, in particular, $\widehat{\Lambda}_n - \widehat{\Lambda}_{n+1} = \int (J_n/Y_n) \mathrm{d} M_n$ with $M_n = N_n - \int Y_n \mathrm{d} \Lambda_{n+1}$. This makes $\widehat{\Lambda}_n(\tau-)$ also a reverse supermartingale and the same arguments as above can be used. There seems to be a lot of scope for further results here; for instance, weak convergence as a process jointly in n and t; study of sequential properties of other martingale connected estimators and rank tests; study of 'Kaplan-Meier U-statistics'; investigation of whether similar structure exists with fixed censoring or in the random truncation model (see section 10); and so on.

The discrete time martingale property we have found has parallels in many other combinatorial settings. For instance, bootstrap theory can be done by using the fact that the martingale property of $N - \int Y \mathrm{d} \Lambda$ in the real world carries over to a martingale propery of $N^* - \int Y^* \mathrm{d} \widehat{\Lambda}$ in the bootstrap world (as usual the star denotes the bootstrap version of any statistic). More comments will be made on this (in particular, why it is true) in section 11. Permutation distributions of k-sample rank tests can be studied by using the fact that the permutation distribution of $N_i - \int Y_i \mathrm{d} \widehat{\Lambda}$ is again a martingale, where the index i refers to the ith sample of k and $\widehat{\Lambda}$ is based on combining all k samples; see Andersen, Borgan, Gill and Keiding (1982) and Neuhaus (1992, 1993). In particular the latter author shows the very surprising result that permutation tests can be asymptotically validly made even with unequal censoring distributions, provided the right normalisation is used.

To return to strong consistency, and to be honest, it seems to this author that for statistical purposes, strong consistency is not worth much more than weak consistency. (Despite this comment, section 11 will give yet another approach to Glivenko-Cantelli theorems). In real life n is fixed and both theorems say that for n large, $\widehat{F}_n$ is uniformly close to F with high probability. Strong consistency just suggests a faster rate than weak consistency. In statistics it is more important to get a distributional approximation to $\widehat{F} - F$ so that we can say *how close* $\widehat{F}$ is likely to be to F. The next section will survey such results showing again how martingale methods can be a swift route to getting optimal results. Also we want to draw attention to some serious open problems which seem probabilistically interesting as well as important for applications.

Before this, we should comment on the reverse supermartingale property we have found. Is it just a (probabilistic) coincidence or does it have a deeper (statistical!) significance? The answer is that it is strongly connected to the property of $\widehat{F}$ of being a nonparametric maximum likelihood estimator. In classical statistics, the difference between a maximum likelihood estimator and the true parameter can be approximated as minus the score divided by the information. The score is a martingale in n with variance equal to the information; this makes score divided by information a reverse martingale (i.e., a sample mean is a reverse martingale). So certainly one should not be surprised to find that $\widehat{F}$ is approximately a reverse martingale in n. We have shown that it is almost exactly a reverse martingale; just the censoring of the largest observation can spoil the martingale property.

Further comments on the link to the maximum likelihood property can be found in ABGK (end of section X.2).

9. Confidence bands for Kaplan-Meier.

We saw in section 7 that

$$\frac{\widehat{F} - F^*}{1 - F^*} = \int \frac{1 - \widehat{F}_-}{1 - F} \frac{J}{Y} dM. \tag{1}$$

This makes $(\widehat{F} - F^*)/(1 - F^*)$ a square integrable martingale on $[0, \sigma]$ for each σ such that $F(\sigma) < 1$. By the recipe $\langle \int H dM \rangle = \int H^2 d\langle M \rangle$ we find

$$\langle n^{\frac{1}{2}} \frac{\widehat{F} - F^*}{1 - F^*} \rangle = \int \frac{(1 - \widehat{F}_-)^2}{(1 - F)^2} \frac{nJ}{Y} (1 - \Delta\Lambda) d\Lambda. \tag{2}$$

Suppose σ also satisfies $G(\sigma-) < 1$, so in fact $y(\sigma) > 0$. For $n \to \infty$ the right hand side converges in probability (by the Glivenko-Cantelli theorem for Y/n and by uniform weak consistency of $\widehat{F}$) to the deterministic, increasing function

$$C = \int \frac{(1 - F_-)^2}{(1 - F)^2} \frac{1}{y} (1 - \Delta\Lambda) d\Lambda$$
$$= \int \frac{d\Lambda}{(1 - \Delta\Lambda)y}. \tag{3}$$

If F is continuous we also have that the jumps of $n^{1/2}(\widehat{F} - F^*)/(1 - F^*)$ are uniformly bounded by

$$n^{-\frac{1}{2}} \frac{1}{1 - F(\sigma)} \frac{n}{Y(\sigma)} \xrightarrow{P} 0 \quad \text{as } n \to \infty.$$

These two facts (when F is continuous) are all that is needed to conclude from Rebolledo's martingale central limit theorem that $n^{1/2}(\widehat{F} - F^*)/(1 - F^*)$ converges in distribution, for $n \to \infty$, to a continuous Gaussian martingale with predictable variation (or variance function) equal to the deterministic function C (see ABGK, section II.5). Here weak convergence on $D[0, \sigma]$ is in the classical sense of weak convergence with the Skorohod metric on $D[0, \sigma]$, but since the limit proces is continuous, this is equivalent to weak convergence in the modern sense with respect to the supremum norm.

When F can have jumps the martingale central limit theorem is not directly applicable. Gill (1980) shows how it can be applied after splitting up the jump of N at time t, conditionally given the past bin$(Y(t), \Delta\Lambda(t))$ distributed, into $Y(t)$ separate Bernoulli$(\Delta\Lambda(t))$ distributed jumps at equidistant time points in a small time interval inserted into the real line at time t. On an expanded time interval one gets weak convergence to a continuous process with as variance function a version of the function C, with its jumps linearly interpolated over inserted time intervals. The inserted time intervals can then be deleted again giving a result for the original process.

In any case one has, on $[0, \sigma]$, that with probability converging to 1 the functions F^* and F coincide. Denoting by B the standard Brownian motion, this gives us the final result

$$n^{\frac{1}{2}} \frac{\widehat{F} - F}{1 - F} \xrightarrow{\mathcal{D}} B \circ C \tag{4}$$

on $D[0, \sigma]$, supremum norm, assuming only $F(\sigma) < 1$ and $G(\sigma-) < 1$.

We showed in section 6 how this result followed from empirical process theory and quite a lot of calculations (in fact calculation of the limiting variance was even omitted there). A point we want to make is that once the martingale connections have been made, the conclusion (4), including the formula (3) for the asymptotic variance function, is a completely transparent consequence of the Duhamel equation (1) and the easy computation (2).

In statistical applications this result can be used in many ways. Here we discuss its use in *confidence band* constructions: with one aim being to draw attention to an open problem posed in Gill (1983).

From now on we restrict attention to the case when F is continuous. Let σ, satisfying $y(\sigma) > 0$ be fixed. The function C is not known but it is natural to estimate it by

$$\widehat{C} = \int \frac{n d\widehat{\Lambda}}{(1 - \Delta\widehat{\Lambda})Y}.$$

This estimator is uniformly weakly consistent on $[0, \sigma]$ (also for discontinuous F). Let

q_α be the $1 - \alpha$-quantile of the distribution of $\sup_{0 \le s \le 1} |B(s)|$. Then we have:

$$\lim_{n \to \infty} P\left(\sup_{[0,\sigma]} \left| n^{\frac{1}{2}} \frac{\widehat{F} - F}{1 - \widehat{F}} \right| > \sqrt{\widehat{C}(\sigma)} q_\alpha \right)$$

$$= \lim_{n \to \infty} P\left(\sup_{[0,\sigma]} \left| n^{\frac{1}{2}} \frac{\widehat{F} - F}{1 - F} \right| > \sqrt{C(\sigma)} q_\alpha \right)$$

$$= P\left(\sup_{[0,\sigma]} \left| \frac{B \circ C}{\sqrt{C(\sigma)}} \right| > q_\alpha \right)$$

$$= P\left(\sup_{[0,1]} |B| > q_\alpha \right) = 1 - \alpha$$

since

$$\frac{B \circ C}{\sqrt{C(\sigma)}} \sim B \circ \left(\frac{C}{C(\sigma)} \right).$$

Thus:

$$P\left(F \text{ lies between } \widehat{F} \pm n^{-\frac{1}{2}} \sqrt{\widehat{C}(\sigma)(1 - \widehat{F})} \text{ on } [0,\sigma] \right) \to 1 - \alpha \quad \text{as } n \to \infty;$$

or in other words $\widehat{F} \pm n^{-\frac{1}{2}} \sqrt{\widehat{C}(\sigma)(1 - \widehat{F})}$ is an asymptotic $1 - \alpha$ confidence band for F on $[0,\sigma]$. The band is called the Renyi band after its uncensored data analogue (Renyi, 1953) and was introduced independently by Gill (1980) and Nair (1981). It is actually a special case ('$d = 0$') of a class of bands proposed by Gillespie and Fisher (1979). The similar band for the hazard function was introduced by Aalen (1976).

This band is easy to derive and use in practice but it has two drawbacks. Firstly, in order to use it we must specify σ in advance and the interpretation of the theory is that $Y(\sigma)/n$ must not be very close to zero if we want the true coverage probability of the band to be close to the nominal $1 - \alpha$. Secondly, the width of the band is determined strongly by $C(\sigma)$ which suggests that the band 'concentrates on times close to σ'—it gives a tight interval round $\widehat{F}(t)$ at $t = \sigma$ at the cost presumably of a rather wide interval for small t.

But fortunately many other bands are possible. The Brownian motion is only one of many well understood Gaussian processes, and there are simple transformations changing it into others. Two natural choices are: transformation to a Brownian bridge; and transformation to an Ornstein-Uhlenbeck process. Both transformations address our second problem; the first perhaps is also a solution to the first problem.

For the first transformation we note that the process

$$\frac{B(t)}{1 + t} \text{ has covariance structure } \frac{s \wedge t}{(1 + s)(1 + t)} = \frac{s}{1 + s}\left(1 - \frac{t}{1 + t} \right)$$

for $s < t$. This is a time transformation of the Brownian bridge; defining

$$K = \frac{C}{1 + C}$$

and similarly $\widehat{K} = \widehat{C}/(1 + \widehat{C})$ we can write, since $1/(1 + C) = 1 - K$,

$$(1 - K)B \circ C \sim B^0 \circ K$$

where B^0 denotes the Brownian bridge.

Fixing σ as before, we have immediately

$$n^{\frac{1}{2}} \frac{1 - K}{1 - F}(\widehat{F} - F) \xrightarrow{\mathcal{D}} B^0 \circ K \tag{6}$$

on $[0, \sigma]$. Letting $q_{\alpha, u}$ denote the $1 - \alpha$ quantile of the supremum of the absolute value B^0 on $[0, u]$, $u < 1$, and making use of the uniformly consistent estimator of K on $[0, \sigma]$, we have:

$$P\left(F \text{ lies between } \widehat{F} \pm n^{-\frac{1}{2}} \frac{1 - \widehat{F}}{1 - \widehat{K}} q_{\alpha, \widehat{K}(\sigma)} \text{ on } [0, \sigma] \right) \to 1 - \alpha \quad \text{as } n \to \infty; \tag{7}$$

another confidence band for F. This is called the Hall and Wellner band after its inventors, Hall and Wellner (1980). It has the rather attractive property of reducing to a Kolmogorov-Smirnov type band (fixed width) if there is no censoring. At the end of this section we mention another band having this property. (The Hall-Wellner band is actually also a member of the earlier mentioned Gillespie-Fisher class of bands; take '$c = d$').

Now we can describe the open problem: can σ be replaced by the largest observation $\widetilde{T}_{(n)}$ in (7), eliminating the need to choose some σ and getting a confidence band on the largest possible interval?

Certainly one can carry through part of the argument: it turns out that the weak convergence in (6) is true on the maximal interval $[0, \tau]$, *without any further conditions on F or G*; see Gill (1983) and Ying (1989). If we could extend this to

$$n^{\frac{1}{2}} \frac{1 - \widehat{K}}{1 - \widehat{F}}(\widehat{F} - F) \xrightarrow{\mathcal{D}} B^0 \circ K \tag{8}$$

on $[0, \tau]$, without conditions on F or G, then the confidence band construction 'on the maximal interval' will be valid too.

The problem is completely open; perhaps the new techniques in the Stute-Wang theorem (section 8) could help resolve this. Possibly (8) is only true subject to some modification, e.g., of $\widehat{K}$, but still leading to something like (7) with $\sigma = \tau$. We think the problem is rather important since so far there is no theorem justifying 'common practice', which is to compute a confidence band on a large interval whose endpoint σ is such that $Y(\sigma)$ is rather small.

The previous transformation seemed canonical in some way—it is the most direct way to transform to a Brownian bridge. However one should note that the number n

enters into the computation of the band in *three places*: not just in the leading $n^{-1/2}$ but also in the weight function $1 - \widehat{K}$ and in the quantile $q_{\alpha, \widehat{K}(\sigma)}$ since $\widehat{K} = \widehat{C}/(1 + \widehat{C})$ and $\widehat{C} = \int (n \, dN)/((Y - \Delta N)Y)$. It is easy to check (e.g., by scaling properties of Brownian motion), that replacing n in all these locations by cn for any $0 < c < \infty$ keeps (7) true. Alternatively imagine adding to the data many observations censored at zero; n increases but N and Y do not change. So n is 'an arbitrary constant' in this construction. This means that (7) is not quite as canonical as it first seems, and draws some doubt as to whether (7) can be extended to the maximal interval. Still we may pose as open problem: construct asymptotically valid confidence bands for F on the maximal interval $[0, \widetilde{T}_{(n)}]$.

The Brownian bridge process (like Brownian motion) has two nice properties: (i) it is Markov, (ii) it is Gaussian. There is, up to rescaling, exactly one *stationary* Gaussian Markov process and that is the Ornstein-Uhlenbeck process. Can we get from B or B^0 to OU by time and space transformations? Start with B^0. To achieve stationarity we must obviously at least have constant variance. Now the process

$$\frac{B^0(t)}{\sqrt{t(1-t)}} \quad \text{has covariance structure} \quad \sqrt{\frac{s}{1-s}} \sqrt{\frac{1-t}{t}}$$

$$= \exp\left(-\left(\log\sqrt{\frac{t}{1-t}} - \log\sqrt{\frac{s}{1-s}}\right)\right),$$

for $s < t$. Thus letting $\phi(t) = \log\sqrt{(t/(1-t))}$ and $\iota(t) = t$ we see that

$$\frac{B^0}{\sqrt{\iota(1-\iota)}} \circ \phi^{-1} \quad \text{has covariance structure} \quad \exp(-|u - v|).$$

Thus

$$\sqrt{\frac{n}{K(1-K)}} \frac{1-K}{1-F} (\widehat{F} - F) = n^{\frac{1}{2}} \sqrt{\frac{1-K}{K}} \frac{1}{1-F} (\widehat{F} - F)$$

$$= n^{\frac{1}{2}} \frac{\widehat{F} - F}{\sqrt{((1-F)^2 C)}} \xrightarrow{\mathcal{D}} OU \circ \log\sqrt{C}$$

and hence, using consistent estimators,

$$P\left(F \text{ lies between } \widehat{F} \pm q_{\alpha, \log\sqrt{(\widehat{C}(\sigma_2)/\widehat{C}(\sigma_1))}} n^{-1/2}(1 - \widehat{F})\sqrt{\widehat{C}} \text{ on } [\sigma_1, \sigma_2] \right) \to 1 - \alpha$$

where $q_{\alpha, u}$ is the $1 - \alpha$ quantile of the supremum of the absolute value of the Ornstein-Uhlenbeck process over an interval of length u. This band is called the EP band ('equal precision') since each *interval* forming the band has asymptotically equal probability that F passes through it. It was proposed by Nair (1981), omitting unfortunately many important details from an unpublished report of one year before. See also Nair (1984) and Hjort (1985b).

Another possibility is not to transform to a known process but to use analytic methods, simulation, or bootstrapping to obtain or estimate the quantile of the limiting law of an unfamilar process. Going back to Gill's (1983) results, this paper actually establishes, using martingale inequalities to control the right-endpoint problem, weak convergence on the whole line of $n^{\frac{1}{2}}h \cdot (\widehat{F} - F)/(1 - F)$ for any nonincreasing weight function h such that $\int_0^\infty h^2 dC < \infty$; the result for $h = (1 - K) = 1/(1 + C)$ follows since $\int (1/(1 + C)^2) dC = [1/(1 + C)] < \infty$. (More nice tail results for Kaplan-Meier using some product-integration and martingale methods are given by Yang, 1992, 1993). Many choices of h can be taken; for instance $h = (1 - K)^\alpha$ or $h = y^\alpha$ for $\alpha > \frac{1}{2}$, where $y = (1 - F)(1 - G)$. In particular the choice $h = y$ leads to the result

$$n^{\frac{1}{2}}(1 - G)(\widehat{F} - F) \xrightarrow{D} y \cdot B \circ C$$

on $[0, \sigma]$, supremum norm. Moreover the techniques based on 'in probability linear bounds' in Gill (1983) show that even

$$n^{\frac{1}{2}}(1 - \widehat{G})(\widehat{F} - F) \xrightarrow{D} y \cdot B \circ C$$

where $1 - \widehat{G} = y/(1 - \widehat{F})$, the Kaplan-Meier estimator of the censoring distribution.

We will show in section 11 that the bootstrap works for this process: consequently, with stars from now on indicating bootstrap versions, the $1 - \alpha$ quantile of the supremum of the absolute value of $y \cdot B \circ C$ can be consistently estimated by that of $n^{\frac{1}{2}}(1 - \widehat{G}^*)(\widehat{F}^* - \widehat{F})$ (or if you prefer, $n^{\frac{1}{2}}(1 - \widehat{G})(\widehat{F}^* - \widehat{F})$). Denoting this estimated quantile by q_α^* gives us the confidence band $\widehat{F} \pm q_\alpha^* n^{-1/2}/(1 - \widehat{G})$ on the whole line:

$$P\left(F \text{ lies between } \widehat{F} \pm q_\alpha^* n^{-1/2}/(1 - \widehat{G}) \text{ on } [0, \tau] \right) \rightarrow 1 - \alpha$$

as $n \rightarrow \infty$. These bounds reduce to Kolmogorov-Smirnov when there is no censoring, are valid even if F is not continuous, but require a modest simulation experiment to compute. They have a width which for t close to τ (the bigger n, the closer you must get) becomes very large (include values outside $[0, 1]$ to both sides) and are therefore not quite what we are looking for. But maybe they are the best we can get.

More details and an alternative derivation of these bands are given in section 11.

10. Point processes, martingales and Markov processes.

The theory of counting processes was so far de-emphasized but it lies at the basis of the martingale connection in our study of the Kaplan-Meier estimator in sections 7 and 9. Also our study of Markov processes in section 3 is incomplete without showing how the matrix intensity measure is involved in a key martingale property of certain counting processes associated with (and equivalent to) the Markov process. The aim of this section is to put the main facts on record, emphasizing the connections with product-integration. The interested reader can follow up the tremendously rich statistical implications of this theory in ABGK.

To begin with we introduce some notation and terminology. Consider a sequence (T_n, J_n), $n = 1, 2, \ldots$, of random elements where the T_n take values in $(0, \infty]$ and the J_n in some measurable space $(E, \mathcal{E})$. Actually if $T_n = \infty$ then J_n is undefined, or more accurately, takes the value $\emptyset$ for some distinct point $\emptyset \notin E$. We consider the T_n as a sequence of ordered random times of certain events and the J_n as labels or marks describing the nature of the event at each time. We suppose that different events cannot occur simultaneously and that there are no accumulation points or explosions of events: thus, $T_1 > 0$, $T_{n+1} > T_n$ if T_n is finite, otherwise $T_{n+1} = \infty$ too; for all finite τ there exists an n with $T_n > \tau$. We call the process (T_n, J_n) a marked point process with marks in E.

Many stochastic processes can be described in terms of an underlying marked point process. For instance, the paths of a Markov process of the type studied in section 3 can be described, together with the state at time 0, by the times of jumps from one state to another, marked for instance by the label of the new state, or, by the pair of labels (origin state, destination state). This description preserves the time stucture of the process in the strict sense that the description of the Markov process up to time t is equivalent to the description of the marked point process up to time t (together with the intitial state), for every t.

The process (T_n, J_n) can be represented in several other ways: in terms of random measures, and in terms of counting processes. As a random measure, we consider the points (T_n, J_n) as the locations of the atoms of a counting measure μ on the product space $[0, \infty) \times E$. Thus for measurable sets $B \subseteq [0, \infty) \times E$ we define

$$\mu(B) = \#\{n : (T_n, J_n) \in B\}.$$

Another useful representation is in terms of counting processes: for measurable $A \subseteq E$ we define the process N_A by

$$N_A(t) = \mu([0, t] \times A) = \#\{n : T_n \le t, J_n \in A\}.$$

The *counting processes* N_A are càdlàg, finite, integer valued step functions with jumps of size $+1$ only, zero at time zero, and for disjoint A and A', the processes N_A and $N_{A'}$ do not jump simultaneously. If E is finite then the collection $(N_{\{i\}} : i \in E)$ is called a *multivariate counting process*.

Our aim is to describe the distribution of the point process through a notion of conditional intensity or random intensity measure. This requires us to fix a filtration $(\mathcal{F}_t)$ specifying for each t, what is considered 'to have occurred at or before time t'. We certainly want the point process to be adapted in a proper sense to this filtration: different ways to say the same thing are to assume that all the counting processes N_A are adapted to $(\mathcal{F}_t)$ in the usual sense, or that all the T_n are $(\mathcal{F}_t)$-stopping times with J_n being $\mathcal{F}_{T_n}$ measurable. The point process is called *self-exciting* when the filtration is the minimal filtration to which the process is adapted, commonly denoted $(\mathcal{N}_t)$. Thus $\mathcal{N}_t$ is generated by all $N_A(s)$, $s \le t$, $A \in \mathcal{E}$, or equivalently by all $1\{T_n \le t\}, T_n 1\{T_n \le t\}, J_n 1\{T_n \le t\}$.

Slightly more general is the case of a filtration 'self-exciting from time 0' by which I mean $\mathcal{F}_t = \mathcal{F}_0 \vee \mathcal{N}_t$ for an arbitrary time-zero sigma algebra $\mathcal{F}_0$. In fact this is not really more general, since, at the cost of allowing the point process to have an event at time zero, one can take the larger mark space $E \cup \Omega, \mathcal{E} \oplus \mathcal{F}_0$ (supposing E and Ω disjoint), and let there be an event at time zero with mark identically equal to ω. The special structure $\mathcal{F}_t = \mathcal{F}_0 \vee \mathcal{N}_t$ allows rather nice results, as we shall soon see, as well as very nice explicit characterisations of stopping times T and such sigma algebras as $\mathcal{F}_T$, $\mathcal{F}_{T-}$ in terms of the paths of the point process; for this we refer to Courrège and Priouret (1966) and Jacobsen (1982). Also conditional expectations can be computed in the intuitively natural way.

To begin with we just suppose the point process is adapted to the filtration. By general process theory (the Doob-Meyer decomposition) the N_A have *compensators* $\tilde{N}_A$: these are nondecreasing, predictable, càdlàg processes such that for each A

$$M_A = N_A - \tilde{N}_A$$

is a local square integrable martingale, zero at time zero. The M_A are in fact localized by the (T_n) themselves, i.e., for each n, $M_A^{T_n}$ is a square integrable martingale. By more general process theory (stochastic integration) it turns out that the predictable variation and covariation processes of the M_A can be easily described in terms of the $\tilde{N}_A$ themselves:

$$\langle M_A, M_{A'} \rangle = \tilde{N}_{A \cap A'} - \int \Delta \tilde{N}_A \mathrm{d}\tilde{N}_{A'}.$$

In particular, $\langle M_A \rangle = \langle M_A, M_A \rangle = \int (1 - \Delta \tilde{N}_A) \mathrm{d}N_A$ and for disjoint A and A', $\langle M_A, M_{A'} \rangle = - \int \Delta \tilde{N}_A \mathrm{d}\tilde{N}_{A'}$. If the compensators $\tilde{N}_A$ are continuous, even more simplication occurs: $\langle M_A \rangle = \tilde{N}_A$, $\langle M_A, M_{A'} \rangle = 0$ for disjoint A, A'.

In the random measure approach, one combines all the $\tilde{N}_A$ into one compensating random measure $\tilde{\mu}$ defined through the obvious extension procedure by

$$\tilde{\mu}([0,t] \times A) = \tilde{N}_A(t).$$

Now we suppose the filtration (or the process) is self-exciting from time 0. In this case it can be shown that, on the event $T_{n-1} \leq t < T_n$, conditional expectations given $\mathcal{F}_t$ can be computed as conditional expectations given $\mathcal{F}_0$, given (T_k, J_k), $k = 1, \ldots, n-1$, and given $T_n > t$. Furthermore, the conditional distribution of T_n can be described as the distribution with hazard measure, restricted to (t, ∞), equal to that of T_n conditional only on $\mathcal{F}_0$ and (T_k, J_k), $k = 1, \ldots, n-1$. This is the same as conditioning on $\mathcal{F}_{T_{n-1}}$. Write $\Lambda_{T_n | \mathcal{F}_{T_{n-1}}}$ for the hazard measure of T_n conditional on $\mathcal{F}_0$ and (T_k, J_k), $k = 1, \ldots, n-1$. It turns out that the compensator of the counting process N_A can be described in terms just of these conditional hazard measures together with the conditional distributions of each J_n given $\mathcal{F}_0$, (T_k, J_k), $k = 1, \ldots, n-1$ and given $T_n = t$: on $(T_{n-1}, T_n]$

$$\tilde{N}_A(\mathrm{d}t) = \Lambda_{T_n | \mathcal{F}_{T_{n-1}}}(\mathrm{d}t) \mathrm{P}(J_n \in A | \mathcal{F}_{T_{n-1}}, T_n = t).$$

Equivalently,

$$\tilde{\mu}(\mathrm{d}t, \mathrm{d}x) = \sum_{n=1}^{\infty} 1_{(T_{n-1}, T_n]}(t) \Lambda_{T_n | \mathcal{F}_{T_{n-1}}}(\mathrm{d}t) \mathrm{P}_{J_n | \mathcal{F}_{T_{n-1}}, T_n = t}(\mathrm{d}x).$$

This result is due to Jacod (1975). There, the measurability problems associated with choosing proper versions of all these conditional distributions are properly treated. We do not prove the result here but just note that because of the decomposition we have just made into intervals between the jump times, the result needs to be proved for the case of a point process making just one jump. The calculation we made in section 7 proves the result in that case when, moreover, E consists of just one point. The reader might like as an exercise to extend that simple calculation to the case of a finite E.

The result has a simple intuitive content: $\tilde{\mu}(dt, dx)$ is the probability, given the past up to just before time t, to have an event in the small time interval dt times the conditional probability, given there is an event, that its mark is in dx. The result also shows how one can in principle extract the distribution (given $\mathcal{F}_0$) of the whole point process μ from a description of its compensator $\tilde{\mu}$: from the trajectories of the $\tilde{N}_A$ one can extract the conditional hazard measures of the 'next jump times' and given them, the distribution of 'the next jump mark'. In particular, Radon-Nikodym derivatives between two probability distributions can be found by simple algebraic manipulation of formal ratios of the expression

$$dP|_{\mathcal{F}_0} \cdot \prod_t \left((1 - \tilde{\mu}(dt, E))^{1 - \mu(dt, E)} \prod_x \tilde{\mu}(dt, dx)^{\mu(dt, dx)} \right).$$

Note the interpretation of this expression as a product of conditional distributions given the past for observing the point process in the infinitesimal time intervals dt. More details are given in ABGK, section II.7.

Markov processes

Now we specialize the above results to Markov processes. For the Markov process of section 3, introduce the space E of pairs of distinct states (i, j). Let $\mathcal{F}_0$ be the sigma-algebra generated by $X(0)$, the state of the process at time 0. Let

$$N_{ij}(t) = \#\text{direct transitions from } i \text{ to } j \text{ in } (0, t],$$
$$Y_i(t) = 1\{\text{process is in state } i \text{ at time } t-\}.$$

Let $\mathcal{F}_t$ be the sigma-algebra generated by $X(0)$ and all $N_{ij}(s)$, $(i, j) \in E$, $s \leq t$. Observe that $(\mathcal{F}_t)$ is exactly the same as the filtration generated by the process X itself.

Comparison of our description of $\tilde{\mu}$ above and the probabilistic construction of the process X from its intensity measure Q in section 3 then shows the following key result:

$$\tilde{N}_{ij}(dt) = Y_i(t)Q_{ij}(dt);$$

or the processes M_{ij} defined by

$$M_{ij}(t) = N_{ij}(t) - \int_0^t Y_i(s)Q_{ij}(ds)$$

are local square integrable martingales. From the general theory of compensators of counting processes mentioned above we then furthermore have

$$\langle M_{ij}, M_{i'j'}\rangle(t) = \delta_{i,i'} \int_0^t Y_i(s)(\delta_{j,j'} - \Delta Q_{ij}(s))Q_{ij'}(\mathrm{d}s).$$

This is the starting point for a martingale based analysis of Aalen-Johansen estimators of P (the probability transition matrix of the process) based on censored observations of the process, exactly parallel to our study of the Kaplan-Meier estimator sketched in section 9. For further details see Aalen and Johansen (1978), ABGK Section IV.1.3.

We conclude with some remarks concerning related problems. The *random truncation* problem concerns estimation of the distribution F of a positive random variable T, given i.i.d. observations of pairs (C, T) drawn from the *conditional* distribution of C, T given $T > C$, where $C > 0$ is (unconditionally) independent of T and also has a completely unknown distribution. Keiding and Gill (1990) show that the joint (conditional) distribution of C, T can be represented as a Markov process which starts at time 0 in a state 'waiting', at time C moves to a state 'at risk', and at time T to a state 'failure'. The transitions are called 'entry' and 'death' respectively. The (non-trivial) point here is that having completely unknown distributions for C and T corresponds to having completely unknown transition intensity measures $Q_{\text{waiting, at risk}}$ and $Q_{\text{at risk, failure}}$. The latter is moreover identical to the hazard measure corresponding to F. So results on nonparametric estimation of F can be extracted from results on Nelson-Aalen and Aalen-Johansen estimators without further work needed, once the identification between the random truncation model and the Markov model has been made.

Often of interest in practice are so-called semi-Markov or Markov renewal processes. These can be described here as a point process with state space the set of all pairs (i, j) (not just different pairs). Let, for each i, Q_{ij} denote a set of (defective) hazard measures such that $\sum_j Q_{ij}$ is also a hazard measure. We interpret an event with mark (i, j) as a jump from state i to state j and introduce N_{ij} and Y_i as before, and an initial state $X(0)$. Let $L(t)$ be the elapsed time since the last jump of the process strictly before time t. So L has left continuous paths, zero just after each jump time and then increasing linearly with slope $+1$ up to and including the next jump time. Then, the process is semi-Markov with intensity measures Q_{ij} means that N_{ij} has compensator $\tilde{N}_{ij}$ given by

$$\tilde{N}_{ij}(\mathrm{d}t) = Y_i(t)Q_{ij}(\mathrm{d}L(t)).$$

An ordinary renewal process has just one state.

In Gill (1981) it is shown how counting process methods can be used to study Nelson-Aalen and Kaplan-Meier type estimators for censored observations from a Markov renewal process, despite the occurrence of the random and non-monotone time transformation L in the compensator just given.

While writing on Markov processes we cannot resist drawing attention to an open problem concerning grouped observations of a *homogenous* Markov process, studied in Gill (1985). Consider a finite state space, homogenous, Markov process, on the time interval $[0, 1]$. Let the column vector J contain the indicators for the state of the process at time 1 and let L denote the column vector containing the total lengths of time spent in each state during $[0, 1]$. Is $E(LJ^\top)$ positive semidefinite, whatever the initial distribution over the states and the intensities of transitions between the states?

11. Empirical processes revisited.

Here we look again at empirical process methods for analysing the Kaplan-Meier estimator, with particular reference to bootstrapping. There is some connection between the new approach given here and methods used by Pollard (1990) to study the Nelson-Aalen estimator. First we recall some of the modern terminology of empirical process theory; see van der Vaart and Wellner (1993) for the complete story.

Let $X_1, \ldots, X_n$ denote i.i.d. observations from a probability measure $\mathbb{P}$ on a space $\mathcal{X}$, and let $\mathbb{P}_n$ denote the empirical probability measure based on the X_i's. Let $\mathcal{F}$ denote a class of measurable functions from $\mathcal{X}$ to $\mathbb{R}$. Write $\mathbb{P}f$ and $\mathbb{P}_n f$ for true mean and empirical mean respectively of a function $f \in \mathcal{F}$, both supposed finite and even bounded. Define the empirical process

$$Z_n = (n^{\frac{1}{2}}(\mathbb{P}_n - \mathbb{P})f : f \in \mathcal{F}),$$

this is to be considered as a (possibly nonmeasurable) random element of the space $\ell^\infty(\mathcal{F})$, the class of bounded functions on $\mathcal{F}$ endowed with the supremum norm. An *envelope* for $\mathcal{F}$ is a function F such that $|f| \leq F$ for all $f \in \mathcal{F}$.

The class $\mathcal{F}$ is called a *Glivenko-Cantelli class* if $(\mathbb{P}_n f : f \in \mathcal{F})$ converges in supremum norm, almost uniformly, to $(\mathbb{P}f : f \in \mathcal{F})$. It is called a *Donsker class* if Z_n converges weakly to a tight Gaussian limit in $\ell^\infty(\mathcal{F})$. Many theorems giving useful conditions for a class to be Donsker or Glivenko-Cantelli are known. In particular we mention that if $\mathcal{X}$ is the real line, then the class of uniformly bounded monotone functions is both Glivenko-Cantelli and Donsker. This extends obviously to functions of uniformly bounded variation by writing them as differences of monotone functions.

One can show quite easily that a class of monotone functions, not necessarily uniformly bounded but having an integrable envelope, is also Glivenko-Cantelli. It is not clear whether monotone functions with *square integrable envelope* are Donsker (one approach might be to apply van der Vaart and Wellner, 1993, Lemma 2.42, to monotone functions bounded by M and then let $M \to \infty$). However van der Vaart (1993) at least shows that a $2 + \varepsilon$ finite moment of the envelope is sufficient.

Bootstrapping means estimating the distribution of Z_n by the conditional distribution given $\mathbb{P}_n$ of the bootstrap process

$$Z_n^* = (n^{\frac{1}{2}}(\mathbb{P}_n^* - \mathbb{P}_n)f : f \in \mathcal{F}),$$

where $\mathbb{P}_n^*$ is the empirical distribution based on a random sample of size n from $\mathbb{P}_n$. In principle this is a known or computable distribution: there are n^n possible samples of equal probabilily n^{-n} which just have to be enumerated. In practice one uses the Monte-Carlo method: actually take N samples of size n from $\mathbb{P}_n$, and use their empirical distribution.

A celebrated theorem of Giné and Zinn says that the bootstrap works (the conditional distribution of Z_n^* approaches that of Z_n) if and only if the Donsker theorem holds: in fact, if $\mathcal{F}$ has a square integrable envelope then almost surely, Z_n^* converges in distribution to the same limit as Z_n; without the integrability condition, the result holds in (outer) probability. This latter result is formulated properly in terms of a suitable metric metrizing convergence in distribution. It has all the desired (and expected) consequences, e.g., convergence in probability of quantiles of the distribution of real functionals of Z_n^*, in particular its own supremum norm.

These results mesh nicely with the notion of compact differentiability, since $\ell^\infty(\mathcal{F})$ is a normed vector space. Write for brevity $\mathbb{P}_n(\mathcal{F})$ for $(\mathbb{P}_n(f) : f \in \mathcal{F})$. If ϕ is a compactly differentiable functional mapping $\ell^\infty(\mathcal{F})$ to another normed vector space, then the *delta method* holds:

$$n^{\frac{1}{2}}(\phi(\mathbb{P}_n(\mathcal{F})) - \phi(\mathbb{P}(\mathcal{F}))) \xrightarrow{D} \mathrm{d}\phi(\mathbb{P}(\mathcal{F})) \cdot Z.$$

Also bootstrap results carry over to differentiable functionals: if $\mathcal{F}$ is Donsker and ϕ is compactly differentiable at $\mathbb{P}(\mathcal{F})$ then the bootstrap works in probability for

$$n^{\frac{1}{2}}(\phi(\mathbb{P}_n^*(\mathcal{F})) - \phi(\mathbb{P}_n(\mathcal{F})));$$

if moreover $\mathcal{F}$ has a square integrable envelope and ϕ is *continuously* compactly differentiable at $\mathbb{P}(\mathcal{F})$ then the bootstrap works almost surely. For the very short and elegant proofs of these statements see van der Vaart and Wellner (1993, Theorems 3.24 and 3.25).

As second preparatory excursion we should mention some special aspects of bootstrapping the Kaplan-Meier estimator. In fact there is another sensible way to bootstrap censored survival data: rather than resampling from the observations $X_i = (\widetilde{T}_i, \Delta_i)$ it would seem more reasonable to resample from an estimate of the model supposed to generate them: thus, estimate F and G by Kaplan-Meier estimators $\widehat{F}$ and $\widehat{G}$, sample survival times T_i^* and censoring times C_i^* independently from $\widehat{F}$ and $\widehat{G}$, then form pairwise minima and indicators, and finally calculate a bootstrapped Kaplan-Meier estimator $\widehat{F}^*$ from them. It turns out (Efron, 1981) that this procedure is (probabilistically at least) identical to straight resampling from the X_i. The reason for this is the fact that the random censorship model in a strong sense is not a model at all: to *every* distribution of $X = (\widetilde{T}, \Delta)$ one can associate essentially one random censorship model which generates it, namely that with survival and censoring hazard measures given respectively by

$$\Lambda_F(\mathrm{d}t) = \frac{\mathrm{P}(\widetilde{T} \in \mathrm{d}t, \Delta = 1)}{\mathrm{P}(\widetilde{T} \geq t)},$$

$$\Lambda_G(\mathrm{d}t) = \frac{\mathrm{P}(\widetilde{T} \in \mathrm{d}t, \Delta = 0)}{\mathrm{P}(\widetilde{T} > t \text{ or } \widetilde{T} = t, \Delta = 0)}. \tag{1}$$

Note the asymmetry here, corresponding to the asymmetry in the definition of Δ. The point is that if $\widetilde{T} \in \mathrm{d}t$ and $\Delta = 1$, we cannot know whether or not $C \in \mathrm{d}t$. The asymmetry means that $\widehat{G}$, the Kaplan-Meier estimator of G, is not defined simply by replacing Δ by $1 - \Delta$ in the definition. The correct definition can be inferred from (1). A useful consequence of the identity is the fact $(1 - \widehat{F})(1 - \widehat{G}) = 1 - \widetilde{F}_n$, corresponding to $(1 - F)(1 - G) = (1 - \widetilde{F})$.

These facts mean that any method used to study the Kaplan-Meier estimator under regular sampling can be used to study it under bootstrapping. For instance, the fact that $N - \int Y \mathrm{d}\Lambda$ is a martingale implies that $N^* - \int Y^* \mathrm{d}\hat{\Lambda}$ is a $\mathbb{P}_n$-martingale (a direct proof is also easy), and all martingale proofs of weak convergence of $n^{\frac{1}{2}}(\hat{F} - F)$ can be copied to find a proof of (conditional) weak convergence of $n^{\frac{1}{2}}(\hat{F}^* - \hat{F})$; the only complication is that F and G are no longer fixed but vary with n (as $\hat{F}$ and $\hat{G}$). See Akritas (1986) for the first proof that the bootstrap works for Kaplan-Meier along these lines.

As a final remark we point out that it is often wise to bootstrap studentized statistics; e.g., estimate the distribution of $n^{\frac{1}{2}}(\hat{F} - F)/((1 - \hat{F})\sqrt{\hat{C}})$ with that of $n^{\frac{1}{2}}(\hat{F}^* - \hat{F})/((1 - \hat{F}^*)\sqrt{\hat{C}^*})$. It is not yet known if this does for Kaplan-Meier what it usually does, i.e., give second order rather than just first order correctness, especially if we are interested in distributions of nonlinear functionals of this such as a supremum norm. One should also realise (van Zwet, 1993) that to enjoy the extra accuracy one will have to take a number of bootstrap samples N which is a good deal larger than is customary.

After all these preparations some first results can at least be got very fast. The continuous differentiability of product-integration and the other maps involved, together with the classical Donsker theorem for $F_n^1, \tilde{F}_n$, shows that the bootstrap works almost surely for the Kaplan-Meier estimator on any interval $[0, \sigma]$ such that $y(\sigma) > 0$.

We now show the great power of modern empirical process methods by looking at *van der Laan's identity*, a general identity for certain semiparametric estimation problems which we will study from that point of view in section 13.

The results of sections 4 and 6 show that $\hat{F} - F$ can be approximated by

$$n^{-1}(1 - F) \int \frac{\mathrm{d}N - Y\mathrm{d}\Lambda}{(1 - F)(1 - G_-)}; \tag{2}$$

in fact the difference is uniformly $o_P(n^{-\frac{1}{2}})$ on intervals $[0, \sigma]$ where $y(\sigma) > 0$. In fact there is a related identity which is so powerful that consistency, asymptotic normality, asymptotic efficiency, and correctness of the bootstrap, all follow from it in a few lines by appeal to the general theory sketched above. The identity is surprising and new; it is easy to obtain, and like all good things connected to Kaplan-Meier is really just another version of the Duhamel equation. In section 13 we show how the identity follows from the fact that (2) is the so-called *efficient influence curve* for estimating F, and $\hat{F}$ is the nonparametric maximum likelihood estimator of F (keeping G fixed). From this point of view it is a special case of van der Laan's (1993a) identity for linear-convex models:

$$\hat{F}(t) - F(t) = (\mathbb{P}_n - \mathbb{P})\mathrm{IC}_{\mathrm{eff}}(\cdot, \hat{F}, t). \tag{3}$$

Here at last is the new identity:

$$\widehat{F}(t) - F(t) = n^{-1}(1 - \widehat{F}(t)) \int_0^t \frac{dN - Y d\widehat{\Lambda}}{(1 - \widehat{F})(1 - G_-)}$$
$$- n^{-1}(1 - \widehat{F}(t)) \int_0^t \frac{d(EN) - (EY)d\widehat{\Lambda}}{(1 - \widehat{F})(1 - G_-)}. \tag{4}$$

Note how it is obtained from (2) by replacing F and Λ throughout by $\widehat{F}$ and $\widehat{\Lambda}$, then subtracting from the result the same functional of the expectation of N and Y. The distribution G remains everywhere fixed.

To prove the identity directly note first some major cancellations. Since $d\widehat{\Lambda} = dN/Y$ the first term disappears entirely; since $d(EN) = (EY)d\Lambda$ we can simplify the second term, showing that (4) is equivalent to

$$\widehat{F}(t) - F(t) = n^{-1}(1 - \widehat{F}(t)) \int_0^t \frac{(EY)(d\widehat{\Lambda} - d\Lambda)}{(1 - \widehat{F})(1 - G_-)}$$
$$= n^{-1}(1 - \widehat{F}(t)) \int_0^t \frac{(1 - F_-)(d\widehat{\Lambda} - d\Lambda)}{1 - \widehat{F}}$$
$$= \int_0^t (1 - F_-)(d\widehat{\Lambda} - d\Lambda) \prod_{(\cdot)}^t (1 - d\widehat{\Lambda})$$

which is simply a version of the Duhamel equation (2.12). The only condition needed here is that $G(t-) < 1$.

So far it seems as if we have only complicated something rather more transparent. However, introduce the following two classes of functions of $(\widetilde{T}, \Delta)$, both indexed by the pair (F, t):

$$f_{1,(F,t)}(\widetilde{T}, \Delta) = \frac{(1 - F(t))1\{\widetilde{T} \le t, \Delta = 1\}}{(1 - F(\widetilde{T}))(1 - G(\widetilde{T}-))},$$

$$f_{2,(F,t)}(\widetilde{T}, \Delta) = (1 - F(t)) \int_0^{t \wedge \widetilde{T}} \frac{dF}{(1 - F)(1 - F_-)(1 - G_-)}.$$

For the time being G is kept fixed. Now fix σ such that $y(\sigma) > 0$ and let $\mathcal{F}$ be the class of all $f_{1,(F,t)}$ together with all $f_{2,(F,t)}$ such that $t \in [0, \sigma]$ while F can be any distribution function on $[0, \infty)$ whatsoever.

Because $\int dF/((1 - F)(1 - F_-)) = F/(1 - F)$ and thanks to the indicator of $\widetilde{T} \le t$ in f_1, all $f \in \mathcal{F}$ are bounded by $1/(1 - G(\sigma-)) < \infty$. The functions f_2 are monotone as functions of $\widetilde{T}$; the functions f_1 are unimodal (increasing then decreasing). This means that $\mathcal{F}$ is an easy example of a Glivenko-Cantelli and a Donsker class. The reason this is useful is because we can rewrite our identity (4) as

$$\widehat{F}(t) - F(t) = (\mathbb{P}_n - \mathbb{P})(f_{1,(\widehat{F},t)} - f_{2,(\widehat{F},t)}).$$

Since the Glivenko-Cantelli theorem tells us $(\mathbb{P}_n - \mathbb{P})(\mathcal{F})$ goes, almost surely, uniformly to zero, we extract from the identity uniform consistency of $\widehat{F}$ on $[0, \sigma]$. Next, the Donsker theorem for $n^{\frac{1}{2}}(\mathbb{P}_n - \mathbb{P})(\mathcal{F})$ together with continuity of the limiting process in F allows us to conclude weak convergence of $(n^{\frac{1}{2}}(\widehat{F}(t) - F(t)) : t \in [0, \sigma])$ without further work.

A bootstrap conclusion is a little more tricky since in the identity G was fixed but in bootstrapping it must also be allowed to vary. To take care of this and also to further extend the results, multiply each of the functions in $\mathcal{F}$ by $(1 - G(t))$, and let not only t and F but also G now vary completely freely. In fact t is not restricted to any special interval $[0, \sigma]$ any more either. We now have that the functions in $\mathcal{F}$ are uniformly bounded by 1, and of course they retain their monotonicity properties. So the new, larger, $\mathcal{F}$ is still Glivenko-Cantelli and Donsker. But since in an obvious notation

$$(1 - G(t))(\widehat{F}(t) - F(t)) = (\mathbb{P}_n - \mathbb{P})(f_{1,(\widehat{F}, G, t)} - f_{2,(\widehat{F}, G, t)})$$

we can extract directly:

$$\|(1 - G)(\widehat{F} - F)\|_\infty \to 0 \quad \text{almost surely,}$$
$$\sqrt{n}(1 - G)(\widehat{F} - F) \xrightarrow{\mathcal{D}} (1 - G)Z \quad \text{on } \mathcal{T}, \|\cdot\|_\infty$$

where $\mathcal{T} = \{t : G(t-) < 1\}$.

Finally for a bootstrap result, we appeal to the Giné-Zinn theorem, noting that

$$(1 - \widehat{G}(t))(\widehat{F}^*(t) - \widehat{F}(t)) = (\mathbb{P}_n^* - \mathbb{P}_n)(f_{1,(\widehat{F}^*, \widehat{G}, t)} - f_{2,(\widehat{F}^*, \widehat{G}, t)}).$$

Consequently

$$\sqrt{n}(1 - \widehat{G})(\widehat{F}^* - \widehat{F}) \xrightarrow{\mathcal{D}} (1 - G)Z \quad \text{on } \mathcal{T}, \|\cdot\|_\infty, \text{ almost surely.}$$

This is still not quite the required result (which should concern $\sqrt{n}(1 - \widehat{G}^*)(\widehat{F}^* - \widehat{F})$) but good enough for practical application, and very directly obtained. To replace $(1 - \widehat{G})$ by $(1 - \widehat{G}^*)$ it is necessary to do a little more work: it is known that $(1 - \widehat{G})/(1 - G)$ is uniformly bounded in probability (Gill, 1983, by use of Doob's inequality) and the process $(1 - G)Z$ is tied down at its upper endpoint so there is not too much difficulty in making the required replacement.

These results, breathtakingly fast to obtain, allow many improvements and modifications. For instance instead of multiplying by $(1 - G)$ one could try $(1 - G)/y^{\frac{1}{2} - \varepsilon}$, for $\varepsilon > 0$; this leads to a class $\mathcal{F}$ whose envelope is unbounded but does have a finite $2 + \varepsilon/4$ moment. It seems unlikely however one can do quite as well as the optimal results in the martingale approach, since there a special relation between f_1 and f_2 was used which here, since F varies freely, is not available.

As we will see in section 13 it would have been in principle possible to derive these results about Kaplan-Meier *without having an explicit representation of the estimator* and *without an explicit form of the identity*. All that counts is the fact that it is a non-parametric maximum likelihood estimator in a model having certain general structural properties.

For further bootstrapping ideas see Doss and Gill (1992) and ABGK section IV.1.5.

Before leaving Kaplan-Meier, at least in a traditional context, we would like to make some conjectures concerning estimation of $F(\tau-)$ in the case $G(\tau-) = 1$, $F(\tau-) < 1$. Suppose both F and G have strictly positive densities 'just before τ', think for example of the typical case $F = \text{exponential}(\lambda)$, $G = \text{uniform}(0, \tau)$. We saw that in this case that $\widehat{F}(\tau)$ is consistent; however, from the result on weak convergence we see that the asymptotic variance of $n^{\frac{1}{2}}(\widehat{F}(\tau) - F(\tau))$ would be infinite if the usual formula $(1-F)^2 \cdot C$ would be applicable. In fact the very easy calculation of formula (3.6) of Theorem 3.1 of van der Vaart (1991b) shows that root n, regular estimation of $F(\tau)$ is impossible. The question then arises: what rate is achievable? Does Kaplan-Meier achieve the best rate?

If G had been known one could have estimated $F(\tau)$ by $\int_0^\tau dF_n^1/(1-G)$. In seems unlikely that using the censored observations too would tremendously improve the rate of convergence of this estimator, and also unlikely that knowing G is very crucial. So there is some similarity with the problem of estimation of $E(X^{-1})$ based on i.i.d. observations of a positive X, and a little calculation shows that our case corresponds to that in which $E(X^{-2+\varepsilon}) < \infty$ for each $\varepsilon > 0$, but $E(X^{-2}) = \infty$.

This problem has been studied (among many others) by Levit (1990). He shows that the truncated estimator $n^{-1} \sum X_i^{-1} 1\{X_i > 1/\sqrt{n}\}$ achieves the rate $\sqrt{(n/\log n)}$ and that this rate is optimal in a minimax sense. One can also obtain this result by using the van Trees inequality (Gill and Levit, 1992) and introducing the 'hardest parametric submodel' which is the exponential family with sufficient statistic $X1\{X > 1/\sqrt{n}\}$.

This leads to the following conjecture:

Conjecture. *$F(\tau-)$ can be estimated at rate $\sqrt{(n/\log n)}$, the Kaplan-Meier estimator $\widehat{F}(\tau-)$ does not achieve this rate but the modification $\widehat{F}(\tau - 1/\sqrt{n})$ does. Instead of the the non-random time $\tau - 1/\sqrt{n}$ one can also use the random time $T_n = \sup\{t : Y(t) \geq \sqrt{n}\}$ here.*

12. Dabrowska's multivariate product-limit estimator.

One can very naturally generalise the random censorship model of the previous sections to higher dimensional time. Let $T = (T_1, \ldots, T_k)$ be a vector of positive random variables; let $C = (C_1, \ldots, C_k)$ be a vector of censoring times; and define $\widetilde{T}_i = T_i \wedge C_i$, $\Delta_i = 1\{T_i \leq C_i\}$. Question: given n i.i.d. replicates of the vectors $(\widetilde{T}, \Delta)$, how should one estimate the distribution of T?

This simple question has turned out surprisingly hard to answer satisfactorily. One might have expected that some obvious generalization of the Kaplan-Meier estimator would do the trick. However it seems that each defining property of that estimator, when used to suggest a multivariate generalization, leads to a *different* proposal; some of which are very hard to study and some of which turn out not to be such very good ideas after all.

From a statistical point of view the property of nonparametric maximum likelihood estimator would seem the most essential. However in the multivariate case the NPMLE is only implicitly defined; in fact, it is severely non-unique and many choices are not even consistent. Sophisticated modification of the NPMLE idea is needed to make it work, and the analysis of the resulting (efficient) estimator is highly nontrivial; see van der Laan (1993c).

Another way to think of the Kaplan-Meier estimator is via the Nelson-Aalen estimator of the hazard measure. There is a natural multivariate generalization of the latter, so if one fixes the relation between hazard and survival, a plug-in estimator is possible. For instance in the one-dimensional case one can consider the survival function S as the solution, for given hazard function Λ, of the Volterra equation $S = 1 - \int S_- d\Lambda$. This has a multivariate generalization leading to an estimator called the Volterra estimator; it turns out to have rather poor practical performance. Very much better is a more subtle proposal of Prentice and Cai (1992a,b) who point out that there is also a Volterra type equation, in higher dimensions, for the multivariate survival function *divided by the product of its one dimensional margins*. The integrating measure is no longer the multivariate hazard but a slightly more complicated, though still related, measure.

Finally one might expect: isn't there simply a relation, involving some kind of product-integration, between multivariate hazard and multivariate survival? The answer is that there is such a relation, but it does not involve multivariate generalisations of hazard measures but rather something new called *iterated odds ratio measures*. This relation lies at the basis of Dabrowska's (1988) generalised product-limit estimator and will be the subject of this section.

In this section we will concentrate on two issues concerning the Dabrowska estimator: firstly, the required extension of product-integration theory to higher dimensional time; and secondly, the derivation of the product-integral representation of a multivariate survival function in terms of iterated odds ratio measures (or interaction measures; Dabrowska, 1993). We will not discuss the estimation of these measures by their natural empirical counterparts, nor the statistical properties of the Dabrowska estimator which is obtained by plugging the empirical measures into the representation. The differentiability approach we took in section 6 works here very well and gives all the expected results: consistency, asymptotic normality, correctness of the bootstrap. Gill, van der Laan and Wellner (1993) give full details in the two dimensional case, together with a study of the Prentice-Cai estimator. Gill (1992) shows that the basic tools developed there suffice also for studying the general case.

Many further results and connections can be found in Dabrowska (1993).

Here is the general idea. Let T denote a k-dimensional survival time as above, and define its survival function S by $S(t) = \mathrm{P}(T \gg t)$ where the symbol $\gg$ denotes coordinatewise strict inequality $>$. In the one-dimensional case we formed an interval function from S by taking ratios. In higher dimensions we form a 'hyperrectangle function' by taking generalised or iterated ratios, just as an ordinary measure is formed by taking generalised differences. Let s, t be k-vectors; let $E = \{1, \ldots, k\}$ and for $A \subseteq E$ let t_A denote the lower-dimensional vector $(t_i : i \in A)$. Now we define, for $s \le t$

(coordinatewise $\leq$), the rectangle-function

$$S(s,t) = \prod_{A \subseteq E} S((s_A, t_{E \backslash A}))^{(-1)^{|A|}}.$$

This is obtained by taking S at the top corner of the rectangle $(s,t] = \{u : s \ll u \leq t\}$, then dividing by the values of S at all corners one step down from the top, then multiplying by the values one further step down, and so on.

It is easy to check that S is multiplicative over partitions of a rectangle by sub-rectangles. Defining informally $L(\mathrm{d}t) = S(\mathrm{d}t) - 1$ then we should have

$$S(0,t) = \prod_{(0,t]} (1 + L(\mathrm{d}t)),$$

$$L(0,t) = \int (S(\mathrm{d}t) - 1).$$

Now $S(0,t) = \prod_{A \subseteq E} S_{E \backslash A}(t_{E \backslash A})^{-1^{|A|}}$, where S_A denotes the survival function of T_A. So a further step is required to recover the original survival function; in fact we have $S(t) = \prod_{A \subseteq E} S_A(t_A)$. The final result is therefore

$$S(t) = \prod_{A \subseteq E} \prod_{(0_A, t_A]} (1 + L_A(\mathrm{d}s_A)).$$

We need estimators for L_A and theory for the analytical properties of the functionals which are now involved. The idea is to estimate $L(\mathrm{d}t)$ (and similarly $L_A(\mathrm{d}t_A)$) using the same idea which lies at the base of the Nelson-Aalen estimator: look just at those observations for which $\widetilde{T} \geq t$. For each coordinate $i \in E$ we can decide whether or not the underlying T_i lies in (t_i, ∞_i). Write

$$1 + L(\mathrm{d}t) = S(\mathrm{d}t) = \prod_{A \subseteq E} \mathrm{P}(T_A \geq t_A, T_{E \backslash A} \gg t_{E \backslash A})^{(-1)^{|A|}}$$

$$= \prod_{A \subseteq E} \mathrm{P}(T_{E \backslash A} \gg t_{E \backslash A} \mid T \geq t)^{(-1)^{|A|}}.$$

Restricting attention to the observations with $\widetilde{T} \geq t$ we can simply replace the conditional probabilities with numbers of observations known to satisfy $T_{E \backslash A} \gg t_{E \backslash A}$.

Multivariate product-integration.

The general theory of product-integration in section 2 goes through, *completely unchanged*, when we study 'rectangle functions' in $[0, \infty)^k$, provided these functions take scalar values so that the order of multiplication is not relevant. We consider only rectangular partitions (i.e., the Cartesian product of ordinary partitions of each coordinate axis). Whenever an order does have to be fixed—the key identities (2.1)–(2.5) need an order to be specified—we take the video-scanning or lexicographic ordering.

Proposition 1 and Theorem 1 give no problems. Theorem 2 is the first place where care is needed: there we used the fact that

$$|T| \to 0 \Rightarrow \max_{T} \alpha_0^- \to 0$$

where α_0^- is the measure α_0 less its largest atom, T denotes a partition of a fixed rectangle $(0, \tau]$, and $|T|$ denotes its mesh: the largest length of an edge of a subrectangle in the partition. This is true in k dimensions too, as the following argument shows.

Suppose it were not true. Then one could find rectangles $A_n = (s_n, t_n]$ with diameter (maximum edge-length) converging to zero, with $\limsup \alpha_0^-(A_n) > 0$. Along a subsequence we can, by compactness, assume $s_n \to t$, $t_n \to t$. Now if $A \subseteq B$, $\alpha_0^-(A) \leq \alpha_0^-(B)$. So with $B(t, \delta)$ standing for the sphere, centre t, radius δ, we have $\alpha_0^-(B(t, \delta)) > c > 0$ for every $\delta > 0$. If t itself is an atom then for small enough δ it is the largest one in $B(t, \delta)$. If not we can remove the point t anyway and conclude $\alpha_0(B(t, \delta) \setminus \{t\}) > c > 0$ for all $\delta > 0$, which is impossible.

Finally, and essential for the later continuity and differentiability results, we need to establish versions of the equations (9) to (13) of section 2, including the Duhamel equation and the Peano series.

These equations were proved by passing to the limit in the discrete equations (1) to (5); and in those equations the order in which terms are taken does make a difference. However the discrete products which are involved can all be interpreted as approximations to product-integrals over various subregions of the rectangle $(s, t]$, and therefore the proof sketched in section 2 goes through, with the proper modifications of the limiting equations. To do this let $\prec$ denote lexicographic ordering in $[0, \infty)^k$. The Duhamel equation for instance becomes:

$$\prod_{(s,t]}(1 + d\alpha) - \prod_{(s,t]}(1 + d\beta)$$
$$= \int_{u \in (s,t]} \prod_{\{v \in (s,t] : v \prec u\}} (1 + d\alpha)\,(\alpha(du) - \beta(du)) \prod_{\{v \in (s,t] : v \succ u\}} (1 + d\beta).$$

The regions $\{v \in (s, t] : v \prec u\}$ and $\{v \in (s, t] : v \succ u\}$ are not rectangles, but are easily seen to be disjoint unions of at most k rectangles, so the product-integral can be defined for them by taking finite products over rectangles.

Further details are given in Gill, van der Laan and Wellner (1993).

Dabrowska's representation.

This material is taken from ABGK section X.3.1.

It is easy to check that the iterated odds ratios $S(s, t)$ defined at the beginning of the section are 'equal to one on the diagonal' and are 'right continuous'. In order to apply Theorem 1 of section 2 in order to conclude the existence of an additive measure L such that $S = \prod(1 + dL)$, $L = \int(dS - 1)$ we must check the domination property for S. Before that however, we give some further discussion of the interpretation of the L-measures.

In fact $S(s,t)$ has an interpretation in terms of the $2 \times 2 \times \cdots \times 2$ contingency table for the events $s_i < T_i \leq t_i$ versus $T_i > t_i$, with respect to the conditional distribution of T given $T \gg s$. Consider first the two-dimensional case: we have by definition

$$S\big((s_1, s_2), (t_1, t_2)\big) = \frac{S(t_1, t_2)S(s_1, s_2)}{S(s_1, t_2)S(t_1, s_2)}$$

since there are four subsets A to consider, two of them ($\emptyset$ and E) having an even number of elements, and two ($\{1\}$ and $\{2\}$) having an odd number. We can now rewrite $S(s,t)$ as

$$S\big((s_1, s_2), (t_1, t_2)\big) = \frac{S(t_1, t_2)/S(s_1, t_2)}{S(t_1, s_2)/S(s_1, s_2)}$$
$$= \frac{P(T_1 > t_1 | T_2 > t_2)/P(T_1 > s_1 | T_2 > t_2)}{P(T_1 > t_1 | T_2 > s_2)/P(T_1 > s_1 | T_2 > s_2)}.$$

So $S(s,t)$ is the ratio of the conditional odds for $T_1 > t_1$ against $T_1 > s_1$, under the conditions $T_2 > t_2$ and $T_2 > s_2$ respectively. If T_1 and T_2 are independent, this *odds ratio* will equal 1. 'Positive dependence' between T_1 and T_2 will express itself in an odds ratio larger than one, since 'increasing T_2 leads to a higher odds on T_1 being large'. Negative dependence corresponds to an odds ratio smaller than 1. In fact we will see in a moment that if the odds ratio equals 1 for all $s \leq t$, then T_1 and T_2 are independent. So in two dimensions $S - 1$ is a measure of dependence indexed by all rectangles $(s, t]$.

In one dimension the odds 'ratio' is just the odds itself $P(T_1 > t_1 | T_1 > s_1)$. In higher dimensions, the k-dimensional iterated odds ratio is the ratio of two $k-1$ dimensional iterated odds ratios: i.e., the ratio of the iterated odds ratios for $(T_1, \ldots, T_{k-1})$ and the rectangle $((s_1, \ldots, s_{k-1}), (t_1, \ldots, t_{k-1})]$, conditional on $T_k > t_k$ and conditional on $T_k > s_k$. Now it measures multidimensional dependence or interaction: if the dependence between $T_1, \ldots, T_{k-1}$ increases as T_k increases one has a positive interaction (increasing interdependence) between $T_1, \ldots, T_k$ and the iterated odds ratio is larger than one.

The result of Theorem 1 (when we have verified the domination property) is that a dominated *additive* interval function (therefore, an ordinary signed measure) exists, let us call it L, such that

$$S(s,t) = \prod_{(s,t]} (1 + \mathrm{d}L)$$

where the product-integral is understood as the limit of approximating finite products over rectangular partitions of the hyper-rectangle $(s, t]$ into small sub-hyper-rectangles. We call L the *iterated odds ratio measure* or *cumulant measure* and consider it as a measure of k-dimensional interaction (a measure of dependence when $k = 2$ and just a description of the marginal distribution when $k = 1$). Note that there is an L-measure, denoted L_C, for each subset of components T_C of T. Since the odds ratio for a small rectangle $(t, t + \mathrm{d}t]$ is $S(t, t + \mathrm{d}t) = 1 + L(\mathrm{d}t)$ and a ratio of 1 corresponds to independence, we may interpret an L of zero as corresponding to zero-interaction or independence; a positive L corresponds to positive interaction or dependence, and similarly for a negative L. Of course things may be more complicated: L may take different signs in different regions of space.

By Theorem 1 of section 2 we may calculate L as $L(s,t) = \int_{(s,t]} L(\mathrm{d}u) = \int_{(s,t]} \mathrm{d}(S-1)$; in other words, the L-measure of a rectangle $(s,t]$ is approximated by just adding together the deviations from independence (or interactions) $S(u, u + \mathrm{d}u) - 1$ of small rectangles $(u, u + \mathrm{d}u]$ forming a partition of $(s,t]$.

It remains to verify the domination property of the iterated odds ratios $S(s,t)$.

Let us first look at the two-dimensional case which will give the required insight for the general case. For $s \leq t \leq \tau$, $s \neq t$, we have

$$|S(s,t) - 1| = \left| \frac{S(t_1, t_2)S(s_1, s_2)}{S(s_1, t_2)S(t_1, s_2)} - 1 \right|$$
$$\leq S^*(\tau)^{-2} |S(t_1, t_2)S(s_1, s_2) - S(s_1, t_2)S(t_1, s_2)|$$

where we write $S^*(\tau)$ as shorthand for $P(T \gg \tau \text{ or } T = \tau)$; this may be different from $P(T \geq \tau)$; taking account of the difference allows us to get a slightly stronger result. Now let a, b, c, d be the probabilities in the 2×2 table:

	$T_1 \in (s_1, t_1]$	$T_1 > t_1$
$T_2 \in (s_2, t_2]$	a	b
$T_2 > t_2$	c	d

Then the last inequality can be rewritten as

$$|S(s,t) - 1| \leq S^*(\tau)^{-2} |d(a + b + c + d) - (c + d)(b + d)|$$
$$= S^*(\tau)^{-2} |ad - bc|$$
$$\leq S^*(\tau)^{-2}(a + bc)$$
$$= S^*(\tau)^{-2} \Big(P\big(T \in (s,t]\big) + P\big(T_1 \in (s_1, t_1]\big) P\big(T_2 \in (s_2, t_2]\big) \Big).$$

The right hand side, a constant times the joint probability measure of T_1 and T_2 plus the product of their marginals, is a finite measure on $(0, \tau]$, hence the domination property holds.

Exactly the same kind of bound holds in general by taking account of the same magic cancellation of unwanted terms. Let τ be fixed and satisfy $S^*(\tau) = P(T \gg \tau \text{ or } T = \tau) > 0$. We can write for $s \leq t \leq \tau$, $s \neq t$,

$$S(s,t) - 1 = \frac{\prod_{\text{even } C} S(s_C, t_{E \setminus C}) - \prod_{\text{odd } C} S(s_C, t_{E \setminus C})}{\prod_{\text{odd } C} S(s_C, t_{E \setminus C})}$$

where $\emptyset \subseteq C \subseteq E$. Now by the inclusion-exclusion principle

$$P(T \gg s, T_i > t_i \text{ for all } i \in E \setminus C)$$
$$= P(T \gg s) - P(T \gg s, T_i \leq t_i \text{ for some } i \in E \setminus C)$$
$$= P(T \gg s) - \sum_{i \in E \setminus C} P(T \gg s, T_i \leq t_i) + \sum_{i \neq j \in E \setminus C} P(T \gg s, T_i \leq t_i, T_j \leq t_j) - \cdots$$

or in other words

$$S(s_C, t_{E\setminus C}) = S(s) + \sum_{\emptyset \subset B \subseteq E\setminus C} (-1)^{|B|} P\big(T \in (s_B, t_B] \times (s_{E\setminus B}, \infty_{E\setminus B})\big)$$

$$= \sum_{\emptyset \subseteq B \subseteq E\setminus C} (-1)^{|B|} P\big(T \in (s_B, t_B] \times (s_{E\setminus B}, \infty_{E\setminus B})\big)$$

Interchanging the roles of C and $E \setminus C$ in the numerator, and neglecting a possible sign change (if $|E|$ is odd) we get

$$S(s,t) - 1 = \pm \frac{\prod_{\text{even } C} \sum_{\emptyset \subseteq B \subseteq C} \phi_B - \prod_{\text{odd } C} \sum_{\emptyset \subseteq B \subseteq C} \phi_B}{\prod_{\text{odd } C} S(s_C, t_{E\setminus C})} \tag{1}$$

where

$$\phi_B = (-1)^{|B|} P\big(T \in (s_B, t_B] \times (s_{E\setminus B}, \infty_{E\setminus B})\big).$$

Now when we expand the numerator of (1) an amazing cancellation occurs: products of ϕ_B where the sets B do not cover E cancel out, leaving just products of sets which do cover E. Before proving this, we illustrate it when $E = \{1, 2\}$:

$$\prod_{\text{even } C} \sum_{B \subseteq C} \phi_B - \prod_{\text{odd } C} \sum_{B \subseteq C} \phi_B \tag{2}$$

$$= (\phi_{12} + \phi_1 + \phi_2 + \phi_\emptyset)\phi_\emptyset - (\phi_1 + \phi_\emptyset)(\phi_2 + \phi_\emptyset) = (\phi_{12}\phi_\emptyset - \phi_1\phi_2)$$

where $\{1, 2\} \cup \emptyset = E$, $\{1\} \cup \{2\} = E$.

In general, consider one element $i \in E$ and split the sums and products in (2) according to whether or not i is included in B, C: we get

$$\prod_{\text{even } C, i \notin C} \sum_{B \subseteq C} \phi_B \cdot \prod_{\text{odd } C, i \notin C} \left(\sum_{B \subseteq C} \phi_B + \sum_{B \subseteq C} \phi_{B \cup \{i\}} \right)$$

$$- \prod_{\text{odd } C, i \notin C} \sum_{B \subseteq C} \phi_B \cdot \prod_{\text{even } C, i \notin C} \left(\sum_{B \subseteq C} \phi_B + \sum_{B \subseteq C} \phi_{B \cup \{i\}} \right).$$

The terms which nowhere include i are then

$$\prod_{\text{even } C, i \notin C} \sum_{B \subseteq C} \phi_B \cdot \prod_{\text{odd } C, i \notin C} \sum_{B \subseteq C} \phi_B - \prod_{\text{odd } C, i \notin C} \sum_{B \subseteq C} \phi_B \cdot \prod_{\text{even } C, i \notin C} \sum_{B \subseteq C} \phi_B = 0;$$

thus each term in the expansion of (2)—a sum of products of ϕ_B—includes a B containing i.

The result is that (1) can be bounded in absolute value by $S^*(\tau)^{-2^{|E|-1}}$ times a sum of products of ϕ_B, where each term has $\cup B = E$. Consider such a term $\prod \phi_{B_i}$. For each B_i choose $C_i \subseteq B_i$ such that $\cup C_i = E$ and the C_i are disjoint. Now bound $\prod \phi_{B_i}$ by $\prod P\big(T_{C_i} \in (s_{C_i}, t_{C_i}]\big)$. These are finite measures so we have obtained the required result.

Showing that the multiplicative interval function S is of bounded variation also constitutes a proof of the fact that the *additive* interval function $\log S$ is of bounded variation and hence generates a bounded, signed measure. In fact Dabrowska (1988) originally introduced her representation via additive decompositions of this measure; see also Dabrowska (1993) for further exploration on these lines. Elsewhere in studying the Dabrowska estimator one needs the fact that if a function Y is of bounded variation then so also is $1/Y$; Gill (1992) and Gill, van der Laan and Wellner (1993) just take this fact for granted. However it is not trivially true and in fact needs a supplementary condition on the lower-dimensional sections of F; a proof can be given exactly on the lines above. We summarize these facts as a couple of exercises for the reader, together with a small research project:

Let E be a finite set; let $\mathcal{E}$ be the set of all subsets of E, including E itself and the empty set $\emptyset$, and $A, B, C \in \mathcal{E}$, $\mathcal{A} \subseteq \mathcal{E}$. The number of elements in C is denoted $|C|$. Consider the following two statements:

(i) If one expands $\sum_C (-1)^{|C|} \prod_{B \neq C} \sum_{A \subseteq B} \phi_A$ as $\sum_{\mathcal{A}} c_{\mathcal{A}} \prod_{A \in \mathcal{A}} \phi_A$ then $c_{\mathcal{A}} = 0$ for every $\mathcal{A}$ with $E \setminus \bigcup_{A \in \mathcal{A}} A \neq \emptyset$.

(ii) If one expands $\prod_{A : |A| \text{ is even}} \phi_A - \prod_{A : |A| \text{ is odd}} \phi_A$ as $\sum_{\mathcal{A}} c'_{\mathcal{A}} \prod_{A \in \mathcal{A}} \phi_A$ then $c'_{\mathcal{A}} = 0$ for every $\mathcal{A}$ with $E \setminus \bigcup_{A \in \mathcal{A}} A \neq \emptyset$.

Problems:

a) Prove (i) and (ii).
b) Suppose $F : \mathbb{R}^k \to \mathbb{R}_+$ and all its lower dimensional sections (fix some of the k arguments and let the others vary) are of bounded variation, and F is bounded away from zero. Use (i) to show that $1/F$ is of bounded variation and (ii) to show $\log F$ is of bounded variation.

c***) What about other functions of F (and G ...)? Is there a combinatorial background to these problems? Is there a non-combinatorial way to prove b)?

13. Laslett's line-segment problem.

This section and the next consider genuinely spatial problems. The problem of the next section doesn't look like a censored data problem at all but we will find that the Kaplan-Meier estimator is the answer all the same. The problem treated here, on the other hand, looks superficially like a case for Kaplan-Meier: however, that is very inappropiate, and we need to develop some new theory for nonparametric maximum likelihood estimators (NPMLEs) in missing data problems. The results are from Wijers (1991), van der Laan (1993a,b).

The following problem was introduced by Laslett (1982a,b). Consider a spatial line-segment process observed through a finite observation window W. Suppose the aim is to estimate the distribution of the lengths of the line-segments. Some line-segments are only partly observed: one or both endpoints are outside the window and the true length is unknown. As an example, Figure 1 shows a map of cracks in granitic rock on the surface in a region of Canada, only partially observable because of vegetation, soil, water, and so on.

Figure 1. Fracture patterns in a part of the Stone, Kamineni and Brown (1984) map of a granitic pluton near Lac du Bonnet, Manitoba, Canada. There are 1567 fractures. Of these, both ends are shown for only 256 fractures in the exposed areas whose lengths can be completely measured. The rest, namely 1311 fractures, are censored.

The data from this example was used to illustrate some methodological aspects of the Kaplan-Meier estimator (Chung, 1989a,b) but that does not seem correct. (In fact, the data was also used to decide on locations for storing nuclear waste). Formally we have censored observations, but is the 'random censorship' model applicable? And anyway, there is surely a *length bias* problem: longer line sements have a bigger chance of getting (partly) into the window and being observed, so the line segments observed are not a random sample from the distribution of interest.

The example of Figure 1 is very complex, in particular because of the shape of the window (another aspect is that the cracks in the rock are really surfaces of which only a section is observed, and so a stereological analysis is really needed). We will concentrate on the case of a convex (e.g., rectangular) window, see Figure 2. Also we will assume that the line-segment process is a homogenous Poisson line-segment process with segment lengths and orientations independent of one another, since this makes the problem concrete and analysable; and the results we obtain will be useful also when these assumptions are not true.

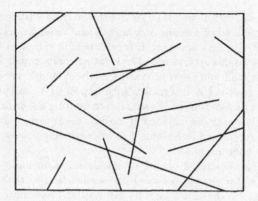

Figure 2.

To be specific, let W be a fixed compact, convex region of $\mathbb{R}^2$ with nonempty interior. Let F be a distribution, on $(0, \infty)$ of line-segment lengths; let K be a distribution on $(-\pi/2, \pi/2]$ of line-segment orientations. Let locations of 'left-hand endpoints' be generated according to a Poisson point process with constant intensity λ on $\mathbb{R}^2$. To each location of a left-hand endpoint attach a line-segment with length drawn from F and an independent orientation drawn from K, independently over locations. The line-segment process is now completely defined. (The choice of left-hand endpoints as preferred point on each line-segment is of course arbitrary; any other convention leads to the same process). The data, on the basis of which F, K and λ are to be estimated, consists of all non-empty intersections of line-segments with W. Each (at least partially) observed line-segment is either completely observed (lies inside the window), or is cut off at one or both ends by the boundary of the window. We call these possibilities: uncensored, singly censored, or doubly censored. In the singly censored case, given a preferred direction, we can further distinguish between singly-left-censored and singly-right-censored. The orientation of observed line-segments is always completely observed. How far a censored line-segment continues outside W is not known.

This problem has two non-trivial aspects. Firstly and more obviously: censoring, not all line segments are completely observed. Secondly and less obvious: length bias, the line segments hitting the window and at least partially observed have (complete) lengths which are not a random sample from F. Longer line-segments have a bigger chance to hit the window. So even if we knew the true lengths of all line-segments hitting the window, we could not estimate F by their empirical distribution.

On the other hand, the problem is not completely intractable; on the contrary, in a certain sense it is quite easy since ad hoc estimators of F are easy to construct which (conditioning on the number n of line-segments observed) are even root n consistent. For instance, consider all line-segments with left-hand endpoint in W. For such a line-segment, its length X is independent of its orientation Θ and (left-hand endpoint) location. Hence the length X is independent of the distance from the left-hand endpoint to the boundary of the window in the direction Θ. What is observed is the minimum of the two and the type (censored or uncensored), and we could use the ordinary Kaplan-Meier estimator based on just these line-segments, discarding all those whose left-hand endpoint is not observed.

Of course we could just as well take right-hand endpoints (or top, or bottom) and better still make some kind of average over these possibilities since it is not pleasant if the estimator depends strongly on an arbitrary choice of direction. Averaging uniformly over all directions avoids this arbitrariness but is rather complicated. However one could also take the average, uniformly over directions, of the N and Y processes *before* going through the steps of inverting Y, integrating with respect to N, and product-integrating the resulting $\hat{\Lambda}$. This turns out to be the same as computing the ordinary Kaplan-Meier estimator with each line-segment included in the data set as many times as its endpoints are observed: each uncensored line-segment twice, each singly censored one once, and the doubly censored ones not at all.

The estimator just described is easy to calculate but obviously inefficent since it does not make use of the doubly censored line-segments. Its (approximate) variance cannot be calculated by the usual formula for Kaplan-Meier but one could use the bootstrap, resampling the line-segments while treating each duplicated observation as a single observation (as it really is). (**Exercise**: what is the asymptotic variance?)

We will treat the two problems (censoring, length bias) below in two different ways. (To be honest, we will in fact in these notes only solve the one-dimensional problem when the window W is an interval $[0, \tau]$ on the line $\mathbb{R}^1$). We will simply define away the length-bias problem by agreeing to estimate the length distribution of the observed line-segments. Since we will be able to establish a simple 1–1 relationship between F and its length-biased version, we can concentrate on estimating the latter and transform back later. Secondly, we will turn the censoring problem to our advantage by noting that, after reparametrization, we have a special case of a *nonparametric missing data problem*. In such models, the parameter space is convex and the distribution of one observation is linear in the unknown parameter. Now we are in a position to apply general techniques for convex-linear models developed by Wijers (1991), van der Laan (1993a).

First we prove consistency according to an elegant technique developed by Wijers (1991). Then we make use of more deep results from the theory of semiparametric models and empirical processes, and in particular van der Laan's (1993a) remarkable identity for nonparametric maximum likelihood estimators in convex-linear models, to give an alternative consistency proof for the NPMLE as well as asymptotic normality, efficiency, and a bootstrap result; this can be done even though the NPMLE is only implicitly defined and the equations which define it (the so-called self-consistency equations) are too complex to serve as the basis of a direct proof of these facts. In order to explain this approach a brief summary of the theory of asymptotically efficient estimation in semiparametric models will be given. Throughout we will only sketch the main lines of the argument, referring for the necessary computations to Wijers (1991) and van der Laan (1993b).

As we mentioned above all this will only be done in the one-dimensional case. In two dimensions there is an extra complication and the general analysis of this problem is still open, though we believe the theory for the one-dimensional case will be very useful indeed. Further remarks on this will be made later.

Here is the plan of the rest of this section. First we follow Laslett (1982a) in deriving the likelihood for F, K and λ in the general case. We make some remarks on the definition (following Kiefer and Wolfowitz, 1956) and calculation of the NPMLE and point out where the main difficulty (in going from one to two dimensions) lies. The derivation we give is heuristic but effective and serves also to introduce some useful ideas for the one-dimensional case to be studied next.

Specializing to one dimension, we follow Wijers (1991) in showing how a simple reparametrization turns the problem into a nonparametric missing data problem. The description of the problem in these terms allows one to directly write down various useful 'model identities' and to characterise the NPMLE (just of F now, or rather, a new parameter called V) through the self-consistency equation (Efron, 1967; Turnbull, 1976). The same equation used iteratively is an instance of the so-called EM algorithm (Expectation-Maximization: Dempster, Laird and Rubin, 1977) for calculating the NPMLE. We outline Wijer's consistency proof, based on simple convexity based inequalities. The inevitable hard work in actually carrying out the programme is omitted.

Then we discuss the so-called sieved NPMLE, which has the advantage that it can be computed much more quickly, while the consistency proof just given applies just as well to it as to the real NPMLE.

Next we sketch some general theory of semiparametric models and (heuristically at least) derive van der Laan's identity. We show how it can be used as an alternative route to consistency as well as many other 'higher order' properties of the sieved NPMLE. We also connect to the use of the identity in section 11 on the Kaplan-Meier estimator, this being another instance of an NPMLE in a convex-linear model. We also show how van der Vaart's (1991b) theorem tells us that certain functionals of F *cannot* be estimated (regularly) at square root of n rate.

Finally we discuss extension of the results to the general (two-dimensional) case and also what will happen on relaxation of various of our model assumptions.

Laslett's results.

For the time being then, consider the two-dimensional problem as described above, parametrized by λ (Poisson intensity), F (length distribution) and K (orientation distribution). We want to write down 'the probability density of the observed data' as a function of λ, K, and F; the joint NPMLE of these three parameters is obtained by maximizing this likelihood function over the parameter in some sense, to be made explicit later. Fix an origin O, well outside the window. We consider infinite straight lines which cross the window W, parametrized by the distance of the line to the origin r together with the orientation of the line θ. Discretize, considering small intervals $[r, r + dr)$ and $[\theta, \theta + d\theta)$ partitioning the ranges of r and θ. We consider now all those line-segments of the process, with left-hand endpoint lying in the strip of width dr between the (r, θ) and $(r + dr, \theta)$ lines, and whose own orientation lies in the interval $[\theta, \theta + d\theta)$, so more or less parallel to the strip. We restrict attention to strips which cross the window. As we run through the small r and θ intervals we pick up in this way, just once, every line-segment hitting the window. Moreover, what happens in different strips is independent, by familar properties of the Poisson process.

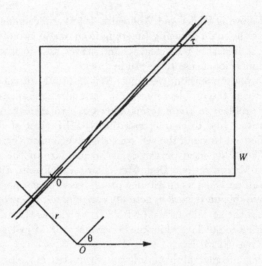

Figure 3.

Fix now one of these strips. Parametrise by the position of the left-hand endpoints of the line-segments, relative to the position where the strip enters the window. Let the length of the intersection of the window and the strip be τ, which depends of course on r and θ. Now we have a one-dimensional process of line-segments, with length distribution F and intensity $\tilde{\lambda} = \lambda dr\, K(d\theta)$, observed through the interval $[0, \tau]$, since there are λdr line-segments with left-hand endpoint in the strip per unit length, and a fraction $K(d\theta)$ of them have the required orientation.

A homogenous Poisson line-segment process on the line can be considered as an inhomogenous Poisson point process in the upper half-plane, as follows: to each line-segment $[T, T+X]$ associate a point (T, X). The new point process has intensity measure $\tilde{\lambda} dt F(dx)$; $-\infty < t < \infty$, $0 < x < \infty$. We can now calculate further using the facts that disjoint regions contain independent, Poisson distributed numbers of points with means equal to the total intensity of each region; and given the number of points n in a certain region, their locations are distributed like the set of values in an i.i.d. sample of size n from the normalized intensity (restricted to the region and normalized to have total mass one).

In the (t, x) upper half-plane draw the diagonal line with slope -1 through the origin, and draw the vertical lines $t = 0$ and $t = \tau$. The two regions formed between these three lines contain all line-segments (points) which hit the window. Those in the left-hand region are 'left-censored' since they have $T < 0$ but $T + X \geq 0$; they may or may not be right-censored ($T + X > \tau$). Those in the right-hand region are left-uncensord ($0 \leq T \leq \tau$) and may or may not be right-censored. Line-segments (points) outside these two regions are not observed at all since either $T + X < 0$ or $T > \tau$.

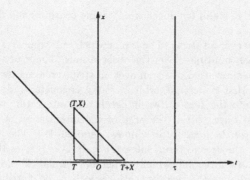

Figure 4.

Since the integrals of $\widetilde{\lambda} \mathrm{d}t F(\mathrm{d}x)$ over the two regions equal $\widetilde{\lambda} \mu_F$ and $\widetilde{\lambda}\tau$ respectively ($\mu_F = \mu$ being the mean of the length distribution F), the total numbers of observed line-segments is Poisson($\widetilde{\lambda}(\mu + \tau)$) distributed; the probabilities that an observed line-segment is left-censored or left-uncensored are $\mu/(\mu + \tau)$ and $\tau/(\mu + \tau)$ respectively. The *residual length* $Y = T + X$ of a left-censored line-segment ($T < 0$) is, by a simple calculation, continuously distributed with density $(1 - F(y))/\mu$, $y > 0$ (the same formula as for the forward recurrence time in a stationary renewal process). The total length X of a left-uncensored line-segment has the original distribution F. The residual lengths of left-censored line-segments are censored (in the classical sense) at the fixed value τ. The length of left-uncensored observations are randomly censored (again in the classical sense) by $\tau - T$, independent of X and uniform$(0, \tau)$ distributed.

So the probability (density) of each of the four kinds of observations $\widetilde{X}$, up to factors not depending on F, is:

	r.u.c.	r.c.
l.u.c.	$\mathrm{d}F(\widetilde{X})$	$1 - F(\widetilde{X})$
l.c.	$(1 - F(\widetilde{X}))/\mu$	$\int_{\widetilde{X}}^{\infty}(1 - F(y))\mathrm{d}y/\mu$

In the lower right entry (double-censored) the observed length $\widetilde{X} = \tau$ identically.

Now we recall that $\widetilde{\lambda}$ is infinitesimal so that with large probability $e^{-\widetilde{\lambda}(\tau+\mu)}$ there is no observation in the strip's transect of the window, with probability $\widetilde{\lambda}(\tau + \mu)e^{-\widetilde{\lambda}(\tau+\mu)}$ just one observation, and the probability of more than one observation may be neglected. So the probability of the observed data from one strip is proportional to a product of terms selected as follows:

	always	if obsvn.	if obsvn.	if r.u.c.	if r.c.
	$e^{-\widetilde{\lambda}(\tau+\mu)}$	$\widetilde{\lambda}(\tau + \mu)$			
if l.u.c.			$\frac{\tau}{\tau+\mu}$	$\mathrm{d}F(\widetilde{X})$	$1 - F(\widetilde{X})$
if l.c.			$\frac{\mu}{\tau+\mu}$	$\frac{1-F(\widetilde{X})}{\mu}$	$\int_{\widetilde{X}}^{\infty}\frac{1-F}{\mu}$

On cancellation and substitution for $\widetilde{\lambda}$ we obtain the product of

always	if obsvn.	if u.c.	if s.c.	if d.c.
$e^{-\lambda \mathrm{d}r K(\mathrm{d}\theta)(\tau+\mu)}$	$\lambda \mathrm{d}K(\Theta)$	$\mathrm{d}F(\widetilde{X})$	$1 - F(\widetilde{X})$	$\int_{\widetilde{X}}^{\infty}(1 - F(y))\mathrm{d}y$

where u.c., s.c. and d.c. stand for uncensored, single-censored and double-censored respectively.

Now we multiply over all strips. The terms which only appear when a line-segment is actually observed get multiplied over the observations. The exponential term, always present, becomes an exponential of a sum over all strips crossing the window, therefore of an integral. Note that $\tau = \tau(r, \theta)$ while $\mu = \mu_F$ is constant. Splitting the integral of $(\tau + \mu)\mathrm{d}r K(\mathrm{d}\theta)$ into the sum of two integrals and integrating over r before θ, we note that in the first term, $\tau\mathrm{d}r$ is the area of the intersection of strip and window. Integrating over r gives the area of the window, denoted $|W|$. The integral of $K(\mathrm{d}\theta)$ is then equal to 1. For the second term, integrating $\mathrm{d}r$ over r gives the *diameter* of the window as seen in the θ direction, which we denote $\mathrm{diam}(W, \theta)$. Multiplied by $K(\mathrm{d}\theta)$ and integrating over θ gives the average (with respect to the distribution K) diameter, which we denote $\mathrm{E}_K\mathrm{diam}(W)$.

Let N denote the total number of observed line-segments. The result of all these computations, when we have inserted factors $\lambda(|W| + \mu_F\mathrm{E}_K\mathrm{diam}(W))$ to the powers plus and minus N, is:

$$e^{-\lambda(|W|+\mu_F\mathrm{E}_K\mathrm{diam}(W))}(\lambda(|W| + \mu_F\mathrm{E}_K\mathrm{diam}(W)))^N$$

$$\cdot (|W| + \mu_F\mathrm{E}_K\mathrm{diam}(W))^{-N} \cdot \prod_1^N \mathrm{d}K(\Theta_i) \tag{1}$$

$$\cdot \prod_{\mathrm{u.c.}} \mathrm{d}F(\widetilde{X}_i) \prod_{\mathrm{s.c.}} (1 - F(\widetilde{X}_i)) \prod_{\mathrm{d.c.}} \int_{\widetilde{X}_i}^{\infty} (1 - F(y))\mathrm{d}y$$

The first line represents the Poisson distribution, with mean

$$\lambda(|W| + \mu_F\mathrm{E}_K\mathrm{diam}(W)),$$

of N; the next two lines give the joint conditional distribution, given N, of observed orientations Θ_i, censored lengths $\widetilde{X}_i$ and types u.c., s.c., and d.c. Since the range of $\widetilde{X}_i$ usually depends on Θ_i, orientations and lengths are not generally independent despite the product form. The factor $(|W| + \mu_F\mathrm{E}_K\mathrm{diam}(W))^{-N}$ depends on both K and F, and belongs just as well to the third as to the second line of (1). Together, these two lines give the conditional joint distibution of the observations given N; it is a product over $i = 1, \ldots, N$ of i.i.d. observations, with a distribution depending on F and K but not λ.

Now if λ is unknown the Poisson mean of N is also completely unknown. This means that the NPMLE $(\widehat{\lambda}, \widehat{F}, \widehat{K})$ of the three parameters based on the joint likelihood (1) can be calculated by computing the NPMLEs of F and K from the conditional likelihood of the data given N, i.e., the second and third lines of (1), and then setting the observed value of N equal to its mean $\lambda(|W| + \mu_F\mathrm{E}_K\mathrm{diam}(W))$ after substitution of $\widehat{F}$ and $\widehat{K}$ for F and K respectively. In fact we will ignore λ from now on and consider only the conditional distribution of the data given $N = n$, which depends only on F and K. Asymptotics will be done 'as $n \to \infty$' which corresponds to 'as $\lambda \to \infty$'. Conventionally, asymptotics have been done for this kind of problem 'as the window W

becomes larger'. However in that case the edge effects which interest us become less and less important and in the limit maybe only turn up in some kind of second-order terms; whereas with our asymptotics, they remain equally important all the time.

So we would like to compute $\widehat{F}$ and $\widehat{K}$ by jointly maximizing the last two lines of (1). Unfortunately this does not decompose into separate maximization problems for F and K, though one can think of a natural iterative scheme: alternately determine F given K by maximizing

$$(|W| + \mu_F \mathrm{E}_K \mathrm{diam}(W))^{-n} \prod_{\mathrm{u.c.}} \mathrm{d}F(\widetilde{X}_i) \prod_{\mathrm{s.c.}} (1 - F(\widetilde{X}_i)) \prod_{\mathrm{d.c.}} \int_{\widetilde{X}_i}^{\infty} (1 - F(y)) \mathrm{d}y, \quad (2)$$

and K for given F by maximizing

$$(|W| + \mu_F \mathrm{E}_K \mathrm{diam}(W))^{-n} \prod_{1}^{n} \mathrm{d}K(\Theta_i). \quad (3)$$

It will be very important to have fast algorithms for the two separate maximizations then! Alternatively one could do both maximizations for a range of fixed values, e.g., of $\mathrm{E}_K \mathrm{diam}(W)$, use numerical interpolation to maximize, and then recompute at this value.

Laslett's (1982a) main contribution is to show how a version of the EM algorithm can be used to maximize (2) for given $\mathrm{E}_K \mathrm{diam}(W)$. Maximization of (3) for given μ_F is a much easier problem, left to the reader to analyse (**Exercise!**). Below we will show how (2) can be maximized in the one-dimensional case, which as far as these computations are concerned is actually not essentially easier (the likelihood looks exactly the same, only all double censored observations happen to be equal to one another).

We should explain exactly what we mean by 'maximization over F' of a expression like (2). Usually, a maximum likelihood estimator (MLE) is understood to be that value of an unknown parameter which maximizes, over possible parameter values, the density of the observations with respect to a suitable dominating measure, where the density is evaluated at the actually observed data. This function is called the likelihood function. In nonparametric problems like the present there is no dominating measure: both discrete and continuous F and K are a priori possible; if discrete, we do not know the support of the distribution; even if continuous, the distributions need not be absolutely continuous with respect to Lebesgue measure; and so on. There is therefore no likelihood to be maximized! However each *pair* of parameter values does permit calculation of a two-point likelihood function, since any two probability distributions are dominated by another measure (e.g., their sum). Thus any two parameter values can be compared to one another. The NPMLE, if it exists, is by definition (Kiefer and Wolfowitz, 1956) that value of the parameter which beats any other in all possible pairwise comparisons.

It is often easy to see that any distribution with some mass not at the observations is 'beaten' by some distribution with mass only at the observations. Computation of the NPMLE then reduces to ordinary computation of the MLE assuming a discrete distribution with known support. That happens in this problem. The NPMLE of K for given F is an implicitly weighted empirical distribution; the NPMLE of F for given K puts mass on the observed uncensored observations and also, perhaps counter-intuitively, on the observed censored observations (as well as some mass to the right of the largest observation, location undetermined). We denote by the sieved NPMLE the result of maximizing only over distributions with mass on the uncensored observations (and to the right of all observations).

Consistency in the one-dimensional problem.

Now we reduce to one-dimension; the window W is the interval $[0, \tau]$ on the real line. The parameter K disappears; the (fixed) diameter of the window is just its length τ. The NPMLE of F is computed by maximizing (2), in which all doubly censored observations are identically equal to τ, which is also the value of $E_K \text{diam}(W)$. We have conditioned on $N = n$.

Our approach is simply by a reparametrization to absorb the difficult factor $(\mu + \tau)^{-n}$ into each of the n terms in the rest of the product, making the distribution (of one observation, $n = 1$) linear in the parameter. With now $\tilde{\lambda} = \lambda$ let us reconsider the Poisson point process introduced above. The introduction of a second and parallel diagonal line (slope -1), intersecting the t-axis at $t = \tau$, splits the two regions of observable line segments into a total of four regions, corresponding to uncensored, singly-left-censored, singly-right-censored and doubly-censored observations. The n observed line-segments correspond to (T, X) which are distributed over the union of these four regions with distribution

$$\frac{dt F(dx)}{\tau + \mu} = V(dx) \frac{dt}{\tau + x} \tag{4}$$

where we define V, the marginal distribution of X, by

$$V(dx) = \frac{\tau + x}{\tau + \mu} F(dx). \tag{5}$$

This follows since, by inspection, the second factor of the right-hand side of (4) is the conditional distribution of T given $X = x$ (uniform on $[-x, \tau]$); what is left must be the marginal distribution of X.

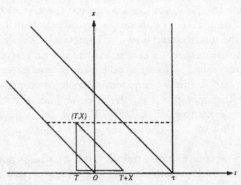

Figure 5.

One can show that as F varies over all possible distributions (with finite mean μ_F),

V too varies over all possible distributions. One can recover μ_F from $E_V(1/(\tau + X)) = 1/(\tau + \mu)$, and hence recover F from (5).

The i.i.d. pairs (T_i, X_i), with X_i distributed as V and the T_i conditionally uniformly distributed as above, are however not completely observed. Instead they are grouped according to a certain rule: in the region 's.l.c.' onto diagonal lines (parallel with the two others), i.e., we observe the value of $T + X$; in the region 's.r.c.' they are grouped onto vertical lines (giving the value of T); in the region 'd.c.' they are grouped together completely to a single value; and in the region 'u.c.' they are not grouped at all but remain completely observed as points.

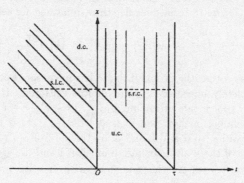

Figure 6.

This is now a more or less classical situation for computing the NPMLE of arbitrarily grouped or censored data. First we write down, by our description of the model and the grouping scheme, the self-consistency equation (Efron, 1966, Turnbull, 1976):

$$\widehat{V}(dx) = \frac{1}{n} \sum_{i=1}^{n} P_{\widehat{V}}(X_i \in dx | \widetilde{X}_i, \Delta_i). \tag{6}$$

In words, the NPMLE of V is such that, for any region A, the estimate $\widehat{V}(A)$ should equal the average of the conditional probabilities, computed under $\widehat{V}$, that each underlying observation X_i lies in the region A given what is known about it. The right-hand side of (6) is easy to write out explicitly, thanks to our simple grouping model; we do that in a moment.

Next, one can calculate $\widehat{V}$ by the natural iteration scheme based on (6), an instance of the EM algorithm (Dempster, Laird and Rubin, 1977). To be more precise, one must first agree on the support of $\widehat{V}$ and start the iterations with a distribution which does not have a smaller support. In our case we distinguish between the NPMLE with support on all observations, and the sieved NPMLE with support only on the uncensored observations. Both satisfy (6) and both can be iteratively calculated by the EM algorithm; only the starting point must reflect our choice. (The proper NPMLE may have zero mass on *some* of the singly censored values, but this is hard to determine in advance and not important for the algorithm). We show later an alternative, faster way to calculate the sieved NPMLE.

Before proceeding we should be more specific about a difficulty which arises here: the distribution of one observation $(\tilde{X}, \Delta)$ does not determine V completely, but only depends on V through its restriction (in the sense of a defective distribution) to $[0, \tau)$ together with two 'tail integrals': $\int_{\tau-}^{\infty} dV = 1 - V(\tau-)$ and less trivially

$$h = h_V = \int_{\tau-}^{\infty} \frac{x - \tau}{\tau + x} V(dx) = P(\text{d.c.}). \tag{7}$$

This is because everything above $\tau-$ is grouped together either as a singly or as a doubly censored observation. Wijers (1991) shows that there is a 1–1 correspondence between $(F|_{[0,\tau)}, \mu_F)$ and $(V|_{[0,\tau)}, h_V)$. To be specific (these relations are easy to derive) use:

$$\frac{2\tau}{\tau + \mu} = 1 + \int_0^{\tau} \frac{\tau - x}{\tau + x} V(dx) - h; \qquad F(dx) = \frac{\tau + \mu}{\tau + x} V(dx). \tag{8}$$

The first part of (8) says that the probabilities of left-uncensored plus right-uncensored equal one plus completely uncensored minus double censored. It will turn out that $V(\tau-)$ is not actually root n rate estimable, but $\int_0^{\tau}((\tau - x)/(\tau + x))V(dx)$ fortunately is (or obviously, depending on how you look at it: $\tau/(\mu + \tau)$ is the probability of a left-uncensored observation so it and h and μ are trivially root n rate estimable).

From our picture of the joint distribution of (T, X) and the grouping scheme, it is easy to verify that the $\tilde{X}$ with $\Delta = $ l.c. and those with $\Delta = $ r.c. are both continuously distributed with density $g(x)$ on $[0, \tau]$ given by

$$g(x) = \int_x^{\infty} \frac{V(dy)}{\tau + y} = \int_x^{\tau-} \frac{V(dy)}{\tau + y} + g(\tau-). \tag{9}$$

One can also verify (by inspection of the picture) that

$$V(\tau-) + 2\tau g(\tau-) + h = 1 \tag{10}$$

where h was defined in (7): in other words, either $X < \tau$, or $X \geq \tau$ and singly-left-censored, or $X \geq \tau$ and singly-right-censored, or X is doubly censored. These identities turn out to be useful later.

From the picture we can write out the self-consistency equation (6) explicitly as, for $x \in [0, \tau)$,

$$\widehat{V}(dx) \text{ " } = F_n^{\text{u.c.}}(dx) + \int_{t=0}^{x-} \frac{\widehat{V}(dx)\frac{dt}{\tau+x}}{\int_{y=t}^{\infty} \widehat{V}(dy)\frac{dt}{\tau+y}} F_n^{\text{s.c.}}(dt) \text{ "}$$

$$= F_n^{\text{u.c.}}(dx) + \frac{\widehat{V}(dx)}{\tau + x} \int_{t=0}^{x-} \frac{F_n^{\text{s.c.}}(dt)}{\int_{y=t}^{\infty} \frac{\widehat{V}(dy)}{\tau+y}} \tag{11}$$

$$\widehat{h} = h_n = F_n^{\text{d.c.}}(\{\tau\})$$

where in the denominator of (11) we note that the integral is just $\widehat{g}(y)$ which can be expressed in various ways, according to (9) and (10), in terms of $\widehat{V}|_{[0,\tau)}$ and $\widehat{h}$. The different $F_n^{*.c.}$ here denote of course empirical (sub)-distribution functions.

Equation (11) is also satisfied by the true V and F; from our picture one verifies quickly that

$$
\begin{aligned}
F^{\text{u.c.}}(\mathrm{d}x) &= \frac{\tau - x}{\tau + x} V(\mathrm{d}x), \quad x < \tau, \\
F^{\text{s.c.}}(\mathrm{d}x) &= 2g(x)\mathrm{d}x, \quad x < \tau, \\
F^{\text{d.c.}}(\mathrm{d}x) &= h\delta_\tau(\mathrm{d}x),
\end{aligned}
\tag{12}
$$

where g and h were defined above and δ_τ denotes point mass at τ.

These relations all become useful when we actually work out the details of the consistency proof. The idea of the proof however is quite general. For simplicity we pretend the parameter is just V.

According to the Kiefer-Wolfowitz definition of an NPMLE, writing P_V for the distribution of a single observation and P_n for the empirical distibution of the data, we have

$$
\int \log \frac{\mathrm{dP}_{\widehat{V}}}{\mathrm{d}\mu} \mathrm{d}P_n \geq \int \log \frac{\mathrm{dP}_{\widetilde{V}}}{\mathrm{d}\mu} \mathrm{d}P_n
\tag{13}
$$

where $\widehat{V}$ is the NPMLE of V and $\widetilde{V}$ is any other value of V, while μ is a measure dominating both $\mathrm{P}_{\widehat{V}}$ and $\mathrm{P}_{\widetilde{V}}$. A well-proven method for showing consistency in parametric models is to use this inequality with $\widetilde{V} = V$, the true parameter value. For $n \to \infty$ one hopes to be able to replace P_n by P_V, and then to obtain a contradiction with the well-known fact (from Jensen's inequality) that $\int \log(d\mathrm{P}_{\widehat{V}}/\mathrm{d}\mu)\mathrm{dP}_V \leq \int \log(d\mathrm{P}_V/\mathrm{d}\mu)\mathrm{dP}_V$ with equality if and only if $\widehat{V} = V$ (where we assume identifiability: different V have different P_V).

In our situation nothing useful comes of this since (supposing the true P_V to be continuous whereas $\mathrm{P}_{\widehat{V}}$ is discrete) the inequality (13) with $\widetilde{V} = V$ becomes a triviality. Therefore, instead of comparing, on the data, $\mathrm{P}_{\widehat{V}}$ to the true P_V, we compare it to P_{V_n} where V_n is of the same nature as $\widehat{V}$ but known (asymptotically) to be close to V. To be precise, we define the pair $(V_n|_{[0,\tau)}, h_n)$ by

$$
V_n(\mathrm{d}x) = \frac{\tau + x}{\tau - x} F_n^{\text{u.c.}}(\mathrm{d}x), \quad x < \tau,
$$

$$
h_n = \widehat{h} = F_n^{\text{d.c.}}(\{\tau\}).
$$

This estimator is consistent and moreover has a similar discrete character to the NPMLE $(\widehat{V}|_{[0,\tau)}, \widehat{h})$. We learnt this idea from Murphy (1993) where it is applied very effectively to solve a very difficult problem concerning so-called frailty models for a counting process.

Rather than proceding to study $\int \log(d\mathrm{P}_{\widehat{V}}/\mathrm{dP}_{V_n})\mathrm{dP}_n$, we exploit the *convexity* and *linearity* of our model, according to which the line-segment between $\widehat{V}$ and V_n consists also of possible parameter values, while P_V is linear in V:

$$
\mathrm{P}_{(1-\varepsilon)\widehat{V}+\varepsilon V_n} = (1 - \varepsilon)\mathrm{P}_{\widehat{V}} + \varepsilon\mathrm{P}_{V_n}.
\tag{14}
$$

The idea we will use goes back to Jewell (1982), and has been used in various contexts by Wang (1985), Pfanzagl (1988), and Groeneboom and Wellner (1992). In most of these papers the method is applied for a specific model and its general nature not emphasized. (Also, in most of these previous cases it was not necessary to introduce the ad hoc estimator V_n; one could study the line-segment between $\widehat{V}$ and the true parameter value V). Note especially that (14) holds generally in *nonparametric missing data problems* in which the data is (i.i.d. copies of) the result of applying a many-to-one mapping to a pair (X, T), where the distribution V of X is completely unknown while the conditional distribution of T given X is fixed.

Since $\widehat{V}$ beats $(1 - \varepsilon)\widehat{V} + \varepsilon V_n$ on the data, and then using the linearity (14), we have

$$0 \geq \int \log \frac{dP_{(1-\varepsilon)\widehat{V}+\varepsilon V_n}}{dP_{\widehat{V}}} dP_n$$

$$= \int \log \left((1 - \varepsilon) + \varepsilon \frac{dP_{V_n}}{dP_{\widehat{V}}} \right) dP_n$$

$$= \int \log \left(1 + \varepsilon \left(\frac{dP_{V_n}}{dP_{\widehat{V}}} - 1 \right) \right) dP_n$$

By concavity of $\varepsilon \mapsto \log(1 + \varepsilon a)$ this is also concave in ε, with a maximum at $\varepsilon = 0$ hence a derivative with respect to ε at $\varepsilon = 0$ which is nonpositive:

$$\int \left(\frac{dP_{V_n}}{dP_{\widehat{V}}} - 1 \right) dP_n \leq 0,$$

or, equivalently,

$$\int \frac{dP_{V_n}}{dP_{\widehat{V}}} dP_n \leq 1. \tag{15}$$

Our programme will be to assume, by relative compactness of the space of (possibly defective) distribution functions, that for each given ω, along some subsequence, $\widehat{V} \xrightarrow{\mathcal{D}} V_\infty$ for some possibly defective distribution V_∞. At the same time $V_n \to V$ and $P_n \to P_V$ in the sense of the Glivenko-Cantelli theorem. Using the self-consistency equation for $\widehat{V}$ it turns out that we know enough about $dP_{V_n}/dP_{\widehat{V}}$ in order to prove that the left hand side of (15) converges, along this subsequence, to its natural limit, giving the inequality

$$\int \frac{dP_V}{dP_{V_\infty}} dP_V \leq 1. \tag{16}$$

On the other hand consider the line segment $\varepsilon \mapsto (1-\varepsilon)V_\infty + \varepsilon V$. By Jensen's inequality,

$$\varepsilon \mapsto \int \log \frac{dP_{(1-\varepsilon)V_\infty+\varepsilon V}}{dP_{V_\infty}} dP_V$$

is maximal at $\varepsilon = 1$, and strictly maximal there unless $P_{V_\infty} = P_V$ (which would imply

$V_\infty = V$). But this integral equals

$$\int \log\left((1-\varepsilon) + \varepsilon \frac{\mathrm{dP}_V}{\mathrm{dP}_{V_\infty}}\right) \mathrm{dP}_V$$

$$= \int \log\left(1 + \varepsilon\left(\frac{\mathrm{dP}_V}{\mathrm{dP}_{V_\infty}} - 1\right)\right) \mathrm{dP}_V,$$

concave in ε, being an average of concave functions. Therefore its derivative at $\varepsilon = 0$ is *nonnegative*; strictly so unless $V_\infty = V$. But this derivative equals $\int (\mathrm{dP}_V/\mathrm{dP}_{V_\infty} - 1)\mathrm{dP}_V$ so we have the reverse inequality

$$\int \frac{\mathrm{dP}_V}{\mathrm{dP}_{V_\infty}} \mathrm{dP}_V \geq 1 \tag{17}$$

with equality if and only if $V_\infty = V$. Now the usual argument (from *any* subsequence we can extract a convergent sub-subsequence, with the same limit V) shows that (for the given ω) along the original sequence $\widehat{V} \xrightarrow{D} V$. This is the required strong consistency of $\widehat{V}$. (In fact a closer analysis in this specific problem shows that $\widehat{V}$ is consistent not just in the sense of weak convergence but also in the supremum norm).

We sketch the beginnings of the calculations which have to be done to carry through this argument. Recall our expressions (12) for the distribution of the data. These equations, with (9) and (10), express P_V in terms of V or rather $(V|_{[0,\tau)}, h)$, and hold also when $(V|_{[0,\tau)}, h)$ is replaced by $(\widehat{V}|_{[0,\tau)}, \widehat{h})$ or $(V_n|_{[0,\tau)}, h_n)$. Substituting into (15), and letting $\widehat{g}$ and g_n be defined as g of (9) and (10) but for the corresponding estimators, we find

$$\int \frac{\mathrm{dP}_{V_n}}{\mathrm{dP}_{\widehat{V}}} \mathrm{dP}_n = \int_0^{\tau^-} \frac{\mathrm{d}V_n}{\mathrm{d}\widehat{V}}(x) F_n^{\mathrm{u.c.}}(\mathrm{d}x) + \int_0^{\tau^-} \frac{g_n(t)}{\widehat{g}(t)} F_n^{\mathrm{s.c.}}(\mathrm{d}t) + \frac{h_n}{\widehat{h}} F_n^{\mathrm{d.c.}}(\{\tau\}) \leq 1. \tag{18}$$

Since $V_n(\mathrm{d}x) = ((\tau+x)/(\tau-x))F_n^{\mathrm{u.c.}}(\mathrm{d}x)$ while the self-consistency equation (11) tells us

$$\frac{\mathrm{d}F_n^{\mathrm{u.c.}}}{\mathrm{d}\widehat{V}}(x) = 1 - \frac{1}{\tau+x}\int_0^{x^-} \frac{F_n^{\mathrm{s.c.}}(\mathrm{d}t)}{\int_t^\infty \frac{\widehat{V}(\mathrm{d}y)}{\tau+y}}$$

we find for the first part of (18) that

$$\frac{\mathrm{d}V_n}{\mathrm{d}\widehat{V}}(x) = \frac{1}{\tau-x}\left((\tau+x) - \int_0^{x^-} \frac{F_n^{\mathrm{s.c.}}(\mathrm{d}t)}{\int_t^\infty \frac{\widehat{V}(\mathrm{d}y)}{\tau+y}}\right).$$

For the second part of (18) the defining equations (9) and (10) for g allow us similarly to express $g_n/\widehat{g}$ in terms of integrals with respect to F_n and $\widehat{V}$, while the third term is trivial since h_n and $\widehat{h}$ both equal the same quantity.

The upshot of this is that (18) can be written out entirely in terms of (repeated) integrals with respect to the NPMLE $\widehat{V}$ and the empirical distribution functions $F_n^{*.\mathrm{c.}}$. Since we assume $\widehat{V}$ converges to V_∞ and we know the empiricals converge to the true, it is now a question of pure analysis to show that (18) converges to its natural limit. Details are given in Wijers (1991). Most of the analysis is routine; the only difficulties are met 'at the endpoint' τ. Restricting the integrals over $[0, \tau)$ to integrals over $[0, \sigma]$, $\sigma < \tau$, convergence is quite easy to obtain. Since the remainder from σ to τ is nonnegative we get the inequality in the limit provided we only integrate over the smaller intervals. Finally we let σ increase up to τ and keep the inequality by monotone convergence, giving us (16). The reverse inequality (17) is true, without any further work, so $V_\infty = V$.

Exercise. Consider the classical random censorship model with G fixed and known. Take $V = F$. Prove consistency of the NPMLE (which equals the Kaplan-Meier estimator $\widehat{F}$) by Wijers' approach, using just the self-consistency equation for $\widehat{V}$ and comparing $\widehat{V}$ to V_n defined by $V_n(\mathrm{d}x) = F_n^{\text{u.c.}}(\mathrm{d}x)/(1 - G(x-))$. Note that in your proof the explicit expression for $\widehat{F}$ as product-limit estimator is not made use of.

The sieved NPMLE.

We see in the above that a consistency proof for the NPMLE in a linear-convex model, in particular in a nonparametric missing data model, can be given without an explicit expression for the estimator. As we will see, much more is possible if we make use of some general theory of semiparametric estimators. First however we introduce a variant of $\widehat{V}$ which in many respects seems to be better behaved.

The above proof of Wijers used the self-consistency equation and the fact that V_n is dominated by $\widehat{V}$, but nothing more. Restricting $\widehat{V}$ to only put mass on the uncensored observations does not change these properties. (It is really rather counter-intuitive that the NPMLE should place any mass on censored observations at all). We call the resulting estimator the *sieved* NPMLE and from now on consider it rather than the NPMLE itself. The sieved NPMLE is also consistent, by the above proof; it may also be calculated by iterating the self-consistency equation but in fact can nearly be calculated explicitly, by another route. Note first that by (9) and (10) we can write

$$g(t) = \int_t^\infty \frac{V(\mathrm{d}x)}{\tau + x} = \frac{1}{2\tau}\left(1 - h + \int_0^\tau \frac{\tau - x}{\tau + x} V(\mathrm{d}x) - \int_0^t \frac{2\tau}{\tau + x} V(\mathrm{d}x)\right).$$

Since the sieved $\widehat{V}$ is actually equivalent to $F_n^{\text{u.c.}}$, one can now rewrite the self-consistency equation for the sieved estimator as

$$\widehat{V}(\mathrm{d}x) = \frac{F_n^{\text{u.c.}}(\mathrm{d}x)}{1 - \frac{1}{\tau + x}\int_{t=0}^x \frac{F_n^{\text{s.c.}}(\mathrm{d}t)}{\frac{1}{2\tau}\left(1 - \widehat{h} + \int_0^\tau \frac{\tau - x'}{\tau + x'}\widehat{V}(\mathrm{d}x') - \int_{x'=0}^t \frac{2\tau}{\tau + x'}\widehat{V}(\mathrm{d}x')\right)}}. \tag{19}$$

Fix the value of

$$\widehat{F}^{\text{u.c.}}(\tau) = \int_0^\tau \frac{\tau - x}{\tau + x}\widehat{V}(\mathrm{d}x). \tag{20}$$

Since $\widehat{V}$ puts its mass on the uncensored observations, which will not coincide with any censored observations, one can always take $x' < t < x$ in the last (lower, right) integral in (19). Thus for a chosen value of the next to last integral (20), one can recursively calculate $\widehat{V}(\{x\})$ at each of its atoms x. Now it is not difficult to check that $\widehat{V}(\{x\})$ is a decreasing function of (trial values of) (20). So we can use (19) to form a new value of (20) given an old one; this mapping is *decreasing*; so if we start with a trial value which happens to be below the solution (the fixed point of the mapping) we come out with a value above; and vice-versa. Therefore we propose the following algorithm: given a trial value of (20) compute a new value by recursive use of (19). Take the average of the old and new values, and repeat. This algorithm converges at least as fast as 'interval halving', but close to the solution where the mapping is almost linear it is much faster; quadratic (as the Newton-Raphson algorithm) rather than linear (as interval halving or, for that matter, the EM algorithm). (By linear convergence we mean that the number of leading zero's in the error $0.0000xyz\dots$ increases at a constant rate; by quadratic convergence we mean that it doubles at each step. This is usually called exponential and super-exponential convergence respectively).

Semiparametric models.

In order to explain van der Laan's (1993b) approach to proving not just consistency but also asymptotic normality, efficiency, and correctness of the bootstrap for the sieved estimator $\widehat{V}$ we must explain some general ideas from the theory of semiparametric models; see van der Vaart (1991b) for a brief and precise summary, or ABGK chapter VIII for an extensive introduction.

For the time being we remain within our line-segment problem. Let (X, T) and $(\widetilde{X}, \Delta)$ have the same meaning as above and consider two L^2 spaces: $L^2(V)$, the space of all square integrable functions of X, and $L^2(\mathrm{P}_V)$, the space of all square integrable functions of $(\widetilde{X}, \Delta)$. When we add a suffix 0 we mean the subspaces of L^2 functions of mean zero. Introduce the operator $A : L^2(V) \to L^2(\mathrm{P}_V)$ defined by

$$(Ah)(\widetilde{X}, \Delta) = \mathrm{E}(h(X) \mid \widetilde{X}, \Delta)$$

and its adjoint A^* which is easily checked to be

$$(A^* g)(X) = \mathrm{E}(g(\widetilde{X}, \Delta) \mid X).$$

We indicate norm and inner product in these two spaces by a subscript V and P respectively. Each $h \in L_0^2(V)$ corresponds to a one-dimensional parametric submodel in our large model (all possible V), passing through the given point V, defined by

$$\mathrm{d}V_{\theta,h} \propto (1 + \frac{1}{2}\theta h)^2 \mathrm{d}V, \quad \theta \in \mathbb{R}.$$

Write also $V_h = V_{1,h}$ and note that $V_{\theta,h} = V_{\theta h}$. With one observation of $X \sim V_{\theta,h}$ the score function for θ at $\theta = 0$ (i.e., the derivative of the log likelihood), would be $h(X)$ itself. With one observation $(\widetilde{X}, \Delta)$ from $\mathrm{P}_{V_{\theta,h}}$ the score function turns out to be $Ah(\widetilde{X}, \Delta)$. We call A the *score operator*. (Other submodels with the same score functions could also have been considered; e.g., $\mathrm{d}V_h \propto (1 + h)^+ \mathrm{d}V$ or $\mathrm{d}V_h \propto \exp(h)\mathrm{d}V$).

Suppose we are interested in estimating $\kappa = \kappa(V) = V(x_0)$ for a fixed x_0. It is easy to check that the derivative of $\kappa(V_{\theta,h})$ with respect to θ at $\theta = 0$ equals

$$\int_0^{x_0} h\,dV = \int_0^\infty h(x)\big(1_{[0,x_0]}(x) - V(x_0)\big)V(dx).$$

The last integral is the inner product in $L_0^2(V)$ of h with

$$\dot{\kappa} = 1_{[0,x_0]} - V(x_0).$$

This makes $\dot{\kappa}$ the directional derivative of $\kappa(P_{V_h})$ at $h = 0$ with respect to $h \in L_0^2(V)$.

Now in the one-dimensional submodel indexed by h, and with parameter $\theta \in \mathbb{R}$, the Fisher information for θ at $\theta = 0$ based on one observation $(\tilde{X}, \Delta)$ is the expected squared score:

$$\mathrm{E}((Ah)^2) = \|Ah\|_P^2 = \langle Ah, Ah\rangle_P = \langle A^*Ah, h\rangle_V. \tag{21}$$

The derivative of the parameter of interest $V_{\theta,h}(x_0)$ with respect to θ, at $\theta = 0$, is

$$\langle \dot{\kappa}, h\rangle_V \tag{22}$$

and hence the Cramér-Rao lower bound for n times the variance of an unbiased estimator of κ based on n i.i.d. observations is

$$\frac{\langle \dot{\kappa}, h\rangle_V^2}{\langle A^*Ah, h\rangle_V}. \tag{23}$$

According to general theory this quantity, also called the information bound, is also the optimal *asymptotic* variance of $\sqrt{n}(\hat{\kappa} - \kappa)$ for a so-called *regular* estimator, or more precisely, sequence of estimators $\hat{\kappa} = \hat{\kappa}_n((\tilde{X}_1, \Delta_1), \ldots, (\tilde{X}_n, \Delta_n))$, for the given submodel; see van der Vaart (1991b), ABGK chapter VIII. We now can vary h, and look for the *largest* information lower bound, or in other words the *hardest parametric submodel* $P_{V_{\theta,h}}$, for estimating κ at the common point $P_{V_{0,h}}$. A simple calculation shows that if $\dot{\kappa}$ is in the range of A^*A (the so-called information operator, a map from $L^2(V)$ to itself) and therefore an inverse $(A^*A)^{-1}h \in L^2(V)$ exists, then this hardest submodel is given by

$$h = (A^*A)^{-1}\dot{\kappa}$$

with score function

$$g = A(A^*A)^{-1}\dot{\kappa}.$$

Moreover, for this submodel, the information (21), the derivative (22) and the information bound (23) all coincide and are equal to

$$\langle (A^*A)^{-1}\dot{\kappa}, \dot{\kappa}\rangle_V \tag{24}$$

Sometimes the information operator cannot be inverted at $\dot{\kappa}$ but still the supremum over h of the information bound (23) is finite. Van der Vaart (1991b) shows that one has a finite supremum if and only if $\dot{\kappa}$ is in the range of A^*. This condition is therefore a necessary condition for the existence of 'root n rate, regular' estimators of κ in our large model with V varying freely.

Define
$$IC(\widetilde{X}, \Delta) = (A(A^*A)^{-1}\dot{\kappa})(\widetilde{X}, \Delta),$$

supposing inverse to exist; this is the so-called *optimal influence curve* for estimating κ at V. It depends indeed both on the functional κ being estimated and the point V at which we are working. The reason for the name influence curve is that a necessary and sufficient condition for an estimator to be optimal at V is that

$$\widehat{\kappa} - \kappa = \frac{1}{n} \sum_1^n IC(\widetilde{X}_i, \Delta_i) + o_P(n^{-\frac{1}{2}}). \tag{25}$$

It is certainly easy to check that if an estimator has this stochastic expansion then it is asymptotically normal (at root n rate) with asymptotic variance equal to (24), the greatest lower bound over parametric submodels and hence called the information bound for our nonparametric model. (If an estimator is asyptotically linear in the sense of (25) for *some* fixed function of each observation then this function is called its influence curve).

The optimal influence curve has several other names and corresponding interpretations. As we saw above it is also the *score function Ah* for the hardest parametric submodel (with $h = (A^*A)^{-1}\dot{\kappa}$). It is therefore also often called the *efficient score*. Another name is *canonical gradient*. This name comes from considering κ not as a function of V but of the distribution of one observation P_V (assuming identifiability). Recall that if $dV_h \approx (1 + h)dV$ then $dP_{V_h} \approx (1 + Ah)dP_V$ and $\kappa(V_h) \approx \kappa(V) + \langle \dot{\kappa}, h \rangle_V$. Putting $Ah = g$ or $h = (A^*A)^{-1}A^*g$ we have

$$dP_{V_h} \approx (1 + g)dP_V$$

while

$$\begin{aligned}
\kappa(V_h) &\approx \kappa(V) + \langle \dot{\kappa}, (A^*A)^{-1}A^*g \rangle_V \\
&= \kappa(V) + \langle (A^*A)^{-1}\dot{\kappa}, A^*g \rangle_V \\
&= \kappa(V) + \langle A(A^*A)^{-1}\dot{\kappa}, g \rangle_P.
\end{aligned}$$

So if $dP'/dP \approx 1 + g$ we have the corresponding

$$\begin{aligned}
\kappa' \approx \kappa + \langle IC, g \rangle_P &\approx \kappa + \langle IC, \frac{dP'}{dP} - 1 \rangle_P \\
&= \kappa + \int IC dP'.
\end{aligned} \tag{26}$$

The optimal influence curve IC is not the unique gradient (or derivative) since adding to it a function orthogonal to all possible $g = Ah$ does not change the linear approximation to $\kappa' - \kappa$. However the present choice is the *smallest* such derivative in terms of L^2 norm. Note that (26) suggests that if we know the distribution $P' = P_{V'}$ of one observation is close to P_V for a given V then we could estimate κ' with the empirical analogue $\kappa + \int IC dP_n$. Choosing the version of the derivative with smallest norm corresponds to the 'local, linear estimator' with smallest variance.

So far most of what we have said has been independent of our specific model.

The form of the score operator A and its adjoint as conditional expectation operators is common to all *missing data models*. For instance, consider the classical random censorship model with unknown distribution function $F = V$ of the survival times and fixed distribution G of the censoring times, and suppose we want to estimate functionals of F such as its value at a specific point t. This is a nonparametric missing data model, and one may check that the score operator A is given by $(Ah)(\widetilde{T}, \Delta) = \mathrm{E}(h(T) \mid \widetilde{T}, \Delta)$, its adjoint is $(A^* g)(T) = \mathrm{E}(g(\widetilde{T}, \Delta) \mid T)$, and the optimal influence curve for $F(t)$ is nothing else than the influence curve of the Kaplan-Meier estimator $\widehat{F}(t)$. For an elegant proof of this, obtained by transforming from densities to hazard rates, in terms of which the inversion of the information operator is trivial (it becomes 'diagonal', corresponding to the asymptotic independent increments of the Nelson-Aalen estimator), see Ritov and Wellner (1988).

In our model (and also in the random censorship problem with fixed censoring distribution) we have another special feature: linearity. Suppose we want, as above, to estimate $\kappa = V(x_0)$. The mapping from V to κ is linear but so also is the mapping from V to P_V. This means, assuming identifiability, that the mapping from P_V to κ is *also* linear and hence our 'linear approximation' (26) is actually an *equality*, which we can write as:

$$\kappa(\mathrm{P}') = \kappa(\mathrm{P}) + \mathrm{E}_{\mathrm{P}'}(\mathrm{IC}_{\mathrm{P}}) \tag{27}$$

where we emphasize by the subscript that the influence curve or derivative is evaluated at P, not P'. Now we are ready to derive van der Laan's (1993a) identity for the NPMLE of a linear parameter in a convex-linear model. Write $\widehat{V}$, $\widehat{\kappa} = \kappa(\widehat{V})$, $\widehat{P} = P_{\widehat{V}}$ for the NPMLEs of V, κ and P. Since the optimal influence curve depends on the point V at which it is evaluated we can also write $\widehat{\mathrm{IC}}$ for the optimal influence curve 'at $\widehat{V}$'. As usual P_n stands for the empirical distribution of the data.

In (27) take $\widehat{P}$ for P and P for P'. This gives the equality

$$\kappa = \widehat{\kappa} + \mathrm{E}_{\mathrm{P}}(\widehat{\mathrm{IC}}).$$

Since $\widehat{\mathrm{IC}}$ is also the score function at $\widehat{V}$ of the hardest submodel *through* $\widehat{V}$, while $\widehat{V}$ is the NPMLE, this point on the curve is also the ordinary MLE within this submodel. Therefore the likelihood equation—derivative of log likelihood or sum of scores equals zero—is satisified. But this equation can be rewritten as

$$\mathrm{E}_{\mathrm{P}_n}(\widehat{\mathrm{IC}}) = 0.$$

Therefore we have the identity

$$\widehat{\kappa} = \kappa + (\mathrm{E}_{\mathrm{P}_n} - \mathrm{E}_{\mathrm{P}})(\widehat{\mathrm{IC}}).$$

Some smoothness conditions have to be checked to make sure this identity really is true. *If* it is true we are now in an excellent position to study properties of $\widehat{\kappa}$ by empirical process theory. To begin with, if $\{\mathrm{IC}_V : V \in \mathcal{V}\}$, where $\mathcal{V}$ if the space of all parameter values V, is a *Glivenko-Cantelli class*, then we have consistency of $\widehat{\kappa}$. Suppose next we can prove consistency of such a large class of functionals κ that we can prove consistency of the estimated influence curve $\widehat{\mathrm{IC}}$, in the $L^2(\mathrm{P}_V)$ sense, for the specific functional κ of interest. If then $\{IC_V : V \in \mathcal{V}\}$ is also a *Donsker class*, we now have asymptotic normality and even optimality of $\hat\kappa$, since to put it more informally we now have

$$\hat\kappa \approx \kappa + (E_{P_n} - E_P)(IC).$$

For the *sieved* NPMLE in the line-segment model all these things are true. Above we have specified IC_V in terms of the derivative $\dot\kappa$ and the score operator A. It is not difficult to work out the information operator: one finds

$$(A^*Ah)(X) = 1_{[0,\tau)}(X)\frac{\tau - X}{\tau + X}h(X)$$

$$+ \frac{2}{\tau + X}\int_0^{X\wedge\tau} \frac{\displaystyle\int_t^\infty \frac{h(x)V(\mathrm{d}x)}{\tau + x}}{\displaystyle\int_t^\infty \frac{V(\mathrm{d}x)}{\tau + x}}\,\mathrm{d}t$$

$$+ 1_{(\tau,\infty)}(X)\frac{X - \tau}{\tau + X}\frac{\displaystyle\int_\tau^\infty \frac{\tau - x}{\tau + x}h(x)V(\mathrm{d}x)}{\displaystyle\int_\tau^\infty \frac{\tau - x}{\tau + x}V(\mathrm{d}x)}.$$

It is not possible to explicitly invert this operator. In fact it does not even have a unique inverse—not surprisingly, since if we parametrise by V our model is not identified; different behaviours of h past τ can lead to the same parametric submodels. However it is possible to define one inverse more or less explicitly, see (29) below, in terms of an infinite series (in fact, a Neumann series, or if you prefer, a Peano series, corresponding to the inversion of a Volterra type operator). The operators involved are nice enough that one can show that $\{IC_V : V \in \mathcal{V}\}$ consists of bounded functions of uniformly bounded variation, continuous in the appropriate sense in V. This means that we do have a Donsker class and the approach gives us all the information we want; see van der Laan (1993b).

In particular it is natural to consider several functionals κ simultaneously; if the now doubly indexed class of influence curves is a Donsker class, and are continuous in the appropriate sense, then from consistency we can get joint weak convergence of all the estimators. If one considers for instance the influence curves simultaneously for estimating each $V(x)$, $x \in [0,\tau)$, it turns out that we do not have a Donsker class any more; the optimal influence curves are not bounded. One can however consider all $V(x)$, $x \in [0,\sigma]$, for any chosen $\sigma < \tau$, obtain a Donsker class, and conclude weak convergence of $n^{\frac{1}{2}}(\hat{V} - V)$ in $D[0,\sigma]$. Alternatively it is quite natural to parametrise not by $(V|_{[0,\tau)}, h)$ but by $(W|_{[0,\tau]}, h)$ where $W(\mathrm{d}x) = (\tau - x)/(\tau + x))V(\mathrm{d}x) = F^{\mathrm{u.c.}}(\mathrm{d}x)$. The $1-1$ relationship between $(W|_{[0,\tau]}, h)$ and the real parameters of interest $(F|_{[0,\tau)}, \mu)$ is very well-behaved. Moreover, since we have observations directly from $F^{\mathrm{u.c.}}$ we can find gradients for $W(x)$ which are uniformly bounded in x, and the *canonical gradients* must have the same property. The set of optimal influence functions for W, indexed now by V and x, turns out to be a Donsker class and we can prove weak convergence of $n^{\frac{1}{2}}(\widehat{W} - W)$ in $D[0,\tau]$ jointly with $n^{\frac{1}{2}}(\hat{h} - h)$. This gives weak convergence and asymptotic optimality for $(\widehat{F}|_{[0,\sigma]}, \widehat{\mu})$ for each $\sigma < \tau$.

It seems from the above that it is not possible to estimate $V(\tau)$ or $F(\tau)$ at root n rate. We can prove this, for $V(\tau)$, by appeal to the earlier mentioned criterion of van der Vaart (1991b): is $1_{[0,\tau]} - V(\tau)$ in the range of A^* (the conditional expectation mapping from mean zero functions of $(\widetilde{X}, \Delta)$ to those of X)? We suppose V is continuous and even has a positive density at $x = \tau$. We can discard the constant, and must discover if there exists a square integrable $g(\widetilde{X}, \Delta)$ such that $1_{[0,\tau]} = E(g(\widetilde{X}, \Delta) \mid X)$. The cases $x \le \tau$ and $x > \tau$ give us two equations:

$$\frac{\tau - x}{\tau + x} g^{\text{u.c.}}(x) + \frac{2}{\tau + x} \int_0^x g^{\text{s.c.}}(t) dt = 1, \quad x \le \tau,$$

$$\frac{2}{\tau + x} \int_0^\tau g^{\text{s.c.}}(t) dt + \frac{x - \tau}{\tau + x} g^{\text{d.c.}}(\tau) = 0, \quad x > \tau.$$

The second equation implies that $g^{\text{d.c.}}(\tau) = 0$ and that $\int_0^\tau g^{\text{s.c.}}(t) dt = 0$. So the first becomes

$$\frac{\tau - x}{\tau + x} g^{\text{u.c.}}(x) - \frac{2}{\tau + x} \int_x^\tau g^{\text{s.c.}}(t) dt = 1, \quad x \le \tau,$$

which we can rewrite again as

$$g^{\text{u.c.}}(x) - \frac{2}{\tau - x} \int_x^\tau g^{\text{s.c.}}(t) dt = \frac{\tau - x}{\tau - x}, \quad x \le \tau. \tag{28}$$

Here $g^{\text{u.c.}} \in L^2(F^{\text{u.c.}})$ while $g^{\text{s.c.}} \in L^2(F^{\text{s.c.}})$. If V has a density bounded away from zero then both functions are members of $L^2(\text{Lebesgue})$. However the right hand side of (28), the function $(\tau + x)/(\tau - x))$, is *not* square integrable on $[0, \tau]$.

Now a well-known result of Hardy (see, e.g., Ritov and Wellner, 1988) says that if

$$\widetilde{g}(x) = \frac{1}{x} \int_0^x g(t) dt,$$

where g is an $L^2(\text{Lebesgue})$ function on the unit interval then $\|\widetilde{g}\| \le 2\|g\|$. This means that the second term on the left-hand side of (28) is also square integrable, a contradiction.

The argument can be sharpened to show that if V just has a positive density at τ, then $1_{[0,\tau]}$ is not in the range of A^*. So $V(\tau)$ cannot be root n rate regularly estimated. By consideration of the transformation from V to F it follows easily that the same applies to $F(\tau)$.

For completeness we conclude by giving the inverse of the information operator, derived in van der Laan (1993b): define first the operator $B : D[0, \tau] \to D[0, \tau]$ by

$$(Bh)(x) = \frac{2}{\tau - x} \int_x^\tau \frac{\int_y^\tau \frac{h(u)}{\tau + u} V(du)}{g(y)} dy$$

and define a function α_1 and a number α_2, the latter depending on h, by

$$\alpha_1(x) = \frac{2}{\tau - x} \frac{\int_x^\tau \frac{dy}{g(y)}}{\int_0^\tau \frac{dy}{g(y)}}$$

$$\alpha_2(h) = \int_0^\tau \left(\int_0^u \frac{dy}{g(y)} \right) \frac{h(u)}{\tau + u} V(du).$$

Then the inverse mapping (for $\dot\kappa$ with support in $[0, \tau)$) is given on $[0, \tau)$ by

$$h = (A^* A)^{-1}(\dot\kappa) = \phi_1 - \alpha_3 \phi_2,$$

$$\phi_1 = \sum_{i=0}^\infty B^i \left(\frac{\tau + \cdot}{\tau - \cdot} \dot\kappa \right),$$

$$\phi_2 = \sum_{i=0}^\infty B^i \alpha_1, \tag{29}$$

$$\alpha_3 = \frac{\alpha_2(\phi_1)}{1 + \alpha_2(\phi_2)};$$

on $[\tau, \infty)$ the inverse h is only determined as far as the values of the following two integrals:

$$\int_\tau^\infty \frac{h(x)}{\tau + x} V(dx) = -\frac{\int_0^\tau \frac{\int_y^\tau \frac{h(u)}{\tau + u} V(du)}{g(y)} dy}{\int_0^\tau \frac{dy}{g(y)}},$$

$$\int_\tau^\infty \frac{(x - \tau) h(x)}{\tau + x} V(dx) = 0.$$

Concluding remarks.

It remains to discuss extensions and limitations of the above theory. Van der Laan's (1993a) identity is an extremely powerful tool for studying the NPMLE in linear-convex models, and many other hitherto rather difficult models can be succesfully analysed with it. When we move from the one-dimensional to the two-dimensional line-segment problem we find however that, unless K is known, we no longer have this special structure. However for a given orientation distribution K the identity is applicable for a suitable length-biased version of F, and the whole analysis of the NPMLE of F for given K should be very similar to the one-dimensional case. When K varies also, the fact that the NPMLE for F only depends on K via a single integral (the mean window diameter) while the NPMLE of K for given F is even easier to study, gives hope that one can finally make a complete analysis of the original problem using an ad hoc combination of the 'F known' results for K and vice-versa.

We assumed above a convex window, independent lengths and orientations, and a homogenous Poisson process. One can expect that the NPMLE's derived here are still reasonable estimators in other situations. Suppose the window is not convex. Each transect of the window results in data from several intervals of a single line-segment process. The joint distribution of all this data is very complex, but the marginal distribution for each interval is of the same type as above. Hence if we discard the extra information coming from single line-segments appearing or not appearing in disjoint intervals but consider the data from each interval as separate observations, the same relations hold between the means of the empirical distributions of the data $F^{*\cdot c\cdot}$ and the underlying parameters as in the convex case. This is enough to give *consistency* of the NPMLE computed as if we had separate observations. The estimator will still converge at root n rate but its asymptotic variance will be of different form (since there are now many small groups of *dependent* observations). The bootstrap will probably work.

Similarly if the process is not a Poisson line-segment process but just a stationary line-segment process, one introduces the so-called Palm distribution of a typical line-segment (length, orientation) pair. We will have to assume independence in this bivariate distribution. We still will have the same relations between mean values and again at least consistency of the NPMLE computed as if the Poisson assumption holds.

If lengths and orientations are not independent, one could consider estimation of an arbitrary joint distribution. This seems a very difficult task. A sensible approach would be to partition the orientations into a small number of classes and then estimate a fixed length distribution for each class. Now the estimator above can be used for each class separately. Moreover, just to investigate whether or not lengths and orientations are independent one can compare estimators of length distributions for different classes of orientations. Bootstrap tests could be constructed.

Finally, as we said at the beginning of the section, many practical applications are really dealing with a two-dimensional section of a three-dimensional process of planar objects, producing line-segments in section. However from a model for three-dimensional planar objects one can make predictions about the two-dimensional sections. Our approach allows one to separate the edge-effects and the stereological aspects: compare the NPMLE for the length distribution with that predicted by a given model.

14. Kaplan-Meier for a spatial point process.

This section, based on Baddeley and Gill (1992), again considers a problem from spatial statistics. The problem is concerned with estimation of distance distributions when a spatial process is observed inside a finite window W. The boundary of the window prevents us completely observing all distances and there seems to be an analogy with censored data. In this case, the analogy turns out to be a useful one. Surprisingly the analogy between edge effects for point processes and censoring of survival times did not seem to have been noticed before.

We start by giving some of the background to our problem. The exploratory data analysis of observations of a spatial point process Φ often starts with the estimation of certain distance distributions: F, the distribution of the distance from an arbitrary point in space to the nearest point of the process; G, the distribution of the distance from a typical point of the process to the nearest other point of the process; and $K(r)$, the expected number of other points within distance r of a typical point of the process, divided by the intensity α. Equivalently K is proportional to the sum over all $n = 1, 2, \ldots$ of the distribution of the distance from a typical point of the process to the nth nearest point. Popular names for F, G and K are the empty space function, the nearest neighbour distance distribution, and the second moment function. For a homogeneous

Poisson process, F, G and K take known functional forms, and deviations of estimates of F, G, K from these forms are taken as indications of 'clustered' or 'inhibited' alternatives; see Diggle (1983), Ripley (1981, 1988).

However, estimation of F, G and K is hampered by edge effects when the point process is only observed within a bounded window W. Essentially the distance from a reference point x in W to the nearest point of the process is *censored* by its distance to the boundary of W. Edge effects become rapidly more severe as the dimension of space increases, or as the distance r of interest increases.

Traditionally, in spatial statistics one uses edge-corrected estimators which are weighted empirical distributions of the observed distances. The simplest approach is the 'border method' (Ripley, 1988) in which we restrict attention (when estimating F, G or K at distance r) to those reference points lying more than r units away from the boundary of W. These are the points x from which distances up to r can be observed without censoring. However, the border method throws away an appreciable number of points; in three dimensions it seems to be unacceptably wasteful, especially when estimating G. For instance, Baddeley, Moyeed, Howard, Reid and Boyde (1993) gave a case-study in which the spatial distribution of *lacunae* in the bone of the skull of a species of monkey was studied. One might like to consider the data as forty separate realisations of a stationary point process in $\mathbb{R}^3$ observed through a rather small window relative to the intensity of points; or alternatively as one realisation observed through a window consisting of forty sub-windows far apart from one another. One of these forty pieces of data is shown in figure 1. If the window is the unit cube and one considers the distance $r = 0.2$, then the border method requires one to discard almost 80% of the reference points.

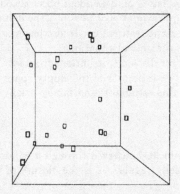

Figure 1. Spatial distribution of lacunae in skull bone, one of forty replicates.

In more sophisticated edge corrections (for estimating K), the weight $w(x,y)$ attached to the observed distance $\|x - y\|$ between two points x, y is the reciprocal of the probability that this distance will be observed under certain invariance assumptions (stationarity under translation, rotation, or both). Corrections of this type were first suggested by Miles (1974) and developed by Ripley, Lantuéjoul, Hanisch, Ohser and others; see Stoyan, Kendall and Mecke (1987), Ripley (1988), Baddeley et al. (1991) and Barendregt and Rottschäfer (1991) for recent surveys; see also Stein (1990), Doguwa and Upton (1990) and Doguwa (1990) for evidence that the last word still has not been said on the topic.

Now the estimation problem for F, G and K when observing a point process Φ through a bounded window W has some similarity with the estimation of a survival function based on a sample of randomly censored survival times. Closely following Baddeley and Gill (1992), we develop the analogy and propose Kaplan-Meier or product-limit estimators for F, G and K. Since the observed, censored distances are highly interdependent, the standard theory developed in previous sections has little to say about the statistical properties of the new estimators. In particular, classical optimality results on the Kaplan-Meier estimator with independent observations are not applicable. One may however hope that the new estimators are still better than the classical edge corrections. In fact the border method for edge correction, described above, is analogous to the so-called reduced sample estimator (discussed in Kaplan and Meier, 1958), a very inefficient competitor to the Kaplan-Meier estimator obtained by using only those observations for which the censoring time is at least t when estimating the probability of survival to time t.

The estimation of F by a Kaplan-Meier type estimator poses another new problem, since one has a *continuum* of observations: for each point in the sampling window, a censored distance to the nearest point of the process. This problem is however nicely solved using product-integration.

Together with estimates of F, G and K one would like to evaluate their accuracy. Though the estimators are based on dependent observations one may still hope that in many situations a linear approximation is possible (the delta method, section 6), leading to several proposals for variance estimators. It also leads to an evaluation of asymptotic efficiency in some simple, theoretical situations.

The next subsection recalls some definitions from spatial statistics; then we introduce our Kaplan-Meier style estimator of the empty space function F; we next discuss asymptotic properties of this estimator; and finally briefly treat the other functions G and K.

Spatial statistics.

Let Φ be a point process in $\mathbb{R}^d$, observed through a window $W \subseteq \mathbb{R}^d$. We assume W is compact and topologically regular (it is the closure of its interior), and denote its boundary by ∂W.

We may consider Φ both as a random set in $\mathbb{R}^d$ and as a random measure. The problem is, based on the data $\Phi \cap W$ (and knowledge of W itself) to estimate the functions F, G and K defined as follows.

For $x \in \mathbb{R}^d$, $A \subseteq \mathbb{R}^d$ let

$$\rho(x, A) = \inf\{\|x - a\| : a \in A\}$$

be the shortest (Euclidean) distance from x to A. Define

$$A_{\oplus r} = \{x \in \mathbb{R}^d : \rho(x, A) \leq r\},$$
$$A_{\ominus r} = \{x \in A : \rho(x, A^c) > r\},$$

where ^{c} denotes complement. For A closed, these are respectively the dilation and erosion of A by a ball of radius r:

$$A_{\oplus r} = \bigcup_{x \in A} B(x, r)$$
$$A_{\ominus r} = \left((A^c)_{\oplus r}\right)^c$$

where $B(x, r)$ is the closed ball of radius r, centre x in $\mathbb{R}^d$.

Assume now that Φ is stationary under translations and has finite positive intensity α. Thus for any bounded Borel set $A \subseteq \mathbb{R}^d$

$$E\Phi(A) = \alpha |A|_d$$

where $|\cdot|_d$ denotes d-dimensional Lebesgue volume. For $r \geq 0$ define

$$F(r) = P\{\rho(0, \Phi) \leq r\}$$
$$= P\{\Phi(B(0, r)) > 0\},$$

$$G(r) = P\{\rho(0, \Phi \setminus \{0\}) \leq r \mid 0 \in \Phi\}$$
$$= P\{\Phi(B(0, r)) > 1 \mid 0 \in \Phi\},$$

$$K(r) = \alpha^{-1} E\{\Phi(B(0, r) \setminus \{0\}) \mid 0 \in \Phi\}.$$

By stationarity the point 0 in these expressions may be replaced by any arbitrary point x. The conditional expectations given $0 \in \Phi$, used in defining G and K above, are expectations with respect to the Palm distribution of Φ at 0. Alternative definitions using the Campbell-Mecke formula (see Stoyan, Kendall and Mecke, 1987) are

$$G(r) = \frac{E\left(\sum_{x \in \Phi \cap A} 1\{\rho(x, \Phi \setminus \{x\}) \leq r\}\right)}{E\Phi(A)},$$

$$K(r) = \frac{E\left(\sum_{x \in \Phi \cap A} \Phi(B(x, r) \setminus \{x\})\right)}{E\Phi(A)},$$

holding for arbitrary measurable sets A with $0 < |A|_d < \infty$.

A Kaplan-Meier estimator for the empty space function.

Every reference point x in the window W contributes one possibly censored observation of the distance from an arbitrary point in space to the point process Φ; recall that $F(r) = P\{\rho(x, \Phi) \leq r\}$. The analogy with survival times is to regard $\rho(x, \Phi)$ as the 'distance (time) to failure' and $\rho(x, \partial W)$ as the censoring distance. The observation is censored if $\rho(x, \partial W) < \rho(x, \Phi)$.

From the data $\Phi \cap W$ we can compute $\rho(x, \Phi \cap W)$ and $\rho(x, \partial W)$ for each $x \in W$. Note that

$$\rho(x, \Phi) \wedge \rho(x, \partial W) = \rho(x, \Phi \cap W) \wedge \rho(x, \partial W)$$

so that we can indeed observe $\rho(x, \Phi) \wedge \rho(x, \partial W)$ and $1\{\rho(x, \Phi) \leq \rho(x, \partial W)\}$ for each $x \in W$. Then the set

$$\{x \in W : \rho(x, \Phi) \wedge \rho(x, \partial W) \geq r\}$$

can be thought of as the set of points 'at risk of failure at distance r', and

$$\{x \in W : \rho(x, \Phi) = r, \ \rho(x, \Phi) \leq \rho(x, \partial W)\}$$

are the 'observed failures at distance r'. These two sets are analogous to the points counted in the empirical functions $Y(s)$, $N(ds)$ respectively in the definition of the Kaplan-Meier estimator.

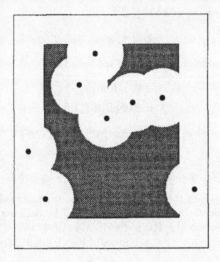

Figure 2. Geometry of the Kaplan-Meier estimator. Spatial process Φ indicated by filled dots. Points x at risk are shaded. Observed failures constitute the curved boundary of the shaded region.

Geometrically the two sets can be written as

$$W_{\ominus r} \setminus \Phi_{\oplus r}, \qquad \partial(\Phi_{\oplus r}) \cap W_{\ominus r};$$

that is, *within the eroded window* $W_{\ominus r}$, consider the region outside the union of balls of radius r centred at points of the process, and the surface of this union of balls, see Figure 2.

Definition. *Let Φ be a stationary point process and $W \subseteq \mathbb{R}^d$ a regular compact set. The Kaplan-Meier estimator $\widehat{F}$ of the empty space function F of Φ, based on data $\Phi \cap W$,* *is defined via the corresponding Nelson-Aalen esimator by*

$$\widehat{\Lambda}(r) = \int_0^r \frac{|\partial(\Phi_{\oplus s}) \cap W_{\ominus s}|_{d-1}}{|W_{\ominus s} \setminus \Phi_{\oplus s}|_d} ds$$

$$1 - \widehat{F}(r) = \prod_0^r \left(1 - \widehat{\Lambda}(ds)\right) = \exp(-\widehat{\Lambda}(r))$$

where $|\cdot|_{d-1}$ *denotes* $d - 1$ *dimensional surface area (Hausdorff) measure.*

The reduced sample estimator (the standard border correction method) $\widehat{F}_{\mathrm{RS}}$ of F is given by

$$1 - \widehat{F}_{\mathrm{RS}}(r) = \frac{|W_{\ominus r} \setminus \Phi_{\oplus r}|_d}{|W_{\ominus r}|_d}$$

The Kaplan-Meier estimator $\widehat{F}$ is based on the continuum of observations generated by all $x \in W$. It is a proper distribution function and is even absolutely continuous, with hazard rate

$$\widehat{\lambda}(r) = \frac{|\partial\Phi_{\oplus r} \cap W_{\ominus r}|_{d-1}}{|W_{\ominus r} \setminus \Phi_{\oplus r}|_d}. \tag{1}$$

Unbiasedness and continuity.

Our first theorem will be a 'ratio unbiasedness' result for the hazard rate estimator $\widehat{\lambda}$.

Theorem 1. *The empty space function F is absolutely continuous with hazard rate*

$$\lambda(r) = \frac{\mathbb{E}|W \cap \partial\Phi_{\oplus r}|_{d-1}}{\mathbb{E}|W \setminus \Phi_{\oplus r}|_d}$$

for any compact regular window W. In particular, replacing W by $W_{\ominus r}$, our estimator $\widehat{\lambda}$ is 'ratio unbiased' in the sense that the ratio of expectations of the numerator and denominator in (1) is equal to the true hazard rate $\lambda(r)$ (as long as the denominator has positive probability of being nonzero).

Thus $\widehat{F}(r)$ respects the smoothness of the true empty space function F. The reduced-sample estimator is not even necessarily monotone.

The theorem is proved via two regularity lemmas. The first is an example of Crofton's perturbation or 'moving manifold' formula, see Baddeley (1977), Crofton (1869). In our case it says that the volume, within a fixed region, of a union of (possibly overlapping) balls of radius r can be determined by imagining the balls as growing at constant rate with radius s varying from 0 up to r; the finally achieved total volume equals the integral of the surface area of the intermediate objects: take $A = \Phi \cap W$, $Z = W$.

Lemma 1. *Let $Z \subseteq \mathbb{R}^d$ be a compact regular set and $A \subseteq \mathbb{R}^d$ any nonempty closed set. Then for $r \geq 0$*

$$|Z \cap A_{\oplus r}|_d = |Z \cap A|_d + \int_0^r |Z \cap \partial A_{\oplus s}|_{d-1} ds.$$

The lemma is proved in Baddeley and Gill (1992) by applying the so-called co-area formula of geometric measure theory, see Federer (1969, p. 251). (It is also shown there that the integrand in the formula is measurable).

The second lemma states that the integrand $|Z \cap \partial \Phi_{\oplus s}|_{d-1}$ is uniformly bounded (over possible realisations of Φ) in such a way that dominated convergence can be used to justify interchanges of expectation and integration or differentiation (w.r.t. s).

Lemma 2 (boundedness). *For any regular compact set Z*

$$|Z \cap \partial \Phi_{\oplus r}|_{d-1} \leq \frac{d}{r} |Z_{\oplus r}|_d \wedge \Phi(Z_{\oplus r}) \omega_d r^{d-1}$$

where $\omega_d = |\partial B(0,1)|_{d-1} = 2\pi^{d/2}/\Gamma(d/2)$.

A formal proof of Lemma 2 is given in Baddeley and Gill (1992). Informally, note that the second term on the right is a trivial bound on the left hand side, since $\omega_d r^{d-1} = |\partial B(0,r)|_{d-1}$. For the first term, fix a realization of Φ and let y_i, $i = 1, \ldots, m$ be the distinct points of $\Phi \cap Z_{\oplus r}$. The surface whose area is taken on the left hand side is the surface of the union of (possibly overlapping) balls radius r and centres $y_1, \ldots, y_m$, intersected with Z. Note that the factor d/r equals the ratio of surface area to volume of the d-dimensional ball $B(0,r)$. Consider the segment of this ball subtended by some given subset of its surface: that is, the union of all line-segments joining a point in the given part of the surface to the centre of the ball. Again, the ratio of 'outside' surface area to volume of the *segment* is d/r. Now the surface in question, $Z \cap \partial \Phi_{\oplus r}$, can be split into m disjoint pieces, each of which is the outer surface of a (disjoint) segment of one the m balls. The total area equals d/r times the volume of the union of the segments. But the union of the segments is contained in the dilated window $Z_{\oplus r}$, so the volume of this supplies an upper bound.

Let Φ be a point process in $\mathbb{R}^d$ and $W \subset \mathbb{R}^d$ a regular compact set. The following identities follow from Lemma 1:

$$|W \cap \Phi_{\oplus r}|_d = \int_0^r |W \cap \partial \Phi_{\oplus s}|_{d-1} \, ds, \tag{2}$$

$$|\{x \in W : \rho(x, \Phi) \leq \rho(x, \partial W), \; \rho(x, \Phi) \leq r\}|_d = \int_0^r |W_{\ominus s} \cap \partial \Phi_{\oplus s}|_{d-1} \, ds, \tag{3}$$

$$|W_{\ominus r} \setminus \Phi_{\oplus r}|_d = |W|_d - \int_0^r |\partial(W_{\ominus s} \setminus \Phi_{\oplus s})|_{d-1} \, ds. \tag{4}$$

Moreover (by standard measurability arguments from stochastic geometry) the integrands are well defined random variables for each fixed s and are almost surely measurable and integrable functions of s.

We can now prove Theorem 1. By Fubini,

$$\begin{aligned}
E|W \cap \Phi_{\oplus r}|_d &= E \int_W 1\{x \in \Phi_{\oplus r}\} \, dx \\
&= \int_W P\{x \in \Phi_{\oplus r}\} \, dx
\end{aligned}$$

$$= F(r)\,|W|_d. \tag{5}$$

Since $|W \cap \Phi_{\oplus r}|_d$ is absolutely continuous, with derivative given in Lemma 1 and bounded as in Lemma 2, its expectation is absolutely continuous too, with derivative

$$f(r)|W|_d = \mathrm{E}|W \cap \partial\Phi_{\oplus r}|_{d-1}. \tag{6}$$

But complementarily to (5)

$$\mathrm{E}|W \setminus \Phi_{\oplus r}|_d = (1 - F(r))\,|W|_d. \tag{7}$$

Dividing (6) by (7) we obtain the first result of the theorem. The rest follows by replacing W with $W_{\ominus r}$.

Discretisation and the classical Kaplan-Meier estimator.

In practice one would not actually compute the surface areas and volumes for each $s \in [0, r]$ in order to estimate $F(r)$. Rather one would discretize W or $[0, r]$ or both.

A natural possibility is to discretize W by superimposing a regular lattice L of points, calculating for each $x_i \in W \cap L$ the censored distance $\rho(x_i, \Phi) \wedge \rho(x_i, \partial W)$ and the indicator $1\{\rho(x_i, \Phi) \le \rho(x_i, \partial W)\}$. Then one would calculate the ordinary Kaplan-Meier estimator based on this finite dataset.

Our next result is that as the lattice becomes finer, the discrete Kaplan-Meier estimator converges to the 'theoretical' continuous estimator $\widehat{F}$.

Theorem 2. *Let $\widehat{F}_L$ be the Kaplan-Meier estimator computed from the discrete observations at the points of $W \cap L$, where $L = \varepsilon M + b$ is a rescaled, translated copy of a fixed regular lattice M. Let*

$$R = \inf\{r \ge 0 : W_{\ominus r} \cap \Phi_{\oplus r} = \emptyset\}.$$

Then as the lattice mesh ε converges to zero, $\widehat{F}_L(r) \to \widehat{F}(r)$ for any $r < R$. The convergence is uniform on any compact subinterval of $[0, R)$.

Proof. For any regular compact set $A \subseteq \mathbb{R}^d$ one has

$$\varepsilon^d \#(L \cap A) \to c|A|_d \quad \text{as } \varepsilon \to 0$$

where c is a finite positive constant. Hence the functions

$$N_L(r) = \frac{\#(L \cap \{x \in W : \rho(x, \Phi) \le \rho(x, \partial W),\ \rho(x, \Phi) \le r\})}{\#(L \cap W)}|W|_d,$$

$$Y_L(r) = \frac{\#(L \cap (W_{\ominus r} \setminus \Phi_{\oplus r}))}{\#(L \cap W)}|W|_d$$

converge pointwise to

$$N(r) = |\{x \in W : \rho(x, \Phi) \le \rho(x, \partial W),\ \rho(x, \Phi) \le r\}|_d, \tag{8}$$

$$Y(r) = |W_{\ominus r} \setminus \Phi_{\oplus r}|_d \tag{9}$$

respectively. Since $N_L(r)$ is increasing in r and the limit is continuous, $N_L \to N$ uniformly in r. Similarly, Y_L is decreasing and by (4) its limit is continuous, so it also converges uniformly.

Given (3) and by continuity of the mapping from (N, Y) to $\widehat{\Lambda} = \int \mathrm{d}N/Y$ (see sections 4 and 6) the discrete Nelson-Aalen estimator

$$\widehat{\Lambda}_L = \int \frac{\mathrm{d}N_L}{Y_L}$$

converges uniformly to $\widehat{\Lambda}$ on a closed interval where Y is strictly positive. By continuity of the product-integral mapping (section 4) $\widehat{F}_L$ converges to $\widehat{F}$. $\square$

Further remarks on computational aspects can be found in Baddeley and Gill (1992). That paper also contains simulation results pointing to a rather satisfactory behaviour of the Kaplan-Meier estimator compared to the reduced sample estimator, though it is certainly not better in all situations.

Asymptotic properties.

A relevant 'large sample' situation is one in which the edge problem remains equally severe as in the 'small sample' case. So one would like to consider observation of the same point process through a sequence of increasingly large windows W, in such a way that (e.g.) the proportion of the window within distance r from the boundary stays appreciable. The simplest such situation is when the window W is the union of n small and distantly spread windows of fixed size and shape, so that to a good approximation one simply has n independent replicates of the situation considered in the previous section. Asymptotics as $n \to \infty$ are now easy to derive from the functional delta-method, taking as starting point a law of large numbers and a (joint) central theorem for a sum of i.i.d. replicates of the 'number of failures' and the 'number at risk' processes N and Y defined by (8) and (9) above. If the distance τ satisfies $EY(\tau) > 0$, the facts that N and Y are monotone and bounded by $|W|_d$ give the uniform LLN and CLT on $[0, \tau]$ without further restrictions (for the CLT, use the nice result of E. Giné and J. Zinn that the central limit theorem holds for i.i.d. sums of a uniformly bounded process Z satisfying $E|Z(s) - Z(t)| \leq c|s - t|$; see van der Vaart and Wellner, 1993). Hence $\widehat{F}$ is consistent and asymptotically normal.

We even have a bootstrap result from the Giné-Zinn equivalence theorem mentioned in Section 11 (though a jack-knife theorem would probably be more useful in practice). In practice one may well have a number of replicates but typically the number n will be small (say 5 to 10) and the windows not all of the same shape and size. Consequently the formal asymptotics cannot be expected to be very useful. We therefore only sketch them, indicating how they can be used to suggest rough variance estimators for practical use, and how theoretical efficiency calculations can be done in simple and stylized situations.

Even if we do not have i.i.d. replicates, it may still be reasonable to assume a law of large numbers and a central limit theorem for the suitably normalized processes N and Y, based now on all the data. The functional delta-method together with differentiability of the product-integration mapping tell us that if the fluctuations of the random functions

$$\frac{|W_{\ominus r} \setminus \Phi_{\oplus r}|_d}{|W|_d} \quad , \quad \frac{\int_0^r |W_{\ominus s} \cap \partial\Phi_{\oplus s}|_{d-1} ds}{|W|_d}; \quad 0 \leq r \leq \tau$$

about their expectations are uniformly small and not too violent (in the sense that a functional central limit theorem holds as W gets larger in some way), then one may approximate $\widehat{F}(r) - F(r)$ well for $0 \leq r \leq \tau$ by the linear expression

$$(1 - F(r)) \int_0^r \frac{(|W_{\ominus s} \cap \partial\Phi_{\oplus s}|_{d-1} - |W_{\ominus s} \setminus \Phi_{\oplus s}|_d \lambda(s))}{y(s)} ds \tag{10}$$

where $y(s) = E|W_{\ominus s} \setminus \Phi_{\oplus s}|_d = (1 - F(s))|W_{\ominus s}|_d$.

If W is a union of small, distant sub-windows W_i then (10) is also a sum over the W_i of mean-zero terms, given by replacing W by W_i in (10) except in the definition of the function y. The variance of $\widehat{F}(r)$ could therefore be approximated by the sum of the squares of the summands in (10), in which one would have to replace $\lambda(\cdot)$ and F by their Kaplan-Meier estimates. This is similar to a jackknife or bootstrap analysis (which one could use if the W_i were of the *same* size and shape).

The computational problems involved in this procedure can be eased by the same sampling procedure as was used to approximate $\widehat{F}$ itself: choose points on a regular lattice intersected with W_i, or many independent random points uniformly distributed over W_i, and average the 'influence function' for one point x:

$$(1 - F(r)) \left(\frac{1\{\rho(x, \Phi) \leq r, \ \rho(x, \Phi) \leq \rho(x, \partial W)\}}{y(\rho(x, \Phi))} - \int_0^{r \wedge \rho(x, \Phi) \wedge \rho(x, \partial W)} \frac{\lambda(s)}{y(s)} ds \right). \tag{11}$$

Expression (10) is exactly the integral over $x \in W$ of (11), with respect to Lebesgue measure, as can be seen by recognising $|\cdot|_d$ and $|\cdot|_{d-1} ds$ in (10) as integrals over x and then interchanging orders of integration. In order to implement the proposal one only has to numerically tabulate an estimate of the function $\int_0^r (\lambda(s)/y(s)) ds$ together with the functions y and $1 - F$. After (11) has been calculated for points sampled from each subwindow W_i, one must average, square, and add over subwindows.

Alternatively one can write down the variance of the linear approximation (10), or rather, the integral over $x \in W$ of (11), in terms of the covariance structures of the random function $r(x) = \rho(x, \Phi)$ and of the window W. First of all we rewrite (10) as

$$-(1 - F(r)) \int_{x \in W} \int_{s \in (0, r]} \left(\frac{d^{(s)} 1\{x \notin \Phi_{\oplus s}\} + 1\{x \notin \Phi_{\oplus s}\} \lambda(s) ds}{y(s)} \right) 1\{\rho(x, \partial W) \geq s\} dx.$$

After some further calculation one then arrives at

$$\text{cov}(\widehat{F}(r), \widehat{F}(r')) \approx (1 - F(r))(1 - F(r')) \cdot$$

$$\cdot \int_{x \in \mathbf{R}^d} \int_{s=0}^r \int_{s'=0}^{r'} g(ds, ds', x) C(W_{\ominus s}, W_{\ominus s'})(-x) dx. \tag{12}$$

Here, for $A, B \subseteq \mathbb{R}^d$ and $x \in \mathbb{R}^d$, $C(A, B)(x)$ is the set cross-covariance function

$$C(A, B)(x) = |A \cap (B \oplus x)|_d,$$

$B \oplus x$ being the translate of B by x, while g is given by

$$g(\mathrm{d}s, \mathrm{d}s', x) = \frac{1}{y(s)y(s')}(\sigma(\mathrm{d}s, \mathrm{d}s')(x) + \sigma(\mathrm{d}s, s')(x)\lambda(s')\mathrm{d}s' \tag{13}$$
$$+ \sigma(s, \mathrm{d}s')(x)\lambda(s)\mathrm{d}s + \sigma(s, s')(x)\lambda(s)\lambda(s')\mathrm{d}s\mathrm{d}s')$$

with

$$\begin{aligned}
\sigma(s, s')(x) &= \mathrm{P}\{\Phi_{\oplus s} \not\ni 0, \ \Phi_{\oplus s'} \not\ni x\} \\
&= \mathrm{P}\{y \notin \Phi_{\oplus s}, \ x + y \notin \Phi_{\oplus s'}\} \\
&= \mathrm{P}\{\rho(y, \Phi) > s, \ \rho(x + y, \Phi) > s'\} \\
&= \mathrm{P}\{\Phi(B(y, s)) = 0, \ \Phi(B(x + y, s')) = 0\}
\end{aligned}$$

for arbitrary $y \in \mathbb{R}^d$.

One could try to estimate σ and plug the estimate into (12) using estimates of $y(s) = (1 - F(s))|W_{\ominus s}|_d$ and $\lambda(\cdot)$ also. Note that σ is actually a bivariate survival function so one could in principle use a Dabrowska-type estimator (see section 12) or just a bivariate reduced sample estimator for this purpose. However the amount of computation needed is very daunting, and the final result may be so statistically inaccurate as to be quite useless. Practical experience is badly needed here.

Finally, (10)–(12) are the starting point of a theoretical efficiency calculation, which we perform below.

The sparse Poisson limit.

Here we consider asymptotic variances of the Kaplan-Meier and reduced sample *influence functions* on a fixed window W for a Poisson process whose intensity α is sent to zero. This is the asymptotic variance of the Kaplan-Meier and reduced sample *estimators* in the large-sample case when the data consists of many independent replicates of a fixed-intensity Poisson process observed through an asymptotically small window. 'Many replicates' justifies looking at the influence function, and the case of a vanishing intensity but fixed window is the same as a vanishing window, fixed intensity. In fact if either intensity or window is small, any stationary process looks like a Poisson process.

There are just two situations to consider: (i) no random point in W, with probability $e^{-\alpha|W|_d} = 1 + \mathcal{O}(\alpha)$, and (ii), one random point in W at a position X uniformly distributed over W, occurring with probability $\alpha|W|_d e^{-\alpha|W|_d} = \alpha|W|_d + \mathcal{O}(\alpha^2)$; the remaining possibilities have probability $\mathcal{O}(\alpha^2)$.

The influence function (10) for Kaplan-Meier is the difference of two terms: a part depending on surface areas at some distances from a point of Φ, and a part depending on volumes at risk, and involving the hazard rate of the empty space function. In case (i) only the second part is present and is of order α; in case (ii) the first part is also present and is of constant order.

The empty space function for the Poisson process is

$$F(r) = 1 - \exp(-\alpha|B_r|_d)$$

and its hazard rate is

$$\lambda(r) = \frac{d}{dr}\left(-\log(1 - F(r))\right) = \alpha|\partial B_r|_{d-1}$$

where $B_r = B(0, r)$ is a ball of radius r, so that $|B_r|_d = r^d \omega_d/d$ and $|\partial B_r|_{d-1} = r^{d-1}\omega_d$. The 'expected number at risk' is

$$y(r) = (1 - F(r))|W_{\ominus r}|_d.$$

In case (i), no random points in W, the influence function (10) for Kaplan-Meier is therefore

$$(1 - F(r))\left\{-\int_0^r \frac{\alpha|\partial B_s|_{d-1}|W_{\ominus s}|_d}{|W_{\ominus s}|_d e^{-\alpha|B_s|_d}} ds\right\}$$

$$= (1 - F(r))\left\{-\int_0^r \alpha|\partial B_s|_{d-1} e^{\alpha|B_s|_d} ds\right\}$$

$$= e^{-\alpha|B_r|_d}\left[e^{\alpha|B_s|_d}\right]_0^r$$

$$= -\left(1 - e^{-\alpha|B_r|_d}\right)$$

$$= -\alpha|B_r|_d + \mathcal{O}\left(\alpha^2\right).$$

In case (ii) the influence function is

$$(1 - F(r))\left\{\int_0^r \frac{|\partial B(X, s) \cap W_{\ominus s}|_{d-1} - \alpha|\partial B_s|_{d-1}|W_{\ominus s} \setminus B(X, s)|_d}{|W_{\ominus s}|_d e^{-\alpha|B_s|_d}} ds\right\}$$

$$= e^{-\alpha|B_r|_d}\int_0^r \frac{|\partial B(X, s) \cap W_{\ominus s}|_{d-1}}{|W_{\ominus s}|_d e^{-\alpha|B_s|_d}} ds + \mathcal{O}(\alpha)$$

$$= \int_0^r \frac{|\partial B(x, s) \cap W_{\ominus s}|_{d-1}}{|W_{\ominus s}|_d} ds + \mathcal{O}(\alpha).$$

To check this, observe that the expected influence function is therefore, to first order in α,

$$-\alpha|B_r|_d + \alpha|W|_d \mathrm{E}\left(\int_0^r \frac{|\partial B(X, s) \cap W_{\ominus s}|_{d-1}}{|W_{\ominus s}|_d} ds\right)$$

$$= -\alpha\left(|B_r|_d - |W|_d\int_0^r \frac{\mathrm{E}|\partial B(X, s) \cap W_{\ominus s}|_{d-1}}{|W_{\ominus s}|_d} ds\right).$$

By a well-known result of integral geometry (Santaló, 1976, p. 97) the expectation in the numerator is

$$\mathrm{E}|\partial B(X, s) \cap W_{\ominus s}|_{d-1} = \frac{|\partial B_s|_{d-1}|W_{\ominus s}|_d}{|W|_d}$$

so that the expected influence function is

$$-\alpha\left(|B_r|_d - |W|_d \int_0^r \frac{|\partial B_s|_{d-1}\,|W_{\ominus s}|_d}{|W_{\ominus s}|_d\,|W|_d}\mathrm{d}s\right)$$

$$= -\alpha\left(|B_r|_d - \int_0^r |\partial B_s|_{d-1}\mathrm{d}s\right)$$

$$= 0.$$

What we are really looking for, the variance of the influence function, is to first order just the expectation of the square of the 'area of failures' term from case (ii) (since case (i) is now $\mathcal{O}\left(\alpha^2\right)$):

$$\alpha|W|_d \mathrm{E}\left(\int_0^r \frac{|\partial B(X,s)\cap W_{\ominus s}|_{d-1}}{|W_{\ominus s}|_d}\mathrm{d}s\right)^2.$$

For the reduced sample estimator, the calculations are similar but easier. In case (i) the estimator is identically zero; in case (ii) it is

$$\widehat{F}_{\mathrm{RS}}(r) = |B(X,r)\cap W_{\ominus r}|_d/|W_{\ominus r}|_d.$$

Since $F(r) = 1 - \exp(-\alpha|B_r|_d) = \alpha|B_r|_d + \mathcal{O}\left(\alpha^2\right)$ the influence function (= estimator − estimand in this linear case) is in case (i)

$$-\alpha|B_r|_d + \mathcal{O}\left(\alpha^2\right);$$

in case (ii)

$$\frac{|B(X,r)\cap W_{\ominus r}|_d}{|W_{\ominus r}|_d} + \mathcal{O}\left(\alpha\right).$$

The expectation of the influence function is, to first order,

$$-\alpha|B_r|_d + \alpha|W|_d \mathrm{E}\left(|B(X,r)\cap W_{\ominus r}|_d\right)/|W_{\ominus r}|_d$$

$$= \alpha\left\{-|B_r|_d + |W|_d \frac{|B_r|_d|W_{\ominus r}|_d/|W|_d}{|W_{\ominus r}|_d}\right\}$$

$$= 0,$$

as should be the case. The variance is

$$\alpha|W|_d \mathrm{E}\left(\left(\frac{|B(X,r)\cap W_{\ominus r}|_d}{|W_{\ominus r}|_d}\right)^2\right) + \mathcal{O}\left(\alpha^2\right).$$

The conclusion is that we must calculate and compare the expected squared values of

$$\int_0^r \frac{|\partial B(X,s)\cap W_{\ominus s}|_{d-1}}{|W_{\ominus s}|_d}\mathrm{d}s$$

and

$$\frac{|B(X,r) \cap W_{\ominus r}|_d}{|W_{\ominus r}|_d}$$

for $X \sim \text{uniform}(W)$.

For convenience in calculation, we will take W to be the d-dimensional unit cube centred at $(\frac{1}{2}, \ldots, \frac{1}{2})$, and replace the Euclidean metric $\| \cdot \|$ by the L_∞ metric in the definition of ρ and $A_{\oplus r}, A_{\ominus r}$. Thus F becomes the 'empty square space' function obtained by replacing $B(x,r)$ by a cube $B_\infty(x,r)$ of centre x and side length $2r$.

We need to consider all possible ways the cubes $B_\infty(X,r)$ and $W_{\ominus r}$ intersect. For given $X = x \in W$, as r increases, initially $B_\infty(x,r)$ is entirely contained in $W_{\ominus r}$, then one-by-one the faces of $B_\infty(x,r)$ pass through faces of $W_{\ominus r}$.

By symmetry we may take X uniformly distributed on the simplex $\{x : x_1 < x_2 < \ldots < x_d < \frac{1}{2}\}$. The different transitions then occur as the value $2r$ passes through x_1, then $x_2, \ldots$, then x_d; and then as $(1 - 2r)$ passes through $x_d, x_{d-1}, \ldots, x_1$. The latter cases are only relevant when $r > 1/4$.

After expressing the volume and surface area contributions in terms of the x_i in each case, we integrate over r (for Kaplan-Meier only) and then over x.

In one dimension the variance of $n^{1/2}(\widehat{F}(r) - F(r))$ is approximately (ignoring terms of order $O(\alpha^2)$) equal to α times the following expression:

$$\begin{cases} 2r + (1 - 4r)\log(1 - 2r) - \frac{1}{2}(\log(1 - 2r))^2 & \text{for } 0 \leq r \leq \frac{1}{4}, \\ 2r + \int_{\frac{1}{2}}^{2r} \log u \log(1 - u)\mathrm{d}u - 2r \log 2r \log(1 - 2r) & \text{for } \frac{1}{4} \leq r < \frac{1}{2}. \end{cases}$$

For the reduced sample estimator $|\Phi_{\oplus r} \cap W_{\ominus r}|_d / |W_{\ominus r}|_d$, the corresponding formula is

$$\begin{cases} 4r^2(1 - \frac{8r}{3})/(1 - 2r)^2 & \text{for } 0 \leq r \leq \frac{1}{4}, \\ (8r - 1)/3 & \text{for } \frac{1}{4} \leq r < \frac{1}{2}. \end{cases}$$

These functions are plotted in Figure 3 together with the corresponding curves for two and three dimensions; the latter have been calculated (by Mathematica) with a mixture of computer algebra and numerical integration (for integrals over s) and Monte-Carlo integration (for integrals over x). The new estimator is superior over a broad range of distances r, but surprisingly deteriorates at very large distances. Apparently, the kind and amount of dependence here has destroyed the optimality of Kaplan-Meier in the classical i.i.d. case.

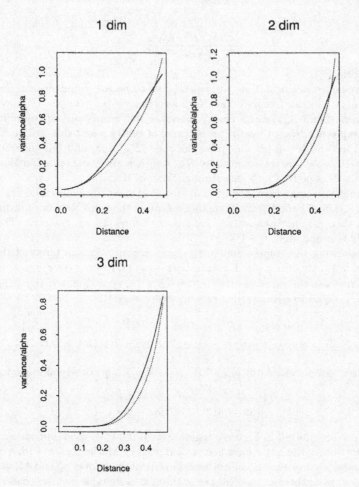

Figure 3. Sparse-limit asymptotic variances (divided by α). *Solid lines:* reduced sample estimator; *dotted lines:* Kaplan-Meier estimator.

Figure 4 shows the asymptotic relative efficiency (ratio of variances of reduced sample to Kaplan-Meier) in each dimension. The greatest gain is achieved at intermediate distances (near $\frac{1}{4}$); only for very large distances (near $\frac{1}{2}$) is there a loss in efficiency. As the dimension d increases, and hence as edge effects become more severe, Kaplan-Meier represents an ever more convincing improvement on the reduced sample estimator.

Efficiency = var(RS)/var(KM)

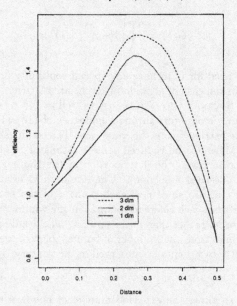

Figure 4. Asymptotic relative efficiency in 1, 2 and 3 dimensions.

The nearest neighbour distance function G.

A Kaplan-Meier estimator for G is more immediate than for F: for each point x_i of the process Φ observed in the window W, one has a censored distance from x_i to the nearest other point of Φ, censored by its distance to ∂W. Counting 'observed failures' and 'numbers at risk' as for censored data:

$$N^G(r) = \#\{x \in \Phi \cap W : \rho(x, \Phi \setminus \{x\}) \leq r, \ \rho(x, \Phi \setminus \{x\}) \leq \rho(x, \partial W)\}$$

and

$$Y^G(r) = \#\{x \in \Phi \cap W : \rho(x, \Phi \setminus \{x\}) \geq r, \ \rho(x, \partial W) \geq r\}$$

one may check that these satisfy the same mean-value relation as for ordinary randomly censored data,

$$\mathrm{E}N^G(r) = \int_0^r \mathrm{E}Y^G(s) \, \Lambda^G(ds),$$

where $\Lambda^G(ds) = G(ds)/(1 - G(s-))$, and G was defined at the beginning of this section. This motivates a Nelson-Aalen estimator

$$\widehat{\Lambda}^G(r) = \int_0^r \frac{N^G(ds)}{Y^G(s)}$$

and a Kaplan-Meier estimator

$$1 - \widehat{G}(r) = \prod_0^r \left(1 - \widehat{\Lambda}^G(\mathrm{d}s)\right).$$

In this case there is no need for G to have any special continuity properties; in fact, G may be degenerate as in the case of a randomly translated lattice.

Linearization can be applied to $\widehat{G} - G$ just as well as for $\widehat{F} - F$ and the results used to motivate variance estimators through analogues of (10)–(12). Sparse Poisson asymptotics can also be carried out in the same way. The results show a more marked superiority of Kaplan-Meier to the reduced sample estimator than in the case of the empty-space function. Moreover, the deterioration of the Kaplan-Meier estimator at large distances is not observed any more. The situation is fundamentally different from the empty space statistic since now each point x of the process Φ contributes one observation, rather than each reference point x in the window W. The asymptotic variance is of constant order rather than of the order α. The 'leading term' in the sparse Poisson asymptotics comes from the 'number of failures' part of the influence function, for the case when exactly two points are observed in the window W.

The K function.

$K(r)$ was defined as $1/\alpha$ times the expected number of points within distance r of a typical point of the process. The possibility of defining a Kaplan-Meier estimator for $K(r)$ is not so obvious until one notices that $\alpha K(r)$ equals the sum of the distribution functions of the distance from a typical point to the nearest, second nearest, and so on. For each of the distance distributions one *can* form a Kaplan-Meier estimator, since the distance from a point $x \in \Phi$ to its kth nearest neighbour is also censored just as before by its distance to the boundary. One can check that the sequence of Kaplan-Meier estimators always satisfies the natural stochastic ordering of the distance distributions. The theory we gave for F and sketched for G can also be worked through for K.

Sparse Poisson asymptotics for K turn out to coincide exacly with those for G. The reason for this is that the cases of three or more points in the window have negligible probability compared to that for two points; so the 'leading terms' for G and K are the same. For estimating K a large number of sophisticated edge-corrections exist; see Ripley (1988), Stein (1990). It turns out that as far as the sparse Poisson asymptotics are concerned, *all* these corrections are just as good, and better than Kaplan-Meier, which itself is better than the classical border correction method (the reduced sample estimator). The sophisticated edge-corrections are in practice more complicated to compute than the Kaplan-Meier estimator, so it seems that (as is fair) the more work one does, the better the result. It is disappointing (to this author!) that Kaplan-Meier is not in the first rank, and surprising that the sophisticated edge-corrections can hardly be distinguished from one another.

More details are given in Baddeley and Gill (1992).

One might wonder whether it is possible to improve the Kaplan-Meier estimators of F, G and K by considering the observed distances as *interval-censored* rather than just right censored. This seems possible since for a point $x \in W$ which is closer to ∂W

than to other points in $\Phi \cap W$, one does know that its distance to $\Phi \setminus \{x\}$ is not greater than its distance to $(\Phi \setminus \{x\}) \cap W$; so

$$\rho(x, \partial W) \leq \rho(x, \Phi \setminus \{x\}) \leq \rho(x, (\Phi \setminus \{x\}) \cap W)$$

Similar statements can be made for the distance to the kth nearest neighbour. However, treating this data as 'randomly interval-censored data' would produce asymptotically biased estimators, since the upper limit $\rho(x, (\Phi \setminus \{x\}) \cap W)$ is strongly dependent on $\rho(x, \Phi \setminus \{x\})$, unlike the lower limit $\rho(x, \partial W)$.

15. Cryptography, statistics and the generation of randomness.

This final section is quite independent of the rest of the lecture notes. It is concerned with the subject of *random number generation* and to be more specific, with an approach to the subject developed over the last decade by computer scientists working in the area of *cryptography*. What I have to say on this subject I have learnt from the master's thesis of Brands (1991), which not only surveys the results of the cryptographic theory but also the basic ingredients in it (number theory, complexity theory including Turing machines and polynomial time computation, and so on). Another recent survey is by Luby (1993).

The traditional approach to random number generation is extensive and effective. However in my opinion it fails to explain *why* it works. It consists of a large body of useful information but somehow misses the point: in what way can a completely deterministic algorithm be said to simulate randomness? In fact 'probability theory' is notably absent in treatments of the usual approach to random number generation, which mainly discuss how to find long cycles of iteratively and deterministically determined integers which over a complete cycle have nice uniformity properties. Even 'state of the art' random number generators can turn out to be rather poor for some applications; see, e.g., Ferrenberg, Landau and Wong (1992), though an algorithm intended for use on a PC may not be the most sensible thing to use for a massive supercomputer simulation! See also Knuth (1981) for the classical theory; Marsaglia and Zaman (1991) for more recent developments, and Wang and Compagner (1993) for a nice, less orthodox, approach.

In cryptography there is a need for specially reliable random number generators. The reason for this is that the best key to a secret code is a long and completely random key (it is hardest to guess). For effective use in practice the key should however be produced deterministically, by a compact and fully automatized random number generator. However, if your adversary knows what generator you have used it may not be so difficult to guess your key after all. It is rather nice that cryptographers have not just invented their own random number generators but even developed an elaborate and elegant theory, containing nice probabilistic and even statistical ideas, which actually explains why a random number generator can simulate randomness. This theory involves the intriguing notions of one-way functions and hard-core bits; it is built on algorithmic complexity theory and in particular the distinction between polynomial and non-polynomial time algorithms as separating tractable from intractable problems; and it relies on the generally accepted (though still unproven) intractability of certain problems such as the factorization of large integers. I will argue that the theory is highly relevant to the actual use of random number generators in statistical simulation experiments, bootstrapping, randomized optimization algorithms, and so on.

A classical random number generator is an algorithm which, on given a starting number called the *seed*, produces a sequence of numbers according to a simple deterministic recursion. Usually the numbers are integers in a given, finite range, hence the numbers (eventually) follow a, usually rather long, cycle. For instance, the very well-known linear congruential generator, starting with an integer seed x_0, produces a sequence of integers x_n according to the rule

$$x_n = ax_{n-1} + b \bmod m \tag{1}$$

where the the integers a, b and m are fixed integer parameters of the method. If the parameters have been chosen appropriately the numbers x_n follow a cycle which is actually a permutation of the set of all integers modulo m, $\mathbb{Z}_m = \{0, 1, \ldots, m-1\}$. Moreover the numbers

$$u_n = x_n/m$$

behave reasonably like independent uniform $(0, 1)$ random variables and

$$y_n = \lfloor 2u_n \rfloor$$

as independent Bernoulli $(\frac{1}{2})$ variables. For good quality results m should be quite large, e.g., it should be at least a 60 bit integer (see Knuth, 1981). From uniformly distributed variables one can in principle produce numbers from any other desired distribution.

Since a random uniform$(0, 1)$ random variable is usually approximated on the computer by a number of fixed, finite precision, and since the successive bits in a uniform $(0, 1)$ random variable are independent Bernoulli $(\frac{1}{2})$ variables, a random number generator which produces Bernoulli$(\frac{1}{2})$ variables is all we really need. In fact for some choices of m the 'lower' (less significant) bits of the numbers produced by a linear congruential generator are a good deal less random than the higher bits and one may prefer to just build everything from the simulated independent Bernoulli $(\frac{1}{2})$ trials, or fair coin tosses, y_n. Note that y_n is the 'first bit' of the number u_n expressed as binary fraction.

The new generators from cryptography theory are not much different from the classical generators. For example, the so-called *quadratic-residue* or QR-generator which we study in more detail later is defined as follows: given suitably chosen integers x_0 and m, define

$$x_n = x_{n-1}^2 \bmod m \tag{2}$$

and let

$$y_n = x_n \bmod 2$$

be the 'last bit' of x_n. Then we will show that the y_n can well approximate fair Bernoulli trials. The theorem which guarantees this (under a certain unproven but highly respectable assumption) is an asymptotic theorem, for the case that the length k of the numbers concerned, in their binary representation, $k = \lceil \log_2 m \rceil$, converges to infinity. Preliminary testing shows that a similar size of m as for the linear congruential generator produces results of similar quality (Brands, 1991). A minor difference from the classical generators is that what would be a fixed parameter m is now also considered part of the seed. The only parameter of the QR-generator is in fact the chosen length k of the numbers x_n produced inside the generator.

The idea in cryptography is that a random number generator is not a device for *creating* randomness but rather a device for *amplifying* randomness. If we consider the seed as truly random, then the output sequence y_n is also random, and we may ask how close its distribution is to the distribution of fair Bernoulli trials (the answer depending on the distribution of the seed, of course). This is very similar to the situation in chaotic dynamical systems in which a small *random* perturbation of the initial conditions produces a complete, *very* random process whose distribution is essentially unique (usually the perturbation has to be absolutely continuous with respect to Lebesgue measure but otherwise does not have to be specified).

If the seed (e.g., for the QR-generator, x_0 and m together) is chosen at random the output sequence y_n is also random but clearly its (joint) distribution is highly degenerate, especially if the output sequence is long. Suppose we generate $y_1, \ldots, y_l$ where the number l is a (low degree) polynomial in k. Specifying x_0 and m requires $2k$ binary digits; we will indeed show later how it is done using about $2k$ fair Bernoulli trials (one might conceivably use real-life fair coin tosses). Think of $l = l(k)$ as being something like k^4 and forget the factor 2. Then we are talking about using, e.g., 100 fair coin tosses to simulate 100^4: we put a hundred coin tosses in, we get a hundred *million* out. The joint distribution of $y_1, \ldots, y_l$ is highly degenerate; there are only 2^k possible, equally likely, values for the whole sequence (assuming they are all different) out of an enormous 2^l equally likely values of a true random sequence. However the degeneracy can be so well hidden that we are not aware of it. And this must hold for the classical random number generators which are routinely used by statisticians and others at exactly the kind of scale described here.

Obviously the degeneracy can be found if one looks for it: if you want a good test of whether $y_1, \ldots, y_l$ are truly random or only pseudo-random, check if the sequence you have is one of the 2^k sequences produced by the generator or one of the other 2^l sequences possible with a truly random sequence. Comparing the numbers 2^{100} with $2^{100\,000\,000}$ one sees our test constitutes a statistical test with size about zero and power about one when applied to this generator. There is a big drawback to this test however: it takes a lot of time to compute. Producing a single sequence of $100\,000\,000$ numbers for our statistical simulation experiment is very feasible, but producing all 2^{100} possible sequences is definitely not feasible. So the just mentioned statistical test is infeasible; but there might well be tests which are feasible to compute but which just as conclusively detect pseudo-randomness from true randomness.

The aim of cryptography theory is to construct random number generators such that *no practically feasible* method can show up the difference between a generated sequence and a true random sequence. The phrase 'no practically feasible' sounds vague but can in fact be made completely precise through the notions of algorithmic complexity theory. It should be taken in an asymptotic sense, since only asymptotically (as the size of a given problem increases) can one distinguish between tractable and intractable problems. Practically feasible, or tractable, means *polynomial time*: that is, the running time of the algorithm used to compute the test is at most polynomial in the size of the problem (here, we measure size by input length k, or equivalently, by l). 'Showing up the difference' between a generated sequence and a true random sequence can also be made precise. We have a statistical testing problem with, as null hypothesis, true randomness; as alternative, the distribution inherited by the generated sequence from the distribution of the seed. A given statistical test shows up a difference if there is a difference between the size and power of the test, which are just the probabilities of 'rejecting an output sequence as looking non-random' when it is really random and when it is only pseudo-random. Again, this has to be formulated in an asymptotic sense. At the same time, 'practically feasible' is formulated in a probabilistic and asymptotic sense: the algorithm must run on average in polynomial time. We will show that the QR-generator has these properties, provided it is true (as most people believe) that factoring large integers is (on average, asymptotically) infeasible.

Factoring integers enters here because of the way we choose m: in fact we let $m = pq$ where p and q are randomly chosen primes. A statistical test which shows up the nonrandomness of this random number generator could be rebuilt into an algorithm, which doesn't take an essentially longer time to run, for factoring m. Since we believe no polynomial time algorithms exist for factorising m, there cannot be a polynomial time statistical test which the QR-generator fails. Note that if the size and power of a given test are different, one can independently repeat the test a number of times and build a new test whose power and size lie even further apart. In fact, if the power and size differ by at least one divided by a polynomial, then at most a polynomial number of replications of the test suffice to bring the size close to zero and the power close to one. Thus: 'failing a feasible statistical test' in the weak sense of power being just slightly bigger than size means that there exists a more conclusive feasible test which the generator also fails.

As we mentioned, if the seed of the QR-generator is sampled appropriately, the generator can be proven to be 'cryptographically secure' (hence statistically reliable) under a reasonable assumption (born out by all practical experience and not contradicted by any theory) about the infeasibility of factoring products of large primes. The linear congruential generator, as it is usually used, can be shown not to be secure: one can essentially recover the seed from the sequence with not too much work, and hence come up with statistical tests which overwhelmingly reject its randomness. However it is quite plausible that if not just x_0 but also (some aspects of) a, b and m are chosen at random in an appropriate way, and if not the whole x_n but just, say, y_n is output on each iteration, the generator is secure. This is an interesting open question. My feeling would be that good behaviour of a given generator in (varied and extensive) practice means that it can probably be implemented in a cryptographically secure way.

Before embarking on the theory we should pay some more attention to its relevance. In practice, does it make sense to suppose the seed of a random number generator is chosen at random? What has 'passing all feasible statistical tests' (i.e., the power and the size of any feasible test are essentially equal) got to do with how a generator is actually used in practice?

As an example, let us consider the statistical simulation experiments carried out in Nielsen, Gill, Andersen and Sørensen (1992) which aimed to show that a kind of generalised likelihood ratio test (in a certain semiparametric model from survival analysis estimated by non-parametric maximum likelihood) has the same asymptotic properties as in the parametric case. During the simulations the nominal P-value of a log likelihood ratio test, assuming an asymptotic chi-square distribution to be applicable under the null-hypothesis, was calculated for a large number of large samples from the model, under the null-hypothesis. If the conjectured asymptotic theory is true and if the chosen sample size is large enough to make it a reasonable approximation, these P-values should be approximately a sample from a uniform distribution on $(0,1)$. Under the alternative their distribution should shift to smaller values. The results of the simulations were summarized in a number of QQ-plots of uniform quantiles set out against ordered, observed P-values; see Figure 1 for a typical case.

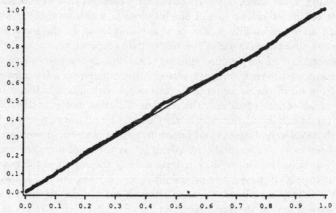

Figure 1. QQ-plot of uniform quantiles versus simulated nominal P-values, under the null-hypothesis.

There are a 1000 points in the graph and each point represents a test-statistic based on a sample of size 1000 from a bivariate distribution. Thus, supposing real numbers were represented by strings of 30 bits, about 60 million simulated fair coin tosses are needed to draw the graph. In fact the simulation was the completely deterministic result of repeatedly calling a random number generator, starting with an initial random seed represented as a string of about 100 bits. The random seed is the result left at the end of the previous simulation experiment; alternatively one may let the system 'reset' the seed in some mysterious way (using the system clock, perhaps) or the user can reset it: perhaps with real fair coin tosses but more likely using a coding of his or her birthday or bank account number or just with the first 'random' string of numbers which came to mind. Whichever was the case, I am completely happy to consider the initial random seed, for this simulation experiment, as truly random and perhaps even uniformly distributed on its range. Obviously if I carry out a number of simulation experiments at the same workstation using subsequent segments of the same cycle of pseudo-random numbers, different experiments are not independent of one another. However this doesn't change the interpretation of what is going on in one given experiment.

Also in a bootstrap experiment, a simulated annealing calculation, and other statistical applications, a hundred or so 'more or less' truly random, fair coin tosses, are used to generate several million up to several billion fair coin tosses.

Obviously the distribution of the output sequence does not remotely look like what it is supposed to simulate. However, we are not interested in the whole joint distribution of the output sequence but just in the distribution of a few numerical statistics, or even just of one or two zero-one valued statistics. For instance, the conclusion drawn from Figure 1 is 'this looks like a uniform sample'. One could summarize this impression by calculating some measure of distance of the observed curve from the diagonal, or one could even carry out a formal Kolmogorov-Smirnov test at the 5% level (with as conclusion 'O.K.'). The result of a bootstrap experiment is the measurement of one or two empirical quantiles, to be used in the construction of a confidence interval. The only important thing about these observed quantiles (based on several thousand replicates of a statistic computed on samples of one hundred or a thousand observations) is that they lie with large probability, under pseudo-randomness, in the same small interval (about 'the true bootstrap quantile') as under true randomness.

Conclusion: even if we produce millions of random numbers in a statistical simulation experiment, we are really only interested in the outcome of a few zero-one variables computed from all of them. In fact, our use of the simulation is based on a reliance that these variables have essentially the same distribution under pseudo-randomness as under true randomness: in other words, they should be no use as a test of randomness. If the distributions were different and known in advance, we could even use (preferably, several replicates of) our simulation experiment as a test of our generator. It would be the most sensible test to use since it tests exactly the aspect of the generator which is important for us! However, the probabilities in question are not known in advance and cannot be easily calculated, which is after all exactly the reason we were doing a simulation experiment in the first place.

Note also that even if our simulation experiment is large, we still get it finished in a reasonable length of time and if necessary could repeat it a few times. This means that the statistical test of randomness which our use of the experiment represents, is a feasible test. Consequently: a random number generator which passes all feasible tests is a random number generator which we can safely use for all practical purposes.

I would like to go into one other digression before embarking on the theory as promised. This concerns some connections between random number generators, rounding errors, and the randomness of, e.g., a classical fair coin toss.

The iterations of the linear congruential generator $x_n = ax_{n-1} + b \bmod m$ are quite easy to analyse. First of all, one can iterate a number of times without reducing modulo m and then only take the residue modulo m afterwards. This leads to the fact:

$$x_n = \left(a^n x_0 + \frac{a^n - 1}{a - 1} b \right) \bmod m$$

Also, dividing the x_n and b by m, one can take the residue of real numbers modulo 1; in other words, the fractional part, denoted $\{\cdot\}$. We find

$$y_n = \left\{ a^n (y_0 + \frac{b/m}{a - 1}) - \frac{b/m}{a - 1} \right\}.$$

This means that the pseudo-uniform random numbers produced by the linear congruential generator are nothing else than the rounding errors in a table of the mathematical function $n \mapsto \exp(\alpha n + \beta) + \gamma$, when the table values are computed to the nearest integer; take $\alpha = \log a$, $\beta = \log((b/m)/(a-1))$, $\gamma = -(b/m)/(a-1)$.

It is part of folk-lore of numerical mathematics and computer science that 'rounding errors are uniformly distributed' and much practical experience and some theory exists to support this observation. Less well established is that rounding errors in successive entries in a table of a mathematical function are approximately independent; at least, if the table entries are sufficiently far apart. This fact (which can be empirically checked) has been put to good use in the mathematical-historical study of medieval arabic astronomical tables by van Dalen (1993). Several astonomical tables known to historians of science are tabled values of known functions but with unknown parameters (some parameters have varied over the centuries, others depend on geographical location). The use of statistical techniques to determine the parameter values by non-linear regression is controversial since, apart from gross errors which are usually easy to identify, the tables have been calculated following a precise algorithm which yields exact results to the required number of (hexadecimal) digits. Thus the only error is the final rounding error; it is completely deterministic, and to consider it random or even independent, uniform, is hard for some historians to stomach.

The fair coin toss can also be considered the result of a rounding procedure. Suppose a (horizontally) spinning coin is thrown up vertically and falls back to a level surface on which it is caught and made to lie horizontally without any bouncing. The side uppermost can be computed as a function of the initial vertical speed v and rotation speed ω. In fact, we can represent the total angle through which the coin has rotated at the moment it is stopped in terms of these two parameters. We round the angle to a multiple of 2π and then look if it lies between zero and π (heads) or π and 2π (tails). The randomness of the outcome (heads or tails) is the result of the randomness, or if you like, variability, of the initial parameters v and (appropriately enough) ω. Since heads or tails is responsive to very small variations in these parameters (at least, when they are large enough to begin with), and by some symmetry properties, a smooth distribution of v, ω over a small region will make heads and tails about equally likely; see Engel (1992).

The point about this digression is that an argument about how random the seed is of a random number generator is very, very similar to the argument how random is a coin toss; in fact, we are always forced to an infinite regress in which small amounts of probability are needed to explain more; however, it is often the case that the type of randomness which we get out of the system is not critically dependent of the type of randomness we put in.

Now back to cryptography. We start with a specific example. The QR-generator, proposed by Blum and Micali (1984) and using on ideas of Rabin (1979), is specified as follows. Given a number k generate at random a prime number p and a prime number q of length at most $\lfloor k/2 \rfloor$ bits; p and q should furthermore be unequal to one another, and both should be congruent to 3 modulo 4. Subject to these restrictions p and q may be thought of as being uniformly distributed over the set of all possible pairs (in practice they will be chosen with a slightly different distribution as we will explain later;

that does not change the subsequent theory in any essential way). Define $m = pq$ (a number of at most k bits) and choose x_0 (also at most k bits) uniformly at random from $\mathbb{Z}_m^* = \{x \in \mathbb{Z}_m : \text{neither } p \text{ nor } q \text{ divides } x\}$. One may also describe $\mathbb{Z}_m^*$ as the set of elements of $\mathbb{Z}_m$ with a multiplicative inverse (modulo m); it forms a multiplicative group. Now define recursively $x_n = x_{n-1}^2 \mod m$, $y_n = x_n \mod 2$, $n = 1, 2, \ldots, l$ where $l = l(k)$ is at most polynomial in k. We later show how p, q and x_0 can be determined (easily: in polynomial time) from $2k$ fair coin tosses.

Define also
$$\mathrm{QR}_m = \{x^2 \mod m : x \in \mathbb{Z}_m^*\}.$$

This is called the set of quadratic residues, modulo m. From fairly elementary number theory (the theory of the Jacobi and the Legendre symbols; the latter, as group homomorphisms from $\mathbb{Z}_m^*$ to the multiplicative group $\{-1, 0, 1\}$, have something to say about whether a number is a square or not) it follows that *exactly a quarter of the elements of $\mathbb{Z}_m^*$ are squares; i.e.; members of* QR_m. *Moreover, each member of* QR_m *is the square (modulo m) of exactly four different members of $\mathbb{Z}_m^*$, having the form $\pm x, \pm y$. Just one of these square roots is itself also a square. Therefore, the function $x \mapsto x^2 \mod m$ is a permutation on* QR_m.

The reader is invited to calculate the table of squares of elements of $\mathbb{Z}_m^*$ in the case $p = 3$, $q = 7$, and further to investigate the sequences y_n produced by the generator.

Neglecting the factor 2 in the total length of our input string (m, x_0) we consider the QR-generator as a mapping from binary strings of length k to binary strings of length l; or rather, for a given (polynomial) dependence $l = l(k)$ as a sequence of such mappings, one for each value of k. As explained above, by the QR-generator the 2^k possible input strings are mapped into the much larger set of 2^l possible output strings. We put the uniform probability distribution on the input strings and consider the statistical problem of distinguishing the resulting probability distribution on output strings from the uniform distribution on the large set of all binary strings of length l.

Two notions are central to showing that the QR-generator (and many other generators) is reliable: the notion of a *one-way function*, and the notion of a *hard-core predicate*. A one-way function is a function which is easy to compute, while its inverse is difficult (we restrict attention here to functions which are one-to-one, with the same domain and range, hence are permutations). 'Easy' and 'difficult' mean here: on average, in polynomial time, and not in polynomial time, respectively. The notion is therefore an asymptotic notion and we are really applying it to a sequence of functions f_k, typically from a given subset of the set of binary strings of length k to another. In our description of the theory we will, for simplicity, usually suppose the function is defined on $\{0, 1\}^k$, but our examples will involve slightly more complicated domains.

An example: consider the function 'multiplication' on the set of pairs of different, ordered primes, each represented by binary integers of at most k bits. This function is easy to compute: one can easily exhibit an algorithm which runs in an most $\mathcal{O}(k^2)$ time steps, where in each time step one basic operation on just two bits is performed. However it is believed that no algorithm exists which computes the inverse of this function, 'factorization', on average in an amount of time polynomial in k. This belief is backed up by a huge amount of practical experience and much theoretical work too. A proof would in fact establish the famous conjecture '$P \subset NP$' (strict inclusion) which says, in words, that there exist problems which, though a supposed answer to them can be checked to be correct in a polynomial number of steps, no algorithm exists which solves the problem (without knowing the answer in advance) in a polynomial number of steps. In fact the existence of any one-way function at all would prove the '$P \subset NP$' conjecture. Considering the huge amount of work which has been put into this attempt, without success, it is not likely that the existence of one-way functions is going to be *proved* for quite a while.

At present the best known factorisation algorithm takes about a year on a very fast computer to factor a 100 digit product of two large, unknown primes. The same algorithm would take about a million years to factor a 200 digit number. This illustrates what it means for an algorithm to be non-polynomial time: there is in practice a rather strict limit to the size of problem which can be solved; and increasing the speed of computers has very little effect on the limit. On the other hand, and rather important for the feasibility of the QR-generator which requires one to randomly sample prime numbers, the related problem of just deciding whether a given number is prime or not, can be solved in polynomial time (using in fact a probabilistic algorithm which therefore is not guaranteed to give the right answer, but can give the right answer with a probability as close to 1 as one likes!). To decide whether or not a 100 digit number is prime takes about half a minute.

We will show in a moment that the function 'square' from QR_m to QR_m is also a one-way function, by demonstrating the equivalence of computing its inverse with the problem 'factoring' (assumed to be one-way) just described. Really we should index the set QR_m not by m but by the chosen length k, since m is not supposed to be fixed or known in advance.

The other central notion is that of a *hard-core predicate*. Though the inverse of a function f may be hard to predict, it is conceivable that a number of properties of the inverse are in fact easy to determine. For instance, it is easy to find out if a large integer is prime or not, but difficult to supply a list of its prime factors. A hard-core predicate is a property of the inverse which is essentially as difficult to determine as the inverse itself. Let such a property be described by a function B from the range of f to the set $\{0,1\}$. Then f one-way means $x \mapsto f(x)$ is easy, but $y \mapsto f^{-1}(y)$ is difficult to compute; B hard-core for f means that $x \mapsto B(f(x))$ is easy to compute (if you knew the inverse x of $y = f(x)$, you could calculate the property easily), but $y \mapsto B(y)$ is not easy.

To be a little more precise, a one-to-one function f, say defined on $\{0,1\}^k$ for each k, is one-way if for all polynomial time functions M and all polynomials $p(\cdot)$,

$$\text{P}_k\Big(f(M(f(x))) = f(x)\Big) < \frac{1}{p(k)}$$

for all sufficiently large k, where the probability distribution P_k is (typically) the uniform distribution of x on $\{0,1\}^k$. Also, B is hard-core for f if, on the one hand, $B(f(\cdot))$ can be computed in polynomial time, but on the other, for all polynomial time M and all polynomials $p(\cdot)$,

$$\left| \mathrm{P}_k\Big(M(x) = B(x)\Big) - \frac{1}{2} \right| < \frac{1}{p(k)}$$

for all sufficiently large k, where again x is uniformly distributed.

Note the probability of a half here: the function M guesses the value of B correctly just half of the time. This implies that B also takes the values 0 and 1 with equal probabilities, otherwise by always picking a single value one could guess right with bigger probability than a half.

As example of a hard-core predicate for the function 'square' on QR_m, we mention the so-called 'last-bit' or 'parity' function. This can be shown to be hard-core by showing that an algorithm which computes the last bit of the square root (in QR_m) of a number in QR_m (or in fact just guesses the last bit with succes probability a little better than a half), can be converted into an algorithm, not needing much more time to run, for determining the square root in its entirety. Note that the last-bit function just determines whether the square root is even or odd, or its value modulo 2. In other words, finding out if the square root of a number in QR_m is even or odd is just as difficult as finding the square root itself.

We next set up the definitions needed to discuss random number generators. A generator f is actually a polynomial time sequence of functions f_k mapping, say, $\{0,1\}^k$ to $\{0,1\}^{l(k)}$ for some polynomial function $l(\cdot)$. The domain is called the seed space and given the uniform probability distribution. Let P_n denote the uniform distribution on $\{0,1\}^n$. A feasible statistical test T of a generator f is a sequence of polynomial time functions $T_{l(k)}$ from $\{0,1\}^{l(k)}$ to $\{0,1\}$, coding for 'accept', and 'reject', where the test $T_{l(k)}$ is a test of the null hypothesis that the output sequence $y = f(x)$ is distributed as P_l against the alternative that it is distributed as $\mathrm{P}_k \circ f_k^{-1}$. We say that f passes the test T if, for any polynomial in k, the difference between the power and size of the test is eventually smaller than one divided by that polynomial. A generator is called *pseudo-random* if it passes all feasible tests.

An apparently less stringent criterion of a generator is *unpredictability*. This means that for each position from 1 up to $l - 1$ in the output sequence, no feasible function exists which predicts, with better succes probability than a half, the next output bit of the sequence, given the first bits up to this position. If a generator is predictable then for some position in the output sequence one can, with some success, feasibly predict the next bit from the preceding ones. A rather nice theorem of Yao (1982) states that the property of being unpredictable is actually equivalent to being pseudo-random. In other words: passing all feasible next-bit tests implies passing *all* feasible tests. Since pseudo-randomness doesn't depend on whether the output bits are taken in their usual order or in reverse order, we have the nice corollary: forwards predictability is equivalent to backwards predictability.

Here's a sketch of the proof of the theorem. Predictable implies not pseudo-random is easy, since we can obviously construct a test of a generator from a succesful prediction of one of its output bits. For the converse, suppose the generator is not pseudo-random. This means there exists a feasible test whose size and power are 'significantly' different from one another. Denote the output sequence of the generator by $y = (y_1, \ldots, y_l)$ and let $y^* = (y_1^*, \ldots, y_l^*)$ denote a true random sequence. From these two consider all the 'cross-over' combined sequences:

$$y^{(n)} = (y_1, \ldots, y_{n-1}, y_n^*, \ldots, y_l^*), \quad , n = 1, \ldots, l.$$

Apply the statistical test to both of $y^{(n)}$ and $y^{(n+1)}$. Since there is an appreciable difference between the probabilities of rejecting y^* and rejecting y, there has to be somewhere, at least, some difference between the probabilities of rejecting $y^{(n)}$ and $y^{(n+1)}$, since the first element of the first of these pairs is y^* and the second element of the last of the pairs is y. Here we use the fact that $l(k)$ is at most polynomial in k: a probability which is larger than one divided by some polynomial, also has this property when divided by $l(k)$.

Now if we can distinguish between $y^{(n)}$ and $y^{(n+1)}$ for some n, it seems plausible that one can predict, with some success, y_n from $(y_1, \ldots, y_{n-1})$, since the only difference between $y^{(n)}$ and $y^{(n+1)}$ is whether the nth bit contains the deterministically formed y_n or the fair coin toss y_n^*. Indeed, one can show that a 'randomized' prediction algorithm can be built on comparing the results of the statistical test applied to the two sequences: $(y_1, \ldots, y_{n-1}, 0, y_{n+1}^*, \ldots, y_l^*)$ and $(y_1, \ldots, y_{n-1}, 1, y_{n+1}^*, \ldots, y_l^*)$. The algorithm is a randomised algorithm because it has to supply the fair coin tosses $(y_{n+1}^*, \ldots, y_l^*)$.

To conclude the general theory, we show that given any one-way permutation, say $f : \{0,1\}^k \to \{0,1\}^k$, with a hard-core predicate B, we can construct a pseudo-random generator by iterating f, and outputting successive values of $B(f)$ (both of which are easy to do). This now famous construction is due to Blum and Micali (1984). To see this, let x be chosen at random from $\{0,1\}^k$ and let the generator output $y = g(x) = (B(f(x)), B(f(f(x))), \ldots, B(f^l(x)))$. We show that g is pseudo-random by showing that it is not backwards predictable. The reason for this is that, if it were backwards predictable, we could feasibly guess, with some degree of success, the value of say $B(f^n(x))$ given the values of $B(f^{n+1}(x)), \ldots, B(f^l(x))$. Knowing this latter set of values is less than knowing just $f^n(x)$, from which they may all feasibly be computed. So given $f^n(x)$ we can apparently guess $B(f^n(x))$. But this contradicts B being hard-core (here we use the fact that if f is a permutation, $f^n(x)$ is also uniformly distributed).

The mention of $\{0,1\}^k$ as domain and range of the one-way permutation f was not in any way essential here. For the QR-generator, we take as range the set of *pairs* (x, m) where $x \in QR_m$ and m is the product of two different primes, congruent to 3 modulo 4, and of length $\lfloor k/2 \rfloor$ bits; and we let $f(x, m) = (x^2 \bmod m, m)$. We take $B(x, m) = \sqrt{x} \bmod 2$ where the square root is taken in QR_m. Incorporating m into both domain and range of the one-way function sets things up so that successive iterations can be done knowing m, as is needed; also it makes it clear that the pair (x, m) together form the random seed of the generator. In practice, one can sample from the seed space as follows: choose independently two random integers of length $\lfloor k/2 \rfloor$ bits and equal to 3 modulo 4 using fair coin tosses in the obvious way. Test each for primality and if it fails, increment by 4 and repeat (also demand that the second prime is different from the first). After not too many tests (by the prime-number theorem, which says that among integers of $\lfloor k/2 \rfloor$ bits, primes lie at typical distance $\mathcal{O}(k)$ apart) you will have found two primes p and q. Choose independently a random integer of length k bits by fair coin tosses; check it is not divisible by p or q (so a member of $\mathbb{Z}_m^*$; if not, repeat), and square it modulo m to obtain your initial x, element of QR_m.

Probabilists will be immediately aware that this procedure does not sample *uniformly* from the seed space. The chance a given prime p or q is selected is proportional to the distance between it and the previous prime. It seems not possible to achieve a uniform distribution on primes with a polynomial time sampling algorithm. This is not a crucial point at all, since it is just as plausible that factoring is, on average, infeasible when pairs of primes are sampled as described, as when they are sampled uniformly. In the proof above it was needed that the distribution of $f(x)$ was the same as that of x; but that is also true in our case, with x replaced by (x, m).

A more delicate point is that the sampling procedure requires more input randomness than just the fair coin tosses to start the search for p and q and to choose x, in that the primality-testing algorithm has to be probabilistic if it is to be a polynomial time algorithm. So one should also 'count the coin tosses' needed here in order to properly judge the effectiveness of the QR-algorithm as a random generator; typically $\mathcal{O}(k)$ suffice, so this is not a problem: even when these coin tosses are taken into account, we have output a much longer sequence of simulated coin tosses.

It is amusing that in a theory which depends on the notion of a *probabilistic* polynomial time algorithm (in fact, a probabilistic Turing machine) to characterise feasible and infeasible problems, one should go to so much trouble to describe how randomness can be generated, or rather expanded, in a deterministic way. A probabilistic Turing machine is supposed to be able to generate its own fair coin tosses, so looking from inside the theory, random number generators are not needed; they already exist!

We have now completed our general discussion of the theory. To apply the theory to the QR-generator, just two facts have to be verified: that squaring on QR_m is one-way, and that the parity bit of the inverse is hard-core; in other words, taking square roots is hard and just deciding if the square root is even or odd is just as hard.

We prove the one-way property; the hard-core property has a rather more elaborate (and very ingenious) proof requiring more, related, facts from number theory; see Alexi, Chor, Goldreich and Schnorr (1988) for a proof, building on earlier work of Ben-Or, Chor and Shamir (1983). Actually the highest bit is also hard-core, or even some $\log k$ bits taken together. The proof of the hard-core property goes via showing that an algorithm for determining the parity of the square root can be built into an algorithm to do factoring.

For the one-wayness of squaring, we suppose it is possible to compute square roots in QR_m, for given m, and show that this leads to a not much longer algorithm for factoring m. Our algorithm will actually be a probabilistic algorithm which leads to the right answer in polynomial time with overwhelmingly large probability. Start by picking a uniform random point in $\mathbb{Z}_m^*$. (There are $(p-1)(q-1)$ elements of $\mathbb{Z}_m^*$, so this is most of $\mathbb{Z}_m$). Square it, and we now have an element of QR_m. Take the square root in QR_m: the result is $\pm x$ or $\pm y$ for some $y \neq \pm x$. Moreover the probability is a half that the answer is *not* $\pm x$. If however we find $\pm x$, simply repeat with a new random choice of x.

After a not too large number of attempts we have found x and y with $x \neq \pm y \bmod m$, $x^2 = y^2 \bmod m$. The latter equation, rewritten as $(x-y)(x+y) = 0 \bmod m$, tells us that $x \pm y$ is divisible by p or q. Now we can use the Euclidean algorithm to determine the greatest common divisor of m and, say, $x - y$ (take the remainder of the larger number on division by the smaller; discard the larger and repeat with the remainder and the smaller number). This algorithm takes $\mathcal{O}(k^2)$ steps so is feasible. The greatest common divisor is p or q and division into m provides the other prime.

A small amount of practical experience with the QR-generator (Brands, 1991), suggests that it is just as good, in the traditional sense of passing traditional statistical tests of randomness, as a linear congruential generator of similar size and used in the same way (extraction of just one bit on each iteration). We also refer to that work for full details of the theory sketched here, including an introduction to the theory of 'polynomial time computation' based on Turing machines and Boolean circuits, and a survey of the number theoretic results needed to understand the cryptographic theory.

Appendix. Product-integrals in TₑX.

For the reader interested in writing up his own research on product-integration, here are TₑX macros and a postscript file (the latter to be saved as 'pi.ps') for printing a nice product-integral symbol. The files are also available by email from the author. **Exercise**: make the ultimate product-integral with METAFONT.

```
%
%    Definition of product-integral symbol
%              (Requires "pi.ps" and epsf macros)
%
\input epsf.sty     % plain TeX way to load epsf macros
%
%    Displayed formulas:
%
\def\Prodi{\mathop{{\lower9pt\hbox{\epsfxsize=15pt\epsfbox{pi.ps}}}}}
%
%    In line
%
\def\prodi{\mathop{{\lower3pt\hbox{\epsfxsize=7pt\epsfbox{pi.ps}}}}}
=====================================================================
%!
%%Title: pi.fig
%%Creator: fig2dev
%%CreationDate: Tue Mar 30 09:41:56 1993
%%For: gill@suilven (Richard Gill)
%%Pages: 0
%%BoundingBox: 0 0 315 492
%%EndComments
/$F2psDict 32 dict def
$F2psDict begin
$F2psDict /mtrx matrix put

end
/$F2psBegin {$F2psDict begin /$F2psEnteredState save def} def
/$F2psEnd {$F2psEnteredState restore end} def
%%EndProlog

$F2psBegin
1 setlinecap 1 setlinejoin
-2 3 translate
0.000000 492.000000 translate 0.900 -0.900 scale
10.000 setlinewidth
```

```
% Interpolated spline
newpath 262 58 moveto
261.034 191.720 261.534 249.470 264 289 curveto
266.092 322.536 272.419 401.846 281 435 curveto
287.440 459.881 288.843 518.557 323 537 curveto
329.149 540.320 335.649 539.070 349 532 curveto
 stroke
% Interpolated spline
newpath 23 86 moveto
58.600 46.934 76.850 32.434 96 28 curveto
121.516 22.092 166.138 43.991 187 48 curveto
207.650 51.968 254.931 66.192 278 63 curveto
295.680 60.554 329.084 46.685 342 33 curveto
345.690 29.090 348.190 22.840 352 8 curveto
 stroke
% Interpolated spline
newpath 242 58 moveto
241.494 194.619 242.244 253.619 245 294 curveto
247.400 329.171 253.558 412.216 264 447 curveto
271.633 472.426 273.026 533.707 314 548 curveto
324.246 551.574 332.746 547.574 348 532 curveto
 stroke
% Interpolated spline
newpath 22 85 moveto
47.006 34.991 62.506 15.741 84 8 curveto
111.517 -1.911 155.714 23.125 177 27 curveto
199.710 31.134 252.151 45.600 277 43 curveto
294.088 41.212 327.998 27.100 342 18 curveto
344.133 16.614 346.633 14.114 352 8 curveto
 stroke
% Interpolated spline
newpath 142 31 moveto
141.446 157.754 139.946 212.504 136 250 curveto
131.629 291.536 117.294 388.737 103 429 curveto
93.335 456.223 76.873 518.051 44 537 curveto
35.984 541.621 25.984 541.371 4 536 curveto
 stroke
% Interpolated spline
newpath 121 25 moveto
121.377 145.372 120.377 197.372 117 233 curveto
113.157 273.543 98.259 368.555 87 408 curveto
78.922 436.301 66.198 501.942 39 526 curveto
32.863 531.429 23.613 533.929 2 536 curveto
 stroke
$F2psEnd
```

Bibliography.

O.O. Aalen (1972), *Estimering av Risikorater for Prevensjonsmidlet 'Spiralen'* (in Norwegian), Master's thesis, Inst. Math., Univ. Oslo.

O.O. Aalen (1975), *Statistical Inference for a Family of Counting Processes*, PhD thesis, Univ. California, Berkeley.

O.O. Aalen (1976), Nonparametric inference in connection with multiple decrement models, *Scand. J. Statist.* **3**, 15–27.

O.O. Aalen (1978), Nonparametric inference for a family of counting processes, *Ann. Statist.* **6**, 701–726.

O.O. Aalen and S. Johansen (1978), An empirical transition matrix for nonhomogeneous Markov chains based on censored observations, *Scand. J. Statist.* **5**, 141–150.

M.G. Akritas (1986), Bootstrapping the Kaplan-Meier estimator, *J. Amer. Statist. Assoc.* **81**, 1032–1038.

W. Alexi, B. Chor, O. Goldreich, and C.P. Schnorr (1988), RSA and Rabin functions: certain parts are as hard as the whole, *SIAM J. Comp.* **17**, 194–209.

B. Altshuler (1970), Theory for the measurement of competing risks in animal experiments, *Math. Biosci.* **6**, 1–11.

P.K. Andersen, Ø. Borgan, R.D. Gill, and N. Keiding, (1982), Linear nonparametric tests for comparison of counting processes, with application to censored survival data (with discussion), *Int. Statist. Rev.* **50**, 219–258; Amendment, **52**, 225 (1984).

P.K. Andersen, Ø. Borgan, R.D. Gill, and N. Keiding (1993), *Statistical Models Based on Counting Processes*, Springer, New York.

A.J. Baddeley (1987), Integrals on a moving manifold and geometrical probability, *Adv. Appl. Probab.* **9**, 588–603.

A.J. Baddeley and R.D. Gill (1992), Kaplan-Meier estimators for interpoint distance distributions of spatial point processes, Preprint 718, Dept. Math., Univ. Utrecht; revised version (1993), submitted to *Ann. Statist.*

A.J. Baddeley, R.A. Moyeed, C.V. Howard, S. Reid, and A. Boyde (1993), Analysis of a three-dimensional point pattern with replication, *Appl. Statist.* **42**, to appear.

L.G. Barendregt and M.J. Rottschäfer (1991), A statistical analysis of spatial point patterns: a case study, *Statistica Neerlandica* **45**, 345–363.

M. Ben-Or, B. Chor, and A. Shamir (1983), On the cryptographic security of single RSA bits, *Proc. 15th ACM Symp. Theor. Comp.*, 421–430.

P.J. Bickel, C.A.J. Klaassen, Y. Ritov, and J.A. Wellner (1993), *Efficient and Adaptive Inference for Semiparametric Models*, Johns Hopkins University Press, Baltimore (in press).

M. Blum and S. Micali (1984), How to generate cryptographically strong sequences of pseudo-random bits, *SIAM J. Comp.* **13**, 850–864.

P.E. Böhmer (1912), Theorie der unabhängigen Wahrscheinlichkeiten, *Rapports, Mém. et Procés-verbaux 7e Congrès Int. Act. Amsterdam* **2**, 327–343.

S.J. Brands (1991), *The Cryptographic Approach to Pseudo-random Bit Generation*, Master's thesis, Dept. Math., Univ. Utrecht.

N.E. Breslow and J.J. Crowley (1974), A large sample study of the life table and product limit estimates under random censorship, *Ann. Statist.* **2**, 437–453.

C.F. Chung (1989a), Confidence bands for percentile residual lifetime under random censorship model, *J. Multiv. Anal.* **29**, 94–126.

C.F. Chung (1989b), Confidence bands for quantile function under random censorship, *Ann. Inst. Statist. Math.* **42**, 21–36.

P. Courrège and P. Priouret (1965), Temps d'arrêt d'un fonction aléatoire, *Publ. Inst. Stat. Univ. Paris* **14**, 245–274.

D.R. Cox (1972), Regression models and life-tables (with discussion), *J. Roy. Statist. Soc. (B)* **34**, 187–220.

D.R. Cox (1975), Partial likelihood, *Biometrika* **62**, 269–276.

M.W. Crofton (1869), Sur quelques théorèmes du calcul intégral, *Comptes Rendus de l'Académie des Sciences de Paris* **68**, 1469–1470.

D.M. Dabrowska (1988), Kaplan-Meier estimate on the plane, *Ann. Statist.* **16**, 1475–1489.

D.M. Dabrowska (1993), Product integrals and measures of dependence, Preprint, Dept. Biostatistics, Univ. Calif., Los Angeles.

B. van Dalen (1993), *Ancient and Mediaeval Astronomical Tables: Mathematical Structure and Parameter Values*, Ph.D. Thesis, Dept. Math., Univ. Utrecht.

A.P. Dempster, N.M. Laird, and D.R. Rubin (1977), Maximum likelihood estimation from incomplete data via the EM algorithm (with discussion), *J. Roy. Statist. Soc. (B)* **39**, 1–38.

P.J. Diggle (1983), *Statistical Analysis of Spatial Point Patterns*, Academic Press, London.

R.L. Dobrushin (1953), Generalization of Kolmogorov's equations for a Markov process with a finite number of possible states, *Mat. Sb. (N.S.)* **33**, 567–596 (in Russian).

R.L. Dobrushin (1954), Study of regularity of Markov processes with a finite number of possible states, *Mat. Sb. (N.S.)* **34**, 542–596 (in Russian).

S.I. Doguwa (1990), On edge-corrected kernel-based pair correlation function estimators for point processes. *Biom. J.* **32**, 95–106.

S.I. Doguwa and G.J.G. Upton (1990), On the estimation of the nearest neighbour distribution, $G(t)$, for point processes, *Biom. J.* **32**, 863–876.

J.D. Dollard and C.N. Friedman (1979), *Product Integration with Applications to Differential Equations* (with an appendix by P. R. Masani), Addison-Wesley, Reading, Massachusetts.

H. Doss and R.D. Gill (1992), A method for obtaining weak convergence results for quantile processes, with applications to censored survival data, *J. Amer. Statist. Assoc.* **87**, 869–877.

R.M. Dudley (1966), Weak convergence of probabilities on nonseparable metric spaces and empirical measures on Euclidean spaces, *Illinois J. Math.* **10**, 109–126.

R.M. Dudley (1992), Empirical processes: p-variation for $p \leq 2$ and the quantile-quantile and $\int FdG$ operators, Preprint, Dept. Math., Mass. Inst. Tech.

B. Efron (1967), The two sample problem with censored data, *Proc. 5th Berkeley Symp. Math. Statist. Probab.* **4**, 851–853.

B. Efron (1979), Bootstrap methods: Another look at the jackknife, *Ann. Statist.* **7**, 1–26.

B. Efron (1981), Censored data and the bootstrap, *J. Amer. Statist. Assoc.* **76**, 312–319.

B. Efron and I.M. Johnstone (1990), Fisher's information in terms of the hazard rate, *Ann. Statist.* **18**, 38–62.

E.M.R.A. Engel (1992), *A Road to Randomness in Physical Systems*, Springer Lecture Notes in Statistics 71.

H. Federer (1969), *Geometric Measure Theory*, Springer Verlag, Heidelberg.

A.M. Ferrenberg, D.P. Landau, and Y.J. Wong (1992), Monte Carlo simulations: hidden errors from 'good' random number generators, *Phys. Rev. Letters* **69**, 3382–3384.

T.R. Fleming and D.P. Harrington (1991), *Counting Processes and Survival Analysis*, Wiley, New York.

M.A. Freedman (1983), Operators of p-variation and the evolution representation theorem, *Trans. Amer. Math. Soc.* **279**, 95–112.

R.D. Gill (1980), *Censoring and Stochastic Integrals*, Mathematical Centre Tracts **124**, Mathematisch Centrum, Amsterdam.

R.D. Gill (1980b), Nonparametric estimation based on censored observations of a Markov renewal process, *Z. Wahrsch. verw. Geb.* **53**, 97–116.

R.D. Gill (1981), Testing with replacement and the product limit estimator, *Ann. Statist.* **9**, 853–860.

R.D. Gill (1983), Large sample behavior of the product-limit estimator on the whole line, *Ann. Statist.* **11**, 49–58.

R.D. Gill (1986), On estimating transition intensities of a Markov process with aggregated data of a certain type: 'Occurrences but no exposures', *Scand. J. Statist.* **13**, 113–134.

R.D. Gill (1989), Non- and semi-parametric maximum likelihood estimators and the von Mises method (Part 1), *Scand. J. Statist.* **16**, 97–128.

R.D. Gill (1992), Multivariate survival analysis, *Theory Prob. Appl.* **37** (English translation), 18–31 and 284–301.

R.D. Gill and S. Johansen (1990), A survey of product-integration with a view towards application in survival analysis, *Ann. Statist.* **18**, 1501–1555.

R.D. Gill and B.Ya. Levit (1992), Applications of the van Trees inequality: a Bayesian Cramér-Rao bound, Preprint 733, Dept. Math., Univ. Utrecht.

R.D. Gill, M.J. van der Laan, and J.A. Wellner (1993), Inefficient estimators of the bivariate survival function for three multivariate models, Preprint 767, Dept. Math., Univ. Utrecht.

R.D. Gill and A.W. van der Vaart (1993), Non- and semi-parametric maximum likelihood estimators and the von Mises Method (Part 2), *Scand. J. Statist.* **20**.

M.J. Gillespie and L. Fisher (1979), Confidence bands for the Kaplan-Meier survival curve estimates, *Ann. Statist.* **7**, 920–924.

M. Greenwood (1926), The natural duration of cancer, *Reports on Public Health and Medical Subjects* **33**, 1–26, His Majesty's Stationery Office, London.

P. Groeneboom and J.A. Wellner (1992), *Information Bounds and Nonparametric Maximum Likelihood Estimation*, Birkhäuser Verlag, Basel.

H.J. Hall and J.A. Wellner (1980), Confidence bands for a survival curve from censored data, *Biometrika* **67**, 133–143.

N.L. Hjort (1985a), Bootstrapping Cox's regression model, Tech. Rept. 241, Department of Statistics, Stanford University, California.

N.L. Hjort (1985b), Discussion of the paper by P.K. Andersen and Ø. Borgan, *Scand. J. Statist.* **12**, 141–150.

J. Jacod (1975), Multivariate point processes: Predictable projection, Radon-Nikodym derivatives, representation of martingales, *Z. Wahrsch. verw. Geb.* **31**, 235–253.

J. Jacod and A.N. Shiryaev (1987), *Limit Theorems for Stochastic Processes*, Springer-Verlag, Berlin.

N. Jewell (1982), Mixtures of exponential distributions, *Ann. Statist.* **10**, 479–484.

E.L. Kaplan and P. Meier (1958), Non-parametric estimation from incomplete observations, *J. Amer. Statist. Assoc.* **53**, 457–481, 562–563.

R.L. Karandikar (1983), Multiplicative stochastic integration, pp. 191–199 in: V. Mandrekar and H. Salehi (eds), *Prediction Theory and Harmonic Analysis*, North-Holland, Amsterdam.

N. Keiding and R.D. Gill (1990), Random truncation models and Markov processes, *Ann. Statist.* **18**, 582–602.

J. Kiefer and J. Wolfowitz (1956), Consistency of the maximum likelihood estimator in the presence of infinitely many nuisance parameters, *Ann. Math. Statist.* **27**, 887–906.

D.E. Knuth (1981), *The Art of Computer Programming, vol. 2: Seminumerical Algorithms*, Addison-Wesley.

M.J. van der Laan (1993a), General identity for linear parameters in convex models with applications to efficiency of the (NP)MLE, Preprint 765, Dept. Math., Univ. Utrecht.

M.J. van der Laan (1993b), Efficiency of the NPMLE in the line segment problem, Preprint 773, Math. Inst., Univ. Utrecht.

M.J. van der Laan (1993c), Repairing the NPMLE with application to the bivariate censoring model, Preprint, Dept. Math., Univ. Utrecht.

G.M. Laslett (1982a), The survival curve under monotone density constraints with application to two-dimensional line segment processes, *Biometrika* **69**, 153–160.

G.M. Laslett (1982b), Censoring and edge effects in areal and line transect sampling of rock joint traces, *Math. Geol.* **14**, 125–140.

B.Ya. Levit (1990), Approximately integrable linear statistical models in non-parametric estimation, Tech. Rep. 90–37C, Dept. Statist., Purdue Univ.

M. Luby (1993), *Pseudo-Randomness and Applications*, Princeton Univ. Press.

J.S. MacNerney (1963), Integral equations and semigroups, *Illinois J. Math.* **7**, 148–173.

P.R. Masani (1981), Multiplicative partial integration and the Trotter product formula, *Adv. Math.* **40**, 1–9.

D. Mauro (1985), A combinatoric approach to the Kaplan-Meier estimator, *Ann. Statist.* **13**, 142–149.

P. Meier (1975), Estimation of a distribution function from incomplete observations, pp. 67–87 in: J. Gani (ed.), *Perspectives in Probability and Statistics*, Applied Probability Trust, Sheffield.

R.E. Miles (1974), On the elimination of edge-effects in planar sampling, pp. 228–247 in: E.F. Harding and D.G. Kendall (eds.), *Stochastic Geometry* (a tribute to the memory of Rollo Davidson), Wiley, New York.

S.A. Murphy (1993), Consistency in a proportional hazards model incorporating a random effect, *Ann. Statist.* **21**, to appear.

V.N. Nair (1981), Plots and tests for goodness of fit with randomly censored data, *Biometrika* **68**, 99–103.

V.N. Nair (1984), Confidence bands for survival functions with censored data: a comparative study, *Technometrics* **14**, 265–275.

G. Marsaglia and A. Zaman (1991), A new class of random number generators, *Ann. Appl. Probab.* **1**, 462–480.

W. Nelson (1969), Hazard plotting for incomplete failure data, *J. Qual. Technol.* **1**, 27–52.

G. Neuhaus (1992), Conditional rank tests for the two-sample problem under random censorship: treament of ties, in: Vilaplana (ed.), *V Proceedings Statistics in the Basque Country*.

G. Neuhaus (1993), Conditional rank tests for the two-sample problem under random censorship, *Ann. Statist.* (to appear).

G.G. Nielsen, R.D. Gill, P.K. Andersen, and T.I.A. Sørensen (1992), A counting process approach to maximum likelihood estimation in frailty models, *Scand. J. Statist.* **19**, 25–43.

G. Peano (1888), Intégration par séries des équations différentielles linéaires, *Math. Ann.* **32**, 450–456.

J. Pfanzagl (1988), Consistency of maximum likelihood estimators for certain nonparametric families, in particular: mixtures, *J. Statist. Planning and Inference* **19**, 137–158.

D. Pollard (1984), *Convergence of Stochastic Processes*, Springer-Verlag, New York.

D. Pollard (1990), *Empirical processes: Theory and Applications*, Regional conference series in probability and statistics **2**, Inst. Math. Statist., Hayward, California.

R.L. Prentice and J. Cai (1992a), Covariance and survivor function estimation using censored multivariate failure time data, *Biometrika* **79**, 495–512.

R.L. Prentice and J. Cai (1992b), Marginal and conditional models for the analysis of multivariate failure time data, pp. 393–406 in: J.P. Klein and P.K. Goel (eds), *Survival Analysis: State of the Art*, Kluwer, Dordrecht.

P. Protter (1990), *Stochastic Integration and Differential Equations (a New Approach)*, Springer.

M. Rabin (1979), Digitalized signatures and public key functions as intractable as factorization, Tech. Rep. 212, Lab. Comp. Sci., Mass. Inst. Tech.

R. Rebolledo (1980), Central limit theorems for local martingales, *Z. Wahrsch. verw. Geb.* **51**, 269–286.

J.A. Reeds (1976), *On the Definition of von Mises Functionals*, PhD thesis, Research Rept. S–44, Dept. Statist., Harvard Univ.

N. Reid (1981), Influence functions for censored data, *Ann. Statist.* **9**, 78–92.

A. Rényi (1953), On the theory of order statistics, *Acta Math. Acad. Sci. Hungar.* **4**, 191–231.

B.D. Ripley (1981), *Spatial Statistics*, Wiley, New York.

B.D. Ripley (1988), *Statistical Inference for Spatial Processes*, Cambridge Univ. Press.

Y. Ritov and J.A. Wellner (1988), Censoring, martingales and the Cox model, *Contemp. Math.* **80**, 191–220.

L.A. Santaló (1976), *Integral Geometry and Geometric Probability*, Encyclopedia of Mathematics and Its Applications, vol. 1, Addison-Wesley.

G.R. Shorack and J.A. Wellner (1986), *Empirical Processes*, Wiley, New York. Corrections and changes: Tech. Rep. 167, Dept. Statist., Univ. Washington (1989).

M. Stein (1990), A new class of estimators for the reduced second moment measure of point processes, Tech. Rep. 278, Dept. Statist., Univ. Chicago.

D. Stone, D.C. Kamineni, and A. Brown (1984), Geology and fracture characteristics of the Underground Research Laboratory lease near Lac du Bonnet, Manitoba, Tech. Rep. 243, Atomic Energy of Canada Ltd. Research Co.

D. Stoyan, W.S. Kendall, and J. Mecke (1987), *Stochastic Geometry and its Applications*, Wiley, Chichester.

W. Stute and J.-L. Wang (1993), The strong law under random censorship, *Ann. Statist.*

B.W. Turnbull (1976), The empirical distribution function with arbitrarily grouped, censored and truncated data, *J. Roy. Statist. Soc. (B)* **38**, 290–295.

A.W. van der Vaart (1991a), Efficiency and Hadamard differentiability, *Scand. J. Statist.* **18**, 63–75.

A.W. van der Vaart (1991b), On differentiable functionals, *Ann. Statist.* **19**, 178–204.

A.W. van der Vaart (1993), New Donsker classes, Preprint, Dept. Math., Free Univ. Amsterdam.

A.W. van der Vaart and J.A. Wellner (1993), *Weak Convergence and Empirical Processes*, IMS Lecture Notes-Monograph Series (to appear).

V. Volterra (1887), Sulle equazioni differenziali lineari, *Rend. Acad. Lincei (Series 4)* **3**, 393–396.

J.G. Wang (1987), A note on the uniform consistency of the Kaplan-Meier estimator, *Ann. Statist.* **15**, 1313–1316.

J.-L. Wang (1985), Strong consistency of approximate maximum likelihood estimators with applications in nonparametrics, *Ann. Statist.* **13**, 932–946.

D. Wang and A. Compagner (1993), On the use of reducible polynomials as random number generators, *Math. Comp.* **60**, 363-374.

J.A. Wellner (1993), The delta-method and the bootstrap, Preprint, Dept. Statist., Univ. Washington.

B.J. Wijers (1991), Consistent non-parametric estimation for a one-dimensional line segment process observed in an interval, Preprint 683, Dept. Math., Univ. Utrecht.

S. Yang (1992), Some inequalities about the Kaplan-Meier estimator, *Ann. Statist.* **20**, 535–544.

S. Yang (1993), A central limit theorem for functionals of the Kaplan-Meier estimator, Preprint, Dept. Math., Texas Tech. Univ.

A.C. Yao (1982), Theory and applications of trapdoor functions, *Proc. 23rd IEEE Symp. Found. Comp. Sci.*, 458–463.

Z. Ying (1989), A note on the asymptotic properties of the product-limit estimator on the whole line, *Statist. Probab. Letters* **7**, 311–314.

W.R. van Zwet (1993), Wald lectures on the bootstrap, in preparation.

Lectures on Random Media

S. Molchanov
Department of Mathematics
University of Southern California
Los Angeles, CA 90089-1113

This text is based on a short course of lectures which I gave at the Summer School in Probability Theory (Saint - Flour, July, 1992). In the process of preparation of these notes for publishing, some new results, bibliography, physical discussions etc were added in hopes of making the lectures more self-contained. The publication contains a general introduction lecture 1; with a description of the basic models and three sections corresponding to the three central ideas in random media (RM) theory: homogenization, localization and intermittency. Every subsequent section contains 3 lectures. I did not try as much to describe the contours of the generalmathematical theory (such a theory does not exist) but tried to give a mathematical analysis of a few specific models,related with modern physical applications. More details on the applications in geophysics, astrophysics, oceanography, disordered solid state physics etc, can be found in my recent review [55], which can be considered as a physical introduction to the subject for mathematicians. I want to recommend this review as an independent but essential part of the text, especially for those people working in areas intermediant between mathematics and nature sciences.

At the end of every section (i.e. after lectures 4, 7 and 10) I give (without proofs) some additional information related to recent progress in the area, possible applications, and open problems.

The author thanks Professor P.L.Hennequin and P. Bernard for the invitation to the Saint-Flour summer school, students of this school for the very interesting discussions and A. Reznikova, Prof. K. Alexander (USC) and Prof. R. Carmona (UCI) for help in preparing the lectures for publication. I am especially indepted to Prof B. Simon (Cal Tech), who suggested important improvements and Prof R. Anderson (UNCC) for his great help in the final preparation of the manuscript.

Research partially supported by the NSF under Grant DMS - 9310710 and ONR under Grant N 00014-91-J-1526.

Lecture 1. Introduction

The purpose of my lectures is to make a pure mathematical contribution to the theory of random media (RM), one of the most popular branches of modern mathematical and theoretical physics.

The central ideas of RM theory (homogenization, localization and intermittency) are fundamental not only for pure physics, but for many natural sciences, such as oceanography, astrophysics, seismology and so on. Mathematical analysis of these ideas is a significant problem, especially for probability theory and mathematical physics.

The homogenization approach in RM theory is based on the notion that for some large scales the random fluctuations are not essential and we can "substitute" for RM a homogeneous medium with the corresponding "effective" parameters.

Localization and intermittency describe strong fluctuations of the physical fields in RM and they are expressed in a way opposite to homogenization: the random fluctuations play a key role and determine the physical properties of RM.

The theory of homogenization was conceived more than one hundred years ago (J. Maxwell, D. Rayleigh, R. Taylor). The ideas of localization and intermittency are more recent, having been discovered in the 1960s (N. Mott, P. Anderson, I. Lifshitz, Ja. Zeldovic and others). The physics literature on this subject is boundless, but many (if not the majority) of the formulas which one can find in physical monographs and journals are not correct mathematically. What are the corresponding precise conditions on RM (for example, ergodicity)? What are the boundaries of applicability of these formulas? These and related questions are very interesting and important.

All problems in RM theory are well posed mathematically. Usually (see below) they have the form of equations of classical mathematical physics (hyperbolic, parabolic, Schrödinger, etc.) with random coefficients. The qualitative or asymptotical analysis of such equations is a real challenge for mathematicians.

A few years ago, I published a review [55] based on lectures which I gave for a large group of Russian scientists (mathematicians, physicists, geophysicists, ect.). In these lectures I made an attempt to describe the connections between the basic ideas of RM theory, formulate some strict mathematical results, and describe a new mathematical technique.

The lectures [55] and another review [75] (where it is possible to find additional references) were a result of the joint activity of a group of mathematicians composed of myself and my students in collaboration with Ya. B. Zeldovich and his group

(D. Sokolov, A. Ruzmaikin). Both publications [55], [75] were near the rigorous mathematical level, but they were not mathematical papers in the strict sense.

Now there are many new mathematical results in RM theory and there is an opportunity to realize a pure mathematical program involving the transformation of RM theory into an independent branch of probability, intermediate between probability theory and mathematical physics. This area can be a very rich source of new analytical problems, limiting theorems, etc. It is not necessary to mention the application of this mathematical theory to the natural sciences. Oceanography, astrophysics and seismology are waiting for new methods (including statistical approaches) to understand real experimental data.

I'll now describe a few basic models in RM theory and formulate mathematical problems. The solution of some of those problems will be the content of further lectures. I'll discuss only the problems where we have already real results and where we can hope to have progress in the nearest future.

Basic Models

1. Heat propagation. Many physical processes related with transport in a passive scalar field (such as temperature field, salinity of water in the ocean, diffusion and so on) can be described in an isotropic homogeneous medium (such as metal) by the classical heat (parabolic) equation with diffusion coefficient

$$
\begin{cases}
\dfrac{\partial T}{\partial t} = D\Delta T = \dfrac{\sigma^2}{2}\Delta T, \\[2mm]
T = T(t,x), \quad t \geq 0, \quad x \in R^d \\[2mm]
T(0,x) = T_0(x)
\end{cases}
\tag{0.1}
$$

The solution of problem (0.1) is unique (in the class of, for example, functions bounded from below) and has a gaussian representation

$$
T(t,x) = \int_{R^d} g(t, x - y) T_0(y) dy
$$

$$
g(t, x - y) = \frac{\exp\left\{ -\dfrac{|x - y|^2}{2\sigma^2 t} \right\}}{(2\pi\sigma^2 t)^{d/2}}
\tag{0.2}
$$

This formula has a very clear probabilistic interpretation: the operator $\dfrac{\sigma^2}{2}\Delta$ is the generator of the Markov diffusion process $x_t = x + \sigma W_t$, where W_t is a standard

Wiener process (Brownian notion) in R^d. The solution (0.2) can be written now as an integral over the trajectories:

$$T(t, x) = E \quad T_0(x + \sigma W_t) \qquad (0.3)$$

and E means integration with respect to Wiener measure on $C(R^d)$.

Real media usually are non-homogeneous and in the case of liquids or gases the diffusion mechanism is not the leading term for transport in a scalar fields: motion of the medium (for example, convection) is more essential. This gives two different models of heat propagation which are popular in the physics literature:

a) *Disordered Solid State Model*

$$\frac{\partial T}{\partial t} = \frac{\partial}{\partial x_i} \quad a_{ij}(x, \omega)\frac{\partial T}{\partial x_j} \qquad (t, x) \in (0, \infty) \times R^d T(0, x) = T_0(x) \qquad (0.4)$$

Here the diffusivity tensor (matrix of heat conductivity) is a homogeneous ergodic matrix field on R^d with a condition of uniform ellipticity (with respect to x and ω):

$$\varepsilon|\lambda|^2 \quad \leq a_{ij}(x, \omega)\lambda_i\lambda_j \quad \leq \frac{1}{\varepsilon}|\lambda|^2 \qquad (0.4')$$

for some fixed $0 < \varepsilon < 1$. The index ω is a point of RM probabilistic space (Ω_m, F_m, μ), which usually we can understand as an ensemble of all the possible realizations of the field $a_{ij}(\cdot, \omega)$. The measure μ on this ensemble is invariant with respect to all translation of the phase space R^d : $x \to x + h$; x, $h \in R^d$. For the expectation $\int_{\Omega_m} X(\omega)\mu(d\omega)$ we will use the notation $\langle \ \rangle$:

$$\langle X \rangle = \int_{\Omega_m} X(\omega)\mu(d\omega). \qquad (0.5)$$

The solution $T(t, \kappa, \omega)$ of problem (0.4), which exists even if the coefficients $a_{ij}(x, \omega)$ are only measurable is, of course, a random function on $(0, \infty) \times \Omega_m$ and the standard approach to the analysis of (0.4) is related with the calculation (or estimation) of the statistical moments (correlation functions)

$$
\begin{aligned}
m_1(t, x) &= \langle T(t, x, \cdot) \rangle \\
m_2(t, x_1, x_2) &= \langle T(t, x_1, \omega)T(t, x_2, \omega) \rangle
\end{aligned}
$$

etc.

We will not discuss this model here, but the operator $h = \frac{\partial}{\partial x_i} \quad a_{ij}(x, \omega)\frac{\partial}{\partial x_j}$ will appear in model II (wave propagation) in another context.

b) *Turbulent transport*

$$\frac{\partial T}{\partial t} = D\Delta T + (\vec{a}, \nabla)T = \frac{\sigma^2}{2}\Delta T + a_i(t, x, \omega)\frac{\partial T}{\partial x_i} \qquad (0.6)$$

Here $D = \frac{\sigma^2}{2}$ is the coefficient of molecular diffusivity (usually it is a small parameter) and $\vec{a}(t, x, \omega)$ is a random (turbulent) drift. It is a vector field, ergodic and homogeneous in time and space. If the drift $a_i(x, \omega)$ does not depend on time t, we call this *RM stationary* (such a situation is typical for the magneto hydrodynamics and plasma physics, where the drift is generated by magnetic fields, constant or slowly varying in time). If the field $a_i(t, x, \omega)$ is incompressible, div $\vec{a} = 0$, and the time and space correlations are decreasing fast enough, we call this *RM nonstationary* (or turbulent).

Model (0.6) plays a fundamental role in modern astrophysics, oceanography, statistical hydrodynamics and so on.

Let's describe the probabilistic approach to problem (0.6) and the procedure of homogenization.

For fixed $\omega \in \Omega_m$ (and smooth enough coefficients $a_i(t, \omega)$) we can construct a Markov process x_t (the so-called Lagrangian trajectory), related with the right hnad side of (0.6) as the solution of a (Ito's) stochastic differential equation:

$$dx_t = \sigma d\omega_t + \vec{a}(t, x_t)dt, \quad x_t = x_0 + \sigma\omega_t + \int_0^t \vec{a}(s, x_s)ds \qquad (0.7)$$

The solution x_t depends on two random parameters: $\omega_m \in \Omega_m$, which is the index of a given realization of our RM and $\omega \in \Omega_\omega$, which is the trajectory of a standard Wiener process W_t. $t \geq 0$. In different terms, $x_t = x_t(\omega_m, \omega)$ is a random process on the direct product $\Omega_m \times \Omega_\omega$ with probability measure $\mu \times D^\omega$ (D_ω is a standard Wiener measure) and corresponding σ-algebra. For the expectation with respect to D^ω we'll use standard notation E^ω or E_x^ω if the Wiener process is started from $x \in R^d$.

We consider next the first two statistical moments of $x_t(\omega_m, \omega)$ for fixed $\omega = \omega_m$:

$$m_t = E(x_t - x_0), B_t = E(x_t - x_0 - m_t) \otimes (x_t - x_0 - m_t), \qquad (0.8)$$

i.e. the mean drift and the covariance matrix for a fixed RM. The functions m_t, B_t are random ones (on Ω_m). We can expect (and it is true in a very general situation, see below), that the following limits exist:

$$a_0 = \lim_{t\to\infty} \frac{m_t}{t}(\mu - a.s) \qquad (0.9')$$

(which is the so-called Stokes drift)

$$B_0 = \lim_{t\to\infty} \frac{B_t}{t}(\mu - a.s) \qquad (0.9'')$$

(which is the so-called turbulent diffusivity, or Taylor's diffusivity). Moreover, we can apply in this case the central limit theorem ($\mu - a.s$): for a fixed domain $\mathcal{D} \subset R^d$

$$P^\omega \left\{ \frac{x_t - x_0 - a_0 t}{\sqrt{t}} \in D \right\} \xrightarrow[t \to \infty]{} \int_D G_{B_0} \ (dy), \tag{0.10}$$

where $G_{B_0}(dy)$ is a gaussian measure with zero mean and covariance B_0. Very often we have not just CLT, but a functional CLT: for $a.e$ $\omega_m \in \Omega_m$ the process

$$\frac{x_{ts} - x_0 - a_0 ts}{\sqrt{t}} = x_s^*(\omega, \omega_m), \quad s \in [0,1] \tag{0.11}$$

converges in distribution (in $C(R^d)$) to the Wiener process ξ_s, $s \in [0,1]$ with covariance B_0:

$$E\xi_s = 0, \quad E\xi_{s_1} \otimes \xi_{s_2} = (s_1 \wedge s_2) B_0 \tag{0.11'}$$

These results ((0.9) - (0.11)) are the probabilistic version of homogenization theorems. Let's give an analytical version of the same result. Suppose that the drift $\vec{a}(t, x, \omega)$ has the property of reflection symmetry, i.e $\vec{a}$ and $-\vec{a}$ are identically distributed and the same property holds for $\vec{a}(t, x)$ and $\vec{a}(t, -x)$ (for example, the field $\vec{a}(t, x)$ is isotropic). Then, as is easy to see, the Stokes drift $\vec{a}_0 \equiv 0$ (if it exists!) Normalization in CLT shows that it's natural to make the scaling $x \to \dfrac{x}{\varepsilon}$, $t \to \dfrac{t}{\varepsilon^2}$ in equation (0.6). Then this equation will have the form

$$\frac{\partial T^\varepsilon}{\partial t}(t, x) = D \triangle T^\varepsilon + \frac{1}{\varepsilon} a_i(\frac{t}{\varepsilon^2}, \frac{x}{\varepsilon}) \frac{\partial T^\varepsilon(t, x)}{\partial x_i} \tag{0.12}$$

Suppose that the initial data in (0.12) does not depend on ε! (In the language of the initial equation (0.6) it means, that the scale of the initial data increases if $\varepsilon \to 0$). We have now the following problem

$$\frac{\partial T^\varepsilon}{\partial t}(t, x) = D \triangle T^\varepsilon + \frac{1}{\varepsilon} a_i \left(\frac{t}{\varepsilon^2}, \frac{x}{\varepsilon} \right) \frac{\partial T^\varepsilon}{\partial x_i}$$

$$T^\varepsilon(0, x) = T_0(x) \in C(R^d) \tag{0.12'}$$

The homogenization result means, that for $\varepsilon \to 0$ $\mu a.s.$, $t \in [0, t_0]$, $x \in R^d$)

$$T^\varepsilon(t, x) \to \bar{T}(t, x)$$

and

$$\frac{\partial \bar{T}}{\partial t} = \frac{1}{2}(B_0 \nabla, \nabla) \bar{T}$$

$$\bar{T}(0, x) = T_0(x) \tag{0.13}$$

The goal of the mathematical theory is

a) to give conditions (sufficient or necessary and sufficient) for the applicability of homogenization). Very wide sufficient conditions are known, nevertheless, the situation is not clear if $d \geq 2$ (for the model of turbulent transport),

b) to give an algorithm for the calculation of Stokes drift and Taylor diffusivity

c) to give asymptotically formulas for "extremal" physical conditions (for example, if $\sigma = \sqrt{2D} \to 0$). In this direction (at least for some special cases) there is recent progress (A. Majda and M. Avellaneda, see below).

Instead of continuous models (disordered solid state and turbulent transport) introduced above, we'll discuss lattice models: random walks in random environment. It is simpler analytically and the corresponding physical information is similar.

c) Random walk in RM. Let $\mathbf{Z}^d$ be a d-dimensional lattice with basis $\{e_i, i = 1, 2, \cdots, d\}$ and $\mathcal{P}(t, x, \omega)$ a field of transition probabilities from the point x to the (for simplicity) neighboring points at moment $t \in \mathbf{Z}^1_+ = \{0, 1, \cdots\}$

$$\mathcal{P}(t, x) = \{P(t, x \pm e_i), \quad i = 1, 2 \cdots d; \ \sum_i P(t, x \pm e_i) = 1\}$$

The field $\mathcal{P}(t, x)$ is a homogeneous and ergodic one in space and time. If $\mathcal{P}(t, x) = \mathcal{P}(x, \omega)$, we have a stationary RM; if there is a nontrivial dependence on time, we have a nonstationary RM, i.e the model of turbulent transport. For fixed $\omega = \omega_m$, we can construct a Markov chain $x_t(\omega, \omega_m)$ on the probability space of all paths on $\mathbf{Z}^d$ with the transition probabilities

$$P^\omega\{x_{t+1} = x \pm e_i \ | \ x_t = x\} = p(t, x \pm e_i) \in P(t, x) \tag{0.14}$$

As earlier, the homogenization of this model means the calculation (in asymptotics $t \to \infty$) of the first two moments of the random vector x_t and the demonstration of the CLT (maybe in functional form).

In chapter I (homogenization) we will describe a few specific models of this type.

II Localization of electrons and waves.

The motion of a quantum particle (say an election) is described by the Schrödinger equation (for a corresponding system of units):

$$i\frac{\partial \psi}{\partial t} = H\psi = -\Delta\psi(t, x) + V(x)\psi(t, x), \quad (t, x) \in (0, \infty) \times R^d \tag{0.15}$$
$$\psi(0, x) = \psi_0(x), \quad \psi_0(x) \in L_2(R^d), \quad \|\psi_0\| = 1$$

The operator H (Hamiltonian of the particle) has two parts, a kinematics one $(-\Delta)$ and a potential $V(x)$, which describes the interaction of the particle with exterior fields. The solution of (0.15), in the case when the Hamiltonian is essentially self-ajoint (say $V(x)$ bounded from below) is given by the unitary group:

$$\psi(t,x) = (\exp(itH)\psi_0)(x). \tag{0.15'}$$

Of course, $\|\psi(t,\cdot)\| = 1$ and according to the statistical interpretation of the quantum mechanics function,

$$p_t(x) = |\psi(t,x)|^2 = \psi(t,x)\bar{\psi}(t,x)$$

gives the distribution of probability for the location of the particle at the moment $t \geq 0$.

If $V(t) \equiv 0$, (free electron) the equation (0.15) has a solution of "planar waves" form (the so-called de Broile waves):

$$\psi(t,x) = \exp[i(kx - k^2 t)], \quad k \in R^d. \tag{0.16}$$

Suppose that

$$\psi_0(x) = (\pi\sigma^2)^{-d/2} \exp\{-\frac{x^2}{4\sigma^2}\}. \tag{0.17}$$

Of course (Fourier transform)

$$\psi_0(x) = \int_{R^d} 4^{d/2} \exp\{-\sigma^2 k^2\} e^{ikx} dk \cdot \frac{1}{(2\pi)^d}. \tag{0.18}$$

Using the linearity of (0.15) and (0.16), from (0.18) we have

$$\psi(t,x) = \int \frac{4^{d/2}}{(2\pi)^d} \exp\{-\sigma^2 k^2\} e^{-ikx - ik^2 t} dk$$

and after a trivial calculations we'll get

$$P_t(x) = |\psi(t,x)|^2 = \exp\left(-\frac{x^2\sigma^2}{2(\sigma^4 + t^2)}\right)(2\pi)^{-d/2}(\sigma^4 + t^2)^{-d/4} \tag{0.19}$$

From (0.19) it follows that

$$\int_{R^d} |x| P_t(x) dx \xrightarrow{t \to \infty} \text{const} \cdot t$$

i.e. we have some sort of "quantum-mechanical" diffusion of the particles (although we can't talk about a "trajectory of an electron" or a random process related with an electron and so on). The spectrum of energy for a free particle (i.e. spectrum of $-\Delta$ in $L_2(R^d)$) is, of course, $[0, \infty]$.

If the potential $V(x)$ is a periodic one, i.e. $V(x+T) \equiv V(x)$, $T \in \Gamma = $ lattice of periods), then the situation is technically more complicated but qualitative structure of solutions is the same. Hamiltonians with the periodic potential $V(x)$ appear in the classical theory of ideal (crystal) solid state in the framework of one-body approximation.

The quasiperiodic Bloch solutions of the Schrödinger equation with periodic potential have the form

$$\psi(t, x) = \exp i(kx - Et)\psi_0(x) \qquad (0.20)$$

where $\psi_0(x) = \psi_0(x + T)$, $T \in \Gamma$ and the energy E is a many-valued analytical function of the "quasimomentum" $k \in R^d$. These solutions "play the role" of the de Broile waves. For additional information see an arbitrary book on solid state physics (for example, the fundamental monograph [10]) or my review [55], where it's possible to find information on homogenization for periodic Schrödinger equations).

In any case, the electron in the periodic potential is "almost free" and this fact lies at the base of the classical theory of electrical or heat conductivity for the crystal state.

If the potential $V(x)$ has the form of a potential well i.e. $V(x) \to +\infty$, $x \to \infty$, the situation is quite different. In this case, the operator $H = -\triangle + V(x)$ has a discrete spectrum $\{E_i, \ i = 1, 2, \cdots, \ E_i \to +\infty\}$ and the corresponding eigenfunctions $\psi_i(x) : \quad H\psi_i = E_i\psi_i$ form an (orthnormal) basis in $L_2(R^d)$. If (for the sake of simplicity) the spectrum $\{E_i\}$ has multiplicity 1, the density of the distribution for the position of the electron at moment t, i.e. $P_t(x) = |\psi(t, x)|^2$ has a weak limit

$$P_t(x) \xrightarrow{t \to \infty} P_\infty(x) = \sum_{i=1}^{\infty} \alpha_i |\psi_i(x)|^2$$

where $\alpha_i = |(\psi_0 \cdot \psi_i)|^2$ are the squares of the Fourier coefficients ot the initial data $\psi_0(x)$. In different terms, we have a statistical stabilization of the quantum particle for $t \to \infty$, i.e., a localization. Of course this fact is obvious physically, since "the height of the potential barriers is equal to infinity".

If we consider a disordered solid state (crystal with impurities, polycrystal, alloy and so on), the corresponding models must be described in the language of RM theory. The potential $V(x, \omega)$ will be a homogeneous ergodic random field (with some very weak conditions of boundness from below, to guarantee essential self ajointness for $H = -\triangle + V(x, \omega)$) for $\mu - a.e.$ ω. In many cases the potential will be bounded or it will be a small perturbation of a periodic potential. The solution of the Schrödinger equation

$$\frac{\partial \psi}{\partial t} = -\triangle\psi + V(x, \omega)\psi$$
$$\psi(0, x) = \psi_0(x) \in L^2, \quad ||\psi_0|| = 1 \qquad (0.21)$$

has a simple probabilistic sense (mentioned above) : $P_t(x) = |\psi(t, x)|^2$ is the density of the distribution for the electron at moment $t > 0$, $P_0(x) = |\psi_0(x)|^2$ is an initial distribution.

Asymptotically the behavior of the ψ-function for $t \to \infty$ depends principally on the structure of the spectrum of $H = H(\omega)$, i.e. on the solutions of the spectral problem

$$-\Delta\psi + V(x,\omega)\psi = E\psi \qquad (0.22)$$

(In the case of periodic $V(x)$ the spectrum was absolutely continuous, i.e. $SpH = Sp_{a.c.}H$, but for the potential well, $SpH = Sp_{d.}H$).

The fundamental discovery of P. Anderson and N. Mott (see the original papers [6], [60] or the recent monographs [49], [14]) was that localization is "typical' for disordered systems. In other terms, the spectrum of $H = H(\omega)$ for a random Hamiltonian with "good" mixing properties must either be pure point (p.p.) ($d = 1$) or, at least, contain some (p.p.) component. The difference between the discrete spectrum and the p. p. spectrum (or, better to say, dense p.p. spectrum) is simple: the eigenvalues of the p.p. spectrum (levels) are not separated (as in the case of a potential well) but are distributed, like the rational numbers on some interval. In this case we may speak about a density of states etc.

We will study the continuous model (0.22) (or the more general model, where $H = \frac{1}{\rho}\frac{\partial}{\partial x}(\frac{1}{a}\frac{\partial}{\partial x})$) only for $d = 1$, where the picture is now more or less clear. For $d > 2$, we will study only the lattice (the so-called Anderson's) model in $L_2(\mathbf{Z}^d)$:

$$H = \Delta + \sigma V(x,\omega), \quad x \in \mathbf{Z}^d, \quad \omega \in (\Omega_m, \mathcal{F}_m, \mu)$$

Here, $\Delta\psi(x) = \sum_{|x'-x|=1} \psi(x')$ or $\Delta\psi(x) = \sum_{|x'-x|=1} (\psi(x') - \psi(x))$ is one of the forms of the lattice Laplacian, the field $V(x,\omega)$ is "random enough" and the coupling constant σ is "large enough" (case of large disorder). In both cases I'll give short proofs of very general results which contain almost all localization theorems published earlier. This part of the lectures will be based on the recent papers [2], [53], [54].

For the wave equation in RM we can introduce similar models and find similar results. We will discuss in Chapter II the wave equation for a random string, i.e. the equation

$$\frac{\partial^2 u}{\partial t^2} = \frac{1}{\rho(x,\omega)}\frac{\partial}{\partial x}\left(\frac{1}{a(x,\omega)}\ \frac{\partial u}{\partial x}\right)$$
$$u(0,x) = \phi_0(x) \in C_0, \quad t \geq 0, \quad x \in R^1$$
$$\frac{\partial u}{\partial t}(0,x) = \phi_1(x) \in C_0 \qquad (0.23)$$

The coefficient $\rho(x,\omega)$ has the meaning of local density of the string and $a(x,\omega)$ is an elasticity coefficient. The two-component process (ρ, a) is a homogeneous, ergodic and uniformly non-degenerate one, i.e. for all $\omega \in \Omega_m$ and some $\varepsilon > 0$

$$\varepsilon \leq \rho \leq \frac{1}{\varepsilon}, \quad \varepsilon \leq a \leq \frac{1}{\varepsilon}.$$

Under some additional mixing conditions, $\mu - a.s$ the operator $H = -\dfrac{1}{\rho}\dfrac{\partial}{\partial x}\left(\dfrac{1}{a}\dfrac{\partial}{\partial x}\right)$, which is essentially self-ajoint in the Hilbert space $L_2(R^1, \rho)$ with the inner product $(\psi_1, \psi_2)_\rho = \int_{R^1} \psi_1(x)\psi_2(x)\rho(x,\omega)dx$ and non-negative, has a $p.p.$ spectrum $SpH = \{E_i\}$, $\{E_i\} \in (0, \infty)$, and the corresponding eigenfunctions decrease exponentially (exponential localization). As in the case of the Schrödinger operator with the $p.p.$ spectrum, it means, that the elastic waves can not propagate along the random string. For example, if $\phi_1 \equiv 0$ in (0.23) the solution $u(t, x)$ has form

$$u(t, x, \omega) = \sum_{i=1}^{\infty} \cos\sqrt{E_i}t \quad \psi_i(x, \omega)(\phi_0, \psi_i)_\rho \tag{0.24}$$

and (as in the case of potential well, see above) one can just prove, that for every $\delta > 0$ we can find $R = R(\delta, \phi_0, \omega)$, such that for all $t \geq 0$

$$\int_{|x|>R} u^2(t, x)\rho dx \leq \delta$$

i.e. the energy of elastic waves uniformly in time concentrate "not very far" from the initial fluctuation of the string.

For the wave equation, we can apply the homogenization approach. After scaling $x \to \dfrac{x}{\varepsilon}$, $t \to \dfrac{t}{\varepsilon}$, the equation will have form

$$\frac{\partial^2 u^\varepsilon}{\partial t^2} = \frac{1}{\rho(x/\varepsilon, \omega)} \quad \frac{\partial}{\partial x}\left(\frac{1}{a(x/\varepsilon, \omega)}\frac{\partial u^\varepsilon}{\partial x}\right) \tag{0.23'}$$

If the initial data *do not depend on* ε, i.e. $u^\varepsilon(0, x) = \phi_0(x)$, $\dfrac{\partial u^\varepsilon}{\partial t}(0, x) = \phi_1(x)$, then (according to well-known and basic results, see the discussion and the references in [55]) we have asymptotically for $\varepsilon \to 0$, $t \in [0, t_0]$, $x \in R^1$,

$$u^\varepsilon(t, x) \to \bar{u}(t, x) \tag{0.25}$$

$$\frac{\partial^2 \bar{u}}{\partial t^2} = C^2 \frac{\partial^2 \bar{u}}{\partial x^2}, \quad \bar{u}(0, x) = \phi_0, \quad \frac{\partial \bar{u}}{\partial t}(0, x) = \phi_1$$

where the constant C (the effective spreed of propagation for elastic waves in the string) is given by the simple formula

$$C = (\langle\rho\rangle\langle a\rangle)^{-1/2} \tag{0.25'}$$

The last result contradicts the phenomenon of localization for a random string. I have discussed this "dialectical" contradiction in the review [55], where it's possible to find other similar examples. Some information about the relation between homogenization and localization for the random string will be described in the conclusion of Ch. II.

III Reaction-diffusion equations and parabolic Anderson model

This model is close to the Schrödinger equation discussed before but has the form of a parabolic equation with random potential:

$$\frac{\partial u}{\partial t} = \kappa \triangle u + \xi_t(x)u,$$
$$u(0,x) = u_0(x), \quad t \geq 0, \quad x \in \mathbf{Z}^d \tag{0.26}$$

For $u_0(x)$ we have two different variants: $u_0(x) \equiv$ const (say, $u_0(x) = 1$) or $u_0(x) = \delta_0(x)$. Of course, $\triangle$ is the lattice Laplacian, i.e. bounded operator in $L^2(\mathbf{Z}^d)$. The potential $\xi_t(x)$ can be time independent (stationary RM) or homogeneous not only in space, but in time also. Time and space correlations will decrease fast enough. A typical example will be the case when $\xi_t(x,\omega)$ are independent for different $x \in \mathbf{Z}^d$ and are white noises in time for fixed x (i.e. $\langle \xi_t(x,\omega) \rangle = 0$, $\langle \xi_t(x,\omega)\xi_{t'}(x',\omega) \rangle = \delta(x - x')\delta(t - t')$). Of course in this latter case equation (0.26) has the meaning of a stochastic partial differential equation (for details, see Ch. III). Equation (0.26) is closely related to chemical kinetics. Let's discuss the simplest form of a model for a system of non-interacting Brownian particles on the lattice $\mathbf{Z}^d$. The dynamics of the system of particles is given by two functions $\xi^+(t,x)$ and $\xi^-(t,x)$. They represent, respectively the rates at which a particle at time t at $x \in \mathbf{Z}^d$ splits into two identical particles or dies. One also needs to know the diffusion constant κ which determines the holding time at each point of the lattice; a particle at time t at $x \in \mathbf{Z}^d$ jumps during the time interval $[t, t + dt)$ to a neighboring point x' such that $|x' - x| = 1$ with probability κdt. We denote by $n(t,x)$ the number of particles at $x \in \mathbf{Z}^d$ at time t. We compute its moment generating function. For $s < t, x, y \in \mathbf{Z}^d$ and $\alpha > 0$ we set:

$$M_\alpha(s,x,t,y) = E\{e^{-\alpha n(t,y)} \mid n(s,x) = \delta_y(x)\}. \tag{0.27}$$

It is then easy to derive for (t,y) fixed the *backward Kolmogorv's equation:*

$$0 = \frac{\partial M_\alpha}{\partial s} + \kappa \triangle_x M_\alpha + \xi^+(s,x)M_\alpha^2 - (\xi^+(s,x) + \xi^-(s,x))M_\alpha + \xi^-(s,x) \tag{0.28}$$

which is satisfied for $s \leq t$ and which is to be complemented with the *initial* or *boundary* condition:

$$M_\alpha(t,x,t,y) = e^{-\alpha}\delta_y(x) + (1 - \delta_y(x)).$$

Unfortunately this equation may not have a unique solution. In any case, if we denote by $m_1(s,x,t,)$ the first moment of $n(t,x)$ under the same condition, i.e.

$$m_1(s,x,t,y) = E\{n(t,y) \mid n(s,x) = \delta_y(x)\}$$

then, using the fact that:

$$m_1(s, x, t, y) = -\frac{\partial M_\alpha}{\partial \alpha}\Big|_{\alpha=0}$$

one gets the following equation for m_1:

$$0 = \frac{\partial m_1}{\partial s} + \kappa \triangle_x m_1 = (\xi^+(s, x) - \xi^-(s, x)) m_1 \qquad (0.29)$$

with the initial-boundary condition:

$$m_1(t, x, t, y) = \delta_y(x).$$

One gets similar equations for the higher moments by taking more derivatives. For example the equation for the second moment:

$$m_2(s, x, t, y) = E\{n(t, y)^2 \mid n(s, x) = \delta_y(x)\}$$

is obtained by taking one extra derivative. It reads:

$$0 = \frac{\partial m_2}{\partial s} + \kappa \triangle_x m_2 + (\xi^+(s, x) - \xi^-(s, x)) m_2 - \xi^+(s, x) m_1^2 \qquad (0.30)$$

with the same initial-boundary condition:

$$m_2(t, x, t, y) = \delta_y(x).$$

The first part of the right hand side is the same as for m_1. The only difference is the term $\xi^+(s, x) m_1^2(s, x, t, y)$. Note that this last term can be viewed as a source term if the equation for the first moment has already been solved. As we have explained, similar equations can be derived for the higher moments:

$$m_p(s, x, t, y) = (-1)^p \frac{\partial^p M_\alpha}{\partial \alpha^p}\Big|_{\alpha=0}.$$

These equations are not very easy to deal with because of the *boundary condition* which assume knowledge of the number of particles at the terminal time t. Moreover, this condition states that there is a single particle at a specific point. In particular, this is far from the desirable condition:

$$n(s, x) \equiv 1.$$

This is the main reason for an investigation of the more complicated *forward equation* which we derive now. In order to do so we need to consider the number of particles $n(s, x)$ as a function $n(s)$ of $x \in \mathbf{Z}^d$. If $\alpha = \alpha(x)$ is a function with compact support (i.e. $\alpha(x) = 0$ except for finitely many x) then the duality:

$$< \alpha, n(s, \cdot) > = \sum_x \alpha(x) n(s, x)$$

makes sense and the moment generating function M_α can be defined as a Laplace transform on a functional space by the formula:

$$M_\alpha(s,t) = E\{e^{-<\alpha,n(t)>}|n(s)\}. \qquad (0.31)$$

We use the same arguments as before to derive the Kolmogorv's equation. But this time we give details because the results seem to be less standard. We consider the three possible transitions for the number of particles in an infinitesimal time interval $[t, t + dt)$.

- $n(t, y) \rightarrow n(t, y) + 1$ with probability

  $$\xi^+(t, y)n(t, y)dt + \sum_{|y'-y|=1} \kappa n(t, y')dt + O(dt^2)$$

- $n(t, y) \rightarrow n(t, y) - 1$ with probability

  $$\xi^-(t, y)n(t, y)dt + 2d\kappa n(t, y)dt + O(dt^2)$$

- $n(t, y) \rightarrow n(t, y)$ with probability

  $$1 - \xi^+(t, y)n(t, y)dt - \sum_{|y'-y|=1} \kappa n(t, y')dt - \xi^-(t, y)n(t, y)dt$$
  $$-2d\kappa n(t, y)dt + O(dt^2)$$

Next we notice that, up to terms of order $O(dt^2)$, the $n(t + dt, y) - n(t, y)'s$ many be regarded as independent for different sites y. Consequently, one easily checks that:

$$M_\alpha(s, t + dt) - M_\alpha(s, t) = -E\{e^{-<\alpha,n(t)>} \sum_y \left(e^{-\alpha(y)} - 1\right) [\xi^+(t, y)n(t, y)$$

$$+ \sum_{|y'-y|=1} \kappa n(t, y')] + \sum_y \left(e^{\alpha(y)} - 1\right) [\xi^-(t, y)n(t, y) + 2d\kappa n(t, y)]\}dt + O(dt^2).$$

If one notices that:

$$\frac{\partial M_\alpha}{\partial \alpha(y)} = -E\{e^{-<\alpha,n(t)>}n(t, y)\}$$

one immediately gets the (formal) equation for M_α:

$$\frac{\partial M_\alpha}{\partial t} = \sum_y \left(e^{-\alpha(y)} - 1\right) [\xi^+(t, y)\frac{\partial M_\alpha}{\partial \alpha(y)}$$

$$\qquad (0.32)$$

$$+ \sum_{|y'-y|=1} \kappa \frac{\partial M_\alpha}{\partial \alpha(y')}] + \sum_y \left(e^{\alpha(y)} - 1\right) (\xi^-(t, y) + 2d\kappa)\frac{\partial M_\alpha}{\partial \alpha(y)}$$

with the initial condition $M_\alpha(s, s) = e^{\alpha(y)}$ if one wants to consider the initial condition $n(s, y) = \delta_x(y)$, or:

$$M_\alpha(s, s) = \exp\{\sum_x \alpha(x)\}$$

if one wants to consider the initial condition $n(s, y) \equiv 1$. In any case, equation (0.32) makes it possible to derive equations for the moments and the correlation coefficients of the field $n(t, y)$. Let us consider for example the case $s = 0$ and $n(0, x) \equiv 1$. Then we have:

$$m_1(t, y) =< n(t, y) >= -\frac{\partial M_\alpha}{\partial \alpha(y)}|_{\alpha=0}$$

and:

$$m_2(t, x, y) =< n(t, x)n(t, y) >= \frac{\partial^2 M_\alpha}{\partial \alpha(x)\partial \alpha(y)}_{\alpha=0}$$

and consequently, we have for the first moment:

$$\frac{\partial m_1}{\partial t} = \kappa \triangle m_1 + [\xi^+(t, y) - \xi^-(t, y)]m_1 \tag{0.33}$$

with initial condition $m_1(0, y) \equiv 1$. Notice that equation (0.33) is exactly the fundamental equation (0.26) introduced above. For the highest moments we can find similar equations. We'll discuss this equation from the point of view of intermittency theory at the beginning of Ch. III. For a detailed analysis of the parabolic Anderson model see [15].

IV Cell-dynamo model

The last model which we are going to discuss in our lectures will be the vector version of the Anderson parabolic problem:

$$\frac{\partial \vec{H}}{\partial t} = k\triangle \vec{H} + \xi_t(x)\vec{H}$$

$$\vec{H}(0, x) = H_0(x), \quad x \in \mathbf{Z}^d \tag{0.34}$$

Here $\xi_t(x) = \{\dot{W}_{i,j}(t, x)\}$ is a $N \times N$ matrix of white noise with isotropic independent components:

$$\langle \xi_t(x) \rangle = 0, \quad \langle \xi_{ij}(t, x)\xi_{i'j'}(t', x') \rangle =$$

$$= \delta(i - j')\delta(j - j')\delta(t - t')\delta(x - x').$$

Of course, it is only a simple generalization of the previous (model III) Scalar Anderson model. The real interest in the equation (0.34) and its non-linear variant

$$\frac{\partial \vec{H}}{\partial t} = \kappa \triangle \vec{H} + \xi_t(x)\vec{H} - \varepsilon \vec{H}|\vec{H}|^\beta, \quad \beta > 0 \tag{0.35}$$

is based on the connection of these equations with the problem of the generation of a magnetic field by the random (turbulent) motion of a conduction fluid (the so-called dynamo), in its original classical form. The dynamo is a magnetohydrodynamic problem. It concerns the time asymptotic behavior of the magnetic field in a flow of a conducting fluid. The evolution of the divergenceless vector magnetic field, $H_i(t,x), i,j = 1,2,3; \nabla_i H_i = 0$, is described by the induction equation

$$\frac{\partial H_i}{\partial t} + (v_j \nabla_j)H_i = \eta \Delta H_i + (H_j \nabla_j)v_i,$$

$$\text{div } \vec{H} = \text{ div } \vec{v} = 0 \qquad (0.36)$$

$$H_i(0,x) = H_{0i}(x)$$

where η is the magnetic diffusivity (the inverse conductivity of the fluid) and $v_i(t,x)$ is the hydrodynamic velocity of the fluid, usually considered as incompressible, i.e. $\nabla_i v_i = 0$. The term $(v_j \nabla_j)H_i$ describes the advection of the field, $\eta \Delta H_i$ is diffusion term, and the last term in the right side of the equation

$$(h_j \nabla_j)v_i = H_j \frac{\partial v_i}{\partial x_j} = V_{ij} H_j$$

may be interpreted as a matrix potential. It is this term which is mainly responsible for the generation (asymptotic growth) of the magnetic field. In applications the parameter η is typically very small, and the fluid is turbulent so the velocity may be described by a random ergodic field on some probability space. If we assume that the velocity is independent of the magnetic field (the kinematic approximation) then the problem is linear in H_i and the rates of growth (the Lyapunov exponents) can be estimated.

The probabilistic form of the solution of Eq. (0.36) can be expressed in terms of Lagrangian paths and a multiplicative matrix integrals. The Lagrangian path for (0.36) is given by the equation

$$d\xi_i(s) = (2\eta)^{1/2}dw_i(s) - v_i(t-s, x_s)ds \qquad (0.37)$$

where $w_i(s)$ is a standard 3-dimensional Wiener process, $0 \le s \le t$. The solution has the form of a multiplicative integral

$$H_i(t,x) = E_\xi[\prod_{s=0}^{t}(\delta_{ij} + V_{ij}(t-s, \xi_j(s))ds]H_{0i}(\xi(t)) \qquad (0.38)$$

where E_ξ is the expectation with respect to Wiener paths starting at $x \in R^3$. The statistical moments of the magnetic field are defined as follows:

$$M_1(t,x) = \langle H_i(t,x) \rangle,$$
$$M_2(t,x_1,x_2) = \langle H_i(t,x_1)H_j(t,x_2) \rangle,$$

etc. When the velocity field is Gaussian and has a very short time correlations we may consider it as a "white noise" in time, i.e. defined by the correlation function

$$\langle v_i(t_1,x_1)v_j(t_2,x_2) \rangle = \delta(t_1 - t_2)U_{ij}(x_1 - x_2) \qquad (0.39)$$

where $U_{ij}(x_1 - x_2)$ is assumed to be a smooth function with rapidly decreasing spacial correlation. For small enough η the moments of the field, M_k, grow exponentially in time. However this growth is non-uniform with respect to k: the fourth moment grows faster than the squared second moment, etc. Physically, this means that the growing magnetic field is distributed intermittently, i.e. appears in the form of strong concentrations superposed on a relatively weak background.

The growth of the field eventually breaks the kinematic approximation. In other words, the kinematic dynamo describes only the initial stage of the magnetic field evolution. The back - reaction of the field on the velocity may, in principle, be described by the Navier-Stokes equations with a quadratic magnetic force. However the non-linear character of these equations and the randomness makes the solution of the problem practically impossible. At the present level of knowledge only some models of this back action effect are considered such as to prescribe some form of the non-linear dependence of the velocity on the magnetic field. The model (0.34) (for $N = 3$) and non-linear model (0.35) contain all the essentials from the point of view of the physical features of the dynamo process: a matrix potential as a generator of an increasing magnetics field, intermittency (i.e. progressive growth of the statistical moments), a non-linear mechanism of suppressing a very large magnetic field and so forth. We'll discuss this model, which was introduced in the article [66] in Ch. III. Our consideration will be based on the recent paper [58]..

Chapter I. Homogenization

Lecture 2. General principles of the homogenization. Examples.

In this section we'll discuss the asymptotical properties of the Lagrangian trajectories for the models of diffusion in RM or random walks in random environment, i.e. Stokes drift, turbulent diffusivity etc. As it was mentioned above (lecture 1), in probabilistic terms homogenization means the proof of the CLT for Lagrangian trajectories ($\mu - a.s$). All the known results of homogenization theory for classical (second order) differential equation in RM are based on the following idea. Under some conditions (but not always!), a Lagrangian trajectory $x_t(w, \omega)$ is a process with stationary increments on the probabilistic space $\Omega_m \times \Omega_w$ (see model I in the introduction for details). The increments $x_{n+1} - x_n = \triangle_n$ form a homogeneous sequence. Now we can use the CLT for weakly-dependent random vectors, i.e. estimate the mixing coefficient for $\{\triangle_n\}$ in some sense, calculate variance of $\sum \triangle_n$ and so forth. But a more powerful method is based on the transformation of the Lagrangian trajectory into a martingale with square-integrable ergodic increments followed by a utilization of the classical Billingsley CLT for martingale-differences [11] (or some of its generalizations). This approach requires the construction of special solutions (harmonic coordinates and invariant densities) for the random elliptical operator in the right hand part of the parabolic (or wave) equation. I think that the first mathematical paper to use this idea was S. Kozlov's publication [41]. For additional details see [42], [73].

Let's consider two examples which will illustrate some features of the martingale methods in homogenization theory.

Example 1. Homogenization of heat transport in a stationary periodic medium. Let's consider the heat equation

$$\frac{\partial u}{\partial t} = D \triangle u + (\vec{a}(x), \nabla)u = Lu, \quad (t, x) \in (0, \infty) \times R^d$$

$$u(0, x) = u_0(x), \qquad\qquad D = \frac{\kappa^2}{2}$$

(1.1)

in the incompressible (div $\vec{a}(x) = 0$) periodic medium. This means that the drift $\vec{a}(x)$ is periodic with respect to some lattice of periods: $\vec{a}(x + T) \equiv \vec{a}(x)$, $T \in \Gamma$. For the sake of simplicity we'll discuss the simplest case $\Gamma = \mathbf{Z}^d$ (d- dimensional cubic lattice with unit scale) and in addition take $\int \vec{a}(x)dx = 0$ for the cell of periodicity. The field $\vec{a}(x)$ is not random, but we can include it into the ensemble (Ω_m, μ) according to the formula

$$\vec{a}(x, \omega) = \vec{a}(x + \omega)$$

(1.2)

The vector $\omega = \omega_m$ will be uniformly distributed inside one cell $S^d = R^d/\mathbf{Z}^d$. The cell S^d (our RM probabilistic space) is a torus with Lebesgue measure μ as a probabilistic measure on S^d.

The operator L in the right part of (1.1) generates the Lagrangian trajectory $x_t(w, \omega)$ as a solution of the SDE

$$dx_t = \kappa dw_t + \vec{a}(x_t + \omega)dt \tag{1.3}$$

or

$$x_t = \omega + \kappa w_t + \int_0^t a(x_s + \omega)ds \tag{1.3'}$$

Let $x_t^* = x_t$ (mod 1) be a projection of Lagrangian trajectory on the fixed cell S^d (containing the initial point ω). Since the generator L of x_t commutes with $\mathbf{Z}^d$, the process x_t^* is a diffusion process on the compact manifold $\Omega_m = S^d$.

Because of the condition div $\vec{a} = 0$, the adjoint operator is given by the formula $L^* = D\triangle - (\vec{a}(x + \omega), \bigtriangledown)$. As a result an invariant measure π for x_t^* exists and its corresponding density $\pi(x) \equiv 1$. The process x_t^* has a strictly positive transition probability density $\overset{\bullet}{p}(t, x, y), x, y \in S^d$, i.e. for x_t^* we have the best possible mixing conditions (for example, Döblin's condition).

Now we can "lift" x_t^* to R^d, but it's better to use a different strategy. Let $y(x)$ be a system of almost linear harmonic functions. This means that $y = (y(x), \cdots, y_d(x))$, $Ly_k(x) = 0$ and $y_k(x) = x_k + o(|x|)$, $x \to \infty$. We will construct such functions in a very special form: $y_k(x) = x_k + h_k(x)$, where h_k is a periodic function. For h_k we have the equation

$$Lh_k = -Lx_k = -a_k(x)$$

$$D\triangle h_k + (\vec{a}, \bigtriangledown)h_k = -a_k(x) \tag{1.4}$$

This equation is valid not only in R^d, but on S^d too. The operator L (or L^*) has a simple eigenvalue $\lambda_0 = 0$ (because of the Döblin condition. Let's note that the total spectrum of L in $L_2(S^d)$ is not real, because $L \neq L^*$!). According to Fredholm, the alternative equation (1.4) has an unique solution if

$$\int_{S^d} \pi(x)(-a_k(x))dx = -\int_{S^d} a_k(x)dx = 0$$

Due to our condition, this relation holds, i.e. we have proved the existence of harmonic coordinates. According to Ito's formula,

$$y(x_t) = y(x_0) + k \int_0^t \nabla y(x_s^*) dw_s + \int_0^t Ly(x_s) ds =$$

$$= \kappa \int_0^t \nabla y(x_s^*) dw_s + y(x_0) =$$

$$= \kappa w_t + \int_0^t \nabla h(x_s^*) dw_s + y(x_0)$$

i.e. $y(x_t) - y(x_0)$ is a martingale over process x_s^*. Now, it's easy not only to prove CLT for

$$\xi_t = \frac{y(x_t)}{\sqrt{t}}, \quad t \to \infty$$

but to find the effective tensor of diffusivity (turbulent diffusion):

$$B_0 = \lim_{t \to \infty} \frac{\mathrm{var}(y(x_t) - y(x_0)) \otimes (y(x_t) - y(x_0))}{t} = \{b_{ij}\},$$

(1.5)

$$b_{ij} = D\{\delta_{ij}\} + \{\int_{S^d} (\nabla h_i(x) \cdot \nabla h_j(x)) dx\}$$

Let's observe that $B_0 > D \cdot I$ (it is a consequence of the incompressibility) and the Stokes (mean) drift is equal to zero. But $y(x_t) = x_t + 0(1)$, i.e. the same asymptotic result holds not only for $y(x_t)$, but for the initial Lagrangian trajectory x_t. We have proved the following.

Theorem 1.1. Let's consider the parabolic problem

$$\frac{\partial T^\varepsilon}{\partial t} = D \triangle T^\varepsilon + \frac{1}{\varepsilon}(\vec{a}(\frac{x + \omega}{\varepsilon}), \nabla) T^\varepsilon$$

(1.6)

$$T^\varepsilon(0, x) = T_0(x)$$

where the drift $\vec{a}(x)$ is periodic with respect to the lattice $\mathbf{Z}^d$, smooth-enough, div $\vec{a} = 0$ and $\int\limits_{S^d} a(x) dx = 0$. Then, for $\varepsilon \to 0$ and $t \in [0, t_0]$

$$T^\varepsilon(t, x) \longrightarrow \bar{T}(t, x).$$

The limiting function $\bar{T}$ is the solution of the problem

$$\frac{\partial \bar{T}}{\partial t} = (B_0 \nabla, \nabla) \bar{T}, \quad \bar{T}(0, x) = T_0(x)$$

(1.6′)

The effective diffusivity tensor B_0 has a representation (1.5) which depends on the solutions $h_k(x)$ of the equations (1.4).

If the integral of the drift $\vec{a}(x)$ over the cell of periodicity is not equal to 0, the Lagrangian trajectory has a non-trivial Stokes drift $\vec{a}_0$. To find this drift, we can construct a martingale transformation of x_t, using a function $y(t, x)$ of two variables. The process $y(t, x_t)$ will be a martingale if

$$\frac{\partial y}{\partial t} + Ly = 0.$$

(1.7)

If $y = (y_1, (t, x), \cdots y_d(t, x))$ has form

$$y_k(t, x) = x_k + h_k(x) - \alpha_k t,$$

then for $h_k(x)$ the equation

$$Lh_k(x) = -(a_k(x) - \alpha_k) \qquad (1.8)$$

and the condition of solvability gives

$$\alpha_k = \int_{S^d} a_k(x) dx. \qquad (1.8')$$

As is easy to see, this means that

$$\lim_{t \to \infty} \frac{x_t}{t} = \vec{a}_0 = \int_{S^d} \vec{a}(x) dx.$$

For turbulent diffusivity B_0 we have the same formula (1.5), but $h_k(x)$ is given by equations(1.8), (1.8').

I suppose that the method discussed above (at least its probabilistic interpretation) first appeared in M. Friedlin's paper [25].

This method is very general. It works for an arbitrary parabolic equation with periodic coefficients

$$\frac{\partial T^\varepsilon}{\partial t} = \frac{\partial}{\partial x_j} a_{ij}(\frac{x}{\varepsilon}) \frac{\partial}{\partial x_j} + \frac{1}{\varepsilon} b_i(\frac{x}{\varepsilon}) \frac{\partial}{\partial x_i} \qquad (1.9)$$

of course, the problem of how to construct (or estimate) the invariant measure for x_t^* on R^d/Γ or harmonic almost linear coordinates $y_k(x)$ is not solved. In our special case ($a_{ij} = D\delta_{ij}$, div $\vec{a} = 0$), if $D \to 0$ it's possible to get some asymptotical results, using general ideology of the small perturbations of dynamical systems (Wentzell and Freidlin, [26]).

Example 2. CLT for an almost periodic additive functional of symmetrical random walk.

We had seen already, that the problem of homogenization can be reduced in some cases to the analysis of additive functionals of ergodic Markov chains. In Example 1, this chain(or more precisely, diffusion process) was excellent: positive transition densities, exponential decreasing of correlations in the strongest form, etc. In the general case, the Markov process related with a homogenization problems is not so good. The following general approach to the CLT for Markov chains is well-known to the specialist. We'll discuss now only the discrete time case (but general phase space).

Let $(X, \mathcal{F})$ be a measurable space and $p(x, dy)$ be a transition probability on $(X, \mathcal{F})$. It generates two stochastic operators, one acting on bounded $\mathcal{F}$-measurable functions and the other on measures μ:

$$Pf(x) = \int_X p(x, dy) f(y)$$

$$\mu P(dy) = \int_X \mu(dx) P(x, dy) \tag{1.10}$$

Suppose that there exists a finite (probabilistic) invariant measure π : $\quad \pi P = \pi$ and this measure is ergodic in the standard sense: for every $\Gamma \in \mathcal{F}$, $\quad \pi(\Gamma) > 0$ and π-a.e initial point x

$$\frac{1}{n} \sum_{k=1}^{n} P(k, x, \Gamma) \to \pi(\Gamma) \text{ (in measure } \pi) \tag{1.11}$$

It's possible to consider ergodicity in the L_2 sense: if $f \in L_2(X, \pi)$, then

$$l.i.m \frac{1}{n} \sum_{k=1}^{n} P^k f(x) = \int_X f(x) \pi(dx). \tag{1.11'}$$

In all interesting cases these conditions are equivalent; we'll suppose that it is true in our case.

If $\{x_k(\omega), k = 0, 1, \cdots\}$ is a homogeneous Markov chain with transition probabilities $p(x, dy)$ and initial distribution π, then this chain will be ergodic and for bounded $f(x) \in B(X)$,

$$\frac{1}{n} \sum_{k=0}^{n} f(x_k) \xrightarrow{n \to \infty} (f, \pi) = \int_X f(x) \pi(dx) \ (\pi - a.s)$$

(law of large numbers for the additive functional $S_n = \sum_{k=0}^{n} f(x_k)$). If $(f, \pi) = 0$, we can expect (under some additional conditions, which guarantee square-integrability of S_n and "good" mixing), that

$$\frac{S_n}{\sqrt{n}} \xrightarrow{\text{dist}} N(0, \sigma^2).$$

As earlier, we'll try to reduce S_n to a martingale with stationary increments (with respect to the filtration $\Phi_k = \sigma(x_0, \cdots, x_k)$). To do this, consider the "homological equation"

$$(g - Pg) = f(x), \quad (f, \pi) = 0. \tag{1.12}$$

Suppose that for a given (maybe vector) function $f \in L^2(X, \pi)$ equation (1.12) has a solution $g(x) \in L^2$. Solution will be unique under the additional condition $(g, \pi) = 0$ (why ?).

Now we can write down our functional in the form

$$S_n = f(x_0) + \cdots + f(x_n) = [g(x_0) - Pg(x_n)] +$$

$$+ (g(x_1) - Pg(x_0)) + \cdots + (g(x_n) - Pg(x_{n-1}))$$

$$= R_n + \triangle_1 + \cdots + \triangle_n = R_n + \tilde{S}_n$$

It's easy to see (because of (1.12)) that $E(\triangle_k \,|\, \Phi_{k-1}) = 0 (a.e)$, i.e. $\tilde{S}_n$ is a martingale with respect to $\{\Phi_n\}$. Its increments $\triangle_k$ are stationary ergodic and square integrable. Now we can calculate the variance:

$$B_0 = \lim_{t\to\infty} \text{Var } \frac{S_n}{\sqrt{n}} = \lim_{t\to\infty} \text{Var } \frac{\tilde{S}_n}{\sqrt{n}} =$$

$$= \text{Var } (g(x_1) - Pg(x_0)) \otimes (g(x_1) - Pg(x_0)) \qquad (1.13)$$

$$= \int_x g(x) \otimes g(x)\pi(dx) - \int_x (Pg \otimes Pg)(x)\pi(dx)$$

CLT follows from the Billingsley theorem [11] mentioned above.

Now we'll return to Example 2. Let $S^1 = [0, 1)$ with group operation $(x + y) \bmod 1$ be an one-dimensional torus. The operator P (i.e. transition probabilities) is given by the formula

$$Pf(x) = \frac{f(x + \alpha) + f(x - \alpha)}{2}. \qquad (1.14)$$

It is obvious that $\pi(dx) = dx$ (Lebesgue measure) is invariant, the operator P is symmetrical in $L_2(S^1, dx)$ and the basic functions of L_2, $e_k(x) = \exp\{2\pi i k x\}$, are the eigenfunctions of P:

$$Pe_k(x) = \cos 2\pi\alpha k \cdot e_k(x). \qquad (1.15)$$

As a result, as was clear a priori, $\|P\|_{L_2} \le 1$.

Suppose that α is an irrational number, i.e. $|\cos 2\pi\alpha k| < 1$ if $k \ne 0$.

Let's check the ergodicity conditions (1.11), (1.11'). First of all

$$\frac{1}{n} \sum_{k=0}^n P^k e_{i_0}(x) = \frac{1}{n} \sum_{k=0}^n \cos^k 2\pi\alpha i_0 \cdot e_{i_0}(x) = \frac{1}{n} \frac{1 - \cos^{n+1} 2\pi\alpha i_0}{1 - \cos 2\pi\alpha i_0} e_{i_0}(x) \xrightarrow[n\to\infty]{} 0$$

for every fixed $i_0 \ne 0$,

$$\frac{1}{n} \sum_{k=0}^n P^k e_0(x) = \frac{1}{n} \sum_{k=0}^n P^k 1 = 1.$$

Both these facts together with the contractivity of P give immediately (1.11'). Because $I_\Gamma(x) \in L_2$ we have

$$\pi_n(x, \Gamma) = \frac{1}{n} \sum_{k=0}^n P(k, x, \Gamma) \longrightarrow \pi(\Gamma) = \int_\Gamma dx$$

in the L_2 sense and, consequently, in measure. It gives us (1.11).

Let $f(x) \in L^2(S^1, dx)$ be a smooth function and $\int_0^1 f(x)dx = 0$. Suppose additionally that the irrational number α is not Liouvillian, i.e. for some $c, \delta > 0$ and all integers p and q

$$\left| \alpha - \frac{p}{q} \right| \geq \frac{c}{q^{2+\delta}}. \tag{1.16}$$

The homological equation

$$g - Pg = f$$

(under the condition $\int_0^1 g dx = 0$) can be solved in Fourier representation: if $f(x) = \sum_{n \neq 0} a_n e_n(x) = \sum a_n \exp\{2\pi i n x\}$ then

$$
\begin{aligned}
g(x) &= \sum_{n \neq 0} \frac{a_n}{1 - \cos 2\pi \alpha n} \exp\{2\pi i n x\} \\
&= \sum_{n \neq 0} \frac{a_n}{2 \sin^2 \pi \alpha n} \exp\{2\pi i n x\}
\end{aligned}
\tag{1.17}
$$

From (1.16) if follows that

$$|\sin \pi \alpha n| \geq \frac{c_1}{n^{1+\delta}}$$

If $f(x) \in C^{2+\delta_1}$ (i.e. $a_n = o(\frac{1}{n^{2+\delta_2}})$) then $g(x) \in C^{\delta_2} \subset L_2$ (for some $\delta_2 > 0$) so we have proved the following.

Theorem 1.2. If $\{x_n\}$ is a homogeneous Markov chain on $S^1[0,1]$ with transition operator $Pf(x) = \frac{f(x+\alpha) + f(x-\alpha)}{2}$ (addition mod 1!), α is an irrational number with Diophantine condition (0.16), $f(x) \in C^{2+\delta}(S^1)$, $\int_0^1 f(x)dx = 0$, then

$$\lim_{n \to \infty} \frac{\sum\limits_{k=0}^{n} f(x_k)}{n} = 0 \quad (a.s) \tag{1.18}$$

$$\frac{\sum\limits_{k=0}^{n} f(x_k)}{\sqrt{n}} \xrightarrow{\text{dist}} N(0, \sigma^2) \tag{1.18'}$$

and

$$\sigma^2 = \sum_{k \neq 0} \frac{a_n^2 (1 - \cos^2 2\pi n \alpha)}{(1 - \cos 2\pi n \alpha)^2} = \sum_{n \neq 0} a_n^2 ctg^2 \pi n \alpha. \tag{1.18''}$$

(The initial distribution may be arbitrary!). Of course, this method works not only for S^1, but for S^d and , after some modifications, for all compact Lie groups. A very interesting and, I think, open problem is to find the limiting distributions in the case when the function $f(x)$ is not smooth. In this situation the Fourier coefficients a_n are not small enough to compensate for the denominators $(1 - \cos 2\pi n \alpha)$. Standard normalization $1/\sqrt{n}$ does not work in this case.

Especially important is to obtain a nonstandard (i.e. not infinite-divisible) limiting distributions for this model (or related ones).

If α is a Liouvillian number, I can prove for some (smooth!) $f(x)$ the existence of such a non-trivial distribution.

Now we'll return to homogenization. I'll formulate the general homogenization theorems for random walk in a random environment. These theorems give an algorithm for the calculation of the Stokes drift and turbulent diffusivity. Let $p(x, y, \omega)$ be the transition probability of the homogeneous Markov chain on the lattice $\mathbf{Z}^d$, $\quad p(x, y, \omega) = 0$, $\quad |x - y| \neq 1$. As earlier, the parameter $\omega = \omega_m$ (the state of the RM) is an element of $(\Omega_m, \mathcal{F}_m, \mu)$. RM is statistically homogeneous and ergodic. This means that we can introduce a dynamical system T_x, $\quad x \in \mathbf{Z}^d$ on $(\Omega_m, \mathcal{F})$ preserving measure μ and ergodic. The functions $p(x, y, \omega)$ themselves are the realization of random variables on the dynamical system. Namely, let

$$p_z(\omega) = p(0, z, \omega), \quad |z| = 1, \quad \omega \in \Omega_m. \tag{1.19}$$

Then

$$p(x, x + z, \omega) = p_z(T_x \omega) \tag{1.20}$$

The random variables $p_z(\omega)$ are the probabilities of a transition from the origin $0 \in \mathbf{Z}^d$ to one of the neighbor points z, $\quad |z| = 1$. Of course, $p_z(\omega) \geq 0$, $\sum_{|z|=1} p_z = 1$.

Fixing a state $\omega \in \Omega$ of the RM, we can introduce the Markov chain $X_n(\omega)$ with the transition probabilities $p(x, x + z) = p_z(T_x \omega)$, $\quad X_0 = 0$. Now we'll construct (as in Example 1) some "projection" of $X_n(\omega)$ on $(\Omega_m, \mathcal{F}, \mu)$. Instead of observing the particle from the origin $X_0 = 0$ it is convenient to follow it along the lattice $\mathbf{Z}^d$ and change the state of the environment at each step. More formally: let

$$\omega_0 = \omega, \quad \omega_n = T_{X_n(\omega)} \omega_0$$

and (more general)

$$\omega_n = T_{X_{n-k}(\omega_k)} \omega_k, \quad 0 \leq k \leq n.$$

Of course, ω_n is a Markov chain on the measurable space $(\Omega_m, \mathcal{F})$ with very singular (discrete) transition probabilities. The process ω_n describes the state of the environment from the point of view of an observer moving with a Markov particle. To reconstruct the original trajectory $X_n(\omega)$, our observer must now register the jumps of the particle. We come to a Markov chain $x_n = (z_n, \omega_n)$ on $\mathbf{Z}^d \times \Omega_m$, where $z_n(\omega_0) = (X_{n+1} - X_n)(\omega_0) = z_1(\omega_n)$.

The transition operators for the chains ω_n, $x_n = (z_n, \omega_n)$ are given by the formulas

$$(Pf)(w_k) = E(f(\omega_{k+1})|\omega_k) = \sum_{|z|=1} p_z(\omega_k) f(T_z \omega_k) \tag{1.21}$$

$$\tilde{P}g(x_k) = E(g(x_{k+1})|x_k)) = E(g(z_{k+1}, \omega_{k+1})|z_k, \omega_k)$$
$$= \sum_{|z'|=1} g(z', T_{z_k}\omega_k) p_{z'}(T_{z_k}\omega_k). \tag{1.22}$$

The probability space for x_n is a skew product of Ω_m by finite set $\{z : |z| = 1\}$. Since this space "is not very large", i.e. has finite measure and so forth, we can expect ergodicity of x_n, at least under some conditions (compare with example 2). The difficulties are connected with "singularity" of the chain ω_n, the absence of Döblin type conditions etc.

Hypotheses about transition probabilities $p(x, x + z, \omega)$:

α) *Uniform ellipticity.* For some $\varepsilon > 0$, all $\omega \in \omega_m$ and $z\,(|z| = 1)$

$$p_z(\omega) \geq \varepsilon, \text{ i.e. } p(x, x + z, \omega) \geq \varepsilon \tag{1.23}$$

In this case, the random walk $X_n(\omega)$ has only one closed class, uniformly (in n) connected and so on. Condition α) is a technical one.

The following condition β) is principal.

β) **Hypothesis I.** *Absolute continuity of the invariant measure.* The Markov chain ω_n has an invariant measure of the form

$$\Pi(d\omega) = \pi(\omega)\mu(d\omega).$$

Of course, $\pi(\omega) \geq 0$ and $\int_{\Omega_m} \pi(\omega)\mu(d\omega) = \langle \pi \rangle = 1$

It means that

$$P^*\pi(\omega) = \pi(\omega) \text{ or } \pi(\omega) = \sum_{|z|=1} p_{-z}(T_z\omega)\pi(T_z\omega) \tag{1.24}$$

In the language of the initial transition probability $p(x, x + z, \omega)$ it mean that the function

$$\Pi(x, \omega) = \pi(T_x\omega)$$

is a homogeneous ergodic nonegative solution of the equation

$$\Pi(x) = \sum_{|z|=1} \Pi(x - z) p(x - z, x, \omega) \tag{1.25}$$

It is not difficult to prove that under conditions $\alpha), \beta)$ the chain ω_n will be an ergodic and stationary one (if $\pi(\omega)\mu(dw)$ is an initial distribution). The solution of (1.24) (or 1.25) is unique in $L_1(\Omega, \mu)$ and $\mu\{\omega : \pi(\omega) > 0\} = 1$; for details see [42], [43].

The same properties hold for the chain $x_n = (z_n, \omega_n)$.

Lemma 1. Under conditions $\alpha), \beta)$, the chain x_n has an invariant measure with density

$$\pi(z, \omega) = p_z(\omega)\pi(\omega)$$

on every sheet (z, Ω_m) with respect to $\mu(dw)$ on every sheet).

If $\pi(z, \omega)\mu(dw)$ is the initial distribution for x_n, than $\{x_n, n = 0, 1, \cdots\}$ is an ergodic Markov process.

Theorem 1.3 If conditions $\alpha)\beta)$ hold then $\mu - a.s$ there exists

$$\lim_{n \to \infty} \frac{x_n(\omega)}{n} = \lim_{n \to \infty} \frac{\sum\limits_{k=0}^{n} z_n(\omega)}{n} = \sum_{|z|=1} \langle p_z(\omega)\pi(\omega)\rangle z = \vec{a}_0 \qquad (1.26)$$

for $P_X(\omega)$-almost all paths $X \in \mathbf{Z}^d$.

Of course, $\vec{a}_0$ is a Stokes drift.

Training example. Suppose that transition probabilities are symmetric: $p(x, y, \omega) = p(y, x, \omega)$ and $\sum\limits_z p(x, x+z, \omega)|z| < \infty$ uniformly in x and ω (it means that we consider a general random walk with arbitrary jumps and some moment restrictions). Then

$$\pi(\omega) \equiv 1 \qquad (1.27)$$

and

$$\vec{a}_0 = \sum_{z \in \mathbf{Z}^d} \langle p_z(\omega)z\rangle = \langle \sum_{z \in \mathbf{Z}^d} p(0, z, \omega)z\rangle = 0 \qquad (1.27')$$

The same answer ($\pi \equiv 1$) is valid in more general situation of double-stochastic probabilities:

$$\sum_{y \in \mathbf{Z}^d} p(x, y, \omega) = \sum_{x \in \mathbf{Z}^d} p(x, y, \omega) = 1$$

In the continuous case, the condition (1.27") is equivalent to incompressibility of the drift $\vec{a}$ (for the operator $L = D\triangle + (\vec{a}, \nabla)$). For the CLT we have to postulate the existence of almost linear harmonic coordinates. Probably these exist some relations between hypothesis I on the invariant density $\pi(\omega)$ and hypothesis II on harmonic coordinates, but I only have some "physical" ideas about these relations.

Hypothesis II. There exists a (vector) function $\vec{X}(\omega, x)$, $\omega \in \Omega_m$, $x \in \mathbf{Z}^d$ such that

$$\alpha) \tilde{P}\vec{X} = \vec{X} \quad \text{(harmonicity)}$$

$$\beta) \vec{X}(\omega, \vec{x}) = \vec{x} + \vec{h}(\omega, x)$$

and the field $\vec{h}(\omega, x)$ has homogeneous stationary ergodic increments on $\mathbf{Z}^d$,

$$\langle \vec{h} \rangle = 0, \quad \langle |\vec{h}|^2 \rangle < \infty$$

It is an assumption of almost linearity. Using the Billingsley theorem [11] or its non-homogeneous version (Brown's theorem, see book by R. Durrett [22], which contains both these theorems and further generalizations) we obtain now the following.

Theorem 1.4. Under hypotheses I, II, the Stokes drift $a_0 = 0$ and

$$\frac{x_n}{\sqrt{n}} \xrightarrow{\text{dist}} N(0, B_0)$$

For the turbulent diffusivity B_0, we have formula

$$B_0 = \{b_{ij}\} = \frac{1}{2}\{\langle \pi(\omega) \sum_{|z|=1} p_z(\omega) X_i(\omega, z) X_j(\omega, z) \rangle\} \tag{1.28}$$

For details of the calculations see [42].

This approach works in more a general situations. Of course (as mentioned above) we can consider random walks with arbitrary jumps. More interesting is an application of this method to Markov chains on $\mathbf{Z}^d$ with continuous time. The corresponding generator (in the simplest case of transitions to the neighboring points) has the form

$$Lf = (L(\omega)f)(x) = \sum_{|z|=1} \lambda(x, x + z)(f(x + z) - f(x))$$

If $0 < \varepsilon \leq \lambda(x, x + z, \omega) \leq \frac{1}{\varepsilon} < \infty$ and the field $\Lambda(x, \omega) = \{\lambda(x, x + z, \omega), \ |z| = 1\}$ is an ergodic and homogeneous we can formulate the obvious analogues of the conditions I, II, Theorems 1.3, 1.4 etc. The existence theorems for invariant density π and harmonic coordinates $\vec{X}$ can be found in [42]. In the one-dimensional case it's possible to give a complete analysis. It will be the subject of the following lecture.

Lecture 3. Example of homogenization

The first example will be simple. I give it only for the goal of training.

Example 1. Let $r(x,\omega)$, $x \in \mathbf{Z}^d$, $\omega \in \Omega_m$ be a homogeneous ergodic field on the lattice $\mathbf{Z}^d$. Suppose that

$$\mu\{\omega : \varepsilon \le r(x,\omega) < \frac{1}{2d}\} = 1$$

for some fixed $\varepsilon > 0$. Consider the transition probabilities $p(x, x+z, \omega)$:

$$p(x, x+z, \omega) = 0, \quad |z| > 1$$

$$p(x, x+z, \omega) = r(x,\omega), \quad |z| = 1 \tag{1.29}$$

$$p(x, x, \omega) = 1 - 2dr(x,\omega), \quad z = 0$$

The transition operator can be written down in the form

$$Pf(x) = \sum_{|z|=1} f(x+z)r(x,\omega) + (1 - 2dr(x))f(x)$$

$$= f(x) + r(x)\Delta f(x). \tag{1.29'}$$

where, of course

$$\Delta f(x) = \sum_{|x'-x|=1} (f(x') - f(x))$$

is a lattice Laplacian. The adjoint operator has form

$$P^*g(x) = g(x) + \Delta(r(x)g(x)) \tag{1.29''}$$

(because $\Delta = \Delta^*$).

The equation for the invariant density $\pi(\omega)$ or, more precisely, for the function $\Pi(x,\omega) = \pi(T_x\omega)$ has form

$$P^*\Pi = \Pi, \text{ i.e. } \Delta(r(x)\Pi) = 0 \tag{1.30}$$

and an obvious solution is

$$\Pi(x) = \frac{c}{r(x)}. \tag{1.30'}$$

Normalization $\langle \Pi(\cdot) \rangle$ gives

$$\Pi(x) = \frac{1}{r(x)} \left\langle \frac{1}{r(x)} \right\rangle^{-1} \tag{1.30''}$$

From (1.29') it is clear that $\vec{X}(x) \equiv \vec{x}$ are harmonic coordinates. From the general formula (1.28) it follows that

$$B_0 = \frac{1}{2} \left\langle \frac{1}{r(x)} \right\rangle^{-1}$$

i.e. the limiting diffusion equation has form

$$\frac{\partial \tilde{T}}{\partial t} = \frac{1}{2} \left\langle \frac{1}{r(o,\omega)} \right\rangle^{-1} \Delta \tilde{T} \tag{1.31}$$

For a similar result (and its version for random walks with continuous time and generator $\lambda(x.\omega)\Delta$) see in [42].

This model has some physical interest and is related with propagation of light through a medium with homogeneous and random optical density. The following example will be central to this lecture.

Example 2. Let $p(x,\omega), x \in \mathbf{Z}^1, \omega \in \Omega_m$ be a homogeneous ergodic field on the lattice $\mathbf{Z}^1$ (*one-dimensional case*) and

$$\mu\{\omega: \quad \varepsilon \leq p(x,\omega) \leq 1 - \varepsilon\} = 1$$

(ellipticity condition). Consider the transition probabilities

$$p(x,x+1,\omega) = p(x,\omega)$$
$$p(x,x-1,\omega) = q(x,\omega) = 1 - p(x,\omega). \tag{1.32}$$

Of course, $\varepsilon \leq q(x) \leq 1 - \varepsilon$ and

$$\frac{\varepsilon}{1-\varepsilon} \leq \frac{p(x)}{q(x)} \leq \frac{1-\varepsilon}{\varepsilon}, \quad \left\langle ln\frac{p(x)}{q(x)} \right\rangle < c(\varepsilon). \tag{1.33}$$

Suppose in addition that the homogeneous random process $\xi(x) = ln\frac{p(x)}{q(x)}$ has "good" mixing properties. It's enough that

$$\alpha(R) = o(R^{-1-\delta}), \quad \delta > 0, \quad R \to \infty, \tag{1.34}$$

where

$$\alpha(R) = \sup_{\substack{A_1 \in \mathcal{F}_{\leq 0} \\ A_2 \in \mathcal{F}_{\geq R}}} |\mu(A_1 A_2) - \mu(A_1)\mu(A_2)| \tag{1.34'}$$

is the strong mixing coefficient.

Under condition (1.34), the correlation function

$$R(\tau) = Cov(\xi(0),\xi(\tau)) = \langle (\xi(0) - \alpha_0)(\xi(\tau) - \alpha_0) \rangle$$

$$\alpha_0 = \langle \xi(x) \rangle = \langle lnp(x) - lnq(x) \rangle; \tau, x \in \mathbf{Z}^1$$

is integrable and the corresponding spectral measure $\hat{R}(\phi), \phi \in [-\pi, \pi]$ is continuous (for details see the monographs [22] or [35]).

Ja Sinai has discovered [70] a very interesting phenomenon. In a very natural case (maybe the most natural!), when the random variables $p(x)$ (or $\xi(x) = ln\dfrac{p(x)}{q(x)}$) are independent and $\langle \xi(x) \rangle = 0$, the random walk in the random environment (1.32) has no homogenization.

He proved that, first of all, the typical deviations of the random walk $x_t(w, \omega_m)$ have order not $\sqrt{t}$, but only $ln^2 t$.

Second, after the normalization

$$x_t^* = x_t(w, \omega_m)/ln^2 t$$

the process x_t^* has the following localization property. There exists a random sequence $a_t(\omega_m) \in R^1$ such that for every $\delta > 0$ and $t \to \infty$

$$P_{\xi(\omega)}\{|x_t^*(w, \omega) - a_t(\omega)| > \delta\} \to 0$$

for $\mu - a.e$ realizations of ω. It means, of course, that the limiting distribution for x_t^* does not exist.

The process x_t^* has many other "pathological" properties (for additional information see [70]).

Ja Sinai's approach was based on the functional form of the CLT for the sums of $i.i.d.r.v.'s$ $\xi(x)$ and the properties of Wiener excursions. Some background of his approach will be clear in the future.

Sinai's result shows that, at least in the one-dimensional case, homogenization of the random walk in the RM assumes some "inner symmetry" of RM.

We will formulate now several general results, to begin with, at the "physical level". Technical details (mixing conditions, moment conditions etc.) will be formulated below.

α) Suppose that $\alpha_0 = \left\langle ln\dfrac{p_x}{q_x} \right\rangle \neq 0$. Then, in a very general situations, the random walk has non-trivial Stokes drift and CLT holds (after corresponding normalization). We will give some formulas for the mean drift $\alpha_0 \neq 0$ and turbulent diffusivity B_0

β) Suppose that $\alpha_0 = \left\langle ln\dfrac{p_x}{q_x} \right\rangle = 0$ (as in Sinai's case). Then we have one of two situations:

$\beta_1) \hat{R}(0) > 0$. This condition (see [22], [35]) has two equivalent formulations:

1a) $\sum\limits_{\tau \in Z^1} R(\tau) > 0$

1b) $var\left(\sum_{x=0}^{n}\xi(x)\right)\sim_{n\to\infty} c\cdot n, \quad c>0$ (1.35)

In this case we have the same behavior of $x_t(w,\omega)$ as in Sinai's model (absence of homogenization and so forth).

$\beta_2)\hat{R}(0)=0$. This condition is equivalent to the following statements:

1a. $\sum_{\tau\in \mathbf{Z}^1} R(\tau)=0$

1b. $var\left(\sum_{x=0}^{n}\xi(x)\right)=O(1)$ (1.36)

1c. The process $\xi(x)$ can be represented in the form

$$\xi(x)=\eta(x)-\eta(x-1)$$ (1.37)

where $\eta(x)$ is another homogeneous ergodic process.

In the case of β_2 we have homogenization for typical cases (Stokes drift, of course, equal to 0!). The formula for the effective diffusivity depends on the process $\eta(\kappa)$, $\kappa\in \mathbf{Z}^1$ in the representation (1.37).

Calculations. Part I. We first suppose that $\alpha_0=\langle\frac{p_x}{q_x}\rangle\neq 0$ and, for definiteness, $\alpha_0<0$. Let's construct an invariant density, i.e. a homogeneous solution of the equation

$$P^*\Pi=\Pi$$ (1.38)

or

$$\Pi(x-1)p(x-1)+\Pi(x+1)q(x+1)=\Pi(x)$$ (1.38')

We will be looking for the function $\Pi(x)$ in the form

$$\Pi(x)=\alpha(x)h(x)+\alpha(x)\alpha(x-1)h(x-1)+\cdots$$
$$=\alpha(x)h(x)+\alpha(x)\Pi(x-1)$$ (1.39)

Then

$$\Pi(x+1)=\alpha(x+1)h(x+1)+\alpha(x+1)\alpha(x)h(x)+\alpha(x+1)\alpha(x)\Pi(x-1)$$ (1.39')

A substitution of (1.39), (1.39') in (1.38') and a comparison of the coefficients of $\Pi(x-1)$ and the "free terms" give us two equations

$$p(x-1)+\alpha(x)\alpha(x+1)q(x+1)=\alpha(x)$$
$$\alpha(x+1)h(x+1)q(x+1)+\alpha(x+1)\alpha(x)h(x)q(x+1)=\alpha(x)h(x)$$ (1.40)

The first one of these equations has an obvious solution

$$\alpha(x)=\frac{p(x-1)}{q(x)}$$ (1.41)

and for the second we can take

$$h(x) = \frac{1}{p(x-1)} \qquad (1.41')$$

It gives the following (formal) solution for $\Pi(x)$:

$$\Pi(x) = \frac{1}{q(x)} + \frac{p(x-1)}{q(x)q(x-1)} + \frac{p(x-1)p(x-2)}{q(x)q(x-1)q(x-2)} +$$

$$= \frac{1}{q(x)} \left\{ 1 + \sum_{n=1}^{\infty} \Pi_{k=1}^{n} \left(\frac{p(x-k)}{q(x-k)} \right) \right\} = \qquad (1.42)$$

$$= \frac{1}{q(x)} \left\{ 1 + \sum_{n=1}^{\infty} \exp \left\{ \sum_{k=1}^{n} \xi(x-k) \right\} \right..$$

For fixed x, (say, $x = 0$) and $\mu - a.c$

$$\frac{S_n}{n} = \frac{\sum\limits_{k=1}^{n} \xi(-k)}{n} \to \alpha_0 < 0$$

(ergodic theorem) so the last expression in (1.42) makes sense.

Nevertheless, to prove the existance of the invariant density

$$\pi(\omega) = \frac{\Pi(0,\omega)}{\langle \Pi(0,\omega) \rangle} \qquad (1.43)$$

we have to check the integrability of $\Pi(0,\omega)$, i.e. to prove that

$$\langle \Pi(0,\omega) \rangle < \infty \qquad (1.44)$$

The last inequality is very close to the statement

$$\langle \exp S_n \rangle = \left\langle \exp \left(\sum_{k=1}^{n} \xi(+k) \right) \right\rangle =$$

$$= \left\langle \prod_{k=1}^{n} \frac{p_k}{q_k} \right\rangle \le c \exp(-\gamma n), \quad \gamma > 0 \qquad (1.44')$$

It is a Cramer-type condition for the sum of weakly dependent $r.v.$ $\xi(k)$, which guarantees not only CLT but the large-deviation exponential estimation. Because $r.v.$ $\xi(k)$ are uniformly bounded, the inequality (1.44) holds in the case when $\xi(k)$ is a Markov chain with a Döblin condition, or a component of such a Markov chain. Such estimations are typical for Gibbs fields in the high temperature region and so forth.

I don't know conditions in terms of the mixing coefficient which can guarantee (1.44)

We will suppose in the future that the inequality (1.44) holds (Hypothesis I). If $\langle \Pi(0,\omega) \rangle < \infty$, then $\pi(\omega) = \dfrac{\Pi(0,\omega)}{\langle \Pi(0,\omega) \rangle} \in L_1(\Omega_m, \mu)$ and Stokes drift $\bar{a}_0$ exists. According to Theorem 1.3 of the previous lecture,

$$a_0 = \langle (p(0,\omega) - q(0,\omega))\pi(\omega) \rangle$$

and simple calculations using the representation (1.42) give the following elegant formula

$$a_0 = -\frac{1}{\langle \Pi(0,\omega) \rangle} \tag{1.45}$$

If the invariant density exists and $\alpha_0 = \left\langle ln \dfrac{p(0,\omega)}{q(0,\omega)} \right\rangle < 0$, then $a_0 < 0$.

The following problem is open: suppose that $\alpha_0 < 0$, but $\langle \Pi(0,\omega) \rangle = \infty$. This situation is possible even in the case when $p(x)$ (or $\xi(x)$) is a Markov chain with a finite number of states. Is this true that in this case the Stokes drift $a_0 = 0$? What is the limiting distribution of the chain $x_t(w,\omega)$? What is the "perfect" normalization in this case?

Now we'll prove CLT in the first case, $\alpha_0 = \left\langle ln \dfrac{p(x)}{q(x)} \right\rangle \neq 0$. Of course, we can not use directly the general Theorem 1.4 of the previous lecture. As the Stokes drift $a_0 \neq 0$, almost linear coordinates $X(x,\omega)$) for the equation

$$PX(x) = p(x)X(x+1) + q(x)X(x-1) = X(x) \tag{1.46}$$

do not exist. A direct analysis of this equation is based on its representation in the form

$$X(x) - X(x-1) = \frac{p(x)}{q(x)}(X(x+1) - X(x)) \tag{1.46'}$$

shows, that together with solution $X_1(x) \equiv 1$ equation (1.46) has a second linear independent solution $X_2(x)$ which increases exponentially if $x \to +\infty$ and decreases exponentially if $x \to -\infty$.

In this case of not-trivial mean drift, we have to construct a time-dependent martingale $y_t = X(t, x_t)$. For the function $X(t,x)$ we take a special form

$$X(t,x) = x - kt + h(x).$$

The function $X(t,x)$ must be harmonic in space and time. More precisely, the following equation must hold:

$$PX(t+1, x) = X(t, x) \tag{1.47}$$

or

$$p(x)h(x+1) + q(x)h(x-1) + (p(x) - q(x) - k) = h(x) \tag{1.48}$$

Let's take $k = a_0$ (Stokes drift). In this case function $z(x) = p(x) - q(x) - a_0$ will be orthogonal to the invariant density $\pi(\omega)$:

$$\langle \pi(\omega) \cdot z(0, \omega) \rangle = \langle \pi(\omega)(p(0) - q(0) - a_0) \rangle = 0$$

and we can expect the existence of a solution $h(x, \omega)$ which increases not very fast as $x \to \infty$, i.e. $h(x, \omega) = o(x)$, $x \to \infty$, $\mu - a.s.$

Put $\triangle(x) = h(x + 1) - h(x)$. We can rewrite (1.48) in the form

$$\triangle(x - 1) = \frac{z(x)}{q(x)} + \frac{p(x)}{q(x)} \triangle(x)$$

The iteration together with the fact that $\sum\limits_{x=1}^{n} \left(\frac{p(x)}{q(x)} \right) = o(\exp(-\delta n))$ (our hypothesis I) give us immediately

$$\triangle(x - 1) = h(x) - h(x - 1) = \frac{z(x)}{q(x)} + \frac{p(x)z(x + 1)}{q(x)q(x + 1)} \cdots$$

or, after transformations,

$$h(x) - h(x - 1) = -1 - a_0 \left(\frac{1}{q(x)} + \frac{p(x)}{q(x)q(x + 1)} + \frac{p(x)p(x + 1)}{q(x)q(x + 1)q(x + 2)} + \cdots \right) \quad (1.49)$$

Let's introduce the notation for the ergodic process which is a factor of a_0 :

$$Y(x) = \frac{1}{q(x)} + \frac{p(x)}{q(x)q(x + 1)} + \cdots \quad (1.50)$$

If we remember formulas (1.45) and (1.42), we'll obtain

$$h(x) - h(x - 1) = \frac{Y(x, \omega) - \langle Y(x, \omega) \rangle}{\langle \Pi(\omega) \rangle} \quad (1.49')$$

It means, at last, that the increments of the process $h(x, \omega)$ are stationary ergodic with zero mean. For the process

$$\frac{x_t - a_0 t}{\sqrt{t}} \underset{\sim}{\text{dist}} \frac{X(t, x_t)}{\sqrt{t}}$$

we can use Theorem 1.4 (if the second moments exist!). For the coefficient of turbulent diffusion we have expression

$$B_0 = \frac{1}{2} \langle \pi(0)a_0^2[p(0, \omega)Y^2(1) + q(0, \omega)Y^2(-1)] \quad (1.51)$$

where $Y(x)$ is given by (1.50); $\pi(0), a(0)$ are given by the formulas (1.42), (1.45).

To guarantee the finiteness of B_0 we have to suppose more than hypothesis I (inequality (1.44)). The following result is a central one in our analysis (part I) of the one-dimensional random walks in a random non-symmetrical environment.

Theorem 1.5. Let $p(x, \omega), q(x) = 1 - p(x, \omega)$ be transition probabilities on $\mathbf{Z}^1$, where the process $p(x, \omega)$ is homogeneous and ergodic, $\mu\{\omega : \quad \varepsilon \leq p(x, \omega) \leq 1 - \varepsilon\} = 1$ for some $\varepsilon > 0$.

Suppose, that

1) $\left\langle ln \dfrac{p(x)}{q(x)} \right\rangle = \alpha_0 \neq 0$

2) The strong mixing coefficient for $p(x, \omega)$ is decreasing fast enough (see (1.34))

3) If $\alpha_0 < 0$, then for all $0 < z < 3$, $\left\langle \left(\sum\limits_{x=1}^{n} \dfrac{p(x)}{q(x)} \right)^z \right\rangle < 1$ (Hypothesis I', which is stronger than (1.44), but has the same form).

Then after the normalization

$$\frac{x_{[nt]} - a_0 t}{\sqrt{t}} = x_t^*(w, \omega)$$

the process x_t^* converges on every interval $t \in [0, t_0]$ in distribution to the Wiener process with generator

$$\bar{L} = B_0 \frac{\partial^2}{\partial x^2}, \quad x \in R^1$$

Parameters a_0 (Stokes drift) and B_0 (turbulent diffusivity) are given by the formulas (1.42), (1.45), (1.50), (1.51).

Part II. In this part we'll consider "symmetrical" RM, i.e. the case when

$$a_0 = \left\langle ln \frac{p(x)}{q(x)} \right\rangle = 0$$

The typical example is a reflection symmetrical RM, where $p(x, \omega) \overset{\text{dist}}{=} q(x, \omega)$. In different terms,

$$p(x) = \frac{1}{2} + \phi(x, \omega)$$

$$q(x) = \frac{1}{2} - \phi(x, \omega)$$

and r.v. $\phi(x, \omega)$ are symmetrically distributed on $\left[-\frac{1}{2} + \varepsilon, \frac{1}{2} - \varepsilon \right]$ for some $\varepsilon > 0$.

As earlier, we'll suppose that the process $p(x, \omega)$ is homogeneous and has fast decreasing mixing coefficient (see (1.34), (1.34')). Under this condition, we can apply the functional CLT for weakly dependent r.v.'s $\xi(x) = ln \dfrac{p(x)}{q(x)}$, if, of course, var $S_n = \text{var} \left(\sum\limits_{x=0}^{n} \xi(x) \right) \sim \sigma^2 n$, $n \to \infty$ and $\sigma^2 > 0$. The last statement means ([22], [35]) that $\hat{R}(0) > 0$, where $\hat{R}(\phi)$, $\phi \in [0.2\pi]$ it the spectral density of the process $\xi(x)$, $x \in \mathbf{Z}^1$. It's known that $\sigma^2 = 2\pi \hat{R}(0)$. Functional CLT means that

$$\frac{S_{[nt]}}{\sqrt{n}} \overset{\text{dist}}{\underset{n \to \infty}{\longrightarrow}} \sigma w_t, \quad \sigma > 0(!) \tag{1.52}$$

on every interval $[-t_0, t_0]$. The Wiener process for negative t we understand as an independent copy of the standard Wiener process, which goes in the inverse direction of time.

We will prove now that if (1.52) holds, the random walk $x_t(w, \omega)$ has exactly the same pathological properties as in Ja Sinai's paper [70]: there is no homogenization, $x_t(w, \omega) = 0(ln^2 t)$ etc. (see discussion at the beginning of the lecture).

This means that *homogenization* of $x_t(w, \omega)$ in the symmetrical case ($\alpha_0 = 0$!) *implies the equality* $\hat{R}(0) = 0$! In different terms, process $\xi(x)$ must be the first difference ("derivative") of some another homogeneous square integrable process: $\xi(x) = \eta(x + 1) - \eta(x)$.

In this part we will follow our short paper [13], where one can find additional information and technical details. Let

$$\tau_N = \{\min t : \quad |x_t(w, \omega)| = N\}$$

and

$$Q_N(\omega) = P_\omega\{x_{\tau_N}(w, \omega) = +N | x_0 = 0\}$$

i.e. $Q_N(\omega)$ is the probability of the first exit from $[-N, N]$ through right boundary. Of course, $Q_N(\omega)$ is a r.v.

It is not difficult to prove that homogenization of $x_t(w, \omega)$, i.e. weak convergence of the distributions $P^*(\omega)$ of $x_t^*(w, \omega) = \frac{x_{[Nt]}}{\sqrt{N}}$, $N \to \infty$ to the distribution of some non-degenerated Wiener process $\sqrt{2B_0}W_t$, implies the following fact

$$Q_N(\omega) \xrightarrow[n\to\infty]{\text{dist}} 1/2 \text{ or } Q_N(\omega) \xrightarrow{\mu} 1/2 \tag{1.53}$$

(convergence with respect to the measure μ!).

Now we'll show, that

$$Q_N(\omega) \xrightarrow[n\to\infty]{\text{dist}} \Theta(\omega), \quad \mu\{\Theta = 1\} = \mu\{\Theta = 0\} = 1/2. \tag{1.54}$$

Contradiction between (1.53), (1.54) will show the *absence of homogenization*.

For the random probability

$$Q_N(x, \omega) = P_\omega\{x_{\tau_N} = +N | x_0 = x\}, \quad |x| < N$$

we have the equation

$$Q_N(x + 1)p(x) + Q_N(x - 1)q(x) = Q_N(x)$$
$$Q_N(N) = 1, \quad Q_N(-N) = 0 \tag{1.55}$$

As earlier, this equation can be solved explicitly, using transformation

$$(Q_N(x+1) - Q_N(x))\frac{p(x)}{q(x)} = Q_N(x) - Q_N(x-1)$$

The answer is

$$Q_N(0) = \frac{\sum\limits_{k=-N}^{-1}\left[\prod\limits_{x=k+1}^{0}\left(\frac{p(x)}{q(x)}\right)\right]}{\sum\limits_{k=-N}^{-1}\left[\prod\limits_{x=k+1}^{0}\left(\frac{p(x)}{q(x)}\right)\right] + \sum\limits_{k=0}^{N}\left[\prod\limits_{x=1}^{K}\left(\frac{q(x)}{p(x)}\right)\right]}$$

$$= \frac{\sum\limits_{k=-N}^{-1}\exp\left(\sum\limits_{x=k+1}^{0}\xi(x)\right)}{\sum\limits_{k=-N}^{-1}\exp\left(\sum\limits_{x=k+1}^{0}\xi(x)\right) + \sum\limits_{K=0}^{N}\exp\left(-\sum\limits_{x=1}^{K}\xi(x)\right)} \qquad (1.56)$$

$$= \frac{\sum\limits_{k=-N}^{-1}\exp\left(\sqrt{N}W_N\left(\frac{k+1}{N}\right)\right)}{\sum\limits_{k=-N+1}^{-1}\exp\left(\sqrt{N}W_N\left(\frac{k+1}{N}\right)\right) + \sum\limits_{k=0}^{N}\exp\left(\sqrt{N}W_N\left(\frac{k}{N}\right)\right)}$$

Distributions of $W_N(t)$, $t \in [-1, +1]$ come close to Wiener distribution on $C_{[-1,1]}$ if $N \to \infty$. Let's consider, in the space $C_{[-1,+1]}$ under the additional condition $f(0) = 0$ and for fixed $\delta > 0$, two sets:

$$A_1^\delta = \{f: \quad \max_{x \in [-1,0]} f(x) \geq \max_{x \in [0,1]} f(x) + \delta\}$$

$$A_2^\delta = \{f: \quad \max_{x \in [-1,0]} f(x) \leq \max_{x \in [0,1]} f(x) - \delta\}$$

For standard Wiener measure on $[-1, 1]$ (under condition $f(0) = 0$

$$P^W\left(A_1^\delta\right)\underset{\delta\to 0}{\longrightarrow} 1/2, \quad P^W\left(A_2^\delta\right)\underset{\delta\to 0}{\longrightarrow} \frac{1}{2}$$

But on the set A_1^δ (meaning, $W_M(\cdot) \in A_1^\delta$) expression (1.56) is near to 1 for large N. If $W_N(\cdot) \in A_2^\delta$, the probability (1.56) is close to 0 and we proved (1.54).

Analysis of Sinai's paper [70] shows that he used only the invariance principal for $\{\xi(x)\}$, but not the independence of $\{\xi(x)\}$. This means that in our case all principal statements of [21] hold.

Part III. Suppose, that $\alpha_0 = \left\langle ln\frac{p(x)}{q(x)}\right\rangle = 0$ and process of $\xi(x) = ln\frac{p(x)}{q(x)}$ is homological to zero:

$$\xi(x) = \eta(x+1) - \eta(x) \text{ or } \hat{R}(0) = 0. \qquad (1.57)$$

We'll suppose in addition, that (*Hypothesis II*)

$$|\eta(x)| \leq \text{const} \quad \mu - a.s. \tag{1.57'}$$

In this case we have homogenization. Simple calculations give (in terms of (1.57))

$$p(x) = \frac{\exp(\eta(x+1))}{\exp(\eta(x+1)) + \exp\eta(x)}, \quad q(x) = \frac{\exp\eta(x)}{\exp(\eta(x+1)) + \exp(\eta(x))} \tag{1.58}$$

The equation for invariant density $\Pi(x,\omega)$, which has a form

$$\Pi(x-1)p(x-1) + \Pi(x+1)q(x+1) = \Pi(x),$$

has (in view of (1.58)) a simple solution

$$\Pi(x,\omega) = \frac{\exp(\eta(x+1)) + \exp\eta(x)}{2\langle\exp\eta(x)\rangle} \tag{1.59}$$

The transition matrix P has in this case almost linear (time independent) harmonic coordinates $X(x,\omega)$, i.e. a solution of the equation

$$p(x).X(x+1) + q(x)X(x-1) = X(x) \tag{1.60}$$

Trivial computation gives us

$$X(x) = \sum_{k=0}^{x} \frac{\exp(-\eta(k))}{\langle\exp(-\eta(k))\rangle}, \quad x \geq 0$$

$$X(x) = -\sum_{k=-x}^{0} \frac{\exp(-\eta(k))}{\langle\exp(-\eta(k))\rangle}, \quad x < 0$$

Now we can give the very simple expressions for effective diffusivity B_0. Instead of boundness of $\eta(x)$ (condition (1.57')) it's enough to suppose only (as in part 1) $\langle\exp(|\eta(x)|)\rangle < \infty$. Namely:

$$B_0 = \frac{< e^{-\eta(0)} >}{< e^{\eta(0)} >^3}.$$

Lecture 4. Random walks in non-stationary RM.

We had seen in the previous lecture, that (at least in one-dimensional case) homogenization of a random walk in stationary (time-independent) RM imposes strong restrictions on the transition probabilities. The physical explanation of this fact is very simple. Realizations of such RM contain a system of (large enough) random "traps". For the case of $\mathbf{Z}^1$, every such trap is an interval $[a_n, b_n]$, where the local drift goes to the center of interval. A Markov particle will leave this interval in a time which is the exponential of the "size of the trap". We will discuss this possible mechanism of the absence of homogenization in the end of this chapter, even in the multidimensional case.

If the RM is non-stationary (turbulent), we can expect that homogenization is a "generic case". We'll discuss now the simplest non-stationary model (with discrete space and time). Nevertheless, this model contains all the qualitative features of the realistic hydrodynamical models. We will be trying to understand (in the framework of this model) a few physical effects, related with heat propagation in a turbulent flow. These effects are essential for oceanography. (See [55], [75], [56], [57]).

Consider random nearest-neighbor transition probabilities on $\mathbf{Z}^d$, which have form

$$p(t, x; t + 1, x + n, \omega) = \begin{cases} \varepsilon, & n \neq n_0(t, x) \\ 1 - (2d - 1)\varepsilon, & n = n_0(t, x) \end{cases} \tag{1.62}$$

where field (random current) $n_0(t, x, \omega)$ has independent values for different $(t, x) \in \mathbf{Z}_+^1 \times \mathbf{Z}^d$ and uniformly distributed (isotropy):

$$P\{n_0 = \pm e_i, \quad i = 1, 2, \cdots d\} = \frac{1}{2d} \tag{1.63}$$

Here, of course, $\{e_i\}$ is a basis of $\mathbf{Z}^d$. Small parameter ε plays the role of the molecular diffusion.

Random transition probabilities $p(t, x; t + 1, x + n, \omega_m)$ generate a random walk $X_0, X_1, \cdots, X_t, \cdots$ in non-stationary environment (1.62), (1.63). Suppose that $X_0 = 0$. Let

$$p^{(t)}(0, 0, t, x) = P\{X_t = x\}.$$

Of course $p^{(t)}(\cdots)$ are random variables on (Ω, μ).

Let's introduce moments

$$m_1(t, x) = \langle p^{(t)}(0, 0, t, x) \rangle$$

$$m_2(t, x_1, x_2) = \langle p^{(t)}(0, 0, t, x_1) p^{(t)}(0, 0, t, x_2) \rangle \tag{1.64}$$

and find the equations for these moments. It's obvious that

$$p^{(t+1)}(0,0,t+1,x) = \sum_{|z-x|=1} p^{(t)}(0,0,t,z)p(t,z,t+1,x) \qquad (1.65)$$

and the first and the second factors are independent. It gives us

$$m_1(t+1,x) = \frac{1}{2d} \sum_{x':|x'-x|=1} m_1(t,x') \qquad (1.66)$$

i.e. the equation of the transition probabilities of symmetrical $r.w.$ in $\mathbf{Z}^d$.

Central limit theorem in local form gives us immediately, for $|x| = 0(\sqrt{t})$

$$m_1(t,x) \underset{t\to\infty}{\sim} C \ \frac{\exp\left(-\dfrac{|x|^2}{2t}\right)}{t^{d/2}}, \quad |x| \equiv t \bmod 2$$

i.e. gaussian asymptotics.

Let's find an equation for the second moment. We have

$$p^{(t+1)}(0,0,t+1,x_1)p^{(t+1)}(0,0,t+1,x_2)$$

$$= \sum_{\substack{z_1:|z_1-x_1|=1 \\ z_2:|z_2-x_2|=1}} p^{(t)}(0,0,t,z_1)p^{(t)}(0,0,t,z_2)$$

$$\cdot p(t,z_1;t+1,x_1)p(t,z_2,t+1,x_2) \qquad (1.67)$$

$$= \sum_{z_1=z_2} \cdots \ + \ \sum_{z_1\neq z_2} \cdots$$

Let's take the mathematical expectation of both parts in (1.67) . If $z_1 \neq z_2$, then $p(t,z_1,t+1,x_1)$ is independent from $p(t,z_2,t+1,x_2)$ and we will obtain

$$m_2(t+1,x_1,x_2) = \sum_{\substack{|z_1-x_1|=1 \\ |z_2-x_2|=1 \\ z_1\neq z_2}} \frac{1}{(2d)^2}m_2(t,z_1,z_2)$$

$$+ \sum_{\substack{z:|z-x_1|=1 \\ |z-x_2|=1}} m_2(t,z,z) \langle p(t,z,t+1,x_1)p(t,z,t+1,x_2)\rangle$$

In the last factor we have two possibilities:
a) $x_1 = x_2 = x$, then

$$\langle p(t,z,t+1,x)\, p(t,z,t+1,x)\rangle =$$

$$= \frac{1}{2d}\left((1-(2d-1)\varepsilon)^2 + \left(\frac{2d-1}{2d}\right)\varepsilon^2\right) =$$

$$= \frac{1}{2d} - \frac{(2d-1)\varepsilon}{d} + o(\varepsilon^2).$$

b) $x_1 \neq x_2$, then

$$\langle p(t, z, t+1, x_1) \, p(t, z, t+1, x_2) \rangle =$$

$$= \frac{2}{2d}(1 - (2d-1)\varepsilon) \cdot \varepsilon + \left(\frac{2d-2}{2d}\right)\varepsilon^2 = \frac{\varepsilon}{d} + o(\varepsilon^2)$$

This means that

$$m_2(t+1, x_1, x_2) = \sum_{\substack{|z_1 - x_1| = 1 \\ |z_2 - x_2| = 1}} m_2(t, z_1, z_2) \, q(z_1, z_2, x_1, x_2) \qquad (1.68)$$

and

$$q(z_1, z_2; x_1, x_2) = \begin{cases} \dfrac{1}{(2d)^2} & z_1 \neq z_2 \\[2ex] \dfrac{1 - 2(2d-1)\varepsilon}{2d} + 0(\varepsilon^2), & \begin{array}{l} z_1 = z_2 \\ x_1 = x_2 \end{array} \\[2ex] \dfrac{2\varepsilon}{2d} + 0(\varepsilon^2), & \begin{array}{l} z_1 = z_2 \\ x_1 \neq x_2 \end{array} \end{cases} \qquad (1.68')$$

Non-random transition probabilities

$$q(z_1, z_2; x_1, x_2); \quad |z_1 - x_1| = 1, \quad |z_2 - x_2| = 1$$

generate a random walk in $\mathbf{Z}^d \times \mathbf{Z}^d$. This random walk is a direct sum of two independent symmetrical random walks $X_t^{(1)}, X_t^{(2)}$ outside the "diagonal" $z_1 = z_2$ and has a new behavior (delay) at diagonal $z_1 = z_2$.

Namely, our $r.w$ for $z_1 = z_2$ will stay in the diagonal with probability

$$1 - 2(2d-1)\varepsilon + 0(\varepsilon^2)$$

and will leave diagonal with probability

$$2(2d-1)\varepsilon + 0(\varepsilon^2).$$

All the points inside diagonal are equivalent, and we have the same situation outside it.

Theorem 1.6. For fixed $\varepsilon > 0$ and $t \to \infty$, uniformly in $x_1, x_2 \in \mathbf{Z}^d$; $|x_1|, |x_2| \leq$ const $\sqrt{t}$

$$m_2(t, x_1, x_2) \sim m_1(t, x_1) m_1(t, x_2) \qquad (1.69)$$

This means that for $|x| \leq$ const $\sqrt{t}$

$$\frac{p(0, 0, t, x)}{m_1(t, x)} \xrightarrow[t \to \infty]{\mu} 1, \qquad (1.69')$$

i.e. the Markov chain X_t, which was introduced in the beginning of the lecture, has homogenization (in the sence of convergence in measure μ). The result of homogenization is a symmetrical random walk on $\mathbf{Z}^d$ (equation (1.66)).

I will not present the complete proof of Theorem 1.6, which is sufficiently technical. I'll only explain the idea of the proof and the probabilistic sense of the construction.

First of all, we have to do Laplace transform of the "parabolic" equation (1.68) in time, i.e. introduce for $|\lambda| < 1$, a generating function (Green function)

$$G_\lambda((x_1, x_2)) = \sum_{n=0}^{\infty} \lambda^n m_2(n, (x_1, x_2))$$

For the function $G_\lambda(x_1, x_2)$ we have an "elliptical" equation

$$\sum_{\substack{|z_1 - x_1| = 1 \\ |z_2 - x_2| = 1}} q(x_1, x_2; z_1, z_2) G_\lambda(z_1, z_2) = \lambda G_\lambda(x_1, x_2) - \delta(x_1)\delta(x_2) \qquad (1.70)$$

It is natural to introduce the new variables

$$x_1^* = \frac{x_1 + x_2}{2}, \quad x_2^* = \frac{x_1 - x_2}{2}, \quad z_1^* = \frac{z_1 + z_2}{2}, \quad z_2^* = \frac{z_1 - z_2}{2}$$

(because the kernel $q(x_1, x_2; z_1, z_2)$ depends on the differences $x_1 - x_2, z_1 - z_2$).

Fourier transform with respect to x_1^* will reduce problem (1.70) to the following one:

$$\sum_{z_2^* \in \mathbf{Z}^d} q^*(z_2^* - x_2^*) G_\lambda^*(z_2^*, \phi_1) + \delta(x_2^*) \sum_{|z|=1} G_\lambda^*(z, \phi_1) r(\varepsilon) + H(\phi_1) G_\lambda^*(x_2^*, \phi_1) =$$

$$= \lambda G_\lambda^*(x_2^*, \phi_1) - \delta(x_2^*) \qquad (1.71)$$

where

$$G_\lambda^*(x_2^*, \phi_1) = \sum_{x_1^* \in \mathbf{Z}^d} G_\lambda^*(x_2^*, x_1^*) e^{i(\phi_1, x_1^*)},$$

$q^*(z_2^* - x_2^*)$ are the transition probabilities of the symmetrical walk in the new coordinates, $H(\phi_1)$ is a Fourier transform of the Laplacian (with respect to x_1^*), $r(\varepsilon)$ are the transition probabilities from the point 0 described by (1.68').

The main term in (1.71) is a potential $\delta(x_2^*)$ with corresponding factor. This term describes the delay in the point $x_2^* = 0$ (i.e. on the diagonal $x_1 = x_2$!).

Equations of the form (1.71) are typical for many problems in the RM theory (see, for example [15], where one can find the full analysis of similar equations). It can be solved explicitly in terms of Fourier transform in x_2^*.

This means that we can reconstruct the Fourier transform of $G_\lambda^*(x_1^*, x_2^*)$ or $G_\lambda(x_1, x_2)$. After this, we have to use the asymptotical information about this Fourier transform

$\hat{G}_\lambda(\phi_1, \phi_2)$ for $\phi_1, \phi_2 \approx 0$ and Tauberian theorems for $\lambda \to 1$. Corresponding analysis is standard for the limit theorems in the theory of random walks (see [71]), but, of course, it is sufficiently cumbersome. Let's give different (probabilistic) interpretation of the same result, which is easy to transform into the rigorous mathematical proof, at least, for $d \geq 3$. Transition probabilities (1.68') generate on $\mathbf{Z}^d \times \mathbf{Z}^d$ the random walk $X_t^{(1)}, X_t^{(2)}$. We have to study

$$p(t, (0,0), (x_1, x_2)) = P\{X_t^{(1)} = x_1, X_t^{(2)} = x_2 | X_0^{(1)} = X_0^{(2)} = 0\} =$$

$$P\{X_t^{(1)} = 0, X_t^{(2)} = 0 | X_0^{(1)} = x_1, X_0^{(2)} = x_2\} = p(t, (x_1, x_2), (0,0))$$

Let's introduce $r.v$ $\tau = \min(t : X_t^{(1)} = X_t^{(2)})$, i.e. first entrance time on the diagonal $\{x_1 = x_2\}$. It $d \geq 3$, this $r.v.$ is equal to ∞ with positive probability, because $X_t^{(1)} - X_t^{(2)}$ is a transient Markov chain. According to the strong Markovian property,

$$p(t, (x_1, x_2), (0,0)) = \sum_{k=1}^n \sum_{z \in \mathbf{Z}^d} f(k, (x_1, x_2), (z, z)) \cdot p(n - k, (z, z), (0,0)),$$

where

$$f(k, (x_1, x_2), (z, z)) = P\{X_\tau^{(1)} = X_\tau^{(2)} = z, \quad \tau = k | X_0^{(1)} = x_1, X_0^{(2)} = x_2\}$$

It is essential that $f(k, (x_1, x_2), (z, z))$ has the same structure for the walk $(X_t^{(1)}, X_t^{(2)}$ and for the symmetrical random walk (see (1.68')). After moment τ, the random walk $(X^{(1)}, X^{(2)})$ can make several cycles, i.e. jump out from the diagonal $(X^{(1)} = X^{(2)})$ and to return to the same diagonal. For the walk $X_t^{(1)} - X_t^{(2)}$, the cycles are related to returns to 0. Symmetrical random walk on $\mathbf{Z}^d \times \mathbf{Z}^d$ has $a.s.$ only a finite number of such cycles on the infinite time interval. Let ν be a corresponding $r.v.$ The only difference between symmetrical random walk and our random walk is the following one: symmetrical random walk leaves the diagonal with probability $1 - \left(\frac{1}{2d}\right)$, but for the process $X^{(1)}, X^{(2)}$ this probability has an order ε (it is the reason of delay on the diagonal, mentioned above).

During one cycle, the random walk spends a random time on the diagonal. This time has a geometrical distribution with the mean of order const (depending on d) in the symmetrical case and order ε^{-1} for the walk $X^{(1)}, X^{(2)}$. Total time on the diagonal is a random sum (ν terms) of independent geometrical $r.v.$ This time has some exponential moment (because ν has this property). This total time T generates some random shift along the diagonal, because the process $X_t^{(1)}, X_t^{(2)}$ (on the diagonal $x_1 = x_2$) is a symmetrical random walk.

Now it is easy to obtain the following result: for $d \geq 3$, on the probabilistic space of the random walk $X^{(1)}, X^{(2)}$ we can define a symmetrical random walk $Y^{(1)}, Y^{(2)}$ in such a way, that

$$|X_t^{(1)} - Y_t^{(1)}| + |X_t^{(2)} - Y_t^{(2)}| \leq Z \tag{1.72}$$

and r.v.Z has the exponential moments. Moreover, for the random variable Z we can use a very simple explicit construction in the terms of $Y^{(1)}, Y^{(2)}$.

But for the symmetrical random walk Theorem 1.6 is an obvious consequence of the local CLT. Using (1.72) we not only can prove Theorem 1.6 for the process $X^{(1)}, X^{(2)}$, but study the remainder term.

In the case of small dimensions ($d = 1, 2$ especially in the case $d = 1$) this approach works only after essential modifications.

Essential remark. Asymptotical equivalence in the Theorem 1.6 is not uniform in ε. The random variable in (1.72) has order $\varepsilon^{-1/2}$, if $\varepsilon \to 0$, and the *scale of homogenization must be essentially bigger than ε^{-1}*. This is clear from the previous considerations. Let's recall them in a slightly different form.

If $X_0^{(1)} = X_0^{(2)} = z$, i.e. $X^{(1)} - X^{(2)} = 0$, then $P\{X_t^{(1)} - X_t^{(2)} = 0, \quad t = 0, 1, \cdots k\} = (1 - 2\varepsilon)^k$, i.e. for $t = o(\varepsilon^{-1})$ there is an essential difference between the symmetrical random walk $Y_t^{(1)}, Y_t^{(2)}$ and the random walk $X_t^{(1)}, X_t^{(2)}$. (This difference is connected with the fact that $X_t^{(1)} - X_t^{(2)} = o(1)$ and $Y_t^{(1)} - Y_t^{(2)} = o(\varepsilon^{-1/2})$).

Physical discussion. We had started with the random walk X_t in the random non-stationary medium (1.62). For small ε, this walk includes a motion along integral lines of the random "velocity field" $n_0(t, x, w_m)$ (see 1.63) and a small diffusion (with "molecular diffusivity" ε) around these lines.

Integral lines are by themselves the trajectories of the symmetrical random walk (on the probabilistic space $(\Omega_m, \mathcal{F}_m, \mu)$). Now it is not surprising that turbulent diffusivity does not depend on ε. Homogenization of the RM is given by the equation (1.66) for the first moment $m_1(t, x)$.

But the molecular diffusivity ε is very important. It defines the time scale of homogenizations, which has an order ε^{-1}. If we consider for fixed ω_m (i.e. "velocity field" $n_0(t, x, \omega_m)$) two independent trajectories $X_t(w, \omega_m)$, $X_t(w', \omega_m)$ and $X_0(w, \omega_m) = X_0(w', \omega_m)$, then on a time interval of order $o(\varepsilon^{-1})$ these two trajectories will coincide.

This is the explanation of a well known physical effect (see [56], [57]): the temperature fluctuations in the ocean (so-called temperature spots) have a very long lifetime. The reason is that the heat conductivity of the water is very small. This does not contradict the large value of the turbulent diffusivity, because this diffusivity includes not only dissipation of the heat energy ("cooling" of the high temperature fluctuation), but the motion of the fluctuations along random drift field $n_0(t, x, \omega_m)$.

Of course, the fluctuation must have the same (or smaller) space scale as the field $n_0(t, x)$.

Continuous theory of this type is more complicated analytically and includes some additional physical effect. This theory has not been realized on a rigorous mathematical level, nevertheless, at the physical level, for the case of a δ-correlated drift field, we understand the situation sufficiently well ([56], [57], [64]).

To understand the difference between stationary RM and non-stationary RM, we'll now briefly discuss the model similar to the central model (1.62), (1.63) of this lecture, but with a time-independent drift.

Let $n_0(x, \omega_m)$ be a system of unit arrows. We'll suppose the existence isotropy:

$$\mu\{n_0(x, \omega) = \pm e_i\} = \frac{1}{2d} \tag{1.73}$$

where e_i, $i = 1, 2, \cdots d$ is a basis of the lattice $\mathbf{Z}^d$, and independence for different $x \in \mathbf{Z}^d$. As earlier, let

$$p(x, z, \omega) = \begin{cases} 0, & |x - z| \neq 0 \\ \varepsilon, & |x - z| = 1, \\ 1 - (2d - 1)\varepsilon, & x - z = n_0(x, \omega) \end{cases} \quad x - z \neq n_0(x) \tag{1.74}$$

be transition probabilities in the *stationary* RM with the "drift" $n_0(x, \omega)$ and small molecular diffusivity ε.

If $d = 1$, it is a Sinai-type model (see lecture 3) and the process of "trapping" is very strong. Here we have no homogenization, pathological properties of the random walk $X_n(w, \omega)$ etc.

I can't prove the homogenization theorem for this model, although homogenization, probably, has place at least for $d \geq 3$. But the turbulent diffusivity must degenerate, if $\varepsilon \to 0$. It is a consequence (at the physical level) of the following pure mathematical fact.

Theorem 1.7. Let $X^{(x)}(t, \omega)$ be a trajectory of the dynamical system generated by random field $n_0(t, x)$ and started from the initial point x, i.e.

$$X^{(x)}(0, \omega) = x$$

$$X^{(x)}(t + 1, \omega) = X^{(x)}(t, \omega) + n_0(X^{(x)}(t, \omega), \omega)$$

Then

$$\mu\{\omega : \sup_t |X^{(x)}(t, \omega) - x| < \infty\} = 1 \tag{1.75}$$

and moreover, for some constant $\rho:\quad 0 < \rho < 1\}$

$$\mu\{\omega \quad \sup_t |X^{(x)}(t) - x| \geq m\} \leq \rho^m \tag{1.75'}$$

Proof is simple. Let $\eta(\omega)$ be the number of bonds of the path $X^{(x)}(t,\omega)$ before the first self-intersection. It is obvious that

$$\mu\{\eta \geq m\} \leq \left(\frac{2d-1}{2d}\right)^m.$$

If $X(\eta,\omega) = X(t_1,\omega), \quad 0 \leq t_1 < \eta$, then the path $X(s,\omega), \quad t_1 \leq s \leq \eta$ is a closed loop and after moment η, trajectory X will be moving periodically along this loop.

We proved Theorem 1.7 with the estimation $\rho = \dfrac{2d-1}{2d}$, but, of course, we can obtain better estimations, using number $N_d(n)$ of the self avoiding paths on the lattice z^d and well known fact that

$$\lim_{n\to\infty} \sqrt[n]{N_d(n)} = c(d)$$

(the so-called coordination number of the lattice $\mathbf{Z}^d$). For the const $c(d)$ we can find in the literature upper and lower estimations with good accuracy (at least, for $d = 2, \quad d = 3$).

In any case

$$\mu\{\eta \geq m\} \leq \left(\frac{c(d)+\delta}{2d}\right)^m$$

for every $\delta > 0$ and $m \geq m_0(\delta)$.

The "velocity field" $n_0(x,\omega)$ can not be a model of incompressible flow. The dynamical system $X(t,\omega)$ has stable states ("traps"). This is a closed loop such that for every point z on this loop and for all directions, except $n_0(x,\omega)$, we have entering arrows. If molecular diffusivity ε is very small, the random walk $X_t(w,\omega)$ generated by transition probabilities (1.73), (1.74) will stay a very long time inside these traps. Nevertheless, for $d \geq 3$ these traps can't be sufficiently large to destroy the homogenization.

Probabilistic analysis of this stationary model (as many others models of this type) is an open problem (see the review at the end of section I).

Conclusion to Ch. I "Homogenization"
(review of the physical literature, remarks,
open mathematical problems).

This part of the lectures corresponds to seminars which I gave in Saint-Flour. Such general discussion will accompany also Chapters II and III.

The fundamental problem in homogenization theory (which is still far enough from the complete solution) is the problem of turbulent diffusivity (which I'll explain again in continuous variant only).

Let

$$\frac{\partial T}{\partial t} = D\triangle T + (\vec{a}, \triangledown)T$$

$$T(0, x) = T_0(x), \quad (t, x) \in (0, \infty) \times R^d$$

(1.76)

be a heat equation with molecular diffusivity D and random drift $\vec{a}$, which can be time-independent (stationary RM) or time-dependent (turbulent RM).

What are the general conditions of homogenization for the equation after standard scaling $x \to \dfrac{x}{\varepsilon}, \quad t \to \dfrac{t}{\varepsilon^2}, \quad \varepsilon \to 0$? What are the conditions guaranteeing, at least, a non-trivial Stokes drift? How can one find or estimate the turbulent diffusivity?

Today we have a more or less full solution of this problem only for $d = 1$ and stationary RM (see lecture 3). But even in this case, there are very interesting open questions.

The continuous version of results obtained in lecture 3 has the following form (for the general Fokker-Plank equation $\dfrac{\partial T}{\partial t} = \dfrac{\partial}{\partial x}\left(\sigma(x, \omega)\dfrac{\partial T}{\partial x}\right) + a(x, \omega)\dfrac{\partial T}{\partial x}$). The answer depends, first of all, on the expectation

$$\alpha_0 = \left\langle \frac{a(x, \omega)}{\sigma(x, \omega)} \right\rangle$$

If $\alpha_0 \neq 0$, we can construct harmonic coordinates and an invariant measure, but under some restriction on the exponential moments of the following type. Let $\alpha_0 < 0$, then for some $\gamma > 0$ we must have an exponential estimation

$$\left\langle \exp \int_0^t \frac{a(s, \omega)}{\sigma(s, \omega)} ds \right\rangle \leq \text{ const } \exp(-\gamma t)$$

(1.77)

(compare hypothesis I in lecture 3). Suppose that this estimation doesn't hold. What can one say about Stokes drift? If we have (1.77), but higher exponential moments (of the order 2 or 3) do not exist, we have a mean drift, but probably no CLT, at least in the standard normalization. If $\alpha_0 = 0$ and the spectral density of the process $\dfrac{a}{\sigma}(x,\omega)$ is non-degenerate at the point $\omega = 0$ (very long waves), we have no homogenization and Lagrangian trajectories have the same behavior as in Sinai's case (see the discussion in lecture 3).

If the spectral density is degenerated at the point $\phi = 0$ (and $\alpha_0 = 0$) we have homogenization, but *again under some conditions on the exponential moments*. More precisely, in this case process $\dfrac{a}{\sigma}$ must have the form: $\dfrac{a}{\sigma}(x,\omega) = \dfrac{d\Phi(x,\omega)}{dx}$, where $\Phi(x,\omega)$ is a new homogeneous process (potential). Homogenization is related with exponential moments of the process Φ.

I am sure that in both cases ($\alpha_0 \neq 0$, $\alpha_0 = 0$) we can obtain non-trivial limit theorems, if only the conditions on the exponential moments fail. Probably, the problem of homogenization for the equation $\dfrac{\partial T}{\partial t} = D\dfrac{\partial^2 T}{\partial x^2} + \delta a(x,\omega)\dfrac{\partial T}{\partial x}$ has bifurcations with respect to parameter δ for many natural drift coefficients $a(x,\omega)$.

We'll finish our deviation from the main line by the following lattice one-dimensional example (M. Rost), which can be studied in all details. We analyzed this model with my student L. Bogachev, but the corresponding publication still isn't ready.

Let $\{x_n, \quad n = 0,\pm 1, \cdots\}$ be a homogeneous renewal process on the lattice $\mathbf{Z}^1$, i.e. differences $x_{n+1} - x_n = \Delta_n$ are i.i.d. positive r.v. Random transition probabilities (to the nearest neighbor points) are given by the formula

$$\begin{aligned} p(x, x+1, \omega) &= 1, \quad x \in \{x_n\} \\ p(x, x-1, \omega) &= 0 \end{aligned} \tag{1.78}$$

$$\begin{aligned} p(x, x+1, \omega) &= p, \quad x \notin \{x_n\} \\ p(x, x-1, \omega) &= q \\ p, q &> 0, \quad p + q = 1 \end{aligned} \tag{1.79}$$

The corresponding random walk X_t has a positive drift in the sense, that $\mu - a.s$

$$p^\omega\{X_t \xrightarrow{t\to\infty} +\infty\} = 1.$$

In physical language, this model describes so-called "gate conductivity" for one-dimensional semi-conductors.

Random walk X_t has (if $p < q$) drift in the negative direction between "gates" and, as result the transition from the point x_n to the point x_{n+1} can be extremely long. I am going to formulate only the final result.

1.   If $r.v.\{\Delta_n\}$ have exponential moments of any order, i.e. characteristic function $\phi(\lambda) = \langle \exp i\lambda\Delta_n\rangle$ is entire, then the random walk X_t has $\mu - a.s$ non-trivial Stokes drift $a_0 = \lim\limits_{t\to\infty} \dfrac{X_t}{t}$ ($p^\omega - a.e$) and non-trivial gaussian limit distribution with diffusivity B_0. Both these parameters are analytical functions of p, $\quad 0 < p < 1$.

2.   If the random variables $\{\triangle_n\}$ have a distribution with exponential tails, the model has bifurcation with respect to parameter p. There exists $P_r < \frac{1}{2}$, such that for $p > P_r$ we have the situation of the previous item. But if $p < P_r$ (i.e. left drift between "gates" $\{x_n\}$ is strong enough), the behavior of X_t is absolutely different: the Stokes drift $a_0 \equiv 0$ and the limit distribution isn't a gaussian one.

3.   If $\{\triangle_n\}$ have no exponential moments and $p < 1/2$, the situation is similar to the second part of the previous item.

4.   Of course, if $p > \frac{1}{2}$ we have the CLT under very weak conditions on the r.v.$\triangle_n$.

Now we will return to the main line: the multidimensional problem of turbulent diffusivity. Physical literature in this area is boundless, see, for example, the recent review [36], which contains the full bibliography. My opinion is that many of the physical "results" about turbulent transport, based very often on the computer experiments, are not correct (not only mathematically, but physically too!).

Mathematical progress in this problem is connected with the series of papers by A. Majda and M. Avellaneda [8], [9] which had studied in details one of the models of this type: so-called random shear flow. In this case,

$$d = 2, \quad \vec{a}(t,x,\omega) = (0, \quad h(t,x_1,\omega))$$

and $h(t,x,\omega)$ is a gaussian process with zero mean and realistic time-space energy spectrum (Kolmogorv's spectrum). Of course, this flow is an incompressible one: div $\vec{a} = 0$.

In addition, Majda and Avellaneda [8] had proved the existence of homogenization for the general *incompressible* drift $\vec{a}$ under very weak moments conditions. This results contains previous results of S. Kozlov [42] and Varadhan and Papanicolaou [73].

If the condition div $\vec{a} = 0$ doesn't hold, our knowledge is very restricted. I'll try to describe the physical scenario based on the numerical experiments and fragmentary mathematical results.

In the non-stationary case $\vec{a} = \vec{a}(t,x,\omega)$ for the fast decreasing time and space mixing coefficients, homogenization must be a generic case without any additional restrictions (of the type div $\vec{a} = 0$, curl $\vec{a} = 0$ etc). I don't know general results of this type (for $d \geq 2$).

In the stationary case the worst situation, probably, is the potential flows:

$$\vec{a}(x,\omega) = \text{ grad } A(x,\omega)$$

where scalar potential A is just a process with a stationary (homogeneous) increments.

If the potential $A(x,\omega)$ is homogeneous by itself, the situation is simpler. In this case, the function $\pi(x,\omega) = \exp A(x)$ will be (after normalization) the invariant measure for our random process. Of course, this requires the integrability of $\exp A(x)$ (as in lecture 3 for $d = 1$). Existence of the invariant measure guarantees the existence of the Stokes drift. For the lattice analogy of this case, S. Kozlov proved [42] the CLT (i.e. constructed harmonic coordinates). However, I would like to emphasize that in general potential case, the process $A(x,\omega)$ need not be a homogeneous one. Local maxima (peaks) of the potential A are generating "traps" for the flow $\vec{a} = \text{grad } A$. If this "traps" are large enough, they can produce effects, similar to one-dimensional Sinai's model.

It is not difficult to construct examples of this type, even for homogeneous Poisson type potentials (shot noise)

$$A(x) = \sum \phi \left(\frac{x - x_i}{\theta_i} \right)$$

where ϕ is an elementary fast decreasing non-negative potential, $\{x_i\}$ is a point Poisson set and $\{\theta_i\}$ are the scaling factors.

I am sure that for the potential of this type we can observe even a bifurcation with respect to the parameter of disorder δ in the parabolic equation

$$\frac{\partial T}{\partial t} = D\triangle T + \delta(\text{grad } A, \bigtriangledown T).$$

I have to note that the potential flows are essential for some astrophysical applications. They describe the hydrodynamics of the so-called "self-gravitating" media and are closely related with the three dimensional Bürger equation (see the recent mathematical article [4], where it's possible to find physical references).

Thus, the situation with homogenization isn't clear for the general potential case or for the flows which are the sum of incompressible and potential components. But in any case, $if \ div \ \vec{a} = 0$ (i.e. for real liquids) $the \ fact \ of \ homogenization \ is \ known$ for all physically interesting currents (gaussian, shot noise type and so forth).

Suppose, that $\langle \vec{a} \rangle = 0$, then $a_0 = 0$, i.e. we have no mean drift. What can one say about the turbulent diffusivity $B_0 = B_0(D)$, at least for $D \to 0$? The last case is especially interesting in applications to oceanography.

According to the physical literature, the two cases $d = 2$ and $d \geq 3$ are essentially different. If $d = 2$, the incompressible flow has a scalar "potential", which called a stream function:

$$\vec{a}(x,\omega) = \text{curl } \psi(x,\omega) = \left(-\frac{\partial \psi}{\partial x_2}, \frac{\partial \psi}{\partial x_1} \right) \tag{1.80}$$

For small D the integral lines of the flow $\vec{a}$ i.e. the solutions of ODE will give the main contribution to the turbulent diffusivity.

$$\dot{x}_t = \vec{a}(x_t,\omega), \quad x|_{t=0} = x_0 \tag{1.81}$$

For smooth $\vec{a}$ with non-degenerated distribution for a.e x_0 these lines will be locally simple curves. Branching of these lines occurs only for critical points of the stream function ψ.

It obvious that these lines will be the level lines of the function ψ, i.e. within parametrization, Lagrangian path (1.81) is given by equation

$$\psi(x_t,\omega) = \psi(x_0,\omega) = h$$

There is just a countable set of levels h for which the corresponding level lines have self-intersection branching. The last statement holds, for example, for a gaussian (non degenerated) function $\psi(x,\omega)$, for shot noise stream functions etc.

Physicists expect, that in "typical situations"

1. For arbitrary $h \in R^1$ level lines $L_n = \{x : \psi(x,\omega) = h\}$ have just bounded connected components (which are simple for a.e $h \in R^1$).

2. It's possible to introduce the distribution of the "typical" component or some functionals of these components.

For example, let N_r be a number of the connected components in the circle $|x| \le R$ and $l_1, l_2, \cdots, l_r$ are their lengths. The following limit exists

$$F_h(x) = \lim_{R \to \infty} \frac{\#\{l_i \le x\}}{N(R)}$$

and we can call this limit the distribution function for the length of the typical connected component of the level line L_h.

The area of typical connected component, its diameter and so forth have a similar meaning.

3. There exists a critical level h_{cr}, such that for $h \ne h_{cr}$ and some $z = z(h) > 0$

$$\int_0^\infty e^{zx} dF_h(x) < \infty$$

(i.e. length of the typical connected component has an exponential moment). For $h = h_{cr}$ the tail of distribution $F_h(x)$ is decreasing slowly, i.e., for example,

$$\int_0^\infty x dF_{h_{cr}}(x) = +\infty$$

The distribution of the area or diameter of the typical component have similar properties.

4. Level lines have a "scaling behavior" if $h \to h_{cr}$. For example

$$m_1(h) = \int_0^\infty h dF_h(x) \sim \frac{c}{|h - h_{cr}|^\alpha}.$$

Of course, all these hypotheses have prototypes in classical percolation theory on the lattice $\mathbf{Z}^2$ (bond or site problems), see [38].

This complex of assumptions predicts (on physical level of considerations), that

$$B_0(D) \sim_{D \to 0} \text{const } D^\gamma, 1 > \gamma > 0$$

(see discussion in [36]). The critical exponent γ depends on the critical indices of the percolation problem for level lines and $h \to h_{cr}$.

I don't know when conditions 1-4 hold, but I know that there are many models in R^2 (or $\mathbf{Z}^2$), which are natural physically (smooth realization of the field $\psi(x,\omega)$, fast decreasing of the correlations ect.), however the conditions 1-4 are false for these models.

We (with K. Alexander) recently constructed [5] a series of examples, where, for the level lines on R^2, we can have all the spectrum of possibilities: uniformly bounded components, unbounded components for $|h| \le h_1$, models with unbounded statistical moments for $|h| \le h_{cr}$ (i.e. instead of one critical point h_{cr} we have in this case critical strip and so forth). I'll now explain the idea of the last construction for the simplest variant.

Let $\mathbf{Z}_\triangle^2$ be a perfect triangle lattice on the plane R^2 and let $\phi(r)$, $r \ge 0$ be a smooth decreasing function with finite support $[0, 1/2 + \varepsilon]$. Here $1/2$ is a half of the scale of our lattice and ε is sufficiently small. If $\{\varepsilon_n\}$, $n \in \mathbf{Z}_\triangle^2$ are $i.i.d.r.v$, $p\{\varepsilon_n = 1\} = p\{\varepsilon_n = -1\} = 1/2$, we can define a smooth random field $\psi(x,\omega)$, $x \in R^2$ by the formula

$$\psi(x,\omega) = \sum_{n \in \mathbf{Z}_\triangle^2} \varepsilon_n \phi(|x - n|)$$

For small ε the supports of the different elementary potentials $\phi(|x - n|)$ have only pair-wise intersections. If n, $n' \in \mathbf{Z}_\triangle^2$, $|n - n'| = 1$ are two neighbors and

$\varepsilon_n = \varepsilon_{n'} = 1$, the field $\psi(x, \omega)$ has a saddle point for $x = \dfrac{n + n'}{2}$ and the height of this point is $h_{cr} = 2\phi\left(\dfrac{1}{2}\right)$. If $\varepsilon_n = \varepsilon_{n'} = -1$, the field has a negative saddle-point and for $\varepsilon_n \cdot \varepsilon_{n'} = -1$ it has a zero-line, which intersects the line $[n, n']$.

As the bond percolation problem for triangle lattice has critical probability exactly equal to $1/2$ and because there are no saddle-points with height inside interval $(0, h_{cr})$ we can prove easily that for $|h| < h_{cr} = 2\phi(1/2)$, the connected components of the level line $L_n = \{x : \quad \psi(x, \omega) = h\}$ have the same structure as the connected components of the bond problem on $\mathbf{Z}_\triangle^2$ with critical probability $p = p_{cr} = 1/2$.

I assume, that results of [5] contradict with the "universal" picture of [36]. For $d = 2$, structure of turbulent diffusivity $B_0(D)$ can be, probably, essentially different for the different "physical" models, even in the simplest case of gaussian or shot noise flows $\vec{a}(x, \omega)$.

Anyway, this subject is very interesting and can be basis of the further interesting theory.

In the multidimensional case $d \geq 3$, we have no mathematical results. The standard physical idea (R. Sagdejev's hypothesis) is the following one.

If div $\vec{a}(x, \omega) = 0$, $\quad d \geq 3$, then Lagrangian trajectories x_t : $\quad \dot{x}_t = \vec{a}(x_t, \omega)$ can be divided into two classes: stable (i.e. bounded), which corresponds to the "islands of stability" for the dynamical system $\dot{x} = \vec{a}(x, \omega)$ and unstable, which have diffusion behavior for $t \to \infty$. If this is true, the turbulent diffusivity $B_0(D)$ must have non-degenerate limit $B_0^+ = \lim\limits_{D \to 0} B_0(D) > 0$. Unfortunately, we don't even have examples supporting this "statement". This problem is very complicated; its lattice version is more or less equivalent to the problem of the asymptotical behavior of the self-avoiding random walks on the lattice $\mathbf{Z}^d$, $\quad d \geq 3$.

In the conclusion, I have to note once again that the problem of the molecular diffusivity $B_0(D)$ for small D (in both cases: stationary and non-stationary RM) and gaussian or shot noise flows $\vec{a}$ with div $\vec{a} = 0$ is a real challenge for mathematicians. After the papers of Majda and Avellaneda we can expect that it is an area where mathematicians can generate real progress in classical statistical hydrodynamics.

Chapter II Localization

Lecture 5. The general introduction

In this chapter we'll mainly study the spectral theory of the lattice Schrödinger equation with a random potential. At the beginning we will introduce some notions and definitions.

Let Γ be a countable graph with a bounded number of neighbors for every point $x \in \Gamma$ (i.e. bounded index of branching). Typical examples are: lattices $\mathbf{Z}^d$ (index of branching equal to $2d$), groups with the finite number of generators, homogeneous (Bethe) tree (every point has $(d+1)$ neighbors: d in the "future" and 1 in the "past").

Let $L_2(\Gamma)$ is a space of the square-integrable functions $f(x) : \Gamma \to C$ with a standard dot product and norm

$$(f, g) = \sum_{x \in \Gamma} f(x)\bar{g}(x), \quad \|f\|^2 = \sum_{x \in \Gamma} |f(x)|^2. \tag{2.1}$$

If $d(x, y)$ is an obvious metric on Γ (the minimal number of edges in the class of paths $\gamma : x \to y$) the volume of the ball, centered point $x_0 \in \Gamma$, can not increases faster than an exponential:

$$|B_R(x_0)| = |\{x : d(x, x_0) \le R| \le N^{R+1},$$

where N is a bound for the index of branching.

The Laplacian in the space $L_2(\Gamma)$ is given by a standard formula

$$\triangle f(x) = \sum_{x':d(x,x')=1} f(x') \tag{2.2}$$

and, of course,

$$\|\triangle\| = \sup_{f:\|f\|=1} \|\triangle f\| \le N, \tag{2.2'}$$

i.e. $\triangle$ (lattice Laplacian!) is a bounded operator.

The Schrödinger operator (Hamiltonian) has form

$$H = \triangle + \sigma V(x) \tag{2.3}$$

where $V(x)$ (potential) is an arbitrary function (multiplication operator) and σ is a coupling parameter. In the sequel the potential V will be a random one, $V = V(x, \omega)$, $\omega \in (\Omega_m, \mathcal{F}, \mu)$.

The Hamiltonian H (for arbitrary V, which is a difference between lattice and continuous cases) is symmetrical

$$(Hf_1, f_2) = (f_1, Hf_2), \quad f_1, f_2 \in D(H)$$

and essentially self ajoint (see the detail in the monographs [2], [14], [49], [67]). This means that operator H has an unique spectral decomposition

$$H = \int \lambda E(d\lambda), \tag{2.4}$$

where $E(d\lambda)$ is the resolution of the identity corresponding to the Schrödinger operator H. For given $f \in L_2(\Gamma)$ we can introduce the spectral measure of the element f :

$$\nu_f(d\lambda) = (E(d\lambda)f, f).$$

If $\|f\| = 1$, the measure ν_f is probabilistic.

Element f_0 has a maximal spectral type, if for arbitrary $f \in L_2(\Gamma)$ the measure $\nu_f(d\lambda)$ is absolutely continuous with respect to $\nu_{f_0}(d\lambda)$. In many different senses the "majority" of the elements have a maximal spectral type.

The spectrum $\sum(H)$ of H (as a set) has many equivalent definitions. It is :

1. The set of energies E such, that resolvent operator $(H - E)^{-1}$ is not bounded (this set is closed, its complimentary set $R^1 \setminus \sum(H)$ has the property that the operator $(H - E)^{-1}$ is bounded and gives a one-to-one mapping $L_2(\Gamma) \rightarrow L_2(\Gamma)$.

2. $\sum(H)$ is the support of the maximal spectral type, i.e. the minimal closed set which supports a measure $\nu_{f_0}(d\lambda)$.

3. Spectrum $\sum(H)$ can be divided into two parts: the discrete spectrum $\sum_d$ i.e. the set of isolated points and the essential spectrum $\sum_e = \sum \setminus \sum_d$ (a closed set without isolated points).

Of course, for every $E \in \sum_d$ we can construct at least one eigenfunction $\psi_E(x) \in L_2(\Gamma)$: $\quad H\psi = E\psi$.

4. More detailed classification of the spectrum depends on the properties of the maximal spectral type. The spectral measure $\nu_{f_0}(d\lambda)$ can be decomposed into three parts:

$$\nu_{f_0}(d\lambda) = \nu_{ac}(d\lambda) + \nu_{sc}(d\lambda) + \nu_{pp}(d\lambda) \tag{2.5}$$

(absolutely continuous spectrum, singular continuous spectrum, pure point spectrum). By the definition, operator H has a p.p. spectrum $(\sum(H) = \sum_{pp}(H))$ if $\nu_{ac} = \nu_{sc} = 0$, has singular spectrum, if $\nu_{ac} = 0$ etc.

As is easy to see, $\sum(H) = \sum_{pp}(H)$ if there exists a complete orthonormal system of eigenfunctions $\psi_{E_i}(x)$: $\quad H\psi_{E_i} = E_i\psi_{E_i}, \quad i = 1, 2, \cdots$

Of course $\sum_d \subset \sum_{pp}$, but usually in localization theory $\sum_d = \phi$ and $\sum_e = \{\bar{E}_i\}$. This means that the eigenvalues $\{E_i\}$ are dense inside the essential spectrum $\sum_e(H)$ which is very often a closed interval $[E_{\min}, E_{\max}] = \sum_e(H) = \sum(H)$.

How can we find $\sum(H), \sum_e(H)$? How can we prove that, for example, $\sum(H) = \sum_{ac}(H)$ or $\sum(H) = \sum_{pp}(H)$? General theory gives some (very poor) information of this type, but for the random operators there exist specific methods.

Proposition 2.1. An energy $E \in \sum_e$ if we can construct a family of orthogonal "almost eignenfunctions", i.e.

$$\exists \{f_n \in L_2(\Gamma): \quad \|f_n\| = 1, \quad (f_n, f_m) = \delta_{m,n},$$

$$\|Hf_n - Ef_n\| \to 0, \quad n \to \infty\}. \tag{2.6}$$

Corollary 2.1. Let $\Gamma = \mathbf{Z}^d$, $d \geq 1$ and $v(x) = v(x,\omega)$ be *i.i.d.r.v.* It follows from the general (and elementary) theory that $\sum H(\omega)$ does not depend on $\omega \in \Omega_m$, $\mu - a.s$ (L. Pastur, [49], see also [14]) and we can write $\sum H(\omega) = \sum(H)$ (This fact holds not only for *i.i.d.r.v*, but for arbitrary ergodic homogeneous potential $V(x,\omega)$). But in the special case of *i.i.d.r.v.*, which is known as an *Anderson model [6], [60]* this *spectrum can be calculated explicitly:*

$$\sum(H) = \operatorname{Supp} P_v \oplus [-2d, 2d] \quad (\mu - a.s). \tag{2.7}$$

Here $P_v(d\lambda) = \mu\{V(x,\omega) \in (\lambda, \lambda + d\lambda)\}$ is the distribution of the potential at a given point $x \in \mathbf{Z}^d$, Supp P_v is the support of this distribution and $\oplus$ is a sign for the algebraic sum of two sets. Formula (2.7) is our Corollary 2.1.

The proof of (2.7) is based on Proposition (2.1) and is a simple one. First of all, for arbitrary operator of multiplication $V : f \to V(x)f(x)$ we have

$$\sum(V) = \overline{\{V(x), \quad x \in \mathbf{Z}^d\}}. \tag{2.8}$$

Using the ergodic theorem (or the law of the large numbers) we can check that in our case

$$\sum(V(\omega)) = \operatorname{Supp} P_v \quad (\mu - a.s).$$

But inequality $\|\Delta\| \leq 2d$ and the elementary facts of the general spectral analysis give us, that

$$\sum(H(\omega)) = \sum(\Delta + V(x,\omega)) \subset \operatorname{Supp} P_v \oplus [-2d, 2d]$$

Now, suppose that $E \in \operatorname{Supp} P_v \oplus [-2d, 2d]$. Of course,

$$E = a + b, \quad a \in \operatorname{Supp} P_v, \quad b \in [-2d, 2d].$$

It follows from the Borel-Cantelli lemma that $\mu - a.s$ we can find a system of non-intersected balls $B_n = \{x : |x - x_n| \leq R_n\}$ such that

1. $x_n \to \infty$, $R_n \to \infty$, $n = 1, 2, \cdots$.

2. $B_n B_m = \phi, \quad n \neq m.$

3. $\sup |V(x,\omega) - a| \xrightarrow{n \to \infty} 0, \quad x \in B_n$

Because $b \in [-2d, 2d]$, we can find parameters $\phi_1, \cdots, \phi_d \in S^1 = [-\pi, \pi]$ for which

$$b = 2 \sum_{i=1}^d \cos \phi_i,$$

i.e. b is a generalized eigenvalue of the operator Δ and the corresponding generalized eigenfunction has form

$$\psi_b(x) = \exp(i(\vec{\phi}, \vec{x})). \tag{2.9}$$

This means that $\Delta \psi_b(x) = b\psi_b(x)$. Now we can construct the "almost eigenfunctions" of the random Hamiltonian $H(\omega) = \Delta + V(x, \omega)$ in the following form:

$$f_n(x) = \exp\{i(\phi, x)\} \cdot I_{B_n} \cdot |B_n|^{-1/2}.$$

Using (2.6), we can easily check, that
$$\|Hf_n - Ef_n\| \to 0 \ (P - a.s), \text{ i.e. } E \in \Sigma_e(H).$$
We have proved the formula (2.7).

Proposition 2.2 For an arbitrary graph Γ the Schrödinger operator $H = \Delta + v(x)$ has a discrete spectrum (i.e. $\Sigma(H) = \Sigma_d(H)$) iff

$$v(x) \to \infty, \quad x \to \infty.$$

I'll give the proof of this proposition, because it isn't simple to find it in the literature. In the continuous case the situation isn't so obvious.

At the beginning, suppose that $v(x) \to \infty, \quad x \to \infty$. Then for every given energy interval $\Delta = [\alpha, \beta]$ and its neighborhood $\mathring{\Delta} = [\alpha - 2d - 1, \beta + 2d + 1]$ there exists only a finite set Γ of points $x : v(x) \in \mathring{\Delta}$. Let $\tilde{H} = \Delta + \tilde{v}(x)$, and $\tilde{v}(x) = v(x), \quad x \notin \Gamma, \quad \tilde{v}(x) = \text{const} \notin \mathring{\Delta}$, if $x \in \Gamma$. The resolvent of the operator $\tilde{v}$ is analytical inside $\mathring{\Delta}$ and, as a result, the resolvent of H is analytical inside Δ (because $\|\Delta\| = 2d$).

This means that the operator $\tilde{H}$ has no eigenvalues (or spectrum) inside the interval Δ. But the difference $\tilde{H} - H$ is an operator of finite rank, i.e. H has (in the same interval Δ) not more than finite number of eigen values.. We have proved that $\Sigma = \Sigma_d$.

Inverse statement. If the potential $v(x)$ does not tend to infinity, we can find a constant $C > 0$ and a sequence of points $x_n \to \infty$ such that

$$|V(x_n)| \leq c, \quad |x_n - x_m| > 1, n \neq m$$

On the linear span $L = \{\sum_n a_n \delta_{x_n}\}$ the quadratic form $(H\Psi, H\Psi) = (H^2\Psi, \Psi)$ is bounded. Indeed, simple calculations show that if $\Psi = \sum_n a_n \delta_{x_n}$ and $\sum_n |a_n|^2 = 1$ then

$$(H\Psi, H\Psi) \leq 2N + C^2.$$

Courant"s variational principle gives immediately that the interval $[0, 2N + C^2]$ contains "infinitely many eigenvalues of H^2, or more perciously, non-empty essential spectrum of H^2. But this last fact contradicts the discretness of the spectrum of H (or H^2).

Example 2.1. Consider (following [30]) the random Schrödinger operator on $\mathbf{Z}^d$, $d \geq 1$ with a strongly oscillating potential

$$H(\omega) = \triangle + |x|^\alpha v(x, \omega), \quad \alpha > 0, \tag{2.10}$$

where $v(x, \omega)$ are $i.i.d.r.v.$, uniformly distributed on $[0,1]$ (more general distributions can be considered, using the same method).

Proposition 2.3. (see [30]) 1. Operator $H(\omega)$ has $\mu - a.s$ discrete spectrum if $\alpha > d$.
2. If $\dfrac{d}{k+1} < \alpha \leq \dfrac{d}{k}$, $k = 1, 2, \cdots$, then $\Sigma_e = [c(k), +\infty)$, $\mu\{\Sigma_d \neq \phi\} > 0$, but Σ_d can have only one limit point $E_\ell = c(k)$. For the const $c(k)$, $-2d < c(k)$ and we can give (see below) some combinatorial expression, $c(k) \to -2d$, $k \to \infty$.

The proof of the first part of the proposition is based on the general criterion, Proposition 2.2. Consider the system of the events $B_x^c = \{\omega : |x|^\alpha v(x, \omega) < c\}$, $x \neq 0$ where $c > 0$ is a const. Of course

$$\mu\{B_x^c\} = \frac{c}{|x|^\alpha}$$

and the Borel-Cantelli lemmas (we can use both of them, because events B_x^c are independent for different $x \in \mathbf{Z}^d$) give us immediately that for $\alpha > d$ $(\mu - a.s.)$ $v(x) \to \infty$ and for $\alpha \leq d$ the set $\{v(x, \omega)\}$ has non-trivial limit points, i.e. $\Sigma_e \neq \phi$.

Second part. Suppose, that $\dfrac{d}{k+1} < \alpha \leq \dfrac{d}{k}$, $k = 1, 2, \cdots$. Let A_k be the set of all connected sets (of k points) in $\mathbf{Z}^d$, for which the minimal point (in the sense of lexicographic order) coincides with $0 \in \mathbf{Z}^d$. This set (the set of so-called k-animals) is finite. Let's introduce the events

$$B_a^{\varepsilon, c}(x) = \{\omega : V(y)|y|^\alpha \in [c, c+\varepsilon], y \in x+a\},$$

for fixed const $c > 0$, $\varepsilon > 0$ and "animal" $a \in A_k$. It is easy to see, that

$$\mu\{B_a^{\varepsilon, c}(x)\} \sim \frac{\text{const }(\varepsilon)}{|x|^{k\alpha}}, \quad |x| \to \infty$$

and the first Borel-Cantelli lemma together with the fact that ε is arbitrarily small, shows that $\mu - a.s.$ there exists a sequence $\{x_n(\omega)\}$, $x_n \to \infty$, such that

$$v(y) - c \to 0, \quad y \in x_n + a$$

If $E_a, f_a(x)$ are the minimal eigenvalue and corresponding eigenfunction of the problem

$$\triangle f = Ef, \qquad x \in a$$

$$f(x) = 0, \qquad x \in a$$

and $f_a^{(n)}(x) = f_a(x - x_n)$, then (using proposition 2.1) we can prove the following fact: for arbitrary $c > 0$ and $a \in A_k$

$$c + E_a \in \sum_e (H(\omega)), \quad \mu - a.s.$$

This means that

$$\sum_e (H(\omega)) \subseteq [c(k)\infty),$$

where

$$c(k) = \min_{a \in A(k)} E_a. \tag{2.11}$$

We will not finish the proof of the second statement $(\sum_e(H(\omega)) \supseteq [c(k), \infty))$ but note only that the second Borel-Cantelli lemma shows $(\mu - a.s)$ that the "walls" around our k-animals $x_n + a$ must tend to ∞, if $x_n \to \infty$. See in [30] technical details of the proof, together with asymptotical analysis of the const $c(k)$, defined by formula (2.11). The most important result of [30] is the statement that the spectrum of the operator (2.10) is $p.p.$ (for all $\alpha > 0$). We'll obtain this result later as a consequence of the general localization theorem.

We used earlier only the so-called direct methods of spectral analysis (test functions, the variational approach and so forth). But more deep analysis is based on the study of the resolvent $R_E = (H - E)^{-1}$ in the complex domain $Im E \neq 0$.

In this case the resolvent is a bounded operator and corresponding kernel (Green function) $R_E(x, y)$, $x, y \in \Gamma$ is symmetrical : $R_E(x, y) = R_E(y, x)$. As a function of x, the Green kernel is the solution of the equation

$$\triangle R_E(x, y) + v(x) R_E(x, y) - E R_E(x, y) = \delta_y(x) \tag{2.12}$$

and (again in the case $Im E \neq 0$)

$$\sum_{x \in \Gamma} |R_E(x, y)|^2 = ||R_E(\cdot, y)||^2 \leq$$

$$||R_E - I||^2 \cdot ||\delta_y(\cdot)||^2 \leq \frac{1}{|Im E|^2}.$$

It's easy to give an "exact" formula for $R_E(x, y)$, at last for $|ImE| \gg 1$. This is the so-called cluster (or path) expansion. We can get this formula either by the iteration of the relation

$$R_E(x, y) = \frac{\sum\limits_{d(x', x)=1} R_E(x', y)}{E - v(x)} - \frac{\delta_y(x)}{E - v(x)}$$

or by direct substitution into equation (2.12) of

$$R_E(x, y) = \sum_{\gamma: x \to y} \left(\prod_{z \in \gamma} \left(\frac{1}{E - v(z)} \right) \right), \quad x \neq y$$

$$R_E(y, y) = -\frac{1}{E - v(y)} + \sum_{\gamma: y \to y} \left(\prod_{z \in \gamma} \left(\frac{1}{E - v(z)} \right) \right).$$

(2.13)

Here $\gamma : x \to y$ is an arbitrary path from x to y, i.e. sequence

$$z_0 = x, \quad z_1, z_2, \cdots, \quad z_n = y$$

$$d(z_i, z_{i+1}) = 1, \quad i = 0, 1, \cdots, n-1$$

$$|\gamma| = n.$$

(2.13')

Because $\left| \prod\limits_{z \in \gamma} \frac{1}{(E - v(z))} \right| \leq \left(\frac{1}{|ImE|} \right)^{|\gamma|+1}$ and $\#\{\gamma : |\gamma| = n\} \leq N^n$ the series (2.13) are absolutely convergent if $|ImE| > N$. For all $E : ImE > 0$, we have to use analytic continuation with respect to the complex argument E (x and y are fixed).

We will use the expansion (2.13) and some of its generalizations in lecture 7. The resolvent kernel is a very complicated functional of all values $v(x)$, $x \in \Gamma$ of our potential, nevertheless this dependence has a special form.

Proposition 2.4. (Rank 1 perturbation formula or Krein formulas).

Let $\tilde{H}_a$ be an operator

$$\tilde{H}_a = \Delta + \tilde{V}_a(x),$$

(2.14)

where

$$\tilde{V}_a(x) = \begin{cases} V(x), & x \neq a \\ 0, & x = a, \end{cases}$$

and $\tilde{R}_{E,a}(x, y) = \left((\tilde{H}_a - E)^{-1} \delta_y, \delta_x \right)$ is the corresponding resolvent kernel. Then

$$R_E(x, y) = \tilde{R}_{E,a}(x, y) - \frac{(V(a) - E)\tilde{R}_{E,a}(x, a)\tilde{R}_{E,a}(a, y)}{1 + (V(a) - E)\tilde{R}_{E,a}(a, a)}.$$

(2.15)

The proof is based on the calculations, which make sense for $ImE \neq 0$.

Equation

$$(H - E)R_E(x, y) = \delta_y(x)$$

can be represented in the form

$$(\tilde{H}_a - E)R_E(x, y) = \delta_y(x) - \delta_a(x)(V(a) - E)R_E(a, y)$$

i.e.

$$R_E(x, y) = \tilde{R}_{E,a}(x, y) - (V(a) - E)R_E(a, y)\tilde{R}_{E,a}(x, a).$$

For $x = a$ we'll obtain

$$R_E(a, y) = \frac{\tilde{R}_E(a, y)}{1 + (V(a) - E)\tilde{R}_E(a, a)}.$$

Now (returning to the previous formula)

$$R_E(x, y) = \tilde{R}_{E,a}(x, y) - \frac{(V(a) - E)\tilde{R}_{E,a}(x, a)\tilde{R}_{E,a}(a, y)}{1 + (V(a) - E)\tilde{R}_{E,a}(a, a)}.$$

In the special case, $a = x$ this formula is especially simple:

$$R_E(x, y) = \frac{\tilde{R}_{E,x}(x, y)}{1 + (V(x) - E)\tilde{R}_{E,x}(x, x)}. \tag{2.15'}$$

At last, for $y = a = x$ we have

$$R_E(x, x) = \frac{1}{V(x) - E + \tilde{R}_{E,x}^{-1}(x, x)}. \tag{2.15''}$$

Formula (2.15") is the basis of Wegners estimation for the density of states [74], which played a critical role in the original and fundamental papers on localization theory [27], [21] (for additional references see [14]).

Formula (2.15') or the similar perturbation considerations is the basis of Simon-Wolff theorem [69]. In our recent paper with M. Aizenman [2] all the rank-one (sometimes rank-two) perturbation formulas; (2.15), (2.15'), (2.15"), together with Simon-Wolff theorem [69], are again a central element of the construction.

Formula (2.15) show that

$$R_E(x, y) = \frac{\alpha V(a, \omega) + \beta}{\gamma V(a, \omega) + \delta} \tag{2.16}$$

where functions $\alpha, \beta, \gamma, \delta$ depend on $\tilde{V}_a(x)$, i.e. do not depend of $V(a)$ (for fixed a, x, y). This fractional-linear dependence of $R_E(x, y)$ on every given value $V(a)$ of the potential is very important (see following lecture 6).

The especial role of the resolvent in the spectral analysis is related to the following fact: if $E \notin \Sigma(H)$

$$R_E(x, y) = \int_{\Sigma(H)} \frac{(dE(\lambda)\delta_x, \delta_y)}{\lambda - E}, \tag{2.17}$$

in particular

$$R_E(x,x) = \int_{\sum(H)} \frac{\mu_{\delta_x}(d\lambda)}{\lambda - E}.$$

This means that $R_E(x,x)$ is the Hilbert transform of the spectral measure of the element $f(\cdot) = \delta_x(\cdot)$).

In the theory of random Schrödinger operators, resolvent analysis has many important applications.

One of them is the formula for the density of states. Let's consider (following [49] or [14]) the Schrödinger operator on $\mathbf{Z}^d$

$$H = \triangle + V(x,\omega)$$

with the homogeneous ergodic potential $V(x,\omega)$. Let H_n be the restriction of H to the cube $Q_n = \{x : |x_1| \leq n, \cdots, |x_d| \leq n\}$ with zero boundary condition on ∂Q_n. Operator H_n has a discrete (in fact, finite) spectrum $\lambda_i^{(n)}$, $i = 1, 2, \cdots, |Q_n|$. We can introduce the counting function

$$N_n(\lambda) = \#\{\lambda_i^{(n)} < \lambda\}.$$

Then (see [49], [14]) for $n \to \infty$, $\mu - a.s.$

$$N_n^*(\lambda) = \frac{N_n(\lambda)}{|Q_n|} \xrightarrow{n \to \infty} N(\lambda). \tag{2.18}$$

The limit is a nonrandom continuous distribution function, $N(-\infty) = 0$, $N(+\infty) = 1$, the so-called integral density of states. It is one of the central notions in the physics of disordered state.

If $\psi_i^{(n)}$ are the (orthonormal) eigenfunctions, corresponding to eigenvalues $\lambda_i^{(n)}$ of H_n, then

$$\left(R_E^{(n)}\delta_x, \delta_x\right) = \sum_{i=1}^{|Q_n|} \frac{(\delta_x, \psi_i^{(n)})^2}{\lambda_i^{(n)} - E}$$

and

$$\sum_{x \in Q_n} \left(R_E^{(n)}\delta_x, \delta_x\right) = \sum_{i=1}^{|Q_n|} \sum_{x \in Q_n} \frac{(\delta_x, \psi_i^{(n)})^2}{\lambda_i^{(n)} - E}.$$

But δ_x, $x \in Q_n$ in an orthonormal system and Parseval's identity gives

$$\frac{1}{|Q_n|} \sum_{x \in Q_n} \left(R_E^{(n)}\delta_x, \delta_x\right) = \int \frac{dN_n^*(\lambda)}{\lambda - E}.$$

The random variables $(R_E^{(n)}\delta_x, \delta_x)$ are "almost identically distributed" and in the limit $Q_n \uparrow \mathbf{Z}^d$ we obtain the following formula.

Proposition 2.5. For all E, $\quad Im E \neq 0$

$$\int \frac{dN(\lambda)}{\lambda - E} = \langle R_E(0,0) \rangle. \tag{2.19}$$

(For technical details see [49], [14]). In fact, these considerations show, that for $\mu - a.e.$ realizations ω of the random potential $V(\cdot, \omega)$ the spectrum $\sum(H(\omega))$ does not depend on ω and coincides with the set of all growth points of the function $N(\lambda)$.

Wegner [74] proved (using formulas (2.19) and (2.15")) that for $i.i.d.r.v$ $\quad V(x)$ with common bounded distribution density

$$p = p(v) = \frac{d}{dv} \mu\{V(\cdot) < v\}, \quad p(v) \leq c,$$

there exists bounded density of states:

$$n(\lambda) = \frac{dN(\lambda)}{d\lambda} \quad \text{and} \quad n(\lambda) \leq c. \tag{2.20}$$

I mentioned already that this Wegner's theorem is the basis of all the initial articles on localization theory (Frölich, Spencer, Martinelli and others).

I will not prove the estimation (2.20) here, but our further considerations will in fact contain the generalization of the basic idea of Wegner [74].

A second application is a very useful criterion of Simon-Wolff for pure point spectrum. We'll give this criterion in a special form convenient for further applications. For the abstract form of the Simon-Wolff theorem see [69].

Proposition 2.6 Let Γ be an arbitrary graph with the bound N for the index of branching, let $H = \Delta + V(x, \omega)$ be a random hamiltonian, and suppose the random variables $V(x, \cdot)$ for different $x \in \Gamma$ are independent and have absolutely continuous (a.c) distributions.

Suppose, that for $a.e.$ $\quad E \in \Delta \subset R^1$ (very often interval Δ coincides with R^1) and all $x \in \Gamma$

$$\lim_{\epsilon \to 0} \sum_{y \in \Gamma} |R_{E+i\epsilon}(x,y)|^2 < \infty, \quad \mu - a.s. \tag{2.21}$$

Then $\mu - a.s.$ the operator H has in Δ $\quad p.p.$ spectrum.

If for some $\gamma > 0$

$$\lim_{\epsilon \to 0} \sum_{y \in \Gamma} |R_{E+i\epsilon}(x,y)|^2 \exp(\gamma d(x,y)) < \infty, \mu - a.s, \tag{2.21'}$$

then the eigenfunctions of the point spectrum are not only square-integrable, but exponentially decrease (more precisely, exponentially integrable with exponential weight). It means, in H we have not only localization, but exponential localization.

Remark. For fixed E

$$\sum_{y \in \Gamma} |R_{E+i\varepsilon}(x,y)|^2 = \int \frac{\mu_{\delta_x}(d\lambda)}{|\lambda - E - i\varepsilon|^2}$$

and, as easy to see, this form is monotone function of ε, i.e. the limit in (2.21) exists.

Lecture 6. Localization Theorems for large disorder. Examples

In this lecture I'll give the proofs of the localization theorems for general graphs and Hamiltonians with independent values of the potential. I will follow our paper with M. Aizenman [2], but for the sake of simplicity our restrictions on the density of the distributions will be stronger than in [2].

The following result will be a prototype of more general constructions.

Theorem 2.1. Consider the discrete Schrödinger operator $H = H(\omega)$, $\omega \in (\Omega_m, \mathcal{F}, \mu)$ on $L_2(\Gamma)$

$$H = \Delta + V_o(x) + \sigma V(x, \omega), \tag{2.22}$$

where the potential consists of the some specified (non-random) background $V_0(x)$ and random part $\sigma V(x, \omega)$. Random variables $V(x, \omega), x \in \Gamma$, are independent and uniformly distributed on $[0, 1]$. Parameter σ (the coupling constant) is "the measure of disorder".

There exists const $\sigma_0 = \sigma_0(\Gamma)$ such that for all $|\sigma| > \sigma_0$ and $\mu - a.s$, the operator H has p.p. spectrum with exponential estimation of eigenfunctions (exponential localization).

For $\Gamma = \mathbf{Z}^d$, $d \geq 1$ and $V_0(x) \equiv 0$ model (2.22) is an initial version of Anderson's model [6].

Proof of Theorem 2.1. According to Proposition 2.6 it's enough to prove (2.21'). Instead of $\mu - a.s$ considerations (which usually are complicated) we will be working with the moments. Using trivial inequality: for all complex numbers $z_1, \cdots, z_n$ and every $0 < s < 1$

$$|z_1 + \cdots + z_n|^s \leq |z_1|^s + \cdots + |z_n|^s, \tag{2.23}$$

we can reduce (2.21') to a different (moment) inequality which is simpler;

$$\sum_{y \in \Gamma} \left\langle |R_E(x, y)|^{2s} \right\rangle \cdot \exp(s\gamma d(x, y)) \leq C(x, s), \tag{2.24}$$

uniformly in $Im\, E = \varepsilon \neq 0$. (Reduction means that from (2.24) follows (2.21').)

Now we have to estimate the moments of the resolvent kernel. The following simple statement is a variant (in our special case) of Wegner's basic estimation [74].

Lemma 2.1. There exists constant C_0, such that for all $x \in \Gamma$, $Im\, E \neq 0$ and $0 < s < 1$

$$\langle |R_E(x, x)|^s \rangle \leq \frac{C_0}{|\sigma|^s(1 - s)} \tag{2.25}$$

The proof is an elementary one. According to (2.15)

$$R_E(x,x) = \cfrac{1}{\tilde{R}_{E,x}^{-1}(x,x) + \sigma V(x,\omega) + V_0(x) - E}$$

$$= \cfrac{1}{\sigma V(x,\omega) + \zeta(x,\omega)}$$

$$(2.15')$$

where $\zeta(x,\omega)$ is a random variable, independent of $V(x,\omega)$. To prove (2.25) it's enough to check that for arbitrary (complex!) a,

$$E\frac{1}{|\sigma V + a|^s} \le \frac{C_0}{|\sigma|^s(1-s)} \tag{2.25'}$$

and to use an integration with respect to distribution of ζ. But

$$E\frac{1}{|\sigma V + a|^s} = \int_0^1 \frac{dv}{|\sigma v + a|^s} =$$

$$= \frac{1}{|\sigma|^s}\int_0^1 \frac{dv}{|v + a'|^s} \le \frac{1}{|\sigma|^s}\int_0^1 \frac{dv}{|v + Re\, a'|^s}.$$

The last integral has order $|Re\, a'|^{-s}$, if $Re\, a' \to \infty$. For $|Re\, a'| < 2$, we can use the direct integration, since the singularity is not strong. If $s \uparrow 1$, we have an asymptotic of the order $\dfrac{c}{1-s}$. Of course, it's possible to give expression for the constant C_0.

Let's note that for $s = 1$ and $a' \in [0,1]$

$$\int_0^1 \frac{dv}{|v - a'|} = \infty.$$

This shows that the resolvent kernel $R_E(x,x,\omega)$ for real E has, roughly speaking, Cauchy tails of distribution (i.e finite moments of order $s < 1$, but infinite expectation).

Of course, for the expectation (2.25') we can give a double-sided estimation:

$$\frac{c^-(s)}{|\sigma|^s + |a|^s} \le E\frac{1}{|\sigma v + a|^s} \le \frac{c^+(s)}{|\sigma|^s + |a|^s}. \tag{2.26}$$

This is the conception of the following lemma, which is the fundamental point of [2].

Lemma 2.2. There exists constant $C_0 = C_0(s,k)$ such that for all $0 < s < \dfrac{1}{k+1}$, $k = 1, 2, \cdots$ and complex numbers $a_i, b_i, c_i, d_i, i = 1, 2 \cdots, k$ and v'

$$\int_0^1 \frac{dv}{|v - v'|^s}\left|\frac{a_i v + b_i}{c_i v + d_i}\right|^s \cdots \left|\frac{a_k v + b_k}{c_k v + d_k}\right|^s dv \le$$

$$\le C_0(s,k)\int_0^1 \left|\frac{a_i v_i + b_i}{c_i v + d_i}\right|^s \cdots \left|\frac{a_k v + b_k}{c_k v + d_k}\right|^s dv$$

$$(2.27)$$

Proof. Because both parts in (2.27) are the homogeneous functions of a_i, c_i, we need only consider the case $a_i = c_i = 1$, $i = 1, 2, \cdots k$. To prove (2.27), it's now sufficient to verify that

$$\int_0^1 \left|\frac{v+b_1}{v+c_1}\right|^s \cdots \left|\frac{v+b_k}{v+c_k}\right|^s dv \asymp \frac{(1+|b_1|^s)\cdots(1+|b_k|^s)}{(1+|c_1|^s)\cdots(1+|c_k|^s)}$$

$$\int_0^1 \frac{1}{|v-v'|_s} \left|\frac{v+b_1}{v+c_1}\right|^s \cdots \left|\frac{v+b_k}{v+c_k}\right|^s dv \asymp \frac{1}{1+|v'|^s} \cdot \frac{(1+|b_1|^s)\cdots(1+|b_k|^s)}{(1+|c_1|^s)\cdots(1+|c_k|^s)}$$

(2.28)

As usually, $F \asymp G$ means, that

$$c_1 \le \frac{F}{G} \le c_2. \tag{2.28'}$$

In our case (2.28), the constants in these "rough" equalities must depend only on s and k.

Let's check, for example, the first part of (2.28). We can divide the complex parameters $b_i, c_i, i = 1, 2, \cdots k$ into the following groups:

$$b_i(\text{ or } c_i) \in \ G_1 \ \ iff \ \ |b_i| \le 2$$

$$b_i \in \ \ \ \ \ \ \ \ G_2 \ \ iff \ \ |b_i| \ge 2$$

If $b_i \in G_2$, in the integrand of (2.28) we have:

$$|v+b_i|^s \asymp |b_i|^s \asymp 1 + |b_i|^s \tag{2.29}$$

This means that it is sufficient just to verify the following inequality

$$\int_0^1 \frac{|v+b_1|^s \cdots |v+b_{i_1}|^s}{|v+c_1|^s \cdots |v+c_{i_2}|^s} dv \asymp \frac{(1+|b_1|^s)\cdots(1+|b_{i_1}|^s)}{(1+|c_1|^s)\cdots(1+|c_{i_2}|^s)}$$

under condition $0 \le i_1 \le k$, $0 \le i_2 \le k$, $|b_i| \le 2$, $|c_i| \le 2$, i.e. $b_i, c_i \in G_1$. But in this case the left part is a positive continuous function of all parameters, because for $s < \frac{1}{k+1} < \frac{1}{k}$ we have the uniform integrability in the left part.

Since the parameters have values in a compact set, both parts are roughly equivalent to const, and we proved (2.28).

In the special case $k = 1$, $s < \frac{1}{2}$ we the have inequality

$$\int_0^1 \frac{dv}{|v-v'|^s} \left|\frac{av+b}{cv+d}\right|^s dv \le c(s) \int_0^1 \left|\frac{av+b}{cv+d}\right|^s dv, \tag{2.30}$$

or

$$E\frac{1}{|V-v'|^s} \left|\frac{aV+b}{cV+d}\right|^s \le c(s)E \left|\frac{aV+b}{cV+d}\right|^s, \tag{2.30'}$$

where V is a r.v. uniformly distributed on $[0, 1]$.

Now everything is ready for the estimation of the moments for the Green function. For complex E ($ImE \neq 0$), consider the resolvent kernel $R_E(x, y)$ for the operator (2.22) as a function of x for fixed $y \in \Gamma$. If $x \neq y$, we can write down

$$\triangle R_E(x, y) + (V_0(x) + \sigma V(x, \omega) - E) R_E(x, y) = 0$$

or

$$R_E(x, y) = \frac{1}{(E - V_0(x) + \sigma V(x, \omega))} \sum_{x': d(x', x) = 1} R_E(x', x).$$

Using (2.23), we have

$$\langle |R_E(x, y)|^s \rangle \leq \sum_{x': d(x', y) = 1} \left\langle \frac{|R_E(x', y)|^s}{(|E - V_0(x) - \sigma V(x, \omega)|^s} \right\rangle.$$

We can apply the rank-one perturbation formula (2.16) and after trivial transformations obtain

$$\langle |R_E(x, y)|^s \rangle \leq \sum_{x': d(x, y) = 1} \frac{1}{|\sigma|^s} \left\langle \frac{\left| \frac{\alpha(x')V(x) + \beta(x')}{\gamma(x')V(x) + \delta(x')} \right|^s}{|V(x) - v(x')|^s} \right\rangle.$$

Here $\alpha, \beta, \gamma, \delta, v$ are very complicated r.v, depending on x' and the realization of the potential V outside point x, i.e. they are **independent** from $V(x, \omega)$. This is the situation of Lemma 2.2 in the special case (2.30'). From (2.30') it follows that (for $s < \frac{1}{2}$)

$$\langle |R_E(x, y)|^s \rangle \leq \frac{C_0(s)}{|\sigma|^s} \sum_{d(x', x) = 1} \langle |R_E(x', y)|^s \rangle. \tag{2.31}$$

We have, in addition,

$$\langle |R_E(y, y)|^s \rangle \leq \frac{C_1(s)}{\sigma^s} \quad \text{(Lemma 2.1)}$$

and

$$\langle |R_E(x, y)|^s \rangle \leq \frac{1}{|ImE|^s}$$

(because $\|R_E(\cdot, \cdot)\| \leq \frac{1}{|ImE|}$).

Let's put $\langle |R_E(x, y)|^s \rangle = h(x)$. For the function $h(x)$, $y \neq x$ we have an inequality of "superharmonicity":

$$h(x) \leq \varepsilon \triangle h(x), \quad \varepsilon = \frac{c_0(s)}{|\sigma|^s} \tag{2.32}$$

and additional restrictions

$$h(y) \le \frac{c_1(s)}{|\sigma|^s}, \quad 0 \le h(x) \le \frac{1}{|ImE|^s}. \tag{2.33}$$

Lemma 2.3. Every solution of the system of inequalities (2.32), (2.33) admits for $\varepsilon N < 1$ the estimation

$$\langle |R_E(x,y)|^s \rangle = h(x) \le \frac{c_2(s,N)}{|\sigma|^s}(N\varepsilon)^{d(x,y)}. \tag{2.34}$$

Proof In the beginning consider the function $h(x)$ in the "ball" $B_R\{x : d(x,y) \le R\}$ without its center y. Iteration of the inequality (2.32) gives us a "path expansion" (compare (2.13) or probabilistic representation for the λ-Green function of the random walk):

$$h(x) \le h(y) \sum_{\gamma : x \to y} \varepsilon^{|\gamma|} + \sum_{x' \in \partial B_R} h(x') \sum_{\gamma : x \to x'} \varepsilon^{|\gamma|}. \tag{2.35}$$

But $\#\{\gamma : x \to y, \ |\gamma| = n\} \le N^n$, i.e.

$$\sum_{\gamma : x \to x_0} \varepsilon^{|\gamma|} \le \sum_{k=d(x,x_0)} \varepsilon^k \cdot N^k \le \frac{(\varepsilon N)^{d(x,y)}}{1 - \varepsilon N} \tag{2.36}$$

(if, of course, $\varepsilon N < 1$). For the second term in (2.35), we have

$$\sum_{x' \in \partial B_R} h(x') \sum_{\gamma : x \to x'} \varepsilon^{|\gamma|} \le$$

$$\le \sum_{x' \in \partial B_R} h(x') \frac{(\varepsilon N)^{d(x,x')}}{1 - \varepsilon N} \le$$

$$\le \sup_{x \in \partial B_R} h(x') \sum_{k=R-d(x,y)}^{\infty} \varepsilon^k \#\{\gamma : x \to \partial B_R, \ |\gamma| = k\} \tag{2.36'}$$

$$\le \sup_{x \in \partial B_R} h(x') \sum_{k=R-d(x,y)}^{\infty} (\varepsilon N)^k \le C(\varepsilon N, ImE) \cdot (\varepsilon N)^R (\varepsilon N)^{-d(x,y)}.$$

Combination of (2.35), (2.36) and (2.36') gives in the limit $R \to \infty$ the statement (2.34).

Of course, if we have the graph where the volume of the "ball" B_R is only a power function of R (for example, lattice $\mathbf{Z}^d$) in Lemma 2.3 instead of condition $\varepsilon N < 1$ it's enough to assume weaker conditions.

We can finish now the proof of Theorem 2.1. Consider the inequality (2.24) and rewrite it, using the result of Lemma 2.3

$$\sum_{x \in \Gamma} \langle |R_E(x,y)|^{2s} \rangle e^{s\gamma d(x,y)} \le$$

$$\le c_1(s) \sum_{k=0}^{\infty} \left(\frac{c_0(s)N}{|\sigma|^s} \right)^k e^{s\gamma k}.$$

This series is finite if

$$\frac{c_0(s)N}{|\sigma|^s}e^{s\gamma} < 1, \quad 0 < s < \frac{1}{2}. \tag{2.37}$$

If, to say, $s = 1/3$, for given N we can find $\sigma_0 = \sigma_0(s, N)$ to satisfy (2.37) for $|\sigma| > \sigma_0$. Theorem 2.1 is proved.

Our goal now is to generalize Theorem 2.1 for the wide class of distributions. The key elements of the proof were the Lemmas 2.1 and 2.2. Integration over $[0, 1]$ in these Lemmas was connected with the fact that r.v. $V(x, \omega)$ has a uniform distribution on $[0, 1]$. Let's introduce a more general class of distributions $\mathcal{K}_0 = \mathcal{K}_0(A, a, H, h)$.

By definition, a density $p(v)$ is an element of this class, if

1.

$$p(v) \leq H I_{[0,A]}(v). \tag{2.38'}$$

2. There exists interval $[x_0, x_0 + a] \subset [0, A]$ of the length a and

$$p(v) \geq h I_{[x_0, x_0+a]}(v). \tag{2.38''}$$

We can now formulate Lemma 2.2 (or its especially important consequence (2.30')) in the following form.

Lemma 2.4. If r.v $V(\cdot, \omega)$ has a density from the class $\mathcal{K}_0(A, a, H, h)$, then for $s < \frac{1}{2}$ and arbitrary complex numbers $v; \alpha, \beta, \gamma, \delta$

$$\left\langle \frac{1}{|\sigma V - v'|^s} \cdot \left|\frac{\alpha V + \beta}{\gamma V + \delta}\right|^s \right\rangle \leq c(s, A, a, \frac{H}{h}) \frac{1}{|\sigma|^s} \cdot \left\langle \left|\frac{\alpha V + \beta}{\gamma V + \delta}\right|^s \right\rangle. \tag{2.38}$$

Only const is different; it is essential that this const includes not H, h but only their ratio. The proof is trivial. To obtain the upper estimation of expectation, we will replace $p(v)$ in the integral representation of $\langle \cdots \rangle$ by $H \cdot I_{[0,A]}(v)$, for the lower estimation we will use (2.38').

In fact, the same proof works in essentially more general situations.

We will call $p(v) \in \mathcal{K}_1(A, a, \rho)$, $0 < \rho < 1$, if it is possible to cover line R^1 by the intervals Δ_i, $i = 0, \pm 1, \cdots$ of the length A and to find inside every Δ_i the subinterval $\Delta_i' = [x_i', x_i' + a]$ of the length a in such a way, that

$$\sup_{v \in \Delta_i} p(v) = H_i, \quad \inf_{v \in \Delta_i'} p(v) = h_i \text{ and } \frac{h_i}{H_i} \geq \rho.$$

Class $\mathcal{K}_1$ is very wide. It includes all densities which are monotone at infinity and many others. Densities $p(v) \notin \mathcal{K}_1$ exist, but are pathological, such a density must include infinite many more and more thin "bumps", moreover the distances between these "bumps" are to became longer and longer. The proof of the statement (2.38) and of more general statements, similar to Lemmas 2.1 and 2.2, are the same as in Lemma 2.4.

As a result, we have proved the following generalization of the Theorem 2.1.

Theorem 2.1'. Suppose that the Schrödinger operator on the graph Γ with bounded index of branching (bound equal to N) has form

$$H = H(\omega) = \Delta + V_0(x) + \sigma V(x,\omega)$$

where $V_0(x)$ is an arbitrary non-random function and r.v. $V(x,\omega)$ for different $x \in \Gamma$ are independent, have a.c. distributions and corresponding densities are elements of the fixed class $\mathcal{K}_1(A,a,\rho)$ (but may be different!).

Then, we can find the constant $\sigma_0 = \sigma_0(N,A,a,\rho)$, such that for all $|\sigma| > \sigma_0$ the operator $H(\omega)$ has $\mu - a.s$ the property of the exponential localization.

Very important feature of the Theorem 2.1' (or 2.1) is the absence of the conditions on the function V_0 (background potential). It can be for example, the realization of arbitrary random field $\xi(x)$, $x \in \Gamma$, independent of V. Fubini argument shows that the result of Theorem 2.1' holds with the probability 1 (in the product space $\Omega_1 \times \Omega_m$) for the potential of the form:

$$\Delta + v_0(x) + \xi(x,\omega_1) + \sigma v(x,\omega),$$

where $v_0(x)$ is an arbitrary non-random function, $\xi(x,\omega_1)$ is an arbitrary random field on the space $(\Omega_m, \mathcal{F}_m, \mu)V$, is independent of $\xi(\cdot)$ and has the properties mentioned in Theorem 2.1' (class $\mathcal{K}_1(\cdots)$ etc.).

Example. Consider the operator

$$H = \Delta + \sigma V(x,\omega)$$

on $\mathbf{Z}^d$, $d \geq 1$ with homogeneous gaussian potential. If $\langle V \rangle = 0$, and $\Gamma(x_1 - x_2) = \langle V(x_1)V(x_2) \rangle$ is the corresponding correlator, then it can be represented in terms of spectral measure $F(d\lambda)$ on the torus $S^d = [-\pi,\pi]^d$:

$$\Gamma(x) = \frac{1}{(2\pi)^d} \int\limits_{S^d} \exp(i(x,\lambda))F(d\lambda). \tag{2.40}$$

If $F(d\lambda)$ dominates Lebesgue measure $\sigma^2 d\lambda$ on S^d, then the field $V(x,\omega)$ can be decomposed:

$$V(x,\omega) = \sigma\eta(x,\omega) + V_1(x,\omega) \tag{2.41}$$

where $\eta(x,\omega)$ are *i.i.d.* $N(0,1) r.v$ and $V_1(x,\omega)$ is homogeneous; as a result, we proved exponential localization for large disorder in the class of homogeneous gaussian potentials on $\mathbf{Z}^d$, for which

$$F(d\lambda) \geq \text{ const } d\lambda. \tag{2.41'}$$

Because the spectral measure of the field V_1 can be "very bad", the correlator $\Gamma(x_1 - x_2)$ may not tend to 0, the process $V(x,\omega)$ may be even non-ergodic etc.

Now we'll develop Theorem 2.1' in two directions. First of all, we'll replace the Laplacian $\triangle$ by a very general non-local operator. Second, we'll consider the case when, roughly speaking, the coupling constant σ can be "small" for a finite number of points $x \in \Gamma$ and "large" for all others.

Theorem 2.2. Consider the Hamiltonian of the form

$$H = T + v_0(x) + \sigma v(x,\omega) \tag{2.42}$$

where $T(x,y) = \bar{T}(y,x)$ is a selfadjoint bounded operator in $L_2(\Gamma)$. In addition, we'll suppose (without loss of generality)
1. $T(x,x) = 0, \quad x \in \Gamma.$ \hfill (2.43)

Diagonal terms of T can be included in background potential $V_0(x)$.

2. For some $s < 1$ and all $x, y \in \Gamma$

$$|T(x,y)|^s \leq h(d(x,y))$$

$$\text{and } \sum_{k=1}^{\infty} h(k) \cdot \#\{x : d(x,y) = k\} < \infty. \tag{2.43'}$$

If for different $x \in \Gamma$ random variables $v(x,\omega)$ are independent and have (maybe different) densities $p_x(v)$ from the fixed class $\mathcal{K}_1(A,a,\rho)$, then (as earlier) we can find $\sigma_0(s,T,A,a,\rho)$ such that $\mu - a.s$ $\quad \sum(H(\omega)) = \sum_{pp}(H(\omega))$ for all $|\sigma| > \sigma_0$.

The only difference in comparison with the previous localization theorems is that generally speaking, we have no exponential localization, even for $\sigma \to \infty$, if the matrix elements are decreasing slowly. Typical examples of the application of the Theorem 2.2 are related with the fractional powers of Laplacian $\triangle$ on $\mathbf{Z}^d$. More precisely, we can consider

$$T_\alpha = -(2d + \triangle)^\alpha, \quad 0 < \alpha < 1, \tag{2.44}$$

Matrix elements of T_α have power asymptotics at the infinty:

$$T_\alpha(x,y) \sim \frac{c_\alpha}{|x-y|^{d+2\alpha}}. \tag{2.44'}$$

Another important applicaiton (see later) is connected with the operators in half-space with random boundary conditions.

Proof of Theorem 2.2. We will use the same idea as earlier, but because $s < 1$ ($s < 1/2$ in the proofs of the theorems 2.1, 2.1'!) calculations will be just slightly different.

The resolvent kernel $R_E(x, y)$, $x \neq y$ and $ImE \neq 0$, is a bounded solution of the equation

$$\sum_{z \neq x} T(x, z) R_E(z, y) = R_E(x, y)(E - \sigma v(x, \omega) - v_0(x))$$

and for $s < 1$ given in condition (2.43')

$$|R_E(x, y)|^s \quad |E - \sigma v(x, \omega) - v_0(x)|^s \leq$$
$$\leq \sum_{z \neq x} h(d(z, x))|R_E(z, y)|^s. \tag{2.45}$$

Using, as earlier, (2.15') we can represent the expectation of the left part as

$$\left\langle \left| \frac{\alpha}{v(x) + \beta} \right|^s \cdot |\sigma v(x) + \delta|^s \right\rangle \tag{2.46}$$

where α, β, δ are the functions, independent on $V(x, \omega)$. Using the method of Lemma 2.2 we can check that

$$\left\langle \left| \frac{\alpha}{v(x) + \beta} \right|^s \quad |\sigma v(x) + \delta|^s \right\rangle \asymp$$

$$\asymp |\sigma|^s \frac{(1 + |\alpha|^s)(1 + |\delta|^s)}{(1 + |\beta|^s)}, \quad \text{i.e.}$$

for some const c_1, depending only on the parameters of the class $\mathcal{K}_1$ and s

$$\left\langle \left| \frac{\alpha}{v(x) + \beta} \right|^s \cdot |\sigma v(x) + \delta|^s \right\rangle \geq$$
$$\geq c_1 \left\langle \left| \frac{\alpha}{v(x) + \beta} \right| \right\rangle |\sigma|^s. \tag{2.47}$$

From (2.75), (2.47) it follows that for $H(x) = \langle |R_E(x, y|^s \rangle$ and $c_2 = \dfrac{1}{c_1}$

$$\frac{c_2}{|\sigma|^s} \sum_{z \neq x} h(d(z, x)) H(z) \geq \quad H(x). \tag{2.48}$$

Because $\sum_{k=1}^{\infty} h(k) \cdot \#\{z : d(x, z) = k\} < \infty$, we can find σ_0 is such a way that

$$\frac{c_1 \sum_{k=1}^{\infty} h(k) \cdot \#\{z : d(x, z) = k\}}{|\sigma|^s} = \varepsilon < 1. \tag{2.49}$$

Let's put $p(x,y) = \dfrac{h(d(x,y))}{\sum\limits_{k} h(k) \cdot \#\{y : d(x,y) = k\}}$. Of course, $p = \{p(x,y)\}$ is a stochastic matrix on Γ and basic inequality (2.48) has a form

$$H(x) \le \varepsilon(PH)(x), \quad x \ne y. \tag{2.48'}$$

Let's remember that $H(y) = \langle |R_E(y.y)|^s \rangle$ is uniformly bounded in E (Lemma 2.1, which, of course, holds for arbitrary operators H).

Now we have to prove the analogue of Lemma 2.3 in more general situations.

Lemma 2.3'. For fixed $y \in \Gamma$ the bounded solution $H(x)$ of the inequality (2.48') is square-integrable uniformly in E, $\operatorname{Im} E \ne 0$.

Of course, the proof of Theorem 2.2 is an immediate consequence of Lemma 2.3'.

Proof of Lemma 2.3'. We will be using the language of Markov chain theory. Let $x(t)$ be a Markov chain on Γ with transition matrix P and let τ_y be the first entry time to the state y (maybe $p_x\{\tau_y = \infty\} > 0$). If we consider from the beginning the inequality (2.48') in the ball B_R and use the probabilistic representation for the (bounded for $\operatorname{Im} E \ne 0$) solution of the equality

$$\tilde{H}(x) = \varepsilon(PH)(x), \quad x \in B_R(y)$$

$$\tilde{H}(y) = H(y), \quad \tilde{H}(z) = H(z), \quad z \notin B_R \tag{2.48''}$$

after letting $R \to \infty$ we'll obtain as earlier the inequality (uniform in E!):

$$H(x) \le H(y) E_x(\varepsilon^{\tau_y}) = \tilde{H}_y(x) =$$

$$= H(y) \sum_{k=1}^{\infty} \varepsilon^k f(k,x,y) \le c_0 \sum_{k=1}^{\infty} \varepsilon^k f(k,x,y)$$

where $f(k,x,y) = P_x\{\tau_y = k\}$. But

$$f(k,x,y) \le P(k,x,y)$$

i.e.

$$\left\| \sum_{k=1}^{\infty} \varepsilon^k f(k,x,\cdot) \right\|_{L_2} \le$$

$$\le \sum_{k=1}^{\infty} \varepsilon^k \|p(k,x,\cdot)\|_{L_2} \le \sum_{k=1}^{\infty} \varepsilon^k < \infty.$$

(We have used the following obvious fact: $\sum_x p^2(k,x,y) = \sum_x p^2(k,y,x) \le \sum_x p(k,y,x) = 1$).

Remark. If in the condition (2.43') of Theorem 2.2 we have exponential convergence

$$\sum_{k=1}^{\infty} h(k) \cdot \#\{y : d(x,y) = k\} e^{\gamma k} < \infty, \quad \gamma > 0$$

then the resolvent kernel will be $\mu - a.s$ square-integrable with exponential weight and under the other conditions of Theorem 2.2 we have not just localization, but an exponential localization.

In the case $\Gamma = \mathbf{Z}^d$, it means that for large disorder we have an **exponential localization** for the random operator (2.42) if

$$|T(x,y)| \leq \text{ const } \exp(-\gamma'|x-y|), \quad \gamma' > 0.$$

Some details, additional discussions and generalizations of the result from this remark can be found in [2].

Now we'll consider one of important applications of "non-local" localization theorem 2.2 to the Schrödinger operator with the random boundary condition. For the sake of simplicity, we will be analyzing the models with homogeneous boundary conditions.. Such models appear naturally in the solid state physics, when considering disordered surface effects.

Description of the model. Consider the Laplacian Δ (without potential) in the upper half space $\mathbf{Z}_+^D = \mathbf{Z}^{d-1} \times [-1, \infty)$ with the boundary condition

$$\psi(x, -1) = \sigma v(x, \omega)\psi(x, 0), x \in \mathbf{Z}^{d-1}. \tag{2.50}$$

Hamiltonian H can be defined alternatively by the formula

$$H\psi(x, z) = \Delta\psi(x, z), \quad z \geq 1$$

$$H\psi(x, 0) = \psi(x, 1) + \sum_{|x'-x|=1} \psi(x', 0) + \sigma v(x, \omega)\psi(x, 0). \tag{2.51}$$

Suppose, that $v(x, \omega)$ are $i.i.d.r.v$ with common density $p(v)$ of the class $\mathcal{K}_1(\cdots)$. Our goal is to study the spectral problem

$$H\psi = E\psi \quad \text{in} \quad L_2(\mathbf{Z}_+^d).$$

First of all, we will find the spectrum $\sum(H)$, which $\mu - a.s$ does not depend of ω. Using Fourier transform in x we can change the operator H to an isometric operator $\dot{H}$ in the Hilbert space $L_2(S^{d-1}) \times L_2(\mathbf{Z}_+^1)$

$$\dot{H}\hat{\psi}(\phi, z) = \hat{\psi}(\phi, z+1) + \hat{\psi}(\phi, z-1) + \Phi(\phi)\hat{\psi}(\phi, z)$$

$$\dot{H}\hat{\psi}(\phi, 0) = \hat{\psi}(\phi, 1) + \Phi(\phi)\hat{\psi}(\phi, 0) + \sigma(V\psi)(\phi, 0). \tag{2.52}$$

Here $\Phi(\phi) = 2\sum_{i=1}^{d-1} \cos \phi_i$, $|\Phi(\phi)| \leq 2d - 2$ is a symbol of the Laplacian (with respect to x) and $\hat{\ }$ is a sign of the Fourier transform.

The general solution of the equation $\hat{H}\hat{\psi} = E\hat{\psi}$ (without boundary condition) has form

$$\hat{\psi}(\phi, z) = c_1(\phi)\lambda_1^z(\phi, E) + c_2(\phi)\lambda_2^z(\phi, E),$$

where λ_1, λ_2 are the roots of the characteristic equation

$$\lambda + \lambda^{-1} + \Phi(\phi) = E. \qquad (2.53)$$

If $|\Phi(\phi) - E| \leq 2$, this equation has two roots of the form $\lambda_{1,2} = \exp(\pm\theta)$, $\theta \in R^1$ and corresponding bounded solutions correspond to planar waves, i.e. generalized eigenfunctions of the Laplacian. Such E, of course, are the elements of the spectrum of $H(\omega)$.

Inequality $|\Phi(\phi) - E| \leq 2$ has solutions if $E \in [-2d, 2d] = \sum(\Delta)$, i.e. $[-2d, 2d] \in \sum(H)$ Physically it is obvious, because boundary effects are not important when the "electron" is sufficiently far from the boundary. However equation (2.53) may have the real roots $\lambda_1, \lambda_2, \lambda_1 \cdot \lambda_2 = 1$ if $|\Phi(\phi) - E| > 2$. Just the root λ_1, $|\lambda_1| < 1$, has a special sense (the generalized eigenfunctions can not increase exponentially!).

It means that $E \in \sum(H) iff \quad \hat{\psi}(\phi, z) = c_1(\phi)\lambda_1^z(\phi, E), \quad c_1(\phi) \in L_2(S^{d-1})$ and λ_1 is the smaller root of the equation

$$\lambda + \frac{1}{\lambda} + (\Phi(\phi) - E) = 0, \quad |\Phi(\phi) - E| > 2.$$

We have to note that function $c_1(\phi)$ must be equal to 0 on the set $\{\phi : |\Phi(\phi) - E| \leq 2\}$.

The second part of the equation (2.52) gives additional information about $c_1(\phi)$:

$$c_1(\phi)\lambda_1(\phi, E) + (\Phi(\phi) - E)c_1(\phi) + \sigma v\hat{\psi}(\phi, 0) = 0$$

$$c_1(\phi) = \hat{\psi}(\phi, 0).$$

$$(2.52')$$

If $\sigma v(x) = a = $ const, equation (2.52') has the trivial form

$$c_1(\phi)[\lambda_1(\phi, E) + (\Phi(\phi) - E) + a] = 0.$$

If for some $\phi_0 \in S^{d-1}$

$$\lambda_1(\phi_0, E) + (\Phi(\phi_0) - E) + a = 0$$

then equation (2.52') has solution

$$c_1(\phi) = \delta_{\phi_0}$$

corresponding to the generalized eigenfunction $\psi(x, z)$ which is const in x and exponentially decreasing in z. As easy to see it means that all $E \in [-2d+1+a, 2d-1+a] \in \sum(H_a)$.

But in the realization of the random field $V(x,\omega)$, $x \in \mathbf{Z}^{d-1}$ we can find (for arbitrary $a \in \sigma$ supp $p(\cdot)$ and arbitrary $\varepsilon > 0$) a sequence of balls $B_{R_n}(x_n)$, $R_n \to \infty$, $x_n \to \infty$ such that

$$|\sigma v(x,\omega) - a| \le \varepsilon, \quad x \in B_{R_n}(x_n).$$

As earlier, this gives (compare with Corollary 2.1 in the lecture 5) that $\mu - a.s$

$$\sum(H(\omega)) \supseteq \{[-2d+1, 2d-1] \oplus \sigma \text{ supp } p(\cdot)\} \cup [-2d, 2d].$$

The reader must check that for all other values of E the equation $H\psi = E\psi$ only has an exponentially increasing solution and we have proved.

Proposition 2.7. Operator $H(\omega)$ given by expression (2.51) has $\mu - a.s$ the spectrum

$$\sum(H(\omega)) = [-2d, 2d] \cup \{-2d+1, 2d-1] \oplus \sigma \text{ supp } p(v)\}. \tag{2.54}$$

If supp $p(v) = R^1$ (a typical example is the gaussian $N(0,1)$ distribution), then $\sum(H(\omega)) = R^1$.

We will now prove the following theorem, which gives some information about p.p. spectrum of the operator (2.51) with random boundary conditions. Possibly it is the first physically interesting and natural random Hamiltonian where we can guarantee an existence of the continuous spectrum for small coupling const σ.

Theorem 2.3. 1. For arbitrary $\delta > 0$, we can fine $\sigma_0 = \sigma_0(\delta, d, \mathcal{K}_1)$ such that $\mu - a.s$ for $|\sigma| > \sigma_0$

$$\sum(H(\omega)) \cap \overline{[-2d - \delta, 2d + \delta]} = \sum_{pp}(H(\omega)) \cap \overline{[-2d - \delta, 2d + \delta]}. \tag{2.55}$$

The corresponding eigenfunctions are decreasing exponentially.

2. For fixed σ it's possible to find $E_0 = E_0(d, \sigma, \mathcal{K}_1)$ such that

$$\sum(H(\omega)) \cap \overline{[-E_0, E_0]} = \sum_{pp}(H(\omega)) \cap \overline{[-E_0, E_0]}. \tag{2.56}$$

3. Suppose that r.v $v(x,\omega)$ are uniformly bounded, i.e. supp $p(\cdot) \in [-a, a]$. Then, for arbitrary $\delta > 0$, we can find $\sigma_0 = \sigma_0(d, a)$, such that for $|\sigma| < \sigma_0$

$$\sum_{pp}(H(\omega)) \cap [-2d + \delta, 2d - \delta] = \phi. \tag{2.57}$$

Proof. If $|E| > 2d$, the previous considerations show that the solution of the equation $\Delta \psi = E\psi$, $z \ge 1$ can be expressed in the terms of $\psi(x, 0)$. Namely,

$$\hat{\psi}(\phi, z) = c_1(\phi)\lambda_1^z(\phi, E) = \hat{\psi}(\phi, 0)\lambda_1^z(\phi, E) \tag{2.58}$$

and $\lambda_1(\phi, E)$ is an analytical function on the torus S^{d-1}. This means that

$$\psi(x, z) = \sum_{v \in \mathbf{Z}^{d-1}} D_E(x - y, z)\psi(y, 0) \tag{2.59}$$

and

$$\hat{D}_E(\phi, z) = \lambda_1^z(\phi, E).$$

The Dirichlet kernel $D_E(x - y, z)$ is decreasing exponentially (because $\lambda_1(\phi, E)$ is analytic) and corresponding exponent $\gamma(E)$ becomes larger and larger if $|E|$ increases. Equation (2.51) for eigenfunctions of H (with the condition $|E| > 2d$) has now the form

$$E\psi(x, 0) = H\psi(x, 0) = \psi(x, 1) + \triangle_{d-1}\psi(x, 0) + \sigma v(x, \omega)\psi(x, 0)$$

$$= \sum_{y \in \mathbf{Z}^{d-1}} D_E(x - y, 1)\psi(\phi, 0) + \triangle_{d-1}\psi(x, 0) + \sigma v(x, \omega)\psi(x, 0)$$

i.e.

$$E\psi = T\psi(x, 0) = D_E(\cdot, 1)\psi(x, 0) + \triangle_{d-1}\psi(x, 0) + \sigma v(x, \omega)\psi(x, 0). \tag{2.60}$$

This is a $(d - 1)$-dimensional equation for eigenfunctions with exponentially decreasing kernel $D_E(x - y, 1)$. The only difference from Theorem 2.2 is that the kernel $\hat{D}_E(x - y, 1)$ depends on E. But for fixed $E : |E| > 2d$, we can prove, using the same arguments, that the resolvent $(T - E)^{-1}$, $|E| > 2d + \delta$ has, for $|\sigma| > \sigma_0(\delta)$, an exponentially decreasing symbol (on the lattice $\mathbf{Z}^{d-1}$!). Then formula (2.58) will show that the same exponential decreasing occurs for the resolvent $R_E(x - y, z)$ of the initial operator H (on $\mathbf{Z}_d^+$).

Now we have to use Simon-Wolff's theorem, however not in the simplest form mentioned in the previous lecture, but in the original form [69]. The reason is that we have now the random potential only on the boundary $\partial \mathbf{Z}^{d-1}$.

From [69] it follows that we have $\mu - a.s \, p.p$ spectrum in some energy interval $\triangle$ if, first of all, for every $E \in \triangle$ the resolvent kernel $R_E(x, y)$, $(x, y \in \triangle)$ is square-integrable for $x \in X$, $\mu - a.s$ and, second, the direct sum of the cyclic supspaces generated by H and δ_x, $x \in X$ is equal to $L^2(\Gamma)$.

In our case $X = \partial \mathbf{Z}_+^d$ and solvability of the Dirichlet problem in $L^2(\mathbf{Z}_+^d)$ of the (for $|E| > 2d$) guarantees the second condition. This means that the first statement of Theorem 2.3 is proved.

The proof of the second part of this theorem is the same. We just have to notice that for $E \to \infty$

$$\sum_{x \in \mathbf{Z}^{d-1}} |D_E(x, 1)|^s \longrightarrow 0$$

for every fixed $s < 1$. After this we can apply the arguments of the theorem for fixed σ and sufficiently large energy E.

Let's prove the last (and most interesting) statement. From (2.50) and (2.58) it follows that

$$\hat{\psi}(\phi,0)\lambda_1^{-1}(\phi,E) = \overbrace{(\sigma v(\cdot,\omega)\hat{\psi}(\cdot,0)}(\phi)$$

(if $\psi(x,z)$ is an eigenfunction with the eigenvalue $E \in [-2d,2d]$), or

$$\hat{\psi}(\phi,0)\lambda_2(\phi,E) = \sigma\overbrace{(v\hat{\psi}})(\phi). \qquad (2.61)$$

Let's remember, that $\lambda_2(\phi,E) = 0$ if $|\Phi(\phi) - E| \le 2$, i.e. the support of $\lambda_2(\phi,E)$ is given by the inequality $|\Phi(\phi) - E| = \left|2\sum_{i=1}^{d-1}\cos\phi_i - E\right| > 2.$

If $E \in [-2d + \delta, 2d - \delta]$ and $\psi_E(x,z) \in L^2(\mathbf{Z}^d)$ we have, under the normalization condition

$$\sum_{x \in \mathbf{Z}^{d-1}}|\psi(x,0)|^2 = \int_{S^{d-1}}|\hat{\psi}(\phi,0)|^2 dp = \int_{S^{d-1}\cap\{|\Phi(\phi)-d|>2\}}|\hat{\psi}(\phi,0)|^2,$$

the following inequalities:

$$1 = \int_{S^{d-1}\cap\{\Phi(\phi)-E|>2\}}|\hat{\psi}(\phi,0)|^2 \le \int_{S^{d-1}\cap\{|\Phi(\phi)-E|>2\}}|\hat{\psi}(\phi,0)\lambda_2(\phi,E|^2 d\phi \le |\sigma|\sup|\xi|.$$

If $|\sigma|$ is sufficiently small, we have a contradiction, which proves part 3 of Theorem 2.3.

In the final part of this lecture, I'll give a proof of the localization theorem for random potentials, increasing in probability for $|x| \to \infty$. This subject is closely related with the paper [30], where we analyzed the spectral properties of the operator

$$H = \triangle + \sigma(1 + |x|^\alpha)\xi(x) \qquad (2.61')$$

for $i.i.d.r.v.$ $\xi(\cdot)$, $x \in \mathbf{Z}^d$. (The main goal of [30] was not the theorem on the p.p. spectrum, but phenomena of bifurcation of the essential spectrum of (2.61) with respect to the parameter α).

Theorem 2.4. Let $H = \triangle + \sigma D(x)v(x,\omega)$ $x \in \Gamma$ be a random Schrödinger operator on $L^2(\Gamma)$ with the random potential $\tilde{v}(x,\omega) = D(x)v(x,\omega)$, where $v(x,\omega)$ are $i.i.d.r.v$ with common density of the class $\mathbf{K_1}$ (as in Theorems 2.1' and 2.2) and amplitude $D(x)$, $D(x) \ne 0$ is an increasing function: $\lim_{x\to\infty} D(x) = \infty$.

Then, for arbitrary σ, with μ-probability 1 the operator H has p.p. spectrum and corresponding eigen function tend to 0 superexponentially.

The proof is simple, modulo the following lemma of Wegner's type, which is a deep and nontrivial generalization of the Lemma 2.1. My proof of this lemma is slightly different from our paper with M. Aizenman [2], but the principal idea is the same.

Lemma 2.5. Let $H = \Delta + \sigma v(x,\omega) + v_0(x)$ and the r.v $v(x,\omega)$ are independent and have uniformly bounded densities of the distributions $p_x(v)$: $\|p_x(\cdot)\|_\infty \le c < \infty$. Then, for all x, $y \in \Gamma$, $\sigma > 0$, $E \in R^1$ and $0 < s < 1$

$$\langle |R_E(x,y)|^s \rangle \le \frac{c_0(s) \cdot c}{|\sigma|^s}. \tag{2.62}$$

To begin let's prove Theorem 2.4 using Lemma 2.5.

For arbitrary σ_1 we can find a finite volume v_{σ_1}, such that

$$|\sigma D(x)| > \sigma_1, \quad x \notin v_{\sigma_1}.$$

We can estimate now the moment of the resolvent kernel by the following expression : if $x_0 \in v_{\sigma_1}$, then

$$\langle |R_E(x_0,x)|^s \rangle \le \sup_{y \in V_{\sigma_1}} \langle |R_E(x_0,y)|^s \rangle \exp\{-\varepsilon \min_{y \in V_{\sigma_1}} d(x,y)\}, \quad \varepsilon = \varepsilon(\sigma_1). \tag{2.63}$$

Using the fact that $\varepsilon(\sigma_1) \to 0$, $\sigma_1 \to \infty$ and Lemma 2.5, we can easily obtain both statements of Theorem 2.4.

Now we have to prove Lemma 2.5. In this case it is necessary to use rank-two perturbations.

For given $v(x)$, $x \in \Gamma$ consider the following "perturbed" potential

$$\tilde{v}(z) = \begin{cases} v(z), & z \neq x, \quad y \\ 0, & z = x, \quad z = y \end{cases}$$

(of course, we consider only the case, when $x \neq y$. If $x = y$, the situation is simpler and has been discussed earlier).

If $\check{R}(z,y) = (\Delta + \tilde{v} - E)^{-1}$ is the perturbation of the resolvent (for some fixed E, $Im E \neq 0$) then

$$R(z,y) = \tilde{R}(z,y) - v(x)R(x,y)\tilde{R}(z,x)- \tag{2.64}$$

$$-v(y)R(y,y)\tilde{R}(z,y).$$

Let's put $z = x$, $z = y$. We'll obtain the system of two equations for $R(x,y)$ and $R(y,y)$ in terms of $\check{R}$:

$$R(x,y)(1 + v(x)\tilde{R}(x,x)) + R(y,y)v(y)\tilde{R}(x,y) = \tilde{R}(x,y)$$
$$R(x,y)v(x)\tilde{R}(x,y) + R(y,y)(1 + v(y)\tilde{R}(y,y)) = \tilde{R}(y,y) \tag{2.65}$$

and elementary algebra gives

$$R(x,y) = \frac{\tilde{R}(x,y)}{(1 + v(x)\tilde{R}(x,x))(1 + v(y)\tilde{R}(y,y)) - v(x)v(y)\tilde{R}^2(x,y)}$$

or

$$R(x,y) = \frac{\dfrac{\tilde{R}(x,y)}{\Delta}}{\left(v(x) + \dfrac{\tilde{R}(x,x)}{\Delta}\right)\left(v(y) + \dfrac{\tilde{R}(y,y)}{\Delta}\right) - \left(\dfrac{\tilde{R}(x,y)}{\Delta}\right)^2},\qquad (2.66)$$

where $\Delta = \tilde{R}(x,x)\tilde{R}(y,y) - \tilde{R}^2(x,y)$. Let's introduce notations $\xi_1 = v(x) + \dfrac{\tilde{R}(x,x)}{\Delta}, \xi_2 = v(y) + \dfrac{\tilde{R}(y,y)}{\Delta}$, $b = \dfrac{\tilde{R}(x,y)}{\Delta}$. Random variables $v(x)$, $v(y)$ and $\tilde{R}$ are independent and (under condition $\mathcal{F}_{\neq x, \neq y}$) r.v ξ_1, ξ_2 have densities bounded by $c/|\sigma|$, where $c = \sup_x \|p_x(\cdot)\|_\infty$. To prove Lemma 2.5 it's enough to check now that uniformly in b,

$$\left\langle \left|\frac{b}{\xi_1, \xi_2 - b^2}\right|^s \right\rangle \le \frac{c_0(s)}{|\sigma|^s}.$$

Consider the following three events:

$$A_1: \quad |\xi_1| < \frac{b}{2}, \quad |\xi_2| < \frac{b}{2}$$

$$A_2: \quad |\xi_1| > \frac{b}{2}$$

$$A_3: \quad |\xi_2| > \frac{b}{2}$$

Of course, $A_1 \cup A_2 \cup A_3 = \Omega_m$. But

$$\left\langle \left|\frac{b}{\xi_1, \xi_2 - b^2}\right|^s I_{A_1} \right\rangle \le \frac{2}{b^s} P\{|\xi_1| < b, |\xi_2| < b\}$$

$$\le \frac{2}{|b|^s} \cdot \left(\frac{2bc}{\sigma} \wedge 1\right)^2 \le \frac{2}{|\sigma|^s} \max_{v \in R_+^d}\left(\frac{1}{ys} \cdot \min(2cy^2, 1)\right) \le \frac{c_1(s)}{|\sigma|^s}$$

and, for example,

$$\left\langle \left|\frac{b}{\xi_1 \xi_2 - b^2}\right| I_{A_2} \right\rangle =$$

$$= \left\langle \left\langle \left|\frac{\dfrac{b}{\xi_1}}{\xi_2 - \dfrac{b^2}{\xi_1}}\right|^s I_{A_2} \,|\, \xi_1 \right\rangle \right\rangle \le$$

$$\le \left\langle \frac{c_0(s)\left|\dfrac{b}{\xi_1}\right|^s}{\sigma^s} I_{A_2} \right\rangle \le \frac{c_1(s)}{\sigma^s}.$$

At the last step we have used the rank-one perturbation formula (or a Lemma 2.1 type formula).

Remark. Lemma 2.5 means that generalized eigenfunction of the random Schrödinger operator are, roughly speaking, bounded in probability.

Lecture 7. One-dimensional localization.

In the previous lecture we had proved a very general form of localization theorem (non-local Laplacian, general graph Γ and so forth) but under essential additional assumption of the **large disorder**. In the situation of the small coupling constant σ, physicists expect an existence of the spectral bifurcations (so-called "mobility edge"). We'll be discussing this problem in the conclusion of the chapter.

One-dimensional case (lattice and continuous) plays a special role in the localization theory, because it admits special direct methods based on the phase formalism. The first mathematical results in this area were related with the random one-dimensional Schrödinger (or Shturm-Liouville) operators [28], [52].

In the case of homogeneous ergodic potentials the central achievement was a series [44] - [47] of S. Kotani articles, where he had discovered a deep connection between Ljapunov exponents $\gamma(E)$, the prediction properties of the random potential $V(x,\omega)$, $x \in R^1(\mathbf{Z}^1)$, absolute-continuous spectrum of H etc.

As a result, he proved localization theorem for arbitrary coupling constant and for a wide class of the "non-deterministic potentials". Probabilistic approach of the papers [44] - [47], however didn't clear up the central physical idea of one-dimensional localization: absence of resonances between quantum particle with a given admissible energy E and some (rich enough) family of the "blocks" of the potential $V(\cdot)$.

It's natural to attempt formulating the direct geometrical conditions of localization for the individual (may be, non-random) potential. The first and a very important step in this direction was made in the paper by Simon-Spencer [68]. Among many others, they proved the following result:

Theorem. If $H = \Delta + v(x)$, $x \in \mathbf{Z}^1$ is an one-dimensional lattice Hamiltonian and

$$\lim_{x \to +\infty} \sup |v(x)| = \lim_{x \to -\infty} \sup |v(x)| = \infty,$$

then

$$\sum_{ac}(H) = \phi, \quad \text{i.e.} \quad \sum(H) = \sum_{sing}(H).$$

This theorem (and its generalizations, [68]) will be an instructing example for our future activity, but we will try substituting $\sum_{pp}$ instead of $\sum_{sing}$. Some of the results of this lecture (in the weaker form) were published in [40], but I'll use here the materials of my lectures [53].

Let's start with the following result.

Theorem 2.4. Consider on $L^2(\mathbf{Z}_+^1)$, $\mathbf{Z}_+^1 = (0, 1, \cdots)$ the Schrödinger operator

$$H^\theta = \Delta + v(x), \quad x \in \mathbf{Z}_+^1 \tag{2.67}$$

with boundary condition

$$\psi(-1)\cos\theta + \psi(0)\sin\theta = 0, \tag{2.67'}$$

depending on parameter $\theta \in [0, \pi]$ ("boundary phase").

Assume, that for some energy interval $I \subseteq R^1$ and almost all (in Lebegusgue sense) $E \in I$ there exists the sequence of "non-resonant blocks" $[x_n, y_n](I)$, $n = 1, 2, \cdots$, that is the sequence of the points $0 < x_1 \le y_1 < x_2 \le y_2 \cdots$, such that

$$|R_E^{(n)}(x_n, y_n)| \le \delta_n, \quad \delta_n \to 0, \quad n \to \infty. \tag{2.68}$$

Here $R_E^{(n)} = (H^{(n)} - E)^{-1}$ be a resolvent of "block" operator

$$H^{(n)}\psi(x) = \Delta\psi(x) + v(x)\psi(x), \quad x_n \le x \le y_n,$$

$$\psi(x_n - 1) = \psi(y_n + 1) = 0. \tag{2.69}$$

Let for some nondecreasing sequence of the constants $A_n \ge 1$, $n = 1, 2, \cdots$ and const $c \ge 1$

$$\sum_n \sqrt{A_n}\delta_n < \infty, \quad y_{n+1} \le A_1 \cdots A_n c^n. \tag{2.68'}$$

Then for a.e. $\theta \in [0, \pi]$

$$\Sigma(H^\theta) \cap I = \Sigma_{pp}(H^\theta) \cap I.$$

Remark 1. If we have only $\delta_n \to 0$, $n \to \infty$, than $\Sigma(H^\theta) = \Sigma_{sing}(H^\theta)$ for **all** $\theta \in [0, \pi]$.

Remark 2. The case $A_n \equiv 1$ is especially important: conditions $\sum_n \delta_n < \infty$, $x_n \le c^n$ (for some $c > 1$) are sufficient for the full localization in I for almost all $\theta \in [0, \pi]$.

Proof of the theorem 2.4. As earlier, the basic idea is connected with analysis of the resolvent kernel. The following lemma is, of course, the special case of the Simon-Wolff's theorem. But historically it goes back to S. Kotani's paper [45], which stimulated more general results [69].

Lemma 2.6. Let $H^0 = \Delta + V, \psi(-1) = 0$ be operator (2.67) with zero boundary condition, and denote by

$$R_{E+i\epsilon}^0(0, x) = (H^0 - \lambda - i\epsilon)^{-1}(0, x), x \in \mathbf{Z}_+^1, E \in R^1, \epsilon > 0$$

its resolvent kernel. If for almost all $E \in I$

$$\limsup_{\epsilon \to 0} \sum_0^\infty |R_{E+i\epsilon}^0(0, x)|^2 < \infty \tag{2.70}$$

then for almost all $\theta \in [0, \pi]$

$$\Sigma(H^\theta) \cap I = \Sigma_{pp}(H^\theta) \cap I.$$

Lemma 2.6 admits the estimations of the resolvent kernel for complex energies $E + i\varepsilon$. Sometimes it's more convenient to work in the real domain. The following version of the lemma 2.6 will be useful in the future.

Lemma 2.6'. Suppose, that $R^0_{n,E}(x, y)$ is a resolvent kernel of the operator $H = \triangle + V$ on $[0, L_n]$, $L_n \uparrow \infty$ with zero boundary conditions. If a.e. $E \in I$

$$\lim_{n \to \infty} \sup \sum_{x=0}^{L_n} |R^0_{n,E}(0, x)|^2 < C(E), \qquad (2.71)$$

then for almost all $\theta \in [0, \pi]$

$$\Sigma(H^{(\theta)}) \cap I = \Sigma_{pp}(H^{(\theta)}) \cap I.$$

Of course, the result of the lemma 2.6' can be found in the S. Kotani's papers [44]-[47] in some (indirect) form. I'll give the short proof of the statement.

Suppose, that $E \in I'$ *mes* $I' = mes\ I$ and I' does not include the poles of the resolvent $R^0_{n,\cdot}(\cdot, \cdot)$ and the point spectrum of H^0 on $\mathbf{Z}^1_+$ (both these sets at most countable). Then (in the obvious notations)

$$R^{(0)}_{n,E}(0, x) = \sum_{k=1}^{L_n} \frac{\psi_{k,n}(0)\psi_{l,n}(x)}{E - E_{n,k}} \qquad (2.72)$$

and

$$\|R^0_{n,E}\|^2_{L^2} = \sum_{x=0}^{L_n} |R^0_{n,E}(o, x)|^2 =$$

$$\qquad (2.73)$$

$$= \sum_{k=1}^{L_n} \frac{\psi^2_{k,n}(0)}{|E - E_{n,k}|^2} = \int \frac{\mu_n(d\lambda)}{|E - \lambda|^2}.$$

Of course,

$$\|R^0_{n,E+i\varepsilon}(0, \cdot)\|^2_{L_2} \xrightarrow{\varepsilon \to 0} \|R^0_{n,E}\|^2_{L_2}.$$

According to (2.71), it means that for all $\varepsilon > 0$

$$\|R^0_{n,E+i\varepsilon}(0, \cdot)\|^2_{L_2} \le C(E).$$

But

$$\int \frac{\mu_n(d\lambda)}{|E + i\varepsilon - \lambda|^2} \xrightarrow[n \to \infty]{} \int \frac{\mu(d\lambda)}{|E + i\varepsilon - \lambda|^2},$$

where $\mu_n(d\lambda)$ is a spectral measure of the operator H^0 on $[0, L_n]$ (with zero boundary conditions), and $\mu(d\lambda)$ is a spectral measure of H^0 on $\mathbf{Z}^1_+$. I.e.

$$\int \frac{\mu(d\lambda)}{|E + i\varepsilon - \lambda|^2} \le C(E), \limsup_{\varepsilon \to 0} \|R^0_{E+i\varepsilon}(0, \cdot)\|^2_{L_2} \le C(E)$$

and we proved (2.70).

Now we'll introduce the cluster expansion of the resolvent in the form which is convenient for us. Let's define the family of block operators, related with the points $(x_n, y_n, n = 1, 2, \cdots)$, from the main condition of the theorem 2.4.

Blocks $[r_0 = 0, y_1] = (0)$, $[x_1, y_2] = (1), \cdots [x_n, y_{n+1}] = (n) \cdots$ will be called "main" blocks, and their intersections $(0) \cap (1) = [x_1, y_1] = (0, 1)$, $(1) \cap (2) = [x_2, y_2] = (1, 2) \cdots$ will be "boundary" or nonresonant blocks.

We introduce the main block operator

$$H^{(n)}(x) = \Delta + V(x), x_n \leq x \leq y_{n+1}, \psi(x_n - 1) = \psi(y_{n+1} + 1) = 0. \qquad (2.74)$$

The boundary operators $H^{(n-1,n)}$ was introduced above.

Denote by $R_E^{(n)}(x, y)$, $x, y \in (n)$, $R_E^{(n-1,n)}(x, y)$, $x, y \in (n-1, n)$ corresponding resolvent kernels.

Definition: Elementary path γ on the lattice Z_+^1 is a finite sequence of points

$$\gamma = (Z_0, \cdots, Z_n), |Z_k - Z_{k+1}| = 1, \quad 0 \leq k \leq n - 1).$$

By $\gamma : Z_0 \to Z_e$ we denote arbitrary elementary paths between points Z_0 and Z_e. It is a well-know fact that for initial resolvent kernel $R_\lambda^0(0, x)$ and for the resolvents of our blocks, there exists a formal path representation of the form

$$R_E^{(n)}(x, y) = \sum_{\substack{\gamma : x \to y \\ \gamma \subset (n)}} \prod_{z \in \gamma} \left(\frac{1}{E - V(z)} \right) \qquad (2.75)$$

$$R_E^0(0, x) = \sum_{\substack{\gamma : 0 \to x \\ \gamma \subset Z_+^1}} \prod_{\varepsilon \in \lambda} \left(\frac{1}{E - V(z)} \right). \qquad (2.75')$$

(see lecture 5).

Remark 3. If $x = y$, it is necessary to include the path of the length zero, which gives contribution $\dfrac{1}{\lambda - V(x)}$. The number of paths beginning at the fixed point and having the length k is less than or equal to 2^k. It follows that formal path expansion absolutely converges if $|Im(\lambda)| > 2$.

Path decomposition describes physically all the ways that a quantum particle with energy λ can go from x to y.

Let us introduce graph Γ whose sites are main blocks $(0), (1), \cdots, (n)$, and the bonds connect only the neighbor blocks: $(0) \to (1)$; $(1) \to (0), (1) \to (2)$ etc.

Let's consider some elementary path $\gamma : 0 \to x$ (from the expansion (2.72')). This path make the sequential transitions between main blocks, starting from the block $(0) \ni 0$ and finishing in the block $(k) \ni x$.

We understand this transition in the following sense. Path γ begins from the point $0 \in (0)$, in some moment reaches the point y_1 and after (first time) jumps to the point $y_1 + 1$. This moment of the first entrance to the point $y_1 + 1$, by the definition, is the moment of the transition $(0) \to (1)$ on the graph Γ. The first exit time from the block (1) is the first moment, when path γ will reach either point $x_1 - 1$ (which corresponds to transition $(1) \to (0)$ or point $y_2 + 1$ (transition $(1) \to (2)$) and so forth.

It means, that for every $\gamma : 0 \to x$ we have defined the new path $\tilde{\gamma}$ on $\Gamma : \tilde{\gamma} : (0) \to (k)$. Of course, every $\tilde{\gamma}$ represents many possible elementary paths, corresponding set we will denote $\{\tilde{\gamma}\}$.

Let's

$$R_E^{(\tilde{\gamma})}(0, x) = \sum_{\substack{\gamma \subset \{\tilde{\gamma}\} \\ \gamma\, 0 \to x}} \prod_{z \in \gamma} \frac{1}{(E - V(z))} \tag{2.76}$$

of course,

$$R_E(0, x) = \sum_{\tilde{\gamma}:(0) \to (k) \ni x} R_E^{(\tilde{\gamma})}(0, x) \tag{2.77}$$

Using simple combinatorial calculations we can express $R_E^{(\tilde{\gamma})}(0, x)$ in terms of the resolvents of the "main" and "boundary" blocks. In order to avoid the bulky notations, I'll formulate the following lemma only for specific case. Nevertheless, the structure of the general formula is obvious.

Lemma 2.7. Let $\tilde{\gamma} = (0) \to (1) \to (2) \to (1) \to (2) \to \cdots \to (k+1) \to (k)$ is some (specific) path on Γ. Then

$$R_E^{(\tilde{\gamma})}(0, x) = R_E^{(0)}(0, x_1 - 1) R_E^{(0,1)}(x_1, y_1) R_E^{(1)}(y_1 + 1, x_2 - 1) \cdot$$

$$R_E^{(1,2)}(x_2, y_2) R_E^{(2)}(y_2 + 1, y_2 + 1) R_E^{(2,1)}(y_2, x_2) \cdot$$

$$R_E^{(1)}(x_2 - 1, x_2 - 1) R_E^{(1,2)}(x_2, y_2) R_E^{(2)}(y_2 + 1, \cdot) \cdots \tag{2.78}$$
$$\cdots R_E^{(k+1)}(\cdot, y_{k+1} + 1) R_E^{(k+1,k)}(y_{k+1}, x_{k+1}) \cdot$$

$$\cdot R_E^{(k)}(x_{k+1} - 1, x).$$

Let's remark that for the resolvent of the boundary block we have in the formula (2.75) only one variant for the arguments: $R^{(i-1,i)}(x_i, y_i) = R^{(i,i-1)}(x_i, y_i)$. For the resolvents of the main blocks we have four possible versions:

$$R^{(i)}(y_i + 1,\ x_{i+1} - 1), \quad R^{(i)}(y_i + 1,\ y_i + 1),$$

$$R^{(i)}(x_{i+1} - 1,\ x_{i+1} - 1), \quad R^{(i)}(x_{i+1} - 1,\ y_i + 1)$$

(except, of course, the last factor in (2.75), which depends on $x \in (k)$).

Formula (2.78) includes the factor of two types: boundary resolvents $R_E^{(i,i+1)}(\cdot, \cdot)$, which are small (according to conditions of the theorem) and resolvents of the main blocks $R_E^{(i)}(\cdots, \cdots)$. We will prove now that this factors are not too large. It's interesting, that we have no any information about the structure of the potential inside the "main" blocks! The following simple lemma gives the central idea of the proof (see also, [53], [40], the article [40] contains this lemma in a slightly weaker form).

Lemma 2.8. Consider the resolvent $R_E^{(n)}(a, b), a, b \in (n)$ and define

$$L_n = |y_{n+1} - x_n| + 1 = |(n)|.$$

Then for any $M > 0$ and any $(a, b) \in (n)$
a)

$$\mu\{E \in I : |R_E^{(n)}(a, b)| > M|\} \le \frac{C_0}{M} \tag{2.79}$$

where μ is Lebesgue measure, C_0-absolute constant (in fact $C_0 = 4$),
b)

$$\mu\{E \in I : \| R_E^{(n)}(a, \cdot)\|_{L_2}^2 = \sum_{b=x_n}^{y_{n+1}} |R_E^{(n)}(a, b)|^2 > M\} \le 4\sqrt{\frac{L_n}{M}}. \tag{2.80}$$

Proof: The main difficulty is that we don't know anything about block potentials of the block operators $H^{(n)}$. Nevertheless
a)

$$R_E^{(n)}(a, b) = \sum_{\kappa=1}^{L_n} \frac{\psi_{\kappa,n}(a)\psi_{\kappa,n}(b)}{E - E_{\kappa,n}},$$

where $E_{\kappa,n}$ are eigenvalues and $\psi_{\kappa,n}(x), x \in (n)$ are orthonormal eigenfunction of our operator $H^{(n)}$.

Let us remark that

$$\sum_{\kappa=1}^{L_n} |\psi_{\kappa,n}(a)|^2 = \sum_{\kappa=1}^{L_n} (|\delta_a \cdot \psi_{\kappa,n})|^2 = \|\delta_a\|^2 = 1$$

and also

$$\sum_{\kappa=1}^{L_n} |\psi_{\kappa,n}(a)| \cdot |\psi_{\kappa,n}(b)| \le 1.$$

If $\psi_{\kappa,m}(a) \cdot \psi_{\kappa,n}(b) = \alpha_\kappa$, then we can write

$$R_E^{(n)}(a,b) = \int \frac{d\mu(\lambda)}{E-\lambda} = \sum_{\alpha_k^+ > 0} \frac{\alpha_k^+}{E - \lambda_{k,n}} - \sum_{-\alpha_k^- < 0} \frac{\alpha_k^-}{E - \lambda_{k,n}} = R_{E,+}^{(n)} + R_{E,-}^{(n)}.$$

It's obvious that

$$\mu\{E \in I : |R_E^{(n)}(a,b)| > \mu\} \le \mu\{E \in I : |R_{E,+}^{(n)}| > \mu\}$$

$$+\mu\{E \in I : |R_{E,-}^{(n)}(\cdot,\cdot)| > \mu\}.$$

It is interesting, that $\mu\{E \in I : |R_{E,+}^{(n)}| > \mu\}$ can be calculated explicitly. In fact, consider equations

$$\sum_{k=1}^{n'} \frac{\alpha_k^+}{E - \lambda_k} = \pm M. \tag{2.81}$$

It can be represented in the form

$$\pm M \cdot \prod_{k=1}^{n'} (E - \lambda_k) = \sum_{i=1}^{n'} \alpha_i^+ \prod_{k \ne i} (E - \lambda_k),$$

or

$$\pm M \cdot E^{n'} \mp M\left(\sum_{k=1}^{n'} \lambda_k\right) E^{n'-1} + \cdots =$$

$$= \left(\sum_{k=1}^{n'} \alpha_k^+\right) E^{n'-1} + \cdots$$

Algebraic equation (2.81) has n' roots E_k^+ located for large M near points λ_k. Elementary theorem gives

$$\sum_{k=1}^{n'} E_k^+ = \sum_{k=1}^{n'} \lambda_k + \left(\sum_{k=1}^{n'} \alpha_k^+\right) M^{-1}$$

$$\cdot \sum_{k=1}^{n'} E_k^- = \sum_{k=1}^{n'} \lambda_k - \left(\sum_{k=1}^{n'} \alpha_k^+\right) M^{-1}.$$

But in the case when $\alpha_k^+ > 0$

$$\mu\left\{E : \left|\sum_{k=1}^{n'} \frac{\alpha_k^+}{E - \lambda_k}\right| > M\right\} = \sum_{k=1}^{n'} (\lambda_k^+ - \lambda_k^-)$$

$$= \frac{2}{M}\left(\sum_{k=1}^{n'} \alpha_k^+\right).$$

(Last step was based on (2.82)). It means, at last, that

$$\mu\{E : |R_E^{(n)}(a,b)| > \mu\} \le \frac{4}{M},$$

i.e. we proved (2.79).

This result goes back to the old Kolmogorv's paper about divergent Fourier series.
b) We begin with the formula (2.72) mentioned above:

$$h_2(E) = \|R_E^{(n)}(a, \cdot)\|_{L_2}^2 = \sum_{k=1}^{L_n} \frac{\beta_k}{(E - E_{n,k})^2}, \tag{2.83}$$

where $L_n = |y_{n+1} - x_n| + 1$, $\beta_k = |\psi_{n,k}^2(a)|$, $\sum_{k=1}^{L_n} \beta_k = 1$. Let's introduce the intervals

$$\triangle_{k,n} = \left\{ E : |E - E_{n,k}| \le \sqrt{\frac{\beta_k}{M}} \right\}.$$

Then

$$\sum_k |\triangle_{k,n}| = \frac{2}{\sqrt{M}} \sum_{k=1}^{L_n} \sqrt{\beta_k} \le \frac{2\sqrt{L_n}}{\sqrt{M}},$$

(Cauchy-Schwarz inequality).

Outside the set $\cup_k \triangle_{k,n}$, the function $h_2(E)$ has no singularities and

$$\int_{E \setminus \cup_k \triangle_{k,n}} h_2(E) dE \le \sum_{k=1}^{L_n} 2 \int_{\sqrt{\frac{\beta_k}{M}}} \frac{\beta_k dE}{E^2} = 2\sqrt{M} \sum_{k=1}^{L_n} \sqrt{\beta_k} \le$$

$$\le 2\sqrt{M} L_n.$$

Chebyshev inequality gives us

$$\mu\{E : E \notin \cup_k \triangle_{k,n}, h_2 > M\} \le \left(\int_{I \setminus \cup_k \triangle_{k,n}} h_2(E) dE \right) / M$$

$$\le 2\sqrt{\frac{L_n}{M}}.$$

This fact together with estimation of $\cup_k \triangle_{k,n}$ is equivalent to (2.80).

Corollary 2.1. Suppose that M_n and N_n are such sequences $(M_n \to \infty, N_n \to \infty)$ that

$$\sum \frac{1}{M_m} < \infty, \sum \sqrt{\frac{L_n}{N_n}} < \infty.$$

Lemma 2.8 implies that

$$\sum \mu\{E \in I : |R_E^{(n)}(:,:)| \ge M_n\} \le \sum \frac{4C_0}{M_n} < \infty$$

where : : means the four possible variants of the arguments in Lemma 2.7. Similarily

$$\sum \mu\{E \in I : \|R_E^{(n)}(\cdot,\cdot)\|_{L^2}^2 > N_n\} \leq \sum \sqrt{\frac{L_n}{N_n}} < \infty,$$

point in the argument means one of the two possible variants of argument. Borel-Cantelli Lemma shows that for almost all $E \in I$ there exists number $n_0(E)$ such that for $n \geq n_0(E)$ we will have

$$|R^{(n)}(: \ :)| \leq M_n, \|R_E^{(n)}(\cdot, x)\|_{L^2}^2 \leq N_n. \tag{2.85}$$

So we showed that resolvent kernels are not too "big". Now everyting is ready to finish the proof of the theorem 2.4.

Let us put $M_n = \dfrac{c_0}{\sqrt{A_n}\delta_n}$, $\quad N_n = A_1, A_2, \cdots, A_n c_1^n$. If the constant c_1 is sufficiently large, c_0 is small enough, then (according to condition (2.68') of the theorem 2.4) the following three series are convergent:

$$\sum_n \frac{1}{M_n} < \infty, \quad \sum_n \sqrt{\frac{L_n}{N_n}} < \infty, \quad \sum_n \frac{c_0^n N_n}{A_0 \cdot A_n} < \infty \tag{2.86}$$

and $M_n \delta_n < \dfrac{1}{3}$. $\quad n = 0, 1, \cdots$.

Suppose at the beginning that the random index $n_0(E)$ in the corollary 2.1 is equal to 0. Then we can estimate $R_E^{(\tilde{\gamma})}(0, x), x \in (k)$ (see (2.78)) by the expression

$$|R_E^{(\tilde{\gamma})}(0, x)| \leq (M_0 \delta_0) \cdots (M_k \delta_k) \left(\frac{1}{3}\right)^{|\tilde{\gamma}|-k-1} |R_E^{(k)}(\cdot, x)|.$$

It follows immediately from the (2.77) that

$$|R_E(0, x)| \leq \prod_{i=0}^{n}(M_i \delta_i) \left(\sum_{j=0}^{\infty}\left(\frac{2}{3}\right)^j\right) |R_E^{(k)}(\cdot, x)| \leq$$

$$c|R_E^{(k)}(\cdot, x)| \cdot \prod_{i=0}^{k}(M_i \delta_i)| \leq c \cdot \frac{c_0^{k+1}}{\sqrt{A_0 \cdots A_{k+1}}}|R_E^{(k)}(\cdot, x)|.$$

Then

$$\sum_{x \in (k)} |R_E^{(0)}(0, x)|^2 \ \leq c_1^2 \frac{c_0^{2k}}{A_0 A_1 \cdots A_k}\|R_E^{(k)}(\cdots\cdots)\|_{L^2}^2 \leq$$

$$\leq c_1^2 \frac{c_0^{2k}}{A_0 A_1 \cdots A_k} N_k,$$

i.e. (see (2.86))

$$\|R_E^0(0, \cdot)\|^2 \leq \sum_k \sum_{x \in (k)} |R_E(0, x)|^2 \leq$$

$$\leq \sum_k \frac{c_0^{2k} N_k}{A_0 A_1 \cdots A_k} < \infty.$$

If $n_0(E) > 0$, we can construct (using the same estimation) the resolvent of the hamiltonian H on the half-axes $x \geq L_0^{(n)}$ with zero boundary condition at the point $L_0 - 1$. It will give us for $x > L_0$ a square-integrable solution of the equation

$$H\psi = E\psi.$$

We can extend this solution for all $x \geq 0$. If $E \notin \sum_{pp}(H^0)$ then this solution (with the suitable factor) will give us $R_E^0(0, x)$. Theorem is proved.

Remark 4. If in the conditions of the theorem 2.4 we have only $\delta_n \to 0$, then for arbitrary $\{x_n, y_n\}$, $n = 1, 2, \cdots$ and arbitrary $\theta \in [0, \pi]$

$$I \cap \left(\sum \left(H^{(\theta)} \right) \right) = \left(\sum_{sing}(H^\theta) \right) \cap I.$$

This fact can be proved using the same claster expansion, but in the neighborhood of the point $E = i$. In fact this statement is contained (non-directly) in [68] and represents, probably, the strongest known criteria of the singular spectrum. We will not discuss this subject in details (see [68]).

Let's describe now some special cases of the theorem 2.4 and then apply this theorem to the random potentials $v = v(x, \omega)$, $x \in \mathbf{Z}_+^1$.

Case 1. High unique barriers

Suppose that for some sequence of points $x_n, n \geq 1, |v(x_n)| = h_n \to \infty, x_n < C^n$, and $v(y)$ is arbitrary for $y \neq x_n, n \geq 1$. In this case any boundary block consists of exactly one point from the set $\{x_n\}$ and it follows from Theorem 2.4 that the condition

$$\sum \frac{1}{h_n} < \infty \tag{2.87}$$

is sufficient for p.p. spectrum of H^θ for a.e. $\theta \in [0, \pi]$.

Case 2. Barriers of the fixed length.

Suppose that for fixed $d > 1$ there exist sequence $x_n \to \infty$ such that $x_n \leq c^n$ for some $c > 1$ and

$$|v(x_n), \quad |v(x_n + 1)|, \cdots |v(x_n + d - 1)| \geq h_n.$$

If

$$\sum_n \frac{1}{h_n^d} < \infty \tag{2.88}$$

we can again apply the theorem 2.4 and prove the localization a.e. $\theta \in [0, \pi]$.

Case 3. Very long barriers (bumps).

Suppose that for arbitrary $E \in R^1$ we can find the sequence of the blocks $[x_n, y_n]$ such that

1. $|v(x) - E| \geq c > 2$, $x \in [x_n, y_n]$

2. $\quad l_n = |x_n - y_n| + 1 \geq c_1 ln\, n$ $\hfill$ (2.89)

and $c_1 > \left(ln\dfrac{c}{2} \right)^{-1}$, i.e. series $\sum_n \left(\dfrac{2}{c} \right)^{l_n}$ is convergent. Then $\sum(H^\theta) = \sum_{pp}(H^\theta)$ for a.e. $\theta \in [0, \pi]$.

Case 4. Periodic support (PS) (polycrystals).

Suppose that there exists a finite number of periodic potentials $v_i(x)$, $\quad x \in \mathbf{Z}^1$ with periods T_i, $\quad i = 1, 2 \cdots N$ with the following properties

1. $\cup_i G_i = R^1$, where G_i is an open set of all gaps in the spectrum of the periodic Hamiltonian $H_i = \Delta + v_i$. These gaps include no more than $T_i - 1$ bounded gaps and two unbounded gaps outside $\sum_{ess}(H_i)$.

2. For every $i = 1, 2, \cdots n$ we can find the system of the blocks $[x_n^i, y_n^i]$ such that

2a. $\quad \lim\limits_{n \to \infty} \dfrac{|y_n^i - x_n^i|}{ln\, n} = +\infty$ $\hfill$ (2.90)

2b. $\quad \sup\limits_{x \in [x_n^i, y_n^i]} |v(x) - v_i(x)| \xrightarrow[n \to \infty]{} 0.$ $\hfill$ (2.90′)

Then $\sum(H^\theta) = \sum_{pp}(H^\theta)$ for a.e. $\theta \in [0, \pi]$.

The proof of this result is based on the positivity of the Ljapunov exponents in the gaps of periodic Hamiltonian and is elementary.

By the definition, periodic functions $v_i(x)$ such that

$$\sup_{x \in [x_n, y_n]} |v(x) - v_i(x)| \xrightarrow{n \to \infty} 0$$

and $|x_n - y_n| \to \infty$ for some sequence of blocks $[x_n, y_n]$ are the elements of the periodic support PS of the potential $v(x)$, $\quad x \in \mathbf{Z}^1$.

If the periodic support is sufficiently rich (i.e. $\cup_i G_i = R^1$) we can guarantee (without condition (2.90)!) that

$$\sum(H^\theta) = \sum_{sing}(H^\theta)$$

for all $\theta \in [0, \pi]$. This statement is an equivalent (or slightly stronger) of the main result of the S. Kotani's paper [46].

Theorem 2.4 is very general and includes the majority of the known results about localization on the half-axis. Let's discuss situation of the full axis $\mathbf{Z}^1$.

Consider in $L^2(\mathbf{Z}^1)$ Schrödinger operator

$$H = \Delta + v(x).$$

Assume that for given energy interval I (I may be all line R^1), conditions of the Theorem 2.4 are true separately for $x > 0$ and $x < 0$, that is, there exists a system of nonresonant blocks $[X_n, Y_n], n \in \mathbf{Z}^1$ for every $E \in I$ with corresponding constants δ, ℓ_n, L_n. The same consideration shows that a.e. in $E \in I$

$$R_E(0,x) = (H - E)^{-1}(0,x) \in L^2(\mathbf{Z}^1). \tag{2.91}$$

In order to glue together solutions $\psi_E^{\pm}(x)$ which decay when $x \to \pm\infty$ it is necessary to introduce some additional random parameter. In the case of $\mathbf{Z}_+^1$ it was a boundary phase θ uniformly distributed in $[0, \pi)$. For the case of $\mathbf{Z}^1$ this parameter must be included in potential v. The following Lemma is contained in paper of Souillard at all [19] and (in different situation) in [69] (Simon-Wolff).

Lemma 2.9. Let $V(x) = V_0(x) + V_1(x, \omega), \omega \in (\Omega, \mathcal{F}, \mu)$ and random part of the potential has finite support: $V_1(x, \omega) \equiv 0, x \notin [a, b]$. Consider for given $E \in I$ evolution of the phase of some solution $\psi_\lambda(x)$ of the equation $(H - E)\psi = 0$ in the $[a, b]$ given by lattice Riccaty equation in $[0, \pi]$;

$$\theta_E(x+1) = \text{arc ctg } (V(x) - E + \text{ctg } \theta_\lambda(x)). \tag{2.92}$$

Assume that for fixed $\theta_E(a) = \phi$ the random value $\theta_E(b, \omega) = \theta_E(b, \phi, \omega, V_0)$ has absolutely continuous distribution. If, in addition

$$R_E^0(0, x) = (\triangle + V_0 - \lambda)^{-1}(0, x) \in L^2(\mathbf{Z}^1) \text{ a.e. } E \in I,$$

the operator $H = \triangle + V_0 + V_1(x, \omega)$ has a pure point spectrum μ-a.s. (that is for a.e. $\omega \in \Omega$). Typical example is $V_1(x, \omega) = \epsilon(\omega)\phi(x)$ where $\phi(x)$ has a finite support and an absolutely continuous distribution.. Perturbation of the form $V_1 = \epsilon\phi$, supp $\phi \in [a, b]$ has a finite rank. In many cases it is possible to use perturbation of rank $1 : V_1(x) = \epsilon \cdot \delta_{x_0}(x)$ (Simon-Wolff theorem). We will use system of these similar statements as a **Theorem 2.4'**.

Now I'll describe a few examples which will illustrate some features of the theorems 2.4, 2.4' and typical applications.

Example 1 (A. Gordon). Rare high barriers. Consider the potential $v(x)$ of the form

$$V(x) = \sum_{n-1}^{+\infty} h_n\delta(x - x_n), h_n \to +\infty, L_n = x_n - x_{n-1} \to \infty.$$

It follows from Theorem 2 that condition

$$\lim_{n \to \infty} \sup \sqrt{\frac{L_{n+1}}{L_n}} \cdot \frac{n^{1+\epsilon}}{h_n} = 0 \tag{2.93}$$

is sufficient for the pure point spectrum of H^θ for almost all boundary phases $\theta \in [0, \pi]$.

A. Gordon proved that if

$$n \overset{\lim}{\to} \infty \sqrt{\frac{L_{n+1}}{L_n} \cdot \frac{1}{h_n}} > 1, \tag{2.94}$$

then $\Sigma(H^\theta) \cap [-2,2] = \Sigma_{s.c.}(H^\theta) \cap [-2,2]$ for all $\theta \in [o,\pi)$, hence $[-2,2] \subseteq \Sigma_{s.c.}(H^\theta), \theta \in [0,\pi)$. Of course, $[-2,2] = \Sigma(\Delta)$. Outside of $[-2,2]$ the spectrum of $H^\theta = \Delta + V$ is discrete, which follows from oscillatory theorem. We may see that the difference between conditions (2.93) and (2.94) is not very big, especially in the case when $\frac{L_{n+1}}{L_n} \to +\infty$ fast enough, for example, when $x_n = e^{n^\alpha}, \alpha > 1, L_n \sim e^{n^\alpha}, \alpha > 1$.

Gordon's idea is simple. Let $E \in (-2,2)$, then the amplitude $r(x) = (\psi^2(x-1) + \psi^2(x))^{1/2}$ of any solution ψ of the equation

$$(H - E)\psi = 0$$

is constant between barriers. If $r(\psi(x))$ is the size of the amplitude, and if

$$r(\psi(x)) = A_{n-1}, x_{n-1} < x < x_{n-1}, r(\psi(x)) = A_n, x_n < x < x_{n+1},$$

then it is easy to see that

$$A_{n-1} \cdot \frac{1}{h_n + 1} < A_n < A_{n-1} \cdot (h_n + 1).$$

Then divergence of the series

$$\sum_n \frac{L_{n+1}}{(h_1 + 1)^2 \cdots (h_{n+1} + 1)^2} \tag{2.95}$$

implies that $\psi \notin L^2(\mathbf{Z}_+^1)$. On the other hand, condition

$$\underline{\lim} \; \frac{L_{n+1}}{L_n} \cdot \frac{1}{h_n^2} > 1$$

is sufficient (2.95) to diverge.

It is a very interesting (and, probably, not difficult) problem to find necessary and sufficient conditions on the potentials in example 1 such that H^θ has pure point spectrum for almost all θ.

Example 2. Let $v(x) = \sigma\xi(x), \quad x \in \mathbf{Z}^1$, where $\xi(x,\omega)$ are $i.i.d.r.v$, and coupling const σ can be very small. In addition, suppose (to use Simon-Wolff's theorem) that r.v. $\xi(x,\omega)$ have a common density $p(v)$. We will prove that

$$\Sigma(H) = \Sigma_{pp}(H) \quad \mu - a.s.$$

It's possible to use a special form of the theorem 2.4' (case 4, see above).

Consider the following periodic function

$$v_n(x) = \begin{cases} a, & x = kn - 1 \\ 0, & x \neq kn - 1 \end{cases}$$

with period $T_n = n$.

The simple calculations show that monodromy operator of $H = \Delta + v(x)$ on the interval $[0, n]$ is given by the formula

$$T_{n,E} = \begin{pmatrix} 0 & -1 \\ 1, & -E \end{pmatrix}^{n-1} \begin{pmatrix} 0 & -1 \\ 1 & a - E \end{pmatrix}.$$

If $E = -2\cos\phi$, i.e. $E \in [-2, 2] = \Sigma(\Delta)$, then

$$\begin{pmatrix} 0 & -1 \\ 1 & -E \end{pmatrix}^{n-1} = \frac{1}{\sin\phi} \begin{pmatrix} \sin\phi(n-1) & -\sin\phi n \\ \sin\phi n & \sin\phi(n+1) \end{pmatrix}$$

and

$$Tr(T_{n,E}) = 2\cos n\phi - \frac{a \sin n\phi}{\sin\phi}.$$

Energy E lies in the gaps of periodic Hamiltonian iff $|Tr(T_{n,E})| > 2$. It's easy to see, that for fixed a and arbitrary $E \in (-1, 1)$ (i.e. $\phi \in [0, 2\pi]$) we can find such n that $|Tr(\cdot)| > 2$.

Without loss of generality we can suppose, that $0 \in \text{Supp } p_{\sigma\xi}(v)$. Let $a \neq 0$ be some another point from the same support. If ε is a sufficiently small number then

$$P\{\sigma\xi(x+1) \in (-\varepsilon, \varepsilon), \cdots, \sigma\xi(x+n-1) \in (-\varepsilon, \varepsilon),$$

$$\sigma\xi(x+n) \in (a - \varepsilon, a + \varepsilon)\} \geq \delta^n$$

for suitable $\delta = \delta(\varepsilon) > 0$.

The probability of the N periods (with accurancy ε!) has order δ^{Nn}. For large L, on the interval $[0, L]$ we can meet μ-a.s. the series of $lnL \cdot \gamma(\varepsilon, \delta)$ periods.

Because (even for only one fixed a) the gaps corresponding to some finite number of indexes n cover the interval $[-2, 2]$, we can apply the result mentioned above (Case 4) and use Theorem 2.4'.

If $E \notin [-2, 2]$, we can again use the idea of periodic support (only in the calculations of monodromy operator substituted $sh\ \phi(x)$ instead of $\sin\phi(x)$! or apply the results of the Case 3 (long Bumps).

Now we'll show how to apply our general results to the strongly correlated potentials.

Example 3. Potential on dynamical system.

Let $V(x) = \text{ctg}\ (\pi(\alpha x^2 + \beta))$. This potential is popular in physical literature as one of the models of "quantum chaos". Dynamical system $\varepsilon_x = \alpha x^2 + \beta$ may be included in the skew-shift of the two-dimensional torus S^2, but this fact is not essential for us. (Similarly, as in the previous example, it wasn't essential that $\xi(x)$ are identically distributed). We will consider $V(x)$ as a family of r.v. on the probability space $\Omega = [0,1] \times [0,1]$ with Lebesgue measure μ in the plane.

Introduce family of the events

$$A_{n,x} = \{(\alpha,\beta) : \alpha x^2 + \beta \in [0, 2^{-n} \cdot n^{1+\epsilon}]\}, x \in 2^n, 2^n + 1, \cdots, 2^{n+1} - 1,$$

indicator of corresponding neighborhood

$$\chi_n(t) = \chi_{[0,2^{-n}n^{1+\epsilon}]}(t),$$

and its Fourier transform

$$\chi_n(t) = \sum_{e=\infty}^{+\infty} C_{\ell,n} e^{i(\ell t 2\pi)}, \quad C_{0,n} = 2^{-n} n^{1+\epsilon}.$$

Then

$$\mu(A_x) = <\chi_n(\alpha x^2 + \beta)> = C_{0,n} = C \cdot 2^{-n} \cdot n^{1+\epsilon}$$

and

$$\mu(A_{n,x} A_{n,y}) = \int_0^1 \int_0^1 d\alpha d\beta \sum_{\ell,\ell_1} C_{\ell,n} \overline{C_{e_1,n}} e^{i\ell((2^n+k)^2 \alpha + \beta)2\pi - i\ell_1((2^n+k_1)\alpha+\beta)2\pi} =$$

$$= \sum_{\ell,\ell_1} \overline{C_{\ell_1,n}} C_{\ell,n} \int_0^1 \int_0^1 d\alpha d\beta (\ell^{i\beta(\ell-\ell_1)2\pi + (\ell x^2 - \ell_1 y^2)2\pi \alpha \cdot 2^n})$$

$$= \sum_{\ell} \delta(\ell - \ell_1) \delta(\ell x^2 - \ell_1 y^2) C_{\ell_1,n} \cdot \overline{C_{\ell,n}} = \delta(x-y) \sum_{\ell} |C_{\ell,n}|^2.$$

$$= \delta(x-y) 2^{-n} \cdot n^{1+\epsilon}.$$

This implies that events $A_{n,x}, x \in [2^n, 2^{n+1} - 1]$ are noncorrelated.

Let $V_n = \sum_{x=2^n}^{2^{n+1}-1} I_{A_{n,x}}(\omega)$. Then $\langle V_n \rangle = n^{1+\epsilon}$

and Var $(V_n) = \sum_x$ Var $(I_{A_{n,x}}) = 2^n \cdot \mu(A_n, x) \cdot (1 - \mu(A_n, x)) \simeq n^{1+\epsilon}$.

Chebyshev inequality tells us that $\mu\{|V_n - \langle V_n \rangle| > \frac{\langle V_n \rangle}{2}\} \leq \frac{C}{\langle V_n \rangle} \sim \frac{C}{n^{1+\epsilon}}$.

We may apply now the Borel-Cantelli lemma and receive a.e. (α, β) for $n > n_0(\alpha, \beta)$ the existence of at least one peak of the potential $V(x), x \in [2^n, 2^{n+1}-1]$ of the order $|V(x_n)| \geq C \cdot \frac{2^n}{n^{1+\epsilon}}$. This means (in virtue of theorem 1) that $\Sigma(H^\theta) = \Sigma_{pp}(H^\theta)$ for almost all θ and almost all $(\alpha, \beta) \in [0,1] \times [0,1]$. Of course, the previous estimation $|V(x_n)| \geq C \cdot \frac{2^\mu}{n^{1+\epsilon}}$ is too strong.

In fact, we proved the following result: Let $f(x) = f(x+1), x \in R^1$ be a periodic function and for at least one point $x_0 \in [0,1]$,

$$|f(x)| \geq C \left(\ell n \frac{1}{|x - x_0|} \right)^{1+\epsilon}, \quad \epsilon > 0.$$

Then for a potential $V(x) = f(\alpha x^2 + \beta)$ we can apply Theorem 2.4.

The same argument shows that results remain true if we replace dynamical system $\varepsilon_x = \alpha x^2 + \beta$ with any polynomial system $\varepsilon_x = P_N(x)$ containing no less than two free parameters.

Example 4. Gaussian potentials.

Let $V(x), x \geq 0$ be a non stationary Gaussian sequence,

$$\langle V(x)\rangle = 0, \beta(x,y) = \langle V(x)V(y)\rangle, 0 \leq C_1 \leq \beta(x,x) = \text{Var } V(x) \leq C_2,$$

and $|\beta(x,y)| \leq \dfrac{1}{\ell n^{1+\varepsilon}|x-y|}, \quad \varepsilon > 0, \quad |x-y| \to \infty.$

As earlier, we need only some hypothesis on non-degeneracy of finite-dimensional distributions, but not stationarity.

Let's remark that the condition of logarithmic decay of correlations is well-known in the theory of Gaussian fields and processes. In this case, the structure of the peaks has bifurcations, inequality

$$|\beta(x,y)| > \frac{1}{ln^{1+\varepsilon}|x-y|}$$

implies that long range behavior of $V(x)$ is approximately the same as of a sequence of independent and identically distributed Gaussian r.v.

It is known that $\max\limits_{x\in[-n,n]} V(x) \sim C\sqrt{\ell n(n)}$ (under much weaker conditions, see H. Cramer [18]), than we can assume $\max\limits_{2^n \leq x < 2^{n+1}-1} |V(x)|$ has order $\sqrt{n}$. We cannot apply Theorem 2.4 in the case of single peaks. It is necessary to look for blocks of length 3.

Let's divide $[2^n, 2^{n+1})$ in to "triplets":
$Y_1 = (V(2^n)), V(2^n+1), V(2^n+2)), Y_2 = (V(2^n+3), V(2^n+4), V(2^n+5)), \cdots Y_N, N = c \cdot 2^n.$

It's easy to see that $Y_k, k = 1, 2, \cdot N$ have common non-degenerating gaussian distribution with the density

$$\rho(y) = c\exp\left(-(BY,Y)\right), y \in R^3, B = B^* > 0.$$

Then

$$P\{Y_k^{(1)} \geq \delta\sqrt{n}, \quad Y_k^{(2)} \geq \delta\sqrt{n}, \quad Y_k^{(3)} \geq \delta\sqrt{n}\} \quad n \xrightarrow{\sim} \infty$$

$$\sim c_2\exp(-c\delta^2 n)\cdot n^{-3/2} \quad \text{(Laplace method)}.$$

Let

$$I_k(\omega) = I(\vec{Y}_k \geq \delta\sqrt{n}, k = 1, 2, \cdots N).$$

Then

$$E \sum_{k=1}^{N} I_k = N \cdot P\{\vec{Y}_k \geq \delta\sqrt{n}\} > N \exp^{(-\beta n)}, \beta > 0.$$

Now it is necessary to estimate $\mathrm{Var}\left(\sum_{k=1}^{N} \chi_k\right)$. It's possible to remark that common distribution density of $\vec{Y}_k, \vec{Y}_\ell$ has a form

$$\rho_{k\ell}(y_1, y_2) = c \exp\left(-(By_1, y_1) - (By_2, y_2) + (Cy_1, y_2)\right),$$

where $||c|| \leq \mathrm{const} \cdot ln^{-1-\epsilon}|k - \ell|$. Simple calculations show that

$$Cov(I_k, I_\ell) \leq \langle I_k \rangle \langle I_\ell \rangle \exp(-cln^{1+\epsilon}|k - \ell|),$$

$$|k - \ell| \geq n_0 > 0.$$

Then

$$\mathrm{Var}\left(\sum_{k=1}^{N} I_k\right) \leq Ne^{-\beta n} \sum_{k=1}^{\infty} \exp(-c\, ln^{1+\epsilon}k).$$

Chebyshev inequality, as earlier, gives us that

$$\sum_{n} \mu\left\{\left|\sum_{k=1}^{n} I_k - \left\langle\sum_{k=1}^{n} I_k\right\rangle\right| > \frac{1}{2}\left\langle\sum_{k=1}^{N} I_k\right\rangle\right\} < \infty$$

and Borel-Cantelli arguments show that we have enough "triple" high blocks to guarantee due to Case 2 the localization theorem for gaussian potential with the slowly decreasing correlations a.e. $\theta \in [0, \pi]$.

Some additional results related with the theorems 2.4, 2.4' and their generalizations see in the conclusion of this chapter.

Conclusion to the Chapter II "Localization"
(review, remarks, open problems)

The main and still open problem in the localization theory is the problem of "mobility edge" for the Anderson model in high dimensions. According to initial physical publications of Anderson and Mott [6], [60] the situation is as follows.

If $H = \Delta + \sigma\xi(x)$, $x \in \mathbf{Z}^d$, $d \geq 3$ and $\xi(x)$ are i.i.d.r.v with common symmetrical density of distribution $p(v)$ (say, $N(0,1)$), there exists a critical value of coupling const σ_0 such that

1. If $|\sigma| > \sigma_0$ (large disorder) with probability 1

$$\sum(H_\sigma) = \sum_{pp}(H_\sigma) \tag{2.95}$$

and more over, corresponding eigenfunctions are decreasing exponentially

2. If $|\sigma| \leq \sigma_0 (\sigma_0$ is called "mobility edge) then the spectrum has two components:

2a. For $|E| \geq E_0(\sigma)$ we have, as earlier, an exponential localization μ-a.s.

2b. For $|E| < E_0(\sigma)$ the spectrum is continuous, may be absolutely continuous.

The physical explanations of the possible mechanisms of localization (absence of resonants between different blocks, tunneling and so forth) are very clear and can be translated in the mathematical language (see previous lectures 5, 6, which are using physical ideas in especially understandable form, at least, it is my opinion).

As to explanation of "delocalization" for small σ, this subject is very vague. Probably, the single clear argument is based on percolation theory. If $d \geq 2$ we can find in the potential field "channels" which are going to infinity along the set with "small" values of potential. In this context, the boundary $E(\sigma)$, $|\sigma| \leq \sigma_0$ is similar to the percolation critical level h for the set

$$A_h^+ = \{x \in \mathbf{Z}^d : \quad \sigma\xi(x) \geq h\}.$$

Now we have only one class of models which exhibits the spectral bifurcation of the Anderson's type. This is very popular one-dimensional models with quasi-periodic potential. In the last years hundreds of papers were published in this area and I have no possibility to give exact references. As mentioned above, our subject is the random theory.

Simplest and typical example is "almost-Matie" model on $\mathbf{Z}^1$:

$$H = \Delta + \sigma\cos(n\alpha + \theta). \tag{2.96}$$

Using so-called "Andree-Obrey duality" it's possible to calculate Ljapunov exponent $\gamma = \gamma(E)$ and to prove, that for small σ (in fact, $|\sigma| < 2$) the spectrum is a.c., but for sufficiently large σ (may be, again, $|\sigma| > 2$?), we have the picture of exponential localization.

Technical restrictions include Diophants properties of α(α must be typical so-called Rot's number) and uniform distribution of the parameter θ on $[0, 2\pi]$. In the last case the potential in (2.95) is stationary and ergodic.

Many years ago H. Kumz and B. Souillard had announced the Anderson's phase transition on the homogeneous tree (Bethe lattice), see [48]. Unfortunately, this paper is not correct mathematically, now it is the general opinion of the specialists. Of course, for large σ we have in this case exponential localization (it is the trivial consequence of the general results of [2]), but the problem of delocalization for low disorder in the central part of the spectrum is still open.

I can construct now examples of the graphs (trees with very long one-dimensional branches and increasing index of branching) such that
1. The growth of the graph is exponential (as for Bethe lattice).
2. Percolation problem (to say, for i.i.d.r.v $\xi(x)$ with $N(0, 1)$ distribution) has nontrivial solution.
3. Operator $H = \Delta + \sigma\xi(x)$ has μ-a.s. p.p. spectrum for all $\sigma \neq 0$.

This example shows that the problem is a very profoundone and percolation ideas cannot be used the trivial direct way.

A few years ago my student L. Bogachev and I published [12] the series of papers where we have developed so-called "mean-field" approach in the localization theory. Unfortunately, the Russian journal "Theoretical and Mathematical Physics", being translated in USA, is not popular in the Western countries. It is the reason of formulating of some result of [12] here.

In the classical statistical mechanics, the mean-field model arises as an approximation of the local potential by the very small, but long range potentials in the increasing system of volumes $Q_n \uparrow \mathbf{Z}^d$. Limiting model has no sense, but we can use the standard method of thermodynamical limiting procedure for studying, for example, magnetization in the ferromagnetic models.

It's known that this model gives phase transition, although the quantity parameters (critical indexes etc.) are not very realistic.

Basing on this idea, we introduced in [12] the following model:

Let $Q_n \uparrow \mathbf{Z}^d$ is an increasing sequence of the subsets of $\mathbf{Z}^d$. Put

$$H_n \psi(x) = \frac{1}{|Q_n|} \sum_{x' \in Q_n} \psi(x') + \sigma \xi(x) \psi(x) \qquad (2.97)$$

"mean-field" Laplacian "Δ" $= \dfrac{1}{|Q_n|} \displaystyle\sum_{x' \in Q_n}$ has a rank 1, and the spectral problem $H_n \psi = E \psi$ in $L_2(Q_n)$ can be solved explicitly.

For the eigenvalues $E_i, i = 1, 2, \cdots, |Q_n|$ we can obtain the algebraic equation

$$\frac{1}{|Q_n|} \sum_{x' \in Q_n} \frac{1}{E - \sigma \xi(x')} = 1 \qquad (2.98)$$

and corresponding eigenfunctions $\psi_i(x)$ within normalization have a form

$$\psi_i(x) = \frac{1}{E_i - \sigma \xi(x)}. \qquad (2.98')$$

Spectral measure of the given element, say, $\delta_0(x)$ has a form

$$\mu_n^{(d\lambda)} = \sum_{i=1}^{|Q_n|} \frac{1}{||\psi_i||^2} \delta_{E_i}(\lambda) \cdot \frac{1}{|E_i - \sigma \xi(0)|^2}. \qquad (2.99)$$

If the i.i.d.r.v $\xi(x)$ have a bounded continuous density $p(\cdot)$, then we proved [12] that the measures $\mu_n(d\lambda)$ have a p.p. weak limit in probability. It means, that for every $\delta, \varepsilon > 0$ we can find $N = N(\varepsilon, \delta)$ such that uniformly in n

$\mu\{\omega :$ we can find not more than N atoms of $\mu_n(d\lambda)$, which have total mass bigger than $1 - \varepsilon\} \geq 1 - \delta.$ \hfill (2.100)

Again, for all $\sigma \neq 0$ we have some sort of localization.

It is very interesting to prove the results of this type for the hierarchical Laplacians with finite numbers of scales and with infinite numbers of the "levels" of hierarchy. The most natural definition of this objects is the following one.

Consider the lattice $\mathbf{Z}^d$ (with the elementary scale equal to 1) and the system of sub lattices

$$\mathbf{Z}_2^d = \nu \mathbf{Z}^d, \quad \mathbf{Z}_3^d = \nu^2 \mathbf{Z}_1^d \cdots \mathbf{Z}_k^d = \nu^{k-1} \mathbf{Z}^d \cdots$$

with the scales $\nu, \quad \nu^2 \cdots$. Here ν is a fixed integer number (the ratio of neighboring scales). We can consider the partitions of the $\mathbf{Z}^d$ on the cubes of the different scales. "cubes" of the rank 1 include the single points of $\mathbf{Z}^d$, "cubes" of the rank 2 are defined by inequalities

$$Q_n^i = \{x \in \mathbf{Z}^d : \quad i_1 \leq x_1 < i_1 + \nu, \cdots$$

$$i_d \leq x_d < i_d + \nu\}, \quad i \in \mathbf{Z}_2^d.$$

Every point $x \in \mathbf{Z}^d$ is the element of exactly one cube $Q_r^i(x)$ of every rank $r = 1, 2, \cdots$.

Definition of the hierarchical Laplacian related with this system of partition depends on the weights $P_1, P_2, \cdots, \quad P_i > 0, \quad \sum_{i=1}^{\infty} P_i = 1$ and has a form

$$\bar{\Delta}\psi(x) = P_1\psi(x) + \frac{P_2}{\nu^d} \sum_{x' \in Q_2(x)} \psi(x') + \cdots + \frac{P_n}{\nu^{d(n-1)}} \sum_{x' \in Q_n(x)} \psi(x') + \cdots. \qquad (2.101)$$

The operator $\Delta - I$ is the generator of the Markov chain on $\mathbf{Z}^d$ (with continuous time). It is a so-called hierarchical random walk.

Hierarchical Laplacian on $\mathbf{Z}^d$ is essentially more symmetrical than "usual" Laplacian. Its spectrum contains countable many points of the finite multiplicity. Namely, $E_1 = P_1$ corresponds in $L_2(\mathbf{Z}^d)$ to the invariant subspace containing all functions $\psi(x) : \sum_{x' \in Q_2^i} \psi(x') = 0$ for all i.

The eigenvalue $E_2 = P_1 + P_2$ corresponds to the set of eigenfunctions $\psi(x)$, which are constant on the cubes Q_2^i, but

$$\sum_{x' \in Q_3^j} \psi(x') = 0$$

etc. The essential spectrum of Δ contains these points $E_n = \sum_{i=1}^{n} P_i$, $n = 1, 2, \cdots$ and the limiting point $1 = \lim_{n \to \infty} E_n$.

Hierarchical Anderson model is defined by Hamiltonian

$$\bar{H} = H + \sigma\xi(x) \qquad (2.102)$$

with i.i.d.r.v. $\xi(\cdot)$, which have a "good" common density $\rho(v)$.

If the weights $P_n, \quad n = 1, 2, \cdots$ in the formula (2.101) are decreasing faster than any exponent, I can prove that μ-a.s the spectrum of $\bar{H}$ is pure point for arbitrary $\sigma > 0$. But the "good caricature" of the original Anderson model on $\mathbf{Z}^d$ is related with the weights which have only power decreasing. Analysis of the localization problem in this case for the operator (2.102) is an open and complicated problem.

Now I am going over to the one-dimensional localization. This subject was developed essentially better and now we have in this area two main directions of the further progress. The first is the quasi one-dimensional disordered systems and the second is one-dimensional random Hamiltonians with strongly correlated potentials.

The simplest and probably most important model of the quasi one-dimensional random Hamiltonian is a Schrödinger operator in a strip with the random potential $\xi(x)$ (i.i.d.r.v).

If we'll consider a strip with periodic boundary conditions, then the model has a following form. Let Γ_N is an additive group of integer numbers mod N and $\Gamma = \Gamma_N \times \mathbf{Z}^1$ (or $\Gamma_N \times \mathbf{Z}^1_+$). Every point in Γ can be written down as (g, x), $g \in \Gamma_N$, $x \in \mathbf{Z}^1$ and

$$\triangle \psi(g, x) = \psi(g \oplus 1, x) + \psi(g \ominus 1, x) + \psi(g, x + 1) + \psi(g, x - 1). \qquad (2.102)$$

Here $g \oplus 1$, $g \ominus 1$ mean of course addition module N. Anderson operator, as usual, is

$$H = \triangle + \sigma \xi(g, x). \qquad (2.103)$$

The first step in the old approach to the localization theory in the strip is the analysis of the Ljapunov exponents for the product of the independent symplectic $(2N \times 2N)$-matrixes

$$A(x) = \begin{pmatrix} 0 & | & -I \\ -- & | & -- \\ I & | & Q(x) \end{pmatrix} \qquad (2.104)$$

where $Q(x)$ can be expressed in the terms of $\xi(g, x)$, $g \in \Gamma_N$ and energy E. Under minimal conditions on the distribution of $\xi(\cdot)$ the Ljapunov exponents are different and (due to symplectic structure) symmetric

$$\gamma_{2N-k}(E) = -\gamma_{k-1}(E),$$

i.e. for all σ, E

$$\gamma_{2N}(E) > \gamma_{2N-1}(E) > \cdots > \gamma_{N+1}(E) > 0$$

$$-\gamma_1(E) < -\gamma_2(E) < \cdots < \gamma_N(E) < 0$$

$$\gamma_{2N-k}(E) = -\gamma_{k-1}(E).$$

This is a very important result of the I. Goldsheid and G. Margulis [29].

It is sufficient to prove an exponential localization in the case of half-strip for a.e. boundary conditions or for the full strip under some additional restrictions (to say, a.c. of the distribution of $\xi(\cdot)$).

This localization theorem was proved by I. Goldsheid, J. Lacroix and B. Souillard (see details in the monograph [14]).

The cluster expansion method developed in the lecture 7 gives a very elementary approach to the same problem. Suppose, that $[a, b] \in \mathbf{Z}^1$ is an interval. We can consider "block" operator $H^{[a,b]}$ and zero boundary conditions on the boundaries $B_1 = \{(g, a - 1), \quad g \in \Gamma_N\}$, $B_2 = \{(g, b + 1), g \in \Gamma_N\}$. Let $R^{[a,b]}_{E,ij}(x, y) = (H^{[a,b]} - E)^{-1}((g_i, x), (g_j, y))$;

$x, y \in [a, b], g_i, g_j \in \Gamma_N$ and $R_E^{[a,b]}(x, y) = \{R_{E,ij}^{[a,b]}(x, y)\}$ be and $N \times N$ resolvent kernel.

For a fixed energy interval $I \in R^1$ the block $\Gamma_N \times [x_n, y_n]$ is not resonant if

$$\|R_{E,\cdot}^{[x_n, y_n]}(x_n, y_n)\| \leq \delta_n, \quad E \in I \tag{2.106}$$

and $\delta_n \to 0$. In the case of the strip the cluster expansion in the theorem 2.4 will have absolutely the same form, only instead of scalar resolvent kernels we have to substitute the matrix expressions (2.106).

When we use the Borel-Cantelly lemma for the measures of the sets $\{E : \|R_{E,\cdot}^{(n)}(\cdot, \cdot)\| > M\}$, we will get the additional factor N^2 (which is equal to the number of the elements in matrix resolvent $\{R_{E,ij}^{(n)}(\cdot, \cdot)\}$). For fixed N it is not essential. In any case, the version of the theorems 2.4 or 2.4' for the case of the strip has practically the same form. The special cases $(1, 2, 3, 4)$ can also be considered without any problem for the "strip localization".

The construction of the barriers for the independent or weakly dependent potentials can be realized according to the same ideas (see examples to the Lecture 7).

The essential and unsolved problem for the Anderson model in the strip is an asymptotical behavior of the smallest positive Ljapunov exponent $\gamma_{N+1}(\sigma, E)$ if $N \to \infty$ and coupling constant σ is small. This problem is not trivial even in the simplest case of i.i.d.r.v $\xi(x)$ with a good distribution density (Gaussian, Cauchy, uniform etc).

Of course, the asymptotical behavior of the "Lajpunov's gap" $\gamma_{N+1}(\sigma, E)$ is closely connected with the problem of Anderson's "mobility edge" in the high dimensions.

For the smallest positive Ljapunov exponent it's possible to find some integral representation in terms of Markov invariant measures on the compact manifolds ($O(N)$ or flag's manifold) of the high dimension. It means, that the problem includes a very interesting and non-trivial algebraic or geometrical point.

I will finish the brief discussion of the quasi one-dimensional theory by the problem of slightly different type.

Let's consider the graphs Γ with the trivial percolation theory (TP-graphs). By the definition graph Γ is an element of this class if for arbitrary small $\delta > 0$ and random Bernulli field

$$\varepsilon(x): \quad \mu(\varepsilon(x) = 1) = \delta, \quad \mu(\varepsilon(x) = 0) = 1 - \delta$$

the random set $\Gamma_\delta = \{x : \varepsilon(x) = 0\}$ has a bounded μ-a.s. connected component.

Class TP includes not only $\mathbf{Z}^1$ or $\mathbf{Z}^1 \times A$, $|A| < \infty$, but more complicated graphs. For example, trees with bounded index of the branching and increasing length of the one-dimensional branches (of course, the growth of this tree is lower than exponential), skeletons of the classical fractals sets of the Serpinski gasket type and so forth.

Probably, the Anderson's operators $H = \Delta + \sigma \xi(x)$ for unbounded density and slow tails of distribution have μ-a.s p.p. spectrum for all $\sigma > 0$. But if the r.v. ξ are uniformly bounded, the situation is not clear. What is the analogy of the periodic spectral theory, which we used in such conditions on one-dimention lattice $\mathbf{Z}^1$? What is the interaction between electrons and high fluctuations of the potential (scattering theory)?

I think that all these questions ("random" and "non-random") are very interesting. It is a natural bridge between localization theory and popular now spectral theory of the homogeneous fractals.

In the end of this part I'll formulate a few open mathematical problems for the simplest localization models (on R^1) and give a few remarks about some features of the theorems 2.4, 2.4' and their continuous analogues.

Some of these problems are especially interesting in continuous case, i.e for the operators

$$H^\theta = -\frac{d^2}{dx^2} + V(x), \quad x \in R_+^1$$

$$\psi(0)\cos\theta + \psi'(0)\sin\theta = 0, \quad \theta \in [0, \pi].$$

(2.106)

Let us formulate the analogue of the main "lattice" localization theorem 2.4 and give some technical details.

Lemma 2.6 on square integrability of the resolvent $R_E^0(a, x)$ for a.e. $E \in I$ implying the localization theorem for H^θ (a.e. $\theta \in [0, \pi]$), is valid in continuous case. In fact, the original Kotani's result [45] was related exactly with spectral problem (2.106).

The single additional requirement is an essential self-ajointness of H. To guarantee this property it's enough to require some weak estimations of the potential $V(x)$ from below: $V(x) \geq \text{const} > -\infty$, $V(x) \geq c_1 - c_2 x^{2-\varepsilon}$, $c_2, \varepsilon > 0$ and so forth.

If, as earlier, $\{[x_n, y_n], n = 1, 2, \cdot\}$ is a system of "nonresonant" blocks for H, i.e. sequence of the points $0 < x_1 < y_1 < x_2 < y_2 < \cdots$, we can introduce the main "blocks", $(0) = [0, y_1], (1) = [x_1, y_2]$, corresponding resolvents $R_E^{(n)}(x, y)$, $x \in (n)$, graph Γ of the main blocks with neighboring connections, the paths $\tilde\gamma$ on Γ etc.

In Lemma 2.7 (cluster expansion) it is necessary to introduce some modifications. Let $R_E^{(n-1,n)}(x, y)$, $x, y \in (n-1, n) = [x_n, y_n]$ be a resolvent of H on $[x_n, y_n]$ with zero boundary conditions: $\psi(x_n) = \psi(y_n) = 0$ (as for $R_E^{(n)}(x,y)$, $R_E^0(a,x)$). Put

$$K_E^{(n-1,n)}(x_n, y_n) = \frac{\partial^2 R_E^{(n-1,n)}}{\partial x \partial y}(x_n, y_n). \tag{2.107}$$

Then for $a \in (0, x_1) \subset (0)$, $\quad x \in (k)$

$$R_E^{(0)}(a, x) = \sum_{\tilde\gamma : (0) \to (k)} R_E^{(\tilde\gamma)}(0, x) \tag{2.78'}$$

and for $\tilde\gamma = (0) \to (1) \to (2) \cdots$

$$R_E^{(\tilde\gamma)}(0, x) = R_E^{(0)}(0, x_1) K_E^{(0,1)}(x_1, y_1) R_E^{(1)}(y_1, x_2) \cdots$$

$$K_E^{(1,2)}(x_2, y_2) \cdots .$$

The formula (2.78') has the same structure as (2.78), only instead of $R_E^{(i-1,i)}(x_i, y_i)$ we have to substitute $K_E^{(i-1,i)}(x_i, y_i)$ and so on.

In the complex domain, for sufficiently large $Im E$ this expansion is converging absolutely.

We will call "blocks" $[x_n, y_n], n = 1, 2, \cdots$ non-resonant for the energy interval I, if uniformly in $E \in I$

$$|K_E^{(n-1,n)}(x_n, y_n)| \leq \delta_n, \quad \delta_n \to 0. \tag{2.108}$$

To prove localization (according to the plan of theorem 2.4) we have to estimate the resolvents of the main blocks $R_E^{(n)}(a, b)$, where for (a, b) there are four variants: (y_n, y_n),
(y_n, x_{n+1}), (x_{n+1}, x_{n+1}), (x_{n+1}, y_n). Kernel $R_E^{(n)}(x, y)$ has a form

$$R_E^{(n)}(x, y) = \sum_{k=1}^{\infty} \frac{\psi_{k,n}(x)\psi_{k,n}(y)}{E - E_{k,n}}, \quad x, y \in (n) \tag{2.109}$$

where $H^{(n)}\psi_{k,n} = E_{k,n}\psi_{k,n}, \psi_{k,n}(x_n) = \psi_{k,n}(y_{n+1} = 0 \quad (\psi_{k,n} \cdot \psi_{m,n}) = \delta(k - m)$

It is known, that

$$e_E^{(n)}(x, y) = \sum_{E_{k,n} < E} \psi_{k,n}(x)\psi_{k,n}(y) \tag{2.110}$$

is a kernel of the projector $\mathcal{E}_E^{(n)}$ in the spectral representation

$$H^{(n)} = \int E d\mathcal{E}_E^{(n)}.$$

If $x = y$, $\quad y \in (n)$, then $e_E^{(n)}(y, y) = (\mathcal{E}_E^{(n)} \delta_y \cdot \delta_y)$ is a spectral measure (of the element $\delta_y \notin L_2$).

In the lattice theory we had used two essential facts (see Lemma 2.8.):

$$\#\{E_{k,n}\} = L_n = |(n)| + 1$$

$$\text{var } \mathcal{E}. = \sum_{k=1}^{L_n} |\psi_{k,n}(x)| \cdot |\psi_{k,n}(y)| \leq 1.$$

Both these facts are false in the case of $L^2(R^1)$: $\quad \#\{E_{k,n}\} = +\infty$, var $\mathcal{E}. = +\infty$.

Nevertheless, for the fixed bounded energy interval the situation is not bad.

a) If $V(x) \geq 0$, then for every $(n), y \in (n)$ $e_E(y,y) \leq C_0\sqrt{E}$ $\qquad$ (2.111')

b) If $E \to \infty$, then $e_E(y,y) \sim c\sqrt{E}$ $\qquad$ (2.111")

c) $N^{(n)}(E) = \#\{E_{k,n} < E\} \leq C_0 L_n \sqrt{E}$ $\qquad$ (2.111"')

The central statement a) is a consequence of the general Kodaira's theorem for the elliptical nonnegative operators, c) follows from the Schtrum oscillation theorem. Second fact will not be used in the future, its proof is not complicated (see special literature, for example, [67], [3]).

If $V(x)$ is bounded from below on the n-th block: $v(x) \geq -M_n$, then it is necessary only to change E by $E + M_n$ in estimations (2.111).

Gathering together all this information and using the ideology of the theorem 2.4 we can prove the following result.

Theorem 2.5. Let $H^\theta = -\frac{d^2}{dx^2} + V(x)$, $x \geq 0$ be a Schrödinger operator in $L_2(R^1_+)$ with boundary condition $\psi(0)\cos\theta + \psi'(0)\sin\theta = 0$, $\theta \in [0, \pi]$. Assume that for given energy interval $I = [E_0, E_1] \subset R^1$ there exists a partition on the (intersecting) main

blocks $(0), (1), \cdots (n), \cdot$ with boundary blocks $(0,1) = [x_1, y_1], \cdots (n-1, n) = [x_n, y_n], \cdots$ such that

1. Potential $V(x) \in C(R^1_+)$ and

$$V(x) \geq -M_n, \quad x \in (n) = [x_n, y_{n+1}], \quad M_n \uparrow, \quad M_n \geq 0. \qquad (2.112)$$

2. For all $E \in I$

$$|K_E^{(n)}(x_n, y_n)| = \left| \frac{\partial^2 R^{(n-1,n)}}{\partial x \partial y}(x_n, y_n) \right| \leq \delta_n \qquad (2.113)$$

3. $y_{n+1} \leq c^n A_{1,}, \cdots A_n$ for some const $c > 1$,

$$A_n \geq 1, \quad n = 1, 2, \cdots \qquad (2.114)$$

4. $\qquad\qquad \sum_n \sqrt{A_n} \delta_n \sqrt{M_n + 1} < \infty \qquad (2.115)$

Then for a.e $\theta \in [0, \pi]$

$$\sum(H^\theta) \cap I = \sum_{pp}(H^\theta) \cap I. \tag{2.116}$$

If potential $V(x)$ has a suitable low estimation (to guarantee the essential self-ajointness) and instead of condition 4 we have only $\delta_n \to 0$, $n \to \infty$, then $\sum(H^\theta) = \sum_{sing}(H^\theta)$ in I for all $\theta \in [0, \pi]$. This result actually it's possible to extract form [68].

This theorem contains the majority of all known one-dimensional localization theorems for random potentials (except almost periodic results). To use this theorem for random potential $V(x, \omega)$, $x \in R^1_+$, $\omega \in (\Omega_m, \mathcal{F}_m, \mu)$, we have in the beginning to find (to construct) μ-a.s. the system of non-resonant blocks for given $I \subset R^1$.

These constructions are similar to the corresponding geometrical ideas in the lattice case (cases 1-4, lecture 7).

For example, the case 4 (periodic support, polycrystrals) can be used in continuous case directly. Under conditions (2.90), (2.90'), we can estimate δ_n very well and to prove the localization theorem for many random bounded potentials.

If potential $v(x, \omega)$ is unbounded, we can use the ideology of the high barriers. Corresponding estimation are not so trivial, as in the cases I, II (see lecture 7). The problem is, that, first of all, there are no exact formulas for the resolvents $R_E^{(n-1,n)}(x, y)$; $x, y \in [x_n, y_n]$ and second, we need to estimate not a resolvent kernel, but its derivatives.

The following lemma gives an estimation, sufficient for all applications.

Lemma 2.9. Suppose, that $V(x) \geq h > 0$, $x \in [-\delta, \delta]$. Then for $E \in I$ and sufficiently large h

$$\left| \frac{\partial^2 R_E}{\partial x \partial y}(-\delta, \delta) \right| \leq C(\delta) \sqrt{\int_{-\delta}^{\delta} V^2(x) dx} e^{-2\delta\sqrt{h}}. \tag{2.117}$$

Example. Suppose, that $v(x) \geq 0$ and for fixed $\delta > 0$ and infinite sequence $x_n \to \infty$, $x_n \leq c^n$, $c > 1$, $n = 1, 2, \cdots$ we have estimation

$$\sup_{x \in [x_n - \delta, x_n + \delta]} V(x) \geq h_n, \quad h_n \to +\infty.$$

If $\sum_n h_n e^{-2\delta\sqrt{h_n}} < \infty$, then H^θ has a p.p. spectrum for a.e. $\theta \in [0, \pi]$.

A few words about the case of Schrödinger operator in $L_2(R^1)$. If conditions 1-4 of the previous theorem 2.4 are fulfilled separately for $x > 0$ and $x < 0$, we can easily prove that $R_E(x, y) \in L_2(R^1)$ for a.e. $E \in I$. We can not use Simon-Wolff's theorem in this case. Instead, we can use the old "phase approach", which was typical for the initial works on the one-dimensional localization in $L_2(R^1)$.

The following statement goes to B. Souillard at all [19].

Suppose that $H = -\frac{d^2}{dx^2} + V(x,\omega)$ is a random Schrödinger operator. If for a.e. $E \in I$ the resolvent kernel is square integrable and for fixed interval $[a,b]$ the conditional distribution of the monodromy matrix $T_E(a,b)$ of the equation $H\psi = E\psi$ under fixed potential $V(x,\omega)$, $x \notin [a,b]$ is absolutely continuous, then, $\sum(H) = \sum_{pp}(H)$ inside I, μ-a.s. This statement (together with Theorem 2.5) gives a possibility to prove the localization theorem for the wide class of potentials of the Markov type. I will not formulate the exact results, you can find corresponding information, details of the proof of Theorem 2.5 and "Simon-Wolff type" lemmas in my lectures [53].

Let us summarize. In both cases, lattice and continuous, if the random potential $V(x,\omega)$ is "sufficiently nondeterministic", the spectrum of $H = \frac{d^2}{dx^2} + V(x,\omega)$ is singular μ-a.s and under additional conditions it is pure point. In the stationary situation it means, that Ljapunov exponent $\gamma = \gamma(E) > 0$ for a.e. E.

We can understand the expression "non-deterministic" in the different manner

1. For $x > 0$

$$\langle V(x,\omega)|\mathcal{F} \leq 0 \rangle \neq V(x,\omega) \quad \mu - \text{a.s}$$

(It is Kotani's criteria of the singular spectrum [44])

2. Periodic support is rich enough (gaps in the spectrum of periodic Schrödinger operator associated with PS cover R^1). For the stationary potential it's again Kotani's result [46].

3. Potential $V(x,\omega)$ is unbounded from above and corresponding peaks are not too "thin" (Simon-Spencer, [68])

Potentials of the classes 2, 3 can be "deterministic", i.e. Kotanie's theorem [44] does not work.

What are the real boundaries for the class of ergodic homogeneous potentials generating the singular (or, may be, p.p.) spectrum of the corresponding Schrödinger operator? We can try another approach: how to describe the class of potentials, generating a.c. spectrum, or the spectrum with a.c. component. I think, it is a central problem in one-dimensional localization theory. I am sure that the solution of this problem is closely related with the analysis of the KdV equation

$$u_t + 6u_x \cdot u = u_{xxx} \tag{2.118}$$

and especially its statistical solution.

First of all, S. Kotani analyzed recently the class of operators H with a.c. spectrum [47]. As I understand, he is close to the following result (may be under some technical restrictions): if operator $H = -\dfrac{d^2}{dx^2} + V(x,\omega)$ has μ-a..s absolutely continuous spectrum for ergodic $V = V(x,\omega)$, then $v(x,\omega) = u(t_0, x, \omega)$, and $u(t, x, \omega)$ is a solution of (2.118) with periodic initial data $u_0(x,\omega)$.

Such solutions $u(t_0, x, \omega)$ are as a rule almost periodic. It means, that the class of ergodic Schrödinger operators with a.c. spectrum is very narrow. About periodic and almost-periodic solutions of the KdV equation see classical monograph [51].

But the same equation gives a possibility to construct a "very random" potential, which generates an a.c. spectrum. This construction is based on the notion of the "solitons gas", which is interesting by itself.

I'll give now the brief description of our recent paper with B. Simon related with this circle of problems (in preparation):

Suppose that $\phi(x), x \in R^1$ is a fast decreasing function, $|\phi(x)| \le c \exp(-\delta|x|)$, $c, \gamma > 0$. According to classical scattering theory, operator $H = -\dfrac{d^2}{dx^2} + \phi(x)$ with "elementary" potential ϕ has at most finite number of negative eigenvalues and a.c. spectrum for $E > 0$.

Generalized eigenfunctions, i.e. solutions of the equation

$$-\frac{d^2\psi}{dx^2} + \phi(x)\psi(x) = E\psi(x), \quad E > 0 \tag{2.119}$$

can be constructed in a special form $\psi_l(x)$, which is given by the asymptotics of $\psi_l(x)$, $x \to \pm\infty$:

$$\psi_+(x) = \exp(ikx) + B(k)\exp(-ikx) + \bar{\bar{0}}\,(1), \quad x \to -\infty$$
$$\psi_+(x) = A(k)\exp(ikx) = \bar{\bar{0}}\,(1), \quad x \to +\infty \tag{2.120}$$

and $k = \sqrt{E}$, $\psi_-(x) = \bar{\psi}_+(x)$. Function $B(k)$ (so-called reflection coefficient) is analytical for real k and we have an alternative:

1. either $B(k) \ne 0$, except may be some discrete set $\{k_i\}$

2. or $B(k) \equiv 0$.

Potentials ϕ with the property 2. are known as "reflectionless" or "solitons". The full analytical description of solitons together with related questions of the scattering theory see [51].

Let us consider the "shot noise" ergodic potential of the form

$$V(x,\omega) = \sum_{i=\infty}^{+\infty} \xi_i(\omega)\phi\left(\frac{x-x_i}{\theta_i}\right), \tag{2.121}$$

where (ξ_i, θ_i) are independent and identically distributed for different i and $(x_{i+1} - x_i) = \eta_i$ are again i.i.d.r.v, independent on amplitude and scaling factors $\{\xi_i, \theta_i\}$, $i = 0, \pm 1, \cdots$.

Suppose, that $\mu\{\eta_i \leq L\} = 0$ for some (very large) L and $L_1 = \langle\eta_i\rangle > L$. Using periodic support theorem it's possible to prove, that Ljapunov exponent $\gamma(E)$ of the Schrödinger equation with potential (2.121) is strictly positive (this is the main result of the paper [39], which based on [46]).

But we can now prove more: under standard conditions of a.c. for the distribution of $\{\eta_i\}$ (even for $\xi_i = $ const, $\theta_i = $ const), the spectrum is not only singular but pure point.

The following fact is very important (it was underestimated in [39]). If the potential $\xi\phi\left(\frac{x}{\theta}\right)$ μ-a.s is not a soliton, the Ljapunov exponent $\gamma(E)$, $E > 0$ has an order $\gamma(E) \sim L^{-2}$, $L \to \infty$ (energy E is fixed, $B(\sqrt{E}) \neq 0$. But if $\xi\phi\left(\frac{x}{\theta}\right)$ is a solution μ-a.s, then $\gamma(E) \sim \exp(-cL)$, $c > 0$.

The simplest example, where we have the second possibility is a sum of 1 - solitons with random parameters

$$v(x,\omega) = -\sum_{k=-\infty}^{+\infty} \frac{2\xi_k^2}{ch^2\xi_k(x-x_k)}, \tag{2.122}$$

$\{\xi_k\}$ are i.i.d.r.v.

Now we can try to consider the non-linear "superposition" of these solitons instead of summation (2.122) of the random 1-solitons. Idea is that interaction (due to KdV dynamics) between 1-solitons on the large distance is very small [51], i.e. KdV "superposition" and summation must give the similar results.

To add a sense to this "physical" phrase, we have to construct random ∞-soliton function as a limit of random N-solitons, $N \to \infty$. This program based on explicit formulas for N-solitons and special cluster expansion can be realized and gives the following interesting example:

There exists a homogeneous ergodic random potential $v(x,\omega)$, $x \in R^1$ such that

1. $|v(x,\omega) - v_1(x,\omega)| \leq \exp(-\gamma L)$, $x \in R^1$. Here $v_1(x,\omega)$ is given by formula (2.122).

2. Operator $M = -\dfrac{d^2}{dx^2} + v(x, h)$ has μ-a.s p.p. spectrum for $E < 0$ and a.c. spectrum for $E > 0$.

3. The correlation functions of $v(x, \omega)$ have the property of the "fast splitting". It means that for $h \to \infty$

$$|\langle v(x_1) \cdots v(x_k) v(x_{k+1} + h) \cdots v(x_n + h)\rangle -$$

$$\langle v(x_1) \cdots v(x_k)\rangle \langle v(x_{k+1}) \cdots v(x_n)\rangle| \le \exp(-\gamma h), \quad h \to \infty.$$

From the physical point of view, the property 3. means a "very good" mixing or an ergodic property. But process $v(x, \omega)$ has analytical realizations and, as a result, is deterministic in Kotani's sense. Periodic support of $v(x, \omega)$ is empty μ-a.s!

Unfortunately, our ∞-soliton process does not depend of t, i.e. can not represent statistical solution of KdV. Construction of such statistical solutions is a very important problem. I think that for "small concentration" of 1-solitons it is a visible problem.

The final remark has an absolutely different nature, however again it is the same problem: relation between p.p. spectrum and continuous (in fact, singular continuous spectrum).

Let's return to the situation of the theorem 2.4 (lattice case) or 2.5 (continuous case): Schrödinger operator on $L_2(\mathbf{Z}_+^1)$, $L_2(R_+^1)$.

If we have a sufficiently rich set of the non-resonant blocks, say, high barriers, the resolvent kernel $R_E(a, x)$ is decreasing very fast a.e. $E \in I$ and, as a result, $R_E(a, \cdot) \in L_2$. According to Kotani's or Simon-Wolff's theorems, we can guarantee p.p. spectrum for almost all boundary conditions (i.e. boundary phases $\theta \in [0, \pi]$. What can we say about "exclusive" set of θ, which has zero Lebesgue measure?

A few years ago I used to think that under some arithmetical conditions on the distribution of "high barriers" and for sufficiently fast increasing of the heights of these barriers, the localization theorem holds for all $\theta \in [0, \pi]$

My student A. Gordon [31] had recently proved a very unexpected result which contradicts my hypothesis: for arbitrary essentially selfajoint $H = -\dfrac{d^2}{dx^2} + v(x)$, $x \ge 0$ we can find some set $\mathbf{H} \subset [0, \pi]$ of the second category (in the Baire sense) the essential spectrum of H^θ, $\theta \in \mathbf{H}$ is continuous.

In the context of the theorems 2.4, 2.5 the a.c. spectrum is empty μ-a.s and A. Gordon's result means that singular continuous spectrum is generic in the category sense.

This interesting theorem shows that in the space of all potentials $v(x)$, the class of potentials generating p.p. spectrum and class related with singular continuous spectrum are "very mixed".

This is true for many different topologies, as it follows from the paper [37] (B. Simon at all), which contains wide generalization of the A. Gordon's results. Technically the paper [37] is not complicated. It is based on pure "soft" arguments.

Chapter III Intermittency

Lecture 8. Parabolic Anderson model with the stationary random potential.

Notion of intermittency (or intermittent random fields) is very popular in the modern physical literature, especially in the statistical (turbulent) hydrodynamics and magneto hydrodynamics. From the qualitative point of view, the intermittent random fields are distinguished by the formation of strong pronounced spatial structures: sharp peaks, foliations and others giving the main contribution to the physical processes in such media. Ja Zeldovich, one of the famous Russian physicists and astrophysicists, liked to repeat that the Solar magnetic field is intermittent, because more than 99% of the magnetic energy concentrates on the less than 1% of surface area (we know today that this contrast is in fact much more stronger).

Intermittency is a well developed nonuniformity. From this point of view the notion of the intermittency is "orthogonal" to the idea of homogenization.

Mathematical definition of intermittency must be asymptotical, because for the physicist a small number is 0.1, 0.001 at least 10^{-6} , but for the mathematician a small number is the result of the limiting process $\varepsilon \to 0$.

The first "rigorous" definition of the intermittency was proposed and developed in a series of the physical papers, see details in the big review [75]. This definition works well for many interesting evolution problems in the random media (for both cases: stationary and nonstationary RM), including magnetic and temperature fields in the turbulent flow, some schemes of chemical kinetics, biological models ect. Description of the possible applications see again in [75], where it's possible to find additional references.

More flexible definition see in our recent publication with J. Görtner [32]. This lecture will include some results form [32] in the special situation of gaussian potential, but on the other hand asymptotical analysis will be more sound. We'll discuss only the lattice models, although in continuous case it's enough to make just small modifications.

Definition 3.1. let $u(t,x)$, $\quad t \in [0,\infty)$, $\quad x \in \mathbb{Z}^d$ be a family of non-negative, homogeneous and ergodic in space random fields on a join probability space $(\Omega_m, \mathcal{F}_m, \mu)$. Suppose, that all moment functions of order p, $p = 1, 2, \cdots$ are finite for all $t \geq 0$. In particular, functions

$$\Lambda_p(t) = ln\langle u^p(t,x)\rangle, \quad x \in \mathbb{Z}^d, \quad t \geq 0 \tag{3.1}$$

depend only on time t.

Moment Ljapunov exponents (with respect to some monotone scale $A(t) \nearrow \infty$) are the limits

$$\gamma_p = \lim_{t \to \infty} \frac{\Lambda_p(t)}{A(t)} = \lim_{t \to \infty} \frac{\ln \langle u^p(t, x) \rangle}{A(t)} \qquad (3.2)$$

(of course, if these limits exist).

Family $u(t, \cdot)$ is (asymptotically $t \to \infty$) intermittent, if

$$\gamma_1 < \frac{\gamma_2}{2} < \frac{\gamma_3}{3} < \cdots . \qquad (3.3)$$

Definition 3.2. Statistical (or a.s.) Ljapunov exponent with respect to some (my be different) scale $\alpha(t)$, $\alpha(t) \nearrow \infty$ is equal to

$$\hat{\gamma} = \lim_{t \to \infty} \frac{\ln u(t, x)}{\alpha(t)} (\mu - \text{a.s}). \qquad (3.4)$$

Usually (but not always) for the asymptotically intermittent field $u(t, x)$ in stationary *RM*

$$\lim_{t \to \infty} \frac{\alpha(t)}{A(t)} = 0$$

i.e.

$$\lim_{t \to \infty} \frac{\ln u(t, x)}{A(t)} = 0 \ (\mu - \text{a.s}). \qquad (3.5)$$

Remark 1. From the Hölder inequality it follows, that $\langle u^p(t, x) \rangle^{1/p} \geq \langle u^{p_1}(t, x) \rangle^{1/p_1}$, if $p > p_1$, i.e. **always**

$$\frac{\gamma_p}{p} \geq \frac{\gamma_{p_1}}{p_1}, \quad p > p_1,$$

or

$$\gamma_1 \leq \frac{\gamma_2}{2} \leq \frac{\gamma_3}{3} \leq . \qquad (3.3')$$

Main feature of the intermittency is a "progressive" increase of the moment with its number p: the fourth moment is increasing essentially faster, than the square of the second moment an so on. In different words, inequalities (3.3) must be strict.

According to ergodic theorem,

$$\langle u^p(t, 0) \rangle = \lim_{Q \uparrow Z^d} \frac{1}{|Q|} \sum_{x \in Q} u^p(t, x). \qquad (3.6)$$

We will show now that for $t \to \infty$ a system of "peaks", which for large t are higher and higher and more and more widely spaced gives (under condition (3.3)) the main contribution to the moment $\langle u^p(t, x) \rangle$. Thus, for large t the overwhelming part of the energy (usually it is $\sum_x u^2(t,x)$) concentrates in the "peaks" of the rank 2, and relative area of these "peaks" tends to 0 for $t \to \infty$. "Peaks" related with moments of order p are essentially more "rare" than the "peaks" of the rank p_1, $p > p_1$.

To understand this let us fix some level e, intermediate between two sequential exponents, say,

$$\gamma_1 < e < \frac{\gamma_2}{2},$$

and consider the event

$$E_{t,x} = \{\omega : \quad u(t,x) > \exp(eA(t))\}.$$

On the one hand

$$\mu(E_{t,x}) \leq \exp\{\Lambda_1(t) - eA(t)\} =$$

$$\exp\left\{ A(t)\left[\frac{\Lambda_1(t)}{A(t)} - e\right]\right\} \to 0, \quad \text{as } t \to \infty$$

(exponentially in the scale $A(t)$!). It means, that the density of the points x, where $u(t,x) > \exp(eA(t))$, is asymptotically very small. On the other hand,

$$\langle u^2(t,0)\rangle = \langle u^2(t,0)I_{E(t,0)}\rangle + \langle u^2(t,0)I_{\overline{E}(t,0)}\rangle.$$

But the second term can be estimated from above as

$$\exp(2eA(t)) = \exp(\Lambda_2(t) + (2eA(t) - \Lambda_2(t))$$

$$= \langle u^2(t,o)\rangle \cdot \exp\left(2A(t)\left(1 - \frac{\Lambda_2(t)}{2A(t)}\right)\right) = 0(\langle u^2(t,0)\rangle).$$

It means, that

$$\langle u^2(t,0)\rangle \underset{t\to\infty}{\tilde{\sim}} \langle u^2(t,0)I_{E(t,0)}\rangle,$$

in different terms, all the energy asymptotically concentrates on the random set $\{x : u(t,x) > \exp(eA(t))\}$ (for arbitrary $\gamma_1 < e < \frac{\gamma_2}{2}$).

Using convexity arguments, it's easy to prove that in (3.3) only first inequality is essential: if $\gamma_1 < \frac{\gamma_2}{2} \Rightarrow \gamma_1 < \frac{\gamma_2}{2} < \frac{\gamma_3}{3} < \cdots$.

Let's apply these definitions to the special model, so-called Anderson parabolic problem:

$$\frac{\partial u}{\partial t} = k\Delta u + \xi(x)u \tag{3.7}$$

$$u(o,x) \equiv 1.$$

Laplacian will have in this context a slightly different form

$$\Delta\psi(x) = \sum_{|x'-x|=1} (u(t,x') - u(t,x)) \tag{3.8}$$

i.e., $k\triangle$ is a generator of the homogeneous random symmetrical walk x_t on $\mathbf{Z}^d$ with continuous time and the rate of jumps k in all directions $x \to x'$, $\quad |x - x'| = 1$.

Suppose that $\xi(x)$ are i.i.d.r.v. with the standard $N(0,1)$ distribution. In the introduction we had discussed the meaning of the equation (3.7) in the framework of reaction-diffusion equations or branching processes in random media.

The analogy of (3.7) with the localization theory is obvious too: after rescaling of the time, the operator H in the right part of (3.7) can be written down in the form

$$H = \triangle + \frac{1}{k}\xi,$$

i.e. diffusion coefficient k has the same functions as the inverse coupling constant σ.

The only (but very essential) difference is a following one: quantum-mechanical aspects of the localization are related with the Schrödinger equation

$$i\frac{\partial \psi}{\partial t} = H\psi$$

but here we have a parabolic problem

$$\frac{\partial \psi}{\partial t} = H\psi.$$

Asymtotical behaviour of the solution $u(t, x)$ of the problem (3.7) depends only on "upper part" of the spectrum of H. In the case of Schrödinger equation (which is in some sense hyperbolic) the total spectrum is essential.

Equation (3.7) has μ-a.s. the single positive solution, which can be represented in the Kac-Feinmann form

$$u(t, x) = E_x \exp\{\int_0^t \xi(x_s)ds\}. \tag{3.9}$$

I will not be discussing here this rather technical problem. The full analysis of such questions (existence and uniqueness of solutions for (3.7), existence of moments etc.) in maximum generality see [32].

Our goal is a pure analytical one: to study asymptotical behaviour of the solution $u(t, x)$ given by (3.9) and corresponding statistical moments.

Theorem 3.1. For every $p \in N$ and every $t \geq 0$

$$\exp\{\frac{p^2t^2}{2} - 2dkt\} \leq \langle u^p(t, 0)\rangle \leq \exp\frac{p^2t^2}{2}, \tag{3.10}$$

i.e. for the scale $A(t) = t^2$ and all $k \geq 0$

$$\gamma_p = \lim_{t \to \infty} \frac{ln\langle u^p(t, 0)\rangle}{t^2} = \frac{p^2}{2} \tag{3.11}$$

and

$$\frac{\gamma_p}{p} = \frac{p}{2} \ \uparrow, \quad p = 1, 2, \cdots.$$

We have intermittency for all diffusion coefficients k in the non-standard scale $A(t) = t^2$, Ljapunov exponents γ_p do not depend from k.

Theorem 3.2. With μ-probability 1

$$\lim_{t \to \infty} \frac{\ln u(t,0)}{t\sqrt{\ln t}} = \sqrt{2d}. \tag{3.12}$$

We can see that the second scale $\alpha(t) = t\sqrt{\ln t}$ is (asymptotically) essentially smaller than $A(t) = t^2$.

Theorems 3.1, 3.2 contain the statement about asymptotical intermittency for the homogeneous fields $u(t, \cdot)$, $t \to \infty$.

The proof of both theorems in simple. In the paper [32] you can find essentially more general results. In both cases we'll prove separately the upper and lower estimates.

Proof of the theorem 3.1. **Upper estimation.** Applying Hölder's and Jensen's inequalities, we obtain

$$\langle u^p(t,x) \rangle = \langle (E_0 \exp(\int_0^t \xi(x_s)ds))^p \rangle$$

$$\leq \langle E_0 \exp(p \int_0^t \xi(x_s)ds) \rangle = E_0 \langle \exp(p \int_0^t \xi(x_s)ds) \rangle$$

$$\leq \frac{1}{t} \int_0^t ds \, E_0 \langle \exp(pt\xi(x_s)) \rangle = \exp \frac{p^2 t^2}{2}$$

Lower estimation. If $p = 1$, then $\langle u(t,x) \rangle \geq \langle E_0 \{ \exp(\int_0^t \xi(x_s)ds) \cdot I_{x(s) \equiv 0 \atop s \in [0,t]} \} \rangle =$

$\langle \exp \xi(0)t \cdot P_0\{x_s \equiv 0, s \in [0,t]\} = \exp \left(\frac{t^2}{2} \right) \exp(-2dkt)$. We used the obvious facts: the number of the jumps of the random walk $x_s, s \in [0,t]$ is a Poisson process with the rate $2dk$ and $\{x_s \equiv 0, s \in [0,t]\} = \{N(t) = 0\}$.

For $p > 1$, we can consider p independent copies $x^i(t)$, $i = 1, \cdots, p$ of the random walk x_s and to use representation

$$\langle u^p(t,x) \rangle = \left\langle E_0 \left\{ \exp \left(\sum_{i=1}^p \int_0^t \xi(x_s^i)ds \right) \right\} \right\rangle$$

and so on.

Proof of the theorem 3.2. Using Borel-Cantelli's lemmas for the events $A_x^\pm = \{\xi(x) > (1 \pm \epsilon)\sqrt{2d \ln|x|}\}$, $|x| = |x_1| + \cdots + |x_d|$ and standard estimation of the gaussian tails, we can prove (of course, very old and well-known) facts

$$\max_{|x|\le n} \xi(x) \underset{n\to\infty}{\sim} \sqrt{2d \ln n} \quad \mu - \text{a.s.}$$

$$\max_{|x|\le n} |\xi(x)| \underset{n\to\infty}{\sim} \sqrt{2d \ln n} \quad \mu - \text{a.s.}$$

(3.13)

The second elementary fact which will be useful is the nearest future is the following estimation: for the Poisson r.v. Π, $\langle\Pi\rangle = t$ and $n > 2t$

$$P\{\Pi \ge n\} \le \exp\left\{-n \ln n\left(1 - \frac{\ln t}{\ln n} + O\left(\frac{1}{\ln n}\right)\right)\right\}.$$

(3.14)

This estimation works even for fixed t and $n \to \infty$. We had used this fact many times in [32].

At the beginning we will obtain the upper estimation. Let us fix the small $\varepsilon > 0$ and for every large t consider the family of the balls (centered $x_0 = 0$) of the radiuses

$$R_0 = 0, \quad R_1^{(t)} = t^{1+\varepsilon}, \quad R_2^{(t)} = t^{1+2\varepsilon}, \cdots \quad R_n^{(t)} = t^{1+n\varepsilon}, \cdots.$$

According to (3.13), μ-a.s. for all $t > t_0(\varepsilon, \omega)$

$$\max_{|x|\le R_n} \xi(x) \le (1+\varepsilon)\sqrt{2d \ln R_n}.$$

We have

$$u(t,0) = E_0\{\exp \int_0^t \xi(x_s)ds\} =$$

$$= \sum_{n=0}^{\infty} E_0\{\exp(\int_0^t \xi(x_s)ds)\}I_{R_n \le N(t) < R_{n+1}}$$

$$\le \sum_{n=0}^{\infty} \exp\left(t(1+\varepsilon)\sqrt{2d \ln R_{n+1}^{(t)}}\right) P\{N(t) \ge R_n^{(t)}\}$$

$$\le \sum_{n=1}^{\infty} \exp\left(t(1+\varepsilon)\sqrt{2d \ln t}\sqrt{1+\varepsilon n}\right) \exp\left(-c(\varepsilon)t^{1+n\varepsilon}\ln t\right) +$$

$$+ \exp\left(t(1+\varepsilon)^{3/2}\sqrt{2d \ln t}\right) \le \exp\left(t(1+\varepsilon)\sqrt{2d \ln t}\right)(1+o(1)).$$

(Last term corresponds to $n = 0$, it was important due to (3.14) that $1 - \frac{\ln t}{\ln R_n} \ge c(\varepsilon), \quad n = 1, 2, \cdots$.

Lower estimation. Let us introduce for fixed $\varepsilon > 0$ the ball

$$\{x: \quad |x| \le t^{1-\varepsilon}\} = B_t^-, \quad R^-(t) = t^{1-\varepsilon}.$$

For all $t \ge t_1(\varepsilon, \omega)$ with probability 1

$$\max_{x\in B_t^-} \xi(x) \ge (1-\varepsilon)\sqrt{2d \ln R^-(t)}$$

$$\min_{x\in B_t^-} \xi(x) \ge -(1+\varepsilon)\sqrt{2d \ln R^-(t)}.$$

(3.14)

Let $x^*(t)$ be the point of the maximum of the field $\xi(x)$, $x \in B^-(t)$. Of course, $|x^*(t)| \leq R^-(t) = t^{1-\epsilon}$. Consider one of the shortest paths $\gamma : 0 \to x^*$, $|\gamma| = |x^*(t)| \leq t^{1-\epsilon}$, and the event $A_{\epsilon,t}^* = \{x. : \quad x_1 = x^*,$ in the interval $s \in [0,1]$ the trajectories x_s are going along $\gamma\}$. It is obvious that

$$P(A_{\epsilon,t}^*) \geq P\{N_1 = |x^*|\} \cdot \left(\frac{1}{2d}\right)^{|x^*|} \geq$$

$$\geq P\{N_1 \geq t^{1-\epsilon}\}\left(\frac{1}{2d}\right)^{t^{1-\epsilon}} \geq$$

$$\geq \exp\{-t^{1-\epsilon}\ln t\},$$

we have used (3.14). Then

$$u(t,0) \geq E_0 \exp(\int_0^t \xi(x_s)ds)I_{A_{\epsilon,t}^*} \geq$$

$$\geq \exp(-(1+\epsilon)\sqrt{2d\ln R^-(t)})P(A_{\epsilon,t}^*)\cdot$$

$$\cdot E_{x^*(t)} \exp(\int_1^t \xi(x(s))ds)I_{x(s)\equiv x^*, \, s\in[1,t]}$$

$$\geq \exp(-(1+\epsilon)\sqrt{2d\ln t})\}\exp\{-t^{1-\epsilon}\ln t\}\cdot \exp\{\xi(x^*)\cdot$$

$$\cdot(t-1)\} \geq \exp(-2(1+\epsilon)\sqrt{2d\ln t})\exp\{-t^{1-\epsilon}\ln t\}\cdot$$

$$\cdot \exp\{(1-\epsilon)\sqrt{2d\ln t}\cdot t\} \geq \exp\{(1-2\epsilon)\sqrt{2d\ln t}\cdot t\}$$

for $t \to \infty$.

Upper and lower estimation together give (3.12).

The results of the theorems 3.1, 3.2 are not satisfactory physically, because the role of diffusivity is not clear. Both lower estimations support the idea of the "strong centers" (which goes to Ja. Zeldowich, see [75]): the main contribution to the solution $u(t,x)$ and its statistical moments is related with the high local maxima of the potential $\xi(x)$ in the ball of the radius of order t.

From the point of view of this idea, the diffusivity k works in two opposite directions. The bigger k, the easier trajectory x_s can reach a "very distant" strong center: this mechanism leads to the increasing of $u(t,x)$ with increasing of k.. From the other hand, the bigger k, the smaller is the probability $\exp(-2dkt)$ to stay long time in the strong center, the smaller is the contribution of this center to the solution. In the gaussian case, where local maximum is increasing very slowly, the second mechanism is essentially stronger and increasing of diffusivity leads to the decreasing of the solution. We will prove now two results, which will give the next terms of asymptotic for $\ln(u^p(t,x0)$, $\ln u(t,x)$.. But let's make several short remarks.

Remark 1. Almost surely Ljapunov exponent in the scale $\alpha(t) = t\sqrt{\ln t}$ is not continuous in k:

$$\tilde{\gamma}(k) = \begin{cases} \sqrt{2d}, & k > 0 \\ \\ 0, & k = 0. \end{cases}$$

Remark 2. The proof of the theorems 3.1, 3.2 works in a very general situation (see [32], where we with J. Görtner have used absolutely the same arguments). The only difference is a lower estimation in the theorem 3.2. We have used the estimation

$$\min_{x \in B_t^-} \xi(x) \geq -(1+\varepsilon)\sqrt{2d \ln R^-(t)},$$

i.e. the symmetry of $\xi(x)$: $\xi(x) \overset{\text{dist}}{=} -\xi(x)$. If the negative part of the potential $\xi(x)$ is "stronger' than positive, it is necessary (see [32]) to use more sound percolation arguments.

Remark 3. The following theorems are the small part of the results of our second paper with J. Görtner, which is now in preparation and is a natural continuation of [32].

Theorem 3.3. For $p \in N$ and $t \to \infty$

$$\ln \langle u^p(t,0) \rangle = \frac{t^2 p^2}{2} - 2d\,kpt + \overset{=}{0}(t). \tag{3.15}$$

Theorem 3.4. μ-a.s for $t \to \infty$

$$\ln u(t,0) = t\sqrt{2d \ln t} - 2d\,kt + \overset{=}{0}(t). \tag{3.16}$$

The proof of both theorems is based on the combination of the probabilistic and spectral ideas. It shows that connections between localization theory and intermittency are very deep. We will begin from the theorem 3.3, which is simpler. For the sake of technical simplicity I consider only the case $p = 1$, general case is similar to this one.

We have already the lower estimation of the form (3.15) (see lower estimation in the theorem 3.1). It's enough to prove (3.15) as an upper estimation.

We will start from the trivial cut-off procedure. Let us consider

$$\langle u(t,0) \cdot I_{N(t) \geq t^{1+\varepsilon}} \rangle$$

$$= \langle \exp(\int_0^t \xi(x_s)ds) \cdot I_{N(t) \geq t^{1+\varepsilon}} \rangle \leq \exp\left(\frac{t^2}{2}\right) \cdot$$

$$\cdot P\{N(t) \geq t^{1+\varepsilon}\} \leq \exp\left(\frac{t^2}{2} - (1-\varepsilon)t^{1+\varepsilon}\ln t + \overset{=}{0}(t^{1+\varepsilon})\right)$$

We have used the same upper estimation as in theorem 3.1 and (3.14).

Due to lower estimation of the theorem 3.1 from (3.14) we have that

$$\langle u(t,x)\rangle \underset{t\to\infty}{\tilde{\sim}} \langle u(t,x)I_{N(t)<t^{1+\epsilon}}\rangle \le \tilde{u}(t,x). \tag{3.18}$$

Here $\tilde{u}$ is a solution of the following problem

$$\frac{\partial \tilde{u}}{\partial t} = k\Delta\tilde{u} + \xi(x)\tilde{u}$$

$$\tilde{u}(0,x) = 1, \quad t \ge 0, \quad x \in S_t^d \tag{3.18'}$$

and S_t^d is a cube $|x| \le [t^{1+\epsilon}]$ with periodic boundary conditions. The number ν_t of points in S_t^d has an order $t^{d(1+\epsilon)}$.

Operator H in the right part of (3.18') (in fact it is a finite matrix) has a discrete spectrum $E_{k,t}$, $k = 1, 2, \cdots \nu_t$ and orthonormal basis, $\psi_{k,t}(x), x \in S_t^d$. Of course,

$$\tilde{u}(t,x) = \sum_{k=1}^{\nu_t}(1 \cdot \psi_{k,t})\psi_{k,t}(x)\exp(E_{k,t} \cdot t) \tag{3.19}$$

and

$$\|\tilde{u}(t,\cdot)\|_{L_2} \le \exp(\max_k E_{k,t} \cdot t)\|\tilde{u}(0,\cdot)\| =$$

$$\le ct^{\frac{d}{2}(1+\epsilon)} \exp\{t \cdot \max_k E_{k,t}\}.$$

It means, that

$$\langle u(t,0)\rangle \le ct^{\frac{d}{2}(1+\epsilon)}\langle\exp\{t \max_k E_{k,t}\}\rangle. \tag{3.20}$$

Factor $t^{\frac{d}{2}(1+\epsilon)}$ is not dangerous, as it contributes to the exponent only a logarithmical term. We have to estimate only $\langle\exp\{t \max_k E_{k,t}\}\rangle$. Consider variational series of the r.v. $\xi(x)$, $x \in S_t^d$:

$$\xi_{(1)} > \xi_{(2)} > \cdots > \xi_{(\nu_t)}.$$

From the minimax principal it follows that

$$\max_k E_{k,t} \le \max_k \tilde{E}_{k,t}$$

where $\tilde{E}_{k,t}$ are the eigenvalues of the operator

$$\tilde{H} = k\Delta + \xi_{(2)} + \delta_0(x)(\xi_{(1)} - \xi_{(2)}). \tag{3.21}$$

Thus,

$$\max_k E_{k,t} \le \xi_{(2)} + f_t(\xi_{(1)} - \xi_{(2)}), \tag{3.22}$$

where $f_t(a)$ is a nonnegative eigenvalue of the operator

$$k\Delta + a\delta_0(x), \quad x \in S_t^d, \quad a > 0. \tag{3.23}$$

The expression for $f_t(a)$ has been appearing many times in the intermittency theory (see [14], [53], [75] and so forth), but usually in the case of the full lattice $\mathbf{Z}^d$ instead of S_t^d.

If $S_t^d = [-n, n]^d$, $\nu_t = (2n)^d$, then applying the Fourier transform, we can find that $f_t(a)$ is a maximum root E_0 of the equation

$$\frac{1}{a} = \frac{1}{(2\pi)^d} \sum_{x \in S_t^d} \left(\frac{2\pi}{2n}\right)^d \frac{1}{E + 2kd - 2k\Phi\left(\frac{2\pi x}{2n}\right)}. \tag{3.24}$$

In the limit $t \to \infty$, $n = n(t) \to \infty$ this equation comes to the standard form [53], [75]:

$$\frac{1}{a} = \frac{1}{(2\pi)^d} \int_{[-\pi, \pi]^d} \frac{d\phi}{E + 2dk - 2k\Phi(\phi)} \tag{3.24'}$$

and in both formulas

$$\Phi(\phi) = \sum_{i=1}^{d} \cos \phi_i, \quad i = 1, 2, \cdots d. \tag{3.24''}$$

Because of the convexity of $\frac{1}{x}$, equation (3.24) gives (due to Jensen inequality) that

$$\frac{1}{a} > \frac{1}{E_0 + 2kd - \frac{1}{(2n)^d} \sum_{x \in S_t^d} \Phi(\frac{\pi x}{n})} = \frac{1}{E + 2kd},$$

i.e.

$$E_0 = f_t(a) > a - 2kd \tag{3.25}$$

of course, $E_0 = f_t(a) \leq a$, because $\Delta \leq 0$. Using expansion

$$\frac{1}{E + 2kd - 2k\Phi\left(\frac{\pi x}{n}\right)} = \sum_{s=0}^{\infty} \frac{\left[-2k\Phi\left(\frac{\pi x}{n}\right)\right]^s}{(E + 2kd)^{s+1}}, E > 0$$

and standard formulas of the summation of trigonometrical series we can get

$$\frac{1}{a} = \frac{1}{E + 2kd} \left(1 + \sum_{s=1}^{\infty} \frac{(2k)^{2s} \cdot c_s}{(E + 2kd)^{2s}}\right).$$

It allows to obtain (using (3.25)) the following result:

$$E_0 \leq a - 2dk + \sum_{s=1}^{\infty} \frac{(2k)^{2s} c_s}{a^{2s-1}}, \quad a > 2kd.$$

If $a \to \infty$

$$E_0 = f_t(a) = a - 2kd + \frac{k^2 c_2}{a} + \overline{0}\left(\frac{1}{a}\right). \tag{3.26}$$

Now everything is ready for the final calculations. We have

$$\langle \exp\{t \max_k E_{k,t}\}\rangle \leq$$

$$\leq \langle \exp\{t(\xi_{(2)} + f_t(\xi_{(1)} - \xi_{(2)}))\}\rangle$$

$$= \iint\limits_{x>y} p_t(x,y) e^{t(y + f_t(x-y))} dx dy,$$

where $p_t(x,y)$ is a common distribution density of $\xi_{(1)}, \xi_{(2)}$ and is equal to

$$p_t(x,y) = \nu_t(\nu_t - 1) P^{\nu-2} \{\xi < y\} \phi(x) \phi(y),$$

$$\phi(x) = (2\pi)^{-1/2} \exp\left(-\frac{x^2}{2}\right), \tag{3.27}$$

i.e.

$$P_t(x,y) \leq c\nu_t^2 \exp\left(-\frac{x^2 + y^2}{2}\right) \leq ct^{2d(1+\varepsilon)} \exp\left(-\frac{x^2 + y^2}{2}\right).$$

As earlier, the factor $t^2 d(1 + \varepsilon)$ will contribute only const lnt to the exponent of the final answer and we have to evaluate

$$I_t = \iint\limits_{x>y} e^{t(y + f_t(x-y)) - \frac{x^2}{2} - \frac{y^2}{2}} dx dy \tag{3.28}$$

$$= \iint\limits_{\substack{x>y \\ x-y<\delta t}} + \iint\limits_{\substack{x>y \\ x-y>\delta t}} = I_t^{(1)} + I_t^{(2)}.$$

Constant δ soon will be defined but (as $f_t(a) \leq a!$)

$$I_t^{(1)} \leq \iint\limits_{0<x-y<\delta t} e^{t(y+(x-y)) - \frac{x^2}{2} - \frac{y^2}{2}} dx dy$$

$$= \iint\limits_{0<x-y<\delta t} e^{tx - \frac{x^2+y^2}{2}} dx dy$$

$$= \iint\limits_{0<v<\delta\sqrt{2}t} e^{\frac{t}{\sqrt{2}}(u+v) - \frac{u^2+v^2}{2}} du dv$$

(changing of variables: $u = \dfrac{x+y}{\sqrt{2}}, v = \dfrac{x-y}{\sqrt{2}}$)

$$= ce^{t^2/2} \int\limits_{0<v<\delta\sqrt{2}} e^{-\frac{1}{2}\left(v - \frac{t}{\sqrt{2}}\right)^2} dv \leq ce^{t^2/2} e^{-\frac{t^2}{2}\left(\delta\sqrt{2} - \frac{1}{\sqrt{2}}\right)^2}$$

for every $\delta < \dfrac{1}{2}$! It means, that

$$I_t^{(1)} \le c \exp \left(\frac{t^2}{2} - \gamma \frac{t^2}{2} \right), \quad \gamma > 0$$

i.e. $I_t \sim I_t^{(2)}$ (for arbitrary $\delta < \dfrac{1}{2}$, to say $\delta = \dfrac{1}{3}$).

But at the set $x - y > \dfrac{1}{3}t$ we can use formula (3.26). We obtain

$$I_t^{(2)} = \iint\limits_{x>y} e^{t\left(y+x-y-2dk+\overset{0}{=}\left(\frac{1}{t}\right)\right)} p_t(x,y) \, dx\,dy$$

$$= \iint\limits_{x>y} e^{tx-2dkt+\overset{0}{=}(1)} p_t(x,y) dx\,dy \sim$$

$$\sim \text{ const } \exp \left(\frac{t^2}{2} - 2dkt \right).$$

We have proved now the theorem 3.3, but in a stronger form

$$ln\langle u(t,0)\rangle = \frac{t^2}{2} - 2kdt + \overset{0}{=} (ln\, t). \tag{3.29}$$

Further analysis shows that

$$\langle u(t,x)\rangle = \frac{t^2}{2} - 2kdt - 2d\, ln\, t + \overset{=}{0} (ln\, t). \tag{3.30}$$

The proof of the theorem 3.3 is very instructive: the main contribution to the $\langle u(t,0)\rangle$ gives one extremely high peak of $\xi(x)$ (of order $t/2$), located exactly at the point $x_0 = 0$.

The proof of the theorem 3.4 is based on the same spectral ideology. I will describe only the "sceleton" of the proof, which contains all principal steps, the reader must reconstruct technical details.

About **lower estimation**. We can use the same plan, as in the theorem 3.2, but make more delicate calculations.

First of all, instead of estimations (3.13) for the $\overset{max}{|x|\le n}\xi(x)$, we may employ the following statement.

For arbitrary $\varepsilon > 0$, the number of the events

$$A_x^+ = \{\xi(x) \ge \sqrt{2d\, ln\, n + (1+\varepsilon)ln\, ln\, n}\} \tag{3.31}$$

is finite μ-a.s.

But for the $\varepsilon < 0$, we have μ-a.s. infinitely many such events.

It is important that

$$\sqrt{2d \ln n + c \ln \ln n} = \sqrt{2d \ln n} + \overset{0}{=} \left(\frac{\ln \ln n}{\sqrt{\ln n}} \right).$$

Second, we can consider the radius of the ball B_t^-, (which was equal earlier to $R_t^- = t^{1-\epsilon}$) to be equal to $\dfrac{t}{\ln^2 t}$. The same calculations as earlier will give

$$u(t, x) \geq \exp(t \underset{x \in B_t^-}{\max} \xi(x) - 2dkt + \overset{=}{0}(t))$$

and applying (3.31), we will achieve the lower estimation from Theorem 3.4.

Upper estimation. If we chase the system of balls in the corresponding part of the theorem 3.2 more carefully:

$$R_0 = 0, \quad R_1(t) = t \ln^2 t, \cdots R_n(t) = t \ln^{2n} t \cdots$$

and apply (3.31) we'll get, as earlier, the "cut-off' statement:

$$\langle u(t, x) \rangle \sim \langle u(t, x) I_{N(t) \leq t \ln^2 t} \rangle \tag{3.18"}$$

$$u(t, x) \sim \tilde{u}(t, x)(\mu - \text{a.s.})$$

For $\tilde{u}(t, x)$ we have the same equation (3.18'), only $S_t^d = \{x : |x| \leq t \ln^2 t\}$.

Spectral theorem gives immediately

$$u(t, x) \leq \exp\{t \max_k E_{k,t} + \overset{0}{=} (\ln t)\} \tag{3.32}$$

and the problem is to find μ-a.s. asymptotical behavior of this upper boundary of the spectrum of operator $H = k\Delta + \xi(x), \quad x \in S_t^d$.

Let us fix small $\varepsilon > 0$ and consider the random set ("high peaks"):

$$\prod_{\varepsilon, t} = \{x : \xi(x) > (1 - \varepsilon)\sqrt{2d \ln t}, \quad x \in D_t^d\}.$$

For large t, the number of the points in $\prod_{\varepsilon, t}$ has the order $t^{d(1 - (1 - r\varepsilon))} > t^{2d\varepsilon}$. I want to prove that the distances between these points are sufficiently large for large t.

Consider (for some $\delta > 0$) the event

$$B_{t, \varepsilon, \delta} = \{\exists (x_1, x_2 \in \prod_{\varepsilon, \delta} : |x_1 - x_2| > t^\delta\}$$

Obviously,

$$\mu(B_{t,\varepsilon,\delta}) \le c(t \, ln^2 \, t)^d t^{\delta d} P^2 \{\xi(x) > (1-\varepsilon)\sqrt{2d \, ln \, t}\}$$

$$\le c \, ln^d \, t \frac{t^{d+\delta d}}{t^{2d(1-\varepsilon)^2}}.$$

We can consider only integer t (because we are working on $\mathbf{Z}^d$.) It is evident, that for some $\delta = \delta(\varepsilon) > 0$

$$\sum_t \mu(B_{t,\varepsilon,\delta}) < \infty$$

and Borel-Cantelly lemma shows that μ-a.s. for all $t \ge t_0(\omega)$ and all toruses S_t^d we have

$$\min_{x_i, x_j \in \prod_{\varepsilon,t}} |x_i - x_j| > t^\delta.$$

Now,

$$\max_k E_{k,t} \le \max_k \tilde{E}_{k,t},$$

where $\tilde{E}_{k,t}$ are the eigenvalues of the hamiltonian

$$\tilde{H} = k\Delta + \tilde{\xi}(x), \quad x \in S_t^d, \ \tilde{\xi}(x) = \begin{cases} \xi(x), & x \in \prod_{\varepsilon,t} \\ (1-\varepsilon)\sqrt{2d \, ln \, t}, & x \notin \prod_{\varepsilon,t}. \end{cases} \quad (3.33)$$

Thus (as in the theorem 3.3),

$$\tilde{E}_{k,t} = (1-\varepsilon)\sqrt{2d \, ln \, t} + \bar{E}_{k,t}$$

and $\bar{E}_{k,t}$ are associated with operator $\bar{H}$, whose potential has "very rare" peaks:

$$\bar{H} = k\Delta + \sum_{x_i \in \prod_{\varepsilon,t}} \eta_i \delta_{x_i}(x),$$

$$\eta_i = (\xi(x_i) - (1-\varepsilon)\sqrt{2d \, ln \, t})_+. \quad (3.34)$$

There are high ones (of the order $\varepsilon\sqrt{2d \, ln \, t}$) among these peaks, and they give the main contribution to the $\max_k \bar{E}_{k,t}$ (or $\tilde{u}(t,x)$).

Interaction between these peaks is extremely small, because the distances are $|x_i - x_j| > t^\delta$, $i \ne j$. As a result, for our estimations we can use different peaks separately. The following general lemma explains the meaning of this "physical statement".

Lemma 3.1. Let us consider the following Schrödinger operator on the lattice $\mathbf{Z}^d$

$$H = k\Delta + \sum_{i=1}^\infty a_i \delta_{x_i}(x)$$

$$a_i \ge 0, \quad \sup a_i = A, \quad |x_i - x_j| \ge B. \quad (3.35)$$

For arbitrary small $\delta > 0$, we can find the (large enough) constants A_0, B_0 such that for $A > A_0$, $B > B_0$ the resolvent $(H - E)^{-1}$ is analytical in the domain

$$E \geq A - 2dk + \delta, \tag{3.36}$$

i.e.

$$\sup \sum (H) < A - 2dk + \delta.$$

This lemma is working on the torus S_t^d as well (for $t \to \infty$).

Proof of the lemma. For every point x_i we can construct two balls around it:

$$B_i^1 = \{x : |x - x_i| < \frac{B}{4}\}, \quad B_i^2 = \{x : |x - x_i| < \frac{B}{2}\}$$

and introduce the blocks (compare with lecture 7)

$$(i) = B_i^2, \quad i = 1, 2, \cdots$$

$$(0) = \mathbf{Z}^d / \quad (\bigcup_{i=1}^{\infty} B_i^1).$$

Let γ be a graph with the vertexes $(0), (1), \cdots$ and the following transitions $(i) \to (0)$, $i = 1, 2, \cdots$; $(0) \to (i)$ for arbitrary $i = 1, 2, \cdots$.

First entrance point from (0) to (i) locates on the ∂B_i^1, first entrance point from (i) to (0) locates on ∂B_i^2. If A, B are sufficiently large, the positive eigenvalues of the blocks' have operators $H^{(i)}$, $i = 1, 2, \cdots$ has the estimation

$$E^{(i)} > A - 2dk + \delta/2$$

(see consideration of the previous theorem), and for the resolvent kernel

$$R_{x,y}^{(i)} = \left(H^{(i)} - (A - 2dk + \delta) \right)^{-1} (x, y), \quad x \in \partial B_i^1, \quad y \in \partial B_i^2$$

we can prove the estimation

$$|R^{(i)}(x,y)| \leq \left(\frac{2dk}{A + 2dk + \delta} \right)^{|x-y|} \cdot \frac{c}{\delta} \leq$$

$$\leq \left(\frac{c_0}{A} \right)^{B/4} \cdot \frac{c_1}{\delta}. \tag{3.37}$$

For the resolvent of (0) - block we have similar (and trivial) estimation, which is the consequence of the path expansion (see previous chapter):

$$R^{(0)}(x,y) = \left(H^{(0)} - (A - 2dk + \delta) \right)^{-1} (x, y)$$

$$x \in \partial B_i^{(2)}, \quad u \in \partial B_j^1; \quad i, j = 1, 2, \cdots \tag{3.38}$$

$$|R^{(o)}(x,y)| \leq C_1 \left(\frac{2dk}{A + 2dk + \delta} \right)^{|x-y|}.$$

Following the idea of the lecture 7, we can "glue together" the resolvents of the different blocks $(i), i = 0, 1, \cdots$ and obtain the "full" resolvent. The corresponding formulas have a form (x_1 is the center of $B_1^{1,2}$, $\quad y \in (k)$)

$$R_E(x_1, y) = (H - E)^{-1}(x_1, y) =$$

$$= \sum_{\tilde{\gamma}:(0) \to (k)} R_E^{(\tilde{\gamma})}(x_1, y). \tag{3.39}$$

If $\tilde{\gamma} : (1) \to (0) \to (i_1) \to (0) \to \cdots$, then

$$R_E^{(\tilde{\gamma})}(x_1, y) = \sum_{Z_1 \in \partial B_1^2, Z_2 \in \partial B_{Z_1}^1, \cdots} R^{(1)}(x_1, Z_1) R_E^{(0)}(Z_1, Z_2) R_E^{(i_1)}(Z_2, Z_3) \cdots. \tag{3.40}$$

Applying the estimations (3.37), (3.38) of the block resolvents, it's easy to prove the convergence of (3.40) for $E > A - 2dk + \delta$.

From the lemma 3.1 it follows that for $t \geq t_0(\omega, \delta)$ and μ-a.s

$$\max_k \tilde{E}_{k,t} \geq \max_{x+S_t^d} \xi(x) - 2dk + \delta$$

and (3.31) gives us immediately the statement of the theorem 3.4 (upper estimation).

Remark 3.1. The lemma 3.1 does not present any information about the structure of the eigen functions $\psi_{k,t}(x)$ on S_t^d. If we will estimate $|\xi_{(k)} - \xi_{(l)}|, k \neq l$ (these differences can not be "too small", i.e. there are no resonants between different high peaks), we can prove that the "upper" eigenfunctions on S_t^d "locate" near the single maxima $\xi_{(k)}, k = 1, 2, \cdots$ of $\xi(x)$, $x \in S_t^d$.

This version of the localization theorem is very important and gives the additional information about the remainder term in (3.30) and the global structure of the "intermitted" solution $u(t, x)$.

Additional and very important information is related with asymptotical properties of the Lifshitz tails for the integrated density of states $N(E)$ (see lecture 5). The logarithmical asymptotics of $N(E)$, $E \to \infty$ is known (see [14], [49]), but for many models, including gaussian i.i.d.r.v. $\xi(x)$, we can find an exact asymptotics for $N(E)$ (details in [32]).

Lecture 9. Non-Stationary Anderson Parabolic Model.

The subject of this lecture is the investigation of asymptotical properties (intermittency) of the solutions of the following stochastic partial differential equation (SPDE):

$$\frac{\partial u(t,x)}{\partial t} = k \triangle u(t,x) + \xi_t(x)\, u(t,x) \tag{3.41}$$

$$u(0,x) \equiv 1, \quad t \ge 0, \quad x \in \mathbf{Z}^d$$

This equation describes the mean concentration of the particles for the reaction diffusion equation in the non-stationary (turbulent) RM (see introduction). But the real sense of the problem (3.41) is related with the fact, that this equation is a prototype of the more important evolution problems in the turbulent RM, such as heat propagation in the random flow, dynamo-problem etc. (about dynamo-problem see the next lecture).

As earlier, $k > 0$ is a diffusion coefficient, $k\triangle f(d) = k \sum_{|x'-x|=1} (f(x') - f(x))$ is a lattice Laplacian generating on $\mathbf{Z}^d$ a symmetrical random walk with continuous time (and the rate $2dk$ of the jumps).

Potential $\xi_t(x)$ is a generalized random function

$$\xi_t(x) = \dot{W}_t(x), \quad x \in \mathbf{Z}^d, \quad t \in R_+^1 \tag{3.42}$$

where $\{W_t(x), \quad x \in \mathbf{Z}^d\}$ is a family of the standard independent Wiener processes. In different terms, $W_t(x)$ is a gaussian field on $R_+^1 \times \mathbf{Z}^d$ with the properties

$$\langle W_t(x) \rangle = 0, \quad \langle W_{t_1},(x_1)W_{t_2}(x_2) \rangle = (t_1 \wedge t_2)\delta(x_1 - x_2). \tag{3.43}$$

In the spirit of the general SPDE theory (see, for example, [65]) we have to consider this family as a Wiener process in the corresponding functional (Hilbert) space. Of course, it can't be a standard $L_2(\mathbf{Z}^d)$ space, because

$$\{W_t(\cdot)\} \notin L_2(\mathbf{Z}^d), \quad 1(x) \notin L_2(\mathbf{Z}^d).$$

The simplest possibility is to work in the weighted Hilbert space $L_{2,\alpha}(\mathbf{Z}^d)$ with the norm

$$\|f(\cdot)\|_\alpha^2 = \sum_{x \in \mathbf{Z}^d} |f(x)|^2 \alpha^{|x|}, \tag{3.44}$$

$$|x| = |x_1| + \cdots + |x_d|, \quad 0 < \alpha < 1.$$

Such special weight $w(x) = \alpha^{|x|}$ is especially convenient, because

$$\alpha\|f(\cdot)\|_\alpha^2 \le \|f(\cdot + h)\|_\alpha^2 \le \frac{1}{\alpha}\|f(\cdot)\|_\alpha^2, \tag{3.45}$$

where $f(\cdot + h)$ is a shift of $f(\cdot)$, $\quad |h| = 1$.

It is easy to check that $\{W_t(\cdot)\} = W_t$ is a Wiener process in $L_{2,\alpha}(\mathbf{Z}^d)$, i.e. covariance operator (3.43) is a nuclear one in $L_{2,\alpha}(\mathbf{Z}^d)$. Of course (by the definition)

$$\xi_t(\cdot) = \dot{W}_t = \dot{W}_t(\cdot) \tag{3.46}$$

is a "white noise" in the Hilbert space $L_{2,\alpha}(\mathbf{Z}^d)$.

Our probabilistic space $(\Omega_m, \mathcal{F}_m, \mu)$ will have now a special structure: $\Omega_m = L_{2,\alpha}(\mathbf{Z}^d)$,
$\mathcal{F}_m = \underset{x \in \mathbf{Z}^d}{\otimes} \mathcal{F}(x)$, where $\mathcal{F}(x)$ is a σ-algebra of events related with $W_t(x)$, $\quad t \in R_+^L$,
$\mu = \underset{x \in \mathbf{Z}^d}{\otimes} \mu(x)$. Of course, σ-algebra $\mathcal{F}_m$ contains the filtration $\mathcal{F}_{\leq t}$ of σ-subalgebras of events "before moment $t > 0$".

We have to understand the equation (3.41) as stochastic integral equation

$$u(t, x) = 1 + k \int_0^t \Delta u(s, x) ds + \int_0^t u(s, x) dw_s(x) \tag{3.47}$$

where the solution $u(t, \cdot) \in L_{2,\alpha}(\mathbf{Z}^d)$ and $\mathcal{F}_{\leq t}$ is measurable ($\mathcal{F}_{\leq t}$ adapted).

Last term is the Ito's stochastic integral. Of course, instead of Ito's integral we can use the Strationovich's integral

$$\int_0^t u(s, x) o\, d\, W_s(x). \tag{3.48}$$

If both integrals have a sense, we have a trivial relation between them:

$$\int_0^t u(s, x) o\, d\, w_s(x) = \int_0^t u(s, x) d\, w_s(x) +$$

$$+ \frac{1}{2}[u(\cdot), w(\cdot)]_0^t = \int_0^t u(s, x) d\, w_s(x) + \frac{1}{2} \int_0^t u(s, x) ds \tag{3.49}$$

or symbolically

$$u(t, x) o\, d\, w_t(x) = u(t, x) d\, w_s(x) + \frac{1}{2} u(t, x) dt. \tag{3.49'}$$

Formula (3.49') gives the possibility to turn from Ito's SPDE to the Strationvich's SPDE. Namely (in the obvious notations)

$$u^{(S)}(t, x) = u^{(I)}(t, x) \exp(t/2). \tag{3.50}$$

Stratonovich's form of the solution $u^{(S)}(t, x)$ is more natural physically. First of all, it reflects symmetry of the time and second, solution $u^{(S)}(, x)$ is a limit of the solutions with "very short" time correlations. It's possible to find the following result in our (with R. Carmona) memoir [15] containing a full analysis of the equation (3.41).

Theorem. Let us consider equation

$$\frac{\partial u^{\varepsilon}}{\partial t} = k \triangle u^{\varepsilon} + \frac{1}{\sqrt{\varepsilon}}\xi(\frac{t}{\varepsilon}, x)u^{\varepsilon}$$

(3.41′)

$$u^{\varepsilon}(0, x) \equiv 1.$$

Here $\xi(t, x)$ is a regular qaussian field (with continuous realizations in time):

$$\langle \xi(t, x) \rangle = 0, \quad \langle \xi(t_1, x_1)\xi(t_2, x_2) \rangle = \Gamma(t_1 - t_2)\delta(x_1 - x_2).$$

After rescaling $t \to \frac{t}{\varepsilon}$, $\xi \to \frac{1}{\sqrt{\varepsilon}}\xi$, the field $\frac{1}{\sqrt{\varepsilon}}\xi(\frac{t}{\varepsilon}, x)$ converges (in the sense of distribution in the Schvartz space) to the "white noise" with a variance $\sigma^2 = 2\pi\hat{\Gamma}(0) = \int_{R^1} \Gamma(\tau)d\tau$.

Solution $u^{\varepsilon}(t, x)$ for every $\varepsilon > 0$ exists in the classical sense. If $\varepsilon > 0$, then $u^{\varepsilon}(t, x) \xrightarrow{\text{Dist}} u^0(t, x)$ and $u^0(t, x)$ is the solution of the Stratonovich's SPDE:

$$\frac{\partial u^0}{\partial t} = k \triangle u^0 + \sigma u(t, x) \circ d\, w_t(x)$$

(3.41″)

$$u^0(0, x) \equiv 1.$$

We had formulated our initial problem in the language of SPDE's, but didn't prove an existence and an uniqueness. This is easy, because Laplacian $\triangle$ is a bounded operator. There is a possibility to use the general theory [65], but direct analysis is simpler than the testing of conditions of the abstract theorems.

Theorem 3.3. Equation (3.47) has an unique solution in $L_{2,\alpha}(\mathbf{Z}^d)$.

Proof: Using the inequality $(a + b + c)^2 \leq 3a^2 + 3b^2 + 3c^2$, Schwartz inequality and trivial estimation (3.45), it's easy to prove, that for $t \leq T$

$$\langle \|\int_0^t \triangle u(s, x)ds\|_{\alpha}^2 \rangle \leq C(\alpha, T)\int_0^t \langle \|u(s, x)\|_{\alpha}^2 \rangle ds$$

$$\langle \|\int_0^t u(s, x)d\, w_s(x)\|_{\alpha}^2 \rangle \leq C(\alpha, T)\int_0^t \langle \|u(s, x)\|_{\alpha}^2 \rangle ds$$

$$\langle \|1 + \int_0^t \triangle(s, x)ds + \int_0^t u(s, x)d\, w_s(x)\|_{\alpha}^2 \rangle \leq$$

(3.51)

$$\leq C(\alpha, T)[1 + \int_0^t \langle \|u(s, \cdot)\|_{\alpha}^2 \rangle ds].$$

A priori estimation (3.51) together with Bellmann's lemma show (as in the finite dimensional case), that Picard approximations

$$u_0(t, x) \equiv 1$$

(3.52)

$$u_{n+1}(t, x) = 1 + \int_0^t \triangle u_n(s, x)ds + \int_0^t u_n(s, x)dw_s(x)$$

converge to the limit in the Hilbert space $L_{2,\alpha}(\mathbf{Z}^d) \times L_2(\Omega_m, \mu)$.

Uniqueness theorem (due to (3.51)) is also standard. More sophisticated uniqueness theorems (for the more general conditions about space correlations of the "white noise" $\xi_t(x)$) see [15].

The following result allows to obtain the Kac-Feynman representation of the solution

Theorem 3.4. Solution $u^{(S)}(t,x)$ is given by the formula

$$u^{(S)}(t,x) = E_x \exp\{\int_0^t d\, w_s(X_{t-s})\}. \tag{3.53}$$

Here X_{t-s} is a trajectory of the random walk x_s (in inverse time) and Stochastic integral in the exponent has a trivial sense: if $0 < s_1 < s_2 < \cdots < s_\nu < t$ are the moments of the jumps for x_s and $x_s \equiv x_\nu$, $s \in [0, s_1)$, $x_s = x_{\nu-1}$, $s \in [s_1, s_2), \cdots$ $x_s \equiv x$, $s \in [s_\nu, t]$, then

$$\int_0^t d\, w_s(x_{t-s}) = (w_{s_1} - w_0)(x_\nu) +$$
$$+ (w_{s_2} - w_{s_1})(x_{\nu-1}) + \cdots + (w_t - w_{s_\nu})(x). \tag{3.53'}$$

The proof is almost trivial and bases on standard Markov construction: $u(t + \Delta t, x) = E_x\{\exp(\int_t^{t+\Delta t} dw_s(x_{t+\Delta-s}))u(t, x_\Delta)\}$ etc. See details in [15] for more general case.

It follows from (3.53) that the solution $u(t, x, \omega)$, which is an ergodic and homogeneous field on $\mathbf{Z}^d$ for fixed t, has all the moments:

$$\left\langle \left[u^{(S)}(t,x)\right]^p \right\rangle = \left\langle \left[E_x \exp\left\{\int_0^t d\, w_s(x_{t-s})\right\}\right]^p \right\rangle \le$$

$$\le E_x \langle \exp\{p \int_0^t d\, w_s(x_{t-s})\}\rangle =$$

$$= E_x \exp\left\{\frac{p^2 t}{2}\right\} = \exp\left\{\frac{p^2 t}{2}\right\}. \tag{3.54}$$

In the special case $k = 0$, when $x_s \equiv x_0 = x$, the estimation (3.54) is precise, because the solution of the ordinary SDE

$$d\, u_t = u_t \circ dw_t$$

has a form

$$u_t = \exp(w_t).$$

In this case, of course,

$$\langle [u_t]^p \rangle = \exp\left\{\frac{p^2 t}{2}\right\}.$$

To prove the asymptotical intermittency ($t \to \infty$) for the random field $u(t, x)$, we have to study the statistical moments, find scale $A(t)$ (see previous lecture 8) and calculate the corresponding Ljapunov exponents. In the case of the stationary model we used Kac-Feynman representation. In the nonstationary case (and it is the most essential property of the SPDE) we have much more: the exact equations for the correlation functions of the field $u(t, x)$.

Theorem 3.5. For each integer $p \geq 1$, each $t \geq 0$ and $x = (x_1, \cdots, x_p) \in \mathbf{Z}^{pd}$ let us set

$$m_p^{(I)}(t, x) = m_p^{(I)}(t, x_1, \cdots x_p) = \langle u^{(I)}(t, x_1) \cdots u^{(I)}(t, x_p) \rangle.$$

Then these moments (correlation functions) satisfy the following "p-particle" parabolic equation

$$\frac{\partial m_p}{\partial t} = k(\triangle_{x_1} + \cdots + \triangle_{x_p}) m_p + \left(\sum_{i<j} \delta(x_i - x_j) \right) m_p \tag{3.56}$$

$$m_p(0, x) \equiv 1.$$

Equation (3.56) can be written down in the form

$$\frac{\partial m_p}{\partial t} = H_p \, m_p, \quad H_p = k(\triangle_{x_1} + \cdots + \triangle_{x_p}) + V_p(x) \tag{3.56'}$$

$$V_p(x) = \sum_{i<j} \delta(x_i - x_j), \quad p > 1; V_1(x) \equiv 0$$

and Hamiltonian H_p is a classical "p-particle" Schrödinger operator on the lattice $\mathbf{Z}^{pd}$ with the binary interaction $\delta(x - y)$. We can, of course, discuss this equation in $L_{a,\alpha}(\mathbf{Z}^d)$, but now it is more convenient to work in $L_2(\mathbf{Z}^d)$, where operator H_p is self-ajoint and has the "nice" spectral properties. The spectral analysis of the p-particle Schrödinger operators in $L_2(\mathbf{Z}^d)$ or $L_2(R^d)$ represents a large chapter of the modern mathematical physics (see, for example, the monograph [67], which is mainly dedicated to multiparticle Schrödinger operator).

In the future we will be using mainly Ito's form and $u(t, x)$, $m_p(t, x)$ will be meaning $u^{(I)}(t, x), m_p^{(I)}$ etc.

Proof of the Theorem 3.5. Function $\phi(z_1, \cdots, z_p) = z_1 \cdots z_p$ is smooth and we can apply the Ito's formula to the compound process

$$y_t = u(t, x_1) \cdots u(t, x_p).$$

We know, that

$$dy_t = d\, u(t, x_1) u(t, x_2) \cdots u(t, x_p) + \cdots$$

$$+ u(t, x_1) \cdots u(t, x_{p-1}) d\, u(t, x_p) + \tag{3.57}$$

$$+ \frac{1}{2} \sum_{i \leq j} \frac{\partial^2 \phi}{\partial x_i \partial x_j} \cdot d\, u(t, x_i) d\, u(t, x_j).$$

But $d\, u(t, x) = \Delta\, u(t, x) dt + u(t, x) dw_t(x)$ and $\dfrac{\partial^2 \phi}{\partial z_i \partial z_j} = z_1 \cdots z_{i-1}$

$z_{i+1} \cdots z_{j-1} z_{j+1} \cdots z_p$, $\dfrac{\partial^2 \phi}{\partial z_i^2} = 0$. After substitution of these expressions in (3.57) and calculation of expectation we'll obtain (3.56).

The following result reduces the problem of the moments Ljapunov exponents to the spectral theory.

Theorem 3.6. For every $p \geq 1$ and the scale $A(t) \equiv t$ there exists

$$\gamma_p^{(I)}(k) = \lim_{t \to \infty} \frac{\ln \langle [u^{(I)}(t, x)]^p \rangle}{t} \tag{3.58}$$

and

$$\gamma_p^{(I)}(k) = \max \sum (H_p) \tag{3.59}$$

where $\sum(H_p)$ is a spectrum of the self-ajoint operator H_p in $L_2(\mathbf{Z}^{pd})$.

Let us remark, that $\gamma_p^{(I)}(k) \geq 0$ (because $\max \sum(\Delta) = 0$ and $V_p(x) \geq 0$).

Theorem 3.7 is a version of the Perron's theorem about asymptotical behavior of the positive semigroups, but in non-compact case. Abstract form of the theorems of this type see [67], for additional details see [15].

I'll give a short draft of the proof containing some additional information.

Let us consider the ball $Q_R = \{x : |x| \leq R\}$ and the "cut-off" problem

$$\frac{\partial u_R}{\partial s} = k \Delta u_R + \xi_t(x) u_R, \quad |x| \leq R, \quad t \geq 0 \tag{3.60}$$

$$u_R(0, x) = I_{|x|<R}; \quad u(t, x) = 0, \quad |x| = R.$$

Of course (Ito's form)

$$u_R(t, x) = E_x \exp\left\{ -\frac{t}{2} + \int_0^t dw_s(x_{t-s}) \right\} \cdot I_{\max_{s \in [0,t]} |x_s| < R}. \tag{3.61}$$

It is obvious, that

$$u_R(t, x0 \leq u(t, x); \quad |x| \leq R, \quad t > 0.$$

But according to Perron's theorem,

$$\langle u_R^p(t,x)\rangle = \exp(tH_p^{(R)})u_R(0,x) \underset{t\to\infty}{\sim}$$

$$\exp(E_0^{(R)}\cdot t)\psi_{R,0}(x)(u_R(0,\cdot)\cdot\psi_{R,0}(x)). \tag{3.62}$$

Here $H_p^{(R)}$ is a p-particle operator $H_p^{(R)}$ is a ball $\{x : |x| < R\}^p$ with zero boundary condition, $E_0^{(H)}$ is a maximum eigenvalue of $H_p^{(R)}$ and $\psi_{R,0}(x)$ is a corresponding (positive!) eigenfunction.

It follows that from (3.62)

$$\liminf_{t\to\infty}\frac{ln\langle u^p(t,x)\rangle}{t} \geq E_0^{(R)} \tag{3.63}$$

for arbitrary R. But for $R\to\infty$

$$\lim E_0^{(R)} = \max\sum(H_p)$$

and we have the "half" of the theorem 3.5 (lower estimation).

The main problem with the upper estimation is a consequence from the fact, that $m_p(o,x)\notin L_2$. But we can take $R = R(t) = t^{1+\varepsilon}$. Using (as in the lecture 8) the trivial bound

$$P\{\max_{s\in[0,t]}|x_s|\} \leq P\{\nu_t \leq t^{1+\varepsilon}\} \leq \exp\left(-t^{1+\varepsilon}\right),$$

we can check, that for $t\to\infty$

$$\langle u^p(t,x)\rangle = m_p(t,x,\cdots x) \leq$$

$$\leq u_{t^{1+\varepsilon}}^p(t,x)\rangle\cdot(1+\bar{\bar{0}}\,(1)) = e^{tH_p^{(R)}}m_p(0,x).$$

But according to the spectral theorem

$$\|e^{tH_p^{(R)}}m_p(0,\cdot)\| \leq \exp\left(tE_0^{(t^{1+\varepsilon})}\right)\|m_p(0,\cdot)\|$$

$$\leq \exp\left(tE_0^{(t^{1+\varepsilon})}\right)(2t)^{d(1+\varepsilon)}$$

and for $t\to\infty$ it gives us the upper estimation

$$\limsup_{t\to\infty}\frac{ln\langle u^p(t,x)\rangle}{t} \leq E_0 = \max\sum(H_p). \tag{3.64}$$

Of course, the positivity of the operator $\exp(t\,H_p^{(R)})$ played a central role. Let us remark that semigroup $\exp(t\,H_p^{(R)})$ is positive in both classical senses: in the sense of quadratic forms and in a Markov sense (positivity of the matrix elements).

Corollary 3.1. For every $p \geq 1$

$$\gamma_p^{(I)}(k) = \max \Sigma(H_p) = \sup_{\psi: \|\psi\|_2 = 1} (H_p \psi, \psi) =$$

$$= \sup_{\psi: \|\psi\| = 1} (-k \sum_{|h| = 1, x \in \mathbf{Z}^{dp}} (\psi(x + h) - \psi(x))^2 + \sum_{x \in \mathbf{Z}^{dp}} V_p(x) \psi^2(x)). \tag{3.65}$$

It is a classical variational form for the upper boundary of the spectrum of the self-ajoint operator.

Expression in the brackets is (for fixed ψ) a linear nonincreasing function of k. As a result, we have

Corollary 3.2. For every $p \geq 1$, the moments Ljapunov exponent $\gamma_p^{(I)}(k)$ is a convex nonincreasing function of diffusivity $k \geq 0$.

Let us remember (see remark after (3.54)) that for $k = 0$

$$\gamma_p^{(I)}(0) = \frac{p^2}{2} - \frac{p}{2} = \frac{p(p-1)}{2},$$

i.e.

$$\frac{\gamma_p^{(I)}}{p}(0) = \frac{p-1}{2} \uparrow$$

and we have an intermittency for $k = 0$.

As functions $\gamma_1(\kappa)$ and $\gamma_2(\kappa)$ are continuous, we have (for sufficiently small κ).

$$\gamma_1(\kappa) < \frac{\gamma_2}{2}(\kappa)$$

and it gives the full intermittency:

$$\gamma_1 < \frac{\gamma_2}{2} < \frac{\gamma_3}{3} < \cdots$$

(compare with previous lecture).

But we can obtain essentially better estimations of the moment Ljapunov exponents $\gamma_p(k)$. Corresponding analysis is based on exact formulas for γ_1 and γ_2.

Theorem 3.7. (Ito form)

1. $\gamma_1(k) \equiv 0$

2. $\gamma_2(k)$ is equal to the upper boundary of the spectrum of the two-body Schrödinger operator

$$\tilde{H} = 2 k \Delta + \delta_0(x), \tag{3.66}$$

which is a result of the removing of the center of mass for the operator

$$H_2 = k(\Delta_{x_1} + \Delta_{x_2}) + \delta(x_1 - x_2).$$

2a.   If $d = 1, 2$ then $\gamma_2(k) > 0$ and it is a unique positive solution of the equation

$$1 = \frac{1}{(2\pi)^d} \int_{S^d} \frac{d\phi}{2k \, \Phi(\Phi) + \gamma}, \quad \Phi(\phi) = 2 \sum_{i=1}^{d} (1 - \cos \phi) \tag{3.67}$$

2b.   If $d \geq 3$ and

$$k \geq k_r = \frac{1}{(2\pi)^d} \int_{S^d} \frac{d\phi}{2\Phi(\phi)}, \tag{3.68}$$

then $\gamma_2(k) = 0$. If $k < k_r$, then again $\gamma_2(k) > 0$ and is a positive root of the same equation (3.67).

The proof is trivial. Equation for the first moment $m_1(t, x)$ is a pure parabolic one:

$$\frac{\partial m_1}{\partial t} = k \, \triangle m_1, \quad m_1(0, x) \equiv 1,$$

i.e.

$$m_1(t, x) \equiv 1, \quad t \geq 0, \quad x \in \mathbf{Z}^d$$

and $\gamma_1(k) \equiv 0$. For the second moment we have equation

$$\frac{\partial m_2}{\partial t} = k(\triangle_{x_1} m_2 + \triangle_{x_2} m_2) + \delta(x_1 - x_2) m_2$$

$$m_2(0, x_1, x_2) \equiv 0.$$

It means, of course, that

$$m_2(t, x, x_2) = \psi(t, x_1 - x_2)$$

and for $\psi(t, z)$ we have

$$\frac{\partial \psi}{\partial t} = 2k \, \triangle \psi + \delta(z)\psi = \tilde{H}\psi, \quad \psi(0, z) \equiv 1.$$

According to theorem 3.7, there are only two possibilities

a)   either operator $\tilde{H}$ has no positive eigenvalue $E = E_0(k)$, then $\gamma_2(k) = 0$

b)   or for some $E_0(k) > 0$ there exists a positive eigenfunction $\psi_0(x)$:

$$\tilde{H}\psi_0 = (2\, k \, \triangle + \delta_0)\psi_0 = E_0\psi_0 \tag{3.69}$$

and $\gamma_2(k) = E_0(k)$.

Equation (3.69) can be solved in the Fourier domain. Function $\psi(\phi)$ is, of course, the symbol of Laplacian $(-\triangle)$ (see details in the previous lecture, where we have done the same calculation, or in [15]). Solution of (3.69) produces immediately the statements 2a, 2b of the theorem 3.7.

Corollary 3.3. In the low dimensions $d = 1, 2$ for arbitrary $k > 0$, the family of the fields $u(t, x)$ (i.e. solution of (3.41), which can be understood in both senses: Ito's or

Stratonovich's) has a property of full asymptotical intermittency. In different terms, inequalities

$$\gamma_1(k) < \frac{\gamma_2}{2}(k) < \quad < \frac{\gamma_p}{p}(k) < \qquad (3.70)$$

hold for all $k > 0$.

If $d \geq 3$, then (3.70) has place only for $k < k_{2,r} = \frac{1}{(2\pi)^d} \int_{S^d} \frac{d\phi}{2\Phi(\phi)}$.

If $k > k_{2,r}$, then for $t \to \infty$

$$m_2(t, x) = \langle u^2(t, x) \rangle \to \quad \text{const}$$

$$m_1(t, x) \equiv 1,$$

i.e. the family of distributions of $u(t, x)$ is tight for $t \to \infty$.

The latter statement of this corollary requires the proof. It is a simple calculation based on the direct Fourier analysis of the equation

$$\frac{\partial m_2}{\partial t} = 2k \, m_2 + \delta_0 \, m_2$$

$$m_2(0, z) \equiv 1.$$

We have no place to discuss such technical details.

In the physical language, the statement of the corollary 3.3 means the following. In dimension $d = 1, 2$ or for $d \geq 3$ with the sufficiently small diffusivity k, the reaction-diffusion particle system related with the Anderson's model (3.41) has a very strong property of aggregation. When $t \to \infty$ "almost all" particles concentrate in a "very high" and "very rare" peaks. It is an analogy of the localization process. If $d \geq 3$ and $k > k_2$, we have a nontrivial mean density of the particles between peaks. Roughly speaking, together with "localization" we have "delocalization", i.e. some analogy of the extended states.

Such "phase transition" with respect to diffusivity k plays the same role in parabolic theory (3.41) as a hypothetical Anderson's "mobility edge' in the quantum disordered physics.

To prove the existence of the "high peaks" generating intermittency of the moments m_p, $p > 2$, we have to estimate the higher Ljapunov exponents $\gamma_p(k)$, $p > 2$. The following result is a part of the general theory [14]. It illustrates the power of the direct probabilistic methods in the pure spectral context. Functional analytical proof of the same result is not trivial.

Theorem 3.8. For any $d \geq 1$ and $p \geq 2$ one has

$$\frac{\gamma_p}{p}(k) \geq \left(\frac{p-1}{2} - 2dk \right)_+ \qquad (3.71)$$

and for $p = 2m$

$$\frac{\gamma_p}{p}(k) \leq \frac{p-1}{2}\gamma_2\left(\frac{k}{p-1}\right). \qquad (3.72)$$

Expression for $\gamma_2(k)$ was obtained in the theorem 3.7.

From (3.71), (3.72) it follows that $\gamma_p(k) > 0$ in dimension $d \geq 3$ iff $k < k_{p,r}$ where $k_{p,r}$ satisfies the estimates:

$$\frac{p-1}{4d} \leq k_{p,r} \leq \left(2\left[\frac{p}{2}\right] - 1\right)k_{2,r} \qquad (3.73)$$

i.e.

$$c_1(d) \leq \frac{k_{p,r}}{p} \leq c_2(d). \qquad (3.73')$$

Proof. Let $x_t = (x_t^{(1)}, \cdots, x_t^{(p)})$ be a random walk on $\mathbf{Z}^{pd}$ with the generator $k(\Delta_{x_1} + \cdots + \Delta_{x_p})$. Then (3.56) and Kac-Feynman formula give:

$$m_p(t, x) = E_x \exp\{\int_0^t V_p(x_s)ds\}$$

$$V_p(x) = \sum_{i<j} \delta(x_i - x_j), \quad p > 2. \qquad (3.74)$$

Lower estimation. It $x = o$, then

$$m_p(t, 0) \geq E_0 \exp\{\int_0^t V_p(x_s)ds\} I_{x_s \equiv 0, s \in [0,t]}$$

$$= \exp\{tV_p(0)\}P\{x_s \equiv 0, \ s \in [0, t]\} =$$

$$= \exp\left\{\frac{t\,p(p-1)}{2}\right\} \cdot \exp\{-2d\,kpt\}.$$

I.e.

$$\gamma_p(k) \geq \max(0, \ \frac{p(p-1)}{2} - 2dkp),$$

which is equivalent to (3.71).

Upper estimation. For simplicity, let's consider just the case $p = 4$. We have

$$m_p(t, 0) = E_0 \exp\{\int_0^t [\delta(x_s^{(1)} - x_s^{(2)}) + \delta(x_s^{(3)} - x_s^{(4)})]\}ds$$

$$+ \int_0^t [\delta(x_s^{(1)} - x_s^{(3)}) + \delta(x_s^{(2)} - x_s^{(4)})]ds+$$

$$\int_0^t [\delta(x_s^{(1)} - x_s^{(4)}) + \delta(x_s^{(2)} - x_s^{(3)})]ds\}$$

$$\leq E_0\{\exp 3 \int_0^t [\delta(x_s^{(1)} - x_s^{(2)}) + \delta(x_s^{(3)} - x_s^{(4)})]\}$$

$$\left(\text{inequality } abc \leq \frac{a^3 + b^3 + c^3}{3}\right)$$

$$\leq [E_0\{\exp 3 \int_0^t \delta(x_s^{(1)} - x_s^{(2)})\}]^2$$

(independence of $\left(x_s^{(1)}, x_s^{(2)}\right)$ and $\left(x_s^{(3)}, x_s^{(4)}\right)$).

The expression in the square brackets is the second moment, not with potential $\delta(\cdot)$, but with the potential $3\delta(\cdot)$.

Using definition of $\gamma_2(k)$, after rescaling of the time in the equation

$$\frac{\partial m}{\partial t} = k \triangle m + 3\delta_0 m$$

we'll obtain (for $p = 4$) the upper estimation (3.72).

Now we'll discuss briefly the problem of almost sure Ljapunov exponent for the equation (3.41), which we will understand (as in the biggest part of lecture) in the Ito's form.

First problem is how to define Ljapunov a.s. exponent? The simplest version is to work with the localized initial data, instead of stationary data of the form $u(0, x) \equiv 1$. In the moment analysis it was not essential.

Theorem 3.9. Let $q(s, x, t, y)$, $s \leq t$, $x, y \in \mathbf{Z}^d$ be a fundamental solution of the SPDE (3.41), i.e. the solution of the problem

$$\frac{\partial q}{\partial t} = k \triangle_y q(s, x, t, y) + \xi_t(y) q(s, x, t, y)$$

$$t \geq s, \quad q(s, x, s, y) = \delta_x(y). \tag{3.75}$$

Then μ-a.s for all $x, y \in \mathbf{Z}^d$, $s > 0$ there exists

$$\lim_{t \to \infty} \frac{\ln q(s, x, t, y)}{t} = \tilde{\gamma}(k). \tag{3.76}$$

By the definition, $\tilde{\gamma}(k)$ is an a.s. Ljapunov exponent.

Existence and uniqueness of the fundamental solution in $L_{2,\alpha}(\mathbf{Z}^d)$ can be proved exactly by the same method as in the theorem 3.3. It follows from the uniqueness theorem that for $s < u < t$

$$\sum_z q(s, x, u, x) q(u, z, t, y) = q(s, x, t, y) \tag{3.77}$$

and Kac-Feynman representation shows that for $s < t$ and arbitrary $x, y \in \mathbf{Z}^d$

$$q(s, x, t, y) > 0. \tag{3.78}$$

In different terms, "transition operators"

$$Q_{s,t}\psi(x) = \sum_y q(s, x, t, y)\psi(y)$$

make up the homogeneous positive hemygroup (similar to Markov's hemygroups, connected with non-homogeneous Markov chains). Properties (3.77), (3.78) imply that

$$q\,(s,x,u,x)\,q\,(u,x,t,x) < \; q\,(s,x,t,x)$$

$$s < u < t$$

or

$$ln\,q\,(s,x,u,x) + ln\,q\,(u,x,t,x) < ln\,q\,(s,x,t,x).$$

Notice that the terms factors in the right hand side are independent random variables (because σ-algebras $\mathcal{F}_{[s,u]}$ and $\mathcal{F}_{[u,t]}$ are independent). Their distributions depend only on the lengths of the corresponding time intervals. In such situation we can use (a very special case) of the Kingman's sub additive ergodic theorem (see [22]) and conclude that μ-a.s. there exists

$$\tilde{\gamma}(k) = \lim_{t \to \infty} \; \frac{ln\,q\,(s,x,t,x)}{t}. \tag{376'}$$

Using trivial inequalities of the form

$$q\,(s,x,t,x) \geq g\,(s,x,s_1,y)\,q\,(s_1,y,s_2,y). \tag{3.77'}$$

$$q\,(s_2,y,t,x), \quad s < s_1 < s_2 < t$$

one can prove that limit in (3.76) does not depend on x and more

$$\tilde{\gamma}(k) = \lim_{t \to \infty} \; \frac{ln\,q(s,x,t,y)}{t} \quad (\mu - \text{a.s.}). \tag{3.76}$$

Additional analysis (which is not trivial) shows, that for the solution $u(t,x)$ of the problem (3.41) we have the same result

$$\lim_{t \to \infty} \; \frac{ln\,u(t,x)}{t} = \tilde{\gamma}(k) \quad (\mu - \text{a.s.}).$$

Let us remark, that

$$u(t,x) = \sum_{v \in \mathbf{Z}^d} q(0,y,t,x)$$

i.e.

$$\liminf_{t \to \infty} \frac{ln\,u(t,x)}{t} \geq \tilde{\gamma}(k) \quad (\mu - \text{a.s.}).$$

Theorem 3.10. Function $\tilde{\gamma}(k)$ is continuous for $k \geq 0$ (see [11], where corresponding statement is proved in essentially more general situation).

Idea of the proof. Let us consider instead of (3.41) the similar equation:

$$\frac{\partial u}{\partial t} = \triangle\,u + \sigma\,\xi_t(x)u \tag{3.78}$$

$$u(0,x) \equiv 1.$$

Using the Kac-Feynman representation (as in the theorem 3.4) one can easily prove, that

$$\frac{ln\, u(t,x)}{t} = \psi_{t,x}(\sigma)$$

is a convex function of σ. It means, that

$$\lim_{t\to\infty} \frac{ln\, u(t,x)}{t} = \psi(\sigma) \quad (\mu - \text{a.s})$$

is a convex (and by the same token) continuous function of σ. More,

$$\lim_{t\to\infty} \frac{\psi(\sigma)}{\sigma} \quad \text{exists}$$

i.e. function $\psi(\sigma)$ is asymptotically linear. But the scaling $t \to \frac{t}{k}$ give us possibility to move from the form (3.41) to the form (3.78) of our parabolic problem. It is not difficulty to show, that

$$\tilde{\gamma}(k) = k\psi\left(\frac{1}{k}\right) \tag{3.79}$$

and is equivalent to the statement of the theorem 3.10 (in fact, we had proved more).

If $k = 0$, then as we know

$$u(t,x) = \exp\{w_t(x) - \frac{t}{2}\}$$

i.e.

$$\tilde{\gamma}(0) = \lim_{t\to\infty} \frac{w_t - \frac{t}{2}}{t} = -\frac{1}{2} \quad (\mu - \text{a.s}).$$

For small k we have now $\tilde{\gamma}(k) < 0$, i.e. density of the particles between peaks in the case of full intermittency tends to 0 exponentially if $t \to \infty$. It is an additional essential detail for the "physical picture" of our process (see discussion after corollary 3.3).

There are no explicit formulats or algorithms for the calculation of $\tilde{\gamma}(k)$. Nevertheless, if $k \to 0$ we can give the following asymptotical estimations, which are nontrivial and interesting from the physical point of view.

Theorem 3.11 (see [15]) For suitable const c_1, $c_2 > 0$ and $k \to 0$

$$-\frac{1}{2} + c_2\frac{1}{ln\,\frac{1}{k}} < \tilde{\gamma}(k) < -\frac{1}{2} + c_1 \frac{ln\,ln\,\frac{1}{k}}{ln\,\frac{1}{k}}. \tag{3.90}$$

It means, that for small k a.s. Ljapunov exponent $\tilde{\gamma}(k)$ increases extremely fast. The proof of (3.99) is the most difficult part of our paper with R. Carmona [15].

Lecture 10   Cell-dynamo

Cell-dynamo model introduced in the lecture 1 helps to obtain not only a very good quality picture of the evolution of the real magnetic fields in the turbulent flow of conducting fluid (main examples are magnetic fields of the sun and stars), but allows to get (after choice of the suitable parameters) the excellent quantity agreement with the experimental data. In the most general (non-linear) form, this model is described by the Stochastic parabolic equation of the Anderson type, but in the space of the vector-functions:

$$\frac{\partial \vec{H}}{\partial t} = k\triangle \vec{H}(t,x) + \xi_t(x)o\vec{H} - \varepsilon f(\vec{H})\vec{H}$$

$$\vec{H}(0,x) = \vec{H}_0(x,\omega), \quad t \geq 0, \quad x \in \mathbf{Z}^d.$$

Here $\vec{H}(t,x) \in R^N$ is a vector (of the dimension N) on the product $R^1_+ \times \mathbf{Z}^d$, k is a diffusion coefficient, $f(\cdot) : R^N \to R^1_+$ is a scalar nonconstant function (usually $f(\vec{H}) = |\vec{H}|^\beta$, $\beta > 0$), ε is the parameter of nonlinearity. At last (it is the most important point), $\xi_t(x)$ is a matrix white noise, i.e.

$$\xi_t(x) = \{\dot{W}_{ij}(t), i,j = 1,2,\cdots N\} \tag{3.77}$$

and $W_{ij}(t)$ are standard independent Wiener processes. In different terms,

$$\langle \dot{W}_{ij}(t)\dot{W}_{i'j'}(t')\rangle = \delta(t-t')\delta_{ii'}\delta_{jj'}. \tag{3.77'}$$

In dynamo applications usually $N = 3$. We will understand (in contrast to previous lecture) equation (3.76) in the Strationovich's sense. We know that this sense is "correct physically", i.e. is the result of the limiting transition from the case of a very "short" time correlations.

The condition (3.77') which guarantees the full isotropy of the cell-dynamo problem, is very essential. In non-isotropic case we can, of course, to write down some (for example, moments) equations, but their analysis is a very hard problem.

The vector case is essentially more complicated than the scalar one. To understand this, let us put $k = \varepsilon = 0$. We have in this case N-dimensional SDE

$$d\vec{H}(t,\cdot) = \{dw_{ij}(t,\cdot)\}o\vec{H}(t,\cdot). \tag{3.78}$$

If $N = 1$ (scalar case), the solution of (3.78) is trivial:

$$H(t,\cdot) = H_0(0,\cdot)\exp\{w(t)\}$$

(see previous lecture). But in general case $N > 1$, because the matrix product is not commutative, we have only the "formula"

$$\vec{H}(t,\cdot) = \prod_{s=0}^{t}(I + dw_{ij}(s))\vec{H}_0(0), \tag{3.78'}$$

where matrix "multiplicative integral" $\prod\limits_{S=0}^{t}(I+dw_{ij}(s))$ is to be understood in common sense:

$$\prod_{s=0}^{t}(I+dw_{ij}(s)) = \lim_{\Delta\to 0}\prod_{k=0}^{[\frac{t}{\Delta}]}\exp(w_{ij}((k+1)\Delta)-w_{ij}(k\Delta)) \qquad (3.79)$$

(see details in the excellent Mac Kean's book [50], where it's possible to find not only the construction of the multiplicatie matrix Stochastic integral, but the very interesting applications).

Asymptotical behavior of the product of large number of independent identically distributed random matrixes (usually, elements of $SL(N,R)$ or symplectic group) is a central topic of the Ferstenberg's theory [24]. He introduced in this context the notion of the Ljapunov spectrum and proved (under some conditions) the simplicity of this spectrum. I told already, that Ferstenberg's theory was the main technical moment in the initial version of one-dimensional localization theory [28], [52], [19]. The strongest results related with Ferstenberg theory see in [29].

Unfortunately, expressions for Ljapunov exponents in the general theory [24] (or in [29]) are not constructive. Some analytical (asymptotical) results in this area are related only with the random elements of $SL(2,R)$, more precisely, with a transfer matrix of the one-dimensional Schrödinger operator [7].

It is very interesting, that in continuous (isotropic) case (3.79) Ljapunov exponent (in the different sense) can be calculated explicitly. It was done in the old paper of E. Dynkin [23]. E. Dynkin has used geometrical language (Martin boundaries, diffusion of ellipsoids an so on), but the final results have a clear "Ferstenberg's" form (before publication [24]!). Many authors had repeated E. Dynkin's theorem using different methods [62], [50].

We will start with the finite dimensional problem (3.78), (3.79). Only after full analysis of the Ljapunov spectrum in this special case (where we will be close to [62]), we'll be back to the general problem (3.76). At the beginning, we'll investigate the linear case ($\varepsilon = 0$) and then present some results in the non-linear situation.

Let us recall the definition of the a.s. Ljapunov and moment Ljapunov exponents in the form convenient in the future. This definition is based on the general Oseledtz theorem [63].

If $A(t) = \prod\limits_{s=0}^{t}(I+dw(s))$ is a transfer-matrix of our SDE (3.78) and $(h^{(1)},\cdots h^{(k)})$, $k \leq N$ is an initial orthonormal basis, we can introduce the system of the vectors

$$H^{(1)}(t) = A(t)h^{(1)},\cdots,\quad H^{(k)}(t) = A(t)h^{(k)}$$

and corresponding Grahm determinant

$$\triangle_k = [\det\{H^{(i)} \cdot H^{(j)}\}]. \tag{3.80}$$

Then μ-a.s.

a)   there exists the limit

$$\lim_{t\to\infty} \frac{ln\,\triangle_k}{2t} = \tilde{\gamma}_1 + \cdots + \tilde{\gamma}_k, \quad k = 1, 2, \cdots N \tag{3.81}$$

b)   there exists the limit

$$\lim \frac{ln\langle\triangle_k^p\rangle}{2t} = \gamma_1^{(p)} + \cdots + \gamma_k^{(p)}, \quad \begin{matrix} k = 1, 2, \cdots N \\ p = 1, 2, \cdots \end{matrix} . \tag{3.82}$$

Probably it's better to define the moments Ljapunov exponent by the formulas

$$\lim_{t\to\infty} \frac{ln\,\langle\triangle_k^{p/2}\rangle}{t} = \tilde{\gamma}_1^{(p)} + \cdots + \cdots + \tilde{\gamma}_k^{(p)}, \tag{3.82}$$

but we prefer to work only with the analytical functions.

From the formulas (3.81), (3.82) we can find the a.s. Ljapunov exponents $\tilde{\gamma}_i$, $i = 1, 2, \cdots N$ and moments Ljapunov exponents $\gamma_i^{(p)}$, $i = 1, 2, \cdots N$ of the order $p = 1, 2, \cdots$.

Let us remark, that formula (3.79) gives (for $k = N$)

$$\triangle_N = \det\left[\lim_{\triangle\to 0}\prod_{k=0}^{[\frac{t}{\triangle}]} \exp(w(k+1)\triangle) - w(k\triangle))\right]^2 \tag{3.83}$$

$$= \exp\{2\,tr(w(t) - w(0))\} = \exp\{2\sqrt{N}\tilde{w}(t)\}$$

where $\dot{w}(t)$ is a standard one-dimensional Wiener process. From the (3.85), it follows that

$$\tilde{\gamma}_1 + \cdots + \tilde{\gamma}_N = 0 \tag{3.84}$$

$$\gamma_1^{(p)} + \cdots + \gamma_N^{(p)} = Np^2, \quad p = 1, 2, \cdots. \tag{3.84'}$$

The equality (3.84) has an interesting sense. In many applications (for example, in magneto hydrodynamics, where $d = N = 3$) the matrix potential has a zero trace (condition of the incompressibility). Of course, then $\det A(t) = \det(\prod_{s=0}^t (I + dw(s))) = 1$, i.e. $A(t) \in SL(N, R)$ and $\tilde{\gamma}_1 + \cdots + \tilde{\gamma}_N = 0$. In our situation, of course, $A(t) \notin SL(N, R)$, nevertheless asymptotical result (3.84) is absolutely the same. In some sense, the "flow" generated by matrix potential $\dot{W}_{ij} = \dot{W}$ is "asymptotically incompressible".

In addition, we can remark that general theory [63] gives

$$\tilde{\gamma}_1 \geq \tilde{\gamma}_2 \geq \cdots \geq \tilde{\gamma}_N$$

$$\gamma_1^{(p)} \geq \gamma_2^{(p)} \geq \cdots \geq \gamma_N^{(p)}, \quad p = 1, 2, \cdots. \tag{3.85}$$

We will see in the future, that these inequalities are strict and moreover, that for $i = 1, 2, \cdots N$

$$\gamma_i^{(1)} < \frac{\gamma_i^{(2)}}{2} < \frac{\gamma_i^{(3)}}{3} < \cdots \tag{3.86}$$

(asymptotical intermittency). Both these facts are the results of elementary calculation (similar to the Newman paper [62]).

Theorem 3.11 Ljapunov exponents for the SDI (3.78) is represented by the following explicit formulas

$$\tilde{\gamma}_k = \frac{N - 2k + 1}{2}, \quad k = 1, 2, \cdots N \tag{3.87}$$

$$\gamma_k^{(p)} = p^2 + p \left(\frac{N - 2k + 1}{2} \right) \tag{3.88}$$

$$\frac{\gamma^{(p)}}{p} = p + \frac{N - 2k + 1}{2} = p + \tilde{\gamma}_k. \tag{3.88'}$$

As it was mentioned above, a.s. Ljapunov exponents were calculated by E. Dynkin [23], another approach see [62]. Similar results see in [50]. Moment Ljapunov exponents have not been discussed in these papers, but corresponding calculations are not difficult.

Proof of the theorem. Vectors $h^{(1)}, \cdots h^{(k)}$ and matrix random process $A(t, \omega)$ are generating the system of the imbedded subspaces $L^{(1)}(t) \subset L^{(2)}(t)$ $\subset \cdots \subset L_t^{(k)}$ ("flag"). Here $L^{(i)}(t) = \text{span} \{ A(t)h^{(1)}, \cdots A(t)h^{(i)} \}, i = 1, 2, \cdots k$. Let $\bar{H}^{(1)}(t) = H^{(1)}(t)$, $\bar{H}^{(2)}(t), \cdots \bar{H}^{(k)}(t)$ is a result of orthogonalization of the vectors $H^{(1)}(t), \cdots, H^{(k)}(t)$:

$$\bar{H}^{(1)}(t) = H^{(1)}(t); \quad \bar{H}^{(2)}(t) = H^{(2)}(t) - \alpha_{11} H^{(1)}(t),$$

$$(\bar{H}^{(2)}(t) \cdot H^{(1)}(t)) = 0; \quad \bar{H}^{(3)}(t) = H^{(3)}(t) - \alpha_{21} H^{(2)} - \alpha_{22} H^{(1)}$$

etc. Of course,

$$\Delta_k^{(t)} = \det\{ (H^{(i)} \cdot H^{(j)}), \quad i, j = 1, 2, \cdots k \} =$$

$$= (\bar{H}^{(1)}(t) \cdot \bar{H}^{(1)}(t)) \cdots (\bar{H}^{(k)}(t) \cdot \bar{H}^{(k)}(t)) = \prod_{i=1}^{k} (\bar{H}^{(k)})^2. \tag{3.89}$$

Since span $\{ H^{(1)}(t), \cdots, H^{(i)}(t) \} = \text{span} \{ \bar{H}^{(1)}(t), \cdots \bar{H}^{(i)}(t) \} = L^{(i)}(t)$, we have

$$\Delta_k(t + dt) = \det\{ [\bar{H}^{(i)}(t) + dA\bar{H}^{(i)}(t)] \cdot [\bar{H}^{(j)}(t) + dA\bar{H}^{(j)}(t)] \}. \tag{3.90}$$

How to understand matrix differential dA? Let us return to the initial equation (3.78) (in the Stratonovich form). As in the scalar case (lecture 9), it can be written down in the Ito form

$$d\vec{H}(t) = dw \cdot \vec{H} + \frac{1}{2}\vec{H}dt. \tag{3.78'}$$

It means, of course (in the obvious notations):

$$(S)\vec{H}(t) = (I)\vec{H}(t)\exp(t/2)$$

$$(S)\tilde{\gamma}_i = (I)\tilde{\gamma}_i + 1/2, \quad i = 1, 2, \cdots$$

$$(S)\frac{\gamma_i^{(p)}}{p} = (I)\frac{\gamma^{(p)}}{p} + 1/2.$$

Formulas (3.90) show that we can make all the calculations in the Ito's form and at the last stage we can take into account the additional term $1/2$. This is convenient, because we can use Ito formula.

As $dA(t) = d\{w_{ij}(t)\}$ is a matrix gaussian differential (with independent identically distributed components), the differential

$$dA \cdot H = |\bar{H}^{(i)}| \, dW^{(i)}(t) \tag{3.91}$$

will be isotropic N-dimensional Wiener vector differential with the variance $|\bar{H}^{(i)}|^2 = \bar{H}^{(i)} \cdot \bar{H}^{(i)}$.

The crucial (but elementary) fact is that for orthoronal $\bar{H}^{(i)}(t)$, $i = 1, 2, \cdots k$, the corresponding Wiener differentials

$$(\vec{H}^{(i)}(t))dw^{(i)}(t), \quad i = 1, r, \cdots$$

are independent. This follows from the relation (notations are tensor!):

$$\langle (dw_{kj} \cdot a_j)(dw_{li} \cdot b_i)\rangle =$$
$$= \delta_{kl} \cdot \delta_{ji}a_jb_i = \delta_{kl}(\vec{a} \cdot \vec{b}). \tag{3.91}$$

Using the Ito's formula

$$d(\vec{X}(t) \cdot \vec{Y}(t)) = d\vec{X} \cdot \vec{Y} + \vec{X} \cdot d\vec{Y} + d\vec{X} \cdot d\vec{Y}$$

and the obvious fact

$$\vec{a} \cdot \{dw_{ij}\}\vec{b} = |\vec{a}| \, |\vec{b}|dw_{ab}(t),$$

where $dw_{ab}(t)$ is a standard one-dimensional Wiener differential, we can obtain

$$\triangle_k(t+dt) = \begin{vmatrix} (\bar{H}^{(1)} \cdot \bar{H}^{(1)})(t) + 2|H^{(1)}|d\tilde{w}_{(1)} + N|H^{(1)}|^2 dt \cdots \cdots & & \\ & & \sqrt{2}|\bar{H}^{(i)}|\,|\bar{H}^{(j)}|d\tilde{w}_{(i,j)} \\ \sqrt{2}|\bar{H}^{(i)}|\,|\bar{H}^{(j)}|d\tilde{w}_{(i,j)} & & \\ & & \cdots \cdots (\bar{H}^{(k)} \cdot \bar{H}^{(k)})(t) + 2|\bar{H}^{(k)}|d\tilde{w}_{(k)} + N|H^{(k)}|^2 dt \end{vmatrix}$$

Here $dw_{(i)}$, $i = 1, 2, \cdots k$; $dw_{(ij)}$, $1 \le i < j \le k$ are the standard Wiener differentials. Differentials $dw_{(i)}$, $i = 1, 2, \cdot k$ are independent. Expanding this "almost diagonal" determinate, using several times the Ito relation and the obvious fact that $\sum_{i=1}^{k} dw_{(i)} = \sqrt{d}\,dw$, we can receive now the closed Stochastic ODE for the determinant $\triangle_k(t)$:

$$d\triangle_k(t) = 2\sqrt{k}\triangle_k(t)dw(t) + (Nk - k(k-1))\triangle_k(t)dt. \qquad (3.92)$$

Since the equation

$$dx_t = ax_t dw_t + bx_t dt, \quad x_0 = 1$$

has a solution

$$x_t = \exp\left(aw_t + \left(b - \frac{a^2}{2}\right)t\right),$$

we have (from (3.92)) the central formula

$$\triangle_k(t) = e^{2\sqrt{k}w(t) - (Nk - k(k+1))t}. \qquad (3.93)$$

According to the definition,

$$(a.s) \lim_{t \to \infty} \frac{\ln \triangle_k(t)}{2t} = \gamma_1 + \cdots + \gamma_k = \frac{Nk - k(k+1)}{2} \; (\text{Ito!}) . \qquad (3.94)$$

I.e.

$$(I)\tilde{\gamma}_k = \frac{N - 2k}{2}, \quad (S)\tilde{\gamma}_k = \frac{N - 2k + 1}{2}.$$

In addition,

$$\langle \triangle_k^p(t) \rangle = \exp(2kp^2 + p(Nk - k(k+1))),$$

i.e.

$$\frac{\gamma_1^{(p)} + \cdots + \gamma_k^{(p)}}{p} = kp + \frac{(Nk - k(k+1))}{2} \quad (\text{Ito})$$

or

$$(S)\frac{\gamma_k^{(p)}}{p} = p + (S)\tilde{\gamma}_k = p + \frac{N - 2k + 1}{2}$$

$$\frac{\gamma^{(p)} + \cdots + \gamma_N^{(p)}}{p} = pN$$

and the formulas (3.87), (3.88') are proved. Simultaneously we checked on the formulas (3.84), (3.84').

Now we'll discuss the most interesting case, when $k \notin 0$. In the beginning let $\varepsilon = 0$ (linear or kinematic theory). We have to understand equation

$$\frac{\partial H}{\partial t} = k \triangle H + \dot{w}_t(x) o H \tag{3.76'}$$

$$t \geq 0, \quad H = H(t, x) \in R^d$$

as an integral Stochastic equation

$$H(t, x) = H_0(x) + k \int_0^t \triangle H(s, x) ds + \int_0^t dw(s, x) o H \tag{3.76''}$$

in the weighted Hilbert space of the vector functions $L_{2,\alpha}(\mathbf{Z}^d)$ with the norm

$$\|f(x)\|^2 = \sum_{x \in \mathbf{Z}^d} (f(x) \cdot f(x)) \alpha^{|x|} \tag{3.95}$$

$$0 < \alpha < 1, \quad f(x) \in R^N, \quad x \in \mathbf{Z}^d.$$

As it was mentioned above, if we prove the existence of the Ito's solution of (3.76''), then (notations are obvious)

$$(S)H(t, x) = (I)H(t, x) \exp\{t/2\}. \tag{3.96}$$

In the probabilistic context, the Ito's calculus is more preferable, as we can use Ito's formulas (compare with the Scalar theory of the lecture 8).

Direct and trivial repetition of the scalar considerations shows, that for the equation (3.76'') (in both possible forms), the theorem of the existence and uniqueness in $L_{2,\alpha}(\mathbf{Z}^d)$ is valid. Our problem now is to obtain the moments equations and to analyze this equation.

Essential algebraic difference between scalar and vector case is connected with the fact that correlation function of the "magnetic field" $H(t, x)$ is a tensor:

$$M_k = M_k(t, x_1, \cdots x_k) = \{M_{i_1 i_2 \cdots i_k}(t, x_1, \cdots x_k)\} =$$

$$= \{\langle H_{i_1}(t, x_1) \cdot H_{i_2}(t, x_2) \cdots H_{i_k}(t, x_k)\rangle\}.$$

Of course, $i_1, i_2, \cdots i_k \in \{1, 2, \cdots, N\}$. We will study the moment tensor in the Ito's form. Transition to the Stratonovich moment's tensor (according to (3.96)) is trivial:

$$(S)M_k(t, c_1, \cdots x_k) = (I)M_k(t, x_1, \cdots x_k) \exp\left(\frac{kt}{2}\right). \tag{3.97}$$

If the initial "magnetic field" is an isotropic one (we'll discuss only this case, which is natural physically), then

$$M_k(t, \cdot) \equiv 0, \quad k = 1, 3, \cdots.$$

It is the additional reason why we had introduced above only "even" Ljapunov exponents.

Theorem 3.12 Tensor M_p, $p \geq 2$ is a solution of the following "multiparticle" Schrödinger tensor parabolic equation

$$\frac{\partial M_p}{\partial t} = k \sum_{i=1}^{p} \triangle_{x_i} M_p + V_k M_k \tag{3.98}$$

with the initial condition

$$M_p(0, \cdot) = \langle H_{0i_1}, (x_1) \cdots H_{0i_p}(x_p) \rangle.$$

Here

$$V_k \equiv \left\{ V_{i_1 \ldots i_k}^{j_1 \ldots j_k} \right\} = \sum_{\ell_1 < \ell_2} \delta(x_{\ell_1} - x_{\ell_2}) \delta_{i_1 \ldots i_k}^{j_1 \ldots j_k} \delta_{i_{\ell_1} i_{\ell_2}} \delta^{j_{\ell_1} j_{\ell_2}}.$$

The proof is simple and almost the same as in the scalar case. We have to calculate $d(H_{i_1}(t, x_1) \cdots H_{i_k}(t, x_k))$, using Ito formula and SDE for $H(t, x)$. The reader can reconstruct the necessary details.

In the most important case $p = 2$ (which is related with magnetic energy) we can construct closed equation for the scalar correlator

$$M_2(t, x_1, x_2) = \langle H(t, x_1) \cdot H(t, x_2) \rangle. \tag{3.99}$$

Theorem 3.13 The scalar correlator $M_2(t, x_1, x_2)$ is a solution of equation

$$\frac{\partial M_2}{\partial t} = k(\triangle_{x_1} + \triangle_{x_2})M_2 + N\delta(x_1 - x_2)M_2. \tag{3.100}$$

Proof, of course, is the same as earlier, but shorter:

$$d(H(t, x_1) \cdot H(t, x_2)) = (dH(t, x_1) \cdot H(t, x_2)) + (H(t, x_1) \cdot$$

$$\cdot dH(t, x_2)) + (dH(t, x_1) \cdot dH(t, x_2)).$$

But

$$dH(t, x_1) = k\triangle H(t, x) + dw(t, x_1)H(t, x_1),$$

i.e. $(dH(t, x_1) \cdot dH(t, x_2) = dw_{ij}(t, x_1)H_j(t, x_1)dw_{ik}(t, x_2)H_k(t, x_2)$

$$= \sum_{i=1}^{N} dt \cdot \delta(x_1 - x_2)\delta_{jk} H_j(t, x_1)H_k(t, x_2)$$

$$= Ndt\delta(x_1 - x_2)(H(t, x) \cdot H(t, x_2)).$$

First two terms, after averaging with respect to μ, will give us $(\triangle_{x_1} + \triangle_{x_2}) M_2(t, x_1, x_2)$.

We has solved already the equation (3.100) in the lecture 8. In this case, we earlier decided to use notation $2\gamma_p$ for the even moments of order $2p$.

Upper eigenvalue of the operator $H = 2\triangle + N\delta_0(x_1)$ (the upper boundary of the spectrum of (3.100) for the functions of the form $\psi = \psi(x_1 - x_2)$) is our Ljapunov exponent

$$\gamma_1(k) = N\mu\left(\frac{2k}{N}\right), \tag{3.101}$$

where $\mu(a)$ is the root of the equation

$$a = \frac{1}{(2\pi)^d} \int_{S^d} \frac{d\phi}{4 \sum\limits_{i=1}^{d}(1 - \cos\phi_i) + \dfrac{\mu}{a}}. \tag{3.101'}$$

If $d = 1, 2$ we have $\mu = \mu(a) > 0$, $a > 0$. If $d \geq 3$, the equation (3.101') has no solutions for $a > a_r$, i.e. the second moment has no exponential growth for $t \to \infty$ (in fact, this moment is bounded for $k > k_r = \dfrac{N a_r}{2}$).

Let us remark, that for $k = 0$ equation (3.100) gives the obvious solution

$$2\gamma_1(0) = N \Rightarrow \gamma_1(0) = \frac{N}{2} \quad \text{(Ito!)}$$

i.e.

$$\gamma_1(0) = \gamma_1^{(1)}(0) = \frac{N+1}{2} \quad \text{(Stratonovich!)}.$$

This formula is a special case of (3.88'), $p = 1$.

Explicit formulas are not attainable for the higher moments (in general), even in the scalar case. But we can obtain for the Ljapunov a.s exponents and moment exponent (at least for the top exponents, $k = 1$) the minimax representation and estimations, which are similar to the corresponding scalar results (see previous lecture).

Let us start with equation (3.98) for $p = 2\ell$. If initial field $H_0(x, \omega)$ has independent values (for different $x \in \mathbf{Z}^d$) and distribution of $H_0(\cdot, \omega)$ is isotropic, then

$$M_{2\ell}(0, x_1, \cdots, x_{2\ell}) \geq 0.$$

Potential $V_{a\ell}(x_1, \cdots x_{2\ell})$ in (3.98) is also nonnegative. We can rewrite equation (3.98) as an integral one with the kernel $p(s, x_1, y_1) \cdots p(s, x_{2\ell}, y_{1\ell}) = \mathbf{P}(t, x, y)$ generated by operator $k(\triangle_{x_1} + \cdots + \triangle_{x_{2\ell}})$. This "paramatrix" representation gives immediately $M_k(t, x_1, \cdots, x_{2\ell}) \geq 0$ (i.e. all moments of the order 2ℓ are nonegative).

Now we can repeat the corresponding considerations of the Lecture 9, using Perron theorem and general spectral theorem for symmetrical Hamiltonians. In our case, it will be operator $H_{2\ell}$ in the right part of (2.98). We have to consider this operator in the Hilbert space of the tensor valued function on $\mathbf{Z}^d$.

Theorem 3.14 First moment Ljapunov exponent $\gamma_1^{(2\ell)}(k)$ is given by the formula

$$\gamma_1^{(2\ell)}(k) = \sup \Sigma(H_{2\ell}) = \sup_{\psi:\|\psi\|=1} -\frac{k}{2} \sum_{|x'-x|=1,x\in\mathbf{Z}^d} \|\psi(x') - \psi(x)\|^2 +$$

$$+(V_{2\ell}\psi,\psi)\}. \quad \text{Here}$$
$$\psi(x) = \{\psi_{i_1\ldots i_{2\ell}}(x), \quad x \in \mathbf{Z}^d\} \quad \text{and} \qquad (3.102)$$

$$\|\psi(x)\|^2 = \sum_{x\in\mathbf{Z}^d} \psi_{i_1\ldots i_{2\ell}}(x)\psi^{i_1\ldots i_{2\ell}}(x).$$

From (3.102) it follows that $\gamma_{2\ell}(k)$ is a decreasing convex (and of course) continuous function of $k \geq 0$. In different terms,

$$\gamma_1^{(2\ell)}(k) = \lim_{t\to\infty} \frac{\ln \langle |H(t,x)|^{2\ell}\rangle}{t}. \qquad (3.103)$$

Because $\gamma_2(k) > 0$ for small k (or $d = 1,2$ and all k, see previous lecture) we have proved the intermittency of $|H(t,x)|$ for small diffusivity (i.e. in the domain, where $\gamma_2 > 0$). Let us remember in addition, that for small k we can use Dynkin's result from the previous theorem 3.11, which corresponds with the case $k = 0$.

Formula (3.102) is not very constructive. It is possible to prove the precise analogy of the corresponding scalar theorem, which gives upper and lower estimations of $\dfrac{\gamma_{2\ell}(k)}{2\ell}$ for all $k \geq 0$ and

Theorem 3.15 For all $\ell \geq 1$

$$\left(\frac{\gamma_{2\ell}}{2\ell}(0) - 2dk\right)_+ \leq \frac{\gamma_{2\ell}(k)}{2\ell} \leq \frac{2\ell-1}{2}\gamma_2\left(\frac{k}{2\ell-1}\right). \qquad (3.104)$$

The proof of the scalar result was based on probabilistic ideas (Kac-Feynman representation and so forth). In vector case, we will use the minimax representation (3.102) and the general functional-analytical concepts.

Lower estimation. Potential tensor $V_{2\ell}(0,\cdots 0)$ has a positive eigenfunction (eigentensor) $\psi_\ell(0)$: $V_{2\ell}\psi_\ell = \gamma_{2\ell}(0)\psi_\ell$. Corresponding eigenvalue is exactly $\gamma_{2\ell}(0)$ (or, in the old notations $\gamma_1^{(2\ell)}(0)$). Let us consider the test function on $\mathbf{Z}^{2\ell d}$:

$$\bar\psi(x_1,\cdots x_{2\ell}) = \psi_\ell(0)\delta_0(x_1,\cdots x_{2\ell}).$$

Substitution of this function in the expression (3.102) gives

$$\gamma_{2\ell}(k) \geq -k(\triangle\bar\psi,\bar\psi) + V_{2\ell}(x)(\bar\psi,\bar\psi) =$$

$$= \gamma_{2\ell}(0) - 4dk\ell.$$

But, of course, $\gamma_{2\ell}(k) \geq 0$ (because $V_{2\ell} \geq 0$. It allows to obtain the left part in (3.104).

Upper estimation. Again (as in the scalar case), we'll consider the case $2\ell = 4$, $\ell = 2$ for the sake of simplicity.

Equation for the correlation tensor of order 4 has a form

$$\frac{\partial M_4}{\partial t} = k(\triangle_{x_1} + \cdots + \triangle_{x_4}) + N\delta(x_1 - x_2)M_4 +$$

+ 5 similar tensor corresponding to pairs (x_1, x_3), (x_1, x_4), (x_2, x_3), (x_2, x_4), (x_3, x_4). Let us introduce the operator of the form

$$\mathcal{H}^{(1,2),(3,4)} = \frac{k}{3}(\triangle_{x_1} + \cdots + \triangle_{x_4}) + \frac{N}{2}(\delta(x_1 - x_2)\langle\cdots\rangle + \delta(x_3 - x_4)\langle\cdots\rangle),$$

which corresponds to all three groups of non-intersecting pairs of indexes 1, 2, 3, 4.

Of course, minimax formula (3.102) means that

$$\gamma_4 \leq 3 \sup_{\|\psi\|=1} (\mathcal{H}^{(1,2),(3,4)}\psi, \ \psi).$$

But since the operator $\mathcal{H}^{(1,2),(3,4)}$ is a direct sum of two operators $\mathcal{H}^{(1,2)}$, $\mathcal{H}^{(3,4)}$, where, say,

$$\mathcal{H}^{(1,2)} = \frac{k}{3}(\triangle_{x_1} + \triangle_{x_2}) + \frac{N}{2}\delta_0(x_1 - x_2)\langle\cdots\rangle,$$

we have

$$\gamma_4 \leq 6 \sup_{\|\psi\|=1} (\mathcal{H}^{(1,2)}\psi, \ \psi).$$

Scaling arguments show that

$$\sup_{\|\psi\|} (\mathcal{H}^{(1,2)}\psi, \psi) = \gamma_2\left(\frac{k}{3}\right)$$

and we have proved (for $p = 2\ell = 4$) the upper estimation.

As earlier, the inequalities (3.104) give us for $d \geq 3$ not only the existence of the critical diffusivity $k_{2\ell,r}$, such that

$$\gamma_{2\ell}(k) \equiv 0, \quad k \geq k_{2\ell,r}$$

but the important estimation

$$k_{2\ell,r} \asymp 2\ell, \quad \ell \to \infty.$$

We have no possibility to discuss the (essentially more complicated) problem of the continuity of the a.s. Ljapunov exponent $\tilde{\gamma}_1(k)$, $k \geq 0$.

For $k \to 0$ we can prove (in the special weak form) the statement $\tilde{\gamma}_1(k) \to \tilde{\gamma}_1(0) = \frac{N-1}{2}$ and to give some estimations for the difference $|\tilde{\gamma}_1(k) - \tilde{\gamma}_1(0)|$ (see [58]). Nevertheless, this problem for the vector case is in essence open.

In the conclusion of the lecture we'll discuss briefly the non-linear equation (3.76) for the simplest non-linearity $f(H) = |H|^\beta$, $\beta > 0$.

Theorem 3.16 Uniformly in $k \in [0, k_0]$, where k_0 is a fixed const, and for every $p = 1, 2, \cdots$, the statistical moments of the solution of the cell-dynamo equation (3.76) admit the following asymptotical estimations, if $t \to \infty$, $\varepsilon \to 0$:

$$\left(\frac{c_2}{\varepsilon}\right)^{p/\beta} \leq \langle |H(t,x)|^p \rangle \leq \left(\frac{c_1}{\varepsilon}\right)^{p/\beta}. \tag{3.105}$$

It means that the family of distributions of the vector fields $\varepsilon^{\frac{1}{\beta}} H(t,0)$ (depending on parameters ε, t) is tight. "Physically" it is obvious that there exists a limiting distribution for the field $H(t + \tau, x)$, $t \to \infty$ and the "limiting field" $\bar{H}(\tau, x)$ is ergodic and homogeneous in space and time. Unfortunately, we can not prove this fact. Ergodic theorems for the infinite-dimensional Markov processes is poorly developed branch of the probability theory.

I'll prove theorem 3.16 only for the special case $p = 2$ (which is most important in the physical applications).

Let us consider (as in (3.92)) the scalar correlator

$$M_2(t, x_1 - x_2) = \langle H(t, x_1) \cdot H(t, x_2) \rangle,$$

where (Ito's form)

$$dH(t,x) = k\Delta H(t,x)dt + dw(t,x)H(t,x) - \varepsilon H(t,x) \cdot \\ |H(t,x)|^\beta dt, \quad x \in \mathbf{Z}^d, \quad t \geq 0 \tag{3.106}$$

$$M_2(0, x_1 - x_2) = \sigma_0^2 \delta_0(x_1 - x_2) \tag{3.106'}$$

(Last equality holds, for example, in the case, when $H_0(x, \omega)$ is a field with independent isotropic values).

Applying to the dot product $H(t, x_1) \cdot H(t, x_2)$ the Ito's formula, we'll obtain

$$\frac{\partial M_2^{(t,z)}}{\partial t} = 2k\Delta M_2(t, z) + N\delta_0(z)M_2(t, z) - $$

$$- \varepsilon \langle (H(t, x_1) \cdot H(t, x_2)(|H(t, x_1)|^\beta + |H(t, x_2)|^\beta)) \rangle \tag{3.107}$$

$$M_2(0, z) = \sigma_0^2 \delta_0(z).$$

Formula (3.107) is a basis of the moment estimations. Let us start from the upper estimation. Using inequalities

$$|H(t, x_1)|^\beta + |H(t, x_2)|^\beta \geq 2|((H(t, x_1) \cdot H(t, x_2))|^{\beta/2}$$

$$\langle (H(t, x_1) \cdot H(t, x_2))^{1+\beta/2} \rangle \geq \langle (H(t, x_1) \cdot H(t, x_2)) \rangle)^{1+\beta/2}$$

and nonegativity of the function $M_2(t, z)$ (it follows, for example, from the Kac-Feynman formula), we can now write down the parabolic non-linear inequality:

$$\frac{\partial M_2(t, x)}{\partial t} \leq 2k \triangle M_2(t, x) + N\delta_0(z)M_2(t, x) -$$

$$-2\varepsilon M_2^{1+\beta/2}(t, z), \tag{3.107'}$$

$$M_2(0, z) = \sigma_0^2 \delta_0(z).$$

For $z = 0$, we can deduce (from (3.107') and using obvious facts: $M_2(t, z) \leq M_2(t, 0) \leq \sum_{|z|=1} M_2(t, x)$ etc.) the following relation

$$\frac{\partial M_2(t, 0)}{\partial t} \leq 4d\, k\, M_2(t, 0) + N M_2(t, 0) - 2\varepsilon M_2^{1+\beta/2}(t, 0) \tag{3.108}$$

$$M_2(0, 0) = \sigma_0^2.$$

Of course, $M_2(t, 0) \geq A_2(t)$, where

$$\frac{dA_2}{dt} = (4dk + N)A_2 - 2\varepsilon A_2^{1+\beta/2} \tag{3.109}$$

$$A_2(0) = \sigma_0^2.$$

It is easy to check, that

$$A_2(t) \xrightarrow{t \to \infty} c_0$$

and $(4dk + N)c_0 = 2\varepsilon c_0^{1+\beta/2} \Rightarrow c_0 = \left(\frac{4dk + N}{\varepsilon}\right)^{2/\beta}$, and we have proved upper estimation (3.105) in the special case $p = 2$. In the general case we can use the same idea, but calculations are more complicated.

Lower estimation. From equation (3.107) it follows that

$$\frac{\partial M_2(t, 0)}{\partial t} \geq (N - 4dk)M_2(t, 0) - 2\varepsilon \langle |H(t, x)|^{2+\beta} \rangle \tag{3.110}$$

$$M_2(0, 0) = \sigma_0^2.$$

Let $\langle |H(t, x)|^{2+\beta} \rangle = B_\beta(t)$ and $\tilde{A}_2(t)$ is a solution of the equation

$$\frac{d\tilde{A}_2}{dt} = (N - 4dk)\tilde{A}_2 - 2\varepsilon B_\beta(t). \tag{3.111}$$

Upper estimation means that $B_\beta(t) = 0\left(\frac{1}{\varepsilon}\right)^{\frac{2+\beta}{\beta}}$, $t \to \infty$ and, of course, $B_\beta(t) \to$ const. If ε and k are sufficiently small, the solution of (3.111) will be increasing exponentially for small t, because the second term is "very small". It means that the function $\tilde{A}_2(t)$ is uniformly positive, $t \to \infty$, and bounded (upper estimation).

Solution of the problem (3.111) has a form

$$\tilde{A}_2(t) = 2\varepsilon e^{(N-4dk)t} \int_t^\infty e^{-(N-4dk)s} \bar{B}_\beta(s) ds$$

where $\bar{B}_\beta$ is an upper estimation of the moment of order $(2+\beta)$. For large t

$$\tilde{A}_2(t) \sim 2C\varepsilon \left(\frac{1}{\varepsilon}\right)^{\frac{2+\beta}{\beta}} = c_1 \left(\frac{1}{\varepsilon}\right)^{2/\beta}.$$

But of course, $M_2(t, z) \geq \tilde{A}(t)$, and we have proved the left part in (3.105).

Probably, the estimations (3.105) have place for all k, if $d = 1, 2$. But if $d \geq 3$ and k is large enough, we can prove, that $M_2(t, x_1 - x_2) \to 0$, $t \to \infty$. Non-linearity and large diffusivity can destroy the dynamo process.

Let us emphasize once again, that non-linear cell-dynamo equation has (for small ε and k) two phases of evolution. If initial field $H_0(x, \omega)$ is small enough (or fixed) and $\varepsilon \to 0$, at the first stage we have the exponential increasing of all moments and (probably) the field $H(t, x)$ itself. At the second stage, the "nonlinear potential" in front of ε becomes very large and we have an equilibrium between growth of the solutions due to Ljapunov exponents mechanism and "killing" of the solution by non-linear fraction.

Conclusion to the Chapter III "Intermittency"
(Review of the literature, physical remarks, open problems)

The number of mathematical publications connected with the intermittence theory is not large and I will add only a few references to the recent publications. I few years ago, I started my activity with the goal to prove the mathematical versions of the "physical" results from [53], [75]. Review of some results in this direction see in my talk [54] based mainly on my papers with J. Görtner [32] and with R. Carmona [16]. Recently, A Sznitman has published a series of papers about random walk in the random Poisson environment (see, for example, [72], where one can find additional references).

The model from the paper [72] has (in our terms, see lecture 8) the following form:

$$\frac{\partial u}{\partial t} = k \triangle u - V(x, \omega)u, x \in R^d, t \geq 0$$

$$u(0, x) \equiv 1,$$

$$\tag{3.112}$$

where

$$V(x, \omega) = \sum_i \phi(x - x_i) \tag{3.112'}$$

and $\{x_i\}$ is a Poisson random set with the intemcity $\lambda > 0$, $\phi(x)$ is an "elementary potential" decreasing sufficiently fast (compact supported).

Instead of continuous model (3.112), which was the main subject of the paper [72], we can analyze the lattice model with the similar properties of the potential, say,

$$\frac{\partial u}{\partial t} = k \triangle u + \xi(x, \omega)u \tag{3.113}$$

$$u(0, x) \equiv 1$$

where $\xi(x)$ are i.i.d.r.v., uniformly distributed on [-1, 0]. In both cases $\sup_x V(x, \omega) = 0$ and $\sum(-k\triangle + V) = [0, \infty)$.

The structure of the edge of the spectrum for both models (3.112), (3.112'), (3.113) is different from the case of gaussian potential (lecture 8). If the potential $\xi(x, \omega)$ is unbounded a.s. and $\max_{|x| \leq R} \xi(x)$ is increasing sufficiently fast, the high local maxima of the $\xi(x, \omega)$ gives the main contribution to the "Lifshitz tails". Corresponding eigenfuctions are similar to δ-functions located at the points, where these "high peaks" are located. For the Poisson type potential (3.112') or potential from the model (3.113) "clearings" of the point field $\{s_i\}$ play the role of "peaks", that is, large areas without points $\{x_i\}$. In the inner part of such area potential $V(x)$ will be "almost zero". The special role of the model (3.112) is caused by the fact that there are deep connections between Kac- Feinman representation of the solution of (3.112) and famous problem on the asymptotical behavior of the "Wiener sausage" volume (see, for example, one of the best known papers on the large deviations theory, M. Donsker, S. Varadhan, [20]).

There exists a very natural program of the investigation of the intermittency for the (say, lattice) Anderson parabolic model (3.113) for different distributions of $\xi(x,\omega)$. The leading terms of asymptotics for the statistical moments or a.s. behavior do not present a very complicated problem (see [32]). Although the answer is not trivial for the bounded r.v. (in the spirit of [72]).

The most important part of the problem is the consideration of the second terms in the asymptotical expansions of the expressions for statistical moments or a.s. representations. These terms must include the diffusion coefficient K. Especially important is the family of the distributions for $\xi(\cdot,\omega)$ with double-exponential tails:

$$\mu\{\omega\ \xi(x,\omega) > x\} \sim \exp\{-c_1 \exp\{c_2 x\}\}.$$

Namely, in this region the "optimal fluctuations" of the potential $\xi(\cdot)$ giving the main contribution to the statistical moments $\langle u^p(t,x)\rangle$, endure bifurcations: instead of "high single peaks" we have "high islands" of the fixed volume (some preliminary information see in [32]).

Another closely related problem is the problem of the asymptotical estimation for the integrated density of states $N^*(\lambda)$ for λ in the neighborhood of the upper boundary of the spectrum. (See lecture 5 for the definition). In the different terms, it is the problem of the "Lifshitz tails". Classical approach to this problem (see [14], [49]) is based on the asymptotical analysis of the first moment for the fundamental solution of the Anderson parabolic problem. First moment allows to obtain the Laplace transform of the density of states $N(\lambda)$. After this step we have to use the Tauberian theorems.

We know presently not only the leading terms for the statistical moments, but also the remainders (see lecture 8) or [72]). This more complicated information allows us to predict the corresponding additional terms for $N(\lambda)$, for instance, not only logarithmical asymptotics, but exact asymptotics or asymptotical expansions). Unfortunately, the Tauberian theorems are "too weak" to make such conclusions (this is a well-known problem, even in the context of the classical spectral analysis for the Laplacians on the compact manyfolds or bounded domains).

However, we can try to use "direct methods", i.e. to classify all "local configurations" of $\xi(x,\omega)$ or (it is the same) "optimal fluctuations". Using claster expansions, we can estimate the interaction between different "optimal fluctuations", for instance, high peaks etc. For the random variables with the distribution having, say, exponential or fractional-exponential tails this program had already been realized (see [54]). Typical result has a following form:

Theorem Suppose that $P\{\xi(\cdot,\omega) > x\}$ $x \xrightarrow{\sim} +\infty$ $\exp\{-cx^{\alpha}\}$, $\alpha > 2$ (subgaussian tails). Then, if $\lambda \to +\infty$

$$N^*(\lambda) \sim F^*(\lambda) = P\{\xi(\cdot) > \lambda\}. \tag{3.114}$$

Of course, logarithmical asymtotics is trivial $(-\ln N^*(\lambda) \sim -c\lambda^{\alpha})$ and has place for all $\alpha > 0$.

It is very important that formula (3.114) is false for $\alpha \leq 2$ (see [54]).

Analysis of the "Lifshitz tails" can be especially interesting if we have the additional parameters in the model (say, coupling const). For instance, one can expect, that for the operator

$$H = \Delta + \sigma\xi(x,\omega)$$

has bifurcations in asymptotics with respect to parameter $a > 0$ if $\sigma \to 0$ and $\lambda = \frac{a}{\sigma}$. It may give us, probably, some weak form of the "delocalization result", if $\sigma \to 0$. This problem in general is still open.

Non-stationary parabolic theory (scalar and vector one) contains also many open problems, even in the linear case.

We have proved (with R. Carmona [15]) an existence of the a.s. Ljapunov exponent $\tilde{\gamma}(k)$ for the model

$$\frac{\partial u}{\partial t} = k\Delta u + \xi_t(x,\omega)u$$

$$u(0,x) \equiv 1,$$

where $\xi_t(x,\omega) = \dot{w}_t(x,\omega)$ and $w_t(x)$ are i.i.d. Wiener processes for the different points $x \in \mathbf{Z}^d$. Not only is the function $\tilde{\gamma}(k)$ continuous for $k \geq 0$ but has a special "convexity" property. Nevertheless, the following very natural questions are open:

Problem 1. Prove that for $d = 1, 2$ $\tilde{\gamma}(k) < 0$ for all $k \geq 0$.

If it is true, then even for very large diffusivity k we have the process of the aggregation of the particles into more and more dense groups getting more and more rare for large t. Physically, it corresponds to the full localization in dimensions $d = 1, 2$ for arbitrary small coupling const $\sigma = 1/k$.

Problem 2. Find for $d \geq 3$ the critical diffusivity $\check{k}_r$ such that $\tilde{\gamma}(k) < 0$, $k < \check{k}_r$; $\tilde{\gamma}(k) \equiv 0$, $k \geq \check{k}_r$. What is the meaning of $\check{k}_r$ in the language of statistical mechanics? How to prove that for $k > \check{k}_r$ there exists a limiting distribution $(t \to \infty)$

for the solution $u(t, x, \omega)$ of non-stationary Anderson model? We can not even prove the corresponding fact for $k > k_{2,r}$ (where we know already about the tightness of the family of the distributions for the field $u(t, \cdot, \omega)$).

Some other problems are more technical.

Problem 3. Prove the analogy of the results of [15] (see lecture 9) for the Anderson parabolic model in R^d. We have to consider the problem

$$\frac{\partial u^\varepsilon}{\partial t} = k \triangle u^\varepsilon + \frac{1}{\sqrt{\varepsilon}} \xi \left(\frac{t}{\varepsilon}, x \right) u^\varepsilon$$

$$u(0, x) \equiv 1$$

(3.115)

for the gaussian field $\xi(t, x, \omega)$ in space and time, $\langle \xi \rangle = 0$, $\langle \xi(t_1, x_1) \xi(t_2, x_2) \rangle = B(t_1 - t_2, x_1 - x_2)$ with the smooth and fastly decreasing in space and time correlator B.

a.   Prove that $u^\varepsilon(t, x) \xrightarrow{\text{dist}} \bar{u}(t, x)$, where $\bar{u}(t, x)$ is a solution of the Stratonovich form of the stochastic PDE similar to (3.15).

b.   Construct this solution $\bar{u}(t, x)$ in the weighted Sobolev space with the norm

$$\|f\|_{2, \alpha} = \int\limits_{R^d} \exp(-\alpha |x|)(|\triangledown f|^2 + f^2) dx.$$

c.   Find the moment Ljapunov exponents $\gamma_p(k, \varepsilon)$ for the problem (3.115) and its SPDE version. Prove the continuity and smoothness of $\gamma_p(\cdot, \cdot)$ with respect to small diffusivity k and time correlation length ε. Calculate the first terms of the corresponding expansions.

d.   The same problem for the a.s. Ljapunov exponent $\tilde{\gamma}(k, \varepsilon)$.

In these directions, something was done in our recent paper [16], but many questions have yet no answers. Especially important and complicated is the problem of a.s. Ljapunov exponents.

Of course, we can try to study not only gaussian potential, but more general fields for both types of models (lattice and continuous ones). For example, it is very natural to analyze the lattice models where $\xi_t(x) = \dot{l}_t(x, \omega)$ and $l_t(x, \omega)$ is a family of independent Levy processes. Corresponding probabilistic technique is based on the modern version of the Ito calculus for the infinite-divisible processes with the jumps. (See, for instance, the recent paper [1]).

Problem 4. To accomplish the program described above in the problem 3 for the kinematic (linear) dynamo equation

$$\frac{\partial H^\epsilon}{\partial t} = k\triangle H^\epsilon + \text{curl}\left[\frac{1}{\sqrt{\epsilon}}v\left(\frac{t}{\epsilon}, x\right) \times H^\epsilon\right]$$

(3.116)

$$H(0, x) = H_o(x), \quad t \geq 0, quad x \in R^3.$$

Here $H = H(t, x) \in R^3$ is a magnetic field, $v(t, x, \omega)$ is an incompressible (div $v = 0$) random isotropic flow in R^3 with given energy spectrum, $H_0(x, \omega)$ is an initial magnetic field (homogeneous and ergodic in space).

The main technical difficulty of this model is as follows: we can not use such powerful method as Kac-Feynman representation, which played a key role in the scalar theory. Instead of this, we have to work with non-commutative matrix multiplicative integrals.

Continuity of the solutions $u^\epsilon(t, x)$ for $\epsilon \to 0$ (i.e. convergence $u^\epsilon \xrightarrow{D} \bar{u}$) should not be a hard problem. The problem of the moments equations and the ϵ-corrections for such equations (moment equations for $\epsilon = 0$, i.e. for the δ-correlated in time velocity field $v(t, x)$ are well-known) is more interesting and non-trivial. The similar question arises about continuity of the Ljapunov exponents $\gamma_p(k), p = 1, 2$, and $\tilde{\gamma}(k)$, if $k \to 0$. In isotropic δ-correlated case, the equation for the first moment is known in the physical literature: if $M_1(t, x) = \langle H(t, x) \rangle$ then

$$\frac{\partial M_1}{\partial t} = (D + k)\triangle M_1 + \alpha \text{ curl } M_1$$

where D is a turbulent diffusivity and α is so-called helicity (see [75]). Of course, continuity (and even analyticity) of the mean field M_1 with respect to k in this case is obvious. But corresponding problem for the second moment M_2 (especially if $\alpha \neq 0$) and especially for the a.s. exponent $\tilde{\gamma}(k)$ is not trivial. Let us remember (lecture 10), that even in the simplest possible lattice cell-dynamo model, this problem is open by now. From the physical point of view, problem 4 is one of the central problems in the classical turbulent magneto hydro-dynamics.

In conclusion, I'll make a few remarks on the non-linear intermittency theory, more general, about asymptotical behavior of the nonlinear evolution equations in the non-stationary (turbulent RM). It is, more or less, the "terra incognita". Of course, some problems were studied, especially in the context of the reaction-diffusion equation and chemical kinetics. For example, C. Mueller and R. Sowers [61] have investigated the asymptotical behavior of the SPDE equation

$$\frac{\partial u}{\partial t} = k\triangle u + \xi(t, x)u^\gamma,$$

particularly, the phenomenon of the explosion of the solutions for $t \gg 1$ and $\gamma > 3/2$.

F. den Hollander at all [33], [34] have studied the reaction -diffusion equations with the special (non-linear) interaction between particles and so forth.

Probably, the most principal problem in this area is a problem of the convergence to the equilibrium for the non-linear systems in the non-stationary RM (same types of problems are typical for the modern statistical physics). The following problem connected with the scalar Anderson parabolic problem (lecture 9) or its vector version (lecture 10) can be considered as the simplest basic model.

Consider equation

$$\frac{\partial u}{\partial t} = k\Delta u(t,x) + \xi_t(x,\omega)u - \varepsilon u^\gamma$$

$$u(0,x) \equiv 1, \quad t \in R^1_+, \quad x \in Z^d, \quad \gamma = 2,3\cdots.$$

(3.117)

Prove that for $t \to \infty$, $k \le k_0$

$$u(t+\tau,x) \xrightarrow{\text{dist}} \tilde{u}(\tau,x),$$

where $\tilde{u}(\tau,x)$ is a homogenous in time and space ergodic field. As it was mentioned above, for small k the moments are equal:

$$m_p(t) = \langle u^p(t,x) \rangle \asymp \left(\frac{1}{\varepsilon}\right)^{\frac{p}{\gamma-1}}$$

i.e. the limiting distribution exists (tightness!) but probably it is not unique.

Possible program designed to prove such "ergodic theorem" can have the following structure:

If $k = 0$, we have the family of independent ergodic diffusion processes in every cell x. We can find corresponding moments (if $t \to \infty$) exactly and estimate the time-correlation.

If $k \ne 0$ we can write down the moment equations which are not closed: equation includes $m_\gamma(t,x) = \langle u^\gamma(t,x) \rangle$ (γ is an integer!) etc. In the spirit of statistical mechanics, we may understand these equations as an infinite system for the full collection of correlation functions (similar to Kirkwood-Saltzburg equations in the Ising model). For small k, the operator (linear operator!) of this system must be a contraction in the corresponding functional space) etc.

I hope, that this program (which has many other possible applications) will be realized in the near future.

References

[1] Ahn H., Carmona R., Molchanov S. "Parabolic equations with a Levy potential", Lecture Notes in Control and Information Sciences, 176, Proceed of IFIPWG 7/1 International Conferences, UNCS, 1991, pp. 1-11.

[2] Aizenman M, Molchanov S. "Localization at large disorder and extreme energies: an elementary derivation", 1993, Comm. Math. Phys, 157, pp245-278.

[3] Akhieser N, Glazman A "The theory of linear operators in Hilbert space", Vol. I, II, Ungar, New York, 1961.

[4] Albeverio S., Surgailis D., Molchanov S. "Stratified structure of the Universe and the Burger equation: a probabilistic approach", 1993, to appear in Probability theory and related fields.

[5] Alexander K., Molchanov S. "Percolation of the level sets of the random field with a lattice symmetry", 1994, to appear in Jorn of Stat. Phys.

[6] Anderson P. "Absence of diffusion in certain random lattices", 1958, Phys. Rev, 109, pp. 1492-1501.

[7] Arnold L., Papanicolaon G., Wihstutz V. "Asymptotic analysis of the Ljapunov's exponents and rotation numbers of the random oscillator and applications" 1986, SIAM J. Appl. Math., Vol. 46.

[8] Avellaneda M., Majda A. "Mathematical models with exact renormalization for turbulent transport (1990), Comm. Math. Phys. V. 131, pp. 381-429.

[9] Avellaneda M., Majda A. "Renormalization theory for Eddy Diffusivity in Turbulent Transport", Phys. Rev. Letters, (1992), V. 68, # 20, pp. 3028-3031.

[10] Azbel M., Kaganov M., Lifshitz I. "Electron theory of metals, Consultants Bureau, New York, 1973.

[11] Billingsley "Convergence of Probability measures", (1968), Willey, New York.

[12] Bogachev L., Molchanov S. "Mean-field models in the theory of random media I, II, III; Theor. Math. Phys., I (1989), V. 81, II (1990), V. 82, III (1991), V. 87.

[13] Bulycheva O., Molchanov S. "The necessary conditions for the averaging of one-dimensional random media", Vestnik MGU (Moscow) 1986, #3, pp. 33-38.

[14] Carmona R., Lacroix J. "Spectral theory of Random Schrödinger operator", Birhäuser Verlag, Basel, Boston, Berlin, 1990.

[15] Caromona R., Molchanov S. "Parabolic Anderson model and intermittency", Preprint UCI (1992), to appear in "Memoirs of AMS" (1994).

[16] Carmona R., Molchanov S., Noble J. "Parabolic evolution equation with random gaussian potential", Preprint UCI (1992).

[17] Cycon H., Froese K., Kirsch W., Simon B. "Schrödinger operators with applications to Quantum mechanics and global geometry", (1987), Springer Verlag, Berlin.

[18] Cramer H., Lidbetter H. "Stationary random processes", (1975), Springer-Verlag, Berlin.

[19] Delyon F., Levy Y., Soullard B. "Anderson localization for multidimensional systems at large disorder or low energy", Comm. Math. Phys. (1985), V. 100, pp. 463-470.

[20] Donsker M.D., Varadhan S.R.S. "Asyntotics for the Wiener sausage", Comm. Pure Appl. Math. (1975), V. 28, pp. 525-565.

[21] Von Dreifus H., Klein A. "A new proof of localization in the Anderson tight binding model", Comm. Math. Phys., (1989), V. 124, pp. 285-299.

[22] Durett R. "Probability: theory and examples (1991), Wadsworth and Brooks/Cole Statistics and Probability series".

[23] Dynkin E.B. "Non-negative eigenfunctions of the Laplace Beltrami operator and browinan motion in certain symmetric space", (1961), Soviet Math. (Doklady), V. 2, W 6, pp. 1433-1435.

[24] Ferstenberg H. "Noncommuting random products", (1963), Trans. Amer. Math. Soc., V. 108, pp. 377-428.

[25] Freidlin M. I. "Dirichlet problem for an equations with periodic coefficients", (1964), Probability theory and Appl. V. 9, pp. 133-139.

[26] Freidlin M.I., Wentzell A. D. "Random perturbations of Dynamical Systems", (1984),, Springer-Verlag, Berlin.

[27] Fröhlich J., Martinelli F., Scoppola E., Spencer T. "Constructive proof of localization in the Anderson tight binding model" (1985), Comm. Math. Phys., V. 101, pp. 21-46.

[28] Goldsheid Ya., Molchanov S., Pastur L. "Pure point spectrum of stochastic one dimensional Schrödinger operator", Func. Anal. and Appl. V. 11, #1 (1977).

[29] Goldsheid Ya., Margulis G. "A condition for simplicity of the spectrum of Ljapunov exponents", (1987), Sov. Math. Dokl, V. 35, #2, pp. 309-313.

[30] Gordon A., Jacsič V., Molchanov S., Simon B. "Spectral properties of random Schrödinger operator with unbounded potential", 1990, Caltech, preprint, to appear 1993 in Comm. Math. Phys.

[31] Gordon A. "On exceptional value of the boundary phase for the Schrödinger equation on a half-line", (1992), Russian Mathemat. Surveys, 47, pp. 260-261.

[32] Görtner J., Molchanov S. "Parabolic problems for the Anderson model", (1990) Comm. Math. Phys., V. 132, pp. 613-655.

[33] Greven A., den Hollander F. "Branching random walks in random environment: phase transitions for local and global rates, (1992), Probab. Theory Relation Fields.

[34] Greven A., den Hollander F. "Population growth in random media": I variational formula and phase diagram, II wave front propagation (1991), preprint # 636, University of Heidelberg.

[35] Ibragimov I, Linnik Ju. "Independent and stationary sequences of random variables". 1971, Wolters-Noordhoff publishing Groningern, Holland.

[36] Isichenko M. "Percolation, statistical topography and transport in random media", Rev. Modern Physics, (1992), V. 64, pp. 961-1043.

[37] Jitomirskaya S., Makarov N., del Rio R., Simon B. "Singular continuous spectrum is generic", (1993), Caltech preprint, to appear in Bull. AMS.

[38] Kesten H., "Percolation Theory for Mathematicians" (1982), Bürkhäuser, Boston.

[39] Kirsh W., Kotani S., Simon B. "Absence of absolutely continuous spectrum for one-dimensional random, but deterministic Schrödinger operators", Ann. Inst. H. Poincare, (1985), V. 42, p.383.

[40] Kirsh W., Molchanov S., Pastur L. "One dimensional Schrödinger operator with unbounded potential: pure point spectrum, I, Funct. Anal. and Appl. (1990), #3, p. 24.

[41] Kozlov S. "Averaging of random operators", Mathem. Sbornik, (1979), V. 151, pp. 188-202.

[42] Kozlov S. "The method of averaging and walks in inhomogeneous environments", Russian Math. Surveys, (1985), 40: 2, pp. 73-145.

[43] Kozlov S., Molchanov S. "On conditions under which central limit theorem is applicable to random walk on lattice", Dokl. Acad. Nauk SSSP (1984), V. 278, pp. 531-534, Sov. Math. Dokl 30 (1984), 410-413.

[44] Kotani S. "Ljapunov indices determine absolutely continuous spectra of stationary one-dimensional Schrödinger operator", in Proc. Taneguchi Intern. Symp. on Stochastic Analysis, Katata and Kyoto, (1982), ed. K. Ito, Nort Holland, pp. 225-247.

[45] Kotani S. "Ljapunov exponent and spectra for one-dimensional random Schrödinger operators", (1986) Proc. Conf on Random Matrices and their Applications, Contemporary Math., V. 50, Providence R.I., pp. 277-286.

[46] Kotani S. "Support theorems for random Schrödinger operators", Comm. Math. Phys., (1985), V. 97, pp. 443-452.

[47] Kotani S. "Absolute continuous spectra for one-dimensional ergodic operators", (1993), to appear in Proc. Summer Inst. AMS, Cornell, Ithaka, NY.

[48] Kunz H., Souillard B. "The localization transition on the Bethe lattice" (1983), Journ. Phys. Letters, (Paris), V. 44, pp. 411-414.

[49] Lifshitz I., Gredescul S., Pastur L., "Introduction to the theory of disordered media", (1982), Moscow, Nauka, (1986) Springer-Verlag, Berlin.

[50] McKean H.P., "Stochastic integrals" (1969), Academic press, New York.

[51] Manakov S., Novikov S., Pitaevskii, Zakharov V. "The Theory of Solutions, the method of the inverse problem", Nauka, Moscow, 1980.

[52] Molchanov S. "The structure of eigenfunctions of one-dimensional disordered systems", Izv. Acad. Sci. USSR (1978), V. 2, # 1, pp. 70-101.

[53] Molchanov S. "Lectures on the localization theory", (1990), Preprint, Caltech.

[54] Molchanov S. "Intermittency and localization: new results" (1900), Proc. of the Intern. Congr. Math (Kyoto, Japan), Vol. II, pp. 1091-1103.

[55] Molchanov S. "Ideas in the theory or Random Media", (1991), Acta. Appl. Math., V. 22, pp. 139-282, Kluver Acad. Publish.

[56] Molchanov S., Piterbarg L. "The turbulent diffusion of the temperature gradients", Dokl. Sov. Acad. Sci. (1986), V. 284, #4.

[57] Molchanov S., Piterbarg L. "Localization of the Rossby topographical waves", Dokl. Sov. Acad. Sci. (1990), V. 310, #4.

[58] Molchanov S., Ruzmaikin A "Ljapunov exponents and distribution of the magnetic field in dynamo-model" (1993), to appear in "Proc. conference in Probability, theory and Markov processes", Cornell.

[59] Molchanov S., Piterbarg L. "Heat propagation in random flows" (1992), Russian J. Math. Phys., V. 1, # 1, pp. 18-42.

[60] Mott N., Twose W. "The theory of impurity conduction", (1961), Adv. Phys., V. 10, pp. 107-163.

[61] Mueller C., Tribe R. "A stochastic PDE arising as the limit of a long range contact processes and its phase transition" (1993), Technical Report, Math. Sci. Inst., Cornell.

[62] Newman S. "The distribution of Ljapunov exponents: (1986), Comm. Math. Phys., V. 103, pp. 121-126.

[63] Oseledec V. "A multiplicative ergodic theorem, Ljapunov characteristic numbers in dynamical systems", Trans. Moscow. Math. Soc. (1968), V. 19, pp. 197-231.

[64] Piterbarg L. "Dynamics and prediction of the large scale SST anomalies", (1989) Gidrometeoizdat, Leningrad, Translated in Kluwer (Holland).

[65] Rozovskii B. "Stochastic Differential equations (1991), Kluwer, Holland.

[66] Ruzmaikin A., Liewer P., Fienman J. "Random cell dynamo" (1993), to appear in Gophys. Astroph. Fluid. Dyn.

[67] Reed M., Simon B. "Methods of Modern Mathematical Physics", I-IV (1975-1978), Academic Press, New York.

[68] Simon B., Spencer T. "Trace class perturbation and the absence of absolutely continuous spectrum", (1989) Comm. Math. Phys., v. 125, pp. 113-125.

[69] Simon B., Wolff T. "Singular continuous spectrum under rank one perturbations and localization for random Hamiltonians" (1986), Comm. Pure Appl. Math., V. 39, pp. 75-90.

[70] Sinai Ja. "Limit behavior of one-dimensional random walks in random environment", (1982), Theor. Probab. Appl., 27, pp. 247-258.

[71] Spitzer F. "Principles of random walk" (1976), Springer-Verlag, New York.

[72] Sznitman A.S. "Brownian asymptotics in a Poisson environment", (1991), Preprint ETH-Zentrum (Zürich), to appear in Probab. Theory Relat. Fields.

[73] Papanicolaou G., Varadhan S.R.S. "Boundary value problem with rapidly oscillating random coefficients", (1981), Coll. Math Soc. Janos Bolyai, 27, Random fields, V. 2 North-Holland, Amersterdam - New York, pp. 835-873.

[74] Wegner F. "Bounds of the density of states in disordered systems", (1981) Zeit. Phys. B, Condensed Matter, V. 44, pp. 9-15.

[75] Zeldovich Ya., Molchanov S., Ruzmaikin A., Sokoloff D. "Intermittency, diffusion and generation in a Non-Stationary Random Medium" (1988), Sov. Sci. Rev., Sec C, Vol. 7, pp. 1-110.

EXPOSES 1992

ARNAUDON Marc
Dédoublement des variétés à bord et des semi-martingales

ATTAL Stéphane
Représentations des endomorphismes de l'espace de Wiener

BALLY Vlad
Calcul de Malliavin pour EDPS

BENASSI Albert
Régularité des fonctions aléatoires gaussiennes elliptiques

BENOIS Olivier
Grandes déviations pour un système de particules indépendantes, application au temps d'occupation

BOUFOUSSI Brahim
Un théorème de régularité du temps local brownien

BROISE Anne
Un théorème central limite pour des transformations dilatantes de l'intervalle

DE BRUCQ Denis
Filtrage par densités approchées

DERMOUNE Azzouz
Differential calculus on some canonical multivariate points processes space

DERRIEN Jean-Marc
Critères d'ergodicité de cocycles en escalier. Exemples.

DZIUBDZIELA Wieslaw
Limit distributions of sums of strong-mixing Bernoulli random variables

GAISER Jürgen Martin
Invariance principles on locally compact abelian groups

GALLARDO Léonard
Probabilités sur les groupes et sur les hypergroupes : quelques aspects sur les points communs et sur les différences

HU Ying
Probabilistic interpretations for a systems of quasilinear elliptic p.d.e.s. with a Newmann boundary condition

KERKYACHARIAN G., PICARD D.
Estimation d'une densité de probabilité dans les espaces de Besov par méthodes d'ondelettes

KOPOCINSKA Ilona
Une nouvelle démonstration du théorème d' Irving Weiss généralisé

LAROCHE Etienne
Inégalités de corrélations dans $\{1,1\}^N$ et dans R^N

LEANDRE Rémi
    Calcul de Sobolev invariant par rotation sur l'espace des laçets libres

LORANG Gérard
    Un théorème de Schilder pour des fonctionnelles browniennes non régulières

MALITA Elena
    Rate de convergence pour la loi du logarithme itéré.
    Dépendance à liaisons complètes

MICHEL Dominique
    Titre non précisé

MICLO Laurent
    Un algorithme de recuit interagissant avec une diffusion

MOURRAGUI Mustapha
    Limite hydrodynamique d'un processus de sauts de naissances et de morts

ROYNETTE Bernard
    Mouvement Brownien et Espaces de Besov

SEYDOU Moussa
    La distribution limite d'une marche au hasard dans un environnement aléatoire de Sanaï

SIRI Paola
    On the compensator of a multivariate point process paying attention to the case of multiple times

TRAN HUNG Thao
    Simulated annealing via a stochastic differential equation
    Sur la convergence des algorithmes de relaxation stochastique

VAN CASTEREN Johannes
    Feller semigroups, Martingales and a Problem in Stochastic Spectral Analysis

LISTE DES AUDITEURS

Mr. ALAOUI ISMAILI M'Homed	Université BlaisePascal,CLERMONT-FD
Mr. ALILI Smail	Laboratoire de Probabilités, Université de PARIS VI
Mr. ARNAUDON Marc	Université de STRASBOURG I
Mr. ATTAL Stéphane	Université de STRASBOURG I
Mr. AZEMA Jacques	Laboratoire de Probabilités, Université de PARIS VI
Mr. BALLY Vlad	Université de Bucarest, Roumanie
Mr. BENASSI Albert	Université Blaise Pascal, CLERMONT-FD
Mr. BENOIS Olivier	Université de ROUEN, Haute-Normandie
Mr. BERNARD Pierre	Université Blaise Pascal, CLERMONT-FD
Mr. BITOUZE Denis-Franck	Université Paris-Sud XI, ORSAY
Mr. BOUFOUSSI Brahim	Mathématiques, Université de Nancy I
Mr. BOUGEROL Philippe	Laboratoire de Probabilités, Université de PARIS VI
Melle BROISE Anne	I.R.M.A.R., Université de RENNES I
Mr. CARMONA Philippe	Laboratoire de Probabilités, Université PARIS VI
Mr. CHASSAING Philippe	Mathématiques, Université de NANCY I
Mr.CIPRIANI Fabio	Ecole Supérieure Internationale, TRIESTE, Italie
Mr. CLOUET Jean-François	Ecole Polytechnique, PALAISEAU
Mr. DAUXOIS Jean-Yves	Université Paul Sabatier, TOULOUSE
Mr.DE BRUCQ Denis	Département de Mathématiques, Université de ROUEN
Mr.DERMOUNE Azzouz	Mathématiques, Université du Maine, LE MANS
Mr. DERRIEN Jean-Marc	Département de Mathématiques, Université de TOURS
Mr. DZIUBDZIELA Wieslaw	Probabilités, Université de KIELCE, Pologne
Melle ECHERBAULT Mireille	Université Paul Sabatier, TOULOUSE
Mr. ENRIQUEZ Nathanaël	Ecole Normale Supérieure, PARIS
Mr. GAISER Jürgen	University of HULLL, Grande-Bretagne
Mr.GALLARDO Léonard	Département de Mathématiques, Université de BREST
Mr.GRADINARU Mihai	Mathématiques, Université de PARIS-SUD, Orsay
Mr. GUIMIER Alain	Université de NOUAKCHOTT, Mauritanie
Mr. HENNEQUIN Paul-Louis	Université Blaise Pascal, CLERMONT-FD
Mr. HU Ying	Mathématiques, Université Claude Bernard, LYON I
Mr. KERKYACHARIAN Gérard	Mathématiques, Université de PARIS VII
Mme KOPOCINSKA Ilona	Mathématiques, Université de WROCLAW, Pologne
Mr. LAROCHE Etienne	Université Paul Sabatier, TOULOUSE
Mr. LEANDRE Rémi	Ruhr Universität, BOCHUM, Allemagne
Mr. LORANG Gérard	Mathématiques, Université de NANCY I
Melle MAILLE Sophie	Université Paul Sabatier, TOULOUSE
Mme MALITA Elena	Mathématiques, Université de NANCY I
Mme MICHEL Dominique	Université Paul Sabatier, TOULOUSE
Mr. MICLO Laurent	Université Louis Pasteur, STRASBOURG
Melle MININNI Rosamaria	Mathématiques, Université de BARI, Italie
Mr. MOURRAGUI Mustapha	Mathématiques, Université de ROUEN
Mr. NOBLE John	University of California. IRVINE, U.S.A.

Mr. PESZAT S.   Institute of Mathematics, WARSAW, Pologne
Melle PICARD Dominique   Mathématiques, Université de PARIS VII
Mr. PICARD Jean   Université Blaise Pascal, CLERMONT-FD
Mr. ROYNETTE Bernard   Mathématiques, Université de NANCY I
Mr. SABOT Christophe   Ecole Normale Supérieure, PARIS
Melle SAVONA Catherine   Université Blaise Pascal, CLERMONT-FD
Mr. SEYDOU Moussa   Mathématiques, Université Claude Bernard, LYON I
Mme SIRI Paola   Mathématiques, Université de GENEVE, Suisse
Mr. SOBCZYK J.   Institute of Mathematics, WARSAW, Pologne
Melle TORLOTING Elisabeth   Mathématiques, Université de NANCY I
Mr. TRAN HUNG Thao   Mathématiques, Université de Boho, HANOI, Vietnam
Mr. UTZET Frederic   Mathématiques, Université de BARCELONE, Espagne
Mr. VAN CASTEREN Johannes   Mathématiques, Université d'ANVERS, Belgique

LIST OF PREVIOUS VOLUMES OF THE "Ecole d'Eté de Probabilités"

1971 -   J.L. Bretagnolle   (LNM 307)
          "Processus à accroissements indépendants"
          S.D. Chatterji
          "Les martingales et leurs applications analytiques"
          P.A. MEYER
          "Présentation des processus de Markov"

1973 -   P.A. MEYER   (LNM 390)
          "Transformation des processus de Markov"
          P. PRIOURET
          "Processus de diffusion et équations différentielles
           stochastiques"
          F. SPITZER
          "Introduction aux processus de Markov à paramètres
           dans Z_V"

1974 -   X. FERNIQUE   (LNM 480)
          "Régularité des trajectoires des fonctions aléatoires
           gaussiennes"
          J.P. CONZE
          "Systèmes topologiques et métriques en théorie
           ergodique"
          J. GANI
          "Processus stochastiques de population"

1975   A. BADRIKIAN   (LNM 539)
          "Prolégomènes au calcul des probabilités dans
           les Banach"
          J.F.C. KINGMAN
          "Subadditive processes"
          J. KUELBS
          "The law of the iterated logarithm and related strong
           convergence theorems for Banach space valued random
           variables"

1976   J. HOFFMANN-JORGENSEN   (LNM 598)
          "Probability in Banach space"
          T.M. LIGGETT
          "The stochastic evolution of infinite systems of
           interacting particles"
          J. NEVEU
          "Processus ponctuels"

1977   D. DACUNHA-CASTELLE   (LNM 678)
          "Vitesse de convergence pour certains problèmes
           statistiques"
          H. HEYER
          "Semi-groupes de convolution sur un groupe localement
           compact et applications à la théorie des probabilités"
          B. ROYNETTE
          "Marches aléatoires sur les groupes de Lie"

1978	R. AZENCOTT
	"Grandes déviations et applications"
	Y. GUIVARC'H
	"Quelques propriétés asymptotiques des produits de
	  matrices aléatoires"
	R.F. GUNDY
	"Inégalités pour martingales à un et deux indices :
	  l'espace H^p"
		(LNM 774)

1979	J.P. BICKEL "Quelques aspects de la statistique robuste" N. EL KAROUI "Les aspects probabilistes du contrôle stochastique" M. YOR "Sur la théorie du filtrage"	(LNM 876)
1980	J.M. BISMUT "Mécanique aléatoire" L. GROSS "Thermodynamics, statistical mechanics and random fields" K. KRICKEBERG "Processus ponctuels en statistique"	(LNM 929)
1981	X. FERNIQUE "Régularité de fonctions aléatoires non gaussiennes" P.W. MILLAR "The minimax principle in asymptotic statistical theory" D.W. STROOCK "Some application of stochastic calculus to partial differential equations" M. WEBER "Analyse infinitésimale de fonctions aléatoires"	(LNM 976)
1982	R.M. DUDLEY "A course on empirical processes" H. KUNITA "Stochastic differential equations and stochastic flow of diffeomorphisms" F. LEDRAPPIER "Quelques propriétés des exposants caractéristiques"	(LNM 1097)
1983	D.J. ALDOUS "Exchangeability and related topics" I.A. IBRAGIMOV "Théorèmes limites pour les marches aléatoires" J. JACOD "Théorèmes limite pour les processus"	(LNM 1117)
1984	R. CARMONA "Random Schrödinger operators" H. KESTEN "Aspects of first passage percolation" J.B. WALSH "An introduction to stochastic partial differential equations"	(LNM 1180)

| 1985-87 | S.R.S. VARADHAN | (LNM 1362) |

1985-87   S.R.S. VARADHAN   (LNM 1362)
"Large deviations"
P. DIACONIS
"Applications of non-commutative Fourier
 analysis to probability theorems
H. FÖLLMER
"Random fields and diffusion processes"
G.C. PAPANICOLAOU
"Waves in one-dimensional random media"
D. ELWORTHY
Geometric aspects of diffusions on manifolds"
E. NELSON
"Stochastic mechanics and random fields"

1986   O.E. BARNDORFF-NIELSEN   (LNS M50)
"Parametric statistical models and likelihood"

1988   A. ANCONA   (LNM 1427)
"Théorie du potentiel sur les graphes et les variétés"
D. GEMAN
"Random fields and inverse problems in imaging"
N. IKEDA
"Probabilistic methods in the study of asymptotics"

1989   D.L. BURKHOLDER   (LNM 1464)
"Explorations in martingale theory and its applications"
E. PARDOUX
"Filtrage non linéaire et équations aux dérivées partielles
 stochastiques associées"
A.S. SZNITMAN
"Topics in propagation of chaos"

1990   M.I. FREIDLIN   (LNM 1527)
"Semi-linear PDE's and limit theorems for
 large deviations"
J.F. LE GALL
"Some properties of planar Brownian motion"

1991   D.A. DAWSON   (LNM 1541)
"Measure-valued Markov processes"
B. MAISONNEUVE
"Processus de Markov : Naissance,
 Retournement, Régénération"
J. SPENCER
"Nine Lectures on Random Graphs"

1992   Lectures on Probability Theory   (LNM 1581)
D. BAKRY
"L'hypercontractivité et son utilisation en théorie
des semigroupes"
R.D. GILL
"Lectures on Survival Analysis"
S.A. MOLCHANOV
"Lectures on the Random Media"

Lecture Notes in Mathematics

For information about Vols. 1–1394
please contact your bookseller or Springer-Verlag

Vol. 1441: M. Coornaert, T. Delzant, A. Papadopoulos. Géométrie et théorie des groupes. X, 165 pages. 1990.

Vol. 1442: L. Accardi, M. von Waldenfels (Eds.), Quantum Probability and Applications V. Proceedings, 1988. VI, 413 pages. 1990.

Vol. 1443: K.H. Dovermann, R. Schultz, Equivariant Surgery Theories and Their Periodicity Properties. VI, 227 pages. 1990.

Vol. 1444: H. Korezlioglu, A.S. Ustunel (Eds.), Stochastic Analysis and Related Topics VI. Proceedings, 1988. V, 268 pages. 1990.

Vol. 1445: F. Schulz, Regularity Theory for Quasilinear Elliptic Systems and – Monge Ampère Equations in Two Dimensions. XV, 123 pages. 1990.

Vol. 1446: Methods of Nonconvex Analysis. Seminar, 1989. Editor: A. Cellina. V, 206 pages. 1990.

Vol. 1447: J.-G. Labesse, J. Schwermer (Eds), Cohomology of Arithmetic Groups and Automorphic Forms. Proceedings, 1989. V, 358 pages. 1990.

Vol. 1448: S.K. Jain, S.R. López-Permouth (Eds.), Non-Commutative Ring Theory. Proceedings, 1989. V, 166 pages. 1990.

Vol. 1449: W. Odyniec, G. Lewicki, Minimal Projections in Banach Spaces. VIII, 168 pages. 1990.

Vol. 1450: H. Fujita, T. Ikebe, S.T. Kuroda (Eds.), Functional-Analytic Methods for Partial Differential Equations. Proceedings, 1989. VII, 252 pages. 1990.

Vol. 1451: L. Alvarez-Gaumé, E. Arbarello, C. De Concini, N.J. Hitchin, Global Geometry and Mathematical Physics. Montecatini Terme 1988. Seminar. Editors: M. Francaviglia, F. Gherardelli. IX, 197 pages. 1990.

Vol. 1452: E. Hlawka, R.F. Tichy (Eds.), Number-Theoretic Analysis. Seminar, 1988–89. V, 220 pages. 1990.

Vol. 1453: Yu.G. Borisovich, Yu.E. Gliklikh (Eds.), Global Analysis – Studies and Applications IV. V, 320 pages. 1990.

Vol. 1454: F. Baldassari, S. Bosch, B. Dwork (Eds.), p-adic Analysis. Proceedings, 1989. V, 382 pages. 1990.

Vol. 1455: J.-P. Françoise, R. Roussarie (Eds.), Bifurcations of Planar Vector Fields. Proceedings, 1989. VI, 396 pages. 1990.

Vol. 1456: L.G. Kovács (Ed.), Groups – Canberra 1989. Proceedings. XII, 198 pages. 1990.

Vol. 1457: O. Axelsson, L.Yu. Kolotilina (Eds.), Preconditioned Conjugate Gradient Methods. Proceedings, 1989. V, 196 pages. 1990.

Vol. 1458: R. Schaaf, Global Solution Branches of Two Point Boundary Value Problems. XIX, 141 pages. 1990.

Vol. 1459: D. Tiba, Optimal Control of Nonsmooth Distributed Parameter Systems. VII, 159 pages. 1990.

Vol. 1460: G. Toscani, V. Boffi, S. Rionero (Eds.), Mathematical Aspects of Fluid Plasma Dynamics. Proceedings, 1988. V, 221 pages. 1991.

Vol. 1461: R. Gorenflo, S. Vessella, Abel Integral Equations. VII, 215 pages. 1991.

Vol. 1462: D. Mond, J. Montaldi (Eds.), Singularity Theory and its Applications. Warwick 1989, Part I. VIII, 405 pages. 1991.

Vol. 1463: R. Roberts, I. Stewart (Eds.), Singularity Theory and its Applications. Warwick 1989, Part II. VIII, 322 pages. 1991.

Vol. 1464: D. L. Burkholder, E. Pardoux, A. Sznitman, Ecole d'Eté de Probabilités de Saint- Flour XIX-1989. Editor: P. L. Hennequin. VI, 256 pages. 1991.

Vol. 1465: G. David, Wavelets and Singular Integrals on Curves and Surfaces. X, 107 pages. 1991.

Vol. 1466: W. Banaszczyk, Additive Subgroups of Topological Vector Spaces. VII, 178 pages. 1991.

Vol. 1467: W. M. Schmidt, Diophantine Approximations and Diophantine Equations. VIII, 217 pages. 1991.

Vol. 1468: J. Noguchi, T. Ohsawa (Eds.), Prospects in Complex Geometry. Proceedings, 1989. VII, 421 pages. 1991.

Vol. 1469: J. Lindenstrauss, V. D. Milman (Eds.), Geometric Aspects of Functional Analysis. Seminar 1989-90. XI, 191 pages. 1991.

Vol. 1470: E. Odell, H. Rosenthal (Eds.), Functional Analysis. Proceedings, 1987-89. VII, 199 pages. 1991.

Vol. 1471: A. A. Panchishkin, Non-Archimedean L-Functions of Siegel and Hilbert Modular Forms. VII, 157 pages. 1991.

Vol. 1472: T. T. Nielsen, Bose Algebras: The Complex and Real Wave Representations. V, 132 pages. 1991.

Vol. 1473: Y. Hino, S. Murakami, T. Naito, Functional Differential Equations with Infinite Delay. X, 317 pages. 1991.

Vol. 1474: S. Jackowski, B. Oliver, K. Pawałowski (Eds.), Algebraic Topology, Poznań 1989. Proceedings. VIII, 397 pages. 1991.

Vol. 1475: S. Busenberg, M. Martelli (Eds.), Delay Differential Equations and Dynamical Systems. Proceedings, 1990. VIII, 249 pages. 1991.

Vol. 1476: M. Bekkali, Topics in Set Theory. VII, 120 pages. 1991.

Vol. 1477: R. Jajte, Strong Limit Theorems in Noncommutative L_2-Spaces. X, 113 pages. 1991.

Vol. 1478: M.-P. Malliavin (Ed.), Topics in Invariant Theory. Seminar 1989-1990. VI, 272 pages. 1991.

Vol. 1479: S. Bloch, I. Dolgachev, W. Fulton (Eds.), Algebraic Geometry. Proceedings, 1989. VII, 300 pages. 1991.

Vol. 1480: F. Dumortier, R. Roussarie, J. Sotomayor, H. Żoładek, Bifurcations of Planar Vector Fields: Nilpotent Singularities and Abelian Integrals. VIII, 226 pages. 1991.

Vol. 1481: D. Ferus, U. Pinkall, U. Simon, B. Wegner (Eds.), Global Differential Geometry and Global Analysis. Proceedings, 1991. VIII, 283 pages. 1991.

Vol. 1482: J. Chabrowski, The Dirichlet Problem with L^2-Boundary Data for Elliptic Linear Equations. VI, 173 pages. 1991.

Vol. 1483: E. Reithmeier, Periodic Solutions of Nonlinear Dynamical Systems. VI, 171 pages. 1991.

Vol. 1484: H. Delfs, Homology of Locally Semialgebraic Spaces. IX, 136 pages. 1991.

Vol. 1485: J. Azéma, P. A. Meyer, M. Yor (Eds.), Séminaire de Probabilités XXV. VIII, 440 pages. 1991.

Vol. 1486: L. Arnold, H. Crauel, J.-P. Eckmann (Eds.), Lyapunov Exponents. Proceedings, 1990. VIII, 365 pages. 1991.

Vol. 1487: E. Freitag, Singular Modular Forms and Theta Relations. VI, 172 pages. 1991.